최신 농약학

김장억, 김정한, 이영득, 임치환, 허장현, 정영호, 경기성,
김인선, 김진효, 문준관, 박형만, 유오종, 최 훈, 홍수명 지음

Σ 시그마프레스

최신 농약학, 제2판

발행일 | 2020년 3월 10일 1쇄 발행
2020년 6월 1일 2쇄 발행
2021년 3월 25일 3쇄 발행

저 자 | 김장억, 김정한, 이영득, 임치환, 허장현, 정영호, 경기성,
김인선, 김진효, 문준관, 박형만, 유오종, 최 훈, 홍수명
발행인 | 강학경
발행처 | (주)시그마프레스
디자인 | 강경희
편 집 | 이호선

등록번호 | 제10-2642호
주소 | 서울시 영등포구 양평로 22길 21 선유도코오롱디지털타워 A401~402호
전자우편 | sigma@spress.co.kr
홈페이지 | http://www.sigmapress.co.kr
전화 | (02)323-4845, (02)2062-5184~8
팩스 | (02)323-4197

ISBN | 979-11-6226-253-5

* 책값은 책 뒤표지에 있습니다.
* 이 도서의 국립중앙도서관 출판예정도서목록(CIP)은 서지정보유통지원시스템 홈페이지(http://seoji.nl.go.kr)와 국가자료공동목록시스템(http://www.nl.go.kr/kolisnet)에서 이용하실 수 있습니다. (CIP제어번호 : CIP2020007543)

머리말

형형색색의 농산물들이 계절과 크게 상관없이 우리들의 식탁을 오르내리고 있다. 식탁을 오르내리는 농산물은 농업인의 경험, 농업기술 그리고 자연환경이 어우러져 양적으로도 풍부하고 질적으로도 우수하게 탄생되고 있다.

농업 인구의 고령화로 노동력이 절대적으로 부족한 현 시점에 생력화를 위한 농업 기술들이 농업자재 분야에 도입되고 있다. 그중 하나가 현대 농업에서 없어서는 안 되는 농약이다. 농약은 농작물을 가해하는 병해충 및 잡초를 적절히 방제하여 농산물의 생산성과 질적 향상을 도모하는 데 크게 기여하고 있다. 농약이 병해충 및 잡초를 적절히 방제하기 위해서는 어느 정도의 독성과 잔류성을 겸비하여야 하고 또한 적은 약량으로서도 약효가 우수하게 나타나야 한다.

농약은 독성을 띠면서도 동시에 인체에는 무해해야 한다. 이 모순된 성질을 동시에 추구하는 농약을 이해하기 위해서는 다양한 측면에서의 접근이 필요하다. 이 책은 농약의 약효와 약해 등의 생물학적 측면, 합성, 독성, 작용기작 및 분석 등의 화학적 측면, 제형 및 사용 등의 물리적인 측면을 살펴보고, 농약의 안전성 및 환경 생태계에 미치는 영향을 소개한다. 특별히 우리나라는 2019년 1월부터 농약허용물질목록관리제도(PLS)를 시행하여 잔류농약으로부터 국민들의 건강을 보호하기 위하여 국내 및 수입 농산물에 대하여 안전성기준을 마련하여 농약에 대한 올바른 사용을 통한 안전성 확보를 도모하고자 하였다. 이제 살포된 농약이 농산물에 잔류되어 '있다 없다'의 문제를 떠나 잔류허용기준치 이내인가 아닌가를 검정하는 시대로 접어들어 농약에 대한 과학적 이해가 그 어느 때보다 높다고 할 수 있다.

농약은 과학적인 연구의 산물이다. 이 책에서는 제1판 및 개정판 이후 개발된 농약은 물론, 최신 연구기법 및 농약 관련 연구의 결과들을 소개하였고, 확대되고 있는 농약의 영역도 포함시켰으며, PLS제도와 관련된 농약의 분석 부분도 추가하였다.

이 한 권의 책으로 농약의 모든 면을 소개하지는 못하겠지만 농약을 전공하고 있는 학생은 물론이고 일선 농업 현장의 농업인 그리고 농약 업무를 하는 담당자, 농약을 판매하는 사람 그리고 일반 소비자 등 농약에 대하여 관심 있는 모든 사람들에게 도움을 줄 수 있기를 바라는 마음이다. 다소 미흡하고 보완이 필요한 부분들이 있으리라 생각된다. 이 부분에 대하여서는 책을 사용하면서 지적하여 주시면 다시 개정판을 만드는 원동력이 될 수 있을 것이다.

끝으로 한 권의 책을 출판하기까지 수많은 사람들이 뒤에서 조력하였다. 집필자는 당연한 일이겠지만 구조식을 그려주고 그림 및 표를 아름답게 만들어준 집필진 연구실의 대학원생 및 출판사 편집부의 헌신적이고 적극적인 노력에 저자를 대표하여 감사드린다.

2020년 2월

저자 대표

차례

제 1 장 농약의 정의

제 2 장 농약의 역사

제 3 장 농약 시장

제 4 장 농약의 분류

제 5 장 농약의 제제

제 6 장 농약의 사용법

제 7 장 농약의 독성

제 8 장 잔류농약의 안전성

제 14 장 농약 분석

chapter 01

농약의 정의

우리나라 농약관리법(법률 제16120호)에서 정의하고 있는 농약(農藥)과 관련된 용어들은 다음과 같다.

농약이라 함은 농작물[(수목(樹木), 농산물과 임산물을 포함]을 해치는 균(菌), 곤충, 응애, 선충(線蟲), 바이러스, 잡초, 그 밖에 농림축산식품부령으로 정하는(농약관리법 시행규칙) 동식물(동물 : 달팽이·조류 또는 야생동물, 식물 : 이끼류 또는 잡목)을 방제하는 데에 사용하는 살균제·살충제·제초제와 농작물의 생리기능(生理機能)을 증진하거나 억제하는 데에 사용하는 약제 및 그 밖에 농림축산식품부령으로 정하는 약제[기피제(忌避劑), 유인제(誘引劑), 전착제(展着劑)]를 말한다.

천연식물보호제란 진균, 세균, 바이러스 또는 원생동물 등 살아 있는 미생물을 유효성분(有效成分)으로 하여 제조한 농약과 자연계에서 생성된 유기화합물 또는 무기화합물을 유효성분으로 하여 제조한 농약으로서 농촌진흥청장이 정하여 고시하는 기준에 적합한 것을 말한다.

품목이란 개별 유효성분의 비율과 제제(製劑) 형태가 같은 종류를 말한다. 원제(原劑)란 농약의 유효성분이 농축되어 있는 물질을 말한다.

농약활용기자재란 농약을 원료나 재료로 하여 농작물 병해충의 방제 및 농산물의 품질관리에 이용하는 자재나 살균·살충·제초·생장조절 효과를 나타내는 물질이 발생하는 기구 또는 장치를 말하는 것으로 농촌진흥청장이 지정하는 것을 말한다.

1. 농약의 범위

농약관리법에 나와 있는 농약의 정의에서 살펴본 바와 같이 농약은 기존의 병해충 및 잡초 방제를 위한 화학농약에서 천연식물보호제가 추가되어 들어가 생물농약의 개념도 포함하고 있다. 농약은 농작물이 잘 생육할 수 있는 환경을 만들어 주는 데 기여하는 물질로서 토양 및 종자 소독으로부터 작물의 재배기간 동안 농작물의 생육에 영향을 미치는 병해충 및 잡초를 적절하게 방제하여 농작물의 생산량을 증가시키고 품질을 향상시키기 위하여 사용하는 것이다.

또한 수확한 농산물의 유통 및 저장 시 병해충에 의한 손실을 방지하고 신선도를 유지하기 위하여 사용되는 약제들도 농약의 범위에 포함된다. 그리고 농작물의 생육을 촉진 또는 억제하는 약제, 낙과를 촉진 또는 억제하는 약제, 착색을 좋게 하여 농작물의 품질을 향상시키는 약제 등 식물생장조절제 등도 포함하고 있다. 특정 해충을 기피하는 물질이나 반대로 좋아하는 물질을 이용하는 기피제와 유인제도 농약의 범주에 포함되며 농약 살포액의 부착이나 고착성을 높여 주는 데 사용되는 전착제와 농약 제재 시 사용되는 보조제도 농약의 범주에 포함된다.

더욱이 최근에는 생물농약의 개발로 미생물이 분비하는 독소를 이용하여 병해충을 죽이거나, 해충을 포식하는 천적 그리고 해충에 병을 유발해 죽게 하는 해충 병원균 등의 천연식물보호제도 농약에 포함시키고 있으며, 해충의 증식을 억제시키는 불임화제(不姙化劑)도 농약으로 규정하고 있어 그 범위는 더욱 넓어지고 있다.

또한 생물공학 기법으로 유전자를 재조합하여 병해충에 저항성을 가지는 작물체(insect-resistant crops) 및 제초제에 저항성을 가지는 작물체(herbicide-resistant crops)인 유전자조작생물체(genetically modified organism, GMO)를 만들어 내고 있어 앞으로는 농약의 방제 개념도 더욱 넓어질 것으로 전망된다.

미국 환경보호청(EPA)에서 병해충 방제제의 개념을 크게 화학적 방제와 생물적 방제의 개념으로 분류하여 점점 더 세분화되는 농약의 개념을 그림 1-1과 같이 설명하고 있다. 병해충방제제(pest control agent)를 화학농약과 생물적 방제제로 구분하고, 생물적 방제제는 생물농약과 기타 생물적 방제제로 구분하였다. 생물농약은 다시 생화학농약과 미생물농약으로 구분하고 생화학농약은 페로몬, 호르몬, 천연식물조절제, 효소 등이고 미생물농약은 세균, 진균, 원생동물, 바이러스 등으로 구분하였다. 곤충포식생물, 대형기생생물 및 선충은 그 외의 생물적 방제제에 포함시켰다.

농약의 정의에서와 같이 다양한 용도로 광범위하게 사용되고 있는 농약은 농작물 생산을 위한 보호적인 측면에서뿐만 아니라 이제는 국제 간의 농산물 교역에서도 잔류농약 문제가 큰 이슈가 되고 있어서 현대 농업에 있어서 없어서는 안 되는 중요한 농업용 자재로 평가되고 있다.

이러한 농약의 중요성에 따라 농약학(農藥學) 영역은 농약의 약효, 약해, 독성 등과 관련된 생물활성과 농약의 합성, 구조활성, 잔류성, 안전성, 분해 및 대사 등과 관련된 이화학적 특성, 농약의 제제(製劑), 부착성, 습전성 등과 관련된 물리적 특성 등을 연구하는 분야와 최근에는 다양한 농작물로부터 수많은 종류의 농약을 분석하는 분석화학 및 기기분석 분야까지 점점 더 그 범위가 넓어지고 있다.

농약의 영어 표현 방식을 살펴보면 농약이란 개념을 이해하는 데 도움이 될 것으로 판단되어

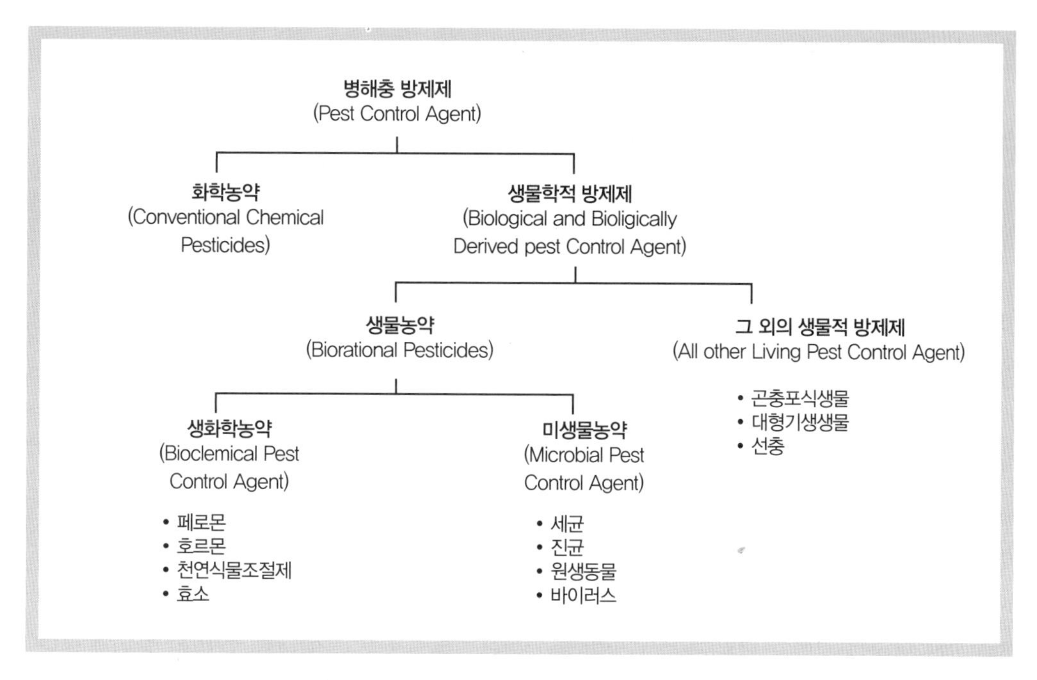

그림 1-1 미국 환경보호청의 병해충 방제제 개념도

농약의 영어식 표현을 나열하면 다음과 같다. 농약이란 의미의 영어식 표현은 crop protection agent, agrochemical, agricultural chemical로 표현될 수 있는데, 실제로는 농약의 의미로 pesticide가 주로 사용되고 있다. 엄격하게 보면 pesticide는 영어 의미에 무엇을 죽인다는 표현의 '-icide'를 붙여서 pest(해충)을 죽이는 물질로 해석될 수 있는데, 농약이란 것을 한 단어로 표현하기가 쉽지 않아 넓은 의미로 pesticide가 해충, 병균, 잡초 등 유해생물을 총체적으로 죽이는 의미로 사용되고 있다고 할 수 있다.

실제 살충제라는 영어 표현은 insect를 죽이는 물질이라 하여 insecticide를 주로 사용하고 있다. 살균제는 광의적인 의미로는 antimicrobial agent가 적합한 표현이지만 실제로는 한 단어로 fungicide로 주로 사용하고 있다. 이는 식물의 상당수가 곰팡이 피해를 많이 받아 발생되기 때문에 항곰팡이제가 많이 사용되다 보니 살균제를 대표하는 이름으로 사용되었다고 할 수 있다. 제초제는 herbicide로 사용되고 있는데, 잡초를 죽이는 물질은 weed killer가 더 정확한 표현이 될 수 있지만 herb(식물)를 죽이는 물질이라 하여 herbicide가 제초제라는 이름으로 많이 사용되고 있다. 식물생장조절제는 한 단어로 표현하기가 쉽지 않아 plant growth regulator(PGR)를 사용하고 있는데, 간단히 PGR 약자로 많이 사용된다.

2. 농약의 명명법

현대 농업에서 사용되고 있는 농약은 크게 화학농약과 생물농약으로 대별된다. 유기합성 기술의 급속한 발달로 화학농약의 종류가 급속하게 늘어나고 또한 구조가 복잡하고 다양화됨에 따라 화합물의 화학적 이름만으로는 농약을 명명하기가 쉽지 않게 되었다.

농약의 이름은 모든 화학농약이 원소로 구성되어 있기 때문에 그 농약을 구성하고 있는 원소의 구성 정도에 따라 일정한 화학구조를 갖게 되므로 일단 화학명(chemical name)으로 명명할 수 있다. 화합물의 체계적인 명명법(命名法)은 IUPAC(International Union of Pure and Applied Chemistry) 혹은 CA(Chemical Abstract) service에서 규정한 명명법에 따라 화학명을 붙인다. 그러나 화학명은 그 화합물을 구성하는 모든 원소를 나타내기 때문에 화합물의 구조가 복잡해짐에 따라 이름이 길어지게 되어 일반인들은 명명하기가 쉽지 않게 되어 있다. 따라서 가능하면 농약을 구성하고 있는 모핵 화합물의 이름을 암시하면서 단순화시킨 이름인 일반명(common name)을 만들어 전 세계적으로 사용하고 있다. 그러나 일반명은 화학명에서 일정한 규칙을 가지고 만들어지는 것이 아니기 때문에 일반명만으로 모핵 화합물을 예측할 수 없는 경우가 많다. 농약의 일반명은 ISO(International Standardization Organization)의 기술위원회나 BSI(British Standards Institute), ANSI(American National Standards Institute), JMAF(Japanese Ministry for Agriculture and Forestry) 등에서 인정을 받아서 사용하고 있다.

농약의 또 다른 이름으로는 농약 개발 시 어떤 화합물의 일반명이 주어지기 전에 약칭하여 회사나 개발자의 이름을 따서 붙인 코드명 또는 암호명(code name)이 있다. 때로는 코드명이 농약이 개발된 뒤에도 그대로 일반명으로 사용되는 경우도 있다.

농약은 대부분 유기합성 화합물이지만 최근에는 생물제제가 개발되면서 생물제제에 대하여 명명할 때 학명(scientific name)인 생물체의 라틴어 이름이 그대로 사용되는 경우도 있다.

농약의 유효성분은 농약의 사용을 원활하게 하기 위하여 제제화가 되어야 하는데, 농약 제제의 형태에 따라 붙인 이름이 품목명(item name)이다. 동일한 유효성분이라 할지라도 제제 형태를 달리하여 여러 제형으로 만들 수 있기 때문에 붙인 이름이다. 또한 농약을 제제화하여 제품화할 때는 그 농약을 제제화한 회사에 따라 고유한 이름인 상표명(trade name)을 사용하여 타 회사에서 만든 제품과 구별하고 있다.

따라서 농약을 명명하는 방법이 화학명, 일반명, 품목명, 상표명, 코드명 등으로 한 가지 약제를 두고 여러 가지 이름으로 부르다 보니 농약 사용자 측면에서는 혼돈이 야기될 수도 있다. 그러나 사용되고 있는 농약의 종류수가 상당히 많기 때문에 농약을 정확하게 명명할 수 있도록 숙지하여야 목적에 부합되는 농약을 올바르게 선정하여 사용할 수 있을 것이다. 표 1-1은 농약 명명법의 예를 나타낸다.

농약은 다양한 용도로 사용되고 있기 때문에 잘못 사용하게 되면 약해와 독성으로 인하여 예기치 않은 부작용이 발생할 수 있다. 따라서 농약을 명명하기에 앞서 농약 제품의 색상을 보고

▶ **표 1-1 농약 명명법의 예**

이름	유기합성 농약	생물농약
구조식		-
화학명	(*RS*)-(α-cyano-2-thenyl)-4-ethyl-2-(ethlyamino)-5-thiazolecarboxamide	-
일반명	Ethaboxam	*Trichcoderma atroviride* SKT-1
품목명	에타복삼 액상수화제	트리코더마아트로비라이드에스케이티-1 수화제
상표명	텔루스	에코호프
코드명	LGC-30473(LG Chemical)	-
학명	-	*Trichcoderma atroviride* Berliner

▶ **표 1-2 농약의 용도에 따른 제품의 색상**

용도	살균제	살충제	제초제	비선택성 제초제	생장 조절제	기타 약제	혼합제 및 동시방제용 농약
라벨 바탕색	분홍색	초록색	노란색	빨간색	파란색	흰색	해당 농약 색깔 병용

도 최소한의 용도를 구분할 수 있도록 표 1-2와 같이 농약의 마개와 라벨의 바탕색으로 구분되어 있다. 즉, 용도에 따라 살충제는 초록색, 살균제는 분홍색, 제초제는 노란색, 특히 비선택성 제초제인 경우는 빨간색, 식물생장조절제는 파란색 기타 약제는 흰색으로 구분하고 있다. 혼합제 및 동시 방제용 농약의 경우는 해당 농약 색깔을 병용하여 사용하고 있다.

3. 농약의 역할

작물을 재배함에 있어 생산성을 향상시키고 수확물의 품질을 향상시킬 수 있는 방법에 대하여 많은 사람들이 연구해 오고 있다. 그중 농작물이 생육하는 시기에 이를 가해하는 병해충 및 잡초를 효율적으로 방제하여 작물 생산성을 일관성 있게 유지하면서 품질이나 안전성이 확보된 농산물을 생산하는 일은 생산자인 농민이나 소비자에게 매우 중요한 문제라 할 수 있다. 특히 전 세계적으로 꾸준히 증가하고 있는 인구문제는 지역적으로 식량자원의 불균형을 초래하고 있어 국제사회에서 식량자원의 중요성은 그 어느 때보다 높다고 할 수 있다. 결국 식량문제는 국가 안보와 직결되고, 식량자원의 안정적 생산의 양적인 문제와 국민소득 증대로 인한 안전한 농산물에 대한 욕구는 더욱 증가하면서 농약의 중요성 또한 그 어느 때보다 높아지고 있다.

이러한 문제들을 원만히 해결하기 위해서는 농작물을 보호할 수 있는 수단 중의 하나인 농약에 대한 연구가 필수적이라고 할 수 있다. 생태계 속에 있는 농작물은 수많은 해충과 병원균의 공격을 받게 되고 또한 잡초와의 양분 경합을 해야 하는데, 이를 농약으로 적절하게 방제해 줄 수만 있다면 농업의 생산성은 향상될 수 있을 것이다.

병해충 및 잡초로부터 농작물을 보호하여 농업 생산물의 양적 증대와 함께 질적으로 향상시키고 농작업을 생력화(省力化)하기 위하여 사용되는 농약은 현대 농업에 있어서 없어서는 안 될 중요한 농업자재로서 자리 잡고 있으며, 이제는 농약 없는 농업경영은 불가능하게 되었다고 할 수 있다.

3.1 농업 생산성 증대

농업 생산성을 증대시키기 위해서는 먼저 농업 여건이 개선되어야 하는데, 기술적인 문제를 제외하고 모든 여건이 과거보다는 좋지 않은 상황이다. 먼저 우리나라의 농가인구와 고령인구 비율을 보면 그림 1-2(a), (b)와 같다.

2010년 농가인구는 약 306만 명에서 2018년 231만 명으로 감소되고 있는 추세이다. 이 중 남녀의 구성비는 거의 반반으로 구성되어 있으나 여성의 비율이 약간 높은 비율이었으며, 2018년 통계를 보면 남성 113만 명, 여성 118만 명으로 나타나 전체적으로 계속 여성이 약간 많은 경향이다. 반면에 고령인구 비율이 65세 이상을 고령인구로 보면 2010년 10.8%에서 2019년 14.9%로 크게 증가한 것으로 볼 때 농촌 노동력의 고령화 현상은 최근 10년간 뚜렷이 나타나고 있으며, 여성인구 비율도 약간 증가하고 있는 추세이다.

또한 국토개발로 인하여 경지 면적이 그림 1-2(c)와 같이 빠른 속도로 감소하고 있다. 2009년 기준으로 173.6만 ha였는데, 2018년 159.6만 ha로 14만 ha가 감소하였다.

이러한 농업 여건 속에서 사람들의 식생활 패턴이 급속도로 서구화되면서 쌀의 연간 소비량도 그림 1-2(d)와 같이 줄어들고 있는 경향으로 나타났다. 2009년의 1인당 쌀 소비량은 74kg이었는데, 2018년에는 61kg으로 13kg 줄어들었다.

농업 여건이 좋지 않은 상황에서도 영농기술의 과학화로 꾸준히 농업 생산성은 증대되는 결과를 나타내고 있다. 우리나라 주요 작물의 단위 면적당 생산량을 가지고 농업 생산성 증대를 비교해 보면 다음과 같다.

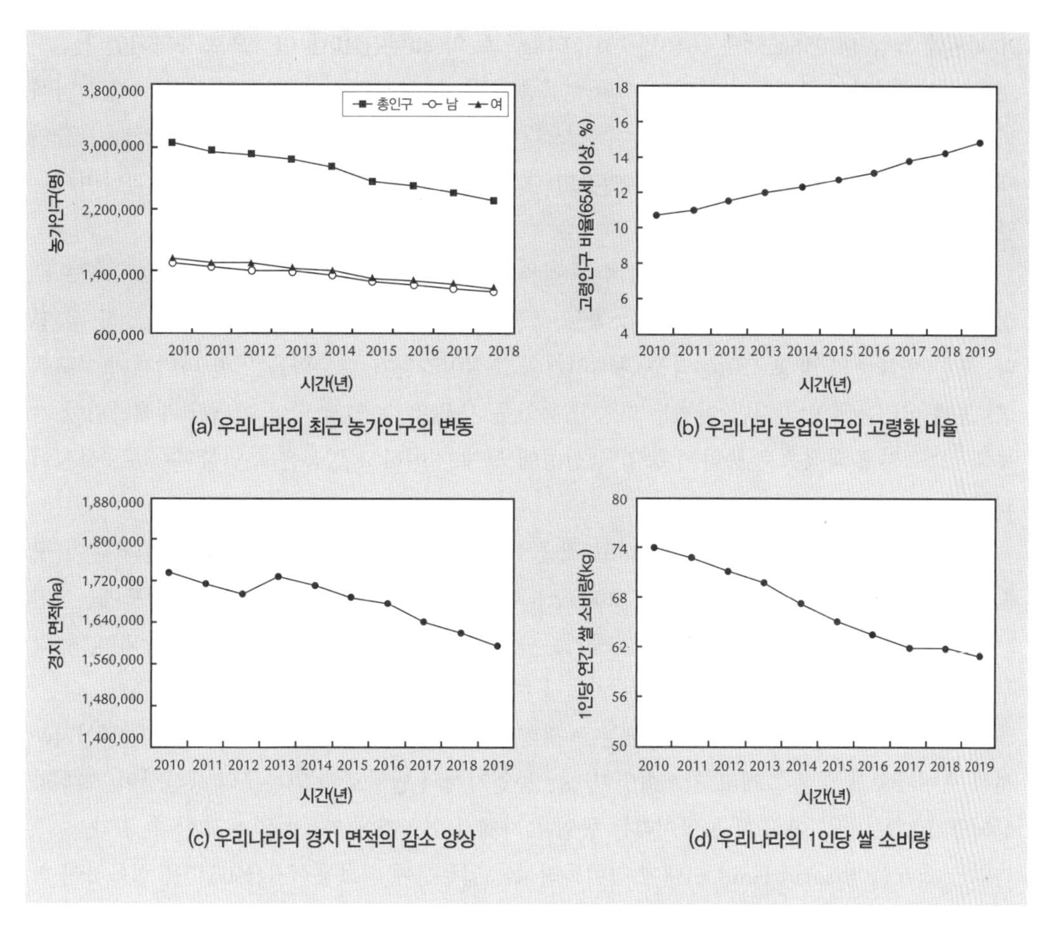

그림 1-2 우리나라의 농가인구, 고령화, 경지면적의 변화

출처 : 국가통계포털

쌀의 경우 생산량은 1945년에 ha당 1,770kg에서 1960년 2,720kg/ha, 1966년 3,230kg/ha으로 단위 면적당 쌀 생산량이 증대되어 1976년에는 4,330kg/ha으로서 ha당 쌀 생산량이 4,000kg을 넘어섰고 1996년에는 5백만 톤 이상이 생산되어 ha당 5,000kg 이상의 쌀 수량을 나타내었다. 이러한 수량은 최근까지도 유지되어 쌀의 경우 경작지 면적은 줄어들고 있지만 생산량은 2018년에도 ha당 5,244kg의 생산량을 나타내고 있다.

다른 식량작물의 경우 맥류(보리, 쌀보리, 밀, 호밀, 귀리, 라이밀 등)는 2000년에 ha당 2,387kg에서 2018년까지 생산량의 변동이 거의 없었고, 잡곡(조, 피, 기장, 수수, 옥수수, 메밀 등)은 2000년에 3,046kg에서 2018년 3,516kg으로 증가되었고 두류(콩, 팥, 녹두, 강낭콩, 땅콩, 동부 등)는 1,253kg에서 1,689kg 증가되었으나 서류는 5,438kg에서 4,605kg으로 낮아졌다.

과채류의 경우 세부 작물에 따라 다르겠지만 전체적으로 보면 2000년에 ha당 3,530kg에서 2017년에 45,000kg으로 증가하였으며 엽채류는 2000년에 51,348kg에서 2018년에 105,472kg, 근채류는 2000년에 42,906kg에서 2018년 76,637kg으로 큰 폭으로 증가되었다. 과실 생산량은

2000년에 ha당 14,056kg에서 2018년 131,161kg으로 약 20년간 10배 이상으로 증가되었다.

이러한 생산량의 증가는 그동안 다수확 신품종의 육성, 보급 및 재배기술의 개선 그리고 기계화 등에 의한 직접적 영향으로 생각할 수 있으나 이 이면에는 이러한 품종 개량 및 재배 기술의 개발도 농약 사용을 전제로 하여 이루어졌기 때문에 농약의 역할도 크다는 것을 간과하여서는 안 될 것이다.

즉, 병해충의 가해로 피해가 심하여 수량 감소가 심하였던 다수확 품종들도 다양한 농약으로 병해충의 방제가 가능해졌기 때문에 농작물 품종을 선택할 수 있는 폭이 넓어졌다고 할 수 있다. 또한 병해충의 발생으로 농작물 재배시기의 조절이라든가 다수확을 위한 다비재배(多肥栽培) 등에 어려움이 많았지만 이제는 다양한 농약을 사용할 수 있게 되어 이러한 재배방법이 가능해짐으로써 결과적으로 농약이 농업 생산성에 크게 기여하고 있음은 부인할 수 없는 사실이 되었다.

농업 여건이 불리하였음에도 불구하고 최근 10년간의 농가소득은 그림 1-3에서와 같이 꾸준히 증가하는 추세를 나타내고 있다. 2009년도에 농가소득이 3천만 원에서 2018년도에는 4천2백만 원으로 증가하였다. 농업소득의 증가는 농업기술 향상이 반영된 결과라 생각되며, 농약 부문도 농가소득을 증대시키는 데 많은 기여를 하였다고 할 수 있다.

우리나라의 고도 경제성장 밑바탕에는 녹색혁명을 통한 식량증산, 백색혁명으로 일컬어지는 시설 재배기술의 발달 그리고 기계혁명이라는 농업기계의 발달로 농업부문의 생산성이 크게 향상되었기 때문인데, 이 또한 농약이라는 농업용 자재가 있었기에 가능하였다고 할 수 있다.

최근 스마트 팜(smart farm) 시대에 접어들면서 농업부문에 정보통신기술(ICT)을 접목하여 작물생육정보와 환경정보에 대한 데이터를 기반으로 병해충 방제 시스템, 즉 농약의 살포도 이루어지게 되어 농약 최적 사용으로 생산성을 더 높일 수 있게 되었다.

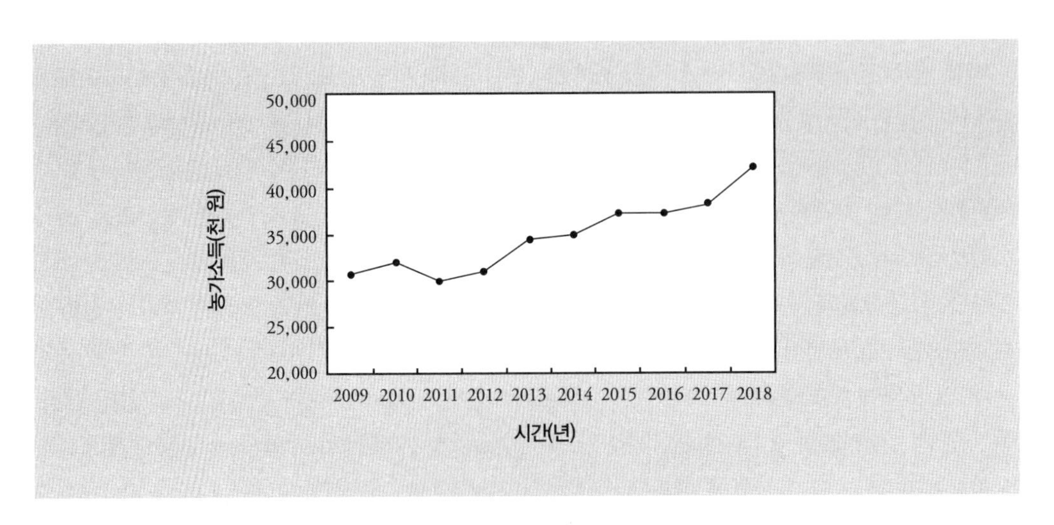

그림 1-3 우리나라의 농가소득 현황

출처 : 국가통계포털

3.2 노동력 절감

우리나라의 전체 농가 가구 수가 2010년 1,177,318, 2015년 1,088,518, 2018년 1,020,838가구로 계속 감소되면서 농가인구도 2010년에 306만 명(남자 150만, 여자 156만), 2015년 256만(남자 126만, 여자 130만), 2018년 231만 명(남자 113만, 여자 119만)으로 감소되는 추세로 나타났다. 2018년 농가인구 중 60세 이상이 135만 명으로 58%에 달하여 전반적으로 노령화되고 있어 농업 노동력 공급에 한계를 드러내고 있다.

이러한 농촌 노동력의 고령화로 인하여 노동력이 부족한 상황에서 제초제의 개발은 노동력이 가장 많이 드는 분야인 제초작업에서 노동력 절감을 크게 이룰 수 있었다. 또한 우수한 제초제의 개발로 벼의 직파(直播)재배와 같은 재배기술의 도입으로 모를 준비하고 모내기를 하는 데 드는 노동력도 크게 절감할 수 있게 되었다.

또한 농약 살포 시에도 다양한 제제기술의 개발로 두 가지 또는 그 이상의 농약성분을 혼합하여 제제한 혼합제가 개발되고, 농약혼용 가능 여부도 다양한 농약을 대상으로 연구가 이루어져 노동력을 절감할 수 있게 되었다.

3.3 품질 향상

농약으로 농작물을 가해하는 병해충을 적절하게 방제함으로써 농산물의 품질 향상에 크게 기여하고 있다. 종자소독제의 개발로 파종 전에 종자에 있는 병원균을 방제하고 파종함으로써 농작물의 수확량 증대는 물론이고 농산물의 품질도 향상되었다. 농산물의 국가 간 교역에서도 수확 후 처리제(post-harvest pesticide) 등이 개발되어 사용됨으로써 수송 및 저장 기간에 농산물의 변질을 막을 수 있어 품질 유지에 크게 도움을 주고 있다.

우리 모두가 계절에 크게 구애받지 않고 싱싱하고 좋은 품질의 농산물을 식탁에서 접할 수 있게 된 것도 우수하고 안전한 농약이 개발되었기 때문에 가능한 일이었다.

우수한 농약의 개발은 농산물의 신선도 유지에 크게 기여하고 있는데, 특히 사과의 경우 수확 당시의 신선도를 오래 유지시키기 위해 농약활용기자재를 통하여 일-메틸사이클로프로펜(1-methylcyclopropene)을 발생시켜 에틸렌의 숙성 작용을 막아 신선도를 오랫동안 유지시켜 품질을 향상시킬 수 있었다. 이러한 농약은 현재 사과뿐만 아니라 배, 감, 토마토, 참다래 등에도 확장하여 사용하고 있다.

4. 농약의 구비조건

농약은 농산물의 양적·질적 향상을 위하여 사용되는 중요한 농업자재로서 이 자재의 좋고 나쁨에 따라 농산물의 수량 및 품질이 크게 영향을 받게 되므로 다음과 같은 구비조건을 갖추어야 한다. 과거 많은 종류의 농약이 개발되어 실용화되었으나 이들 구비조건을 충족시키지 못하여 도태된 것이 많다. 그러나 현재 사용되고 있는 농약도 이들 구비조건을 완전히 충족시키는 것은 드물다. 따라서 이들 구비조건을 어느 정도 충족시키느냐에 따라 농약으로서 좋고 나쁨이 결정되며, 이들 구비조건은 시대에 따라서 변할 수도 있으며, 조건에 다소 미비한 것은 사용방법의 개선 등을 통해 보완해 나갈 수 있을 것이다.

4.1 약효의 우수성

농약으로서 갖추어야 할 가장 중요한 요건으로는 소량으로도 약효가 확실해야 한다는 것이다. 방제 대상이 되는 생물체를 효과적으로 방제하기 위해서는 방제 대상 생물체의 작용점에 농약이 도달되어야 약효를 발휘하게 되는데, 적은 약량으로 단일 작용점을 가져야 높은 방제 효율을 나타낼 수 있게 된다. 과거에 만들어진 농약의 작용점은 단일 작용점이 아니고 복합 작용점으로 되어 있어 주로 다량으로 살포해야 약효를 제대로 발휘할 수 있었다.

농약의 약효는 가능한 한 광범위하게 발휘되는 것이 바람직하나 천적이라든가 유용생물에까지 영향이 미쳐서는 안 된다. 최근에는 목적으로 하는 생물체만 죽이는 고도로 선택성이 높은 약제들이 개발되어 기존의 약제보다 살포 약량을 적게 하여도 방제효과가 우수하고 환경오염을 덜 유발하는 것으로 알려져 있으며, 농약은 소량으로 확실한 약효를 내는 것이 좋다.

4.2 인축에 대한 안전성

농약은 작물을 가해하는 병균이나 해충 및 잡초와 같은 생물을 살멸하는 약제이므로 정도의 차이는 있으나 독성이 있는 물질이다. 이 때문에 그 독성 정도가 너무 높거나 잔류기간이 너무 길어 농약을 사용하는 사람들에게 독성을 유발하거나 주변의 가축에게 독성을 나타내서는 농약으로 사용하기가 어렵다.

농약은 다양한 경로로 사람들과 접촉하게 되는데 농약을 제조하는 사람, 농약을 살포하는 사람, 잔류된 농산물을 섭취하는 사람 그리고 환경 중에 존재하면서 농약을 흡입하거나 접촉하게 되면서 중독이 일어날 수 있기 때문에 인축에 대한 독성은 가급적 낮아야 한다. 현재 우리나라에서는 농업용 농약으로는 맹독성과 고독성에 해당되는 농약은 사용할 수 없다.

농약은 농작물을 대상으로 살포하기 때문에 최종 수확물 중에도 잔류농약이 남아 있게 되는 경우가 많아 농약 모화합물에 대한 독성 조사는 물론 대사산물에 대한 독성 정도도 잘 파악하여 잔류농약으로 인한 독성을 충분히 검토해야 한다.

최근 들어 가축들이 농업부산물을 사료로 먹으면서 사료에 포함된 농약에 의한 가축 독성 피해가 보고되고 있으므로 가축에 대한 안전성도 충분히 검토되어야 할 것이다.

4.3 농작물에 대한 안전성

병해충 및 잡초로부터 농작물을 보호하기 위하여 사용되는 농약에 의하여 농작물이 약해(phytotoxicity)를 심하게 받아 생육에 이상이 생기면 아무리 약효가 우수한 농약이라 하더라도 농약으로서의 가치는 떨어지게 된다. 사용하는 농작물의 형태와 농약 주성분 및 농약 제조 시에 들어간 보조제에 의한 약효 및 약해를 충분히 검토한 후 제제화가 이루어져야 할 것이다. 그러나 특수한 작물 및 한정된 시기에만 약해를 유발하고 그 외의 작물 및 시기에는 안전하다든지 또는 비선택성 제초제와 같이 특수한 목적으로 사용되는 농약의 경우에는 다소 약해가 있더라도 회복될 수 있기 때문에 사용할 수도 있을 것이다.

4.4 생태계에 대한 안전성

농약이 약효를 효과적으로 발휘하기 위해서는 어느 정도의 잔류성이 있어야만 약효를 지속시킬 수 있다. 농약의 잔류성이 너무 길면 농약이 잘 분해되지 않아 살포 목적 이외에 주변의 생태계를 파괴할 수 있게 된다. 과거에 사용된 농약 중 잔류성이 너무 길어서 문제가 된 DDT를 포함한 유기염소계 살충제들은 생태계에 잔류되어 지속적인 영향을 미쳐 지금은 대부분의 국가에서 농업용으로는 사용이 금지되어 있고, 또한 전 세계적으로 잔류성 유기오염물질로 규제를 받고 있다.

따라서 농약은 농약으로서의 약효 이외에 생태계의 각종 생물들에 대한 안전성도 충분히 고려해서 만들어져야 한다. 농약 사용으로 인하여 천적까지 동시에 살멸하게 된다면 오히려 해충의 대발생을 초래할 가능성도 배제할 수 없기 때문에 생태계에 대한 안전성 검증 부분도 충분히 이루어져야 할 것이다.

4.5 농약 제제화의 용이성

농약은 원제를 직접 대상 농작물에 살포할 수 없기 때문에 적절한 제형으로 제조되어야 한다. 농약의 물리화학적 성질은 손상되지 않으면서 약효가 잘 발휘되고 사용자들이 편리하게 사용할 수 있도록 제조되어야 하며, 대량생산을 해도 문제없이 제형화가 쉬워야 한다. 농약은 제품으로 생산된 후에도 주성분 안정성(stability)에 대한 변화가 약효 보증기간 내에 일어나게 되면 약제로서의 가치를 상실하게 되므로 농약의 제제화 이후의 농약 주성분의 경시변화 여부를 면밀히 검토해야 한다. 농촌 노동력의 부족으로 두 가지 이상의 농약을 한꺼번에 넣어서 살포액을 만들어 살포할 경우에도 제형 간에 침전이나 분해촉진 등의 문제가 발생하지 않도록 제제화 이후에도 제품 및 살포액의 안정성에 대한 조사가 필수적으로 따라야 농약으로서의 가치가 충분할 것이다.

4.6 농약 가격의 합리성

아무리 약효가 우수하고 인축에도 안전한 농약이라 하더라도 가격이 너무 비싸 농업생산비를 높이게 되면 전반적으로 농업경영비가 상승하게 되어 이익이 많지 않게 된다. 따라서 농약을 개발하여 여러 시험을 거쳐서 제품화가 이루어질 때 소요되는 비용이 적절해야만 최종적으로 상품화되었을 때 경제성이 있게 될 것이다.

4.7 기타

농약이 갖추어야 할 구비조건은 이 외에도 사용하기 편리하게 제조되어야 하고, 대량생산도 가능해야 한다. 특히 우리나라는 농약관리법에서 국내에서 사용하기 위한 모든 농약의 품목은 반드시 농촌진흥청을 통해 등록되어야 한다는 규정이 있으므로 등록되지 않은 농약은 사용할 수 없다는 점을 반드시 인지하고 있어야 한다.

chapter 02

농약의 역사

농약을 최초로 사용한 시기에 대한 확실한 기록은 없지만 짐작하건대 현재 사용되고 있는 농약은 아니더라도 병해충 및 잡초로부터 농작물을 보호하기 위한 방법이 있었을 것으로 추측된다. 농약의 개발 과정을 살펴보면 원시 농약시대, 무기 및 천연물 농약시대, 유기합성 농약시대 등으로 크게 구분할 수 있으며, 유기합성 농약시대를 다시 여명기, 전성기, 안전성기, 고활성기로 구분할 수 있다. 또한 농약의 화학적 분류에 따라 무기 및 천연물 농약을 제1세대 농약, 유기합성 농약을 제2세대 농약, 그리고 생물농약을 제3세대 농약으로 구분할 수 있다.

1. 세계의 농약 발달과정

1.1 원시 농약시대(기원전~1800년)

원시 농약시대에는 병해충 방제에 대한 개념이 정립되지 않았으며 농작물을 병해충으로부터 보호하기 위한 방법을 관례적인 경험에 의존하였다. 성서에 의하면 기원전 1200년경에 이스라엘 민족이 경작지에 소금과 재를 뿌렸다는 기록이 있다. 현대 농약의 개념에 기반하여 생각할 때 그 당시 소금과 재가 비선택성 제초제의 개념으로 사용되었을 것으로 추측된다. 또한 기원전 1000년경에는 그리스 시인 Homer에 따르면 유황의 증기가 훈증효과를 가지고 있음이 인정되었다. 기원전 100년경에는 로마인들이 헬레보어(Hellebore, 미나리아재비과 식물로 백합과의 식물 또 그 뿌리를 말려 가루로 만든 살충제) 가루를 쥐 또는 해충을 방제하기 위하여 사용하였으며, 기원전 25년경에는 고대 로마 시인인 Virgil이 종자처리제 개념으로서 질산칼륨(硝石, nitre) 및 아무르카(amurca, 올리브유 찌꺼기 또는 침전물)를 사용하였다.

기원후 1세기경에는 비소(As)의 살충효과가 중국에서 인정되었으며, 이후 17세기경에 유럽에서도 비소가 살충제로 사용되었다. 기원후 14세기경 Marco Polo의 동방견문록에 따르면 낙타의 옴을 방제하기 위하여 광유(mineral oil)를 사용하였다. 또한 18세기에는 승홍[염화수은(II)의 의약품명]과 황산동이 살균제로 사용되었고, 17세기 중반 프랑스에서는 담뱃잎의 추출물이 살충제로서 사용되었다. 국화과인 제충국도 16세기 중기에 살충제로 사용되었으며 18세기에는 비누가 살충제로 사용되었다.

1.2 무기 및 천연물 농약시대(1800~1900년)

19세기에 이르러 병해충 및 잡초를 방제하는 방법이 체계적으로 연구되면서 방제 대상별로 적용할 수 있는 약제가 개발되었다. 살균제의 경우 19세기 초에 밀의 깜부기병이나 포도의 흰가루병 및 노균병의 방제를 위한 연구가 체계적으로 수행되었으며, 1848년 Duchartre에 의해 이들 병을 방제하기 위한 유황의 효과가 인정되어 유황 함유 농약개발의 전기가 마련되었다. 이후 1852년 Grinson액(유황과 소석회)이 개발되었으며 현재에도 사용되고 있는 석회유황합제가 Hoble 및 Covel(1880)에 의해서 개발되었다. 또한 1885년 Millardet에 의해 구리와 석회로 구성된 석회보드로액이 개발되었다.

살충제의 경우 1815년에 감귤나무 깍지벌레를 방제하는 석유유제가 개발되었으며 1880년에 미국의 감귤농장에서 널리 사용되었다. 1820년에는 Paris green이라는 비소제가 개발되었으며 1867년에 감자의 콜로라도 잎벌레를 방제하기 위해 사용되었다. 비소제 개발의 계기로 아비산(삼산화이비소 수화물)과 아비산연(아비산납) 등이 개발되었으며 1892년에는 비산연(lead arsenate, $PbHAsO_4$)이 개발되어 짚시나방 방제에 탁월한 효과를 거두었다.

천연물이 농약으로 사용되기 시작한 시기는 1690년경부터이며 1828년에 담배의 살충성분인 nicotine을 순수하게 분리하면서 nicotine계 농약개발이 활성화되었다. 또한 1848년 콩과 작물의 일종인 Derris의 뿌리를 나방류 애벌레를 방제하는 데 사용하였으며, 1892년 Geoffory는 Derris의 살충성분을 분리하여 rotenone계 농약의 개발을 위한 발판을 마련하였다. 1800년경에는 코카서스 지방에서 국화과 식물인 제충국의 분말이 살충제로서의 효과가 인정되었으며, 이로 인해 제충국제 농약을 개발하는 발판이 마련되었다. 그 외에 이세리아 깍지벌레 방제에 송지합제(송진에 수산화나트륨을 섞어 만든 강한 염기성 살충제)의 효과가 인정(Koeble, 1887)되었으며 Riley는 알칼리제의 살충효과를 보고한 바 있다. 또한 1800년대 말에는 dinitrophenol계 화합물과 이황화탄소 및 formalin이 저곡해충(저장 곡물을 해치는 해충, 쌀바구미 등) 방제용 농약 및 종자소독제로서의 효과가 인정되었으며, 유기염소계 농약의 시초인 BHC(Faraday, 1825) 및 DDT(Zeidler, 1874)가 각각 합성되어 유기염소계 농약의 개발을 위한 발판이 되었다.

1.3 유기합성 농약시대

1.3.1 여명기(1900~1950년)

유기합성 농약의 여명기에도 무기농약인 비산석회($CaHAsO_4$, 1907), 동수화제[$Cu(OH)_2 \cdot CuCl_2$, 1910], 비산망간($MnHAsO_4$, 1944)이 개발되었다. 또한 Dictet와 Retschy(1904)에 의한 담배의 살충성분인 nicotine의 합성으로 인해 황산니코틴(nicotine sulfate)이 살충제로 개발되어 널리 사용되었다(1910).

Derris의 뿌리가루와 그 유효성분인 rotenone을 주성분으로 한 유제가 살충제로서 사용되었으며, 제충국의 살충성분이 pyrethrin으로 규명(Standinger & Ruzicker, 1924)됨에 따라 제충국의 추출물이 살충제로 많이 사용되었다. 그러나 1940년대부터 유기합성 농약의 개발이 시작되면서 천연물 유래 살충제는 사용량이 점점 감소하다가 1950년 이후에는 원료의 확보가 어려워 사용량이 크게 감소되었다.

천연 광물질 농약으로서 1906년경 미국에서 감귤의 깍지벌레 방제를 위해 비점이 높은 윤활유로 조제한 석유유제가 개발되어 사용되었으며, Pickcring(1906)은 현재까지 사용되고 있는 기계유(machine oil)를 개발하였다.

1800년대 말부터 유기합성 농약에 대한 연구가 활발하게 수행되면서 다양한 종류의 약제가 탄생되는 여명기를 맞이하게 되었다.

1825년 Faraday가 합성한 BHC가 Slade(1942) 및 Dupire(1943)에 의해서 살충력이 인정되었다. 또한 Vander와 Lindane에 의해서 BHC는 4개의 이성질체가 있음이 밝혀졌으며, 이들 이성체중 γ-이성체가 가장 강력한 살충력을 갖는다는 것이 구명되어 γ-이성체를 함유한 lindane이 개발되어 1960년대까지 사용되었다. Zeidler에 의하여 합성된 DDT도 강력한 살충력이 인정되어(Müller, 1939) 주로 위생해충 방제용으로 사용되다가 1945년 이후에는 농업용 살충제로 사용되었다. 1940년대에는 cyclodiene계 살충제인 chlordane(1945), aldrin(1948), dieldrin(1948), heptachlor(1949) 등이 개발되었으며 polychloroterpene계 약제인 toxaphene(1947)이 개발되어 유기염소계 살충제로 사용되었다.

제2차 세계대전 당시 독일의 Schrader가 독가스 화합물의 하나로서 유기인계 화합물의 합성을 연구하던 중 침투성 살충제인 Schradan(OMPA, octamethylpyrophosphoramide)이 농업용으로 처음 개발되었다(1941). 이는 유기인계 농약개발의 시초가 되어, TEPP(tetraethylpyrophosphate, 1946), parathion(1947), EPN(1949) 등이 개발되었다. 이러한 유기인계의 개발은 해충방제에 있어서 획기적인 성과를 이루었다. 또한 유기인계 농약의 개발과 보급은 그동안 해충방제에 공헌하였던 황산니코틴의 사용을 크게 감소시켰다. 한편 콩과 작물의 일종으로서 calabar bean의 주성분인 physostigmine(methyl carbamate)이 신경 자극전달에 영향을 미친다는 점을 기반으로 carbamate 화합물을 해충방제용 약제로 개발하는 데 성공하였으며, 1947년에 DDT의 내성문제가 대두되면서부터 그 대체 농약으로 사용할 수 있는 가능성을 보여주었다.

살균제의 경우 1914년 독일의 Riehm에 의해 chlorophenol과 무기 수은화합물이 맥류의 깜부기병 방제에 사용되었으며, 유기 수은제인 uspulun(염화메톡시에틸수은)과 phenyl mercuric acetate(PMA) 등이 종자소독제와 잔디병을 방제하기 위해 사용되었다. 1934년 Tisdal과 Williams는 dithiocarbarmate계 화합물이 살균활성을 보이는 것을 발견하여 1934년에 thiram, maneb, zineb 그리고 1942년에 ferbam 등의 유기유황계 농약의 개발이 시작되었다. 또한 quinone계 화합물인 chloranil(1937), dichlone(1944)이 종자소독제로, dinitrophenol계 화합물인 dinocap(1945)이 원예용 살균제로 개발되었다. 1930년대 후반에는 pentachlorophenol(PCP)과 pentachloronitrobenzene(PCNB)이, 그리고 1945년에는 hexachlorobenzene이 개발되었다. 또한 보건용 약제로 개발된 streptomycin(방선균의 일종인 *Streptomyces griseus*의 대사산물에서 발견된 항생물질)이 식물체에서 항세균성 효능을 가지고 있음이 밝혀진 후 anrimycin A(1947), cyclohexamide(1948) 등 다양한 항생물질이 식물병 방제용 제제로 개발되었다.

제초제의 경우 1936년 살균제로 개발된 PCP(pentachlorophenol)가 강력한 살초활성을 가지고 있음이 인정되어 잡초 방제를 위해 사용되었으나 본격적인 유기합성 제초제의 개발은 2,4-D(1942)가 개발된 이후라고 할 수 있다.

이와 같이 1900년부터 1950년까지는 유기인계, 유기염소계, carbamate계 등의 살충제와 유기유황계, 유기수은계 및 항생물질 등의 살균제가 개발되었으며 phenoxy계 화합물이 제초제로서의 효능이 인정되는 등 다양한 유기합성 농약의 개발이 활발하였던 시기로 유기합성 농약의 여명기라 할 수 있다.

1.3.2 전성기(1950~1970년)

유기합성기술의 발달과 병해충 방제기술의 체계적인 확립 등으로 1950~1970년대에는 다양한 종류의 농약이 개발 및 보급되었다. Metcalf(1950)에 의해 carbamate계 화합물이 곤충의 cholinesterase를 저해한다는 것에 기반하여 pyrolan 및 isolan 등이 살충제로 개발되었다(1952). Carbamate계 살충제는 DDT에 대한 저항성 해충의 방제에 효과적이고, 식물체 내 침투력을 보유하고 있으며, 포유동물에 대한 독성이 유기인계 농약보다 낮다는 장점을 가지고 있다. 이러한 장점에 힘입어 carbaryl(1957), BPMC(fenobucarb, 1962), carbofuran(1965), aldicarb(1965), methomyl(1968) 등과 같은 다양한 carbamate계 농약이 개발되었다.

유기염소계 농약의 사용이 꾸준히 증가되면서 endrin(1951), mirex(1954), endosulfan(1956) 등이 개발되었다. 유기인계 농약도 이 시기에 다양한 구조로 탄생되었는데 malathion(1950), dimethoate(1951), diazinon(1952), DEP(1952), fenitrothion(1960), chlorpyrifos(1965), triazpphos(1970) 등 약 130여 종이 개발되어 사용되었다. 한편 DDT의 사용량이 증가함에 따라 응애류의 천적이 감소하면서 응애로 인한 과수작물에 큰 피해가 발생되었고, 이에 응애를 선택적으로 방제하는 chlorobenzilate(1952), tetradifon(1954) 등과 유기주석계 농약인 cyhexatin(1968), fenbutatin-oxide(1969) 등의 살응애제가 개발되었다.

또한 새로운 계열의 살충제로서 바다 갯지렁이의 독소성분인 nereistoxin의 구조를 기반으로 합성한 cartap이 1965년에 개발되었다.

살균제는 여명기에 이어서 mancozeb(1961), sankel(1963) 등의 유기유황계 살균제가 식물병에 대한 예방과 치료를 위한 약제로서 개발되었으며 유기비소계인 neoasozin(1950)은 벼 잎집무늬마름병(紋枯病, 문고병) 방제용으로 사용되었다. 그뿐만 아니라 함질소고리(azoheterocyclic) 화합물인 quinoline(1946), amitraz(1955), trichloromethylthiolate계 화합물인 folpet(1949), captan(1952) 및 captafol(1961) 등이 개발되었으며 항생물질인 blasticidin-S(1958), kasugamycin(1963), polyoxin(1965) 등이 작물의 세균 및 곰팡이 병 방제제로 개발되었다. 또한 fluorophenylalanine이 오이의 검은별무늬병원균의 아미노산과 길항작용을 하고 있음이 발견되었으며, 이를 기반으로 carboxin(1966), benomyl(1967) 및 thiophanate-methyl(1970) 등의 침투성(systemic) 살균제가 개발되기 시작하였다. 유기인계 화합물인 iprobenfos(1965), edifenphos(1967) 등이 살균제로 개발되어 벼의 도열병 방제약으로 사용되었다.

잡초를 화학물질로도 방제할 수 있다는 개념이 성립됨에 따라 제초제도 개발되기 시작하여 MCPA(1945), MCPB(1954) 등 다양한 phenoxy계 제초제가 개발되었으며 propham(1945), barbam(1958) 등의 carbamate계, linuron(1960) 등의 요소계, simazine(1956), dimethametryn(1969) 등의 triazine계, diquat(1963), paraquat(1958)의 bipyridylium계, bromacil(1963), terbacil(1966) 등의 uracil계, chloridazin(1962)과 같은 pyridazine계, oxadiazon(1969)과 같은 oxadiazol계, trifluralin(1960)과 같은 aniline계, bromoxynil(1963), ioxynil(1963) 등의 nitrile계, diphenamid(1960), allidochlor(1965) 등의 amide계, butachlor(1969), alachlor(1970) 등의 anilide계, nitrofen(1964), CNP(1965) 등의 diphenyl ether계, piperophos(1970), butamifos(1970) 등의 유기인계 제초제가 개발되어 사용되었다.

식물생장조절제 분야에서도 IAA, 2,4-D, 2,4,5-T 및 MCPA, maleic hydrazide 등이 1950년대 초에 개발되었으며 gibberellin(1955), atonik(1969) 등이 식물의 생장촉진제로 개발되었다. 생장억제용 약제로서는 4급 암모늄화합물인 chlormequat chloride(CCC, 1950) 및 daminozide(1962), flurecol(1965), chlorphonium(1965) 등이 사용되었으며, 착색촉진제인 ethephon(1965), 작물건조제인 endothal(1951), diquat(1957) 등이 식물생장조절제로 개발되어 농작물의 양적 및 질적 향상에 크게 공헌하였다.

이와 같이 1950년부터 1970년대까지는 유기염소계 살충제의 양적 증대와 더불어 유기인계, 유기유황계, 항생물질 및 제초제 등의 다양화와 carbamate계 살충제 및 살응애제의 등장과 더불어 침투성 살균제 등 다양한 종류의 화학구조를 가진 농약들이 개발되어 유기합성 농약의 전성기를 이루었다.

1.3.3 안전성기(1970~2000년)

1970년대 이전까지 사용되었던 유기합성 농약의 높은 독성과 병해충의 저항성 유발, 그리고 농업환경 중 잔류성이 사회적 문제로 부각되면서 1970년대 이후에는 이들 농약이 내포하고 있는 문제점을 개선하여 인축에 대해 독성이 낮고 환경생태계에 대한 영향이 낮은 안전성 위주의 농약이 개발되었다.

살충제의 경우 독성이 강한 유기인계 농약의 분자구조에 대한 연구를 통해 비교적 독성이 낮은 acephate, heptenophos 등이 개발되었으며(1971), 독성은 강하면서도 유기염소계 약제에 비해 잔류성이 낮은 pyrimofos-methyl(1970), isofenphos(1974) 등이 개발되었다. 또한 대부분의 유기인계 살충제가 경엽처리제로 사용되는 데 반하여 독성이 강한 phoxim(1970), terbufos(1974), isazofos(1974) 등은 토양 살충제로 사용되었다.

천연물 농약시대부터 살충제로 사용되어 온 제충국의 유효성분 중 하나인 pyrethrin의 광에 대한 불안정성을 극복한 합성 pyrethroid계 살충제는 permethrin(1973)의 개발을 시작으로 fenvalerate(1976), deltamethrin(1977) 등이 개발되었고 낮은 농도로도 방제효능이 우수한 α-cypermethrin(1983), bifenthrin(1985), esfenvalerate(1986), acrinathrin(1991) 등이 개발되어 포유동물에 대한 독성이 낮은 pyrethroid계 살충제가 본격적으로 사용되기 시작하였다. Carbamate계 살충제로는 isoprocarb(1970), carbosulfan(1979), furathiocarb(1981), benfuracarb(1983) 등으로 저독성화가 이루어졌으며 nereistoxin계인 bensultap(1987)도 개발되었다.

또한 개발된 대부분의 살충제가 신경기능 저해제로서 작용하는 약제들인 데 반하여 곤충표피 구성물질의 생합성을 저해시키는 benzoylurea계 약제인 diflubenzuron(1972), teflubenzuron(1983), hexaflumuron(1983), flucycloxuron(1988) 등이 개발되어 방제효과의 선택성을 발휘하게 되었다. 기타 살충제로는 합성 nicotinoid계인 imidacloprid(1991)와 pyrazole계인 fipronil(1993)이 새로운 화학구조로 탄생되었다.

살균제의 경우 triazole계인 triadimefon(1976), bitertanol(1979), tebuconazole(1988), difenoconazole(1989), fenbuconazole(1991), cyproconazole(1996), anilide계인 metalaxyl(1977), procymidone(1976), vinclozolin(1976), oxadixyl(1983), 그리고 유기인계인 pyrazophos(1971) 및 fosetyl-Al(1977), tolclofos-methyl(1988) 등과 기타 침투성 약제로 imazalil(1972), tricyclazole(1975), fenarimol(1975), isoprothiolane(1975), prochloraz(1980), ethaboxam(1998) 등과 strobilurin계인 azoxystrobin(1992), kresoxim-methyl(1996) 등이 개발되었다. 또한 비침투성 계열 약제로는 iprodione(1972), validamycin(1972), fluazinam(1988), pencycuron(1988) 등이 개발되었다.

제초제의 경우 그동안 1년생 잡초를 방제하기 위한 약제의 사용으로 인한 잡초군락에 대처하기 위하여 1년생과 다년생 잡초를 동시에 방제할 수 있는 혼합제가 개발되었다. 대표적인 약제로는 낮은 농도 수준에서도 방제효과가 우수한 sulfonylurea계인 chlorsulfuron(1982), metsulfuron-methyl(1983), pyrazosulfuron(1989), imazosulfuron(1993) 등이 개발되었으며 imidazolinone계인 imazaquin(1983), imazapyr(1983) 등도 새로운 계열의 제초제로 탄생되었다. 비선택성 제초제로서 아미노산 유도체인 glyphosate(1982), glufosinate(1984), bialafos(1984) 등이 개발되었다.

식물생장조절제로는 숙기촉진제인 uniconazole(1988), trinexapac-ethyl(1992), prohexadion(1994), pyriminobac-methyl(1996) 등이 개발되었다.

1990년대 들어서면서 생명공학의 급속한 발달에 힘입어 제초제 저항성 작물에 대한 연구가 진행되면서 imidazolinone계 제초제인 imazethapyr(1984)에 저항성이 있는 IMI 옥수수, sulfonylurea계 제초제에 저항성이 있는 STS 콩 등이 개발되었다. 또한 glufosinate, glyphosate 등 비선택성 제초제에 저항성을 보이는 대두, 유채, 면화, 옥수수 등이 개발되었으며 *Bacillus thuringiensis*(Bt)에 저항성을 나타내는 감자, 면화, 옥수수 등도 개발되었다.

1.3.4 고활성기(2000년 이후)

안전성기 이후 2000년대로 들어오면서 농약의 등록조건이 강화됨에 따라 고독성 및 잔류성 농약 개발과 사용은 크게 감소하고 적은 약량으로 활성이 높은 고활성 농약과 제형에 대한 연구가 진행되기 시작하였다.

살충제의 경우 포유동물에 독성이 낮고 뿌리혹선충에 대해 선택성이 탁월한 유기인계인 cadusafos(2001)와 imicyafos(2010)의 마이크로캡슐 제형이 개발되었다. 또한 천적에 대해 독성이 낮은 곤충생장조절제(insect growth regulator, IGR)인 tebufenozide(1999)에 기반을 둔 methoxyfenozide(2001)가 새로운 IGR계 약제로 개발되었으며, 이는 나방류 해충의 섭식을 교란시키고 탈피작용(ecdysis)의 촉진을 통해 방제효능을 가져왔다. 또한 낮은 농도수준에서도 나방류 해충과 총채벌레에 대해 방제효능이 우수하며 유기인계 및 합성 피레스로이계 약제에 대해 교차저항성을 유발하지 않은 pyridalyl이 개발되었으며(2004), 불소 원소를 함유한 flonicamid가 채소작물에 발생하는 진딧물과 총채벌레를 방제하는 살충제로 개발되었다(2006). 2007년에는 담배거세미나방과 멸강나방에 대해 방제효능이 우수한 flubendiamide가 개발되었으며, 이와 유사한 살충기작을 보유한 chlorantraniliprole(2009)이 개발되었다. 또한 2001년에 개발된 indoxacarb와 유사한 작용기작을 가지면서 합성 피레스로이드계 농약에 대한 저항성 해충을 방제하는 효능이 있는 metaflumizone이 개발되었으며(2009), 진딧물과 총채벌레에 대해 섭식독성 및 흡즙독성을 가지고 있는 pyrifluquinazon이 개발되었다(2010). 한편 응애를 방제하는 약제로 사용되던 milbemectin이 나방류 해충과 총채벌레 방제용으로 개발되었으며(2010), 매우 낮은 농도에서도 해충의 전반적인 생애에 걸쳐 방제효능이 우수한 tolfenpyrad(2002)가 응애제로 개발되었다. 또한 해충의 전자전달시스템을 교란시키는 효과가 있는 cyflumetofen이 응애제로 개발되었으며(2007), 새로운 acrylonitrile계 살충제인 cyenopyrafen이 개발되었다(2008). 특히 cyenopyrafen은 대부분의 응애에 대해 탁월한 방제효능이 있으며 교차저항성을 유발하지 않은 약제로 알려져 있다.

살균제의 경우 균사 억제용 약제인 ferimzone(1991)의 구조에 기반한 새로운 농약으로서 diclocymet와 fenoxanil이 개발되었으며(2000), ergosterol 생합성 저해제(ergosterol biosysnthesis inhibitor, EBI)로서 pyribencarb(2012)가 strobilurin계 살균제 azoxystrobin(1998)에 이어서 개발되어 채소와 과수에 발생하는 곰팡이를 방제하는 데 사용되었다. 또한 감자와 포도에서 발생하는 곰팡이병을 방제하기 위해 cyazofamid가 개발되었으며(2001), 이는 향후 cyanoimidazole계와 benzimidazole계 살균제의 추가적인 개발에 대한 계기가 되었다. 2002년에는 보리와 야채 및 과수에 발생하는 흰가루병을 방제하는 효능이 있는 cyflufenamid가 개발되었으며 benthiavalicarb isopropyl이 개발되어(2007) 곰팡이에 대한 세포벽 합성 저해제로 사용되었다. 2008년에는 침투성 살균제인 amisulbrom과 광범위 살균제인 penthiopyrad가 개발되었다.

제초제의 경우 fentrazamide(2000)가 개발되어 벼에 발생하는 다양한 잡초를 방제하는 데 사용되었으며, 벼에 방생하는 잡초인 피와 기타 단년생 잡초를 방제하기 위해 fenoxasulfone이 개발되었다(2012). 또한 glyphosate 저항성 잡초를 방제하는 능력이 있는 pyroxasulfone이 개발되었으며(2011), carotenoid 생합성 저해제로서 benzobicyclon(2001)과 벼에 발생하는 광엽성 잡초에 대해 chlorophyll 생합성을 저해하는 tefuryltrione(2009)과 mesotrione(2010), 그리고 protoporphyrin 생합성에 관여하는 산화효소(protoporphyrinogen oxidase, PPO)를 저해하는 fluthiacet methyl 등이 개발되어 사용되고 있다.

이렇듯 2000년대 이후에는 인축과 환경에 대한 악영향이 적고 독성이 낮으며 낮은 농도에서도 우수한 방제효과를 나타내는 작용점이 특이한 생합성 저해제 계통의 고활성 농약이 많이 개발되어 사용되고 있다.

2. 우리나라의 농약 발달과정

2.1 근대 농업기(기록 중심)

우리나라의 농약 발달과정을 보면 조선 세종 때 정초가 지은 농사직설(1429)에 말의 뼈나 누에의 열탕추출액에 종자를 침지하여 해충 발생을 예방하였다는 기록이 있다. 이후 한정록(허균, 1610~1617)에 의하면 채소의 해충방제제로 고삼(*Sophora angustifolia*)의 뿌리나 석회수를 사용하였으며, 저곡해충 방제를 위하여 도꼬마리(*Xanthium strumarium*)나 쑥(*Achillea asiatica*)을 햇볕에 말린 다음 잘게 썰어 종자와 함께 저장하여 해충 발생을 예방하였다는 기록이 있다. 이는 우리나라에서 최초로 천연물 농약을 사용한 시기라 볼 수 있다.

과수의 해충방제에 대해서는 17세기 말에서 18세기 초에 홍만선이 지은 산림경제를 보면 유황분말을 훈증하는 방법과 수목의 벌레구멍을 삼나무 또는 유황분말로 막아서 방제하는 방법이 기술되어 있었으며, 이는 17세기 말부터 무기농약이 사용되었음을 의미한다.

19세기에는 생선기름이 벼의 해충 방제용으로 사용된 것이 임원경제지(서유구, 1842~1845)에 기술되어 있으며, 19세기 말에는 해충의 발생 상태에 따른 해충방제법이 농정촬요(정병하, 1886)

에 기술된 것으로 보아 이 시기부터 과학적인 병해충 방제가 시작된 전환기라 볼 수 있다. 농정촬요에 의하면 벼 재배에 있어서 주요 3대 해충인 수충(이화명충), 강충(멸구류), 엽포충(잎말이나방 혹은 혹명나방)의 발생 상태와 그 방제법이 기술되어 있는데, 물리적 방제법과 석유나 고래기름을 수면에 처리하는 방법이 그것이다. 이러한 방법은 1909년 이각종의 농방신편에서도 찾아볼 수 있다.

한편 살균제로는 옛날부터 병의 발생을 인정하면서도 그 방제법에 대한 기록은 찾아볼 수 없고, 20세기에 들어와서 비로소 도열병 방제를 위하여 볏짚재에 소량의 소금을 섞어 살포하였다는 기록이 있으며, 그 외 수은·황산동액을 살균제로 사용하였음을 농방신편에서 찾아볼 수 있다.

이상에서 보는 바와 같이 20세기 이전까지는 병해충을 방제하기 위한 농약의 사용은 경험에 의해서 주로 천연물 또는 무기물을 사용하였다. 그러나 1930년에 조선삼공농약사가 설립되면서 외국의 유기합성 농약이 우리나라에 소개되기 시작하였으며, 이로써 우리나라도 농약의 근대화가 이루어지기 시작하였다. 하지만 1945년까지 도입되어 사용된 농약은 주로 구리제, 석회유황합제, 비산연(비산납, lead arsenate), 비산석회 등의 무기농약과 제충국제, 황산니코틴 등의 천연식물 유래 농약이 대부분이었다.

2.2 현대 농업기(1945년 이후)

1946년부터 우리나라에서도 많은 농약제조회사가 설립되어 ferbam 및 DDT 등의 유기합성 농약이 완제품으로 수입되었다. 또한 다양한 유기염소계, 유기인계, carbamate계의 살충제와 유기유황계, 유기인계, 항생물질 등의 살균제 및 제초제가 1970년대 이전까지 수입되어 병해충 방제용으로 널리 사용되었다. 그러나 1970년 이후 농약에 대한 안전성이 세계적으로 부각되면서 침투성 살균제인 thiophanate-methyl, benomyl 등의 benzimidazole계 약제와 fenvalerate, cypermethrin, decamethrin 등의 합성 제충국제 및 미생물제인 Bt(Bacillus thuringienis, 1979) 등의 농약이 사용되었다.

한편 기존의 농약 두 성분 또는 그 이상을 혼합하여 제제한 혼합제 농약이 병해충의 동시 방제 및 저항성 억제에 효과적이라고 입증되어 벼의 주요 병해충인 도열병과 멸구류를 동시에 방제할 수 있는 혼합제의 개발을 위한 기원이 마련되었다.

이와 같이 우리나라의 농약산업은 외국의 기술 도입으로 시작하여 외국 기술의 소화, 모방과정을 거치면서 꾸준히 발전해 왔으며 기술력의 증대로 과거 완제품을 수입하여 사용하던 농약을 국내에서 대부분 제제화가 가능해짐에 따라 새로운 제형을 독자적으로 개발할 수 있게 되었다.

농약원제의 생산에 있어서도 크게 성장하여 1969년 parathion 원제를 국내에서 처음으로 합성하는 데 성공하여 우리나라도 최초로 농약원제 생산국이 되었다. 이후 1970년에는 BHC 원제가 합성되었고 국내 농약원제 합성기술이 지속적으로 발전하였다. 농약의 사용량도 크게 증가하여 유기합성 농약의 사용 초기인 1965년에 유효성분량으로 1,287 M/T 사용하던 것이 30년 후인 1995년에는 26,000 M/T로 크게 증가하였다. 최근 들어 단위 면적당 사용량이 줄어들고, 고독성 농약들이 폐지됨에 따라 전반적으로 농약의 생산량은 줄어들고 있는 경향이다.

농약 생산량은 2014년부터 2018년 5년 동안 15,133에서 16,283M/T 정도로 과거보다는 많이 줄어들었으나 최근에는 생산량의 증가폭이 크지 않고 안정화되고 있다. 그 이후 연간 농약의 소비량은 감소하거나 일정한 추세를 보이고 있다.

한편 우리나라에서 독자적으로 개발한 대표적인 농약은 유기인계 살충제인 flupyrazofos(KH-502)로서 1995년에 성보화학에서 개발되었으며, 1998년에 LG화학(현, LG 팜한농)이 pyrimidinyloxysalicyclic acid계 제초제인 pyribenzoxim와 1999년에 triazole carboxamide계 살균제인 ethaboxam, 2003년에 sulfonylurea계 제초제인 flucetosulfuron을 개발하였고, 2010년 목우연구소에서는 잔디전용 선택성 제초제인 methiozolin을 개발하였다. 또한 동부한농(현, LG 팜한농)이 2000년에 benzoylphenylurea계 살충제인 bistrifluron을 개발하였고, 2003년에 aryloxyphenoxy propionate계 제초제인 metamifop을 개발하였으며 2017년에는 비선택성 제초제인 thiafenacil을 개발하였다.

chapter 03

농약 시장

1. 세계 농약 시장

1.1 세계 농약 시장 규모

세계의 농약 시장 규모는 유기합성 농약이 본격적으로 등장한 1950년대부터 1970년대까지 급격한 증가 추세를 보이다가 농약의 안전성이 대두되기 시작한 1970년대 이후부터는 완만한 추세를 보였으나, 1990년대 이후에는 안정기에 들어 큰 성장세를 보이지 않고 있다. 1995년부터 2000년까지 5년간 실질성장률은 제초제, 살균제, 살충제에서 모두 1.0% 이하에서 감소하였다.

2000년부터 2014년까지 GM 작물 재배 증가와 중국, 동남아, 남미지역 시장이 급부상하면서 세계 농약 시장 규모가 표 3-1과 같이 커졌으나, 2015년 이후 농약 사용 저감정책과 GM 작물

▶ **표 3-1 세계 농약 시장 규모** (단위 : 백만 달러)

	2013	2014	2015	2016
경작지 농약	54,208	56,655	51,210	49,920
비경작지 농약	6,481	6,557	6,322	6,532
합계	**60,689**	**63,212**	**57,532**	**56,452**
전년대비 성장률(%)	+9.4	+4.5	-9.6	-2.5
실질성장률(%)	+9.9	+5.4	0.0	-3.7
GM 종자	20,100	21,054	19,789	20,396

출처 : 자연과 농업, 2017, 7월호

▶ **표 3-2 지역별 농약 시장 규모와 성장률** (단위 : 백만 달러)

지역	2013	2014	성장률(%)
중남미	14,026	16,147	+15.1
아시아	14,432	14,644	+1.5
유럽	13,634	13,885	+1.8
북미(NAFTA)	10,011	9,810	-2.0
기타	2,105	2,169	+3.1
합계	**54,208**	**56,655**	**+4.5**

출처 : 자연과 농업, 2015, 7월호

시장 안정화, 제초제 가격하락으로 화학농약 시장은 마이너스 성장세를 나타내고 있다. 반면 생물농약 시장은 2020년까지 연평균 15% 수준의 성장률을 기록할 것으로 예측되고 있다.

2011년 대비 2016년도 농약 시장 성장률은 +1.7%를 기록하였으며, 2016년도를 기준으로 2021년도의 시장성장률은 +2.6% 성장할 것으로 추산된다. 이는 남미 국가와 중국, 동남아시아 국가가 중심이 되어 4%대의 높은 성장률을 견인할 것으로 예상되며, 이와 달리 미국, 일본, 한국, 서유럽국 등의 농약 시장은 표 3-2와 같이 안정기에 머무를 것으로 예상된다. 2014년도 농약 시장은 632억 달러로 전년대비 4.2%의 성장률을 기록했다. 세계 농약 시장 거래가격은 유기인계, pyrethroid계, neonicotinoid계 모두 유사한 수준인 19,000달러/톤 수준에서 비교적 안정적 가격을 형성하고 있다.

비경작지용 농약 시장 규모는 65억 달러 수준에서 유지되고 있으며, GM 종자시장은 2011년 156억 달러에서 매년 증가하여 2014년 210억 달러 시장을 형성한 이후 200억 달러 수준에서 성장세가 둔화되는 경향을 나타내고 있다.

2013년 아시아지역과 중남미, 유럽지역의 농약 시장은 136~144억 달러 수준에서 유사하였으나, 2010년 이후 이어지고 있는 중남미시장의 성장효과로 인해, 2014년도 중남미 농약 시장은 161억 달러로 전년도 대비 15.1% 급성장하였고, 전 세계 농약 시장의 28.5%를 차지하며 주요시장으로 성장하였다. 이는 대규모 GMO 재배(2018년 2.8억ha)와 제초제 사용 증가와 연관된 성장으로 보이며, 이 지역의 개발과 발전이 계속될 것으로 보여 지속적 성장이 예상된다. 특히 아시아시장에서는 중국과 베트남의 시장규모가 점점 확대되고 있다.

유럽의 2014년도 농약 시장은 전년대비 1.8% 상승한 138억 달러를 기록했고, 스페인과 루마니아 농약 시장 성장이 두드러지게 나타났다. 북미시장은 2011년도 대비 2016년도 성장률은 멕시코(+2.8%)와 캐나다(+4.8%)의 성장세가 높게 나타났으나, 2014년도 NAFTA(북미자유무역협정) 지역은 전년대비 2% 하락한 98억 달러를 기록했다.

아프리카와 중동을 포함한 기타 지역의 성장은 전년대비 3.1% 증가한 21억 달러를 기록했다.

특히 나이지리아의 경우 농약 수입량이 증가했으나, 이들 중 대부분은 다시 재수출로 이어졌다.

1.2 농약 사용 목적별 시장점유율

사용 목적별 세계 농약 시장 점유율은 그림 3-1과 같이 2016년 기준으로 제초제가 41.8%로 가장 높은 점유율을 보였으며, 살균제와 살충제는 각각 27% 수준에서 유사하였다. 특히 제초제의 경우 2006년 시장점유율이 46.4%에서 10년간 시장점유율이 4% 정도 감소(41.8%)한 208억 달러를 기록하였다. 이는 글리포세이트의 가격 약세와 비선택성 농약의 사용 감소, 저항성 병해충의 증가로 인한 신규 살균제와 살충제의 사용이 증가하여 나타난 현상으로 보인다. 특히 2000년도 이후 급상승한 GM 종자시장은 2009년 살균제시장과 유사한 규모였으며, 2016년도에는 203억 달러를 기록하여 제초제와 유사한 시장규모를 갖추었다. 이와 달리 제초제 저항성 GM 작물의 재배로 지속적 성장세를 나타내던 제초제시장은 GM 작물 규제 강화와 글리포세이트의 가격하락 및 안전성 논란으로 인해 정체기에 들어설 것으로 예상된다.

농약의 유효성분 계열별 시장점유율 상위 10위에 해당하는 농약은 amino acid계 제초제, strobilurin계 살균제, triazole계 살균제, neonicotinoid계 살충제, pyrethroid계 살충제, organophosphate계 살충제, sulfonylurea계 제초제, acetamides계 제초제이며, 전체 농약 시장의 52% 수준에 이른다. 다만 최근 이들 성분에 대한 성장세는 감소 추세이며, 이를 대신하여 생물농약 시장의 성장세가 두드러지게 나타나고 있다.

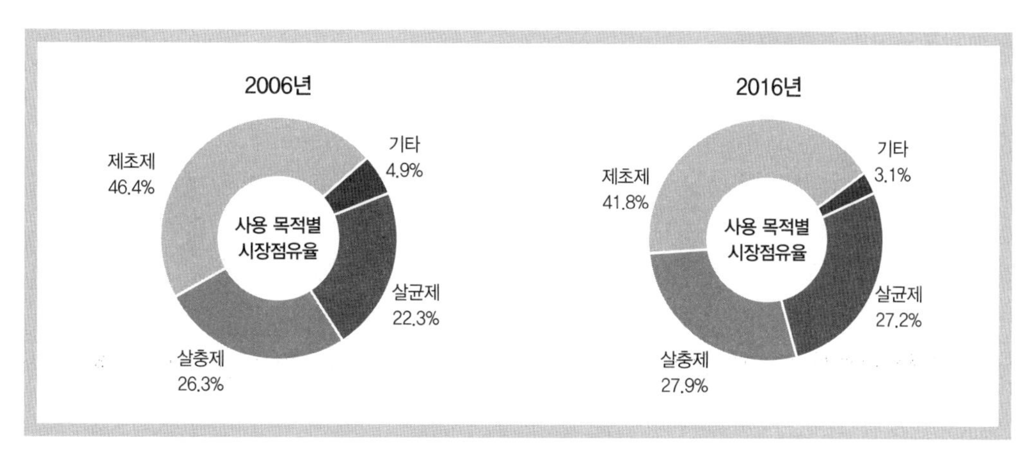

그림 3-1 사용 목적별 농약 시장 점유율

1.3 세계 생물농약 시장

세계 생물농약 시장은 2015년 기준 20억 달러 수준이며, 주요시장은 *Bacillus thuringiensis, Bacillus firmus, Bacillus subtilis* 3종이 주도하고 있다. 국내제조 생물농약으로는 *Aspergillus niger, Beauveria bassiana, Bacillus velezensis* 등을 사용한 제품이 출시되어 있다. 생물농약 시장은 2020년까지 연평균 15% 성장률을 나타낼 것으로 추정하고 있으며, 엄격한 환경규제와 화학농약 사용 저감정책으로 인해 지속적 성장세가 유지될 것으로 추정하고 있다.

2016년도 기준 세계 농약 시장을 선도하는 상위 10위권 기업으로 몬산토와 합병한 바이엘, 신젠타, BASF, 듀퐁과 합병한 다우 애그로사이언스, 아리스타와 합병한 UPL, FMC, 아다마, 뉴팜, 스미토모 등이 있으며, 이들 기업의 매출은 450억 달러 수준으로 농약 전체 시장의 90% 수준을 담당하고 있다. 특히 최근 들어 화학농약 시장이 안정화되고, 신규 농약 개발비용이 상승함에 따라 개별 기업 간 인수합병과 이를 통한 글로벌 기업 성장전략이 활발히 진행되고 있다. 그 예로 2016년 중국 캠차이나는 다국적기업인 신젠타를 인수하였고, 같은 해 바이엘은 미국 몬산토를 인수하였으며, 2017년 미국 다우케미컬이 듀퐁을 인수하여 농업부문 기업으로 코르테바 애그리사이언스를 설립하였다. 2018년 독일 BASF는 바이엘의 글루포시네이트와 몬산토 지분을 인수하였고, 2019년 UPL은 아리스타를 인수하여 세계 5대 농약 기업으로 급부상하였다.

2. 우리나라 농약 시장

2.1 연도별 농약 출하량

우리나라 농약 시장은 1970년대 녹색혁명, 1980년대 백색혁명, 1990년대 우루과이라운드(UR) 및 환경운동, 2010년대 친환경농업 활성화라는 큰 사회적 변화를 기점으로 바뀌어왔다. 1970년대에는 주곡자립을 위한 증산정책인 '녹색혁명'을 완성하고자 60년대에 비해 2배 이상 증가한 3,719톤의 출하량을 보였으며, 1980~1990년대 상업농시대가 펼쳐지면서 농약 출하량은 25,834톤까지 급상승한 후 2000년대 들어 출하량은 지속적으로 감소하고 있다. 특히 2000년 이후 우리나라 농약 시장의 큰 변화 중 하나는 그림 3-2와 같이 2000년대 초반 연간 25,000톤 정도의 농약 출하에서 최근 20,000톤 수준으로 출하량이 감소한 반면, 금액 기준으로 1조 원에서 1.5조 원으로 증가하였다. 특히 수도용 농약의 출하량은 10년 전의 절반으로 감소했고, 정부의 농약 사용 감축정책과 환경문제 등으로 인해 과거와 같은 고성장은 어려울 것으로 예상하고 있다.

농약의 공급량은 병해충 및 잡초의 발생량에 크게 좌우되지만 중장기적 살균, 살충, 제초제의 공급량은 전체 농약 공급량의 변화와 같이 1990년대까지 크게 증가하였으나, 2000년 이후로는 안정기에 들어간다. 농약 약제별 공급량은 표 3-3과 같이 살충, 살균, 제초제 순으로 많았으나,

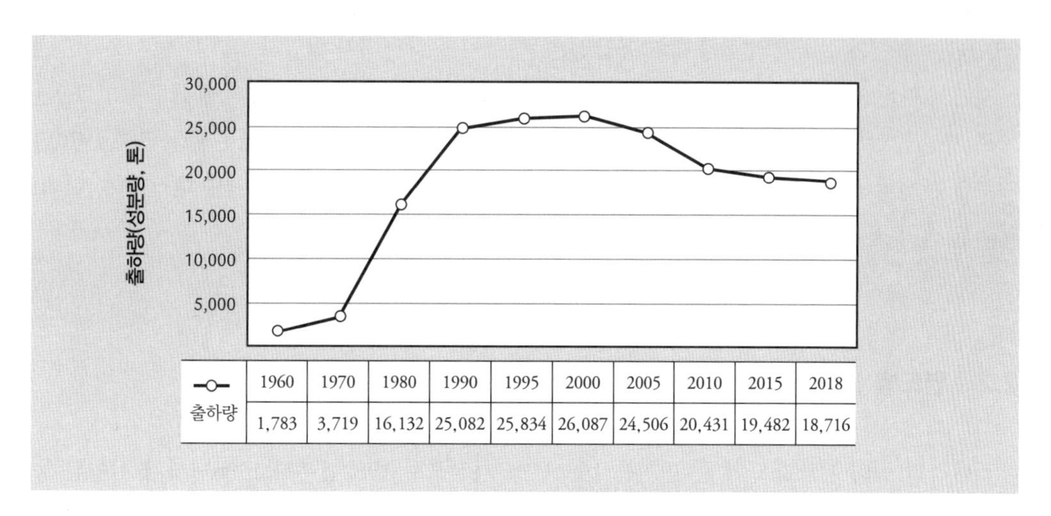

그림 3-2 연도별 농약 출하량 변화 추이

▶ **표 3-3 농약의 사용 목적별 생산량 추이** (단위 : 억 원)

사용 목적	2014년	2015년	2016년	2017년	2018년
살균제	5,535	6,021	5,164	5,336	5,358
살충제	5,662	5,970	5,487	6,496	6,271
제초제	3,492	4,388	4,137	3,995	4,235
생조제(기타)	444	480	486	456	419
합계	15,133	16,859	15,274	16,283	16,283

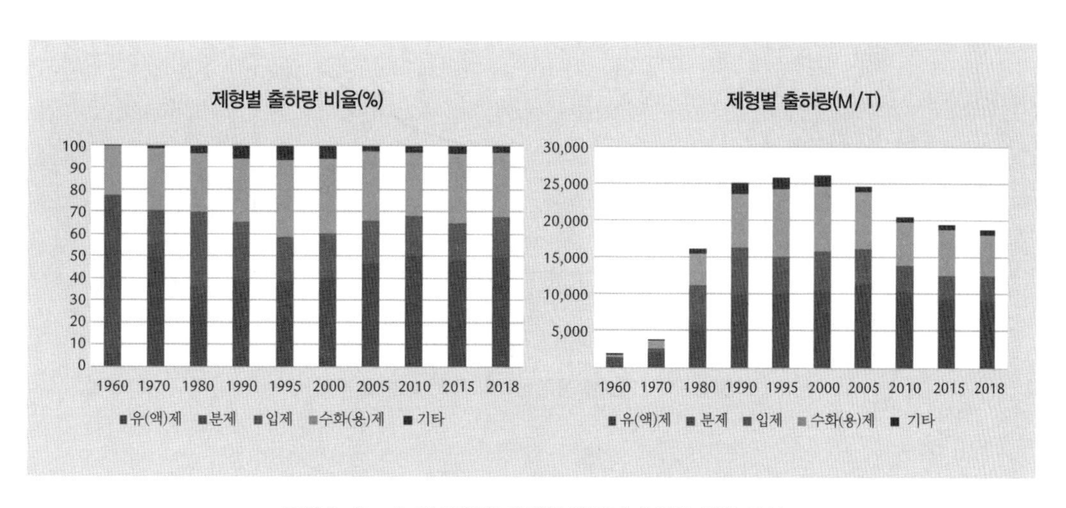

그림 3-3 농약 제형별 출하량 비율과 출하량 변화 추이

2010년 이후에는 살균제와 살충제의 공급량은 큰 차이를 나타내지 않았다.

시기에 따른 제형별 출하량 비율을 보면 그림 3-3과 같이 1960년대 분제의 공급량이 1,269톤으로 가장 많았으나, 표류 비산과 이에 따른 인근작물 약해유발 및 환경오염문제로 인해 1970년대부터 분제의 공급량은 지속적으로 감소하여 2018년에는 32톤에 그쳤다. 이를 대신하여 유(액)제와 입제의 공급량이 늘었다.

2.2 연도별 농약 품목

우리나라의 농약 관리제도의 큰 변화는 1996년을 기점으로 1982년부터 1996년까지 시행된 농약품목고시제와 그 이후인 1997년부터 시행 중인 농약품목등록제가 있다. 농약품목등록제로 법이 개정된 이후 등록농약 품목 수가 급격히 증가하였고, 2001년 품목 재등록 제도가 도입되면서 품목 등록수 증가세가 잠깐 둔화되었으나, 이후에도 그림 3-4와 같이 꾸준히 증가하여 2010년 1,431품목, 2018년 2,006품목이 등록되었다.

1997년 독성 분류체계에서 저독성 농약이 추가되면서 현재의 독성분류체계가 유지되고 있으며, 이에 따라 독성등급별 등록농약의 분포를 보면, 1997년 저독성 농약이 540품목(74.6%)에서 2012년 1,396품목(87.9%)을 보이고 있으며, 맹독성과 고독성 농약의 품목 등록수는 매년 꾸준히 줄어, 1990년 맹독성 농약은 모두 등록 취소되었으며, 2010년 이후 고독성 농약은 3품목만이 산림 재선충 방제 목적으로 등록되어 있다.

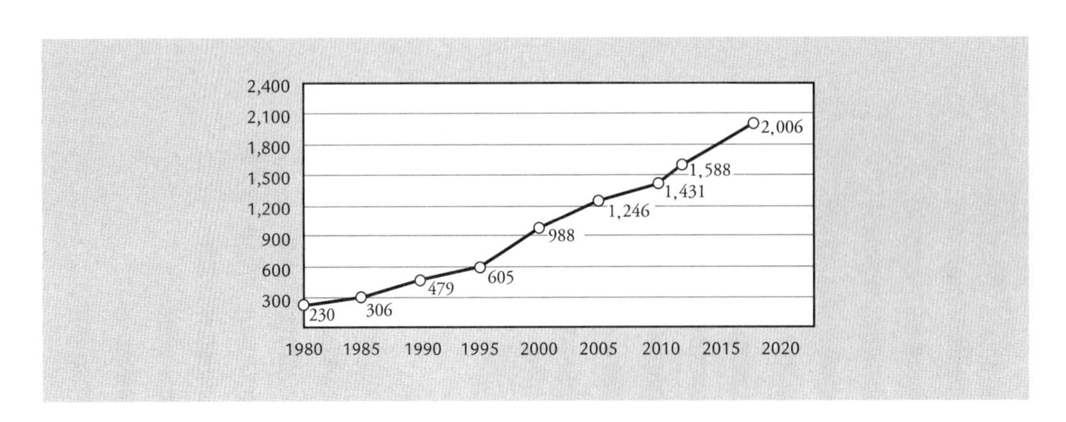

그림 3-4 연도별 등록농약의 품목 수 변화 추이

농약의 분류

농약은 작물 보호의 주요 목적인 병해충 및 잡초의 방제뿐만 아니라 농산물의 품질, 숙기 조절, 수확 후 처리 등 다양한 농작물 재배 및 생산과정에서 사용된다. 전 세계적으로 약 1,400여 종의 유효성분들이 농약으로 사용되고 있으므로 각 성분에 대하여 일일이 그 구조 및 특성을 이해하는 것은 현실적으로 어렵다. 따라서 일정한 분류 기준에 따라 농약의 종류를 구분하고 부류별로 그 특성을 파악하는 것이 보다 용이하게 농약을 이해하는 방법이다. 농약의 사용 목적, 작용기작, 화학적 구조 및 물리적 형태, 즉 제형이 분류의 기준으로 이용되는데, 이 중 가장 보편적이고 널리 이용되는 분류는 사용 목적에 따른 분류이다. 새로운 농약은 선도물질(leading compound)의 작용기작과 화학구조에 착안하여 개발되므로 작용기작과 화학구조에 따른 분류는 두 기준을 함께 적용하여 이해하는 것이 보다 효율적이며 제10장에서 다룬다. 농약의 시판 제품 형태인 제형에 따른 분류는 제5장에 별도로 기술하였다.

1. 살충제

흔히 벌레라고 불리는 절지동물 곤충강에 속하는 소동물인 해충을 방제하기 위하여 사용하는 농약을 총칭하여 살충제(殺蟲劑, insecticides)라고 한다. 살충제는 해충을 살해하는 것이 대부분이나 그 외 유인제, 기피제 등 직접 살해하지 않더라도 대상 해충이 작물에 피해를 주지 않도록 하는 농약도 포함한다. 살충제는 그 종류 및 특성이 다양하므로 다음과 같이 세분한다.

1.1 식독제

식독제(stomach poison)는 소화 중독제라고도 하며 약제의 해충 체내 침투 경로가 소화기관인 살충제를 일컫는다. 즉, 해충의 먹이가 되는 식물의 잎이나 줄기에 농약을 살포하면 해충이 먹이 섭취과정에서 작물체에 부착된 농약을 함께 섭취하게 함으로써 소화기관 내로 침투, 독작용을 나타내는 약제를 말한다. 작물을 갉아먹는 식엽성(蝕葉性) 해충이 주요 방제 대상이 된다. 최근에는 해충 체내로 약제가 침투되어 독작용을 나타내는 경로 측면에서 접촉독제와의 구별이 어렵고 약제 특성 또한 유사하므로 접촉독제의 한 부류로 취급된다.

1.2 접촉독제

살포된 약제가 해충의 표피에 직접 접촉되어 체내로 침입함으로써 독작용이 나타나는 약제를 접촉독제(contact poison)라고 말한다. 직접 충체에 약제가 접촉하였을 때에만 독작용을 나타내는 직접접촉독제(direct contact poison)와 충체에 약제가 직접 접촉되었을 때에는 물론이고 살포된 약제가 잔류하는 작물체 부위에 해충이 접촉하였을 때 약제가 해충 체내로 침투, 살충효과를 나타내는 잔류성 접촉독제(residual contact poison)로 구분된다. 많은 살충제들이 소화중독제와 접촉독제로 작용하는데, 이들은 대개 물에 대한 용해도가 수 mg/L 이하로 낮은 비극성 화합물이거나 잔효성이 짧은 약제들이다.

1.3 침투성 살충제

침투성 살충제(systemic insecticide)는 작물체나 토양에 약제를 처리하였을 때 약제가 식물체 내로 흡수, 이행되어 식물체 각 부위로 이동 분포되는 특성을 가지고 있다. 접촉독제가 살포한 부위에만 약제가 부착되는 것과 대비되며, 특히 즙액을 빨아먹는 흡즙성(吸汁性) 해충에 대한 약효가 우수하다. 침투성(systemicity)은 살충제에만 국한된 특성은 아니며 살균제에서도 동일하게 적용된다. 약제가 침투성을 나타내기 위해서는 물에 대한 용해도가 수 mg/L 이상이어야 하며 이동 중 분해되지 않도록 화학적/생화학적 안정성이 요구된다.

침투성은 그 정도에 따라 반침투성(loco-또는 quasi-systemic)과 침투이행성(acropetally translocated 또는 xylem systemic)으로 다시 세분되는데, 반침투성은 약제가 부착된 잎 표면의 왁스질 큐티클에서 확산에 의해 잎의 밑면까지는 이동 가능하나 작물체 전체로는 이동하지 못하는 정도를 의미한다. 침투이행성의 경우 토양에 살포하여도 작물체의 수분 흡수에 따라 물관부를 통해 작물체 전체 부위로 이행되는 특성을 의미하며 토양에 살포하는 입제 제형이 가능하다.

1.4 훈증제

접촉독제 및 식독제와는 달리 약제가 휘발, 증기상태로 해충의 호흡기관을 통하여 체내에 침투되는 특성의 살충제로서 주로 상온에서도 증기압이 높은 약제가 사용된다. 기체 형태로 직접 사용되는 훈증제(fumigant)는 그 흡입독성이 강하여 통상적 경작 상태에서는 사용하기 어려우며 농약 사용자가 배제된 상태의 밀폐된 장소에서 저장 농산물의 해충을 방제하는 데 사용된다. 경작지 토양의 훈증용 살충제는 주성분이 분해되어 유효성분이 서서히 방출되도록 분자 설계된 전구체(precursor) 형태로 처리하거나 휘발성 유효성분을 특수 관주기를 이용하여 처리한다 [예 : CH_3Br, chloropicrin (CCl_3NO_2) 살균 겸용].

1.5 유인제

해충을 살멸시키는 것이 아니라 약제가 부착된 장소로 유인하는 특성을 나타내는 것이 유인제(attractant)이다. 주로 성유인제(sex pheromone)가 사용되는데, 열대지방에서 많이 사용하는 페로몬 트랩(pheromone trap)이 대표적이며, 우리나라에서도 점점 그 사용이 증가되고 있다. 유인 후 살멸은 광물유, 고전압방전 등 2차적 수단에 의해 주로 이루어진다.

1.6 기피제

유인제와는 반대로 해충이 기피하는 성분을 이용하여 농작물 또는 저장 농산물에 해충이 접근하지 못하게 하는 약제가 기피제(repellent)이다. 예를 들어 lauryl alcohol, *N*,*N*-dimethyl-m-toluamide 등이 사용된다.

1.7 불임화제

불임화제(chemosterilant)는 해충을 불임화시켜 자손의 번식을 못하게 함으로써 해충을 방제하는 약제로서 당대 해충의 방제효과는 거의 없으나 차세대 해충 발생이 크게 경감되는 효과가 있다(예 : amethopterin, tepa).

2. 살응애제

응애(mite)는 절족동물문 거미강 응애목의 0.2~0.8mm 내외의 아주 작은 동물로서 몸은 머리, 가슴, 배의 구별이 없어 곤충과는 형태학적으로도 구별된다. 응애는 그 종류가 많고 1년 동안 8~12번의 세대교번을 하며 특히 가뭄 시에 그 피해가 크다. 세대 간이 짧으므로 효과적 방제를 위해서는 성충, 유충뿐만 아니라 알에 대해서도 살충효과가 있어야 하며 잔효력이 요구된다. 살응애제(殺蜱劑, acaricides, miticides)는 응애류에 대해서 우수한 방제 특성을 나타내는 약제를 말하는데, 다양한 특성과 화학구조의 약제 등이 별도로 개발·사용되고 있다(예 : hexathiazox, clofentezine). 살응애제는 곤충과 다른 응애류의 방제용 약제이나 모두 미세 해충이란 측면에서 큰 범주에서 살충제 범위에 포함시키기도 한다.

3. 살선충제

농작물에 피해를 주는 선충(nematode)은 선형동물로서 몸이 실과 같이 원통형의 지렁이와 비슷한 모양을 가지며, 종 및 개체수가 많고 유기물에 있는 모든 토양에 서식한다. 즉, 농경지 토양에 서식하기도 하고 작물의 뿌리나 하부에 기생하기도 하는데, 이러한 선충을 방제하기 위하여 사용하는 약제가 살선충제(殺線蟲劑, nematocides)이다. 선충은 그 크기가 1mm 정도에 불과하므로 종종 식물병과 혼동하기 쉽다. 선충 전용의 약제를 개발하는 경우는 그다지 많지 않고 토양훈증제를 사용하거나 살충제 중에서 살선충 효과가 우수한 약제를 선발하여 사용한다(예 : ethoprophos).

4. 살연체동물제

살연체동물제(殺軟體動物劑, molluscicides)는 배추나 인삼 등에 발생하는 달팽이류의 방제에 사용하는 화합물이다(예 : metaldehyde).

5. 살조제

살조제(殺鳥劑, avicides)는 조류(鳥類)에 의한 피해를 방지하기 위하여 사용하는 화합물이다(예 : avitrol).

6. 살어제

살어제(殺漁劑, piscicides)는 일반적으로 어류에 대해 비선택적으로 어독성을 나타내는 화합물들이 사용되는데, 양어장 등에서 모든 물고기를 제거한 후 원하는 어류만 기르기 위하여 사용하는 약제이다(예 : rotenone).

7. 살균제

살균제(殺菌劑, fungicides)는 살충제 및 제초제와 더불어 작물 보호를 위해 사용되는 주요 부류이다. 주로 진균류에 의한 식물 병해를 예방하거나 치료할 목적으로 사용하는 약제이다. 식물 병해를 일으키는 병원균에는 진균뿐만 아니라 세균 및 바이러스도 있으며, 이를 방제하기 위하여 각각 세균방제제(bacteriocide) 및 바이러스방제제(virucide)도 사용되는데 넓은 의미에서 관용적으로 살균제로 총칭한다.

작물 재배 시에 주로 사용되는 살균제는 살포용 살균제(spraying fungicides)라고 하며, 그 작용 특성에 따라 보호 및 직접살균제로 세분한다.

7.1 보호살균제

병이 발생하기 이전에 작물체에 처리하여 예방을 목적으로 사용하는 살균제이다. 주로 병원균 포자의 발아 억제 또는 살멸(殺滅)로 병원균이 식물체 내에 침입하는 것을 방지한다. 정확한 발병 시점을 알기 힘들므로 발병 예측기간에 걸쳐 약효 지속기간이 길어야 하며 물리적으로도 부착성(附着性) 및 고착성(固着性)이 양호해야 한다. 보호살균제(protectant)는 균사 등에 대한 살균력이 떨어지므로 일단 발병하면 그 약효가 불량하다(예 : 석회보르도액, dithiocarbamates 등).

7.2 직접살균제

침입한 병원균을 살멸시키는 특성을 나타내는 약제로 치료를 목적으로 사용되므로 발병 후에도 충분히 방제가 가능하다(예 : metalaxyl, benzimidazoles, 항생물질 등). 직접살균제(eradicant) 중에는 포자 발아 시에도 살균력을 나타내어 보호용 살균제로서의 약효를 겸비하고 있는 약제도 많다. 강력한 살균력과 함께 작물체 내에 침투한 균사(mycelium)를 살멸시키기 위하여 대개 반침투성 이상의 침투성이 요구된다(예 : benzimidazoles, triazoles 등). 병원균이 일단 발병하면 직접살균제로 치료해도 작물체가 원래 상태로 회복하기 어렵기 때문에 모든 병해를 단순히 직접살균제로서 방제하는 것은 불합리한 처방이다. 또한 최근 개발된 직접치료제는 생화학적 작용점이 명확하고 그 범위가 좁으므로 저항성 유발이 잘 일어나는 단점이 있다. 반면 보호살균제는 넓은 범위의 생화학적 작용점을 나타내어 저항성 유발이 적은 편이다. 따라서 병해 대책에서 보호살균제의 역할은 여전히 중요하며, 직접살균제도 보호살균제와의 혼합제 형태로 많이 사용된다.

7.3 종자소독제

살포용 살균제와는 달리 재배 또는 이식 전에 작물의 종자 또는 종묘의 표피 및 내부에 감염된 미생물을 살멸시킬 목적으로 사용하는 약제이다. 현대 농업에서 종자소독제(seed disinfectant)는 발아 효율 등을 향상시키기 위하여 거의 모든 작물에 필수적으로 사용되는데, 주로 약제 가루를 종자에 묻히는 분의법 또는 종자를 약제 희석액에 일정 시간 담그는 침지법으로 사용된다(예 : thiram, prochloraz, fludioxonil 등).

7.4 토양소독제

토양소독제(soil disinfectant)는 작물의 파종 또는 식재 전에 토양 중의 병원미생물을 살멸시켜 작물 병해를 예방할 목적으로 사용하는 약제이다. 주로 휘발성이 높은 훈증성분을 이용하며 살균뿐만 아니라 살충, 살선충 및 제초효과를 동시에 나타내는 약제가 많다. 예를 들어 dazomet, metam sodium 등은 고체 형태이나 살포 후 토양 중 수분에 의하여 빠르게 가수분해, 발생되는 휘발성의 MITC(methyl isothiocyanate)가 실제 유효성분이다.

7.5 과실방부제

저장병 방제제라고도 하는 과실방부제(stored fruit protectant)는 저장한 과실이나 채소의 부패를 방지하기 위해서 사용되는 수확 후 처리약제이다. 수확한 과실 및 채소의 장기간 저장, 운송 및 수출입 시 부패를 방지하기 위해 합법적으로 사용된다(예 : iminoctadine, kresoxim-methyl, thiabendazole 등).

8. 살조류제

담수나 해수에서 발생하는 조류(algae)는 원생생물계에 속하는 진핵생물군으로서 대부분 광합성 색소를 가지고 독립영양생활을 하는데 뿌리, 줄기, 잎 등이 구별되지 않으며, 주로 포자에 의해 번식한다. 살조류제(殺藻類劑, algicides)는 조류 발생의 피해를 방지하고자 조류를 죽이거나 생장을 억제할 목적으로 사용하는 약제이다. Copper sulfate, diuron 등의 살균 또는 제초제가 사용된다.

9. 제초제

작물이 필요로 하는 양분을 수탈 또는 작물의 생육환경을 불리하게 하며 작물의 생육에 경쟁적 식물인 잡초를 방제하기 위하여 사용되는 약제이다. 작물과 잡초는 동일한 식물이므로 해충, 미생물, 작물 간의 차이에 비하여 상대적으로 작은 생리·생화학적 차이만을 나타낸다. 따라서 살충제, 살균제에 비하여 약해 발생의 가능성이 높으므로 약제의 작용 특성을 잘 이해하고 선택적으로 사용하는 것이 특히 중요하다. 제초제(除草劑, herbicides)의 선택성은 작물과 잡초의 종류 및 재배·생육 특성, 약제의 특성, 처리 시기 및 재배지에서의 작물·잡초의 배치 등에 따라서 크게 좌우되므로 분류가 복잡하다.

우선적으로 잡초는 작물의 재배 형태에 따라 그 종류가 상이하므로 국내에서는 재배지별로 논 제초제, 밭 제초제, 과원 제초제로 구분하고 있다. 또한 잡초의 형태적 특성에 따라서 그 선택성이 달라지므로 광엽(쌍떡잎 잡초) 제초제 및 화본과 (외떡잎 잡초) 제초제로 구분한다. 또한 잡초의 생장기간에 따라 1년생 잡초 방제약, 다년생 잡초 방제약 등으로 분류한다.

처리시기에 따른 제초제의 작물과 잡초 간 선택성과 관련해서는 잡초가 발아하기 전에 토양에 처리해야 살초효과를 나타내는 발아전 처리제(發芽前 處理劑, pre-emergence herbicide)와 잡초 발아 초기에서 생육기간 중에 토양이나 경엽에 처리하는 발아후 처리제(發芽後 處理劑, post-emergence herbicide)로 구분한다.

잡초의 살초 특성에 따라서는 특정한 잡초만을 살초시키고 그 외의 잡초에는 활성이 없는 선택성(selective) 제초제와 식물의 종류에 관계없이 모든 식물에 살초 활성을 나타내는 비선택성(nonselective) 제초제(식물전멸약이라고도 함)로 구분한다.

약제의 침투성 기준으로는 약제가 접촉된 부위에 국부적으로 작용하여 살초 활성을 보이는 접촉형(contact) 제초제와 처리된 제초제가 식물체 내에 침투, 이행하여 살초 활성을 나타내는 이행형(translocation) 제초제로 구분된다.

10. 식물생장조절제

식물의 생육을 촉진 또는 억제하거나 개화촉진, 착색촉진, 낙과방지 또는 촉진 등 식물의 생육을 조절하기 위하여 사용되는 약제를 식물생장조절제(植物生長調節劑, plant growth regulators)라고 한다. 식물 자체 내에서 생성되는 식물호르몬 또는 그 유사체를 이용하는 식물호르몬계(phytohormone)와 별도로 개발된 비호르몬계(non-phytohormones)로 세분한다.

10.1 식물호르몬계

10.1.1 옥신류

식물체 내에 널리 분포하는 IAA(indole-3-acetic acid) 및 그 유사체인 옥신류(auxins) 호르몬의 구조에 착안하여 실용화된 생장조절제로서 주로 작물 세포 신장(elongation)을 촉진할 목적으로 사용된다. 그 외 적과(摘果, fruit thinning), 낙과(fruit drop) 방지, 발근(rooting) 및 착화(flower formation) 촉진제로서도 사용된다. 예로는 2-(1-naphthyl)acetamide(NAD), 1-naphthylacetic acid(NAA), 4-CPA, dichlorprop 등이 있다.

10.1.2 지베렐린류

키다리병의 원인을 규명하는 과정에서 발견된 주요 식물호르몬류로서 주로 세포 신장 및 분열(division)을 촉진하는 효과가 있다. 그 외 생장 촉진, 꽃 및 과실 비대 촉진 목적으로도 사용된다. 미생물 대량 배양으로부터 얻은 천연 지베렐린류(gibberellins)를 사용하며 예로서 GA_3, GA_9 등이 있다.

10.1.3 사이토카이닌류

사이토카이닌류(cytokinins)는 세포분열을 촉진할 목적으로 사용되는 식물호르몬계 생장조절제이다. 근부의 생장 촉진, 노화 억제에 의한 화훼 및 채소류 저장성 증대, 착립(bud initiation) 증진 등을 목적으로 사용되며 예로서 6-benzylaminopurine 등이 있다.

10.1.4 에틸렌 발생제

에틸렌 발생제(ethylene generator)는 거의 모든 식물에서 숙성과 노화 효과를 나타내는 천연 식물호르몬류이다. 에틸렌은 기체이므로 이를 직접 이용하기는 어렵다. 따라서 서서히 에틸렌 가스를 방출하는 전구체로서 ethephon 등을 약제로 사용하며 숙성(ripening) 촉진을 주목적으로 하는데, 특히 바나나 등 열대과일 및 감 등의 후숙 과실 숙성에 많이 사용된다.

10.2 비호르몬계

10.2.1 에틸렌 억제제

에틸렌 억제제(ethylene inhibitor)는 식물체 내 숙성 호르몬인 에틸렌의 발생을 저해하여 후숙 과실 및 화훼류의 저장성을 향상시킬 목적으로 사용된다. 예를 들어 1-MCP(1-methylcyclopropene)는 식물체 내 에틸렌 수용체에 대하여 경쟁적 저해제로 작용, 에틸렌 발생을 억제시킨다.

10.2.2 생장촉진제

생장촉진제(growth stimulator)는 과실의 비대, 착과, 옥신과의 협력작용으로 생장을 촉진하는 합성 cytokinin으로서 forchlorfenuron 및 mepiquat 등이 알려져 있다.

10.2.3 생장억제제

생장억제제(growth inhibitors)는 괴경류 및 담배에서 곁순(액아)의 생장억제나 도복(lodging)을 경감시킬 목적으로 사용하는 약제로서 maleic hydrazide, chlormequat, butralin, prohexadione-calcium, 1-decanol 등이 알려져 있다.

10.2.4 신장억제제

신장억제제(growth retardants)는 작물의 신장이나 생장을 억제하거나 도복을 경감시킬 목적으로 사용하는 생장조절제로서 diniconazole, iprobenfos, paclobutrazole 등이 사용된다.

10.2.5 부피방지제

부피방지제(浮皮防止劑, peel puffing preventer)는 감귤 등 과실에서 과피와 과육 간의 들뜸을 방지하기 위하여 사용하는 약제로 calcium carbonate가 대표적이다.

10.2.6 작물건조제

작물건조제(desiccant)는 담뱃잎의 수분 증발을 촉진하여 수확기 단축을 위해 사용하는 약제로 diquat 등이 있다.

11. 혼합제

사용 목적 또는 작용 특성이 서로 다른 2종 또는 그 이상의 약제를 혼합하여 하나의 제형으로 제제한 약제를 혼합제(混合劑, combined pesticide)라고 지칭한다. 병원균과 해충을 동시에 방제하는 살균·살충제와 2종 또는 그 이상의 병원균 또는 해충을 동시에 방제하기 위한 혼합살균제, 혼합살충제가 있으며 1년생 및 다년생 잡초를 동시에 방제하는 혼합제초제 등이 있다.

12. 생물농약

천적 곤충, 천적 미생물, 길항 미생물 등을 이용하여 화학농약과 같은 형태로 살포 또는 방사(放飼)하여 병해충 및 잡초를 방제하는 약제를 말한다(예 : Bt). 천연식물보호제란 진균(眞菌), 세균(細菌), 바이러스 또는 원생동물(原生動物) 등 살아 있는 미생물(微生物)을 유효성분으로 하여 제조하거나 자연계에서 생성된 유기화합물 또는 무기화합물을 유효성분으로 하여 제조한 농약을 말한다. *Bacillus thuringiensis*는 대표적 생물농약(biotic pesticide)으로서 미생물이 생성하는 단백질 독소가 해충의 중장을 파괴하여 살충효과를 나타낸다. 그 외 기생벌 등의 천적을 활용한 예가 있다.

13. 보조제

살충제, 살균제, 제초제 등 농약 유효성분을 제제화하거나 효력을 증진시키기 위해 사용되는 첨가제로서 보조제(補助劑, supplemental agent, adjuvant) 그 자체는 약효가 없는 것이 일반적이다.

13.1 전착제

농약의 유효성분을 병해충이나 식물체 표면에 잘 확전, 부착시키기 위하여 사용되는 첨가제이다. 현재 사용하고 있는 농약의 제형 중 분산제로서 계면활성제가 첨가되어 있을 때는 이 계면활성제가 살포액적의 표면장력을 낮추어 전착제(spreader)로서의 특성을 나타낸다. 또한 낮은 농도에서도 우수한 전착효과를 나타내는 dimethylsilicones, oxyethylenemethylsiloxanes계통의 성분들은 별도의 전착제로서 상용화되어 있다. 이들 화합물 내 친유성기는 농약 분자가 잎 표면에 위치하도록 유도하는 효과로 접촉효율이 높은 장점이 있다.

13.2 증량제

일반적으로 단위 면적당 살포되는 농약 유효성분의 양은 수 g~수백 g/10a에 불과하므로 입제나 분제와 같이 직접 살포되는 농약 제품에서는 균일한 살포를 위하여 단위 면적당 살포량을 수 kg/10a 수준으로 높일 필요성이 있다. 또한 수화제와 같이 물에 희석하여 사용하는 고농도 제형에서도 칭량의 편이성, 보조제와의 균일한 혼합성 등을 위하여 흡유가가 높은 물질 등과 혼합하여야 한다. 이러한 농약 제품 제조 시 양을 증대시킬 목적으로 사용하는 보조제를 총칭하여 증량제(carrier, diluent)라고 한다.

증량제는 물질을 흡수/흡착할 수 있는 총량, 즉 흡유가(吸油價)에 따라 낮은 흡유가의 단순 희석용 증량제와 높은 흡유가의 고농도 제제가 가능한 증량제로 세분하여 각각 diluent와 carrrier라는 용어로 구분한다.

증량제로 사용되는 재료는 주로 활석(talc), 고령토(kaolin), 벤토나이트(bentonite), 규조토(diatomite) 등의 광물질이 사용되나 수용제의 증량제로서는 수용성의 설탕이나 유안 등이 사용된다. 유제나 수용제 등의 농약을 희석할 때 사용되는 물도 일종의 증량제라고 말할 수 있으나 일반적으로는 앞에서 말한 광물질의 증량제를 말한다.

13.3 용매

유제나 액제와 같이 액상의 농약 제품을 제조할 때 원제(유효성분)를 녹이기 위하여 사용하는 용매(solvent)를 지칭한다. 물에 녹지 않는 원제를 대상으로 한 유제에서는 주로 xylene, benzene 등 석유화학 계통의 유기용매들이 유효성분의 용해도 등 특성에 따라 혼합용매의 형태로 사용되며 액제의 경우 물이나 알코올류 등이 용매로 사용된다.

13.4 유화제

유화제(emulsifier)는 물에 녹지 않는 원제(유효성분)를 대상으로 한 유제에서 살포액 조제 시 물에 대한 분산성, 즉 유화성을 좋게 하기 위해 사용되는 첨가제로 주로 계면활성제가 사용된다. 이러한 계면활성제는 물에 녹지 않는 원제(유효성분)를 대상으로 한 고체 형태의 희석용 제형 수화제에서도 다량 첨가되는데, 이 경우는 고체상 입자가 물에 분산되는 현수성을 위한 것이며, 이 경우는 분산제(dispersing agent)라고 말한다.

13.5 협력제

협력제(synergist) 자체는 농약으로서의 약효가 없으나 유효성분의 약효에 대해 상승작용을 나타내는 첨가제로서 효력 증진제라고도 한다. 협력제로 사용되는 물질로는 대표적으로 piperonyl butoxide 등이 있고, 농약의 분해에 관여하는 해충 내 무독화 효소(복합산화효소군, mixed function oxidase)를 저해, 작용점까지 도달하는 유효성분량을 증대시킴으로써 살충효과를 증대시킨다.

13.6 약해경감제

작물과 잡초는 같은 식물이므로 제초제의 경우 작물에 어느 정도 약해를 나타낼 가능성이 크다. 따라서 이러한 약해를 완화하기 위하여 사용하는 약제를 말하며, 벼농사용 제초제인 pretilachlor에 대한 약해경감제(herbicide safener)로서 fenclorim이 알려져 있다.

chapter **05**

농약의 제제

현재 개발되어 사용되는 농약은 10a당 살포량이 유효성분으로 수 그램에서 수백 그램 정도의 소량이므로 이를 1,000m^{2}의 방대한 면적에 균일하게 살포하는 것은 거의 불가능하다. 따라서 농약의 유효성분(active ingredient)을 적당한 희석제로 희석하고 살포하기 쉬운 형태로 가공하고 있다. 이와 같이 농약원제에 적당한 보조제를 첨가하여 완전한 제품의 형태로 만드는 작업을 제제(製劑, formulation)라 한다. 하나의 새로운 농약성분이 유효성분으로 개발되었다 하더라도 이를 실제로 영농에 사용하기 위해서는 실용상 적합한 형태, 즉 제형(濟型, formulation type)으로 가공되어야 한다. 즉, 생산공정 중 유효성분의 합성산물인 원제(原題, technical)는 대부분 직접 사용하기 어려운 형태이므로 적절한 보조제를 첨가하여 실용적으로 유통 및 살포작업이 가능한 물리적 형태로 제제(製劑)되어야 한다.

이러한 제제과정을 거치는 가장 중요한 목적은 소량의 유효성분을 넓은 지역에 균일하게 살포하기 위한 것이다. 두 번째로는 사용자에 대한 편이성을 위한 것이다. 농약 유효성분의 대부분은 물에 잘 녹지 않으므로 이를 농가에서 사용이 가능한 희석용수에 손쉽게 분산될 수 있는 형태로 조제하거나 직접 살포 가능한 형태로 변형시켜야 한다. 셋째로는 최적의 약효발현과 최소의 약해 발생을 위한 것이며, 이는 유효성분의 특성에 가장 적합한 살포 형태로 조제하고 적절한 보조제를 첨가함으로써 가능하다. 또한 유효성분의 물리화학적 안정성을 향상시켜 유통기간을 연장하거나 보다 안전한 형태로 살포자에 대한 안전성을 향상시키고자 하는 데에도 제제의 중요한 목적이 있다.

농약의 제제에는 최적의 제형화를 위하여 다양한 보조제가 사용되고 있으며, 또한 정밀한 제조 및 가공기술이 요구되므로 상품화를 위한 제제기술을 확보하는 것은 새로운 농약 화합물을 개발하는 것 못지않게 매우 중요하다. 농약의 유효성분 및 제형에 따라 제조방법과 사용되는 보조제의 종류가 상이하다. 또한 동일한 유효성분을 함유하고 있다 하더라도 두 가지 이상의 제형으로 제제되는 것이 빈번하며, 제형에 따라서 약효, 약해 및 안전성 등의 특성이 크게 좌우된다. 현재 사용되고 있는 제형별로 각각 장단점이 있으므로 방제하고자 하는 병해충, 작물의 종류, 영농 환경 및 시기 등을 고려하여 가장 알맞은 제형을 선택하여야 한다.

1. 농약제형 개발의 역사

농약제형 개발의 변천을 살펴보면, 1940년대 이전은 분제 또는 농약의 원제를 기름 등에 녹여 쓰는 형태로 사용하였고 제2차 세계대전 이후 유기화학기술의 발전에 따라 DDT, BHC 등 많은 농약원제가 합성되었으며, 계면활성제 및 유기용제, 증량제에 대한 연구개발의 가속화와 더불어 제형이라는 개념의 초기 형태로서 유제(EC), 수화제(WP)가 개발되었다. 1960년대에 이르러 유제의 단점을 보완한 유탁제가 개발되어 시장에 등장하였으며, 수도용 논농사를 위한 입제(GR)가 개발되었다. 1970년대에는 수화제를 대체하기 위한 액상수화제(SC)와 과립수화제(WG)가 개발되었으며, 서방형 농약제형(controled release pesticide)으로서 캡슐제(MC)가 개발되었다. 1980년대와 1990년대에는 정부 당국과 소비자의 규제 및 요구로 훨씬 안전하고 사용하기에 편리하고 훨씬 적은 양으로 더 효과적이며 비표적종에 대한 독성이 적고 보다 환경 친화적인 제품 및 제제에 대한 필요성이 강조되는 시기로 입제의 사용을 편리하게 하기 위해 수용성 팩(pack)을 이용한 수면부상성 입제(UG) 및 기존 입제의 사용량을 줄인 1kg 입제가 개발되었고 저독성인 생물농약제품의 개발이 시작되었다.

2000년대에 이르러 유효성분을 효과적으로 캡슐화, 보호, 방출 및 전달하여 목표를 정하고 통제된 방식으로 전달하여 이를 최대한 활용하는 방법으로 캡슐현탁제가 개발되었다. 사용 안전성과 환경오염의 최소화를 위한 신제형의 기술개발이 계속 진행 중이다. 2000년대를 전후로 제형개발에 있어서 큰 변화가 있었으므로 이 시기 전후에 개발된 농약제형의 특성을 비교하면 다음과 같다.

1.1 2000년대 이전

우리나라에서 사용되는 제형의 95%는 아직도 이 시기에 개발된 수화제, 유제, 입제, 분제의 네 가지 제형으로서 이러한 제형들은 생산공정이 편리하고 가격이 저렴하기 때문에 아직도 가장 널리 사용되고 있다. 하지만 분진 발생으로 인한 생산자 및 사용자에 대한 위해성, 유기용제의 사용에 따른 환경오염문제 등에 의해 선진국에서는 그 사용량이 점차 줄어들고 있는 추세이다.

1.2 2000년대 이후

환경라운드(Green Round)에 대비하여 환경오염이 적고 최소 약량으로 효과를 발현할 수 있는 새로운 제형의 농약개발이 필요하게 되었으며, 환경에 대한 관심이 높은 북유럽 국가에서는 농약 사용량을 현 사용량의 1/2 수준까지 감소할 계획을 추진 중이다. 기존의 농약이 가지는 유기용제에 의한 독성, 작업 시 분진의 발생 등으로 인한 인축독성 문제를 해결하기 위해 유기용제 대신 물을 증량제로 하는 제형, 분진 발생이 없는 제형 등의 개발과 함께 주성분 자체의 독성을 경감시킬 수 있는 제형개발의 필요성이 대두되었으며, 국내 농가인구의 감소, 고령화, 부녀자화 등의 문제를 해결하기 위해 노동력 투입을 최소화할 수 있고 쉽게 사용할 수 있는 제형 개발이 필요하다.

현재에 이르러 농약제형 기술의 흐름은 농약 시장의 환경변화로 인한 분진 발생으로 취급이 불편한 수화제나 분제에서 취급이 편리한 과립수화제나 액상수화제로, 환경오염의 위험성이 있는 유제로부터 유기용제의 사용량을 줄이고 물을 증량제로 사용하는 유탁제나 캡슐제로, 또는 기존 3kg 입제에서 생력화가 가능한 1kg 입제나 수면부상성 입제로 변하고 있다. 많은 연구 인력과 비용을 투자하여 기존 제형의 문제점을 해결함으로써 개발된 신규제형의 농약들은 사용자 측면에서의 물리성이 매우 뛰어난 환경 친화성 제형이라고 할 수 있으며, 주된 특징은 사용자의 편리성을 증대시켰으며 농약 살포자의 노출기회를 감소시켜 안전성을 증대하였고 최소한의 약량 사용으로 환경오염을 감소시키고 유기용제의 사용량을 줄여 취급자의 위험성을 감소하고 살포 횟수와 살포 방법의 변경으로 노동력 및 살포시간을 절감시키는 효과를 가져왔다.

농약제형은 사용 전 희석과정을 요구하는 고농도 제형과 직접 살포할 수 있는 직접살포용 제형으로 크게 구분되며, 그 외 종자처리용 제형 및 특수한 목적으로 고안 제조된 특수제형 등이 있다. 살포 방법에 의한 농약제형의 분류는 그림 5-1에 제시하였다.

2. 희석살포용 제형

2.1 유제

유제(乳劑, emulsifiable concentrate, EC)는 농약 원제를 용제에 녹이고 계면활성제를 유화제로 첨가하여 제제한 것으로 다른 제형에 비하여 제제가 간단하다. 용제로는 석유계 용제(xylene 등), ketone류, alcohol류가 많이 이용된다. 유기인계 농약의 경우에 극성이 높은 용제를 사용하면 가수분해 등 유효성분의 경시적 분해가 크게 일어날 염려가 있으므로 주의하여야 한다. 계면활성제는 원제를 용제에 녹인 상태에서 HLB(hydrophilic-lipophilic balance) 값을 측정, 선택해야 하나 대부분 한 종류의 계면활성제를 사용하는 예는 적고, 2종 이상의 계면활성제를 혼합하

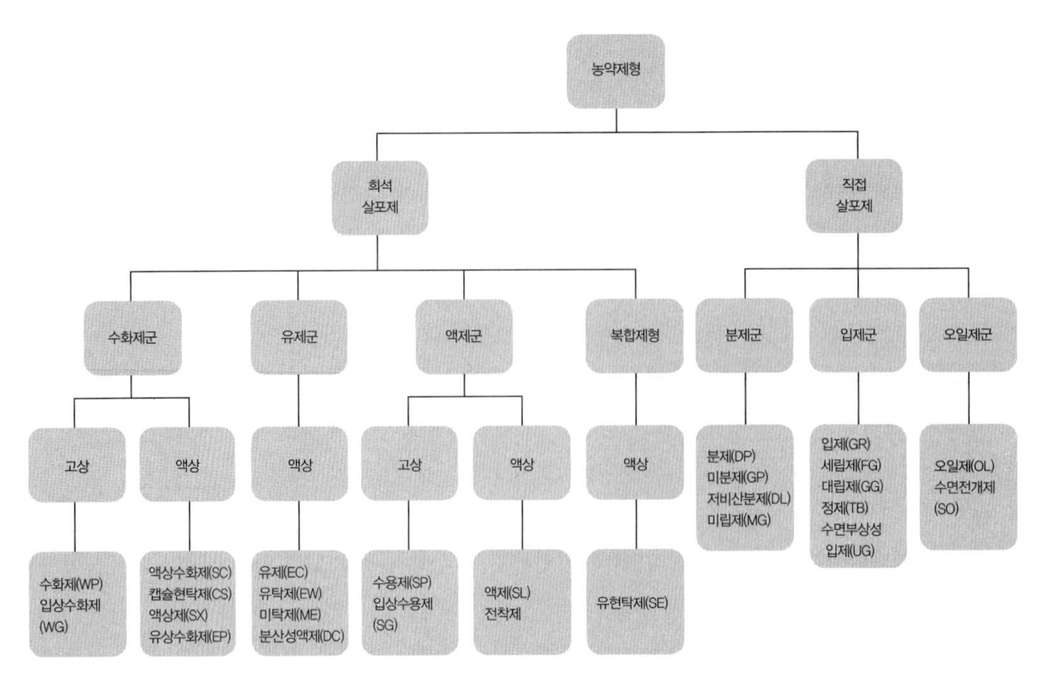

그림 5-1 살포 방법에 의한 농약제형의 분류

여 적절한 HLB 값의 계면활성제를 조합, 사용한다. 유제의 물리성 중에서 가장 중요한 것은 유화성(emulsibility)이며 일반적으로 살포용 약액을 조제한 후 2시간 정도가 경과한 후에도 안정성을 보이면 유화성이 좋은 것으로 평가된다. 유화성이 불량하면 유효성분의 분산이 고르지 않아 약효가 떨어진다든가 약해 발생의 원인이 되기도 한다. 특히 극성이 높은 용제를 사용하였을 경우에는 더욱 이러한 유화성에 주의하여야 한다

유제는 수화제에 비하여 살포용 약액의 조제가 편리할 뿐만 아니라 일반적으로 수화제나 다른 제형보다 약효가 우수하고 확실하다는 장점이 있다. 그러나 수화제보다 생산비가 많이 소요되며 포장용기로 유리병이나 기타 액체용 용기를 사용하게 되므로 포장, 수송 및 보관에 많은 경비가 소요되는 단점이 있다. 또한 유제는 제제할 때 용제를 사용하므로 취급 중에 용제의 인화성에 의한 화재의 위험성도 있다. 벼, 과수, 채소 등 각종 작물에 광범위하게 사용되고 있으며, 특히 채소류에서는 수화제에 비하여 증량제의 표면 부착으로 인한 흡착오염이 적으므로 널리 사용되고 있다.

2.2 수화제

원제가 액체인 경우에는 흡유능(吸油能)이 높은 백토(white carbon)와 증량제(점토, 규조토 등)와 계면활성제를 가하여 혼합하고, 분말도(粉末度)가 44μm 이하(325 mesh 통과분 98% 이상)가

되도록 작게 분쇄하여 만든다. 원제가 고체인 경우에는 백토를 첨가할 필요 없이 증량제와 계면활성제 등을 첨가하여 혼합, 분쇄한다.

수화제(水和劑, wettable powder, WP)의 물리성 중 중요한 것은 입자의 크기(粒度)) 및 현수성(suspensibility)이다. 수화제를 물에 희석하여 현탁 살포액을 조제할 때 입자가 크면 침강속도가 빨라져 살포액 중 유효성분의 농도가 불균일해져 효력이 불균일할 뿐만 아니라 약해 발생의 원인이 되기도 한다. 입자가 커지게 되는 것은 제제할 때 분쇄가 불충분하여 생기는 경우와 살포액을 조제할 때 2차적으로 응집되어 생기는 경우도 있으나 어떠한 경우이든 농약으로서는 좋지 않다. 현수성은 살포액 조제 후에 분산된 약제가 침전되지 않고 물 중에 분산되는 성질을 말하는 것으로 일반적으로 2분 이내의 것이 좋다. 수화제는 유제에 비하여 고농도의 제제가 가능하며(유제 : 30% 전후, 수화제 : 50% 전후) 계면활성제의 사용량도 절감시킬 수 있을 뿐만 아니라 제제할 때 용제가 필요 없으므로 생산비 면에서 경제적이다. 또한 계면활성제에 약한 낙엽과수에도 이용할 수 있는 장점이 있다. 특히 수화제는 고체 상태이므로 포장(包藏), 수송, 보관에 있어서 유제에 비하여 편리하여 농업환경 내에서 문제가 되고 있는 빈 농약병의 처리문제도 없다. 그러나 수화제는 살포액을 조제할 때 소요량을 평량하여야 한다는 결점이 있으며, 또한 제품의 입자가 미세(微細)하여 비산되기 쉬우므로 살포액 조제 또는 취급 시에 호흡으로 농약이 취급자의 체내에 흡입되어 중독될 위험이 있다.

2.3 액상수화제

액상수화제(液狀水和劑, suspension concentrate, SC)는 물과 유기용매에 난용성인 원제를 액상 형태로 조제한 것으로 수화제에서 분말의 비산 등의 단점을 보완하기 위하여 개발된 제형이다. 증량제로 물을 사용하여 습식분쇄기로 입자를 평균 1~3μm 크기로 분쇄한 후 액상의 보조제와 혼합하여 유효성분을 물에 현탁시킨다. 분진이 발생하지 않아 사용할 때 안전하고 수화제처럼 평량할 필요가 없다는 장점이 있다. 증량제로 물을 사용하였기 때문에 독성과 환경오염 측면에서도 유리하다. 농약입자의 크기가 미세하여 단위 무게당 입자수가 많고 표면적이 상대적으로 넓어 수화제보다 약효가 우수하게 나타난다. 그러나 제조공정이 다소 까다롭고 자체 점성 때문에 농약용기에 달라붙는 단점이 있다. 물에 현탁시킨 제제이므로 가수분해에 대하여 안정한 유효성분만이 제제 대상이 된다.

2.4 입상수화제

입상수화제(粒狀水和劑, water dispersible granule, WG)는 수화제 및 액상수화제의 단점을 보완

하기 위하여 과립 형태로 제제한 수화제의 일종이다. 분상의 농약원제와 보조제를 공기압축분쇄기로 미세하게 분쇄한 후 접착제를 이용하여 가비중이 높은 과립 형태로 조제하며, 조제방법으로는 분무건조법, 유동층조립법, 압출조립법, 전동조립법 등이 사용된다. 농약원제 함량이 보통 50~95%로 높고 증량제 비율은 상대적으로 낮다. 살포액을 조제할 때 물에 섞으며 수중낙하하면서 팽윤과 확산이 빠르게 일어나 현탁 살포액이 형성된다. 수화제에 비하여 살포액 조제 시 비산에 의한 중독 가능성이 작고 액상수화제에 비하여 용기 내에 잔존하는 농약의 양도 매우 적은 장점이 있으며, 생산설비에 대한 투자비용이 높은 제형이다.

2.5 액제

원제가 수용성이며 가수분해의 우려가 없는 경우에 원제를 물 또는 메탄올(methanol)에 녹이고 계면활성제나 동결방지제(ethylene glycol 등)를 첨가하여 제제한 액상제형이다. 원제의 용제를 물이나 메탄올을 사용하는 것 외에는 유제의 제제방법과 동일하다. 살포액은 용액으로 투명한 상태가 된다. 액제(液劑, soluble concentrate, SL)는 저장 중 동결에 의하여 용기가 파손될 우려가 있으므로 겨울철에 저장할 때에는 각별한 주의가 요망된다.

2.6 유탁제 및 미탁제

유탁제(乳濁劑, emulsion, oil in water, EW)는 유제에 사용되는 유기용제를 줄이기 위한 방안으로 개발된 제형이다. 소량의 소수성 용매에 농약원제를 용해하고 유화제를 사용하여 물에 유화시켜 제제한다. 이 경우 유화성이 우수한 유화제의 선발이 유탁제형에서 가장 중요한 요소이다. 미탁제(微濁劑, micro-emulsion, ME)는 유탁제의 기능을 더욱 개선한 제형으로 보다 소량의 유기용제를 사용하며, 살포액을 조제하였을 때 외관상 투명한 상태가 된다. 분산입자의 크기가 매우 미세하여 표면장력이 낮아 유제나 유탁제에 비하여 약효가 우수하다.

2.7 분산성액제

분산성액제(分散性液劑, dispersible concentrate, DC)는 물에 대한 친화성이 강한 특수용매를 사용하며 물에 용해되기 어려운 농약원제를 계면활성제와 함께 녹여 만든 제형이다. 살포용수에 희석하면 서로 분리되지 않고 미세입자로 수중에 분산되는 성질을 나타낸다. 액제와 특성은 비슷하나 고농도의 제제를 할 수 없는 단점이 있다.

2.8 수용제

수용제(水溶劑, water soluble powder, SP)는 수용성 고체 원제와 유안(硫安)이나 망초(芒硝), 설탕과 같이 수용성인 증량제를 혼합한 후 분쇄하여 만든 분말제제이다. 제제방법은 수화제와 동일하며 살포액을 조제하면 수화제와 달리 투명한 용액이 된다. 액제에 비하여 취급, 수송 및 보관이 용이하나 수용성 고체 원제만을 그 제제 대상으로 하는 제한성이 있다. 살포액 조제 시 수화제와 같이 분말의 비산이 발생하며 평량 작업을 요구하는 단점이 있다. 또한 용해상태가 불량하여 살포기 노즐이 막히는 경우도 있다.

2.9 캡슐현탁제

캡슐현탁제(캡슐懸濁劑, capsule suspension, CS)는 미세하게 분쇄한 농약원제의 입자에 고분자 물질을 얇은 막 형태로 피복하여 유탁제나 액상수화제와 비슷하게 현탁시켜 만든 제형이다. 유효성분의 방출제어(controlled release)가 가능하므로 약제의 효율이 높아 적은 유효성분 투하량으로도 약효가 우수하게 나타난다. 또한 약제 손실이 적고 독성 및 약해 경감효과가 있는 효율적 제형이나 고도의 제제기술이 필요하고 제조비용이 비싼 단점이 있다.

유탁성 입제 등 기타 희석살포형 제형에 대한 설명과 영문 코드는 표 5-1에 서술하였다.

▶ 표 5-1 기타 희석살포형 제형

제형(영문)	영문 코드	설명
유탁성 입제 (emulsifiable granule)	EG	물에서 붕괴되어 농약 유효성분이 oil in water(O/W)형 유탁액으로 살포되는 입제형 고상제형
유탁제(W/O) (emulsion, water in oil)	EO	유기 연속성 용액에서 유효성분이 미세한 입자 형태로 분산되는 비균질성 액상제형
유상수화제 (emulsifiable powder)	EP	물에 희석 시 붕괴되어 유효성분이 oil in water(O/W)형 유탁액으로 살포되는 가루형 고상제형
유탁성 젤(emulsifiable gel)	GL	물에 희석 시 유탁형 살포액으로 사용하는 젤리형 액상제형
수용성 젤(water soluble gel)	GW	물에 희석하여 수용액으로 살포하는 젤형 액상제형
고상/액상 동봉제 (combi-pack solid/liquid)	KK	탱크 믹서에 혼합하여 희석하기 위해 포장용기에 고상 및 액상제형을 동봉하여 제작한 제형
액상/액상 동봉제 (combi-pack liquid/liquid)	KL	탱크 믹서에 혼합하여 희석하기 위해 포장용기에 두 가지 액상제형을 동봉하여 제작한 제형
오일 분산제(oil dispersion)	OD	물과 혼합이 가능한 농약 유효성분의 현탁형 제형으로 물과 희석하여 사용하기 위하여 수용성 농약 유효성분을 함유하는 액상형 제형

(계속)

▶ 표 5-1 기타 희석살포형 제형(계속)

제형(영문)	영문 코드	설명
오일 현탁제 (oil miscible flowable concentrate, oil miscible suspension)	OF	유기용매에 희석하여 사용하는 액상제형으로 유동액 형태의 농약유효성분 현탁액이 된다.
오일제 (oil miscible liquid)	OL	유기용매에 희석 시 균질한 살포용액이 만들어지는 액상제형
오일 분산성 분제 (oil dispersible powder)	OP	기름에 희석 시 분산이 일어나 현탁액이 만들어지는 가루형 고상제형
직접살포 액상수화제 (suspension concentrate for direct application)	SD	벼농사 등 직접 살포가 가능한 현탁형 액상제형
유현탁제(suspo-emulsion)	SE	수용액 상태에서 물과 섞이지 않는 미세한 입자와 농약성분이 고체입자 형태로 분산되어 있는 비균질 유동형 액상제형
입상수용제 (water soluble globule)	SG	물에 희석 시 농약 유효성분을 균질 용액 형태로 살포가 가능한 미세입자로 이루어진 액상제형
액제(soluble concentrate)	SL	물에 희석 시 농약 유효성분이 균질 용액 형태의 투명성 액상제형
미량살포액제 [ultra-low volume(ULV) liquid]	UL	미량살포기 사용에 적합한 액상형 용액제형
정제상수화제 (water dispersible tablet)	WT	물에 희석 시 붕괴되어 농약 유효성분이 분산되는 정제형 고상제형

출처 : Crop Life 기술정보 2, 7판, 2017년

3. 직접살포용 제형

3.1 입제 및 세립제

입제(粒劑, granule, GR)는 농약 유효성분, 결합제, 붕괴제, 분산제, 증량제로 이루어진 입상의 제제로 살포할 때 바람에 날려 농약이 널리 퍼지는 것을 방지할 수 있다. 입제의 크기는 8~60 mesh이며 사용이 용이하고 저장 안전성이 우수하며 약해의 염려가 없는 장점이 있지만 제조공정이 복잡하고 가격이 비싸며 조류(鳥類)독성의 위험이 큰 단점이 있다. 원제의 특성 및 증량제의 종류에 따라서 제제방법이 다음과 같이 구분된다.

3.1.1 압출조립법

압출조립법(壓出組粒法, extrusion)은 습식조립법이라고도 하며, 농약원제에 활석, 점토 등의 증

량제와 PVA(polyvinyl alcohol), 전분과 같은 점결제(粘結劑) 및 계면활성제와 같은 분산제를 균일하게 혼합하여 분쇄한 후에 물로 반죽을 만든다. 혼합물을 일정한 크기로 조립(造粒), 건조한 후 체(sieve)로 일정한 범위의 입자를 선별하여 제제한다. 압출조립법에 의한 제제과정에는 수분이 다량 함유되는 과정과 열풍 건조과정이 포함되므로 주로 원제가 가수분해나 열에 안정한 화합물에 한하여 적용한다.

3.1.2 흡착법

흡착법(吸着法, impregnation)은 원제가 상온에서 액상인 농약에 응용하는 방법으로 bentonite와 vermiculite와 같은 고흡유가(高吸油價)의 천연 점토광물을 분쇄하여 일정한 크기의 입자를 체로 선별하거나, 습식조립법에 의하여 미리 조립한 입상물질에 액상의 원제를 분무하여 균일하게 흡착시켜 제제한다. 습식조립법보다 능률적으로 제제할 수 있는 장점이 있으나 천연의 증량제를 이용하는 경우에는 자재 확보에 다소 어려운 점이 있다.

3.1.3 피복법

피복법(被覆法, coating)은 규사(硅砂), 탄산석회(炭酸石灰), 모래 등 비흡유성의 입상 담체(擔體) 표면에 액상의 원제를 피복시켜 제제하는 방법이다. 또한 원제가 고체인 경우에는 원제를 곱게 분쇄하여 점결제와 함께 담체 표면에 피복시킨다. 원제가 액체인 경우 농도가 높으면 입자 상호 간에 응집하는 경우가 있으므로 이를 방지하기 위하여 흡유성의 고운 분말을 다시 분의(紛依)하는 방법도 있다. 이 방법은 능률적이고 경제성이 높으나 고농도의 제제가 어렵다는 단점이 있다.

입제의 모양은 제조방법 및 사용 증량제의 종류에 따라 구형, 절편형, 압출형, 무정형 등으로 다양하다. 입경에 대한 특정한 규격은 없으나 대략 0.5~2.5mm 정도의 크기이다. 입제의 중요

흡착법으로 제조한 제형

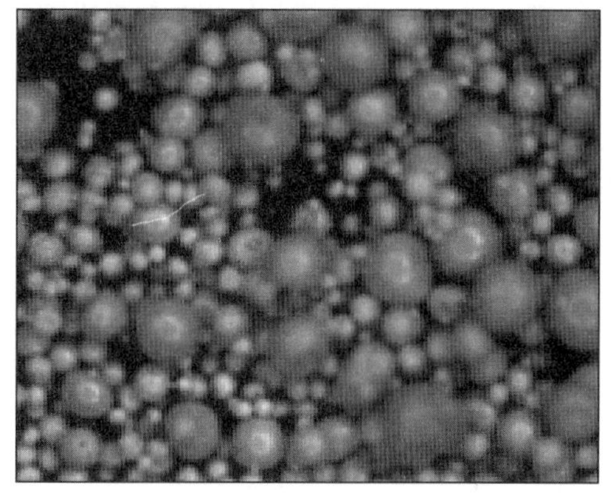

피복법으로 제조한 제형

그림 5-2 농약 입제제형 제작방법에 따른 제품 모양

한 물리성 중 하나는 경도(硬度)인데 제품의 수송이나 사용 중에 분쇄되어 분상(粉狀)이 되지 않도록 경도가 충분히 높아야 한다. 또한 논에 사용하는 입제의 경우, 특히 습식조립법으로 만들어진 입제는 입자의 수중 붕괴성이 유효성분의 방출속도와 관련되어 있어 약효를 좌우하기도 한다. 물에 난용성인 약제의 경우에는 빠른 수중붕괴에 의하여 유효성분을 신속하게 방출함과 동시에 분산에 의하여 처리층의 면적을 확대시킬 수 있어야 약효를 기대할 수 있다. 입제의 제제 시에는 시비(施肥) 등에 의해서 물의 경도가 일시적으로 높아지는 경우도 고려되어야 하며, 저장 중 제품이 굳는 것도 방지할 수 있어야 한다. 입제는 사용이 간편하고 입자가 크기 때문에 분제와 같이 표류와 비산에 의한 근접 오염의 우려는 없다. 따라서 사용자에 대한 안전성도 다른 제형에 비하여 우수하다. 그러나 입제는 작물체를 대상으로 할 경우 대상약제가 침투성이어야 하는 제한이 있다. 또한 다른 제형에 비하여 단위 면적당 투여되는 유효성분, 즉 원제의 투여량이 많으므로 방제비용이 높아지고 토양오염이 일어날 가능성이 있다.

세립제(細粒濟, fine granule, FG)는 입제보다 알갱이가 다소 작아 단위 면적당 농약 살포량을 줄일 수 있는 장점이 있다. 분류방법상 입제에 포함되는 제형으로 제조방법 및 그 특성이 입제와 동일하다.

3.2 분제

분제(粉劑, dust, dispersible powder, DP)는 원제를 다량의 증량제와 물리성 개량제, 분해 방지제 등과 균일하게 혼합하고 분쇄하여 제제한 것을 말한다. 분제는 유효성분의 함량이 1~5% 정도로 대부분이 증량제이다. 따라서 분제의 품질은 증량제의 이화학적 성질에 크게 영향을 받으며, 경시변화가 다른 제형에 비하여 큰 편이다. 증량제는 원제에 대하여 화학적으로 안정하고 물리적 성질이 양호함과 동시에 값이 싸야 한다. 원제가 액체인 경우에는 흡유가(吸油價)가 높은 백토나 규조토(硅藻土)에 원제를 흡착시켜 제제한다. 분제의 물리성 중 중요한 것은 분말도(粉末度), 토분성(吐粉性) 및 분산성(分散性)이며, 입도는 62μm 이하(250 mesh 통과분 98% 이상)로 규정되어 있으나, 토분성 및 분산성에 대한 규정은 아직 설정되어 있지 않다. 일반적으로 분제의 평균 입경은 10μm 전후로서 2~20μm의 입자가 대부분이며, 10μm 이하의 입자가 50% 이상이다. 살포된 분제입자의 일부는 대기 중에서 응집되어 단립화(團粒化)하기도 하나 대부분 10μm 이하의 입자가 많다.

분제는 농약을 살포할 때 제품을 그대로 살포하며, 다구살포기(多口撒布機) 등을 사용함으로써 살포 능률을 증대시킬 수 있다는 장점이 있다. 그러나 액상으로 살포하는 농약보다 고착성(固着性)이 불량하므로 잔효성이 요구되는 과수에는 적용할 수 없으며, 또한 단위 면적당 제품의 투하량이 많으므로 농약값이 유제나 수화제에 비하여 다소 비싸다. 분제의 가장 큰 결점은 입자가 미세하여 살포할 때 표류비산(漂流飛散)에 의한 농약의 손실뿐만 아니라 환경(대기)오염의 원인이 된다는 것이다.

3.3 수면부상성 입제

수면부상성 입제(水面浮上性粒劑, water floating granule, UG)는 압출조립법과 흡착법을 응용 조합하여 만든 입제제형이나 그 작용 특성이 일반 입제와는 상이하며, 제제방법은 다음과 같다. 먼저 수용성이면서 비중이 큰 증량제와 고분자 접착제 등을 분쇄하여 혼합한 후 물로 반죽하여 압출조립법으로 입제 형태의 담체를 만든다. 농약 원제와 확산제를 용제에 용해하고 흡착법으로 원제를 이 담체에 흡착시켜 제제한다. 담수된 논에 살포하면 증량제의 큰 비중으로 인하여 일단 가라앉는다. 증량제가 물에 용해됨에 따라 비중이 감소하여, 수면으로 부상한 후 확산제의 작용에 의하여 수면에 유상(油狀)의 약제층이 형성된다. 일반 입제와는 달리 불균일하게 살포하여도 수면에 균일하게 확산되기 때문에 살포작업이 용이한 제형이다. 그러나 바람과 논조류 등의 발생 시에는 확산층 형성이 다소 불량한 단점이 있다. 우리나라에 등록된 제형의 대부분은 수도용 제초제로 사용하는 제형이다

3.4 수면전개제 및 오일제

수면전개제(水面展開劑, spreading oil, SO)는 살포 작업의 편이성을 고려하여 제조된 제형으로 비수용성 용제에 원제를 녹이고 수면확산제를 첨가하고 혼합하여 만든 액상 형태의 제형이다. 담수된 논에 일정 간격으로 약제를 부으면 빠르게 확산되어 수면부상성 입제와 마찬가지로 수면에 균일한 처리층을 형성하므로 살포작업이 매우 용이하다. 그러나 바람과 논조류 등의 발생 시 수면부상성 입제보다 확산층 형성이 불량한 단점이 있고, 이에 따라 약해 발생의 우려가 있다.

오일제(oil miscible liquid, OL)는 농약을 기름에 용해하고 살포 시 유기용제에 희석하여 살포할 수 있도록 고안된 제형이다. 물로 희석할 수 없는 경우와 같이 특수한 목적으로 사용하며, 원액을 직접 살포할 수도 있다.

3.5 미분제 및 미립제

미분제(微粉劑, flo-dust, GP)는 분제의 단점인 비산성을 오히려 이용한 제형으로 입도를 더욱 작게 하여 비산성을 높임으로써 시설하우스와 같은 밀폐된 공간에 확산시킬 수 있도록 고안된

제형이다. 평균입경은 5.5μm 이하로서 325 mesh 통과분이 99% 이상이다. 살포 작업은 시설하우스 입구의 고정된 지점에서 고성능 동력살포기를 사용, 하우스 안쪽 방향으로 살포한다. 살포된 작은 입자는 높은 비산성에 의하여 하우스 전체에 균일하게 확산되므로 살포자에게 안전하다.

미립제(微粒粉劑, microgranule, MG)의 제제는 입제의 제제방법과 같으나 입자의 크기가 일반적으로 입제보다 작아 62~210μm 범위이다. 미립제는 입제와 분제의 단점을 개선한 새로운 제형으로, 특히 벼의 생육 후기에 벼의 하부를 가해하는 해충을 효율적으로 방제하는 데 적합한 제형이다. 즉, 미립제는 ① 약제의 표류와 비산에 의한 환경오염을 방지하고 사용자인 농민에게 안전하며 ② 살포가 쉬워 살포 능률이 높고 ③ 벼를 가해하는 병해충, 특히 생육 후기에 벼의 하부에 서식하는 병해충을 안전하게 방제할 수 있는 제형이다. 그러나 미립제의 크기 분포가 매우 협소하여 입도 규격에 맞는 증량제를 얻기가 어려워 제제비가 높아지는 단점이 있다.

3.6 저비산분제

저비산분제(低飛散粉劑, driftless dust, DL)는 분제의 일종이나 10μm 이하의 미세한 입자 분포를 최소화한 증량제와 응집제를 사용함으로써 약제의 표류와 비산을 경감하도록 개발된 제형으로 일반 분제와 구별하여 저비산분제라 한다. 저비산분제는 평균 입도가 20~30μm로서 대부분의 농약 유효성분을 제제화할 수 있는 장점이 있다. 저비산분제는 제제면에서 분제의 제제시설을 그대로 사용할 수 있을 뿐만 아니라 살포장비도 분제용 살포기를 사용할 수 있다는 이점이 있다.

3.7 캡슐제

캡슐제(encapsulated granule, CG)는 농약원제를 고분자 물질로 피복하여 고형으로 만들거나 캡슐 내에 농약을 주입하여 제조한 제형이다. 유효성분의 방출제어(controlled release) 기능을 가지고 있으므로 약제의 효율성을 크게 향상시킬 수 있는 장점이 있으나 제조단가가 높아 주로 특수 방제목적으로 사용된다.

4. 특수 제형 및 기타

4.1 도포제

도포제(塗布劑, paste)는 농약을 점성이 큰 액상으로 제조하여 붓 등을 사용하여 병반이나 상처 부위에 직접 바르도록 고안된 제형이다. 건조 후 피막을 형성하도록 고분자 막(膜) 형성제를 첨가하여 제조하기도 한다. 국내에서는 과수의 부란병 방제에 주로 사용된다.

4.2 과립훈연제 및 훈연제

농약원제에 발연제(nitrocellulose 등), 방염제 등을 혼합하고 기타 보조제 및 증량제를 첨가하여 제조한 제형이다. 분말 형태, 압축 블록 형태, 캔에 넣은 형태 등 그 모양이 용도에 따라 다양하게 제조된다. 과립훈연제(顆粒燻煙劑, smoke pellet, FW)는 압출조립에 의한 입상의 과립제 형태이다. 훈연제(燻煙劑, smoke generator, FU)는 시설하우스 등 밀폐된 공간에서만 사용되는 제형으로 하우스 내에 일정 간격으로 약제를 배치한 후 연소제인 심지에 점화함으로써 작업이 완료되므로 노동력 절감 효과가 탁월하다. 유효성분은 연기와 함께 상부로 퍼진 후 하강하면서 작물체에 균일하게 도달한다. 약제 처리시간이 매우 짧고 작업자에게 안전하며 살포의 균일성으로 일반 살포용 제제에 비하여 적은 약량으로도 약효가 충분히 발현되는 장점이 있다. 그러나 열에 안정하고 어느 정도 휘발성을 가진 유효성분만을 제제 대상으로 한다는 단점이 있다.

4.3 훈증제

훈증제(燻蒸劑, gas, GA)는 증기압이 높은 농약의 원제를 액상, 고상 또는 압축가스상으로 용기 내에 충진한 것으로 용기를 열 때 유효성분이 대기 중으로 기화하여 병해충을 방제하도록 설계된 제형이다. 주로 밀폐된 장소에서의 저장곡물 소독용이나 작물재배지의 토양소독용으로 사용된다. 제제 대상 유효성분은 일정한 시간 내에 살균 또는 살충시킬 수 있는 농도에 도달하도록 휘발성이 커야 하고 비인화성이어야 하며, 훈증할 목적물에 이화학적 또는 생물학적 변화를 주지 않는 약제로 한정된다. 대개 인축에 대한 독성이 강한 약제들이므로 사용할 때 주의하여야 한다.

4.4 연무제

살포방법을 개선한 제형으로 불활성 압축가스로 충진한 가정용 스프레이통에 넣어 분사하거나 연무발생기(fog machine) 등을 이용, 고압이나 열을 가하여 분무하도록 제제된다. 연무제(煙霧劑, aerosol, AE)의 경우 농약 유효성분이 매우 낮은 것이 특징이며 안개와 같은 미세한 입자가 살포되기 때문에 다른 작물로의 비산과 살포자의 흡입 위험성이 있으므로 농약 살포자를 위한 별도의 보호 장구가 필요하다. 연무제의 가격이 비싸기 때문에 고부가가치의 작물에 소량 살포할 때만 사용된다. 주로 가정원예용으로 사용하며 비식용작물이 재배 중인 시설하우스에 적용할 수 있다.

4.5 정제

정제(錠劑, tablet, TB)는 특수한 목적으로 소량 투입되는 농약을 대상으로 한 제형의 일종이다. 의약품에서의 정제와 유사한 기술을 이용하여 젖은 슬러리(slurry)나 건조분말 또는 입상물 형태를 압축하여 제조하는데, 제조비용이 많이 드는 단점이 있으며, 단단한 형태로 생산되나 물에 투하되면 쉽게 풀어지는 특성이 있다. 국내에서 저장 농산물 중 해충방제용으로 사용되는 인화늄 정제는 이러한 특성을 지닌 정제 형태가 아니라 단지 훈증용 가스성분(phosphine)의 전구물질에 대한 담체 역할만 한다.

4.6 미량살포액제

미량살포액제(微量撒布液劑, ultra-low volume liquid, UL)는 매우 농축된 상태의 액체제형으로 항공방제에 사용되는 특수 제형이다. 항공기 탑재량을 줄이기 위하여 원제의 용해도에 따라 액체나 고체상태의 원제를 소량의 기름이나 물에 녹인 형태이며, 원액을 그대로 사용하는 경우도 있다. 안개와 같이 매우 미세한 입자 형태로 살포되는 유효성분 함량이 높은 제형이므로 균일한 살포를 위하여 정전기 살포법(electrostatic application)과 같은 특수한 살포기술이 요구된다.

4.7 독먹이

독먹이(독미끼, bait concentrate, CB; block bait, BB)는 주로 살서제나 살연체동물제(molluscicide)를 위한 제형이다. 동물이나 곤충을 유인하는 먹이에 원제를 혼합하여 제제하며,

제형에 포함되는 농약 원제 유효성분의 함량은 5% 이하이다.

5. 종자처리용 제형

5.1 종자처리수화제

종자처리수화제(種子處理水和劑, water dispersible powder for seed treatment, WS)는 종자에 대한 약제 부착성을 향상시킨 수화제로 일명 수화성 분의제라고도 하며, 제조방법은 일반 수화제와 거의 동일하다. 벼 직파용과 육묘상용 종자 모두에 피복하여 사용할 수 있다. 마른 종자에 사용할 때는 소량의 물에 현탁시켜 사용한다. 주로 병해충 예방용 약제를 대상으로 하며 기존 약제에 비하여 종자처리 효율이 높은 장점이 있다. 처리 특성상 약제 손실이 아주 적어 환경오염을 최소화할 수 있으며 농약중독의 염려도 거의 없다.

5.2 종자처리액상수화제

종자처리액상수화제(種子處理液狀水和劑, flowable concentratefor seed treatment, FS)는 액상수화제 형태로 종자처리수화제 특성과 비슷하지만 액상인 점이 다르다. 마른 종자에 그대로 사용할 수 있으며, 물에 희석하여 사용할 수도 있다.

5.3 분의제

분의제(粉依劑, powder for seed treatment, DS)는 일반 수화제 제형으로 분상(粉狀) 그대로 종자에 분의 처리하는 것이 일반적이나 살포용 수화제처럼 물에 희석할 수도 있다.

위에 언급된 것 이외의 직접살포형 및 특수 제형에 대한 내용은 표 5-2에 나타냈으며, 국내에서 등록되어 사용하고 있는 농약품목은 총 42종이며 제형별로 분류하면 표 5-3과 같다. 이러한 농약이 등록되어 사용되기 위해서는 다양한 성질에 대한 판정 기준이 존재하는데, 우리나라에서 사용되는 농약제형의 물리성 판정기준은 표 5-4에 나타냈다.

▶ 표 5-2 기타 직접살포형 및 특수 제형

제형(영문)	영문 코드	설명
직접살포액제(any other liquid)	AL	희석하지 않고 직접 사용 가능한 액상제형
직접살포분제(any other powder)	AP	희석하지 않고 직접 사용 가능한 가루제형
블록제형(briquette)	BR	농약 유효성분이 물에 천천히 녹게 만들어진 블록형 고상제형
접촉분제(contact powder)	CP	쥐약이나 살충제로 사용하는 직접 살포형 분제 트래킹 분제(tracking powder, TP)로 알려져 있음
종자처리분제 (powder for dry seedtreatment)	DS	건조 상태의 종자에 직접 살포하는 가루형 고상제형
직접살포정제 (tablet for direct application)	DT	살포용 용액이나 분산 용액으로 처리하기 위하여 물에 희석하지 않고 포장이나 수중에 직접 살포하는 정제형 고상제형
종자처리유탁제 (emulsion for seed treatment)	ES	직접 또는 희석하여 종자에 처리하는 유탁형 액상제형
유탁제(O/W) (emulsion, oil in water)	EW	연속성 수용액에서 미세한 입자 형태로 분산되는 유기용액 형태의 액상제형
막대형 발생기 (gel for direct application)	GD	희석하지 않고 살포가 가능한 젤리형 액상제형
판상 훈증제 (gas generating product)	GE	화학반응에 의해서 가스가 발생하는 고상제형
수지(grease)	GS	기름이나 지방으로 만들어진 높은 점성질의 액상제형
고온 분무형 제형 (hot fogging concentrate)	HN	직접 또는 희석한 용액으로 고온의 안개살포기를 사용하여 살포하기에 적합한 제형
저온 분무형 제형 (cold fogging concentrate)	KN	직접 또는 희석한 용액으로 저온의 안개살포기를 사용하여 살포하기에 적합한 제형
장기 효과 포장제 (long-lasting storage bag)	LB	직접 살포가 가능하고 방출 조절이 가능한 포장 형태
장기 효과 살충 그물제 (long-lasting insecticidal net)	LN	그물망 형태의 방출 조절형 제형으로 대형 그물망 또는 생활형 그물채를 말함
종자처리액제 (solution for seed treatment)	LS	직접 또는 희석하여 사용 가능한 종자처리용 투명 용액형 액상제형
모기향(mosquito coil)	MC	불꽃 없이 연소하면서 증기나 연기 형태로 제한된 대기에 농약 유효성분을 방출하는 코일형 고상제형
매질 방출제(matrix release)	MR	고분자 폴리머로 만들어져 장기간 약효 방출이 가능한 고상제형 직접 살포가 가능
식물 막대제형(plant rodlet)	PR	길이가 센티미터이고 지름이 밀리미터 크기인 작은 막대기 모양의 고상제형
독미끼(bait, ready for use)	RB	대상 병해충을 유인하고 섭식하게 유도하는 제형

▶ 표 5-2 기타 직접살포형 및 특수 제형(계속)

제형(영문)	영문 코드	설명
직접살포 액상수화제 (suspension concentrate for direct application)	SD	벼농사 등 직접 살포가 가능한 현탁형 액상제형
미량살포현탁제 [ultra-low volume (ULV) suspension]	SU	미량살포기기에 적합한 액상형 현탁제형
휘발제 (vapour releasing product)	VP	농약 유효성분을 공기로 휘발시키는 제형으로 적절한 제형과 휘발기를 이용하여 휘발 정도를 조절
기타 제형(others)	XX	언급되지 않은 기타 제형

출처 : Crop Life 기술정보 2, 7판, 2017년

▶ 표 5-3 국내 등록농약의 제형별 분류(2019년) (단위 : 품목 수)

제형	살균제	살충제	살균·살충제	살충·제초제	생조제	제초제	기타	합계	비율(%)
희석살포형 제형	1,029	846	16	0	82	502	25	2,500	77.6
액상수화제	319	182	8		4	112		625	19.4
수화제	377	156	1		11	34		579	18.0
유제	97	240	2		6	133		478	14.8
액제	39	39	2		44	134	13	271	8.4
입상수화제	124	98	1			40		263	8.2
미탁제	16	26			3	18	1	64	2.0
유탁제	12	31			1	12	1	57	1.8
유현탁제	16	16	2			12		46	1.4
분산성액제	7	24			1	1	1	34	1.1
수용제	7	6			12			25	0.8
입상수용제	3	14				1		18	0.6
전착제							9	9	0.3
캡슐현탁제		5				3		8	0.2
유상수화제	1	2				1		4	0.1
액상현탁제	4							4	0.1
정제상수화제	3	1						4	0.1
고상제	2	1						3	0.1
합제	1	1						2	0.1
분상유제		2						2	0.1
캡슐액상수화제		1				1		2	0.1

(계속)

▶ **표 5-3 국내 등록농약의 제형별 분류(2019년)(계속)** (단위 : 품목 수)

제형	살균제	살충제	살균·살충제	살충·제초제	생조제	제초제	기타	합계	비율(%)
캡슐제		1						1	0.03
유상현탁제	1							1	0.03
직접살포형 제형	92	152	75	2	4	313	0	638	19.8
입제	66	121	71	1	2	248		509	15.8
분제	22	18	1		2			43	1.3
직접살포정제				1		33		34	1.1
미립제						20		20	0.6
세립제	4	8	2			1		15	0.5
수면부상성입제		1				9		10	0.3
직접살포액제		2	1					3	0.1
점보제						2		2	0.1
수면전개제		2						2	0.1
특수 제형	6	20	9	0	23	0	0	58	1.8
도포제	5				17			22	0.7
과립훈연제		4	9					13	0.4
훈증제		12						12	0.4
발생기					4			4	0.1
연무제	1	1						2	0.1
훈연제		2						2	0.1
판상훈증제		1						1	0.03
가스발생훈증제					1			1	0.03
마이크로캡슐훈증제					1			1	0.03
종자처리형 제형	13	3	9	0	0	0	0	25	0.8
종자처리액상수화제	12		2					14	0.4
종자처리수화제	1	3	7					11	0.3

▶ 표 5-4 우리나라의 농약제형별 물리성 판정기준

검사항목	대상 농약(원료)	판정기준
유화성	유제, 분상유제, 유탁제, 미탁제, 유상수화제	유화하였을 때 유상물 또는 응고물이 없고 균일하여야 함
수용성	액제, 수용제, 석회유황합제, 입상수용제	수용하였을 때 완전히 녹아야 함
수화성	(액상, 입상)수화제, 수화성미분제, 종자처리(액상)수화제, 정제상수화제, 유상수화제	수화하였을 때 현탁액이 균일하여야 함
분말도(입도)	(액상)수화제, 유상수화제	325메시에서 98% 이상 통과하여야 함 (미생물농약의 경우 90% 이상 통과하여야 함)
	분제, 분의제	250메시에서 98% 이상 통과하여야 함
	(수화성)미분제	325메시에서 99% 이상 통과하여야 하고, 평균입경이 5.5마이크론 이하여야 함
	미립제	150메시에서 90% 이상 통과하여야 하고, 10마이크론 이하가 15% 이하여야 함
	저비산분제	250메시에서 95% 이상 통과하여야 하고, 10마이크론 이하가 25% 이하여야 함
	캡슐현탁제	200메시에서 98% 이상 통과하여야 함
	카보입제	80메시에서 0.5% 이하 통과하여야 함
	액상제	325메시에서 90% 이상 통과하여야 함
	유상현탁제	325메시에서 90% 이상 통과하여야 함
표면장력	전착제	15℃에서 40dyne/cm 이하여야 함
발연성	훈연제	꺼지지 않고 완전히 발연되어야 함
가비중	미립제	0.75 이상이어야 함
	저비산분제	0.7 이상 1.1 이하여야 함
	(수화성)미분제	0.20 이하여야 함
분산성	(수화성)미분제	60 이상이어야 함
수중분산성	분산성액제	수중 분산하였을 때 분산입자가 균일하여야 함
수분	미립제	3% 이하여야 함
필름두께	농약함유비닐멀칭제	0.03mm 이상이어야 함
확산성	대립제	입자가 물 표면에 부유 확산되어야 함

6. 농약 보조제

각종 형태의 제형을 제조할 때 첨가되는 물질과 자체만으로는 농약으로서의 약효가 없거나 미미하지만 농약의 특성을 개선시킬 목적으로 사용하는 물질들을 총칭하여 농약 보조제(補助劑, adjuvant, supplemental agent)라 부른다. 여기에는 농약 유효성분 및 제형의 이화학적 특성을 향상 또는 개선시키기 위한 각종 첨가제와 유효성분의 생물학적 약효를 상승시키기 위하여 사용하는 협력제 등도 포함되며, 대개 그 자체는 직접적 효과가 없는 것이 일반적이다. 보조제 중에는 전착제와 같이 희석액 조제 시에 첨가하도록 별도로 상품화한 것도 있다.

6.1 유기용제

유기용제(有機溶劑, solvent)는 유제나 액제와 같이 액상의 농약을 제조할 때 원제를 녹이기 위하여 사용하는 용매이다. 물에 잘 녹지 않는 유효성분을 대상으로 한 유제용 용제로는 용해도 특성에 따라 각종 유기용매가 사용되며 액제의 경우에는 물이나 methanol이 용제로 사용된다. 농약원제 또는 보조제를 녹이기 위해 사용되는 물질로서 농약제제에 있어서 다양한 용도로 사용된다. 가장 일반적으로는 유제, 유탁제, 미탁제, 액제, 액상수화제 등의 용제 및 희석제로서 사용되며, 그 외에 원제를 분제, 입제, 수화제, 과립수화제 등의 고형제로 제제할 때의 용제나 희석제, 액상수화제의 동결방지제로서도 이용된다. 용제의 선택 및 사용에 있어서는 관련법규, 용해도, 독성, 안전성에 대한 개별 용제의 특성을 파악하여야 하며, 농약제제 시 사용할 용제의 선택에 있어 고려해야 할 항목은 다음과 같다.

6.1.1 농약 조제용 용제의 특징

(1) 용해도

유효성분의 온도별 용해도, 저온(0℃ 이하)에서의 용해도, 각종 결정상의 물질을 첨가했을 때의 결정석출 유무, 용제 자신의 저온하에서의 점도의 증대 및 고결화 등을 확인할 필요가 있다. 또한 원제 용해 시의 발열 또는, 흡열의 유무는 생산 시 고려해야 할 항목이다.

(2) 인화점

일반적으로는 인화점이 높은 용제나 그러한 용제의 조합이 바람직하다. 즉, 비점이 높고 증기압이 낮은 용제가 적당하다.

(3) 약효의 증강

용제의 사용에 의해 큐티클층을 녹여 약물의 침투·이행을 촉진하여 약효를 증가시키며, 표면장력이 낮아 습윤제의 효과가 있다. 비점이 높은 용제의 경우 유효성분의 확산을 경감시킬 수 있는 효과가 있으며, 비휘발성 용제는 유효성분의 휘발을 억제하여 잔효력을 증대시킬 뿐만 아니라 결정성 농약인 경우에 유효성분의 석출을 방지하고 작물의 표면에 확전(擴展)이나 작물의 조직 내 침투를 도와 약효를 증대시킨다. 실제로 glycerin 등의 polyalcohol류는 streptomycin의 작물체 표면에 대한 흡착 효율을 현저하게 증대시킨다고 알려져 있다.

(4) 용제 중의 수분

물에 의해 가수분해하는 유효성분을 친유성의 용제를 이용하여 안정화할 수 있다. 이때 미량의 물이 영향을 주기 때문에 용제 중의 미량의 수분이 중요한 요소가 된다.

(5) 냄새 및 색깔

가정원예용으로 사용되는 용제는 냄새가 미미해야 하며, 용제는 미량의 물질에 의해 착색된다. 제제의 외관이 문제가 되는 경우는 경시보존에 의한 용제의 색변화와 착색방지방법의 검토가 필요하다.

(6) 유효성분에 대한 안전성

용제가 농약의 유효성분을 화학적으로 분해시켜서는 안 되며 또한 그 용제 내에 농약 유효성분을 분해시키는 불순물이 함유되어서도 안 된다. 이러한 측면에서 지방족(脂肪族) 및 방향족(芳香族) 탄화수소가 좀 더 유리하다. 용제 중에 함유되어 있는 amine 등의 염기성 물질, 유기산, 무기산 등의 극성 물질 및 수분이 농약 유효성분의 분해를 촉진시키는 예는 rotenone, 항생물질, 유기인계 농약 등에서 흔히 볼 수 있다.

(7) 인축과 작물에 대한 안전성

용제의 종류 중 인축에 유해한 활성을 보이는 것은 농약 제조용으로 사용하기 어렵다. 최근 선진국에서는 용제가 인축에 미치는 영향에 대한 독성학적 연구가 활발하게 수행되고 있으며, 일부 용제는 농약제제용으로 사용을 규제하고 있다. 유기합성 농약 중에서는 사용하는 용제에 따라서 작물에 약해를 유발하는 것이 있다. 약해는 용제의 종류뿐만 아니라 작물의 종류, 생육상황, 기상조건 등의 환경조건에 따라서도 상이하게 나타난다. 일반적으로 분자량이 큰 화합물이 저분자량의 화합물보다 약해를 심하게 유발한다.

(8) 경제성

용제 선택에는 유효성분에 대한 용해도, 안전성, 불순물 함유 유무 등의 특성이 우선적으로 고려된다. 그러나 농약의 가격에 크게 영향을 주는 용제는 농약 제조용으로 사용이 곤란하다. 용제의 선택에 있어서는 원부재의 종류 및 함량, 처방, 제형 등에 따라 변경될 수 있으며 적합한 용제의 선정은 농약의 생산, 판매, 사용 등에 있어서 필수적인 요건이 된다.

6.1.2 주요 용제의 종류

농약제제용 용제는 탄화수소계와 기타 용제로 크게 나눌 수 있다.

(1) 탄화수소계 용제

① 방향족 용제 : xylene, alkyl(C9~C10)benzene, alkyl naphthalene, 고비점의 방향족 탄화수소 등
② 지방족 용제 : n-paraffin, isoparaffin, naphthane
③ 혼합 용제 : kerosin, kerosin에 의해 제조된 용제
④ Machine유 : 정제된 고비점의 지방족 탄화수소

위에서 열거한 용제들은 농약 유효성분의 함유량에 의해 용제의 종류가 결정된다. 그중에서 방향족 용제가 유효성분에 대한 용해도가 우수하고 특히 xylene은 저렴한 가격이 고려되어 가장 폭넓게 사용된다. 최근에는 xylene에 비해 인화점 및 증류 범위의 온도가 높은 알킬기의 탄소수 9, 10인 alkylbenzene이 사용되고 있으며, 이들은 solvesso와 같은 다양한 상품으로 판매되고 있다. Xylene과 solvesso의 특징을 비교하면 표 5-5와 같다.

지방족 용제는 paraffin계 탄화수소와 naphthane계로 구분되며 용해성은 naphthane > isoparaffin ≥ n-paraffin 순으로 낮아진다. 대부분이 n-paraffin인 것, 대부분이 isoparaffin인 것, naphthane과 paraffin을 혼합한 것 등으로 다양한 용제가 있으며, 이들 용제의 탄소수의 차이에

▶ **표 5-5 xylene과 solvesso의 특징**

항목	xylene	solvesso100[1]	solvesso150[2]	solvesso200[3]
증류 범위, ℃				
증류 시점	137	164	188	226
건점	141	176	209	286
증발 속도 (Butylacetate = 100)	70	19	4	<4
혼합 Arynene점, ℃	11	14	16	14
인화점, ℃	28	42	64	100
xylene 함유량(중량 %)	100	1~4	0	0

1) 주성분의 알킬기의 탄소수가 9인 Alkylbenzene
2) 주성분의 알킬기의 탄소수가 10인 Alkylbenzene
3) 주성분의 알킬기의 탄소수가 11인 Alkylbenzene

의해 인화점이 40~90℃인 각종 용제가 판매되고 있다. 그리고 지방족 용제는 냄새가 없고 색상도 백색이 많다. petroleum oil, mineral oil 또는 spray oil로 알려진 machine유는 기계유 농약의 제조 원료로서 사용되는 고순도로 정제된 지방족 탄화수소이다. 인화점은 180~220℃이며 점도, sulfon화 값, 증류 성상 등에 의해 품질이 정해진다.

(2) 기타 용제

① alcohol 류 : ethanol, isopropanol, cyclohexanol

② 다중 alcohol 류 : ehylene glycol, diethylene glycol, propylene glycol, hexylene glycol, polyethylene glycol, polypropylene glycol

③ 다중 alcohol의 유도체 : propylene계 glycol ether

④ ketone 류 : cyclohexanone, γ-butyrolactone

⑤ ester 류 : 지방산 methyl ester, 이염기산 methyl ester, 호박산 dimethylester, glutamic acid dimethyl ester, azibinic acid dimethyl ester

⑥ 질소 함유 : *n*-alkylpyrollidone

⑦ 유지 : 대두유, 채종유

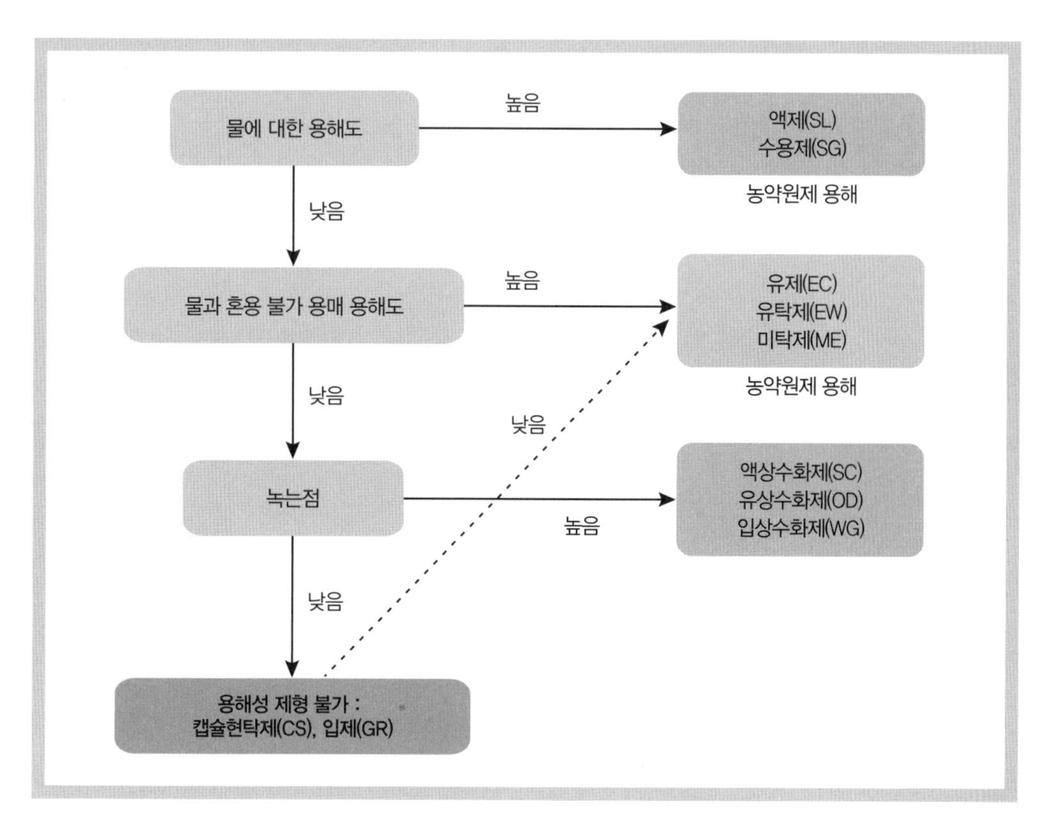

그림 5-3 농약원제의 용제 용해도에 따른 제형 흐름도

▶ **표 5-6 주요 용제의 이화학적 특성**

구분	비중(20℃)	비점(℃)	증기압 (mmHg/℃)	물에 대한 용해도 (%/℃)
Hydrocarbons				
n-hexane	0.6594	68.7	100/15.8	-
petroleum ether	0.62~0.67(15℃)	30~70	300~400/20	-
cyclohexane	0.7786	80.7	80/20.7	0.008/25
benzene	0.7890	80.1	80/21.3	0.008/25
toluene	0.8669	110.6	20/18.4	0.47/16
o-xylene	0.8802	144.4	10/32.1	-
m-xylene	0.8842	139.1	10/28.2	-
p-xylene	0.8610	138.4	10/21.3	-
Chlorinated hydrocarbons				
ethlene dichloride	1.2554	83.5	-	0.81/20
trichloroethane	1.4432	113.7	-	0.45/20
epichlorohydrin	1.1761	115.2	-	5.90/20
Alcohols				
methanol	0.7924	64.5	96.1/20	섞임
ethanol	0.7905	78.5	43.9/20	섞임
isopropanol	0.7862	82.3	33.0/20	섞임
n-hexane	0.8203	157.1	0.4/20	0.58/20
ethylene glycol	1.1155	197.5	0.05/20	섞임
propylene glycol	1.0381	187.4	0.08/20	섞임
Ethers				
ethyl ether	0.7146	34.6	440/20	6.90/20
isopropyl ether	0.7244	68.3	117/20	0.90/20
dioxane	1.0356	101.3	29/20	섞임
ethylene oxide	0.8711	10.4	1102/20	섞임
Ketones				
acetone	0.7907	56.1	186/20	섞임
diethyl ketone	0.8155	101.8	26.9/20	3.40/20
methylethyl ketone	0.8061	79.6	70.2/20	26.80/20
Esters				
ethyl formate	0.9240	54.2	200/20	8.0/20
ethyl acetate	0.9018	76.7	74.4/20	8.7/20
isopropyl acetate	0.8737	88.7	43.2/20	2.9/20
n-butyl acetate	0.8826	126.6	7.8/20	<0.68/20
isobutyl acetate	0.8697	117.6	15.0/20	0.75/20

위의 용제 중 alcohol, 다중 alcohol의 유도체, ketone 및 *n*-alkylpyrollidone은 용해성이 우수하여, 난용성 원제의 용제로서 탄화수소계 용제와 같은 다른 용제와 조합하여 많이 이용된다. 제제 형태별로서도 유제, 유탁제, 미탁제에서 지방산 methyl ester와 대두유의 혼합용제가 이용되고 있다. 또한 *n*-alkylpyrollidone는 alkyl기의 탄소수에 의해 물에 대한 용해성이 변화되기 때문에 이들을 조합하여 원하는 극성을 띠는 용제를 조제할 수 있으며, 이 혼합용매의 용해성이 우수하여 다른 용제와의 상용성이 양호할 뿐만 아니라 인화점이 높아 농약 제조용 용제로서 우수한 효과를 발현하여 많이 이용된다. 주요 용제의 특성은 표 5-6에 나타냈으며, 농약원제의 용제 용해고에 따른 제형 제조 흐름도는 그림 5-3에서 비교해 볼 수 있다.

6.2 계면활성제

계면활성제(surface-active agent, surfactant)는 동일 분자 내에 친유성기와 친수성기를 가져, 기체/액체, 액체/액체, 액체/고체 등의 성상에서 서로 섞이지 않는 유기물질층과 물층으로 이루어진 두 층계(biphasic system)에 첨가하였을 경우의 계면에 흡착하여 계면의 성질을 현저히 변화시키는 물질로서 계면활성을 나타내는 물질을 총칭하는 것으로 확전((擴展), 유화(乳化), 분산(分散), 가용화(可溶化), 기포(氣泡), 세정(洗淨) 등의 작용이 있고 농약제제뿐만 아니라 우리의 일상생활과도 밀접한 관계가 있는 물질이다. 농약제제에서는 유화제(emulsifier), 분산제(dispersing agent), 전착제(spreader), 가용화제(solubilizer) 등의 용도로 사용되고 있으며, 농약제품의 물리적 특성을 좌우하는 중요한 역할을 한다.

6.2.1 계면활성제의 구조 및 종류

계면활성제는 그림 5-4와 같이 친유성기 원자단(hydrophobic group, lipophilic group)과 친수성(親水性) 원자단(hydrophilic group)을 동일 분자 내에 갖고 있는 화학구조가 특징이다. 친유성기 원자단은 alkyl, alkyl aryl 구조가 많고 특수한 예로서 친유성기 원자단에 propylene oxide의 중합물이 이용되기도 한다. 친수성 원자단은 수용액 중에 이온화되어 생성되는 이온에 따라서 다음과 같이 구분하며 계면활성제의 종류는 친수성기 이온화 특성에 따라서 분류한다. 또한 직접 해

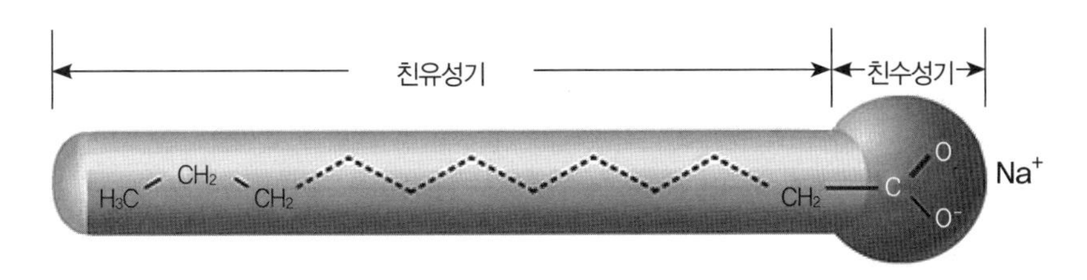

그림 5-4 계면활성제의 구조

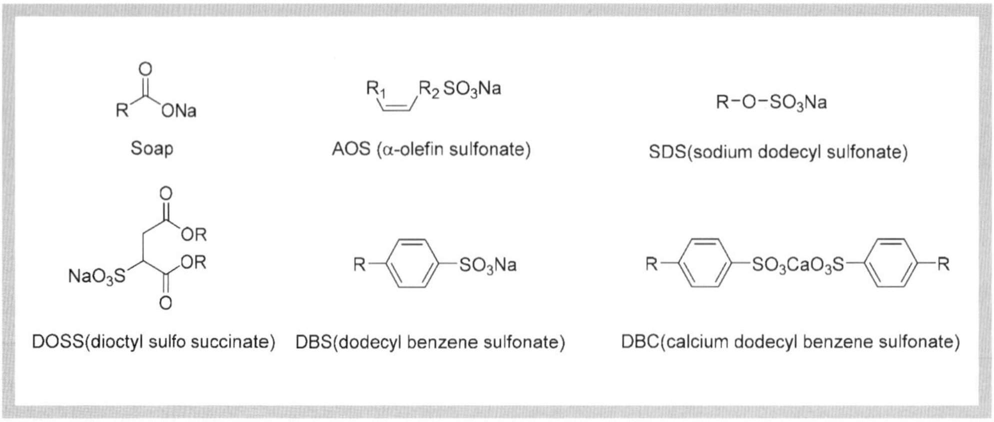

Soap

AOS (α-olefin sulfonate)

R-O-SO_3Na

SDS(sodium dodecyl sulfonate)

DOSS(dioctyl sulfo succinate)

DBS(dodecyl benzene sulfonate)

DBC(calcium dodecyl benzene sulfonate)

그림 5-5 대표적인 음이온 계면활성제의 구조

리하지는 않으나 분자 내에 반복적인 극성 공유결합의 존재로 친유성기와 친수성기가 내재되어 있는 비이온성 계면활성제가 있다.

(1) 음이온 계면활성제

수중에서 이온화하여 모화합물이 음이온으로 되는 형태의 계면활성제이다. 음이온 형태의 모화합물은 Na이나 K과 같은 양성 금속 성분과 염의 형태로 결합하여 계면활성제의 역할을 하는데, 그 종류로는 카복실산염(-COOM), 황산에스테르염(-OSO_3M), 설폰산염(-SO_3M), 인산에스테르염(-OPO_3M_2) 등이 있다. 대표적인 음이온 계면활성제(anionic surfactant)의 종류는 그림 5-5에 나타냈다.

(2) 양이온 계면활성제

양이온 계면활성제(cationic surfactant)는 수중에서 이온 해리할 때 친유성기가 붙어 있는 부분이 양이온으로 되는 계면활성제로 역성비누(invert soap) 또는 양성비누라고 부르며, 전형적인 것으로는 원체의 용해나 효력 촉진에 효과적인 제4급 암모니아염이 있다. 대표적인 구조는 그림 5-6에 나타냈다.

(3) 비이온 계면활성제

이온화되지 않으나 분자 내에 소수 및 친수기를 갖고 있는 형태의 계면활성제이다. 비이온 계면활성제(nonionic surfactant)의 친수성기 역할은 주로 ether 결합의 산소와 알코올성의 수산기로서 일반적으로 polyether 또는 polyalcohol형으로 친수성을 나타낸다. 친수기로서 ethlyeneoxide를 함유한 polyethyleneglycol은 ethyleneoxide의 첨가 mole수를 조절함에 따라 다양한 계면활성제를 얻을 수 있기 때문에 농약제제에서 중요한 계면활성제이다. PEG 유도체 중 고급 알코올,

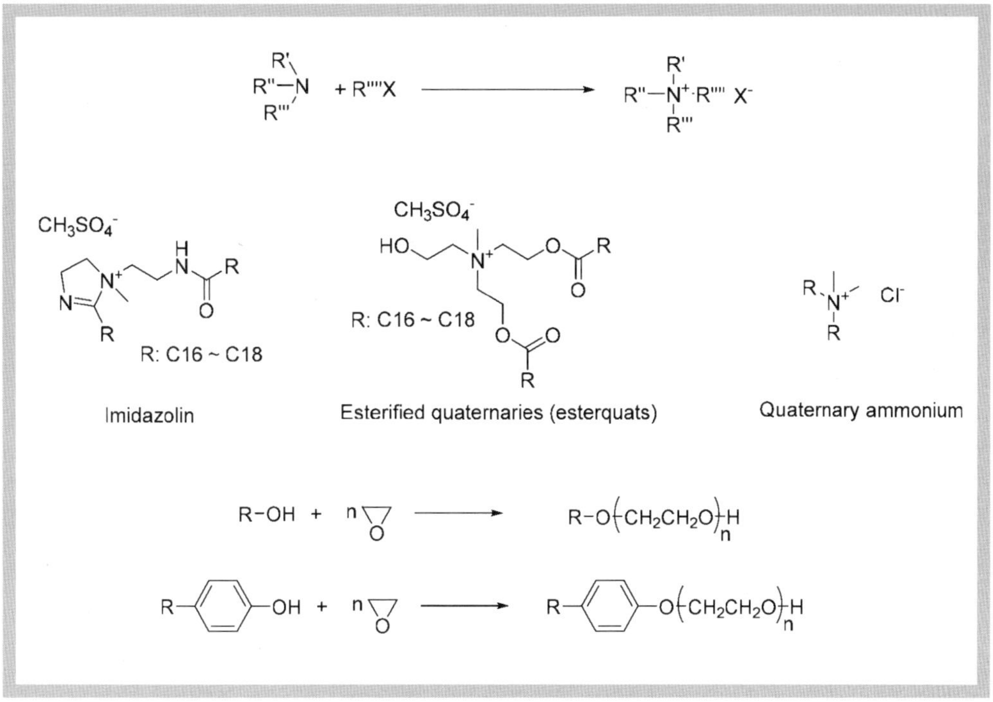

그림 5-6 대표적인 양이온 계면활성제의 구조

alkylphenol, alkylnaphthol 등을 친유성 원료로 하여 여기에 ethylene oxide를 중합시킨 PEG-ether 류는 가장 많이 사용되는 비이온 계면활성제이다.

이들 PEG-alkyl ether, PEG-alkylaryl ether는 농약용 유화제, 전착제뿐만 아니라 일반용 유화제, 침투제, 세제로 널리 사용되고 있다. 이들 계면활성제는 계면활성이 우수할 뿐만 아니라 유기농약, 용제, 다른 계면활성제와의 혼합이 용이하고 활성제 자체도 매우 안정하다. Polyalcohol 유도체로서 널리 사용되고 있는 것은 지방산과 sorbitan의 부분 ester 및 ethylene oxide 중합물이다. Sorbitan과 지방산의 부분 ester는 'Span'으로 잘 알려져 있으며, 친수성을 높이기 위하여 ethylene oxide를 축합시킨 'Tween'도 잘 알려져 있다. 그 외 당(糖)도 비이온 계면활성제로 사용되어 최근에 개발된 서당(庶糖)의 fatty acid ester는 독성이 없으므로 식품의 첨가물로 이용된다. Polyalcohol로서 당 외에 glycerin, pentaerythrit[$C(CH_2OH)_4$], polyglycerin 등도 마찬가지로 fatty acid와 부분 ester를 만들어 계면활성제로 이용된다(그림 5-7).

(4) 양성 계면활성제

양성 계면활성제(ampholytic surfactant)는 수용액 중에서 양이온 및 음이온으로 동시에 이온화되는 계면활성제로 음이온 원자단으로는 carboxylic acid, sulfonic acid 등이고, 양이온 원자단으로서는 amine 또는 ammonium 등을 가지는 것이 많다.

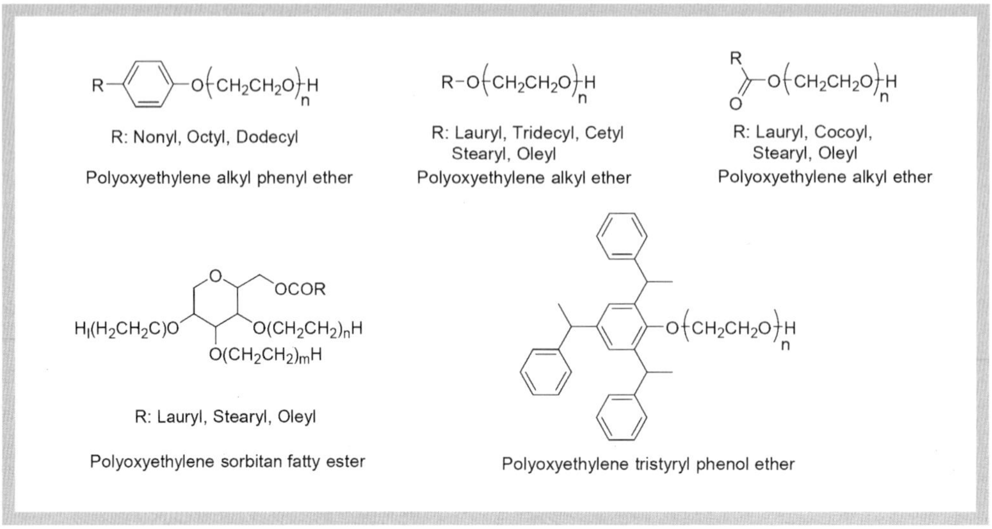

R: Nonyl, Octyl, Dodecyl
Polyoxyethylene alkyl phenyl ether

R: Lauryl, Tridecyl, Cetyl Stearyl, Oleyl
Polyoxyethylene alkyl ether

R: Lauryl, Cocoyl, Stearyl, Oleyl
Polyoxyethylene alkyl ether

R: Lauryl, Stearyl, Oleyl
Polyoxyethylene sorbitan fatty ester

Polyoxyethylene tristyryl phenol ether

그림 5-7 대표적인 비이온 계면활성제의 구조

6.2.2 계면활성제의 HLB

계면활성제로서의 기능을 나타내기 위해서는 계면활성제 분자 내의 친유성기와 친수성기는 적절하게 균형비를 나타내어야 한다. 이러한 계면활성에 대한 척도로는 친수-친유 균형비(hydrophilic-lipophilic balance, HLB)가 가장 많이 사용되는데 농약의 유효성분, 함량, 사용용수 등에 따라 동일한 계면활성제라도 그 계면활성 정도가 변화하므로 실용적으로는 친수성/친유성기 비율이 다른 몇 가지 계면활성제를 서로 혼합하여 최적의 균형치(hydrophilic-lipophilic balance, HLB)를 얻을 수 있도록 실험적 방법을 사용한다. 비이온 계면활성제에 주로 이용하며 범위는 0~20이다. 그림 5-8에서 보는 같이 HLB 값에 따라서 계면활성제의 용도가 달라지므로 계면활성제의 HLB 값을 아는 것은 매우 중요하다.

계면활성제의 HLB 값 산출은 계면활성제의 종류에 따라서 여러 가지 방법이 이용되나 분자량에 의한 방법과 검화가(saponification value) 및 산가(acid value)에 의한 방법이 주로 사용되고 있다. 비이온 계면활성제의 경우 구조를 구성하고 있는 EO(ethylene oxide) 부가물의 무게 비율로서 계산하는데, 계면활성제의 구조를 반영하지 않기 때문에 다른 성분의 계면활성제를 포함하고 있는 경우에는 정확한 값을 얻기에 어려움이 있다

HLB 값 = (비이온 계면활성제 분자량 중 EO 무게 비율 %)/5

(1) 계면활성제의 분자량에 의한 HLB 값 산출

이 방법은 원래 이온성 물질에 대한 HLB 값 산출방법으로 이용되었으나 그 후 비이온성 물질에 대해서도 이용 가능성이 밝혀져 사용되고 있는 방법이다.

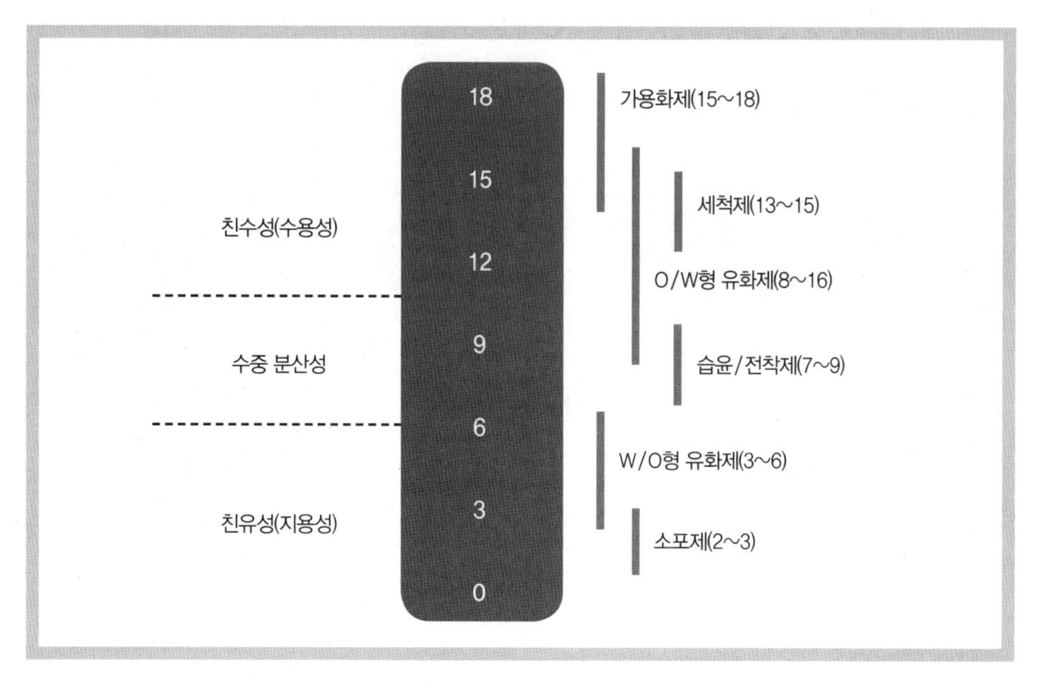

그림 5-8 계면활성제의 HLB 값에 따른 용도

$$HLB = 7 + 11.7\log\frac{M_W}{M_o}$$

M_W : 계면활성제 중 친수성 부분의 분자량

M_O : 계면활성제 중 친유성 부분의 분자량

(2) 계면활성제의 검화가 및 산가에 의한 HLB 값 산출

대부분의 polyhydric alcohol-fatty acid ester계 계면활성제는 다음 식과 같이 HLB 값을 산출한다.

$$HLB = 20(1 - \frac{S}{A})$$

S : Ester의 검화가, A : 산의 산가

6.2.3. 계면활성제의 작용

농약제제 시 계면활성제를 보조제로 첨가하는 가장 큰 목적은 물에 잘 녹지 않는 농약 유효성분을 살포용수에 잘 분산시켜 균일한 살포작업을 가능하도록 하는 데 있다. 계면활성제를 적절히 사용할 경우 수화제와 같은 고체제형의 경우는 현탁액(suspension), 유제와 같은 액체제형의 경우는 유화액(emulsion) 상태로 살포액 중에 균일하게 분산된다. 즉, 분산매가 되는 물과 분산질인 유분(油紛, 농약)과의 계면에 계면활성제인 유화제가 분산매와 분산질의 계면장력을 저하시켜 줌으로써 유분이 서로 인접해도 결합되지 않고 오랫동안 분산매 중에 균일하게 분산된 상태

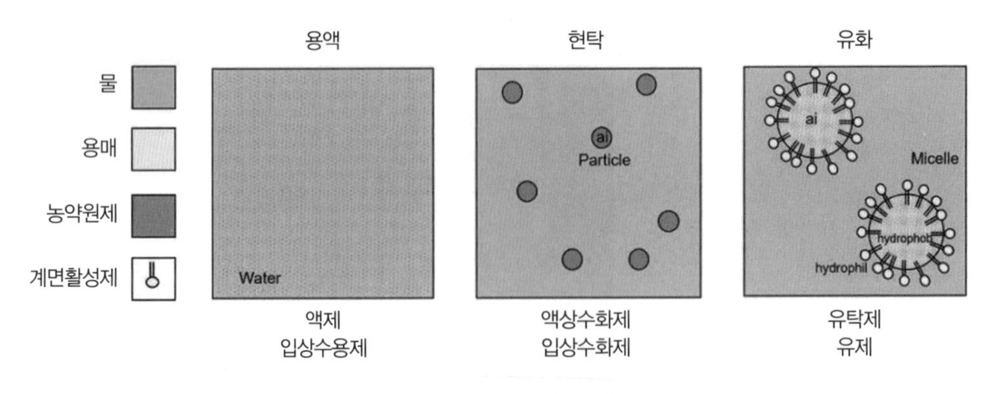

그림 5-9 농약제형을 희석한 수용액 상태

로 존재한다(그림 5-9).

계면활성제의 주요 작용에 관한 용어로 정리하면 다음과 같다.

(1) 임계미셀농도

계면활성제 농도의 추가적인 작용이 멈춘 임계점(CMC)에 이른 상태를 나타내며, 표면장력, 전기전도율, 수용성 등 계면활성제의 다양한 물리성이 심한 변화를 일으킨다. 보통 음이온 계면활성제의 임계미셀농도(citical micelle concentration)가 비이온 계면활성제보다 1~2배 크다.

(2) 미셀

계면활성제가 특정 농도에 도달했을 때 각각의 계면활성제는 계면에너지를 감소시키기 위하여 집합체를 이루는데, 이런 집합체를 미셀(micelle)이라 한다.

(3) 유화

유화(emulsification)는 서로 섞이지 않거나 일부가 녹아 있는 두 액체 중 한 액체가 다른 액체에 작은 입자(0.1μm~10μm)로 분산되는 과정으로, 이때 생성된 액체를 유화액(emulsion)이라 한다. 유화액은 우유나 화장크림, 마요네즈와 같이 기름이 분상상으로 물과 섞임 현상에서 볼 수 있는 O/W형(oil-in-water) 유화액과 버터, 마가린, 원유 등에서 볼 수 있는 물이 분산상으로 역할하는 W/O형(water-in-oil) 유화액이 있다.

(4) 가용화

가용화(microemulsification)는 분산상의 지름이 0.01~0.1μm인 유화액을 말하며, 물과 기름 사이의 계면장력이 0에 접근하는 경우에 발생하고 유분의 입자가 미세하여 colloid상이 되면 투명해지는 현상을 말한다. 한 가지의 계면활성제로는 불가능하고 보조 계면활성제(co-surfactant)가 필요하다. 미세에멀션(microemulsion)의 유화제 농도는 계면 면적이 매우 크므로 많은 양의 유화제가 필요하다. 전형적인 미세에멀션의 경우에 기름 구성물이 10~70%, 수분 구성물이 10~70%, 유화제가 5~40%의 비율로 이루어진다.

(5) 습윤성

습윤성(wetting property, 濕潤性)은 살포한 농약이 식물체나 곤충의 체표면을 적시는 성질을 말하며 고체면에 접촉한 액체 방울의 수직각도는 0도이다. 이때 부착력이 좋아지고 고체면의 자유에너지가 매우 높아지는 현상이 나타난다. 식물이나 곤충의 체표면에 부착한 약액의 입자가 잘 퍼지게 하는 성질을 확전성(擴展性, spreadingproperty)이라 하는데 습윤성과 확전성의 성질을 합하여 습전성(濕展性)이라 한다. 또한 살포한 약제가 식물체나 곤충체 표면에 잘 달라붙는 성질을 부착성(adhesiveness)이라 한다. 이러한 습전성과 부착성은 살포약액의 액적(液滴) 크기, 표면장력 및 살포작업 시 액적의 정전기 획득(acquired electrostatic charge) 정도에 따라 좌우되며, 특히 약액의 표면장력과 밀접한 관계가 있다. 순수한 물의 표면장력은 78dyne/cm이나 계면활성제를 첨가한 살포액의 표면장력은 50dyne/cm 이하여서 습전성과 부착성이 향상된다.

(6) 분산

분산(dispersion)은 물에 녹지 않는 작은 고체를 물에 떠 있게 하는 것으로 액체 중에 흩어져 있기 어려운 무기 또는, 고체입자를 전하나 입체 장애에 의한 반발을 유도시켜 균일하게 분포하게 한다.

(7) 기포

액체가 기체를 포함하여 생긴 동그란 방울을 기포(foaming)라 한다.

(8) 소포

소포(anti-foaming)는 계면장력을 저하시켜 기포를 제거하는 작용을 한다.

6.2.4 전착제

전착제(spreader)는 농약 살포액 조제 시 첨가하여 살포약액의 표면장력을 감소시켜 습전성과 부착성을 향상시킬 뿐만 아니라 엽면살포 시 농약원제 성분의 빠른 흡수이행을 촉진시킬 수 있다. 계면활성제도 전착제로서의 효과가 있으나 농약원제의 식물체 표면의 결합력에서 차이가 있으므로 보다 전문적인 보조제 형태로서 별도로 상품화되고 있다. Polyoxyethylene(POE)의 폴리머에 의해 제조된 비이온 계면활성제 계통의 약제가 전착제로서 주로 사용되며, 실리콘과 산소의 결합체[Si-O]인 유기실리콘의 폴리머로 만들어진 siloxane 계통의 전착제가 제품으로 생산되고 있다.

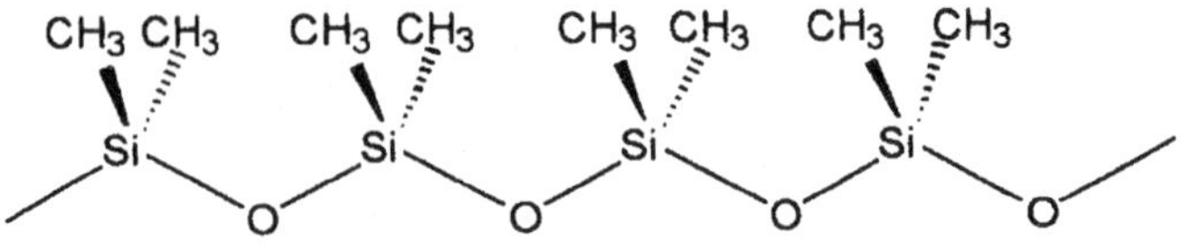

Polydimethylsilicone

그림 5-10 전착제 polyoxyethylene(POE)의 폴리머

6.2.5 증량제

분제, 입제, 수화제 및 수용제 등과 같이 고체상 제형에서는 여러 가지의 고체 증량제를 사용하게 된다. 증량제는 엄밀하게 말하면 희석제와 구별된다. 즉, 농약을 제제할 때 고농도의 농약원제를 다량의 광물성 미세분말에 희석하는 경우에는 희석제(稀釋劑, diluent)라고 하는데, 흡유가(吸油價, sorptive capacity)가 일반적으로 낮다. 반면에 흡유가가 높은 미세분말 또는 유기물분말에 액상의 농약원제를 흡수 또는 흡착시킬 때에는 증량제(增量劑, carrier)라고 한다. 그러나 일반적으로 증량제라고 하면 희석제를 포함해서 취급한다. 농약제제에 사용되는 증량제는 단순히 농약원제의 희석 또는 흡착에만 중요한 것이 아니고 증량제에 따라 농약의 약효에 크게 영향을 미치므로 증량제의 이 화학적 성질은 농약제제 시에 매우 중요하다. 농약원제의 희석 및 흡착에 사용되는 물질로서 주로 광물질 증량제가 이용되며, 주로 이용되는 것으로는 벤토나이트(bentonite), 규조토(diatomaceous earth), 점토(clay), 활석(talc), 탄화칼슘($CaCO_3$), 납석(pyrophyllite) 등이 있다. 증량제의 입자구조는 대개 불규칙적인 형상부터 구, 다면체 및 단섬유와 같은 정교한 기하학적인 형상까지 다양하다.

(1) 농약 제조용 증량제의 특성

가. 입자의 크기

입자의 크기는 분제의 분산성(分散性), 비산성((飛散性), 부착성(附着性)에 크게 영향을 미친다. 또한 수화제에서도 약제의 수화성(水和性) 및 현수성(懸垂性)에도 영향을 미친다.

나. 가비중

증량제의 가비중(假比重)은 입자의 비산성과 밀접한 관계가 있으며 분제에서의 가비중은 0.4~0.6 정도가 적당하다.

다. 수분 함량 및 흡습성

증량제가 수분 함량이 많거나 흡습성이 높으면 농약 저장 중 고결(固結, caking) 현상이 일어나 물리성이 악화될 뿐만 아니라 살포된 농약도 응집력(凝集力)과 가비중이 증대하여 분산성 등이 악화되므로 수분 함량과 흡습성이 낮은 증량제가 바람직하다.

라. 유효성분에 대한 안정성

농약의 저장 중 증량제에 의하여 유효성분이 분해되면 안 된다. 증량제에 따른 농약 유효성분의 분해에는 증량제의 pH, 수분 함량 및 금속이온이 관여한다. 농약의 분해에 관여하는 수분은 주로 흡습수인 것으로 알려져 있으나 농약의 종류에 따라서 분해 정도가 다르게 나타나고 유기인계 농약의 경우에는 대부분 수분에 의해서 쉽게 분해되는 것으로 알려져 있다.

증량제의 pH가 중성인 경우에는 농약의 분해에 영향이 없는 것으로 알려져 있으나 증량제의 pH는 증량제를 물에 현탁시켜 측정하므로 pH 값과는 별도로 증량제의 표면산도 및 유리상태의 금속 종류와 함량을 유효성분의 분해 정도와 연관시켜 검토하는 경우도 있다.

농약 유효성분에 영향을 주는 금속이온은 주로 철분이 크게 관여하는 것으로 알려져 있으며 기타 알루미늄에 의한 영향도 고려되고 있다. 그러나 이들 요인이 농약의 분해에 미치는 영향은 증량제 자체의 조성이 균일한 것이 아니므로 항상 일률적으로 적용되지는 않는다.

마. 강도

증량제의 강도(hardness)가 너무 강하여 농약을 살포할 때 살분기(撒粉機)의 마모가 커지면 증량제로서 바람직하지 못하다.

바. 혼합성

증량제의 혼합성은 비중과 관계가 깊은데 농약의 원제와 혼합되는 증량제의 비중이 농약원제의 비중과 차이가 크면 균일한 혼합을 기대할 수 없으며, 또한 다른 증량제와 혼합하는 경우에도 불리하다.

(2) 주요 증량제의 종류

사용되고 있는 농약제제용 증량제는 표 5-7과 같이 분류할 수 있다. 이들 증량제 중 식물성 분말은 농약을 흡착 또는 흡수하는 특성이 강하여 농약원제의 흡착제로 사용할 수는 있으나 경제적 측면에서 실용성이 낮으므로 현재 사용되고 있는 대부분의 증량제는 광물질이며, 그중에서도 규산염이 가장 많이 사용되고 있다. 현재 국내에서 농약제제용으로 주로 사용되고 있는 증량제의 이화학적 특성을 보면 각각 표 5-7과 같다.

가. 규조토

일반적으로 함수 비결정성 석영을 주성분으로 하고 규조가 썩어서 만들어진 규조토(diatomite)는 매우 가볍고 연하며 기공이 많은 광물이다. 규조라는 단세포의 조류가 바다 또는 호수의 밑바닥에 쌓여 생성된 광물이며, diatomaceous earth, silica, kieselguhr, infusoria earth 등 20여 가지가 있다. 화학조성은 SiO_2가 94.0%이고 물이 6.0%로 구성되어 있다. 규조토가 가진 특징은 다공질에 의한 흡수성이 크고 비열이 작은 특성이 있다. 백색과 회색을 띠는 광물로 pH는

▶ 표 5-7 농약제형 조제 시 사용하는 주요 증량제

구분	종류	
식물성 분말	콩, 담배, 호두, 밀, 목화 등의 분말	
광물성 분말	원소	유황
	산화물	규산 : 규조토(硅藻土)
		석회 : 소석회, 마그네슘석회
	인산염	인회석(燐灰石, apatite)
	탄산염	방해석(方解石), calcite, $CaCO_3$), 백운모(白雲母, dolomite, $MgCO_3 \cdot CaCO_3$)
	황산염	석고(石膏, gypsum)
	규산염	운모(雲母, mica), 활석(滑石, talc), 납석(蠟石, pyrophyllite)
	기타	점토광물[(粘土鑛物) : kaolinite, bentonite, attapulgite, 경석(輕石, pumice)]

4.2~9.8이며 염기치환용량(cation exchange capacity, CEC)이 매우 높다. 규조토는 공극이 많으므로 가비중이 매우 낮아 비산되기 쉽고 경도가 높아 살분기의 마모가 크므로 분제 제제용으로는 부적당하다. 그러나 흡유가가 높고 가비중이 낮으므로 수화제 제제용으로는 적당하다.

나. 점토

점토(clay)는 점토광물의 총칭으로 주 구성광물은 함수 알루미늄 규산염으로 고령토, 몬모릴론석 및 일라이트 등 세 가지로 나누어진다.

① **고령토**(kaoline) : 고령토는 함수 알루미늄 규산염을 주 구성광물로 한 고령석(kaolinite), 나크라이트(nacrite), 딕카이트(dickite) 및 할로이사이트(halloysite) 등을 칭한다. 석영 조면암, 안산암, 유문암 및 화강암 등이 열수작용 또는 풍화작용을 받아 생성되며 명칭은 중국의 고령(高嶺 : kalin) 지방에서 산출되는 백색점토에서 붙여진 이름이다.

② **몬모릴론석**(montmorillonite) : 함수 알루미늄 규산염을 주 구성광물로 하며, 주성분의 일부가 Mg, Ca으로 치환되어 있다. 몬모릴론석을 주성분으로 하여 구성된 물질로는 표 5-8과 같이 대표적으로 벤토나이트와 산성백토가 있다. 응회암, 안산암, 사장석 등이 열수작용이나 풍화작용에 의해 생성된 광물이다. 벤토나이트는 화산회 및 응회암 등 화산암류의 변질물들이 호수 또는 해수 내에 퇴적되어 생성되었으며 미국의 와이오밍 주와 사우스다코다 주의 벤톤층에서 유래된 명칭이다. 산성백토는 벤토나이트가 지표수에 의한 침출 또는 박테리아 작용에 의하여 생성되었다고 추측된다.

몬모릴론석족에 속하는 광물인 벤토나이트와 산성백토의 특성은 표 5-8과 같으며, 벤토나이트는 산지에 따라 팽윤성 벤토나이트와 비팽윤성 벤토나이트로 나뉜다. 특히 벤토나이트는 농약제제에 있어 증량제로서뿐만 아니라 결합제(증점제)로서도 사용되며 광물의 물리적 특성

▶ 표 5-8 벤토나이트와 산성백토의 특성

구분	팽윤성 벤토나이트	비팽윤성 벤토나이트	산성백토
치환성 염기	Na	Ca	Mg
산처리	불활성화	활성화	활성화
알칼리, 알칼리토금속	비교적 적음	비교적 적음	비교적 적음
흡착수	3~20g/g	-	2~3g/g
팽윤성	5~20mL/g	1~3mL/g	1~3mL/g

에 의해 제제품의 수중 붕괴 확산성 및 용출도 등의 물리성에 영향을 미치는 중요한 요소가 된다.

다. 납석

미세한 광물이 치밀하게 집합한 괴로 연질이며 지방감이 풍부한 광물을 가리킨다. 원래 납석(pyrophyllite)광물은 엽납석(葉蠟石, pyrophyllite)이 주성분이며, 때로는 엽납석과 딕카이트가 혼합된 것이 있으며, 이는 구미의 amalgatolite에 해당한다. 납석은 석영, 조면암, 안산암, 유문암 및 응회암 등이 열수변질 작용을 받아 형성된 광물로 부수적인 혼합광물로는 석영, 카오린 광물, 운모광물 diaspore 및 alunite 등이 있다.

라. 활석

활석(talc)은 함수 규산 마그네슘광물로서 매우 연질이며, 매끄러운 촉감이 있는 삼팔면체(trioctahedral)의 3층 구조형 층상구조 광물이며, 순수한 활석은 무색 또는 백색이지만 불순물을 함유한 것은 엷은 청색, 녹회색, 황색, 분홍색, 흑회색을 띠고 있다. 활석은 감람석(olivine), 휘석류(pyroxene), 각섬석류(amphibole) 및 규산 마그네슘이 변성작용을 받아 생성된 2차 변성광물이다. 채취 시의 형태는 미세한 결정이 치밀하게 뭉친 괴상이지만 엽편상 또는 판상의 비교적 거친 결정이 집합한 기둥모양으로 채취된다. 같이 포함된 광물은 dolomite, magnesite, quarts, chlorite, pyrites, asbestos 등이다. 화학적으로 매우 안정된 광물로서 다른 물질과 결합하여 화학적 변화를 거의 일으키지 않는다. 산이나 알칼리에 용해되지 않는다. 활석을 가열하면 약 850℃에서 결정수가 탈수되어 $MgSiO_3$와 무정형 SiO_2로 분리된다.

활석의 종류는 다음과 같다

① 곱돌 : 국내에서 많이 쓰이는 활석에 대한 통상적인 명칭
② Soapstone : 통상 비누와 같이 매끄러운 감촉을 주는 암석의 통칭으로서 활석 5~85%, 녹니석 5~50%, 사문석 1~25% 등으로 형성된 변질받은 초염기성 암질을 말함
③ Steatite(동석) : 치밀한 괴상의 순수한 활석으로서 이론치에 가까운 화학조성으로 이루어진 것
④ French chalk : 퇴적 탄산 마그네슘의 변질 생성물로서 주로 녹니석을 함유하고 있는 활석질

광물

⑤ Asbestine : 활석과 각섬석류(tremolite), 유리섬유(asbestos)가 혼합되어 있는 상태

⑥ Fiberous talc : 유리섬유형의 이물질 양이 상당히 함유되어 있는 활석

마. 탄산칼슘($CaCO_3$)

아라고나이트, 방해석과 같은 탄산염 광물을 분체 가공한 제품을 총칭하고 제조공정에 따라 중질 탄산칼슘과 경질 탄산칼슘으로 분류된다. 유공충, 조개껍질, 산호 등이 퇴적되어 형성된 광물로서 해수 중의 박테리아에 의해서 생기는 탄산암모늄이 칼슘염류와 작용, 탄산석회로 형성된 광물이다. 석회석, 방해석, 탄석, 중탄, 경탄, 탄산칼슘 등으로 일컬어진다.

바. 제오라이트

신생대 제3기의 화산회가 속성작용을 받아 생성된 천연광물로 1756년 스웨덴 광물학자인 B. Cronstedt에 의해 발견되어 끓는 돌이라 하여 희랍어로 'zeolite'라 명명되었으며, 알칼리 및 알칼리토금속을 함유하면서 물분자가 결정수 형태로 구조 중에 존재하는 함수 알루미늄 규산염 광물이며 주된 성분은 SiO_2, Al_2O_3, H_2O, Na_2O, CaO이다. 제오라이트의 분류를 보면 공간적 구조에 의해서는 골조구조가 3차원으로 연속된 것(천연 제오라이트는 3차원 망목구조)과 2차원 층상구조가 탁월히 전개된 것 그리고 1차원 쇄상구조의 경향이 뚜렷한 것이 있다. $(Si,Al)O_4$ 사면체가 서로 한 개씩의 산소원자를 공유하여 환상축합형식의 골조로 이루어져 세공에 의한 분자체(molecular sieving) 효과를 나타낸다. 현재 알려진 천연 제오라이트의 종류는 약 30여 종이나 실제 자원으로 이용 가능한 것은 analcime, mordenite, clinoptilolite, ferrierite, chabazite, erionite, phillipsite 등의 7종 정도이며, 제오라이트의 일반적인 구조는 $[M_2{}^{+},M^{2+}O \cdot Al_2O_3 \cdot xSiO_4 \cdot yH_2O]$로 나타내는데, 여기서 $M_2{}^{+}$는 Na ,K으로 M^{2+}는 Ca^{2+}, Mg^{2+}, Fe^{3+}로 대체된다. 국내의 제오라이트 주성분은 Clinoptilolite와 Mordenite로 되어 있다.

제오라이트는 규산 사면체에 알루미늄이 동형 치환된 결정형의 미세 다공질이다. 결정수는 보통 구조수와 달리 물분자로 존재하므로 가열하여 탈수되더라도 그 구조는 파괴되지 않는다. 결정수가 있던 자리는 그대로 공극으로 남아 다시 수분이나 가스를 흡착하는 성질을 갖고 있지만 일정한 온도 이상으로 가열하면 그 구조가 파괴된다. 다른 점토광물에 비해 양이온 교환 용량이 크다.

① 이온 교환성 : 제오라이트가 가역적으로 이온 교환할 수 있는 것은 최고로 중요한 성질 중의 하나이다. 이온 교환에 의해 제오라이트 결정 내의 공경, 정전장 등을 변하게 할 수 있는 것으로 흡착 특성, 촉매 특성 등을 개선할 수 있다. 제오라이트에 관하여 알려진 최초의 성질 가운데 하나는 양이온 교환능력이며 양이온 교환능력은 양이온족의 성질에 의존한다. 제오라이트 내의 Na^{+}과 교환되는 양이온들은 Li^{+}, K^{+}, Rb^{+}, Cs^{+}, Ti^{+}, Zn^{2} 등이며, 일부 천연 제오라이트들은 Na^{+}의 존재하에서 $NH_4{}^{+}$에 대한 강한 선택성을 보이기도 한다.

② 분자체 작용 : 제오라이트의 공경을 지배하는 것은 산소에 의한 환상구조이다. 그 환의 종류

에 따라 분자체 작용이 다르다. 예를 들면 mordenite는 6, 8, 12환원을 가지며 12환원은 공경이 5.9~7.1Å이지만, faujasite의 12환원의 공경은 8~9Å이다. 이와 같이 환원이라도 공경이 다르다. 따라서 원자구조상 수 Å 또는 수십 Å의 공극이 분자체 효과를 하게 된다.

이것은 제오라이트 내에 존재하는 양이온과 공동 및 채널에 의해 어떤 분자들을 흡착시킬 수 있어 체처럼 분자의 크기에 따라 분리할 수 있다는 의미이다.

③ 용도 : 천연 제오라이트는 경수 연화제로 사용된다. 수질 중의 암모니아 제거능은 속도가 빠르고 농도 및 수온 변동에 크게 영향을 받지 않으므로 안전한 처리가 가능하다. 또한 방사성 동위원소를 포함하는 수처리에 이용되며, 특히 CS를 지극히 잘 교환한다. 또한 제오라이트는 흡수력과 흡착력이 우수하므로 유해가스 흡착, 냉장고 악취제거, 담배 필터용으로서 담배의 니코틴 제거, 수증기의 흡착 등 흡착제로서도 다양하게 이용된다.

사. 기타

① 황산바륨(barium sulfate) : 천연산 중정석(barite)과 화학반응으로 제조된 침강석 황산바륨으로 분류되며, barite는 무거운 것을 의미하는 그리이스어에서 유래된 명칭이다. 열수광산의 접촉 및 열수 교대작용이나 퇴적광산의 사암이 결핵체로 퇴적되어 생성되거나 상기광산이 풍화되어 잔류 점토층에 농집되어 생성된 광물로서 사방정계의 백색분말로 도료, 안료, 인쇄잉크, 고무, 합성수지, 제지, 화장품, 축전지 등의 충진제로 사용된다.

② 세피오라이트(sepiolite) : 일반적으로 잘 알려지지 않은 함수 마그네슘 광물로 사문암, 석회석, 백운암, 안산암 등이 열수작용, 천수작용 및 퇴적작용으로 형성된 광물이다. 점토광물의 일종이지만 점토광물의 일반적인 층상구조는 아니고 특수한 구조(일종의 고리 형태 구조)를 하고 있으며 보통 치밀한 괴상, 토상 또는 섬유질상으로 이론적 화학조성은 SiO_2 55.7%, MgO 24.9%, H_2O 19.4%이다.

▶ 표 5-9 주요 증량제의 이화학적 특성

증량제	가비중(g/100 cc)		pH	양이온 치환량 (meq/100g)	수분 함량 (%)	습윤계수 (%)	비표면적
	다짐 전	다짐 후					
황산바륨	63.15	110.50	6.3	0.85	1.60	27.18	160.16
벤토나이트	72.59	95.85	8.2	18.50	5.40	42.06	265.96
백운모	126.50	165.39	8.7	0.82	8.20	24.90	217.36
고령토	51.10	64.40	8.4	1.10	1.15	38.78	223.08
납석	58.55	75.50	6.6	1.25	1.05	82.54	245.52
규산염	9.20	11.53	7.1	1.30	0.55	104.86	1430.70
활석	64.50	93.15	7.9	1.15	0.90	36.65	231.56

6.2.6 결합제

입자 간의 결합력을 강하게 해주는 물질로서 도말식 및 조립식 입제의 제제에 주로 이용된다. 특히 조립식 입제의 제제에서 결합제(binder)의 선정에 의해 붕괴성이나 기타 물리성을 자유롭게 조절할 수 있어 여러 국가에서 많이 사용된다.

결합제로는 무기계로서는 벤토나이트가 가장 많이 사용된다. 벤토나이트는 점결성에 의한 수 팽윤성, 가변성 등의 성질이 있어 제제성이 양호하고 동시에 수중 붕괴성이 좋다. 그러나 평형 수분이 8~9%로 높고, pH도 9~10으로 높아 다른 종류의 고분자 결합제와 공용으로 사용된다. 자주 사용되는 것으로는 전분류, lignosulfosate, CMC Na염, polyvinylalcohol 등이 있다.

6.2.7 협력제

협력제(協力濟, synergist)는 저항력이 생긴 살충제의 효과를 증진시킬 목적으로 50여 년 전부터 상업화되어 사용 중이며 작용기작은 체내에 침투한 살충제를 분해시키는 대사작용을 방해함으로써 효과를 나타내며, 이런 작용은 체내에 비독화의 대표적인 효소반응인 polysubstrate monooxygenase의 작용을 저해한다. 현재 많이 사용되는 협력제는 bucarpolate, dieholate, jiajizengxiaolin, octachlorodipropyl ether, piperonylbutoxide, piperonyl, cyclonene, piportal, propyl isomer, sesamex, sesamolin, sulfoxide, tribufos, zengxiaoan 등이 있다. 기원은 천연 식물원 농약인 pyrethrin에 어떤 물질을 첨가하자 살충력이 증대한 것에서 착안한 것이며, 그 자체만으로는 약효가 없으나 혼용되는 농약의 생물활성을 상승시켜 주는 작용을 하는 첨가제이다.

따라서 협력제는 농약에 대한 저항성 병해충의 효율적 방제 및 우수한 혼합제 농약의 개발 시에 그 이용이 기대된다. 즉, 어떠한 농약을 계속하여 연용하였을 때 획득성(獲得性) 저항성이 유발된 병해충에 대하여 생체 내에서 그 농약의 분해와 대사과정을 차단할 수 있는 협력제를 개발하여 이용함으로써 그 농약 원래의 생물활성을 지속시킬 수 있다. 또한 혼합제 농약의 개발은 혼합되는 농약 상호 간에 약효 상승효과가 있는 약제를 선택하여 혼합하여 제제하는 것이 바람직하므로 이때 혼합되는 각 약제가 서로 협력 작용을 할 수 있는 약제의 선발은 우수한 혼합제 농약의 개발을 가능하게 할 수 있다. 피레스로이드 살충제에 대한 협력제의 효과를 표 5-10에 나타내었다.

▶ **표 5-10 두점박이 응애의 피레스로이드 살충력에 대한 협력제 효과**

처리	LD_{50}(ppm)	LD_{90}(ppm)
Pyrethroid	77.0	218.0
Pyrethroid + Synergist	28.2	60.4

6.2.8 기타 보조제

(1) 분해방지제

농약제품은 상품성을 위하여 약효보증기간을 보통 23년으로 설정하는데, 이 기간에 유효성분의 분해를 방지 또는 억제하기 위하여 농약제형에 첨가하는 물질이 분해방지제(stabilizer)이다. 분제, 수화제, 입제 등의 안정성 증진을 위해서 사용하는 물질은 폴리에틸렌 글라이콜, 폴리비닐 알코올, 폴리염화비닐을 사용하는 경우가 많다. 농약 유효성분의 경우에는 대부분 산화작용에 의해서 분해가 되는데 산화방지제는 영구히 작용하는 것이 아니고 산화반응에 직접 관여해서 산화를 방지하는 퀴논류, 아민류, 페놀류 등과 산화반응의 촉매구실을 하는 금속성분을 불활성화시키는 간접적인 산화방지제가 있다.

(2) 활성제

약하게 해리하는 특성을 가진 유효성분에 대하여 이온화 정도를 조절함으로써 침투성을 향상시켜 약효를 증진하기 위하여 사용하는 첨가제이다. 활성제(activator)는 협력제와는 달리 물리성 향상제이며 해충이나 식물체 표면의 지질을 통과하기 쉽도록 pH 등을 조절하여 약제를 비이온화 형태로 존재하도록 하는데 sodium bisulfite 등을 사용한다.

(3) 고착제

해충이나 식물체 표면에서 약제의 부착 및 고착성을 향상시키기 위하여 사용하는 첨가제이다. 고착제(sticking agent)는 점성이 강한 물질로서 casein, flour, oil, gelatin, gum, resin 및 합성물질을 사용한다.

chapter 06 농약의 사용법

1. 농약의 선택

농약을 사용하고자 할 때에는 먼저 병해충의 종류 및 발생 상황과 농작물 또는 수목의 종류, 품종, 생육 상황 등을 충분히 고려하여 농약의 살포시기, 살포량 및 살포방법 등을 결정하여야 하며, 대상 농작물 또는 수목에 등록되어 안전사용기준이 설정된 농약 중에서 선택하여야 한다. 특히 농약이 해당 작물에 등록되지 않아 잔류허용기준이 설정되지 않은 경우에는 사용할 수 없으나 만일 사용하게 되면 잔류허용기준을 일괄적으로 0.01mg/kg으로 적용하는 농약 허용물질목록관리제도(positive list system, PLS)를 적용하게 되므로 반드시 등록되어 안전사용기준이 설정된 농약 중에서 선택하여야 하며, 친환경농산물 재배 지역 부근이나 살포지 인근에 다른 작물이 재배 중일 경우에는 농약이 비산되지 않도록 살포하여야 한다. 또한 살포하고자 하는 농경지 또는 비농경지의 입지적 조건을 감안하여 농약 살포에 따른 인축의 피해는 물론 자연생태계에 영향이 없는 농약 사용방법을 선택하여야 한다.

농약은 유효성분의 종류 및 병해충의 종류에 따라서 매우 다른 선택성을 보이므로 방제하고자 하는 병해충에 가장 유효한 농약의 종류 및 제형을 선택하는 것이 병해충의 효율적 방제를 위하여 매우 중요하다. 또한 농약의 저항성이 발생하지 않도록 작용기작이 다른 농약을 교차 살포하여야 한다. 농약의 선택에는 다음과 같은 여러 가지 요인을 고려하여 선택하여야 한다.

① 병해충의 종류 및 발생 상황
② 농작물의 종류, 품종 및 생육 상황
③ 안전사용기준 설정 여부
④ 농약의 물리화학적 특성 및 작용기작

위의 조건 중에서 ①, ②, ③의 경우 현재 적용 병해충 및 작물의 종류에 따라 농약의 포장지에 상세하게 기재되어 있어 방제하고자 하는 병해충의 종류에 따라 쉽게 농약을 선택할 수 있다. 그러나 ④의 경우에는 농약의 독성 및 잔류성에 따라 인축 및 자연생태계에 미치는 영향이 크게 다르므로 농약을 살포하고자 하는 농경지 또는 비농경지의 입지적 조건과 저항성 유발 가능성 등을 충분히 고려하여 선택하여야 한다.

2. 살포액의 조제

분제나 입제와 같이 농약제품을 그대로 살포하는 농약을 제외하고 유제, 수화제, 액제 등과 같이 농약제품을 물에 희석하여 살포기로 살포하는 희석살포용 농약은 우선 살포액을 조제하여야 한다. 살포액을 적정하게 조제하지 않으면 농약의 물리화학적 성질에 영향을 주어 약효를 저하시키거나 약해를 유발하는 경우가 있으므로 다음 사항을 고려하여 조제하여야 한다.

2.1 살포액 조제 시 고려사항

2.1.1 희석용수

일반적으로 알칼리성 용수나 공장폐수 등으로 오염된 물을 농약의 희석용수로 사용하면 농약의 유효성분 분해가 촉진되어 약효가 떨어지거나 오염물질이 농약과 반응하여 작물에 유해한 물질을 생성하여 약해를 유발하는 경우가 있으므로 이러한 물은 농약의 희석용수로 적당하지 않다. 희석용수의 산도(pH)별 농약 유효성분의 분해는 표 6-1에서 보는 바와 같이 농약의 종류에 따라 알칼리성 또는 산성에서 분해가 촉진되는 경우가 있으므로 각 약제의 특성을 고려하여 희석

▶ 표 6-1 희석용수의 산도(pH)별 농약 유효성분의 분해율

pH	유효성분 분해율(%)			
	Diazinon 유제		Fenobucarb 유제	
	6시간	24시간	6시간	24시간
2.0	3.2	3.8	16.8	24.8
5.0	0	0.1	0	1.7
6.5	0.5	0	0.8	0
9.0	3.8	3.9	1.6	1.7

출처 : 김 등, 1983

▶ 표 6-2 간척지 관개수 및 바닷물에 의한 농약 유효성분의 분해율 및 약해

구분	소금농도 (%)	Diazinon 유제			Fenobucarb 유제		
		유효성분 분해율(%)		약해	유효성분 분해율(%)		약해
		6시간	24시간		6시간	24시간	
바닷물	2.30	1.5	2.1	심함	0.0	6.1	심함
간척지 관개수	0.23	0.0	0.0	없음	1.4	7.8	없음

용수를 선택하는 것이 바람직하며, 일반적으로 희석용수로는 중성의 용수가 적당하다.

한편 담수의 확보가 어려운 간척지에서 염분이 일부 함유된 간척지 관개용수를 농약 희석용수로 사용하는 경우가 있는데, 이 경우에는 표 6-2와 같이 농약의 유효성분 분해는 잘 일어나지 않으나 염분의 농도가 높으면 약해가 발생할 수 있으므로 주의하여야 한다.

2.1.2 희석배수

희석배수는 병해충의 방제효과 및 약해와 직접적인 관계가 있으므로 농약 포장지에 표시된 희석배수를 반드시 지켜야 한다. 안전사용기준이 표기되어 있는 농약 포장지의 희석배수는 시험을 통하여 농약의 약효가 충분하고 약해가 없는 것으로 입증된 것이므로 농약의 종류, 병해충의 종류 및 작물의 종류와 생육 상황에 따라 서로 다를 뿐만 아니라 농약 살포기의 종류에 따라서도 다르기 때문에 농약 포장지에 표시된 안전사용기준에 따라 희석하여야 한다. 농약제품별로 표준 희석배수가 설정되어 있으므로 이를 준수하는 것이 약효 발현과 약해 경감 측면에서 유리할 뿐만 아니라 수확한 농산물 중 농약 잔류량이 잔류허용기준을 초과하지 않게 된다.

2.1.3 혼화

두 종류 이상의 약제를 혼합하여 살포액을 조제하는 것을 혼화(混和, tank mixing) 또는 혼용이라 한다. 살포액의 혼화는 액제와 수용제와 같이 농약원제(주성분)가 물에 잘 녹는 약제의 경우에는 문제가 되지 않으나 유제, 수화제, 액상수화제 등과 같이 농약원제(주성분)가 물에 녹지 않는 약제의 경우는 살포액을 조제할 때 희석액 중에 약제의 입자[유제는 유립(油粒), 수화제는 고체입자]가 균일하게 섞이도록 충분히 혼화시켜 주어야 한다. 유제나 수화제의 살포액을 조제할 때 혼화가 충분하지 못하면 살포액의 유화성 또는 수화성이 불량해져 약해의 원인이 되기도 한다. 특히 특성이 서로 다른 약제를 혼용하여 살포액을 조제하는 경우에는 약제의 균일한 혼화에 특별히 주의하여야 하며, 특히 약해를 유발할 가능성이 있으므로 주의하여야 한다.

2.2 살포액 조제방법

유제나 수화제 등과 같은 희석살포용 제형을 물에 희석하여 살포액을 조제하는 데는 배액(倍液)과 퍼센트(%)액 등 몇 가지 조제방법이 있으며, 이 경우 약제를 중량으로 계산하여 조제하는 것이 원칙이다. 최근에 주로 사용되고 있는 유기 합성농약과 같이 약제의 비중이 '1'에 가까운 약제는 용량(容量)으로 살포액을 조제하여도 좋으나 석회유황합제(石灰硫黃合劑)와 같이 비중(比重)이 큰 약제는 반드시 중량으로 계산하여 조제하여야 한다.

2.2.1 배액 조제법

배액은 살포액 중 제품농약의 양, 즉 제품농약의 희석배수를 나타내는 것으로 다음 식으로 희석배수를 계산한다.

$$\text{희석배수} = \frac{\text{물의 양(mL)}}{\text{농약제품의 양(mL 또는 g)}}$$

예를 들면 물 20L에 제품농약 20mL 또는 20g을 넣어 살포액을 조제하였을 경우 살포액의 희석배수는 다음과 같다.

$$\text{희석배수} = \frac{20\text{L} \times 1{,}000}{20\text{mL(g)}} = 1{,}000$$

이 경우 살포액의 희석배수는 1,000배액이며, 살포액 중 제품농약이 1,000배 희석되었음을 의미한다.

또한 일정 희석배수의 살포액을 조제할 경우 다음 식을 이용하여 일정량의 물에 첨가할 제품농약의 양을 계산할 수 있다.

$$\text{소요 제품농약량(mL 또는 g)} = \frac{\text{단위 면적당 소요 농약 살포액량(mL)}}{\text{희석배수}}$$

Fenobucarb 유제(50%)를 1,000배로 희석하여 10a당 160L를 살포하려고 할 때 fenobucarb 유제(50%)의 소요량은 다음과 같다.

$$\text{fenobucarb 유제 소요량(mL)} = \frac{160\text{L} \times 1{,}000}{1{,}000} = 160\text{mL}$$

따라서 fenobucarb 유제 160mL와 물 159.84L를 합하여 전체 살포액량이 160L가 되도록 조제한다. 그러나 실제로 전체 살포액량 160L 중에 제품농약 160mL는 매우 소량으로 무시할 수 있으므로 물 160L에 제품농약 160mL를 첨가하여 조제하는 것이 일반적이다. 그러나 농약의 희석배수가 100배 이하인 경우에는 위의 계산방법에 준하여 정확하게 살포액을 조제하여야 한다. 배액 조제법은 농가에서 가장 일반적으로 사용되는 살포액 조제방법이다.

2.2.2 퍼센트액 조제법

실제 농가에서는 퍼센트액을 조제하여 살포하지 않으나 연구목적으로 포장시험을 실시할 때 가끔 퍼센트액을 조제하여 살포하는 경우가 있다. 퍼센트액은 약제에 함유된 유효성분의 백분율로 나타내는 것으로 그 약제의 유효성분 함량과 비중을 고려하여 다음 식으로 제품농약의 소요약량을 계산하여 조제한다.

$$\text{소요 제품농약량(mL 또는 g)} = \frac{\text{추천 농도(\%)} \times \text{단위 면적당 소요 살포액량(mL)}}{\text{제품농약 유효성분 농도(\%)} \times \text{비중}}$$

비중 1.15인 isoprothiolane 유제(50%)를 0.05%액으로 조제하여 10a당 100L를 살포하고자 할 때 소요되는 농약의 양은 다음과 같다.

$$\text{isoprothiolane 유제(50\%) 소요량(mL)} = \frac{0.05 \times 100 \times 1{,}000}{50 \times 1.15} = 87\text{mL}$$

따라서 isoprothiolane 유제 87mL에 물을 가하여 전체 액량이 100L가 되도록 조제하면 정확하게 유효성분 농도가 0.05%인 살포액이 조제된다.

한편 농가에서 보유하고 있는 한정된 농약량으로 퍼센트액을 조제하고자 할 때 필요한 물의 양은 다음과 같이 산출한다.

$$\text{물 소요량(L)} = \text{제품농약량(mL)} \times \left(\frac{\text{제품농약의 유효성분 농도(\%)}}{\text{희석액 농도(\%)}} - 1\right) = \frac{\text{농약 비중}}{1{,}000}$$

비중 1.15인 isoprothiolane 유제(50%) 100mL로 0.05% 살포액을 조제하는 데 필요한 물의 양은 114.9L이다.

$$\text{물 소요량(L)} = 100\text{mL} \times \left(\frac{50\%}{0.05\%} - 1\right) \times \frac{1.15}{1{,}000} = 114.9\text{L}$$

따라서 비중 1.15인 isoprothiolane 유제(50%) 100mL에 물 114.9L를 넣고 희석하면 정확하게 유효성분 농도가 0.05%인 isoprothiolane 살포액을 조제할 수 있다.

2.2.3 피피엠액 조제법

농약의 ppm(parts per million, mg/L)액은 주로 실험실 내에서 시험용액을 조제하기 위하여 이용되는 것으로 소요 농약량을 다음과 같이 산출한다.

$$\text{농약 소요량(mL)} = \frac{\text{추천 농도(mg/kg 또는 L)} \times \text{소요 살포액량(mL)} \times \text{비중}}{1{,}000{,}000} \times \frac{100}{\text{농약 농도(\%)}}$$

2.2.4 제형별 살포액 조제방법

살포액을 조제할 때 소요되는 농약 및 희석용수량을 산출한 후 제형별로 살포액을 조제하는 방법은 다음과 같다. 일반적으로 다음의 방법으로 살포액을 조제하는 것이 원칙이나 최근에는 제제기술의 발달로 희석용수 전량에 필요한 약제를 조금씩 넣으면서 혼화시켜 살포액을 조제한다.

① **수화제와 액상수화제** : 살포액을 조제하는 데 필요한 양의 약제를 소량의 물에 넣어 혼화한 다음 희석에 필요한 전량의 물에 부어 충분히 혼화하여 조제하는데, 특히 액상수화제와 같이 점성이 있는 제형은 사용하기 전에 잘 흔들어 용기 내의 내용물을 균질화한 후 사용하여야 한다.

② **유제** : 살포액을 조제하는 데 필요한 양의 약제를 동일한 양의 물에 넣어 충분히 혼화한 다음 나머지 물을 넣으면서 혼화하여 조제한다.

③ **액제와 수용제** : 약제 자체가 물에 잘 녹으므로 물에 완전히 녹여 투명한 액으로 조제한다.

④ **전착제의 첨가** : 농약의 살포액 조제방법에 준하여 전착제액을 조제하여 살포액에 첨가한 후 혼화한다. 그러나 최근에는 우수한 계면활성제(界面活性劑)가 개발되어 전착제를 소량의 물과 혼화한 다음 살포액에 첨가한다.

3. 농약 살포기

농약을 살포하는 기기는 대부분 수압과 공기압을 이용하여 살포액을 노즐을 통해 분사하는데, 이때 필요한 압력을 만드는 방법에 따라 일반적으로 인력 살포기와 동력 살포기로 구분한다. 인력 살포기는 작업자가 살포기에 부착된 장치(레버)를 작동하여 압력을 만들며, 동력 살포기는 모터나 엔진을 이용하여 압력을 만드는데, 기름(경유나 휘발유)을 이용하는 방법과 전기 충전이 가능한 전지를 이용하는 방법이 있다. 또한 유인비행기 또는 무인비행기(무인헬기와 드론 등)와 트랙터나 트럭에 농약 살포장치를 부착하여 사용하는 방법도 영농 규모 및 여건에 따라 널리 사용하고 있다. 다양한 살포기를 그림 6-1, 6-2, 6-3, 6-4에 제시하였으며, 살포기별 농약의 살포 특성은 표 6-3, 6-4와 같다.

3.1 인력 살포기

인력 살포기(level-operated knapsack sprayer, LOK)는 압축공기를 이용한 공기압축식 살포기와 수압을 이용한 수압식 살포기가 있다.

공기압축식 살포기(compressed air sprayer)는 압축공기를 이용하여 농약을 살포하는 기기로서 살포기의 마개를 단단히 막고 수동식 피스톤을 이용하여 물탱크 내에 공기를 주입하여 발생한 압력으로 농약을 살포하는 장치이며, 공기 압축으로 분무되기 때문에 살포액의 양을 물탱크 용량의 약 2/3 정도 채우는 것이 적당하다. 이 살포기는 1bar 정도의 압력으로 정원 및 창고 등에 살포할 경우에 사용되며, 손잡이 부근이나 살포액이 통과하는 약대에 분사를 조절할 수 있는 잠금장치가 달려 있어 손쉽게 사용할 수 있다[그림 6-1(a)].

수압식 살포기(hydraulic sprayer)는 장치에 부착된 막대(레버)를 상하로 움직여 만들어진 수압으로 노즐을 통해 농약을 살포하는 장치로서 19세기 후반 포도에 살균제를 살포하기 위하여 개발되었다(Galloway, 1891). 이 살포기는 주로 살포기를 등에 지고 살포하기 때문에 배부식(背負式) 살포기라고 하며, 물통(물탱크), 수동식 펌프, 가압실, 약대, 노즐로 구성되는데, 특히 물통에서 가압된 살포액이 노즐을 통해 분사될 때 살포액이 지나가는 약대에는 살포액의 분사 세기를 조절할 수 있는 장치가 부착되어 있다. 이 살포기의 가능한 살포압력은 1~3bar이나 일반적으로 1.5~2bar의 압력이 적당하다[그림 6-1(b)].

3.2 동력 살포기

동력 살포기는 인력 살포기의 단조롭고 힘든 동작으로 압력을 만드는 과정을 피하기 위하여 전지 또는 엔진 동력으로 펌프를 작동시켜 발생하는 압력으로 살포한다.

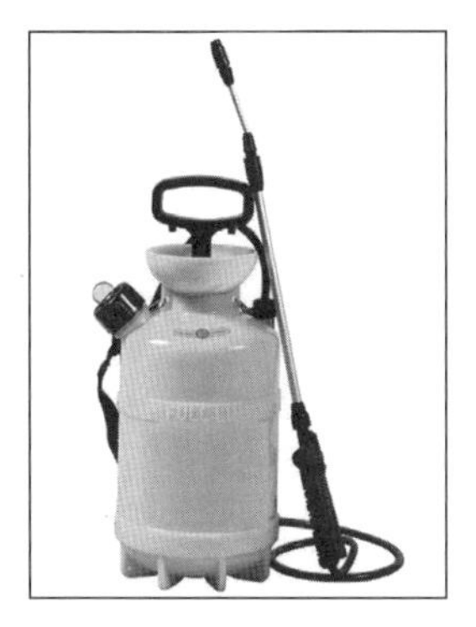

(a) 공기압축식 인력 살포기

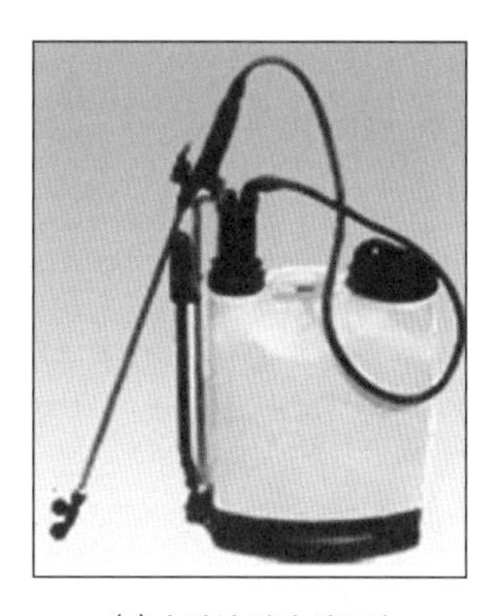

(b) 수압식 인력 살포기

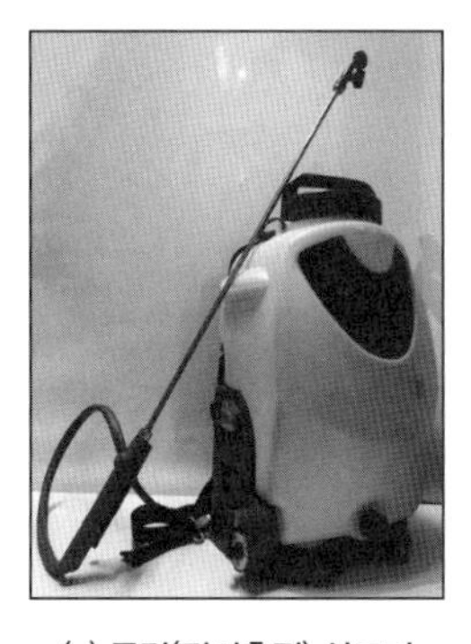

(c) 동력(전기충전) 살포기

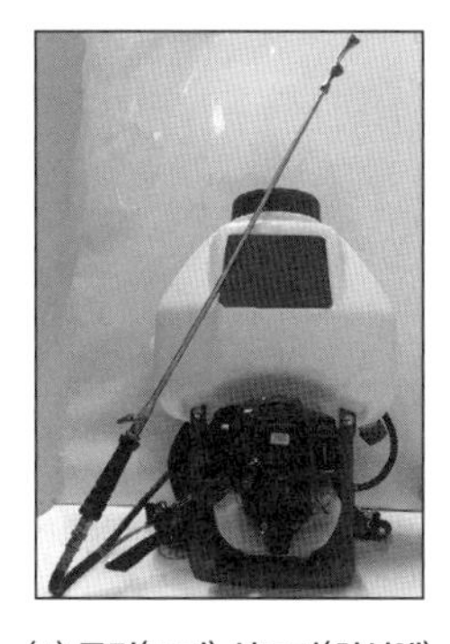

(d) 동력(모터) 살포기(희석액)

(e) 동력(모터) 살포기(입제 및 분제)

그림 6-1 배부식 인력 및 동력 살포기

3.2.1 배부식 전기충전 살포기

배부식 전기충전 살포기는 수압식 살포기의 물탱크 내 수압을 인력 대신 재충전용 전지의 전력을 이용하여 살포기에 내장된 소형 회전펌프(rotary pump)를 작동시켜 발생한 압력으로 농약을 살포하는 기기이며, 분무 압력이나 분무 속도에 따라 수 시간 살포할 수 있다. 또한 스위치를 이용하여 연속 살포 또는 간헐 살포가 가능하며, 주로 등이나 어깨에 메고 살포한다. 이 살포기는 물탱크 내의 공기압을 일정하게 유지할 수 있어 살포하는 동안 일정한 분무 속도로 균일하게 살포할 수 있다[그림 6-1(c)].

3.2.2 배부식 동력 살포기

배부식 동력 살포기는 살포기에 장착된 엔진으로 회전펌프를 작동시켜 수압 또는 공기압력을 이용하여 살포액 또는 입제나 분제 등을 살포한다. 이 살포기는 회전펌프의 작동으로 고압 살포가 가능하나 제형이나 대상 작물에 따라 보통 1~4bar의 압력으로 살포하는데, 지나치게 고압조건에서 살포하면 과다 살포하게 되어 약제의 불필요한 손실과 약해를 유발할 수 있어 주의하여야 한다[그림 6-1(d)와 (e)]. 일반적인 동력 살포기의 기본 구조는 그림 6-2와 같다.

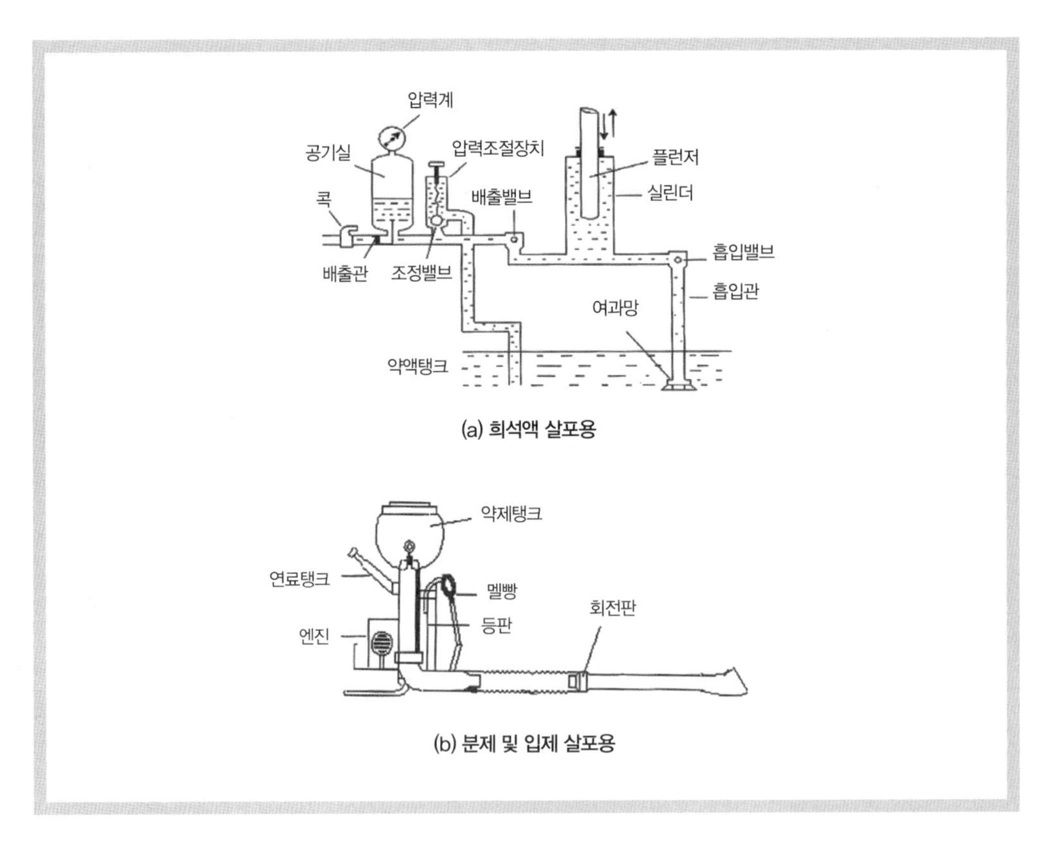

그림 6-2 동력 살포기의 구조

(a) 트랙터탑재 살포기

(b) 차량탑재 살포기

그림 6-3 트랙터탑재 및 차량탑재 살포기

3.2.3 트랙터 및 차량탑재 동력 살포기

인력 살포기나 배부식 동력 살포기는 살포자가 살포기를 주로 어깨에 메거나 등에 지고 살포하기 때문에 살포액의 양이 20L 정도여서 좁은 면적에 살포하기에는 적당하나 넓은 면적에 살포하기에는 적당하지 않다. 넓은 평야지대에 살포하기 위해서는 트랙터나 차량과 같이 이동성이 있는 장치에 많은 양의 살포액과 직접살포용 농약을 탑재하는 것이 필수적이다. 농약 살포에 필요한 동력은 트랙터와 차량의 자체 동력을 이용하며, 살포액과 직접살포용 농약을 담을 탱크는 트랙터탑재 동력 살포기의 경우는 트랙터의 뒤편에 부착하거나 별도의 트레일러에 탑재하고, 차량탑재 동력 살포기의 경우는 차량의 짐칸에 탑재한다(그림 6-3).

트랙터탑재 동력 살포기는 트랙터에 부착된 위성항법장치(GPS)와 컴퓨터를 이용해 원격조정이 가능한 무인 살포와 정밀 살포가 가능하며, 살포 과정 중 살포압력을 달리하여 특정 구역에 대한 살포량을 조절할 수 있다. 또한 영상분석시스템을 이용해 잡초가 있는 구역에만 살포하는 선택 살포가 가능하여 농약 살포량을 절감할 수 있다.

3.3 유기분사식 살포기

일반적으로 농약을 살포하는 영역은 논이나 밭의 경우는 평면이지만 과수원의 경우는 공간이기 때문에 농약을 살포하는 대상인 과수의 크기에 따라 배부식 동력 살포기로는 공간적으로 균일하게 살포하는 것이 거의 불가능하다. 따라서 이러한 문제를 해결하기 위하여 분사노즐에 압축공기를 공급하고 고속 송풍기로 약액을 살포하여 살포액의 크기를 더 작게 만드는 유기분사식 살포기가 개발되었으며, 과수원에서 약제 살포에 사용하는 고속살포기(speed sprayer, SS기)와 광역살포기 등이 있다(그림 6-4).

(a) 고속살포기(SS기)

(b) 고속살포기 농약 살포

(c) 고속살포기 농약 살포 시험

(d) 차량탑재 광역살포기

그림 6-4 유기분사식 살포기

3.4 항공방제용 살포기

항공기는 조종사의 탑승 여부에 따라 크게 무인항공기와 유인항공기로 구분하며, 각 항공기에 농약 살포기를 장착한 것을 각각 무인항공 살포기와 유인항공 살포기라 한다.

3.4.1 유인항공기

유인항공기는 날개의 고정 여부에 따라 날개가 고정되어 있는 고정익항공기와 헬리콥터가 이용되고 있는데 기종에 따라 다르지만 살포액을 담는 탱크의 크기는 고정익항공기는 1,000~2,500L이고 헬리콥터는 300~630L이며, 살포 속도는 고정익항공기는 160~280km/h이고 헬리콥터는 90~140km/h이다(Matthews et al., 2014). 유인항공 살포기는 광범위한 면적에 살포하는 데 적합하며, 많은 양의 살포액이나 농약을 실을 수 있어 1회에 넓은 면적에 농약을 살포할 수 있다. 그러나 살포 고도가 높아 비산으로 인하여 주변지역에 피해가 나타날 수 있어 국내에서는 대단위 간척지 논의 병해충과 잡초를 방제하는 데 사용되고 있다[그림 6-5(d)].

(a) 무인헬기

(b) 무인헬기 농약살포

(c) 드론

(d) 유인고정익항공기 농약 살포

그림 6-5 항공살포용 살포기

3.4.2 무인헬리콥터

무인항공기는 비행을 위한 회전날개가 있는 항공기로 구조상 사람이 탈 수 없고 원격조작 또는 자동조정에 의해 비행하는 항공기이며, 회전축(로터)의 개수에 따라 회전축이 1~2개인 것을 무인헬리콥터[무인헬기, 그림 6-5(a)와 (b)]라고 하고, 회전축이 3개 이상인 항공기를 무인멀티콥터[드론, 그림 6-5(c)]라고 한다. 일반적으로 무인헬기는 휘발유를 주로 사용하는 내연엔진이 탑재되어 있고 회전날개는 양력을 일으키는 주 회전날개와 방향 조종을 담당하는 꼬리 회전날개로 구성되는 데 반해 무인멀티콥터는 회전날개가 여러 개이고 비행할 때 생기는 하향풍의 크기와 동체의 크기가 무인헬기에 비해 상대적으로 작고 조종이 쉬운 편이며, 동력은 전지(배터리)로부터 얻는다(농촌진흥청, 2018).

3.4.3 무인멀티콥터

무인항공 살포기는 농업용 무인항공기에 농약 살포장치를 장착하여 농약을 살포하는 작업기(作業機)로서 무인헬리콥터, 무인멀티콥터, 무인고정익비행기, 무인기구 등이 있으나 현재 농약을 살포하는 용도로 사용되는 것은 무인헬리콥터(무인헬기)와 무인멀티콥터(드론)이다. 우리나라에서는 무인헬기가 2003년부터 주로 벼에 농약을 살포하는 데 사용되거나 양파와 마늘 등의 대규모 재배단지와 일부 외래병해충 방제에 사용되고 있다. 또한 무인멀티콥터는 밭작물과 일부 논작물을 대상으로 개인 또는 영농조합 등의 단체에서 항공방제에 널리 사용하고 있다. 무인항공 살포기를 이용하여 방제할 경우에는 일반 농약 살포기와 달리 고농도의 농약을 사용하고 기류의 영향을 받기 쉬운 조건에서 살포할 때 비의도적으로 인근지역으로 농약의 비산이 발생할 수 있기 때문에 제반규정과 안전수칙을 지켜야 한다. 무인항공 살포기에 의한 농약 살포는 비행 과정에서 날개가 회전하면서 항공기 아래로 부는 하향풍을 효율적으로 이용하여 분무된 살포액 입자가 하향풍을 타고 확산되면서 낙하하여 작물에 도달하게 된다. 이 과정에서 발생하는 살포액의 부착, 분산, 비산에는 노즐 등의 배열, 간격, 설치 각도, 살포 비행고도 및 속도, 살포약액의 물리화학적 성상, 풍향, 풍속 등이 상호 간에 밀접하게 관여한다. 하향풍의 영향 범위는 살포 면적에 비하면 작지만 비산 방지대책의 관점에서는 조작방법에 따라 자연풍과 상승적으로 작용하여 비산 범위를 넓힐 우려가 있으므로 주의하여야 한다(농촌진흥청, 2018).

무인헬기와 무인멀티콥터(드론)의 기기 및 농약 살포 특성은 표 6-3과 같다.

▶ 표 6-3 무인헬기와 무인멀티콥터(드론)의 특성

구분	무인헬기	무인멀티콥터(드론)
최대 이륙중량(kg)	70	20~40(평균 25kg 정도)
에너지원	엔진 휘발유	충전용 전지
작업량(ha/일)	50	25~40
면적당 살포량(L/ha)	8	7~9
살포능력(ha/회, 10분 비행 시)	1.5	0.3~1.5
최대 작업시간(분)	40~60	7~15
살포폭(m)	7.5	4
살포 비행고도(m)	4	2~3
살포 비행속도 (km/h)	15	10~20
하향풍	큼	작음
용도	논작물에 적합	밭작물에 적합
장점	• 비산이 적어 친환경적 • 방제효율 우수	• 유지비용 적게 듦 • 무인헬기 대비 조작 용이
단점	• 구매, 운영, 수리 등 • 유지비용 많이 듦	• 무인헬기보다 비산 우려 큼 • 탑제용량과 비행시간 적음

출처 : 농촌진흥청, 2018

4. 농약의 살포방법

농약의 살포방법에는 제형 및 재배조건, 영농 규모, 환경조건에 따라 다양한 살포기술이 사용된다. 가장 일반적인 살포방법은 분무법, 미스트법, 살분법, 살립법 등이나 그 밖에 연무, 훈증, 관주, 토양혼화법도 조건에 따라 사용된다. 특히 최근에는 무인헬기나 드론과 같은 항공방제방법이 널리 이용되고 있으며, 항공방제에는 미량살포법을 이용한다. 살포기별 농약의 살포 특성은 표 6-3과 같이 종류에 따라 장단점이 있으므로 농가의 영농 규모나 살포 여건에 따라 살포기를 선택하여야 한다.

4.1 분무법

분무법(噴霧法, spraying)은 농약의 사용방법 중 가장 일반적인 방법이다. 유제, 수화제, 수용제 등의 약제를 안전사용기준에 따라 물로 적정 배수에 맞게 희석한 후 살포기(sprayer)로 약액을 연무 형태로 살포하는 방법으로 인력 살포기와 동력 살포기를 이용하여 일반적인 희석용 제형의 살포에 적합하다. 일반 살포기의 노즐(nozzle) 형태는 무기분무(無氣噴霧, airless spray) 방식으로 그림 6-6(a)와 같이 별도의 공기는 주입하지 않고 약액에 압력을 가하여 미세한 출구로 직접 분사하는 구조이며, 살포액의 입자크기는 보통 100~200μm 정도이다.

분무법은 살포기의 구조와 사용법이 간편하나 살포압력이 일정하지 않아 살포액의 입자크기가 다른 살포방법에 비해 비교적 크고 균일하지 않으므로 균일 살포를 위해서는 희석배수를 크게 한 후 상대적으로 많은 양의 살포액을 조제하여 살포하여야 한다. 따라서 살포 작업에 많은 노동력을 필요로 한다. 분무법에서 가장 중요한 것은 살포기에서 분출되는 분무액의 입자를 작게 하는 방법이다. 입자크기를 작게 하려면 살포기의 압력을 높이고 분출구를 작게 하여야 한다. 만약 분무되는 입자가 크면 병해충이나 작물체 표면에 균일하게 부착되지 않거나 과실이나 경엽의 일부 부위에 많은 양의 살포액이 부착하게 되므로 약효가 균일하지 않거나 약해의 원인이 되기도 한다. 반면에 분무입자가 너무 작으면 살포액이 비산(飛散, drift)되어 병해충이나 작물체 표면에 부착률이 불량하게 되어 약효 저하가 일어날 뿐만 아니라 인근 농작물을 오염시키거나 대기오염의 원인이 될 수 있으므로 주의하여야 한다.

4.2 미스트법

미스트법(mist spraying)은 일반 분무법을 개선하여 살포액의 입자크기를 더 작게 함으로써 노동력을 절감하고 살포의 균일성을 향상시킨 살포방법이다[그림 6-6(b)]. 살포액 분사 노즐에 압

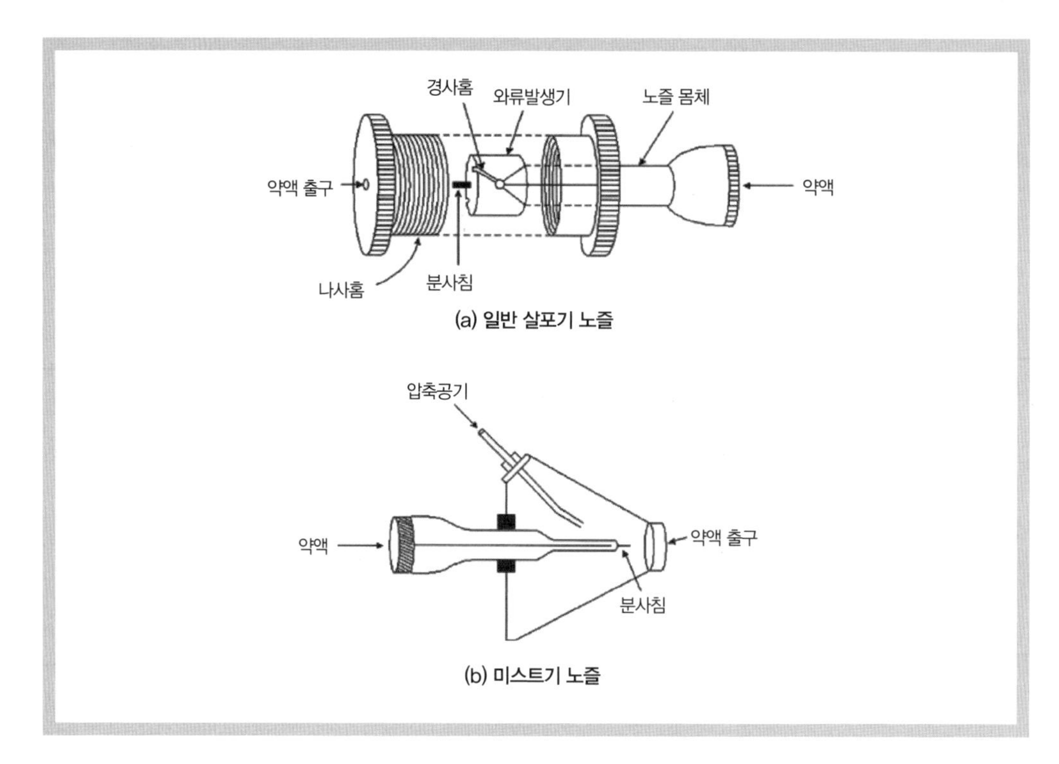

그림 6-6 살포기별 노즐 구조

축공기를 같이 주입하는 유기분사(有氣噴射, air injection spray) 방식이며, 인력 살포기보다 살포액 입자를 더 작게 만들어 분출한 후 고속으로 회전하는 송풍기를 통해 풍압으로 살포액을 분출시키므로 더 먼 거리까지 살포할 수 있다. 살포액의 입자크기는 보통 35~100μm 정도로 분무법에 비하여 더 작다. 넓은 면적의 살포 작업에 적합하며, 과수전용으로 사용하는 고속살포기가 이에 속한다. 미스트법은 분무법에 비하여 살포액의 농도를 3~5배 높게 하여 살포액량을 1/3~1/5로 줄여 살포할 수 있으며, 살포액의 작은 물방울 입자를 목표물에 골고루 부착시킬 수 있으므로 살포 시간, 노력, 자재 등을 절약할 수 있어 분무법에 비하여 효율적인 살포방법이다.

4.3 살분법

살분법(dusting)은 분제와 같이 고운 가루 형태의 농약을 살포하는 방법으로 분무법에 비하여 작업이 간편하고 노력이 적게 들며, 희석용수가 필요하지 않다는 장점이 있다. 또한 단위 시간당 약제 살포 면적이 넓어 살포 능률면에서도 효과적인 방법이다. 살포량은 대개 3~4kg/10a이며, 소요시간은 인력 살분기의 경우 약 30분/10a, 동력 살분기는 4~5분/10a 소요된다. 가장 일반적인 살분법은 대상 살포지역 양쪽의 수 미터에서 수십 미터 사이에 동력 살포기에 연결된 다구살포기(多口撒布機, pipe duster)를 이용하여 고운 가루 형태의 분제농약을 살포하는 방법이다.

분제가 식물체에 부착하는 정도는 농작물의 줄기나 잎을 손으로 문질러 보아 가루가 손에 묻을 정도면 충분하므로 농작물의 경엽이 백색이 될 때까지 많은 양을 살포할 필요는 없다. 살포량이 너무 많으면 비경제적일 뿐만 아니라 약해를 유발할 우려가 있으므로 주의하여야 한다.

4.4 살립법

입제농약을 살포하는 방법으로 토양살포법이라도 한다. 살립법(撒粒法, granule application)은 보통 비료살포 작업과 같은 방법으로 손으로 간편하게 살포하는 것이 보편적이나 넓은 면적에는 살립기(granule applicator)를 이용하는 것이 효율적이다.

4.5 연무법

연무법(煙霧法, aerosolation)은 살포액의 물방울 입자크기가 미스트보다 더 작은 연무질(aerosol)의 형태로 살포하는 방법이다. 연무질은 공기 중에 미세한 고체 또는 액체입자가 브라운 운동(Brownian motion) 상태로 불규칙하게 움직이는 것으로 식물이나 곤충 표면에 대한 부착성이 우수한 특성이 있다. 입자크기가 10~20μm로 작아 비산성이 크므로 바람이 없는 이른 아침 또는 저녁 풍속이 2m/sec 이하인 경우에 살포하는 것이 좋다.

연무질을 만드는 장치로서는 연무기(煙霧機, fog machine)와 같이 약액을 열과 풍압에 의하여 작은 입자로 만드는 방법과 풍압만으로 만드는 방법이 있다. 또한 끓는점(沸點)이 낮은 용매인 chlorofluorocarbon(CFC, 비점 -40℃) 또는 methyl chloride(비점 -24℃)에 농약의 유효성분 및 윤활유와 같은 비휘발성의 기름을 용해시켜 철제용기에 가압 충전한 것도 있다. 사용할 때에는 마개를 열어 압력을 상압으로 하면 CFC 또는 methyl chloride가 급격히 기화(氣化)하여 증발함과 동시에 농약성분도 함께 대기 중으로 안개와 같이 분출되는데, 주로 실내 위생해충 방제용으로 사용되고 있다.

4.6 미량살포법

농약원액 또는 유효성분 함량이 수십 %인 높은 농도의 미량살포제(ULV제) 등을 소량 살포하는 방법으로 주로 살포액을 실을 수 있는 양이 한정적인 항공 살포에서 이용한다. 일반적으로 병해충 방제를 위한 액상의 농약은 작물, 병원균 및 해충 표면 전체에 살포액이 균일하게 부착

될 수 있게 살포하여야 하므로 지상살포(분무법)에 있어서는 약제를 많은 양의 물로 희석하여 벼의 생육 후기에 살포하는 경우 100~160L/10a를 살포하여야 하며, 미스트기를 사용하더라도 30L/10a 이상 살포하여야 한다. 그러나 항공 살포의 경우에는 0.08~0.5L/10a 정도의 소량을 살포하더라도 특수한 살포기술을 이용하여 지상 살포와 같은 방제효과를 얻을 수 있다.

미량살포법[微量撒布法, ultra-low-volume(ULV) spraying]에서 사용하는 살포기술은 정전기 살포법(electrostatic application)으로 미세한 살포액 입자에 정전기를 띠도록 하여 작물, 병원균 및 해충 표면에 대한 부착성을 향상시킨다. 또한 살포액 입자크기를 균일하게 하기 위하여 정밀한 살포액 입자조절 살포법(controlled droplet size application, CDA)을 이용하는데, 이러한 장치의 한 예를 그림 6-7에 나타내었다. 즉, 회전원판 살포기의 중심축 부근에 살포액을 주입하면 원판의 회전에 따라 원심력에 의하여 살포액은 얇은 막을 형성하면서 가장자리로 밀려간다. 밀려난 살포액은 회전판에 부착된 돌기에 의하여 띠 모양을 형성하면서 입자화되어 살포된다. 이 때 살포액의 입자크기는 회전판의 직경과 회전속도에 의해 결정되며, 일반 살포기나 미스트 살포기에 비하여 액적 크기가 매우 균일하다.

4.7 훈증법

훈증법(燻蒸法, fumigation)은 저장 곡물이나 종자를 창고나 온실에 넣고 밀폐시킨 후 약제를 가스화하여 병해충을 방제하는 방법으로 우리나라에서는 수입 농산물의 방역용으로 주로 사용하고 있으며, 재배 중인 농작물에는 사용하지 않는다. 또한 토양소독제로서 훈증법을 이용하는 경우에는 작물의 파종 또는 이식 2~3주 전에 흙덩이를 잘 분쇄하여 고르게 한 다음 토양 표면에 가로세로 각각 30cm, 15~20cm 깊이의 구멍을 파서 농약원액을 관주(灌注) 처리한다. 처리 후 즉시 구멍을 흙으로 덮고 다시 그 위를 비닐로 피복하여 가스가 밖으로 빠져나오지 않게 밀폐한

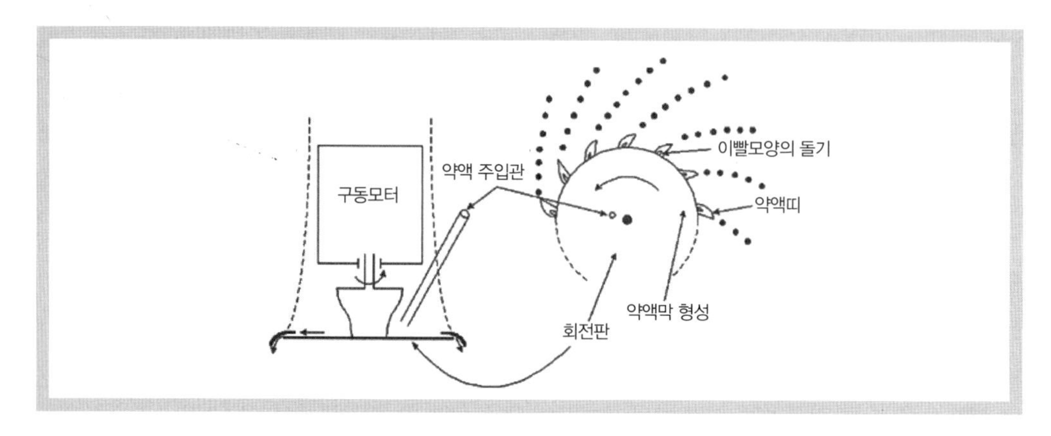

그림 6-7 살포액 입자조절 살포법(CDA)의 살포액 입자 조절장치

후 5일 이상 방치한다. 소독이 끝나면 비닐을 벗기고 토양 내 가스가 완전히 빠질 때까지 방치한 후 소독한 토양을 경운하여 토양 중 가스의 배기작업을 철저히 한 다음 파종 또는 이식한다. 파종 또는 이식 전 토양소독제가 완전히 토양으로부터 제거되었는지를 확인하기 위하여 작물의 유묘를 정식한 후 생육 이상 여부를 확인하는 것이 안전하다.

4.8 관주법

관주법(灌注法, drenching)은 토양 내에 서식하고 있는 병원균이나 해충을 방제하기 위하여 약제를 농작물의 뿌리 근처의 토양에 주입하거나 토양 전면에 30~60cm 간격으로 약제를 주입한 후에 흙으로 덮는 방법이다. 또한 벼 육묘상에서 희석액을 육묘상자에 직접 주입하기도 한다.

4.9 토양혼화법

토양혼화법(土壤混和法, soil incorporation)은 입제와 분제 등의 농약을 경작 전에 토양에 처리하는 방법으로 경운 전 토양에 입제나 분제 등을 처리한 후 경운하여 약제가 토양에 골고루 혼화되도록 처리한다. 토양 표면에 살포하는 전면살포법(broadcasting application)에 비하여 농약이 작토층(作土層) 상하로 골고루 분포한다. 또한 표면 유실 등에 의한 약제 손실량이 적어 약효 지속기간이 길게 나타나는 장점이 있다.

4.10 기타

앞에서 여러 가지 농약 사용법을 설명하였으나 농약은 제형의 종류에 따라 다양한 사용법이 이용된다. 종자 또는 종묘(種苗)를 소독하기 위하여 종자나 종묘를 농약의 희석액에 담그는 침지법(浸漬法), 가루 형태의 농약을 종자의 표면에 피복시키는 분의법(粉衣法), 과수나 정원수 등을 가해하는 해충이 월동하기 전후에 나무줄기를 이동할 때 해충을 도중에서 살멸시키기 위하여 나무줄기에 농약을 발라두거나 사과의 부란병을 방제하기 위하여 병반부(病斑部)에 약제를 발라두는 도포법(塗布法) 등이 있다.

5. 농약의 살포량

농약의 효과는 살포 약제의 부착 특성과 부착량에 의해서 주로 결정된다. 그러나 부착 특성은 살포액의 조제, 살포방법 및 약제의 특성에 따라 결정되므로 숙련된 농약 살포자가 살포한다면 부착 특성은 거의 동일하다고 볼 수 있다. 그러나 부착되는 양은 살포액의 양과 밀접한 관계가 있으며, 어느 정도의 양을 살포하는 것이 약효뿐만 아니라 경제적으로 유리한가를 결정하는 수단이 될 수 있다.

일반적으로 농약의 약효는 부착되는 약량의 증가에 비례하여 높아지나 어느 한계 이상에서는 부착량이 증가하여도 약효는 증대되지 않으므로 부착량과 약효와의 관계는 다음 [식 1]과 같이 나타낼 수 있다.

$$Y = \frac{a'b'Z}{1 + a'Z} \qquad \text{[식 1]}$$

Y : 약효, Z : 약제 부착량, a′, b′ : 병해충 및 약제에 따른 계수

한편 약제 살포량과 부착량과의 관계를 보면 살포액의 성질, 농도, 살포방법, 작물의 종류 등에 따라 달라지나 일반적으로 살포량이 어느 한계 이하에서는 살포량과 부착량은 비례하나 그 이상에서는 살포량이 증가하여도 부착량은 증가하지 않는다. 따라서 살포량과 부착량과의 사이에는 다음 [식 2]와 같이 나타낼 수 있다.

$$Z = \frac{abX}{1 + aX} \qquad \text{[식 2]}$$

Z : 약제 부착량, X : 약제 살포량, a, b : 살포액과 작물에 따른 계수

위의 [식 1]에 [식 2]를 대입하면 약효와 약제 살포액량과의 관계를 [식 3]과 같이 나타낼 수 있다.

$$Y = \frac{a'b'abX}{1 + a(1 + a'b)X} = \frac{mnX}{1 + mX} \qquad \text{[식 3]}$$

$$m = a(1 + a'b),\ n = a'b'b/(1 + a'b)$$

[식 3]에서 농약의 효과는 살포량이 증가함에 따라 약효 상승률은 점점 떨어져 약효 상승률이 0이 되는 살포량에 도달하게 되며, 이때 약효는 최고에 달하게 된다. [식 3]에서 m 및 n은 약제의 종류, 살포액의 성질, 작물 및 병해충의 종류, 상태 등의 인자에 따라 영향을 받게 되는데, 벼의 생육 후기에 160L/10a의 약액을 살포하고 과수에는 450L/10a의 약액을 살포하는 것은 작물에 따라 m과 n이 각각 다르기 때문이다.

따라서 농약 살포량과 효과와의 관계 [식 3]은 어느 한계량까지는 살포량의 증가에 따라서 급격하게 효과가 증대되나 그 이상에서는 효과 상승률이 0이 된다. 약효 상승률이 0이 되는 점은

약효가 최대인 점으로서 약제 살포에 따른 약효의 변동이 없는 점이므로 실제 포장에서 병해충을 효과적으로 방제하기 위해서는 약효 상승률이 0일 때의 살포량보다 약간 증량하여 살포하는 것이 효과적이다. 이와 같은 경향은 유제나 수화제 등과 같이 살포액을 살포할 때뿐만 아니라 분제나 입제 등의 농약을 사용할 때도 적용된다.

주요 작물에 대한 희석살포액의 일반적인 살포 약량은 표 6-4와 같으며, 직접살포제의 경우는 농약제품마다 적정 사용량이 명시되므로 사용할 때 이를 준수하여야 한다.

▶ 표 6-4 주요 작물별 농약 살포액의 살포 약량

작물	생육 정도	약액 살포량(L/10a)
벼	모내기 후 1개월간	80~100
	생육 중기	120~140
	출수(이삭이 나온) 후	140~160
채소류	어릴 때	60~90
	생육 왕성기	180~270
과수류	큰 나무(성목)	180~450

chapter 07 농약의 독성

농약은 병해충 및 잡초를 포함해서 농업에 해를 끼치는 생물을 살멸시키는 약제로서 정도의 차이는 있으나 근본적으로 독성을 갖고 있는 화학물질이다. 그러므로 농약의 안전관리를 위하여 다양한 독성시험 연구를 통해 그 독성을 파악하고 독성 정도에 따라 취급제한기준 등을 농약관리법에 정하고 있으며, 안전사용을 위한 여러 가지 규정을 정하여 관리하고 있다.

새로운 농약을 등록하기 위해서는 원제 또는 품목에 대한 다양한 독성시험성적서를 제출해서 엄격한 심사를 거친다. 또한 동물대사, 작물대사, 토양대사, 수중대사시험에 대한 평가결과, 대사물의 독성을 추가로 평가할 필요가 인정되는 경우에는 대사물에 대한 독성시험성적서를 제출하여야 한다.

1. 급성독성

급성독성(acute toxicity)은 농약에 1회 노출되었을 시 표 7-1과 같이 나타나는 독성으로서, 일정한 수의 실험동물(흰쥐 등)에게 여러 가지 농도의 농약을 투여하여 해당 시험기간 내에 실험동물의 50%가 사망하는 농약량(median lethal dose, LD_{50})이나 농약농도(median lethal concentration, LC_{50})로 평가한다. 동일한 농약이라도 농약을 투여, 노출시키는 경로에 따라서 급성독성의 차이가 나는데, 대개 흡입독성이 가장 강하고 경구독성, 경피독성의 순서로 독성이 낮아진다.

▶ 표 7-1 농약원제의 급성독성(흰쥐)

구분	농약	경구독성 (LD_{50}, mg/kg)	경피독성 (LD_{50}, mg/kg)	흡입독성 (LC_{50}, mg/L)
살충제	Carbofuran	8	>2,000	0.075
	Acrinathrin	>5,000	>2,000	1.6
살균제	Metalaxyl	633	>3,100	>3.6
	Chlorothalonil	>5,000	>5,000	>0.1
제초제	Molinate	369	>4,640	1.36
	Simazine	500~10,000	>2,000	>5.5
생장조절제	Gibberellin	>15,000	>2,000	>400

1.1 급성경구독성

급성경구독성(acute oral toxicity)은 농약을 실험동물에 최소한 1일 1회 경구 투여하여 14일 동안 관찰하며 실험동물 50%가 사망하는 수로 LD_{50}을 산출한다.

1.2 급성경피독성

급성경피독성(acute dermal toxicity)은 농약을 실험동물 피부의 일정한 체표면적에 도포하고 24시간 후 제거한 다음 14일 이상 관찰하며 실험동물 50%가 사망하는 수로 LD_{50}을 산출한다.

1.3 급성흡입독성

급성흡입독성(acute inhalation toxicity)은 농약을 기체 및 증기상태로 실험동물에 흡입 투여하는데 최소한 1일 1회 4시간 동안 투여하여 14일 이상 관찰하며 50%가 사망하는 수로 LC_{50}을 산출한다.

약의 안전성에 대한 연구가 강화되고 발전됨에 따라서 농약의 독성이 과거보다는 크게 낮아지고 있는데, 표 7-2는 2014년에 등록된 농약원제(481개의 원제 중에서 자료를 찾지 못한 22개를 제외한 459개 원제)와 주요 식품, 의약품, 건강보조식품, 기타 화합물의 급성경구독성(흰쥐)을 비교하였다. 우리나라 사람들이 즐겨 먹는 고추, 커피, 담배의 주성분인 캡사이신, 카페인, 니코틴보다 급성경구독성이 낮은 농약이 80% 이상이라는 사실은 놀라운 농약 안전성의 발전이

▶ 표 7-2 농약원제와 식품, 의약품, 기타 화합물의 급성경구독성(흰쥐) 비교

화합물	LD_{50}(mg/kg)*	비고	독성이 더 약한 작물보호제	
			개수	%
			459	100
캡사이신	161.2	고추성분	402	88
니코틴	188	담배성분	401	87
카페인	355	차, 커피성분	377	82
아스피린	1,500	감기약, 해열제	286	62
Acetaminophen	1,944	타이레놀 주성분	273	59
식용색소청색 제2호	2,000	Indigo carmine	261	57
소금	3,000	NaCl	206	45
DL-α-tocopherol	4,000	비타민 E의 주요 활성물질	296	40
구연산	6,730	Citric acid	40	9
비타민 C	11,900	Ascorbic acid 18	18	4

라고 하겠다.

농약의 독성 중에서 농약원제 독성도 중요하지만, 실제로 농업 현장에서는 원제가 아니라 다양한 형태로 제조된 제품을 사용하기 때문에 농민이나 관련된 사람이 직접 다루어야 하는 농약제품의 독성이 더욱 중요하다. 우리나라는 표 7-3과 같이 농약제품의 독성을 구분하고 있으며, 경피독성보다는 경구독성이 더 높게 구분되어 있고, 액체제품보다는 고체제품의 독성이 높게 구분되어 있다. 2018년 12월 현재(표 7-4) 2,006개의 제품이 등록되어 있는데, 맹독성 농약은 없고 고독성 농약은 5품목이 있으나 작물재배에 사용하는 품목이 아니라 방역소독용 훈증제이며, 98.8%가 보통독성/저독성이다.

▶ 표 7-3 우리나라 농약제품의 인축독성 구분

구분	경구독성(LD_{50}, mg/kg)		경피독성(LD_{50}, mg/kg)	
	고체	액체	고체	액체
I급(맹독성)	5 미만	20 미만	10 미만	40 미만
II급(고독성)	5~50 미만	20~200 미만	10~100 미만	40~400 미만
III급(보통독성)	50~500 미만	200~2,000 미만	10~10,000 미만	400~4,000 미만
IV급(저독성)	500 이상	2,000 이상	1,000 이상	4,000 이상

출처 : 농촌진흥청, 2000

▶ 표 7-4 유통 농약제품의 독성별 분포

연도	계	맹독성(I급)	고독성(II급)	보통독성(III급)	저독성(IV급)
1991	230	3(1%)	22(10%)	205(89%)	-
2018	2,006	-	5(0.2%)	293(14.68%)	1,708(85.2%)

2. 아급성독성

아급성독성(subacute toxicity)은 아만성독성(subchronic toxicity)이라고도 한다. 급성독성과 만성독성의 중간 기간으로 보통 90일간 1일 1회, 주 5회 이상을 투여하며 실험동물의 일반 증상, 체중, 사료 섭취량, 물 섭취량, 혈액 검사, 뇨 검사, 안과학적 검사 및 제반 병리조직학적 조사를 하고 만성독성 및 발암성 시험 등에 사용할 농약의 용량 결정에 이용한다.

3. 만성독성

만성독성(chronic toxicity)은 장기간에 걸쳐 소량의 농약을 계속 섭취하였을 때 나타나는 독성을 조사하는 실험으로 실험동물(흰쥐 등)에 여러 수준의 농약을 장기간(6개월~1년) 먹이와 함께 투여하며 행동 변화, 체중 변화, 사료 섭취량 변화 등을 조사하고 생리학적 변화(혈액, 오줌, 변, 혈청, 간)와 효소활성 변화 및 사망한 후에 부검하여 간, 콩팥, 폐, 뇌 등의 병리조직학적 검사를 하여 전 실험기간을 통하여 농약 투여군과 대조군을 비교 시 비정상적인 현상이 일어나지 않는 최대 수준의 농약량인 최대무작용량(no observed effect level, NOEL)을 결정한다.

4. 변이원성

변이원성(mutagenicity)은 미생물이나 배양한 동물세포, 혹은 설치류를 이용하여 유전자에 미치는 악영향을 단시간에 검사한다.

4.1 복귀돌연변이 시험

복귀돌연변이 시험(Ames test)은 세균인 *Salmonella typhimurium*의 돌연변이주를 사용하며 여러 수준의 농약을 처리한 후 37℃에서 48~72시간 항온 배양하여 나타나는 복귀돌연변이(정상 세균) 콜로니 수를 대조군과 비교하여 돌연변이성을 조사한다.

4.2 염색체 이상시험

인위적으로 배양한 포유류의 세포(예 : Chinese hamster의 ovary 세포)에 여러 수준의 농약을 처리한 후 1.5 정상 세포주기 경과 시에 염색체 이상(chromosome aberration)을 검정한다.

4.3 소핵시험

여러 수준의 농약을 생쥐에 복강 또는 경구투여하고 18~72시간 사이에 골수를 채취하여 소핵(micronucleus)을 가진 다염성 적혈구의 빈도를 검색한다.

5. 지발성 신경독성

지발성 신경독성(delayed neurotoxicity)은 닭에 유기인제 농약을 1회 투여하여 21일간 보행이상, 효소활성억제, 병리조직학적 이상 여부를 검사한다.

6. 자극성

6.1 피부자극성 시험

피부자극성 시험(primary skin irritation test)에는 토끼를 주로 사용하며 일정한 면적의 피부에 농약을 도포하여 4시간 동안 노출시킨 후 72시간까지 홍반, 부종 등의 이상 여부를 조사한다.

6.2 안점막 자극성 시험

안점막 자극성 시험(primary eye irritation test)은 농약을 토끼 눈에 처리하고 24시간 후 멸균 사용수로 시험물질을 제거하고 72시간 동안 관찰하여 각막, 홍채, 결막 등의 이상 여부를 조사한다.

6.3 피부감작성 시험

피부감작성 시험(skin sensitization test)에는 기니피그를 사용하며 피부에 농약을 주사하거나 도포하여 피부의 비정상적인 알레르기 반응을 약 4주에 걸쳐 검사한다.

7. 특수 독성

7.1 발암성

발암성(carcinogenicity) 검사는 흰쥐의 경우 24개월 동안, 생쥐는 18개월 동안 여러 수준의 농약을 먹이와 함께 투여하여 일반증상, 체중변화, 사료 섭취량의 변화, 조직병리학적 검사, 임상병리학적 검사를 실시하여 표 7-5와 같이 암의 발생 유무와 정도를 파악한다.

▶ **표 7-5 IARC*의 발암성 분류**

분류	내용
Group 1	인간에게 발암성 물질(carcinogen to humans)
Group 2A	인간에게 발암 추정물질(probably carcinogenic to humans)
Group 2B	인간에게 발암 가능성 물질(possibly carcinogenic to humans)
Group 3	인간에 대해 발암성으로 분류되지 않음(not classifiable as its carcinogenicity to humans)
Group 4	인간에 대해 발암 가능성이 없음(the agent is probably not carcinogenic to humans)

* International Agency for Research on Cancer : WHO 국제암연구기관

7.2 최기형성

최기형성(teratogenicity) 검사는 임신된 태아 동물의 기관 형성기에 여러 수준의 농약을 경구 투여하여 임신 말기에 부검해서 배자의 사망, 태자의 발육지연 및 기형 등을 알아본다.

7.3 번식독성 시험

번식독성 시험(reprodution study)은 실험동물 암수에 여러 수준의 농약을 투여한 후 교배시켜 1세대를 얻고, F1에 여러 수준의 농약을 투여하여 2세대까지 얻은 후 각 세대의 일반적 검사 및 병리검사, 발육상태, 수태율, 임신기간, 사산, 생존율 등을 검사하는 시험이다.

8. 농약의 1일 섭취허용량

개별 농약에 대하여 실험동물을 대상으로 급성, 아급성, 만성, 유전, 생식, 기형독성 시험 등을 수행하여 대조군에 비해 실험동물에 대하여 바람직하지 않은 영향을 나타내지 않는 최대 투여용량인 최대무독성용량(no observable adverse effect level, NOAEL)을 선정한다. 하지만 이 NOAEL 수치는 사람이 아닌 실험동물에 의한 독성 수치이기 때문에 사람에 안전한 기준치를 적용하기 위해서 독성학적으로 생물종 간 변이 및 동일 생물종 내 개체 간 편차를 반영하는 안전계수(safety factor, SF)로 NOAEL 수치를 나누어서 사람에 대한 농약의 1일 섭취허용량(acceptable daily intake, ADI)을 산출한다. 안전계수는 독성시험의 다양한 요인에 따라 야기되는 불확실성을 보정하기 위한 계수이기 때문에 불확실성 계수(uncertainty factor)라고도 하며, 보통 100을 사용한다(동물시험 자료를 사람에게 적용 10 및 사람 간의 감수성 차이 10).

따라서 ADI는 표 7-6과 같이 사람이 일생을 통하여 매일 섭취하더라도 아무런 만성독성학적 영향을 주지 않는 약량을 의미하며, 이 ADI 값을 근거로 농작업자 농약 노출허용량(acceptable operator exposure level, AOEL)과 농약 잔류허용기준(MRL)이 설정된다. 또한 MRL 값을 근거로 농약 안전사용기준(pre harvest interval, PHI) 및 생산단계농약 잔류허용기준(pre harvest residue limit, PHRL)이 그림 7-1과 같이 설정된다.

▶ 표 7-6 대표적인 농약의 ADI 예

구분	농약명	ADI(mg/kg)
살충제	emamectin benzoate	0.0025
살균제	benomyl	0.1
제초제	2, 4-D	0.3

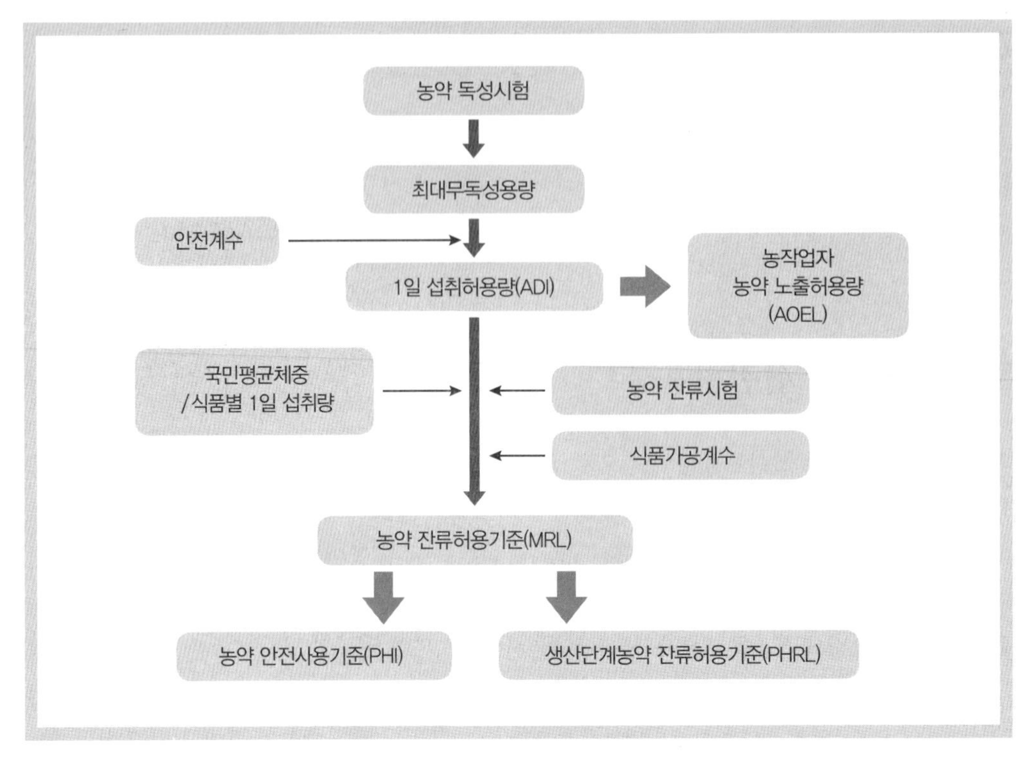

그림 7-1 농약의 독성시험 및 안전성 관리기준

9. 농작업자 농약 노출허용량

9.1 농약 살포자에 대한 농약 위해평가

농약을 살포하는 농작업자는 포장에서 영농 활동 중 농약의 조제, 살포, 사용 후 포장 재출입, 농작물의 수확 작업과 같은 다양한 상황에서 피부 및 호흡을 통해 그림 7-2와 같이 농약에 노출된다. 이와 같은 농약과의 직접적 접촉은 건강 위해성을 초래할 수 있고, 따라서 농약 살포자에 대한 위해성 평가를 해서 농약 살포의 안전성을 확보하는데, 해당 농약의 농작업자 농약 노출허용량(AOEL)과 농약 살포자가 해당 농약을 살포할 때 노출되는 농약 노출량을 비교하여

그림 7-2 농약 살포액의 제조 및 살포

표 7-7과 같이 단계별로 평가한다. 이때 대상 농약은 희석살포용 농약 품목이며, 천연식물보호제 및 사용·취급요령을 따르는 경우 살포자에 대한 위해 우려가 없는 농약은 제외한다.

▶ **표 7-7 농약 살포자의 농약 노출 위해성 평가단계**

구분	노출량 산정	판정기준
제1단계	농약 살포자 노출량 산정모델을 이용한 이론적 노출량 산정	노출량이 노출허용량(AOEL) 이하이면 적합으로 판정하고, 노출허용량을 초과하면 제2단계 평가결과에 따른다.
제2단계	실제 사용조건 등을 고려한 이론적 노출량 산정	노출량이 노출허용량(AOEL) 이하이면 적합으로 판정하고, 노출허용량을 초과하면 제3단계 평가결과에 따른다.
제3단계	야외포장 조건에서의 실제 노출량 산정	노출량이 노출허용량(AOEL) 이하이면 적합으로 판정하고, 노출허용량을 초과하면 살포자에 해를 줄 우려가 있는 것으로 판정한다.

위해평가는 독성에 대한 노출의 비율(toxicity exposure ratio, TER)로 평가하며, AOEL에 체중(60Kg)을 곱한 값을 노출량으로 나누어서 산출한다.

$$TER = [AOEL \times 체중(60kg)]/노출량$$

TER이 1보다 크면(TER > 1) 농약 살포 작업이 안전한 것으로 판단하고, TER이 1보다 작으면(TER < 1) 농약 살포 작업이 안전하지 못한 것으로 판단한다.

9.2 농약 살포자에 대한 농약 노출평가

이와 같은 농약 살포 작업에 대한 위해성 평가에서 중요한 요소는 노출량(exposure level)이다. 이는 독성(toxicity)은 해당 농약 그 자체의 고유 특성이지만, 노출 수준(exposure level)은 농약 자체의 특성보다는 주로 작업의 종류, 작업자의 안전규정 준수 습관, 작업시간, 농약과의 접촉시간, 살포기기, 제형, 제제의 포장 형태, 작업환경, 보호복, 기상조건 등에 의해 영향을 받기 때문에 실제 포장 살포 상황에서의 노출 측정을 실시해야 한다.

농약 노출 측정방법은 크게 수동적 측정법과 생물학적 측정법으로 구분한다. 수동적 측정법(passive dosimetry)은 농약을 살포할 때 농약을 직접 포집하는 다양한 수단을 사용하여 피부노출 및 호흡노출을 측정하고 여러 가지 노출인자를 사용하여 외적/내적 노출량 또는 흡수용량을 예측하는 방법으로서 가장 보편적으로 사용되고 있다. 생물학적 측정법(biological monitoring)은 살포자와 작업자의 소변, 혈액, 타액, 땀 등에 포함된 농약량을 측정하는 것으로 농약의 인체 내부 노출 정도(내적 노출량, 흡수용량)를 측정할 수 있다.

9.2.1 피부 노출 및 호흡 노출 측정

농약 살포자나 작업자의 작업복에 부착되어 피부에 노출/침투되는 농약의 양은 패치(pad), 전신 복장노출법(whole body dosimeter, WBD), 장갑, 양말, 마스크, 수건, 다양한 세제용액 등을 사용하여 측정한다. 이러한 다양한 방법 중에서 소형의 패치는 노출을 측정하고자 하는 신체부위에 부착하여 사용하는데, 간단하고 편리하며 경제적이지만 노출량이 과대 또는 과소평가될 수 있다는 단점이 있다. 이에 반해 WBD는 비용과 시간이 많이 드는 단점이 있지만 전체 의복(작업복/내복)을 사용하기 때문에 측정 범위가 대표성이 있고, 작업복 속에 입고 작업을 수행하면 살포나 작업 중 피부에 접촉되는 농약을 채취할 수 있는 장점이 있다.

호흡 노출(inhalation exposure)은 대개 전체 노출의 극히 일부분을 차지하지만 피부 노출(dermal exposure)과는 다르게 노출량 전체(100%)가 몸에 흡수된다는 가정이 성립되고 시설재배와 실내 같은 밀폐된 공간에서의 분제, 분무제 및 훈증제의 사용 시에는 호흡 노출이 중요하다. 호흡 노출의 측정법으로 유리섬유, XAD resin 등 다양한 흡착제와 공기펌프가 연결된 PAM(personal air monitor)이 대표적인 호흡 노출 측정법으로 쓰이고 있다.

9.2.2 농작업자 농약 노출허용량 설정

AOEL은 농약 등록을 위해 제출된 독성시험 성적 중 아급성 독성이나 기형독성에서 나타난 영향을 근거로 감수성이 가장 높은 시험동물 종에서의 최대무독성용량(NOAEL)을 이용하되 해당 농약의 살포 양상이나 노출 상황을 고려하여 만성독성 및 발암성 시험을 고려하여 최적의 NOAEL로 선정할 수 있으며, 이 NOAEL을 안전계수로 나누어 구한다. 이때 안전계수는 ADI 설정 시와 동일한 개념의 보통 100을 사용한다. 또한 농약의 경구체내흡수율이 80% 이상인 경우에는 보정계수를 적용하지 않지만, 미만인 경우에는 NOAEL에 대사시험의 경구흡수율을 적용하여 표 7-8과 같이 설정할 수 있다. 2018년 11월 30일 현재 238건의 농작업자 농약 노출허용량이 표 7-9와 같이 설정되어 있다.

$$\text{AOEL} = \frac{\text{최대무독성용량(NOAEL)} \times \text{경구흡수율}(<80\%\ \text{경우})}{\text{안전계수(SF)}}$$

▶ **표 7-8 농작업자 농약 노출허용량 설정 예시**

농약	독성시험	NOAEL	안전계수	보정계수	농작업자 노출허용량 (mg/kg·bw/day)
Cyclaniliprole	개를 이용한 90일 반복투여 경구시험	26.8	100	0.1	0.027
Mandestrobin	개를 이용한 90일 반복투여 경구시험	90.9	100	-	0.91

▶ 표 7-9 농작업자 농약 노출허용량 예시

농약성분		농작업자 노출허용량 (mg/kg·bw/day)
한글명	영문명	
가스가마이신	kasugamycin	0.01
글루포시네이트암모늄	glufosinate-ammonium	0.0021
글루포시네이트-피	glufosinate-P	0.001
글리포세이트	glyphosate	0.1
글리포세이트암모늄	glyphosate-ammonium	0.1
글리포세이트포타슘	glyphosate-potassium	0.1
노발루론	novaluron	0.012
다이아지논	diazinon	0.0002

10. 농약의 중독과 대책

농약의 중독은 그 발현 정도에 따라서 급성중독(acute toxicity)과 만성중독(chronic toxicity)으로 구분한다. 급성중독은 농약사용 시 부주의하여 중독되었을 때 또는 자살, 타살용으로 음독하였을 때 주로 발현되며, 만성중독은 식품섭취 시, 식품/농산물 중에 잔류된 농약이 인체 내에 흡수·축적되어 일어날 수 있다. 그러나 만성중독은 유기염소계나 유기수은계 농약과 같이 잔류성이 길고 생물농축성이 큰 농약에 주로 해당되는데, 우리나라에서는 1970년대에 이미 이와 같은 농약의 생산 및 사용이 금지되었고, 현재 사용하는 농약의 대부분은 잔류성이 낮고 저독성 농약이므로 안전사용기준에 따라 사용한다면 만성중독 우려는 없을 것으로 본다.

농약에 중독되었을 때는 의사의 진찰 및 지시에 따라 치료하는 것이 최선의 방법이지만, 중독의 정도에 따라서 의사가 도착하기 전에 또는 병원으로 가기 전에 일차적으로 생명을 구하고 치명적인 상황을 벗어나기 위한 응급조치를 알아보고자 한다. 응급조치는 손쉽게 가능하며 가벼운 중독은 증상을 크게 완화할 수 있다.

10.1 농약 중독의 원인

부적절한 또는 부주의한 농약의 사용/사고에 의한 상황은 실수에 의한 음독의 경우 치명적인 결과를 초래할 수 있다. 자살 또는 실수에 의한 음독 상황 외에는 농약을 살포할 때 방제복이나 마스크 등 보호장비의 미착용으로 또는 농약이 살포된 포장에서 작업을 하면서 농약 살포액이 피부에 부착된다든가 눈으로 들어가 영향을 주는 경우, 호흡기 내로 흡입되어 독성을 일으키는 경우이다. 이런 경우 치명적인 경우는 거의 없으나 중독 증상이 분명히 발현되고 일상 작업 중에 또는 농약 사용 중에 반복적으로 노출될 수 있어 각별한 주의가 필요하다.

2008~2017년 10년간 농약으로 인한 국내 사망자 수는 표 7-10과 같이 20,986명이었으며 매년 2,000명 이상이 농약 중독으로 사망하여 매일 약 5.5명 사망하였다. 그중 의도적 사망(자살)이 18,268명으로 전체 중 87%를 차지하였고, 사고가 375명으로 1.8%였고, 가해는 31건이 발생하였다.

▶ 표 7-10 연도별 농약 중독 사망자 수

연도		2008	2009	2010	2011	2012	2013	2014	2015	2016	2017	계
전체		3,296	3,170	3,206	2,913	2,399	1,658	1,209	1,088	1,122	925	20,986
세부원인	자살	2,800	2,743	2,719	2,580	2,103	1,442	1,072	959	1,016	834	18,268
	사고	58	44	69	55	54	36	21	15	10	13	375
	가해	8	4	2	6	2	2	0	4	2	1	31
	미확인	430	375	416	268	240	171	112	105	90	76	2,283

출처 : 통계청 사망원인통계, 2019

10.2 농약 중독의 증상, 발생 상황 확인

농약 중독의 일반적인 가벼운 증상으로는 권태감, 두통, 인후통, 현기증, 구토, 운동실조, 타액이나 땀의 다량 분비, 가래, 설사, 복통 등이 있고, 중간 증상은 수족의 경련, 보행곤란, 혀, 얼굴의 지각이상 등이다. 심하면 전신경련, 의식 혼탁, 폐수종, 호흡곤란, 마비, 쇼크, 사망에 이른다. 눈에 나타나는 현상으로는 동공축소 또는 동공확대, 다량의 눈물, 안통, 결막충혈, 각막백탁, 결막염 등이 있고 피부에는 붉은 반점, 발진, 작열감, 수포, 색소침착, 각화증 등 다양한 증상이 생길 수 있다.

농약 중독 시 치료방법을 확립하기 위하여 중독의 원인물질 등 중독의 발생 상황을 정확하게 알아두는 것은 매우 중요하므로 표 7-11과 같은 사항을 정확히 조사해 두어야 한다. 중독의 원인물질의 확인 및 경과시간 등의 발생 상황을 정확하게 확인함으로써 환자의 응급조치 및 병원에서의 신속한 처리가 가능해진다. 대부분의 농약 중독환자가 병원에 입원하더라도 중독의 원인물질의 확인에 많은 시간이 소요되므로 적절한 치료를 받지 못하는 경우가 많다.

▶ 표 7-11 중독의 요인 및 발생 상황 확인 내용

구분	확인 내용
중독 원인물질 종류 섭취량 침입경로	 • 화학적 조성, 제형, 농도 • 농약 살포 중 중독의 경우 : 살포량, 살포시간 • 피폭의 경위 : 농약 살포 작업 중, 살포 작업장 인근, 농약 살포 농장, 오음, 자살, 타살 등
중독 증상발현 경과시간	• 농약 살포 작업 중 중독 : 작업기간, 증상 발현시간 • 경구섭취 중독 : 섭취시간, 증상 발현시간
중독환자의 가검물	• 가검물 보존 : 구토물, 위 내용물, 소변, 대변, 혈액 (혈장과 혈청을 구분 동결 보존)
중독 증상의 관찰	• 눈의 상태, 타액의 과다, 발한, 경련 등

10.3 농약 중독에 대한 응급조치

응급조치의 제일 중요한 점은 농약을 가능한 한 빨리 중독자의 체외로 제거하여 체내 흡수를 방지하고, 환자를 안정시켜 체력 소모를 방지하는 것이다.

10.3.1 피부 오염

피부 노출 및 접촉으로 중독된 경우에는 농약이 오염된 작업복을 벗기고 피부를 비눗물로 깨끗이 씻은 다음에 안정시켜야 한다.

10.3.2 눈 오염

농약이 눈에 들어가 안통이나 눈물이 나오는 경우에는 즉시 수돗물이나 흐르는 물에 눈을 씻은 다음 따뜻한 물(약 38℃)에 얼굴을 잠기게 하고 눈을 깜박이며 눈을 씻는다.

10.3.3 흡입 중독

흡입으로 중독되었을 때에는 환자를 통풍이 잘 되는 장소에 눕히고 의복을 느슨하게 하여 호흡을 쉽게 해주어야 한다. 심한 경우에는 인공호흡을 한다.

10.3.4 섭취 중독

농약이 입을 통해 흡수되었을 때는 위장 내에서 농약의 흡수를 방지하여야 한다. 음독 후 즉시 토하도록 해야 하는데, 손가락이나 숟가락 자루 등을 입안에 넣어 인후를 자극하여 토하게 한다. 한 컵의 물을 마시게 한 후 행하면 토하는 것이 더 용이해진다. 일반적으로 따뜻한 소금물을 마시게 하여 구토시키거나, 우유나 달걀 흰자위를 먹인 후 구토시키는 것도 좋은 방법이다. 구토물에 농약 냄새가 없을 때까지 반복 실시하나 ① 의식이 혼미할 때 ② 경련을 일으키거나 그 증상을 보일 때 ③ 석유계용제를 사용한 농약을 음독하였을 경우에는 실시하지 않는다.

10.3.5 기타

농약 중독에 대하여 환자가 과도하게 불안해한다든가 흥분되어 있을 때에는 순환계에 부담을 주어 체력 소모를 가져오므로 안정제를 투여하여 안정시켜야 하며 환자의 의식이 혼미할 때는 카페인이 함유된 커피나 홍차를 마시게 하는 것도 효과적이다.

10.4 장세척

일반적으로 음독 후 2시간이 지나면 많은 양의 농약이 장으로 내려가기 때문에 구토에 의한 효과를 기대하기 어렵고 따라서 장에 흡수되는 것을 방지하기 위하여 설사를 시키는 방법을 이용한다. 설사제로서는 황산마그네슘(magnesium sulfate) 15g, 또는 황산소다(sodium sulfate) 15g을 물(300 ml)에 타서 마시거나 장에 주입하면 설사를 시킬 수 있다. 이때 활성탄(깨끗한 숯가루도 이용 가능함)을 설사제와 함께 복용하면 약물을 흡착하여 설사시키므로 더욱 효과적이다. 미네랄 오일 에멀션(30ml) 또는 피마자유(15ml) 등도 사용된다. 설사제로서 피마자유를 사용할 수 있으나 중독 원인이 되는 농약이 DDT나 BHC와 같이 지용성 약제인 경우에는 사용할 수 없으므로 주의하여야 한다. 중금속 농약에 중독되었을 때 2%의 탄닌산이나 달걀 흰자위, 우유 등을 중화제로 사용할 수 있다.

10.5 해독제의 이용

중독의 원인물질 종류가 확실한 때에는 중독 원인물질별 해독제를 복용 또는 주사하여 해독시킬 수 있으나 현재까지 유기염소계 농약이나 니트로화합물 등의 농약에 대한 해독제는 없다. 대표적인 유기인계, 카바메이트계, 피레트로이드계 살충제의 해독에 대해 알아본다.

10.5.1 유기인계 농약

- 가벼운 증상 : 권태감, 위화감, 두통, 현기증, 흉부압박감, 불안감, 가벼운 운동실조, 구토증, 타액 분비과다, 다량의 땀, 설사, 복통, 가벼운 동공축소
- 중간 증상 : (가벼운 증상을 포함하여) 동공축소, 보행 곤란, 언어장애, 시력감퇴, 서맥(徐脈), 근섬유성연축

- 심한 증상 : 동공축소, 의식혼탁, 대광반사소실, 전신경련, 폐수종, 혈압상승
- 치료(응급처치 외)

▶ 표 7-12 유기인계 농약의 중독증상에 따른 치료방법

증상	황산아토로핀	팜
중간 증상	• 정맥주사 : 1~4통(0.5mg/통)을 15~30분마다 추가 • 피하주사 : 5~10통 ※ 동공의 상태, 구강 내 건조상태에 따라 추가 또는 중단 판단	• 정맥주사 : 1g(20ml 앰플 2통) - 증상이 호전되지 않으면 30분 후 2통 추가
심한 증상	• 정맥주사 : 5~10통 - 증상이 호전될 때까지 5통/15분 추가 - 의식회복 및 동공확대까지 30분마다 1~2통씩 피하주사	

주 : • 팜은 parathion, EPN, pyridaphenthion에는 유효하나 그 외의 유기인계 농약에 대해서는 효과가 실증되지 않았으며, 황산아토로핀에는 길항되지 않는 근섬유성연축 및 근마비에 효과가 있고, fenitrothion 등에는 황산아토로핀과 함께 사용하는 것이 좋은 것으로 알려져 있다. 단, 팜을 사용하여 효과가 없을 경우에는 황산아토로핀으로 대체하여야 한다.
• 회복 후 혈액 AChE의 활성이 정상이 될 때까지 수주~수개월간은 유기인계 또는 카바메이트계 농약의 취급을 삼가야 한다.

10.5.2 카바메이트계 농약

- 증상은 유기인계 농약에 의한 중독 증상과 같으나 유기인계 농약보다 증상이 빠르게 나타나고 회복도 빠르다.
- 치료(응급처치 외) : 유기인계 농약에 의한 중독에 대한 치료방법과 같으나 카바메이트계 농약에 의한 중독에 대해서는 팜의 효과는 입증되지 않고 있다.

10.5.3 피레트로이드계 농약

- 중독 증상 : 신경계 과잉자극
  - 가벼운 증상 : 전신 권태감, 근연축(筋攣縮), 가벼운 운동실조
  - 중간 증상 : 홍분, 수족의 떨림, 타액 분비과다
  - 심한 증상 : 간헐적 경련, 호흡곤란
- 치료(응급처치 외) : 경련에 대해서는 항경련제(balbitar, rhenitonine, meticarbanol)를 투여하고, 환자의 타액 분비가 과다할 때에는 황산아토로핀을 투여한다.

11. 농약의 취급 제한기준

농약의 취급 제한기준은 농약을 잘못 취급함으로써 발생할 수 있는 안전사고를 예방하기 위하여 농약의 품목별로 혼적금지 대상물건, 공급대상자, 사용대상자, 사용제한지역에 대한 규정을 독성 정도별로 취급 시 지켜야 할 기준이다.

11.1 II급(고독성) 농약의 취급

11.1.1 수송

- 식료품·사료·의약품 또는 인화물질과 함께 수송하거나 과적하여 수송 금지

11.1.2 보관

- 사람의 거주 장소, 의약품, 식료품 또는 사료의 보관 장소와 구분하여 보관
- 환풍 및 차광시설과 잠금장치가 완비된 창고에 'II급(고독성) 농약 창고'임을 표시해야 하고, III급(보통독성) 농약이나 IV급(저독성) 농약과는 구분하여 보관
- 창고에는 ABC 분말소화기를 비치

11.1.3 판매

- 잠금장치가 있는 별도의 진열장('II급(고독성) 농약' 표시)을 설치하여 진열 판매
- 구매자의 성명, 주소 및 품목명, 판매수량을 기록한 후 판매
- 사단법인 농약판매협회장(농협 농약판매관리자는 농협중앙회장)이 실시하는 농약 안전사용 교육을 매년 받은 농약판매관리자만이 취급·판매 가능
- 시·군 농업기술센터장이 실시하는 농약안전사용 특별교육을 받은 농업인에게만 판매

11.1.4 사용

- 적용 대상작물 이외에는 일체 사용해서는 안 됨
- 시·군 농업기술센터장이 실시하는 농약안전사용 특별교육을 받은 농업인만이 사용할 수 있음

※ **규제** : 고독성 이상의 농약은 신규 등록을 보류하고 있으며, 이미 등록된 농약에 대해서는 1992년 출하량 수준으로 생산물량을 동결하고 있음

chapter 08

잔류농약의 안전성

일반적으로 농약의 독성은 급성독성(acute toxicity)과 만성독성(chronic toxicity)으로 구분한다. 급성독성은 독물(毒物)을 단 1회 투여하였을 때 생물집단을 치사에 이르게 하는 정도를 나타내는 독성으로 반수치사약량(median lethal dose, LD_{50})으로 표시되며 그 독성 정도에 따라 맹독성, 고독성, 보통독성 및 저독성으로 구분하고 있다. 이러한 급성독성은 농민을 비롯하여 농약제품을 직접 취급하는 사람을 대상으로 적용되는 독성이다.

반면에 만성독성은 생물체에 독물을 오랜 기간 급성적 치사량 이하로 반복적으로 투여했을 때 조직 또는 생리적 이상을 초래하여 치사에 이르게 하는 독성으로 바로 소비자가 잔류농약이 함유된 식품(농산물)을 계속적으로 섭취하였을 경우의 독성이다. 발암성, 돌연변이성, 최기형성

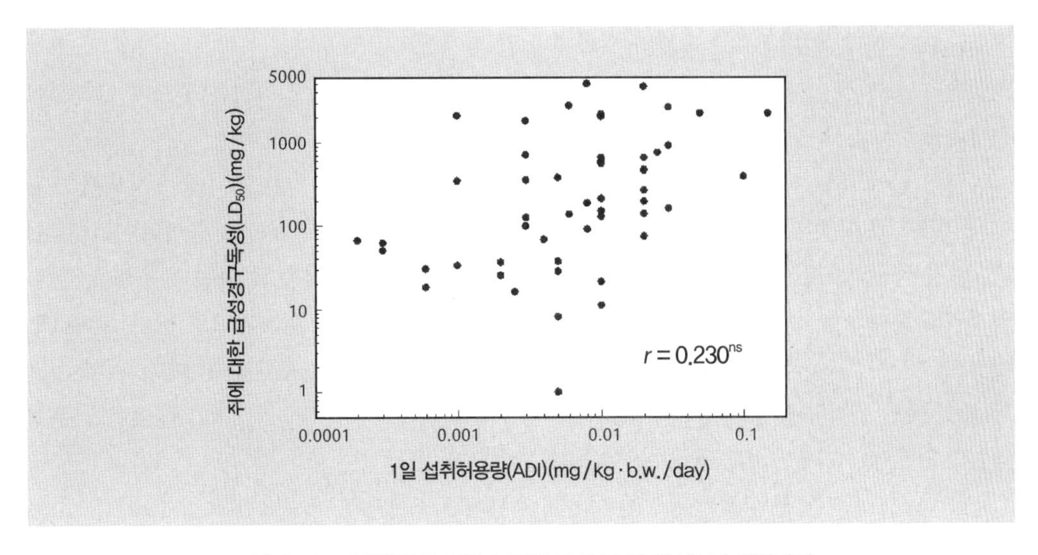

그림 8-1　포유동물에 대한 농약의 급성 및 만성독성 간 상관관계

및 생식독성 등의 특수 독성도 이러한 만성독성의 범주에 포함된다. 이러한 급성독성과 만성독성은 그림 8-1과 같이 서로 간에 상관관계가 없는 별개의 독성이다.

작물 재배과정에서 농약을 사용하면 농산물 중에 잔류농약이 존재하게 되는 것은 필연적 사실이다. 이러한 잔류농약에 의한 위해성(risk)은 농약 자체의 만성독성과 노출량의 곱으로 표시된다. 즉, 잔류수준(노출량)이 낮더라도 농약 자체의 만성독성이 높으면 안전성이 위협을 받으며, 반대로 잔류수준이 높더라도 농약 자체의 만성독성이 낮으면 안전성이 확보된다. 따라서 이러한 위해성이 인간에 대한 허용량 이하를 유지하도록 잔류농약을 관리하면 농산물 중 잔류농약에 대한 안전성은 과학적으로 확보된다.

1. 농산물 중 잔류농약

1.1 작물 중 농약 잔류성

작물 재배과정에서 농약을 살포하였을 때 농작물 중 초기 잔류량은 농약제품 중 유효성분의 함량, 제형, 희석배수, 살포약량 및 방법에 따라 다양한 수준을 나타낸다. 그러나 시간이 경과함에 따라 농약 잔류량은 감소하는데, 그 속도는 농약 및 작물별 그리고 환경요인들의 관여 정도에 따라 상이하다.

1.1.1 농약의 이화학적 특성과 농약의 작물잔류

농약의 작물잔류성에 영향을 미치는 특성은 크게 물리성과 화학성으로 구분할 수 있다. 물리성에서 우선적으로 고려되는 인자는 식물체 표면에 대한 부착성(附着性, adherence)과 고착성(固着性, tenacity)이다. 일반적으로 유제나 수화제와 같이 액상으로 살포하는 농약은 부착성 및 고착성이 양호하여 작물잔류성에 미치는 영향이 크지만, 분제의 경우는 부착성은 좋으나 고착성이 불량하므로 다른 제형에 비하여 작물잔류성이 낮은 편이다.

농약의 물에 대한 용해도도 작물잔류성에 영향을 준다. 살포된 농약은 초기에는 작물체 표면에 물리적으로 부착되어 있으므로 물에 대한 용해도가 높으면 빗물이나 이슬 등에 유실되기 쉽다. 현재 사용되고 있는 대부분의 농약은 물에는 난용성이고 기름에는 잘 녹는 유용성(油溶性) 약제이므로 부착한 농약성분은 식물 표면의 큐티클(cuticle)에 녹아 들어가므로 비가 오더라도 씻겨 내려가지 않아 작물잔류성을 증대시킨다. 일반적으로 과실의 경우 과육(果肉)에 비하여 과피(果皮)에서 현저하게 높은 잔류수준을 나타내나 물에 대한 용해도가 상대적으로 높은 침투성 농약의 경우에는 과육에서도 잔류수준이 높게 나타난다.

또한 농약의 증기압은 살포된 농약이 식물체 표면에서 소실하는 데 중요한 요인이 되기도 하는데, 증기압이 높은 약제일수록 증발하기 쉬워 잔류 가능성이 낮다. 아울러 화학물질인 농약이 증발, 소실되는 속도는 일반적으로 표면적에 비례하며 농약의 입자가 미세할수록 빠르다.

화학성으로는 화학적/생화학적 안정성이 작물잔류성에서 가장 중요한 특성이다. 우선적으로 농약의 가수분해, 산화, 광분해 등 화학적 분해에 안정한 화합물이라면 잔류성이 길어진다. 생물체인 작물체 내에 침투한 농약은 각종 생화학 반응의 기질이 되므로 이러한 생화학적 반응에 안정한 농약일수록 잔류성이 길어진다.

1.1.2 작물의 형태와 농약의 작물잔류

살포된 농약의 부착량은 농작물의 표면적이나 표면의 성상에 따라 다르다. 포도와 같이 작은 과실은 사과와 같이 큰 과실에 비하여 중량당 표면적이 넓으므로 부착량이 증대된다. 또한 복숭아와 같이 과피에 털(毛)이 있는 작물이나 딸기와 같이 표면이 울퉁불퉁한 작물은 사과나 토마토와 같이 표면이 매끄러운 과실보다 농약의 부착량이 많아진다.

한편 시금치와 같은 엽채류는 중량당 표면적이 크므로 부착량이 증대되지만 배추나 양배추와 같이 결구(結球)되는 엽채류는 농약을 살포하여도 내부의 잎에는 약액이 부착되지 않으므로 전체적인 농약의 부착량은 적어진다.

또한 농작물에 잔류하는 농약의 농도는 농작물의 중량에 대한 농도로 표시되므로 작물의 비대성장(肥大成長)에 의한 희석효과도 잔류농약의 감소로 표현된다. 따라서 오이나 가지 등과 같은 과채류는 비대성장이 빠르므로 부착한 농약이 전혀 분해, 소실되지 않는다 하더라도 과실의 중량 증대만큼 잔류농약의 농도가 감소된다.

1.1.3 환경조건과 농약의 작물잔류

농약의 작물잔류성에 영향을 주는 환경조건은 온도, 강우, 습도, 바람, 일조 등의 기상환경과 토양환경을 들 수 있다. 대기의 온도가 높으면 일반적으로 살포된 농약의 작물체 내로의 흡수량은 많아지나 분해 속도도 증대된다. 일조가 강할수록 자외선에 의한 광분해가 크게 나타나므로 광분해성 농약의 경우 잔류성을 감소시킨다.

또한 강우는 작물의 표면에 물리적으로 부착하고 있는 농약을 씻어 내리는 역할을 하고, 바람은 작물의 표면에 부착된 농약의 증발을 증가시키며, 대기 중의 습도가 높으면 농약의 가수분해 등에 유리하므로 잔류량을 저하시킬 수 있다.

작물잔류성에 영향을 주는 토양 인자로는 토성, 유기물 및 산도를 들 수 있다. 점토 및 유기물 함량이 많은 식토에서는 처리된 농약이 토양에 강하게 흡착되므로 작물의 농약 흡수를 어느 정도 억제하는 효과가 있으나 사질성으로 유기물 함량이 낮은 토양에서는 처리한 농약이 토양입자에 거의 흡착되지 않고 토양용수 중에 유리(遊離)되어 있으므로 작물체 내로의 흡수가 증대되어 작물체 내 농약의 잔류량이 증가하는 결과를 가져온다. 토양유기물은 또한 토양 중 농약분해의 주역인 미생물의 생활환경과 밀접한 관계가 있으며 산도 조건도 가수분해 등에 영향을 미친다.

1.2 농약의 작물잔류성 평가

농약 살포 후 시간이 경과함에 따라 작물체 중 농약 잔류량은 일반적으로 지수함수적으로 감소하는데, 작물 중 농약의 잔류성은 초기 잔류량의 50%가 감소되는 데 소요되는 시간인 반감기로 평가된다. 즉, 농약의 잔류소실은 농약에 따라 단순 또는 복합 1차 감쇄반응으로 해석된다. 이때 농약의 대상성분은 농약 유효성분뿐만 아니라 독성학적 중요성이 인정되는 분해대사산물을 함께 포함한 총잔류량을 기준으로 한다.

- 단순 1차반응(simple first-order kinetics)
  $R = R_0 \cdot e^{-\lambda t}$, $T_{1/2} = \ln 2/\lambda$
  (R : 잔류량, t : 시간, R_0 : 초기 잔류량, λ : 소실계수, $T_{1/2}$: 반감기)
- 복합 1차반응(multiple first-order kinetics)
  $R = R_1 \cdot e^{-\lambda_1 t} + R_2 \cdot e^{-\lambda_2 t}$
  $R_0 = R_1 + R_2$

잔류소실 경로에 빠른 경로와 느린 경로가 혼재할 경우에는 복합 1차 감쇄반응의 경향을 나타내나 대부분 농약의 작물잔류성에서는 단순 1차 감쇄반응으로 관찰된다.

반감기가 짧으면 그만큼 그 농약의 잔류성이 짧아 작물 중에서 빠른 속도로 소실되는 특성을 나타냄을 의미한다. 초기 잔류량이 상당히 높다 하더라도 그 소실속도가 빠르면 최종 약제 살포일과 수확일 간 경과시간을 짧게 설정하여도 안전성을 확보할 수 있다. 반면에 반감기가 길면 최종 약제 살포일과 수확일 간 경과시간을 보다 길게 설정하여야 한다.

한편 이러한 잔류소실곡선에 의한 평가는 최종 수확물 중 잔류수준에 대해서 이론적 추정치만을 제시하는 경우가 생길 수 있다. 따라서 수확물 중 잔류량을 실제로 측정하여 잔류수준을 직접 평가하는 방법이 이용된다. 국내외적으로 잔류허용기준 등 법적 관리를 위해서는 이러한 직접 평가법이 이용되며 생산단계 허용기준 설정 및 농약별 상대적 잔류성 평가에는 잔류소실곡선에 의한 평가법이 이용되고 있다.

2. 만성독성학적 척도

먼저 작물 재배과정에서 농약을 사용을 하였을 경우 수확물 중에 잔존하는 잔류농약에 의한 만성독성학적 위해성(risk)은 농약 자체의 만성독성(chronic toxicity)과 노출량(exposure)의 곱으로 표시된다.

$$\text{만성독성학적 위해성(risk)} = \text{만성독성(hazard)} \times \text{노출량(exposure)}$$

이러한 만성독성학적 위해성이 인간에 대한 허용량 이하를 유지하도록 잔류농약을 관리하면 농산물 중 잔류농약에 대한 안전성은 과학적으로 확보된다.

2.1 최대무작용량

만성독성은 오랜 기간에 걸쳐 서서히 발현되는 독성이므로 급성독성에서와 같이 단기간에 일정한 치사유발 수치를 얻기 힘들다. 따라서 일반적으로 치사유발 수치가 아닌 실험동물에 대한 최대무작용량(no observed adverse effect level, NOAEL)(mg/kg 체중/일)으로 표시한다. 즉, 그림 8-2와 같이 최대무작용량이 낮을수록 그 농약의 만성독성이 높다는 것을 의미하며, 이에 따라 안전성을 확보하기 위해서는 보다 적은 노출량(잔류량)만을 허용하게 된다.

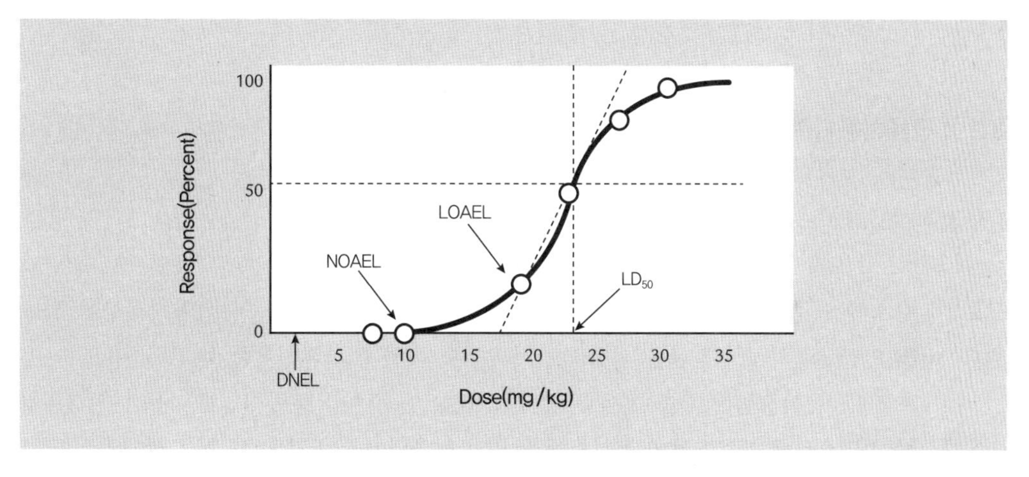

그림 8-2 실험동물의 만성독성 시험에 의한 최대무작용량의 실험적 도출

NOAEL : 최대무작용량, LOAEL : 최소 중독량, DNEL : 유도 무작용량

2.2 1일 섭취허용량

이러한 최대무작용량은 실험동물을 대상으로 얻은 수치이므로 이를 직접 인간에게 적용하기 어렵다. 따라서 일정한 보정계수, 즉 안전계수(safety factor)를 적용하여 인간에 대한 1일 섭취허용량(ADI)을 산출한다. 즉, 실험동물과 인간 간의 생물종 차이에 따른 보정계수 1/10, 인간 개체별 독성반응 차이에 대한 통계학적 분포를 감안한 보정계수 1/10, 그리고 과학적 실험자료의 확보 유무에 대한 보정계수 1~1/10을 곱하여 1/100~1/1,000의 안전계수를 산출하고, 이를 최대무작용량에 곱하여 인간에 대한 1일 섭취허용량을 산출한다. 이는 인간에 대해서는 실험동물에

대한 최대무작용량의 1/100~1/1,000만을 허용하겠다는 의미이다. 농약마다 이러한 1일 섭취허용량은 수년간의 만성독성 연구결과를 전문가들이 면밀히 평가하여 개별적으로 설정한다.

ADI(mg/kg 체중/일) = 최대무작용량(NOAEL) × 안전계수

3. 잔류농약의 관리 척도

만성독성은 실험동물에 대한 최대무작용량을 안전계수로 보정, 인간에 대하여 적용한 1일 섭취허용량의 역수로 표시된다. 노출량은 식품 중 잔류농도에 식품섭취량의 곱으로 표시되며, 이 수치가 1일 섭취허용량을 초과하지 않도록 관리하는 것이 안전성 확보의 관건이다. 1일 섭취허용량은 농약 고유의 독성이므로 그 수치는 일정하다. 또한 노출량 항목 중 식품섭취량도 거의 일정한 수준이므로 관리가 가능한 부분은 식품 중 잔류수준에 한정된다.

3.1 잔류허용기준

1일 섭취허용량으로부터 실용적으로 적용할 수 있는 농산물 중 개별 잔류농약의 노출허용량을 이론적으로 도출할 수는 있다. 즉, 1일 섭취허용량은 인간 체중 1kg당 허용량으로 표시되므로 이 수치에 표준체중 60kg을 곱하면 인간 1명에 대한 1일 잔류농약 섭취허용량이 산출된다. 이를 인간 1명의 1일 농산물 섭취량으로 나누면 이론적 잔류허용한계(permissible level, PL = ADI × 60kg/농산물섭취량)를 구할 수 있다. 그러나 이 수치는 농약이 1개 작물에만 사용될 경우를 계상하였으므로 2종 이상의 농산물에 사용이 허가되는 일반적 농약 등록 형태와는 맞지 않는다.

현재 농산물 및 식품 중 잔류농약의 안전성 확보에 대한 가장 중요하면서도 실용적인 관리체계는 그림 8-3과 같이 농약 및 농산물별로 잔류허용기준(maximum residue limit, MRL 또는 tolerance)을 합리적으로 설정하는 것으로부터 출발한다. 즉, 정상적 경작조건에서 해충방제를 위한 농약 사용은 허용하되 오남용을 방지하도록 수확물 중 잔류수준의 상한선을 설정하는 것이다.

MRL 설정은 정상적 경작 형태(good agricultural practice, GAP)에서 최대 농약 살포 조건(critical GAP)으로 수행한 표준 잔류성 시험(supervised residue trial)의 실험적 결과와 통계학적 평가에 근거한다. 즉, 각 잔류성 시험으로부터 수확물 중 최대 잔류량을 실험적으로 얻고, 다수 잔류성 시험결과의 변이성을 통계학적으로 평가하여 상위 95% 수준에서 설정한다. MRL 설정을 위한 통계학적 처리방법 및 그에 요구되는 작물잔류성 시험 수는 국가 및 국제기관별로 상이하나 최근 OECD에서 제안한 MRL 설정법(OECD MRL calculator)으로 통합되는 추세이다.

국가별로 농약의 사용실태, 재배조건 및 환경조건이 상이하므로 설정되는 MRL 수치도 국가별로 다를 수 있다. 국제적 농산물의 수출입을 위해서는 원칙적으로 자국의 MRL 수치를 적용하나, 국제적으로는 국제식품규격위원회(Codex Alimentarius Commission, FAO/WHO) 산하 잔류농약위원회(Codex Committee on Pesticide Residues, CCPR)에서 설정한 MRL도 통용되고 있다.

우리나라에서도 과거에는 CCPR에서 설정한 MRL을 준용하였으나 1988년 parathion, BHC, DDT를 포함한 17종의 농약에 대하여 보건사회부(현 보건복지부)에서 농산물 중 농약잔류허용기준을 처음 고시하였다. 그 이후 계속하여 MRL을 설정·보완하여 2018년 12월 현재 498종 농약에 대해 12,735개의 잔류허용기준이 설정 고시되어 있다.

잔류허용기준의 적용 단계는 국내 농산물의 경우 생산물 출하시점(farmer's gate basis)을 기준으로 하며 수입 농산물의 경우는 세관 통관시점을 기준으로 한다.

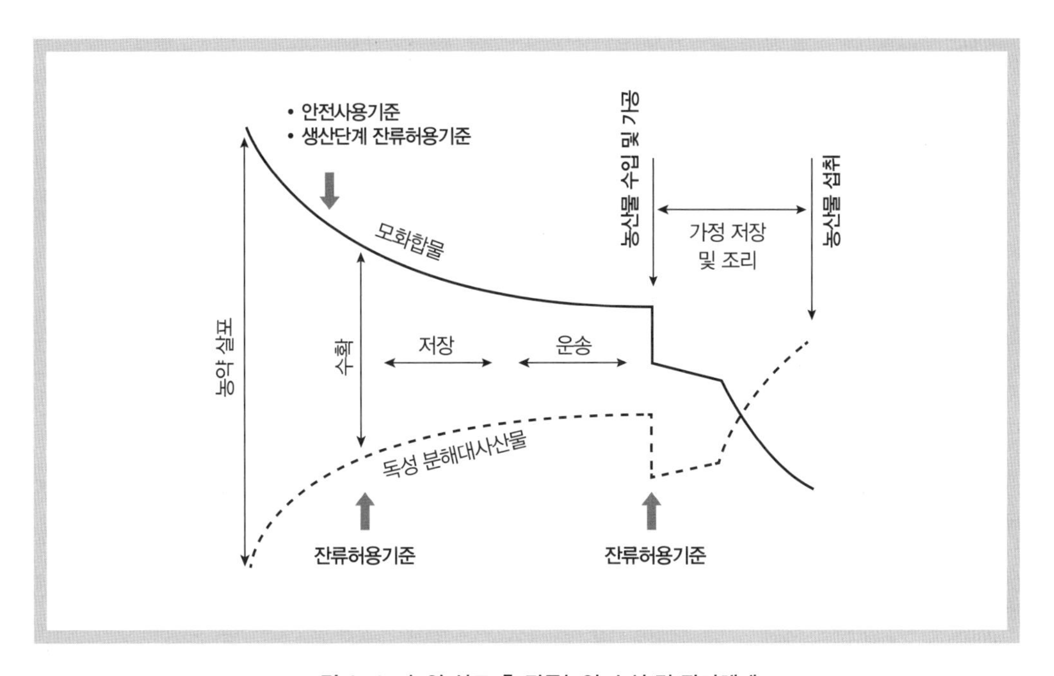

그림 8-3 농약 살포 후 잔류농약 소실 및 관리체계

3.2 잔류농약의 식이섭취량 평가

등록되는 농약은 일반적으로 2종 이상의 농산물에 그 사용이 허가되므로 다종의 농산물에 잔류허용기준을 설정하였을 때 허용기준을 적용한 이론적 최대섭취허용량(theoretical maximum daily intake, TMDI)을 산출하고, 이 수치가 인간에 대한 1일 섭취허용량의 80%를 초과하지 않도록 농약 사용을 허가하는 농작물의 수를 제한한다. 이는 잔류농약의 섭취경로(risk cup)가 식품 80%, 음용수 10%, 생활 노출 10%인 점을 감안하여 계상한 제한기준이다. 한편 이러한 TMDI는 출하 당시의 농산물 형태에 기준하므로 일부 농산물에 대해서는 가공 형태의 실제 생산물 중 잔류수준에 비하여 과대평가할 우려가 있다. 이 경우에는 추정 최대섭취허용량(estmated maximum daily intake, EMDI)을 TMDI에 대체하여 표 8-1과 같이 준용할 수 있다.

$$\text{TMDI} = \Sigma(\text{식품별 잔류허용기준, mg/kg}) \times (\text{식품별 1일 섭취량, kg})$$

$$\text{EMDI} = \Sigma(\text{식품별 잔류허용기준, mg/kg}) \times (\text{식품별 1일 섭취량, kg}) \times (\text{식품 가공계수})$$

▶ **표 8-1** Imidacloprid에 대한 잔류허용기준 및 TMDI 관리

농산물	농산물 섭취량(kg)	잔류허용기준(mg/kg)	농약 섭취량(mg)
감귤	0.0832	0.5	0.04160
배추	0.0118	3.5	0.04130
상추	0.0034	5.0	0.01700
양배추	0.0048	3.5	0.01680
사과	0.0318	0.5	0.01590
배	0.0244	0.5	0.01220
쌀	0.2211	0.05	0.01106
기타(농산물 16종)	0.0419	0.1~5.0	0.03363
TMDI	-	-	0.22312(6.2%)

* 1인 1일 섭취허용량 : ADI 0.06 mg/kg×60kg=3.6mg

3.3 농약 허용물질목록 관리제도

농산물 중 잔류농약의 안전한 관리를 위하여 농약 허용물질목록 관리제도 이른바 PLS(positive list system) 제도가 2019년도부터 시행되고 있다. 이러한 PLS에서는 국내에 등록되었거나 잔류를 허용하는 농약에 대해서는 적정한 잔류허용기준을 설정하여 관리하나, 잔류허용기준이 설정되지 않은 비등록 또는 허가되지 않은 농약의 잔류에 대하여 일률기준(enforcement limit)으로 0.01mg/kg의 잔류허용기준을 적용한다.

이러한 일률기준은 농약 오용의 확실한 판단기준으로서 GAP 및 올바른 농약 사용법을 준수하였을 경우 오염의 상한이다. 또한 인체 독성학적으로 문제가 없는 수준(일본, EFSA)이나 잔류농약분석법의 정량한계 수준(EU)을 의미한다. 따라서 국내에서의 농약 오용이나 수입 농산물

중 국내에서 허가되지 않은 농약을 사용하였을 경우 통상적으로 그 수치를 넘어서게 되어 불법 판정을 받게 되는 엄격한 기준이다.

PLS 제도는 국내에서는 농약의 적법 사용을 의무화하며, 농산물 수출국에 대해서는 사용 농약의 적법성 및 잔류허용기준의 과학적 근거에 대한 국내 허가 의무를 강제하게 된다.

이러한 PLS 제도는 농산물 수입국인 우리나라의 경우 전 세계 불특정 다수의 농약 잔류에 따른 수입 농산물 중 안전성을 확보하기 위해서 필수적인 제도이며, 농산물을 수입하고 있는 선진국에서는 이미 일반화되어 있는 제도이다. 즉, 기존의 규제물질 목록화제도(negative list system, NLS) 제도하에서는 국내에 등록되어 있는 농약에 대해서만 주로 허용기준이 설정되어 있으므로, 비등록농약이 사용되고 그 잔류수준이 높다 하더라도 허용기준 자체가 없어 법적 규제를 할 수 없었다. PLS 제도하에서는 이러한 허가되지 않은 농약 사용 자체가 거의 불가능하므로 농산물의 안전성이 보다 확실히 확보될 수 있다.

3.4 농약 안전사용기준

한편 이러한 잔류허용기준을 농약 사용자인 농민에게 직접 준수하라고 하는 것은 비현실적인 요구사항이다. 왜냐하면 잔류허용기준의 준수를 위해서는 잔류농약의 소실 특성, 분석 및 평가가 이루어져야 하는데, 이는 극히 전문적인 사항이므로 농민들은 이를 판단할 능력이 전무하기 때문이다. 따라서 농약을 실제 살포하는 농민들을 대상으로 한 보다 실용적인 접근방법으로 안전사용기준(safe use standard 혹은 GAP)이 그림 8-4와 같이 설정된다. 즉, 살포 농약의 잔류소실 특성, 분석 및 평가는 전문 과학자가 미리 실험적으로 수행하고, 이 결과를 토대로 수확 전

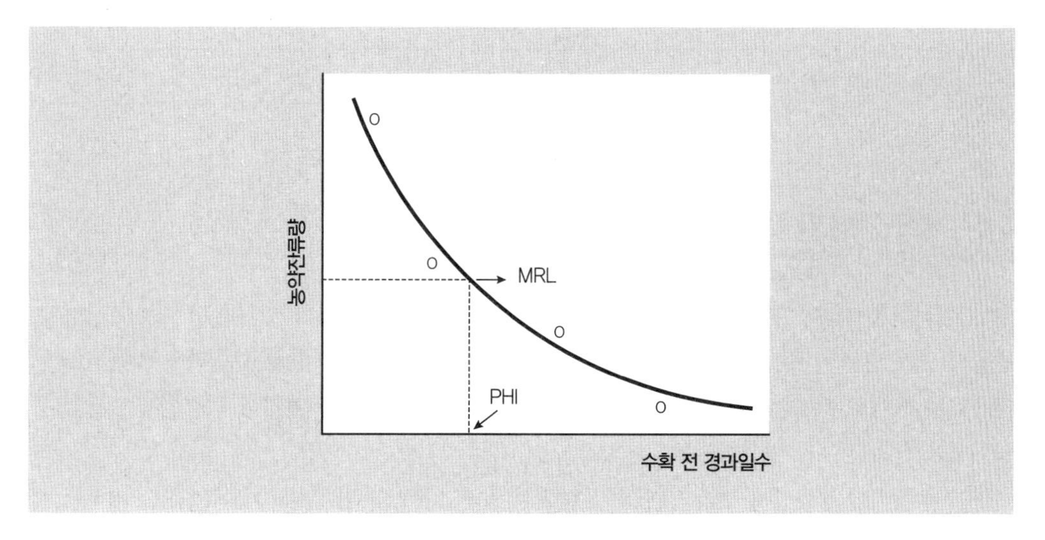

그림 8-4 농약의 안전사용기준 설정

살포 가능시기와 최대 살포 횟수를 실용적으로 지정, 농민으로 하여금 이를 준수하도록 하는 체계이다.

농약을 살포하였을 때 농작물 중 초기 잔류량은 농약제품 중 유효성분의 함량, 제형, 희석배수, 살포약량 및 방법에 따라 다양한 수준을 나타내며 상당수가 잔류허용기준을 초과한다. 그러나 시간이 경과함에 따라 농약잔류량은 감소하는데, 빠른 속도로 소실되는 특성을 나타내는 농약의 경우에는 초기 잔류량이 상당히 높다 하더라도 최종 약제살포일과 수확일 간 경과시간을 짧게 설정하여도 안전성을 확보할 수 있다. 반면에 소실속도가 느리면 최종 약제살포일과 수확일 간 경과시간을 보다 길게 설정하여야 한다. 따라서 시기별 잔류량 조사를 통하여 그 소실속도를 산출하고 살포 횟수와 수확 전 최종 살포일을 달리한 최종 수확물 중 잔류량을 잔류허용기준과 비교, 실용적 안전사용기준을 설정하게 된다. 잔류성 실험을 통하여 설정된 안전사용기준에 따른 살포농약의 잔류량 변화를 과학적으로 예측하면 실험오차 및 농약 사용 형태의 가변성을 고려하더라도 수확 농산물 중 잔류량이 허용기준을 초과할 가능성은 거의 없다. 국내에서는 2018년 12월 말 현재 231가지 작물, 498종 농약에 대하여 총 23,367건의 안전사용기준이 표 8-2와 같이 설정되어 있다.

안전사용기준에서는 농약별로 ① 사용대상 또는 사용제한 대상이 되는 농작물의 명칭, ② 사용 제형 및 방법, ③ 사용시기 특히 수확 전 최대 임박살포일(pre-harvest interval, PHI), ④ 사용횟수를 지정한다. 이 중 PHI가 최종 잔류수준에 가장 큰 영향을 미친다.

▶ **표 8-2 농약의 안전사용기준 설정의 예**

농약	사용 목적	품목명	대상작물	사용방법	최종 사용시기	살포 횟수
Isoprthiolane	도열병약	이소란유제	벼	살포	수확 23일 전까지 사용	3회 이내
Mancozeb	탄저병약	만코지수화제	사과	살포	수확 30일 전까지 사용	5회 이내
Dichlone	잿빛곰팡이병약	디크론수화제	오이	살포	수확 2일 전까지 사용	4회 이내

출처 : 농약의 안전성과 작물보호(농업진흥청)

3.5 생산단계농약 잔류허용기준

일반적으로 농산물의 잔류농약 검사는 판매 매장에서 시료를 수거하여 검사가 이루어지는데, 종종 검사가 종료된 후 초과 검출 사례가 발생해도 검사 동안 농산물이 모두 판매 소비되어 안전관리를 제대로 할 수 없는 상황이 발생하거나 남아 있는 농산물을 폐기하고 생산자는 벌금 등 불이익을 받는 경우가 발생한다.

따라서 이러한 경우를 사전에 방지하기 위해서 생산단계농약 잔류허용기준(PHRL) 제도가 시행되고 있다. 이 제도에서는 앞서 설명한 농약의 단순 1차 감쇄반응의 연구결과를 인용한다. 즉,

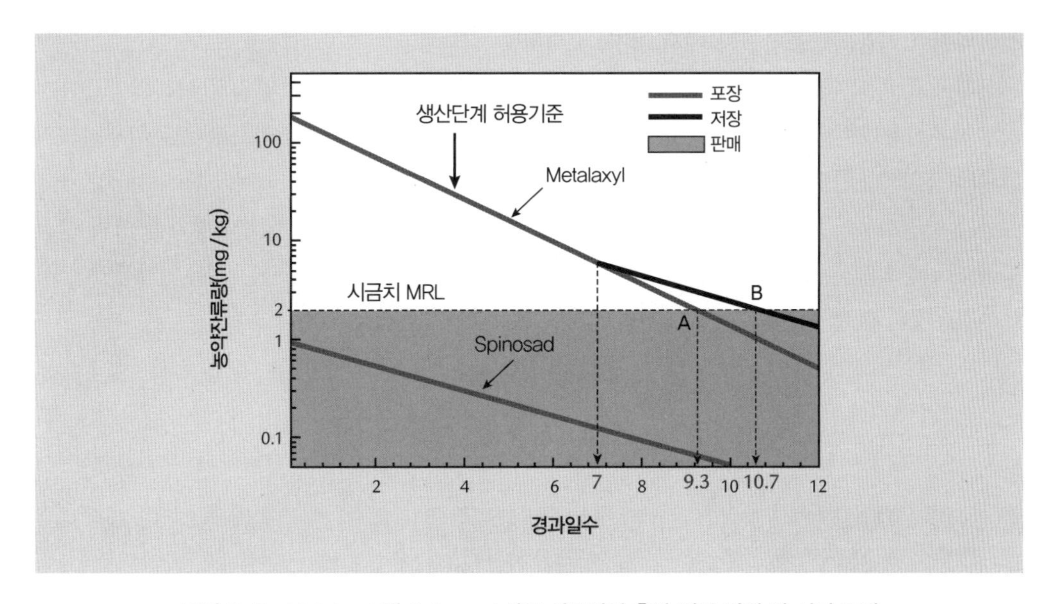

그림 8-5 Metalaxyl 및 Spinosad 살포 시금치의 출하 적부 판정 및 시기 조절
A : 생산단계 허용기준에 따른 적부 판정 및 출하시기 조절, B : 수확 후 저장에 의한 출하시기 조절

농산물 재배 시 수확 전 최종 농약 살포일부터 수확일까지 농산물 중 잔류농약의 감소 추이 및 반감기를 연구하여 잔류농약의 감소 양상을 파악하고, 이를 기반으로 수확 전에 잔류농약을 측정하여 수확 시점에서의 잔류농약의 수준을 예측해서 그림 8-5와 같이 출하 여부 및 시기를 결정하는 제도이다. 이 제도를 시행함으로써 수확일에 잔류농약 초과가 예상되는 농산물은 수확을 금지, 연기 또는 미리 폐기시킴으로써 소비자의 농산물에 대한 안전성 확보는 물론 농민에게도 불이익을 최소화한다.

4. 잔류농약 관리체계

국내에서 잔류농약의 안전체계는 주로 농촌진흥청 및 식품의약품안전처에서 담당하고 있다. 국내에서 사용 예정 또는 사용 중인 신규 또는 기존 농약에 대해서는 등록 또는 재등록을 담당하고 있는 농촌진흥청(국립농업과학원)에서의 자료 심사에 의하여 우선적으로 초안이 작성된다.

그림 8-6의 국내 잔류농약 안전성 관리체계도와 같이 1일 섭취허용량은 국립농업과학원/식품의약품안전처 전문가들의 연석위원회인 안전성 평가위원회에서 최종 결정된다. 잔류허용기준은 농촌진흥청(국립농업과학원)에서 초안이 작성된 후 안전성 전문위원회(국립농업과학원), 안전성 심의위원회(농촌진흥청), 전문가검토위원회(식품의약품안전처)를 거쳐 최종적으로 식품위생심의위원회(식품의약품안전처)에서 결정·고시된다.

생산단계 잔류허용기준은 전문가검토위원회(식품의약품안전처)를 거쳐 최종적으로 식품위생심의위원회(식품의약품안전처)에서 결정·고시한다.

국내에 등록되지 않은 농약에 대해서는 1일 섭취허용량은 위해평가위원회(식품의약품안전처), 잔류허용기준은 전문가검토위원회(식품의약품안전처)를 거쳐 최종적으로 식품위생심의위원회(식품의약품안전처)에서 결정, 고시한다.

농약 안전사용기준의 설정은 안전성 전문위원회(국립농업과학원)의 전문가 평가를 거쳐 안전성 심의위원회(농촌진흥청)에서 결정·고시한다. 아울러 잔류농약의 검사는 식품의약품안전처, 농촌진흥청과 함께 국립농산물품질관리원과 보건환경연구원에서 수행하고 있다.

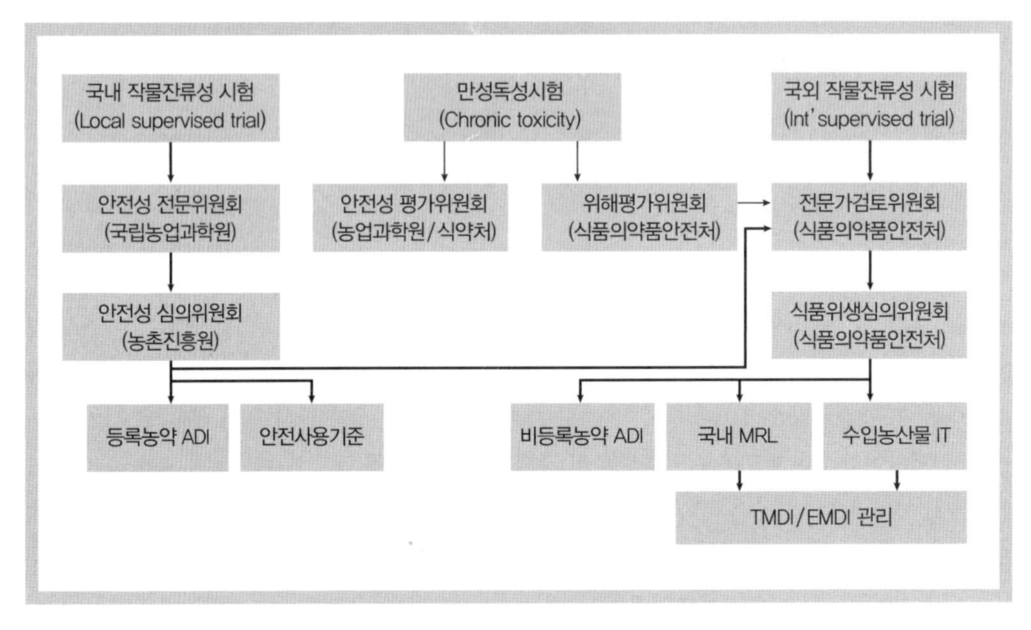

그림 8-6 국내 잔류농약 안전성 관리체계

5. 농약 잔류 실태조사

아무리 안전한 잔류허용기준 및 안전사용기준체계를 확립하였다고 해도 실제 농약 사용 시 이러한 기준을 충실히 준수하고 있는가를 관리하는 것은 매우 중요한 일이다. 국내에서는 식품 중 농약 오염 정도를 파악하여 이를 위반하였을 경우 식품의약품안전처 식품위생법에 근거하여 폐기 등의 법적인 조치를 취하도록 명시되어 있고, 농약관리법에서도 안전사용기준의 준수 여부를 확인하도록 규정하고 있다. 즉, 식품(농산물)의 안전한 공급을 위하여 수시 또는 정기적인 농약 잔류량 조사를 강제하고 있는 셈이다.

이러한 농약 잔류량 조사는 그 목적에 따라 다음과 같이 구분된다.

5.1 규제 모니터링

잔류허용기준의 준수 여부를 확인한다. 즉, 유통 및 수입 농산물의 안전관리를 목적으로 한 모니터링으로서 부적합 농산물은 유통 및 수입을 금지하는 조치를 취하게 된다.

5.2 발생/수준 모니터링

농약 관련 정책의 방향을 결정하거나 농약 섭취량의 조사자료로 활용하기 위한 모니터링이다.

5.3 식이섭취량 조사

식품을 통한 실제 잔류농약의 섭취량을 조사하기 위한 모니터링으로서 장바구니모니터링(basket analysis)이라고도 부른다. 조사 기준점이 규제 모니터링의 출하 및 통관시점과는 달리 소비자가 식품(농산물)을 구매하는 시점 및 지점에서 수행되어 실제 식품 섭취자의 신체로 유입되는 잔류농약의 양을 평가하기 위한 조사이다.

chapter 09

농약 저항성, 선택성 및 약해

1. 농약에 대한 저항성

1.1 저항성의 정의

약제저항성(pesticide resistance)이란 한 가지 약제를 연속하여 사용했을 때 방제 대상이 되는 병원균, 해충 및 잡초 중 약제에 대한 저항력이 강한 개체들만이 선발(살아남게)되고, 후대에서도 같은 현상이 반복된 결과 저항력이 더욱 증가하여, 그림 9-1과 같이 이전에 유효했던 약량으로는 그 병원균, 해충 및 잡초를 방제할 수 없게 되는 현상을 말한다.

교차저항성(cross resistance)은 한 가지 약제에 대하여 저항성이 발달한 병원균, 해충 및 잡초가 이전에 한 번도 사용한 적이 없는 약제에 대하여 저항성을 보이는 현상으로, 약제들의 작용기구(mode of action)가 비슷하거나 약제의 분해 및 대사에 관여하는 효소계의 유사성에 의해 발생한다.

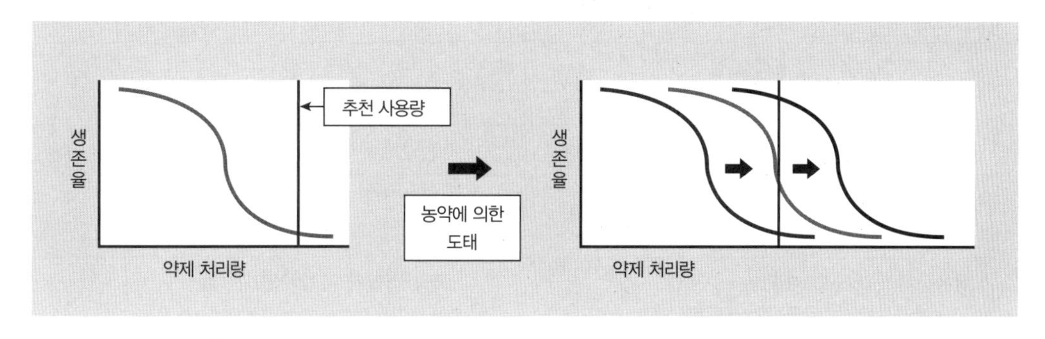

그림 9-1 농약의 반복적 사용에 의한 저항성 집단의 생성 과정

복합저항성(multiple resistance)은 작용기구가 서로 다른 2종 이상의 약제에 대하여 저항성을 나타내는 것으로, 한 개체 안에 두 가지 이상의 저항성 요인이 존재하기 때문이다. 실제로 포장에서는 병원균, 해충 및 잡초와 방제를 위하여 사용한 약제에 따라 교차저항성과 복합저항성이 다양하게 발생한다.

1.2 살충제 저항성

1.2.1 발생 현황

1939년부터 사용된 DDT에 대한 집파리의 저항성이 스웨덴(1945년)과 이탈리아(1946년)에서 보고된 이후 각종 살충제에 대한 저항성 발달 사례는 1986년에 447건에서 2014년 2,109건으로 증가하였으며, 이 중 농업 해충이 차지하는 비율은 표 9-1과 같이 약 66%에 달한다. 국내에서도 fenitrothion과 fenthion 유제는 약제 저항성 문제로 인하여 라벨에서 끝동매미충(저항성 정도가 180배, 70배 증가)이 삭제되었고(1982년), 점박이응애(METI계 등), 목화진딧물(합성 pyrethroid계, carbamate계 등), 배추좀나방(합성 pyrethroid계 , Bt제 등) 등에서 약제 저항성이 보고되고 있다.

▶ 표 9-1 살충제의 작용기구별 저항성 발달 사례 수(농업+위생해충) (단위 : 건)

살충제의 작용기구	사례 수	살충제의 작용기구	사례 수
AChE 저해(유기인계, 카바메이트계)	1,116	1형 키틴합성 저해(뷰프로페진)	3
GABA의존 염소통로 차단(페닐피라졸계)	67	파리목 곤충 탈피 교란(사이로마진)	4
Glutamate의존 염소통로 기능 항진 (항생물질계)	29	탈피호르몬 수용체 기능 항진 (디아실하이드라진계)	11
Na통로 조절(합성피레스로이드계)	654	지질생합성 저해 (테트로닉산, 테드라믹산계)	6
전위의존 Na통로 폐쇄 (인독사카브, 메타플루미존)	10	ATP합성효소 저해 (유기주석, 유기유황계)	18
NACh수용체 경쟁적 조절 (네오니코티노이드계)	43	수소이온농도 구배형성 저해(탈공역) (클로르페나피르)	4
NACh수용체 기능 항진(스피노신계)	14	전자전달계 복합체 I 저해(METI계)	13
NACh수용체와 결합하여 Na통로 폐쇄 (네레이스톡신계)	4	전자전달계 복합체 II 저해 (베타-케토나이트릴계)	0
현음감각기(chordotonal organ) 조절 (피메트로진, 플로니카미드)	2	전자전달계 복합체 III 저해 (아세퀴노실, 플루아크리피림)	3

▶ 표 9-1 살충제의 작용기구별 저항성 발달 사례 수(농업+위생해충)(2014년, IRAC)(계속) (단위 : 건)

살충제의 작용기구	사례 수	살충제의 작용기구	사례 수
Octopamine수용체 기능 항진 (아미트라즈)	7	전자전달계 복합체 IV 저해 (포스핀계, 시아나이드계)	17
Ryanodine수용체 조절(디아마이드계)	4	중장 상피세포 파괴(Bt계, Bt톡신)	16
유약호르몬 작용 (페녹시카브, 피리프록시펜)	6	다점 저해(메틸브로마이드, 타르타르이메틱, 다조멧, 메탐소디움)	7
응애류 생장 저해 (클로펜테진, 헥시티아족스, 에톡싸졸)	7	작용기구 불명(아자디락틴, 비페나제이트, 디코폴, 피리달릴 등)	22
0형 키틴합성 저해(벤조일우레아계)	22	총계	2,109

출처 : IRAC(2014).

살충제에 대한 저항성 발달 속도가 살충제 개발 속도보다 빠르기 때문에 저항성 해충을 확실하게 방제하기 위한 방법은 아직 없다. 해충에 대한 방제효율을 높이기 위해서는 살충제 사용량을 늘려야 하지만 이 경우 심각한 환경문제를 야기할 수 있다. 또한 방제 비용이 너무 많이 소요되면 농약살포가 감소 내지 중단되어 해충 및 충매 전염병(insect borne disease)이 증가하고, 작물생산량 감소 및 품질 저하 등의 피해가 발생할 수도 있다.

살충제의 과잉 사용은 천적(natural enemy)과 익충(beneficial insect)의 밀도를 감소시킨다. 현재 사용 중인 많은 살충제는 적용범위가 비교적 넓어 익충과 천적에 안전하지 않다. 따라서 살충제에 대한 저항성 발현을 이해하고, 효율적인 농약 사용으로 저항성 발달을 최소화해야 한다.

1.2.2 저항성 발달

살충제가 살포된 환경에서 감수성 개체는 대부분 죽게 되나 유전적으로 저항성인 극히 일부 개체는 살아남게 되며, 동일 환경에서 세대를 반복할수록 개체군 내에서 우점종이 된다. 이러한 저항성 획득을 '농약 선발물질(selective agent)에 의한 개체군 도태'라고 표현하며, 동일 기간 중 살충제에 노출되는 세대가 많을수록 저항성 획득의 잠재력은 커진다. 일반적으로 진딧물이나 응애와 같이 생활사(life cycle)가 짧은 해충일수록 저항성은 더 빨리 발달할 수 있다.

또한 동일한 약제처리 조건에서 고립된 지역은 감수성 개체군이 이입되는 지역에 비하여 저항성 개체의 번식이 가속화될 수 있다. DDT와 같이 잔류성이 긴 살충제와 방출제어제형(controlled release formulation)은 처리 지역 내의 감수성인 개체를 죽이고 저항성 개체를 우점화하는 경향이 있다.

저항성 발달 정도는 저항성 계통의 반수치사약량(또는 농도)을 감수성 계통의 반수치사약량(또는 농도)으로 나누어준 값인 저항성비(resistance ratio, RR)로 나타내며, 저항성비가 10 이상이면 저항성이 발달한 것으로 간주하고 있다.

1.2.3 저항성의 원인

해충이 살충제에 저항성을 나타내는 기구(mechanism)는 크게 행동적, 형태적, 생리적, 생화학적 요인으로 나누어 생각할 수 있다. 한 해충이 한 가지 요인에 의해 저항성을 나타낼 수도 있지만, 대부분은 요인들이 복합적으로 작용하는 것으로 보인다.

(1) 행동적 요인

행동적 요인(behavioral factor)은 살충제가 살포된 지역에 대하여 해충이 본능적으로 기피 현상을 보이는 것으로, carbaryl에 저항성인 알락진딧물 1종(*Myzocallis coryli*)은 농약이 살포된 곳에 대한 기피 능력이 훨씬 증가했다고 보고된 바 있다.

(2) 형태적 요인

형태적 요인(morphological factor)은 해충이 표피 큐티클 층의 지질조성을 변화시킴으로써 약제의 충체 내 침투량을 저하시키는 것으로, permethrin 저항성 집파리, fenvalerate 저항성 배추좀나방, deltamethrin 저항성 파밤나방 등에서 확인되었으나 중요도는 그리 높지 않은 것으로 보인다.

(3) 생리적 요인

생리적 요인(physiological factor)은 해충이 친유성(lipophilic) 약제를 체내 지방체(fat body)에 저장하여 불활성화한 후 작용점에 도달하는 약량을 감소시키고 본격적인 대사 전에 신속히 체외로 배출하는 능력이 증가하는 것이다. γ-HCH 저항성 그라나리아바구미(*Sitophilus granarius*)는 처리된 약제의 많은 부분을 분변으로 배설하였다.

(4) 생화학적 요인

생화학적 요인(biochemical factor)은 크게 두 가지로 나뉘는데 첫째는 대사과정을 통하여 체내에 침투한 살충제를 무독화(detoxication)하는 능력이 증가하는 것이고, 둘째는 작용점의 변화를 통하여 약제에 대한 작용점의 감수성을 저하(target site insensitivity)시키는 능력이 발달하는 것이다.

무독화에는 대사효소가 관여하는데 cytochrome P450 monooxygenase에 의한 산화, 여러 가지 esterase 및 amidase 등에 의한 가수분해, glutathione-S-transferase에 의한 콘쥬게이션, DDT-dehydrogenase에 의한 탈염화수소 반응 등이 있다. 대부분의 저항성은 충체 내 이러한 무독화 관련 효소의 활성이 증가하거나 효소 함유량이 증가하기 때문에 나타나는 것으로 알려져 있다.

작용점의 변화는 작용점을 구성하는 단백질의 아미노산 서열 중 1~2개가 바뀌어 입체적인 구조가 변하면서 살충제와의 친화성이 감소하는 경우가 대부분이다. AChE의 동위효소(isozyme)가 생성되어 기능은 동일하나 살충제와의 결합력이 감소하는 예(점박이응애, 벼멸구)가 알려져 있고, Na^+ 통로를 구성하는 단백질의 구조가 변하여 pyrethroid계 살충제에 저항성(knockdown resistance, kdr)을 보이는 경우(나방류, 모기류, 응애류, 잡파리 등)에 대해서는 많은 연구가 수행된 바 있다.

1.2.4 저항성 대책

저항성이 발달한 해충을 방제하기는 쉽지 않으므로 저항성을 유발하지 않거나 지연시키는 방향으로 방제전략이 수립되어야 한다. 그러기 위해서는 해충 측면에서 생활사, 먹이 선호도, 천적 및 경쟁자와의 관계, 농약 측면에서 약제의 특성, 처리지역에서의 잔류기간 및 잔류량, 살포농도 및 횟수, 작용기구, 처리 전 약제사용 내역뿐만 아니라 기주작물의 내충성 등과 같은 다양한 요인이 고려되어야 한다.

저항성의 발달을 지연시키기 위해서는 같은 약제의 연속 사용을 피하고, 작용기구가 다른 약제를 교대로 살포(교호사용, alternative use)하는 것이 가장 중요하다. 목화진딧물을 실내에서 사육하면서 18세대가 경과할 동안 cyhalothrin과 pymetrozine을 매 세대마다 1회씩 교대로 살포하였을 때 저항성이 거의 유발되지 않았다는 보고가 있다. 반면 cyhalothrin 단독으로 도태할 경우에는 저항성이 500배 이상 발달하였다.

특정 약제에 저항성이 유발된 해충을 방제할 때에는 무조건 등록된 약제 중 작용기구가 다른 것을 사용하여야 하고, 불충분할 경우에는 작용기구가 다른 살충제를 혼용하여 상승효과를 기대하는 것도 방법이다.

또한 살충제를 이용한 화학적 방제와 재배적 요인을 이용한 경종적 방제 및 천적을 이용한 생물학적 방제를 적절히 이용하는 종합적 방제(integrated pest management, IPM)가 요구된다. 작물 재배 전에 경종적 방제법(내충성 품종 등)을 우선 선발하고, 재배 초기에 생물학적 방제수단의 투입을 고려하며, 재배 중기에 해충 발생 정도(요방제 수준 적용)에 따라 화학적 방제 여부를 결정하는 것이 핵심이다.

1.3 살균제 저항성

1.3.1 발생 현황

살균제에 대한 병원균의 저항성은 1962년 diphenyl계 화합물에 대해서 감귤부패균(*Penicillium digitatum*)의 저항성이 보고된 것이 시초이며, 1970년 사용된 지 2년에 불과한 benomyl에 대한 오이 흰가루병균의 저항성이 보고되면서 관심을 끌기 시작하였다. 1970년대에 들어서면서 새롭게 개발된 침투이행성 살균제인 benzimidazole계, aminopyrimidine계, dicarboximide계, strobilurin계, MBI(melanine biosynthesis inhibitors)계 등에서 계속 저항성 문제가 표 9-2와 같이 보고되고 있다.

▶ **표 9-2 살균제 계통별 저항성 발생**

살균제 계통	작용점 수 (개)	최초 보고 연도	저항성 발생 전 사용기간(년)	병원균
organomercurials	다수	1964	40	*Pyrenophora avena*
benzimidazoles	1	1970	2	*Venturia inaequalis* *Botrytis cinerea*
aminopyridines	1	1971	2	*powdery mildew*
phenylamides	1	1980	2	*Phytophthora infestans* *Plasmopara viticola*
dicarboximides	1	1982	5	*Botrytis cinerea*
sterol demethylation inhibitors (DMIs)	1	1982	4	*Blumeria graminis*
carboxanilides	1	1986	14	*Ustilago nuda*
morpholines	2	1994	34	*Blumeria graminis*
strobilurins	1	1998	2	*Blumeria graminis*
MBIs	1	2002	2	*Magnaporthe grisea*

▶ **표 9-3 세계적으로 포장에서 보고된 살균제 저항성 병원 미생물 수**

진균		색조류	세균	계	사례 수
자낭균	담자균	난균			
108종	4종	25종	6종	143종	237종
Alternaria alternata *Botrytis cinerea* *Colletotrichum cereale* *Fusarium oxysporium* *Gibberella fujikuroi* *Magnaporthe grisea* *Mycosphaerella fragariae* *Penicillium digitatum* *Phoma tracheiphila* *Sclerotinia fructicola* *Sphaerotheca cucurbitae* *Venturia inaequalis*	*Puccinia horiana* *Rhizoctonia solani* *Sclerotium rolfsii* *Ustilago nuda*	*Bremia lactucae* *Peronospora destructor* *Pythium plendens* *Phytophthora infestans* *Pseudoperonospora cubensis*	*Erwinia amylovora* *Pseudomonas syringae* *Xanthomonas axonopodis*	학명은 각 분류군별로 저항성이 유발된 대표적인 병원균임	

출처 : FARC(2012).

1970년대 이후 개발된 살균제는 대부분이 침투이행성이고 선택성이며, 작용점이 1개라는 특징을 가지고 있다. 이 경우 약제의 작용점과 관련된 병원균의 유전자 수가 한정되어 있으므로 유전자의 변이에 따른 저항성이 빠르게 나타나는 경향을 보인다. 그러나 종래에 사용되어 온 구리제나 유기수은제 살균제 등과 같이 비선택성 살균제는 작용점이 다양하므로 약제의 작용에 관여하는 유전자도 다양하기 때문에 그중에서 1개의 작용점 및 유전자에 변이가 생기더라도 약제의 감수성에 큰 차이를 보이지 않고 약간의 감수성 차이가 생긴다 하더라도 실제 저항성 문제는 거의 발생하지 않는다.

전 세계적으로 자낭균, 담자균, 난균, 세균 등 150종 이상의 병원미생물에서 각종 살균제에 대한 약제저항성이 표 9-3과 같이 237건 보고되었다. 국내에서도 벼 도열병, 사과 붉은별무늬병, 오이 흰가루병, 채소류 회색곰팡이병, 탄저병, 역병균 등에서 저항성이 보고되고 있다.

1.3.2 저항성의 원인

농약에 대하여 저항성을 보이는 식물병원성 균주는 원래 자연 중에 존재하는 일반 균주와 동일한 유전자를 가지는 것이었으나, 어떠한 환경요인에 의해 변이가 일어나 약제가 혼입된 환경에서도 살아남은 것이며, 질적 저항성(qualitative resistance)과 양적 저항성(quantitative resistance)으로 나눌 수 있다.

질적 저항성은 변이에서 기인한 것으로, 자외선 조사(UV irradiation) 등을 통하여 유전적 변이가 작용점의 단백질에 일어나고 약제와의 결합력이 현저히 낮아지거나 없어져서, 약제의 효력이 상실되는 것을 의미한다. β-Tubulin을 구성하는 아미노산에 변이가 일어난 *Botrytis, Monilia, Penicillium, Venturia* 등 병원성 곰팡이는 benomyl과 carbendazim에 고도의 저항성을 보였으며, mitochondrial cytochrome b 단백질을 coding하는 유전자에 변이(G143A 또는 F129L)가 일어난 사과 흰가루병균(*Podosphaera leucotricha*)은 strobilurin계 살균제에 고도의 저항성을 보였다. 모두 살균제가 결합하는 부위의 아미노산이 바뀌어 나타나는 저항성이며 후대로 유전이 된다.

양적 저항성은 병원균 세포 내의 살균제 농도를 낮추는 mechanism에 의해 유발되는 저항성을 말한다. 예로서 ① 세포 외 배출기구(efflux transporters) 형성, ② 분해효소 생합성, ③ 세포막의 변화, ④ 작용점을 형성하는 유전자의 과다 발현, ⑤ 대사경로 우회 등이 있다.

이들 중 세포 외 배출은 세균의 다제 내성(multidrug resistance)의 원인으로 잘 알려져 있었으나, 곰팡이의 경우는 기주식물에 자연적으로 존재하는 독성물질(phytoalexins, phytoanticipins)에 대한 방어기구로 인식되었으며, 최근 10여 년간의 연구 결과 식물병원성 곰팡이에게 중요한 살균제 저항성 기구의 하나임이 밝혀졌는데, 세포막에 존재하는 ABC(ATP-binding cassette) transporters와 MFS(major facilitator superfamily) transporters의 두 종류가 있다.

양적 저항성은 살균제 사용이 선발압(selection pressure)으로 작용하여 감수성 균은 도태되고, 저항성 균주가 생존하여 포장 내에 일정한 밀도로 분포하는 것이다. 이와 같은 과정은 비교적 번식력이 강하고 세대교체가 빠른 균에서 일어나기 쉬우며, 그 외 약제의 사용 횟수 및 방법, 약제의 잔류성, 다른 약제와의 혼용 등에 의해서도 크게 영향을 받는다.

선택성이 큰 약제를 연용하는 경우에는 항상 약제 저항성균 발생의 위험성이 있으며, 작용기구가 같은 살균제를 교대로 사용하는 것도 동일 약제의 연용과 마찬가지로 저항성균 발생의 위험이 있다. 한편 약제의 사용 횟수와 함께 약제의 잔류성도 저항성균 유발에 크게 영향을 미친다. 자연에 존재하는 감수성균에 대하여 유효한 약량이 장기간 잔류하면 도태가 심하게 진행되어 저항성이 증대되기 쉽다. 입제(granule type) 농약의 수면처리 또는 토양처리에 의해서 약제가 뿌리로부터 흡수, 이행되어 식물체 내에 장기간 잔류하는 경우에 흔히 볼 수 있는 것으로 주의하여야 한다.

1.3.3 저항성 대책

저항성 병원균의 출현을 막거나 지연시키기 위해서는 ① 작용기구가 다른 살균제를 교호살포하고, ② 효과적인 살균제를 혼용하는 것이 가장 중요하다. 한 가지 살균제를 반복하여 사용하는 것과 추천 사용량 및 농도보다 적게 사용하는 것은 양적 저항성을 유발할 위험성이 크므로 반드시 피하여야 한다. 또한 2개 이상의 작용점을 갖는 살균제를 개발하는 것이 필요하다.

살균제 사용량을 줄이거나 대체하는 방법도 저항성 문제를 해결할 수 있는 수단이다. 구체적으로는 ① 저항성인 작물을 심고, ② 유도저항성(systemic induced resistance)을 이용하며, ③ 중복기생균 또는 길항미생물을 사용하는 생물적 방제방법을 도입하는 것이다. 그리고 병원체, 기주식물과 함께 '병의 삼각형(disease triangle)'의 한 요인인 환경을 개선하여 병원균의 발생을 줄여야 한다.

1.4 제초제 저항성

1.4.1 발생 현황

1957년에 2,4-D에 대한 제초제 저항성이 최초로 보고되었으며, 1970년대 이후 광합성 저해제인 triazine계 제초제에 대한 저항성 잡초가 발현된 이후 급격히 증가하기 시작하였다. 1980년대에는 bipyridilium과 systemic auxin계 제초제에 대한 저항성 잡초가 출현하였고, 1990년대부터 ACCase(acetyl CoA carboxylase) 및 ALS(acetolactate synthase)를 저해하는 제초제에 대한 저항성 잡초가 급격히 증가하고 있다. 2012년까지 전 세계적으로 표 9-4와 같이 저항성 잡초는 194종(쌍자엽 식물 114종, 단자엽 직물 80종)이며, 저항성 생태형 수는 393건에 달한다. 저항성 잡초는 작용기구가 같은 다른 제초제에 대한 교차저항성(cross resistance)뿐만 아니라 작용기구가 다른 제초제에 대한 복합저항성(multiple resistance)을 보이는 경우가 많아 방제를 더욱 어렵게 하고 있다.

▶ 표 9-4 전 세계의 제초제 저항성 잡초의 생태형 수 (단위 : 개)

제초제의 작용기구	생태형 수	제초제의 작용기구	생태형 수
ALS 저해(Sulfonyl ureas, etc)	127	광계 II 저해 (nitriles, etc)	4
광계 II 저해(Triazines)	69	초장쇄지방산 합성 저해	4
ACCase 저해("FOP", "DIM")	42	carotenoid 합성 저해(PDS)	3
합성 auxins	30	glutamine 합성 저해	2
광계 I 저해(Bipyridiliums)	28	arylaminopropionic acids(unknown)	2
EPSP 저해(glycine)	24	(chloro)-flurenol(unknown)	2
광계 II 저해(Ureas, Amides)	22	carotenoid 합성 저해(HPPD)	1
microtubule 조립 저해(dinitroanilines, etc)	11	세포분열/microtubule 중합체 생성 저해	1
지질합성 저해(thiocarbamates)	8	세포벽(cellulose) 생성 저해	1
PPO 저해	6	organoarsenicals(unknown)	1
PDS에서 carotenoid 합성 저해	5	총계	393

출처 : HRAC(2012).

국내에서는 ACCase 및 ALS 저해 제초제가 본격적으로 사용된 1990년대 후반부터 논에서 발생하기 시작하여, 2013년까지 13종의 잡초가 저항성으로 보고되었다. 대부분 일부 지역에서 문제가 되고 있으나 물달개비와 올챙이고랭이는 전국적으로 저항성 생태형이 발생하고 있다. 특히 ACCase 및 ALS 저해 제초제에 저항성인 피가 충남, 전남, 전북지역으로 확산 중이다.

1.4.2 저항성의 원인

제초제 저항성이 발현되는 원인은 크게 두 가지로 나뉜다. 첫 번째는 작용점의 변화(alterations of the target site, TS)로 제초제가 결합하는 단백질에 구조적인 변이가 일어나 결합력이 감소하는 것으로 광합성 기구 중 광계 II(photosystem II)의 D1 단백질과 ALS(=AHAS, acetohydroxy acid synthase), ACCase 및 EPSPS(5-enolpyruvylshikimate-3-phosphate synthase) 등의 효소에서 볼 수 있다. 또한 작용점의 수(EPSPS 유전자 등)가 증가하여 더 많은 양의 제초제가 필요하도록 함으로써 효과를 감소시키는 것도 이 범주에 포함시킨다.

두 번째는 작용점과 관련 없는 생리·생화학적 기구에 의한 것(non-target site, NTS)으로서 다음과 같이 구분할 수 있다.

- 무독화 반응으로 분해효소(glutathione-S-transferase, cytochrome P450 monooxygenase 등)의 활성 증가에 따라 보다 빠른 속도로 잡초에 치명적인 성분을 제거하게 되는 것을 말한다. 대사반응에 의해 생성된 분해산물들의 대부분은 제초활성이 매우 약하므로 결과적으로 잡초는

제초제에 대하여 견디는 능력이 강해진다.

- 제초제 흡수를 감소시키거나 및 식물체 내로의 이행을 저해하는 것이다. 제초제는 처리 부위인 잎이나 뿌리로부터 작용점인 생장 분열조직으로 이행되어야 비로소 살초 효과를 나타낸다. 이러한 흡수 이행을 방해하는 장벽은 외부와의 경계인 잎과 뿌리의 상피조직, 식물체 내의 세포벽, 세포막 및 이행이 일어나는 유관속 조직이 될 수 있다.
- 흡수된 제초제를 불활성 부위인 액포(vacuole)나 세포벽(cell wall) 등에 격리하거나, 식물체 내의 당분자(sugar molecule) 등과 결합시켜 불활성화한다.

1.4.3 저항성 대책

첫째, 저항성이 문제되지 않는 포장(작물)이라면 작용기구가 다른 제초제를 번갈아 사용하여 선발압(selection pressure)을 낮추어 새로운 저항성 잡초가 발생하지 않도록 하여야 한다.

둘째, 저항성 잡초가 발생한 포장에서는 종래에 사용한 제초제와는 다른 작용기구를 가진 제초제들을 혼용(mixture)하거나 체계처리(sequential treatment)하여야 한다.

셋째, 제초제 처리 시 농약의 추천 약량을 지키고 살포 적기를 놓치지 말아야 하며, 잔존 잡초가 종자를 퍼뜨리는 것을 막아야 한다.

넷째, 답전윤환, 잔존잡초 소각 등 재배적 방제방법을 도입하고, 경제적 피해 허용 수준을 준용하여 불필요한 제초제 사용을 억제한다.

2. 농약의 선택성

생물의 종류에 따라서 농약의 독성반응이 서로 다르게 나타나는 것을 선택(독)성(selective toxicity)이라 한다. 선택(독)성은 표 9-5와 같이 생물의 종 간 독성지수의 비(比)(예 : LD_{50} mouse/LD_{50} house fly)로서 표시한다.

2.1 살충제의 선택성

일반적으로 살충제는 동물에 독성을 보이므로 곤충 종 간의 독성 차이보다는 인축(人畜, 포유동물)과 곤충에 대한 독성 차이가 관심의 대상이었으며, 살충제의 선택독성(안전성)은 인축에 대한 안전성을 의미하는 경우가 많다. 인축에 대한 높은 선택독성은 농약이 갖춰야 할 중요한 특성 중 하나다. 농업용 살충제는 포유동물에 대한 대상 해충의 독성지수의 비(선택계수)가 50배 이상인 것이 바람직하다.

살충제의 선택성은 생물의 종류에 따라서만 일어나는 것이 아니고 같은 종의 곤충에서도 계통

▶ 표 9-5 살충제의 선택독성

살충제	Oral LD_{50} (mouse, mg/kg)	선택계수(LD_{50} mouse/LD_{50} insect)		
		집파리	이화명나방	끝동매미충
선택성 살충제				
Pyrethrin	1,500	106	882	-
Fenitrothion	870	153	870	100
Malathion	347	20	386	434
Trichlorfon	390	57	107	5
Carbaryl	438	0.5	-	384
비선택성 살충제				
DDT	300	0.2	4	46
BHC	100	2	2	1.8
Parathion	5	5	1	1.3
부선택성 살충제*				
Schradan	29	0.007	0.005	0.2

* 포유동물에 대한 선택독성이 낮은 살충제

에 따라서 살충제에 대한 감수성도 달라진다. 살충제의 작용과정은 ① 곤충체에 접촉, ② 충체 내 투과 및 흡수, ③ 충체 내 대사(활성화, 해독, 배설 등), ④ 충체 내 이동 및 축적, ⑤ 작용점에서의 반응 등의 종합 결과로서 살충효과가 발현되고 이들 각 과정은 모두 선택독성의 요인이 된다.

2.1.1 살충제의 충체 접촉

서로 다른 생물종 사이의 생태적 차이에 따라 농약의 제제, 살포방법 및 시기를 잘 선택함으로써 인축 및 유익생물에는 접촉되지 않고 해충에만 접촉시킬 수 있다. 또한 작물에 흡수되어 식물체 내로 이행되는 침투성 살충제는 이를 가해하는 해충(흡즙해충)에만 접촉되어 살충효과를 나타내므로 이를 생태적 선택성이라 한다.

2.1.2 곤충의 표피 투과 및 흡수

접촉살충제는 곤충의 체벽(integument), 기문(spiracle) 등을 통하여 체내에 침입되지만 생물의 종류에 따라서 체벽 투과성이 달라진다.

곤충의 체벽은 wax층으로 피복된 chitin질이 주성분이므로 투과 특성도 포유동물과 다르다. 일반적으로 체벽 저항성의 척도로서 곤충에 대하여는 국소처리에 의한 반수치사약량과 주사에 의한 반수치사약량의 비(국소처리에 의한 LD_{50}/주사에 의한 LD_{50}), 포유동물에 대해서는 경피독성과 경구독성의 비(경피 LD_{50}/경구 LD_{50})를 투과성 계수 'P'로 표현한다.

2.1.3 곤충체내 대사

서로 다른 생물의 종(種) 또는 계통 간의 살충제 대사(metabolism)의 차이는 살충제의 선택성에 매우 중요한 인자이다. 선택성이 높은 살충제로 알려진 bioresmethrin은 그림 9-2에서 보는 바와 같이 (+)trans-isomer는 (+)cis-isomer에 비하여 살충력은 약 3배 강한 반면, 포유동물에 대한 독성은 1/80 정도로 낮다. 이는 포유동물에 (+)trans-chrysanthemic acid ester를 특이적으로 분해하는 esterase가 존재하기 때문이다.

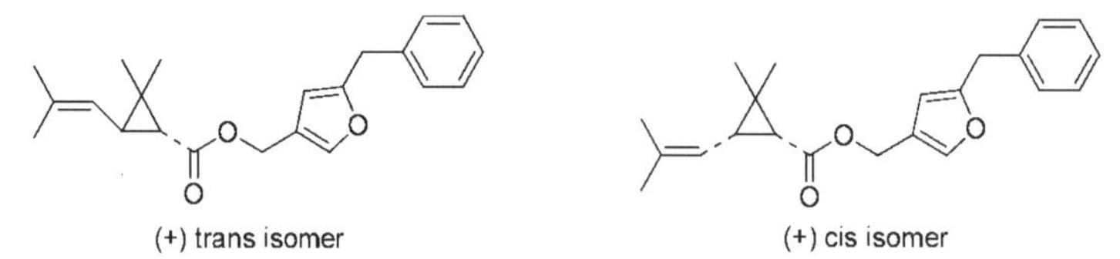

	(+) trans isomer	(+) cis isomer
LD_{50}(rat, oral)	8,000mg/kg	100mg/kg
LD_{50}(house fly)	0.25μg/g	0.7μg/g
선택계수 P	32,000	140

그림 9-2 Bioresmethrin 이성체의 독성 차이(선택독성)

Malathion의 높은 선택독성은 malathion 분해효소인 carboxylesterase의 활성이 포유동물에서 높고 감수성의 곤충에서는 낮은 데 기인한다. 또한 곤충 체내 산화효소인 mixed function oxidase (mfo)의 활성이 포유동물의 mfo 활성에 비하여 상대적으로 높기 때문에 그림 9-3과 같이 malathion을 독성물질인 malaoxon으로 쉽게 활성화시킬 수 있는 점도 선택성의 이유이다.

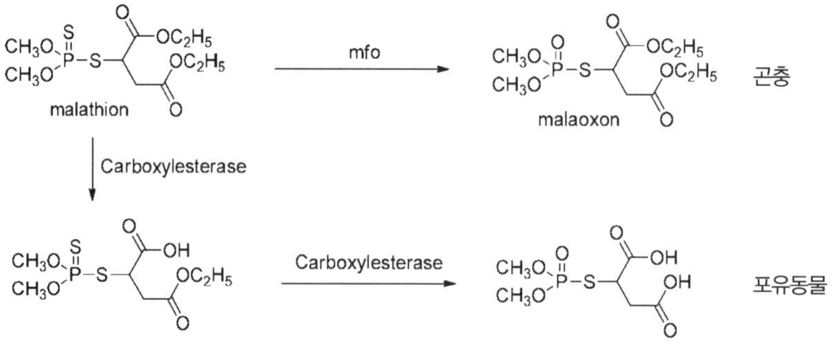

malathion → (mfo) → malaoxon 곤충

malathion ↓ Carboxylesterase → (Carboxylesterase) → 포유동물

그림 9-3 Malathion의 malaoxon으로의 활성화와 carboxylesterase에 의한 불활성화

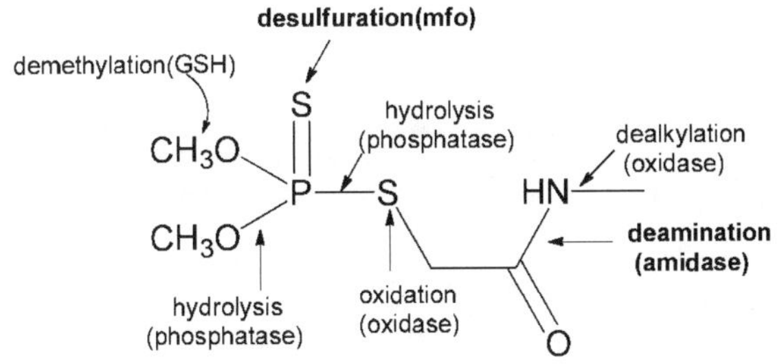

그림 9-4 Dimethoate의 선택성에 영향을 주는 대사과정

[LD_{50}(생쥐) 140mg/kg, LD_{50}(집파리) 0.4μg/g]

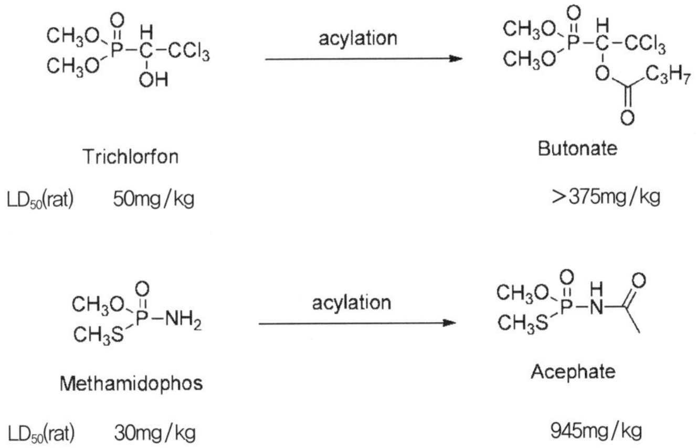

그림 9-5 살충제의 acylation에 의한 선택독성

Dimethoate처럼 분자 내 amide기를 갖는 유기인계 살충제의 경우 척추동물의 amidase 활성(무독화에 관여)과 선택독성 사이에 상관이 있다. 반면 곤충에서는 무독화 과정보다는 mfo 효소 작용에 의한 desulfuration 활성화가 선행되어 그림 9-4와 같이 살충 독성이 발현될 수 있다.

또한 살충제 중에는 그 분자구조 중에 보호기(protecting group)를 갖고 있는 것이 있는데, 이 보호기를 제거함으로써 활성화되는 살충제는 가끔 높은 선택성을 보인다. 이는 생체 내 가수분해효소의 활성이 생물의 종류에 따라서 서로 다르기 때문이다. 그 전형적인 예로서 trichlorfon의 acylation 생성물인 butonate를 들 수 있는데, 이 화합물은 모화합물인 trichlorfon에 비하여 현저히 높은 선택독성을 가지고 있다. 마찬가지로 유기인계 살충제인 methamidophos의 질소 원자를

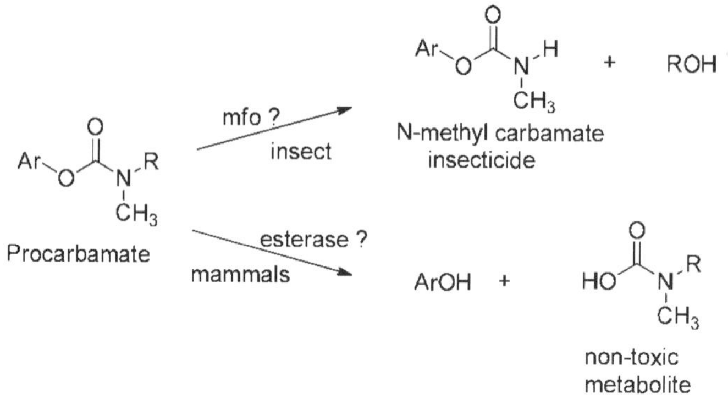

그림 9-6 Procarbamate계 살충제의 선택성

acylation시킨 acephate의 경우에도 그림 9-5에서 보는 바와 같이살충력에는 영향을 주지 않으면서 포유동물에 대한 독성은 현저히 저하시키는 우수한 선택독성을 지닌 약제로 알려져 있다.

또한 *N*-methyl carbamate계 살충제는 일반적으로 포유동물에 대한 급성독성이 높은 편이지만 보호기를 활용함으로써 선택독성을 의도적으로 유도한 procarbamate가 그림 9-6과 같이 개발되었다. Procarbamate계 살충제로는 carbofuran에 보호기를 유도한 carbosulfan, benfuracarb, furathiocarb와 oxime계 methomyl을 유도체화한 alanycarb 등이 상품화되어 있다. 그 외 보호기를 유도한 농약이 야외포장에서 살포되게 되면 농약의 화학구조가 광에너지에 의하여 독성이 강한 활성물질로 변환(phototransformation)되어 살충활성을 나타내는 약제도 개발되고 있다.

2.1.4 작용점까지의 이동

선택성 살충제인 fenitrothion은 곤충에는 독성이 강하지만 포유동물에 대하여 약한 독성을 나타내는데, 이는 fenitrothion의 oxon체가 포유동물의 뇌혈액 관문(brain blood barrier, BBB)을 통과하여 작용점에 도달하기가 어렵기 때문이다. 한편 이온화되기 쉬운 유기인계 살충제인 amiton이나 극성이 큰 schradan은 포유동물과 신경절을 피복하고 있는 막이 매우 얇은 노린재목(hemiptera)류의 곤충에만 선택적 독성으로 나타나며, 다른 곤충에는 독성이 낮은 편이다. 이는 작용점이 존재하는 choline 작용성 synapse가 일반적인 곤충의 경우 지질로 피복된 중추신경계에만 존재하므로 외부에서 투여된 이들 이온(ion)들이 작용점까지 도달하기가 어렵기 때문이다.

2.1.5 작용점의 특성

살충제에 대한 작용점의 특성이 서로 다른 것은 생물종 사이의 선택성뿐만 아니고 저항성 기구에도 밀접한 관계가 있다.

▶ 표 9-6 Fenitrothion의 선택독성

구분	LD_{50}		AChE 저해활성(oxon체)					
	House fly (μg/g)	Mouse (mg/kg)	$k_i(\times 10^5 M^{-1} \cdot min^{-1})$		$K_d(\times 10^{-5} M)$		$k_2(min^{-1})$	
			HF	CH	HF	CH	HF	CH
Methyl parathion	1.2	23	2.9	5.2	3.7	1.3	10.6	6.6
Fenitrothion	3.1	1,250	7.6	0.73	1.1	6.7	8.3	5.0

HF : House fly head, CH : Cow hemoglobin

k_i : bimolecular inhibition rate constant, K_d : dissociation constant, k_2 : phosphorylation constant

작용점에 대한 살충제의 친화성이 선택독성에 크게 영향을 미치는 경우는 표 9-6과 같이 fenitrothion에서 볼 수 있다. 이 약제의 선택성은 fenitrothion의 oxon체에 대한 포유동물과 곤충체의 AChE에 대한 친화성(K_d) 차이, 즉 AChE 저해상수 bimolecular inhibition rate constant(k_i) 값의 현저한 차이로부터 기인되는 것이다.

이와 같이 작용점에 대한 살충제의 친화성 차에 의한 선택독성의 차이는 phenyl기의 *meta* 위치에 치환기를 갖는 fenthion, chlorthion, bromothion 등 phenylphosphoric acid ester형 살충제에서도 마찬가지로 설명되고 있다.

Meta 치환기는 곤충의 AChE와 복합체 형성이 쉬우나 포유동물의 AChE에 대해서는 억제 작용을 보인다. 그러나 *meta* 치환기에 의한 선택독성의 향상효과는 표 9-7과 같이 methyl ester형 유기인계 살충제에만 나타나고, ethyl ester형에서는 나타나지 않는다.

▶ 표 9-7 유기인계 살충제의 구조와 선택독성

R	R1	X	살충제	LD_{50}(mg/kg)		선택계수
				Rat	House fly	
CH_3	H	NO_2	Methyl parathion	15	1.3	11.5
C_2H_5	H	NO_2	Parathion	6	0.9	6.7
CH_3	Cl	NO_2	Chlorthion	880	11.5	76.5
C_2H_5	Cl	NO_2	-	50	-	-
CH_3	CH_3	NO_2	Fenitrothion	740	2.6	284.6
C_2H_5	CH_3	NO_2	-	10	-	-
CH_3	H	SCH_3S	-	10	2.0	5.0
CH_3	CH_3	CH_3	Fenthion	500	2.3	217.4
CH_3	H	CN	Cyanophos	500	-	-
CH_3	CH_3	CN	-	500	-	-

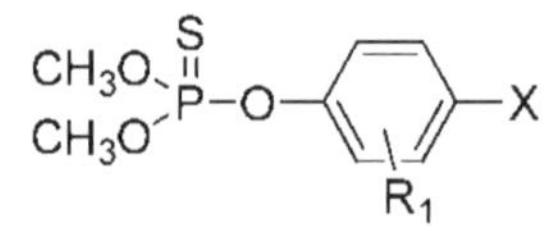

한편 isopropyl parathion은 파리에 대하여 parathion과 거의 동등한 살충활성을 보이나 벌(bee)류에 대하여는 거의 무해하다. 이는 벌의 체내에서는 isopropyl parathion이 oxon체로 변하는 속도가 늦고, 또한 벌의 AChE는 isopropyl parathion에 대하여 친화력이 낮기 때문이다.

대표적인 neonicotinoid계 살충제로 알려진 imidacloprid의 경우 곤충 시냅스 후막(postsynaptic membrane)의 ACh receptor(AChR)에 결합하여 신경전달을 교란, 살충작용을 일으키는 것으로 알려져 있다. 그러나 포유동물 AChR에서는 곤충 AChR과는 달리 해당 약제에 대한 친화도가 상대적으로 낮아 그림 9-7과 같이 선택적으로 독성이 낮은 것으로 보고되어 있다. 이 계열의 약제는 imidaclprid, acetamiprid, nitenpyram, thiomethoxam, sulfoxaflor 등 다양한 제품으로 개발되어 현재 활발히 사용되고 있다.

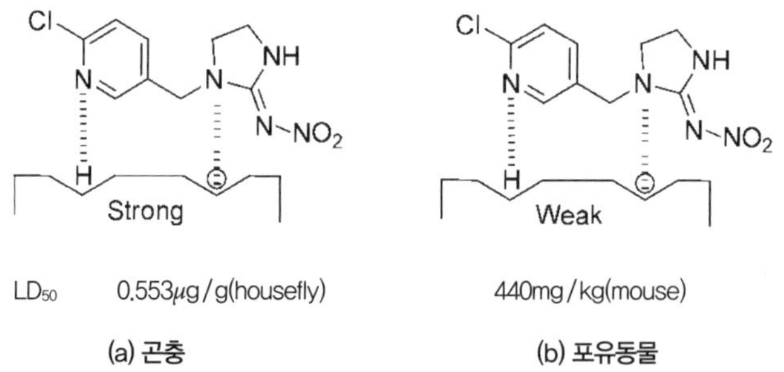

Strong　　Weak

LD_{50}　0.553μg/g(housefly)　440mg/kg(mouse)

(a) 곤충　(b) 포유동물

그림 9-7　Imidacloprid의 곤충과 포유동물 간 AChR 결합력 차이에 의한 선택성

2.1.6 곤충 생장호르몬 교란

곤충은 다른 생물체에 존재하지 않는 고유한 생리·생화학적 특성이 있는데 이를 특이적으로 교란하여 선택적 살충을 하는 방법이 있다. 예를 들어 곤충은 완전변태와 불완전변태를 거치면서 생육하는 차별화된 생활사를 가지고 있는데 이러한 곤충의 변태과정(metamorphosis)에서 필수적인 역할을 하는 곤충호르몬인 ecdysone, juvenile hormone 등과 유사(mimic) 또는 반대(anti)의 활성을 지닌 활성물질을 활용하는 경우가 있다. 이러한 곤충 생장호르몬은 극미량으로도 높은

특이적 활성을 보이며 곤충 생장에는 지대한 영향을 주지만 인축에는 전혀 활성이 없어 고도의 선택성을 가지는 장점이 있다. 이 계열의 대표적인 약제로는 juvenile hormone의 유사체(analog 또는 mimic)인 methoprene이 알려져 있다.

또한 곤충은 유충단계(larval stage)에서 여러 번 탈피(molting)를 반복하면서 고치(pupae)를 거쳐 성충(adult)으로 성장을 하게 되는데 탈피 이후 표피를 완성하기 위하여 chitin 생합성이 필수적이다. 곤충 변태과정 중 필수 단계인 체내 chitin 생합성 과정을 저해하고 그 결과 정상적인 표피 형성을 방해하여 살충력을 보이는 diflubenzuron, teflubenzuron 등 높은 선택성의 urea계 살충제가 상용화되어 있다.

2.1.7 각 인자의 상호작용

살충제의 작용은 앞에서 설명한 각 단계를 거쳐 종합적으로 나타나므로 선택독성이 어떤 단일 인자에 의하여 기인되는지 여부를 결정하는 것은 곤란하다.

즉 어떤 한 단계에서 생물의 종류 사이에 선택독성이 크게 차이가 있다 하더라도 그 외의 단계에서 부(負)의 선택독성이 있다면 결과적으로 이들 생물 종 사이에는 독성차가 없게 되며, 만약 생물의 종류 사이에 근소한 차이나마 각 단계에서 차이가 있다면 이들 생물종 사이에는 결과적으로 높은 독성차를 보이게 된다.

2.2 살균제의 선택성

살균제의 선택성은 병원균에 대한 선택성과 병해에 대한 선택성으로 구분된다. 병원균에 대한 살균제의 선택성은 약제의 이화학적 특성 및 병원균의 생리화학적 특성에 의해서 결정되고, 병해에 의한 선택성은 병해 방제효과에 대한 선택성으로 약제의 이화학적 특성 및 병원균의 생리화학적 특성 외에 숙주식물 및 그 환경요인에 의해서 결정되는 것으로 병원균에 대한 선택성보다 더욱 복잡하여 방제 면에서 보면 병해에 대한 선택성이 실제로 중요하다. 살균제 중 작물의 경엽 및 과실에 발생하는 병해에 대해서는 적용 병해의 범위가 넓은 약제, 즉 선택성이 낮은 약제가 바람직하고 토양 중의 병원균 및 숙주식물의 근권에 서식하는 토양전염 병해에 대해서는 선택성이 높아야 유리하다.

2.2.1 병원균에 대한 살균제의 선택성

병원균에 대한 살균제의 선택성은 앞에서 말한 바와 같이 병원균과 약제 상호 간의 작용에 의해서 결정되는 것으로 약제의 가용성(可溶性), 균체 내 침투성(浸透性) 등 이화학적 성질과 병원균의 약제 가용화 능력, 균체 내에서의 약제의 대사, 분해능력 등 생리화학적 성질이 중요하다.

대부분의 살균제는 물에 불용성인 상태로 작물에 살포되므로 살균 활성을 보이기 위해서는 어떠한 요인에 의하든 가용화되어 균체 내로 침투하여 작용점에 도달하여야 한다. 그러므로 병원균에 의한 살균제의 가용화는 선택성과 비례하는 것이 일반적이다.

살포된 살균제의 가용화에 관여하는 물질로서는 ① 대기 중의 탄산가스, ② 숙주식물이 배출하는 분비물, ③ 병원균 자체가 분비하는 물질 등이 있다. 이들 물질 중 병원균의 분비물에 의한 살균제의 가용화는 약제의 선택성과 밀접한 관계가 있다. 그러나 클로버(clover)의 윤문병균(*Stemphylium sareinaeforme*)에 대한 benzimidazole의 살균특성에서 보는 바와 같이 병원균의 종류에 따라서 반드시 약제의 가용화와 선택성이 비례하지 않으므로 약제의 선택성은 병원균에 의한 약제 가용화의 단일 요인에 의하는 것이 아니고 다른 요인들과 복합적으로 관여하는 것으로 보인다.

병원균에 대한 살균제의 선택성에 미치는 다른 하나의 요인으로서 병원균의 약제 흡수특성을 들 수 있다. 살균제가 살균활성을 나타내기 위해서는 약제가 균체 내에 침투되어 작용점에 도달하여야 하며 흡수한 약량이 살균활성을 발휘하는 데 충분해야 한다.

그러나 균체 내 약제의 투과, 흡수량이 많은 경우에도 작용점에 도달한 약제가 대사, 분해를 받아 저독화 내지 무독화되면 병원균은 아무런 영향을 받지 않고 살아남게 된다. 따라서 병원균에 대한 살균제의 선택성은 병원균에 의한 가용화, 균체 내 침투·흡수량의 차이 및 균체 내에서의 해독 등에 의해서 결정되나 종합적으로는 흡수된 약제의 균체 내 축적량이 가장 중요하다.

2.2.2 병해에 대한 살균제의 선택성

병해에 대한 살균제의 선택성은 앞에서도 말한 바와 같이 실제 병해 방제 면에서 병원균에 대한 선택성보다 중요하다. 병해에 대한 선택성의 결정 요인은 병원균의 생리화학적 특성 및 약제의 이화학적 성질 외에 발병과정, 온도, 토양미생물, 여러 가지 토양특성, 토양산도 등의 환경 생태학적 요인에 의해서 결정된다.

사상균(mold fungi)에 의한 발병과정은 병원균의 종류에 따라서 상이하나 경엽에 발생하는 병해는 포자의 발아 ⟶ 부착기(appressorium)의 형성 ⟶ 숙주식물체 내 침입 ⟶ 균사(hyphae) 신장 ⟶ 발병(병반 형성) ⟶ 포자 형성의 순으로 진전되며 살포된 약제는 이들 과정 중 어느 한 과정에 작용하여 살균활성을 발휘한다. 따라서 위의 각 발병과정 중에 약제에 대한 감수성 정도에 따라서 선택성이 좌우된다.

예를 들면 벼 도열병균(*Pyricularia oryzae*)의 약제 감수성은 위의 발병과정 중에서 포자 발아기 > 부착기 형성기 > 포자 형성기 > 균사 신장기의 순서이므로 도열병 방제약제의 선택성은 발병단계에 따라서 달라진다. 이와 같이 살균제의 선택성은 발병과정에 따라 다르고 이는 병원균의 종류에 따라서도 달라진다.

(1) 습도와 선택성

습도가 살균제의 선택성에 영향을 미치는 것은 토양살균제의 경우로 토양 중 수분 함량에 따라서 처리된 약제의 확산 또는 분해 등이 크게 달라지므로 살균 활성에 영향을 주기 때문이다. 예를 들면 chloropicrin은 토양 수분이 20~60%의 범위에서 확산이 잘되고 그 이하 또는 그 이상의 토양 수분 조건에서는 확산이 불충분하여 약효가 떨어진다. 또한 vapam은 토양 중의 습도가 낮으면 쉽게 분해되므로 약효가 떨어진다.

(2) 토양 미생물과 선택성

토양살균제에 의한 토양전염 병균의 방제효과는 토양 내에 서식하고 있는 다른 미생물에 의해서 좌우되는 경우를 흔히 볼 수 있다. 즉, 어떤 토양 전염성 병해를 방제하기 위하여 처리한 약제가 방제하고자 하는 목적 병원균과 동시에 그 목적 병원균과 길항적 또는 경쟁적 역할을 하는 다른 미생물에도 동시에 영향을 주므로 약제 처리 당시에는 목적 병원균의 밀도가 떨어지지만 어느 정도 시일이 경과하면 오히려 그 밀도가 급격히 증가한다. 예를 들면 동부(cow pea)의 입고병균(*Pythium apanidermatum*)을 방제하기 위하여 benomyl을 처리하면 *Pythium* 균에 대한 길항적 또는 경쟁적 균류의 생육이 억제되므로 오히려 다른 *Pythium* 균의 생육을 증대시키는 결과가 되어 입고병균의 밀도가 급격히 증대된다.

(3) 살균제의 대사에 의한 활성화와 불활성화

Benomyl과 thiophanate methyl의 활성은 carbendazim으로 된 후 발현되는 것으로 알려져 있다. benomyl은 살포액 중의 물에 의해 빠르게 carbendazim으로 변환된다. Thiophanate류의 변환은 benomyl의 변환에 비하여 느리지만 식물체 중의 phenol물질로부터 phenol oxidase의 작용에 의하여 생성되는 quinone류에 의해 그림 9-8에서 보는 바와 같이 변환이 촉진되는 것으로 알려져 있다.

박과의 탄저병, 가지과의 역병 등의 방제에 이용되는 dichron 유도체는 균체 내에서 가수분해 효소와 산화효소의 작용을 받아 dichron으로 변환되어 활성을 발현하는 것으로 보고되었다.

병원균이 어느 살균제에 대하여 내성을 획득하는 기작은 균체 내로의 투과성의 저하, 작용 부위와 친화성 저하, 정상적인 물질대사 경로의 변경 등, 살균제의 대사에 의한 불활성화 외에도 여러 기작이 존재한다. 토양처리제로서 채소류의 병해 방제에 이용되는 PCNB에 내성을 획득한

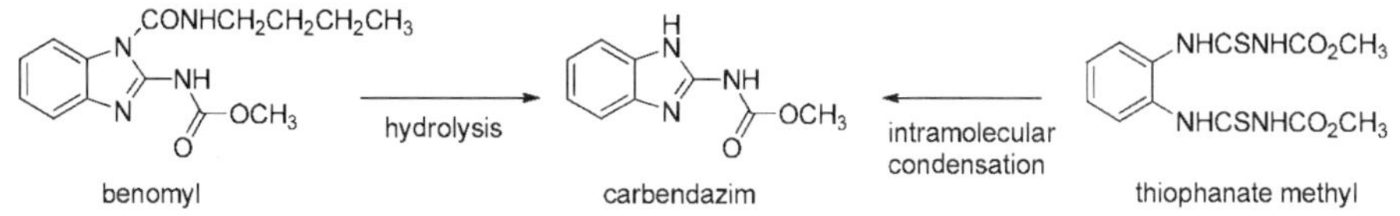

benomyl —hydrolysis→ carbendazim ←intramolecular condensation— thiophanate methyl

그림 9-8 Benomyl과 thiophanate methyl의 활성화

오이 줄기쪼김병균, 가지과와 박과의 입고병균은 PCNB의 nitro기를 amino기로 환원시키거나 thioanisol기로 치환하는 능력을 갖는 것으로 알려져 있다.

Fluazinam의 불활성화는 강력한 전자흡인기(electron withdrawing group)에 둘러싸인 benzene 고리상의 탄소원자가 glutathione이나 단백질에 포함된 cysteine 잔기의 SH기에 의해 친핵적 치환반응을 받음으로써 발생한다. 여러 작물의 흰가루병 방제에 이용되는 pyrazophos의 활성화 구조는 병원균체 내에서 thiophosphoric acid ester 곁사슬(side chain)이 가수분해된 물질이라고 추정된다. 도열병은 이와 같은 활성화 과정을 체내에서 행하여 감수성을 보이나, 내성을 획득한 오이 입고병균과 효모에는 그와 같은 능력이 없어 pyrazophos의 효과가 발현되지 않아 선택성을 보이기도 한다.

(4) 기타

토양 살균제는 위의 습도, 토양 미생물 등에 의해 병해 선택성에 영향을 받으나 토성, 토양 산도(pH) 등에 의해서도 영향을 받는다. 즉, 담배 입고병에 대한 chloropicrin의 효과는 사질토에서 높고 점질토에서 떨어지며, 토양의 모암에 따라서도 효과가 상이하여 화강암 및 흑색 화산회토(volcanic ash soil)에서 효과가 떨어진다. 또한 참외의 *Fusarium oxysporum* f.sp. *melonis*에 대한 benomyl, thiabendazole 및 pyridazol의 효과는 토양의 pH가 중성 또는 알칼리성에서 유효하다.

2.3 제초제의 선택성

제초제는 본질적으로 식물을 살멸시키는 약제로서 식물에 대하여 강한 생리생화학적 활성을 나타내므로 대부분의 식물이 영향을 받는다. 그러나 약제 특성, 식물의 종류, 처리 농도 및 조건, 처리 시기 등에 따라서 작물과 잡초 간 생물활성의 정도가 상이해지는데 이를 제초제의 선택성(herbicidal selectivity)이라 한다. 이러한 제초제의 선택성은 잡초의 효율적 방제와 작물의 약해(phytotoxicity)에 대한 안전성이란 제초제 사용 목적상 가장 중요한 요소이다. 선택성 측면에서 대상 식물을 종(種) 단위로 비교하거나 속(屬) 단위로 비교하는 것이 일반적이나 극단의 경우에는 동일 종 내 분화형(分化型) 간에 비교하는 경우도 있다.

작물(crop)과 잡초(weed)는 동일한 식물이므로 해충/작물 및 미생물/작물 간의 차이에 비하여 큰 생리/생화학적 차이는 기대하기 힘들다. 즉 고선택성 제초제의 개발은 살충제나 살균제에 비하여 그 가능성이 낮으므로 선택성을 극대화하기 위해서는 약제 자체의 선택성뿐만 아니라 경작 및 처리 형태 그리고 환경조건을 최대로 활용해야 할 필요성이 있다.

제초제 선택성의 요인으로 ① 식물 자체의 형태적 특징이나 제초제의 흡수 및 체내 이행성 등 식물 자체의 특성, ② 제초제의 종류, 형태, 처리방법 및 시기, 토양에 대한 흡착성 등 약제 자체의 특성, ③ 위의 양자가 중복되어 일어나는 중복요인을 들 수 있으며 이를 생리적 선택성

(physiological selectivity), 생태적 선택성(ecological selectivity)이라 부른다. 한편 약제가 식물 체내에 흡수된 이후 대사과정을 거쳐 활성화 또는 불활성화됨으로써 선택성이 발현되는 경우 이를 생화학적 선택성(biochemical selectivity)이라 부른다.

2.3.1 생리·생태적 선택성

제초제의 제형(분제, 입제, 액제 등)에 따라서 식물체 표면에 부착되는 양 및 질이 변하게 되며, 처리 방법(경엽 처리, 토양 처리, 발아 전 처리, 발아 후 처리 등) 및 처리 시기에 따라서 식물의 감수성 정도가 달라진다. 한편 제초제의 토양 흡착성에 따라 식물의 제초제 흡수나 뿌리에 미치는 영향이 달라져 감수성에 영향을 미치기도 한다. 이러한 생리·생태적(physiological and ecological) 인자를 살펴보면 다음과 같다.

(1) 형태학적 선택성

작물과 잡초 간 형태학적(morphological) 차이로 제초제에 대한 노출을 선택적으로 할 수 있다. 그림 9-9(a)에서 보는 바와 같이 쌍자엽식물은 가끔 엽면살포에 쉽게 노출되어 분열조직이 해를 입는다. 이는 잎이 생육되고 있을 때 근생엽의 중심부에 위치하고 있는 생장점에 독성물질이 직접적으로 접촉되기 때문이다. 한편 단자엽식물은 상당수가 수직성 잎을 가지고 있는데, 그러한 잎에는 살포된 제초제가 잘 묻지 않으며, 분열조직의 주위에 형태적 보호막을 형성한다. 초본류가 식량작물의 대부분을 차지하고 있는 점을 감안할 때 이러한 형태적 차이로 인한 선택성은 발아 후 처리형 제초제에 대하여 중요한 의미를 갖는다.

(2) 처리시기 선택성

작물을 경작할 때 잡초는 천근성(shallow-rooted)이어서 작물들보다 더 빠르게 자라는 경우가 많다. 결과적으로 잡초는 작물이 발아하기 전에 생장하므로 작물 발아 전에 paraquat 또는 glyphosate와 같은 접촉형 비선택성 경엽처리제를 사용하는 것이 그림 9-9(b)와 같이 시기적으로 가능하다. 이러한 선택성이 성공적으로 발현되기 위해서는 무엇보다 살포 시기(application time)가 가장 중요하다. 만약 너무 늦게 사용된다면 경엽처리제의 비선택성으로 인하여 잡초뿐만 아니라 작물에도 피해를 주게 된다. 적절한 방법 중의 하나는 유도육묘상 기술(誘導育苗床技術)인데, 이 방법은 파종을 위해 지면을 경운, 정지(整地, soil preparation)한 후 작물 종자를 즉시 묘판에 파종하지 않고 잡초가 먼저 발아되도록 하여 비선택성 경엽처리제로 잡초를 우선 제거하는 것이다.

(3) 처리위치 선택성

작물의 종자(또는 괴경)가 잡초의 종자에 비해 클 경우 비교적 토양 깊숙이 파종 또는 이식되는 반면 대부분의 경쟁 잡초 종자는 아주 얕은 곳에 묻혀 있을 때 이러한 선택성을 얻을 수 있다.

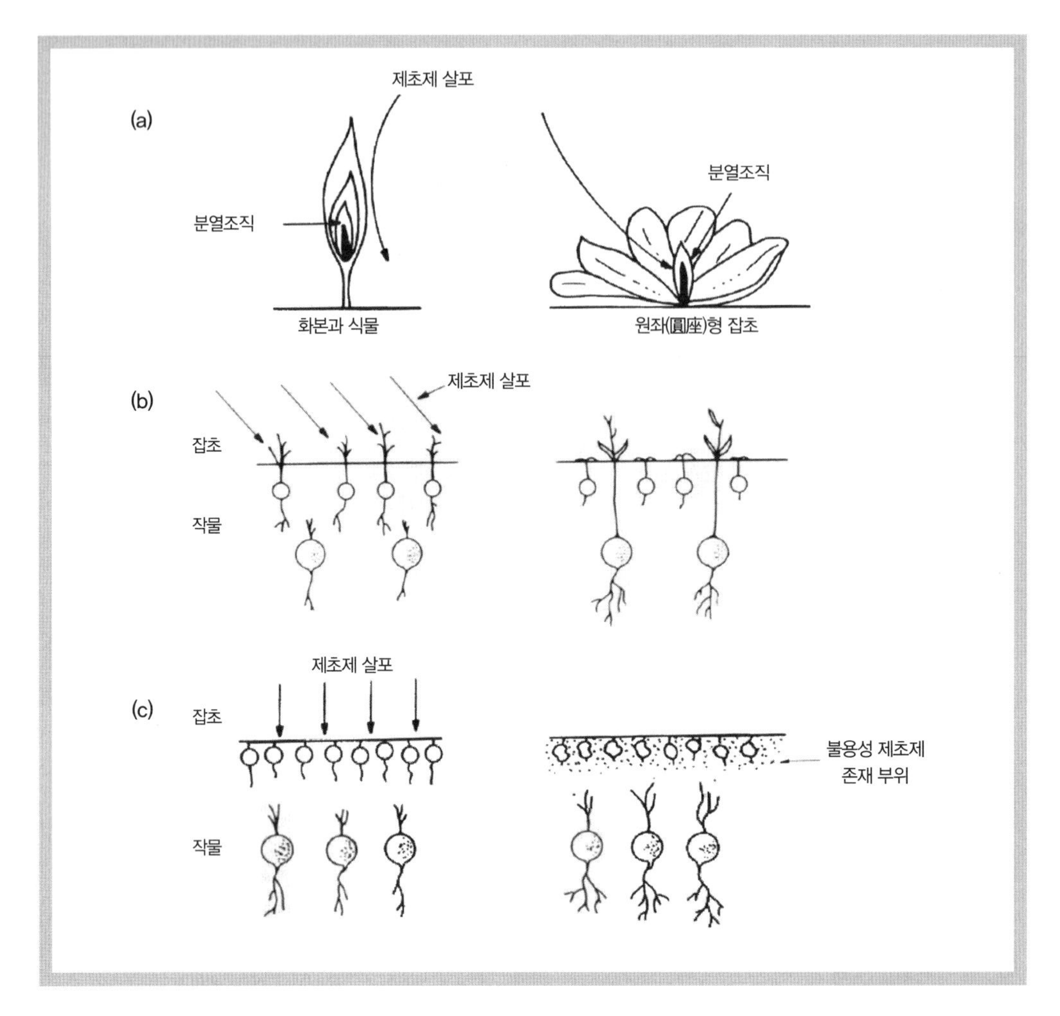

그림 9-9 제초제의 선택성 인자

낮은 수용성의 토양 처리형 제초제를 토양 표면에 살포하면 아주 얇은 토양 표층에서 자라는 잡초종자를 고사시킬 수 있고 토양 깊숙이 파종된 큰 종자작물(예 : 사탕무, 감자인경)은 그림 9-9(c)에서 보는 바와 같이 보호된다. 매우 낮은 용해성 화합물은 토양 중에서 매우 느리게 이동하지만 작물에 대한 잠재적 위험성은 다음 두 가지 요인에 의하여 감소된다. 첫째는 시간적 요인이다. 즉 적절한 농도로 처리되었을 때 세균과 다른 미생물은 대부분의 제초제를 분해하여 불활성화시킨다. 두 번째는 분산요인이다. 포장 조건에서 거의 난용성 물질은 단일 농도 층처럼 일시에 씻겨 내려가지 않으나 그 일부가 토양 속으로 더 깊게 침투됨에 따라 토양과 혼합·희석되어 점점 농도가 낮아지고 또한 토양 구성 성분에 의해서 흡착되어 고정된다.

(4) 배치 선택성

잡초의 잎에만 약제처리를 접촉할 수 있는 조건이라면 비선택성 제초제를 처리하더라도 충분한 선택성을 기대할 수 있다. 예를 들면 과수원에서의 잡초방제와 휴면 또는 반휴면 상태의 과일나무와 줄기에 대한 잡초방제이다. Paraquat나 glyphosate와 같은 비선택성 제초제를 초봄에 나무딸기줄기 주변의 잡초를 말끔히 없애는 데 사용할 수 있고, 몇 가지 이끼제거제는 휴면 과일 나무에 적용시킬 수 있다. 물론 이러한 방법에 대한 조건은 나무줄기에 접촉해가 없어야 하며 작물뿌리를 통하여 침투 피해가 발생하지 않아야 하는 경우이다.

(5) 제초제의 토양 흡착성

제초제가 수용성으로 토양에 흡착성이 약한 약제는 토양의 심층부까지 광범위하게 분포하게 된다. 이러한 경우 심근성(deep-rooted) 작물과 천근성(shallow-rooted) 식물 사이의 감수성을 비교하면 심근성 작물이 제초제와 접촉의 기회가 많으므로 감수성으로 나타난다. 반대로 제초제가 흡착성이 강한 경우에는 토양의 표층부에 제초제의 처리층이 형성되므로 이 경우에는 천근성 작물이 감수성으로 된다.

(6) 식물체 내 이행성

2,4-D는 화본과 식물과 광엽잡초 사이에 선택성을 보이는 약제로 논의 광엽잡초 방제용으로 사용되고 있다. 2,4-D의 선택성 기구에 대해서는 아직 상세하게 밝혀지지 않고 있으나 식물체 내 이행성 차이에 의해서 감수성이 달라지는 것으로 알려져 있다. 즉 광엽식물의 완두와 화본과 식물인 옥수수에 방사선 원소로 표지한 2,4-D를 처리하여 그 흡수 속도와 체내 이행성을 보면 흡수 속도는 양 식물 다같이 동일하였으나 체내 이행 속도는 완두가 옥수수에 비하여 현저하게 빨라 훨씬 감수성인 것을 확인할 수 있다.

2.3.2 생화학적 선택성

식물체 내 흡수된 제초제가 체내에서 효소적 또는 비효소적 화학변화를 받아 대사(metabolism), 분해된다. 이러한 경우, 어떤 식물이 체내에 흡수된 제초제를 분해하여 불활성화하는 기작을 가지고 있으면 그 식물은 이 제초제에 대해서 저항성을 나타내고 반대로 그 식물이 제초제를 활성물질로 대사시킨다면 감수성으로 나타난다. 이와 같은 원인으로 나타나는 선택성을 생화학적 선택성(biochemical selectivity)이라 한다. 일반적으로 생화학적 선택성은 식물의 고유 특성과 관계되는 것으로 사용 방법이나 시기 등의 영향을 받지 않으므로 안정적인 선택성이라 할 수 있다.

(1) 활성화 기작(activation mechanism)

2,4-DB나 MCPB와 같이 제초제 중에는 모화합물 자체로서는 제초활성이 없으나 식물체 내에서 활성화되어 살초활성을 보이는 것이 있다. 예를 들면 phenoxyacetic acid계 제초제의 동족체는 측쇄의 카르복실산이 β-oxidation되어 활성화하며 카르복실산에 있는 탄소수가 짝수이면 살초활성을 보이나 홀수인 경우에는 살초활성이 없다.

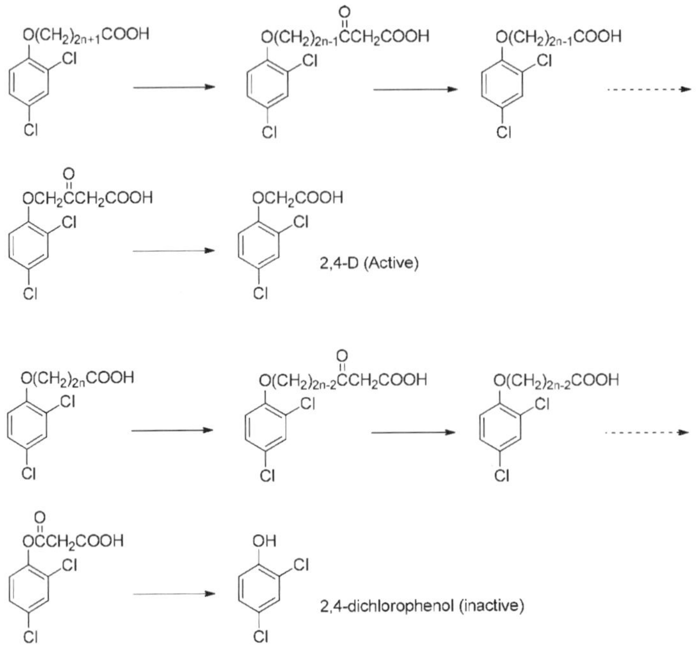

2,4-D (Active)

2,4-dichlorophenol (inactive)

그림 9-10 2,4-D 측쇄 유도체의 식물체 내 β-oxidation 대사

이와 같이 카르복실산에 있는 탄소의 수에 의해서 살초활성이 변하는 것은 그림 9-10에서 보는 바와 같이 탄소의 수가 짝수인 경우에는 β-oxidation를 받아 2,4-D로 대사되어 활성화되나 홀수의 경우에는 살초활성이 없는 2,4-dichlorophenol로 대사되기 때문이다.

또한 여러 가지 식물을 대상으로 MCPA 및 MCPB의 활성을 비교한 결과 명아주, 쐐기풀 등은 MCPA 및 MCPB에 다같이 감수성을 보이나 클로버, 당근, 무 등은 MCPA에 대해서만 감수성을 보이고 MCPB는 살초활성이 없는 것으로 밝혀졌다. 이는 이들 작물이 MCPB를 β-oxidation시킬 능력이 없기 때문에 활성인 MCPA로 대사되지 못하는 데 원인이 있다. 따라서 MCPB는 당근이나 무밭에 발생하는 명아주나 쐐기풀을 선택적으로 제초할 수 있다.

(2) 불활성화 기작

활성이 높은 제초제를 불활성화(inactivation)시킬 수 있는 식물은 그 제초제에 대하여 저항성을 갖게 된다. 식물체 내에서 제초제의 불활성화 기작은 효소적 또는 비효소적으로 제초제를 분해시키는 것과 식물체의 구성성분과 결합하여 콘쥬게이트체를 형성하여 불활성화하는 기작이 있다.

가. 분해에 의한 불활성화

식물체 내에서 제초제의 대사, 분해는 대부분이 효소에 의해서 일어나는 것으로 처리된 제초제가 살초활성을 발현하기 이전에 효소와 작용하여 대사·분해되어 불활성화되는 것이다.

제초제를 분해시키는 효소의 활성은 식물의 종류에 따라 서로 다르므로 식물종 간에 선택성을 보인다. 예로서 제초제 propanil은 벼에는 아무런 영향을 주지 않으나 같은 벼 속 식물인 피에는 살초활성을 보이는 속간 선택성 제초제(inter-genera selectivity)이다. 즉 그림 9-11에서 보는 바와 같이 propanil은 피에 대하여 0.04~0.3%의 농도 범위 내에서 살초효과를 나타내며 0.3%의 농도에서 100%의 살초효과를 보인다. 그러나 벼의 경우에는 강한 저항성을 보여 1.0%에서 벼에 약해 증상을 보이고 100%의 살초활성을 나타내기 위해서는 5.0% 이상의 약제 농도가 필요하다. 이와 같은 특이한 선택성의 원인은 벼 체내에는 anilide를 가수분해시켜 aniline 유도체로 변화시키는 acylamidase의 활성이 높은 반면에 피에는 acylamidase의 활성이 낮아 propanil을 가수분해시킬 능력이 없기 때문이다.

이러한 효소작용에 의해서 밭잡초인 바랭이도 propanil에 저항성을 보이나 acylamidase는 cholinesterase(ChE) 활성을 저해하는 유기인계 및 carbamate계 농약에 의하여 활성이 소실되므로 바랭이 방제에는 이들 농약과 혼용 또는 근접 살포함으로써 가능해진다. 그러나 propanil을 ChE 활성을 저해하는 약제와 혼용 또는 근접 살포하면 벼에 심한 약해 증상을 유발시킨다.

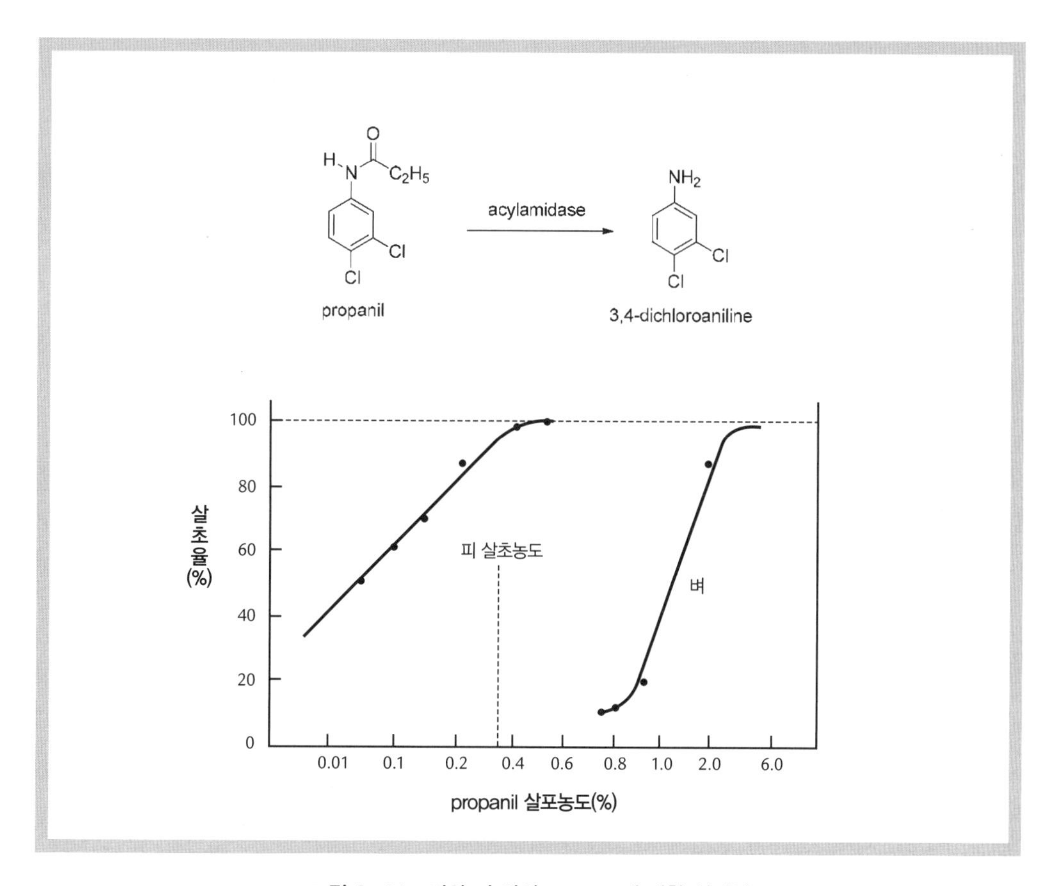

그림 9-11 벼와 피 간의 propanil에 대한 선택성

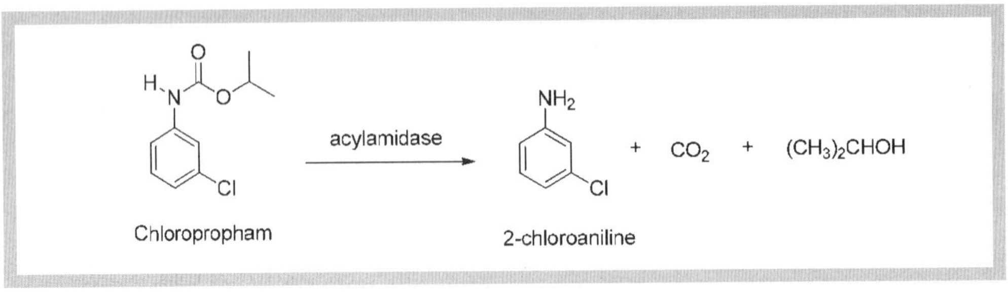

그림 9-12 Chloropropham의 식물체 내 acylamidase에 의한 가수분해 과정

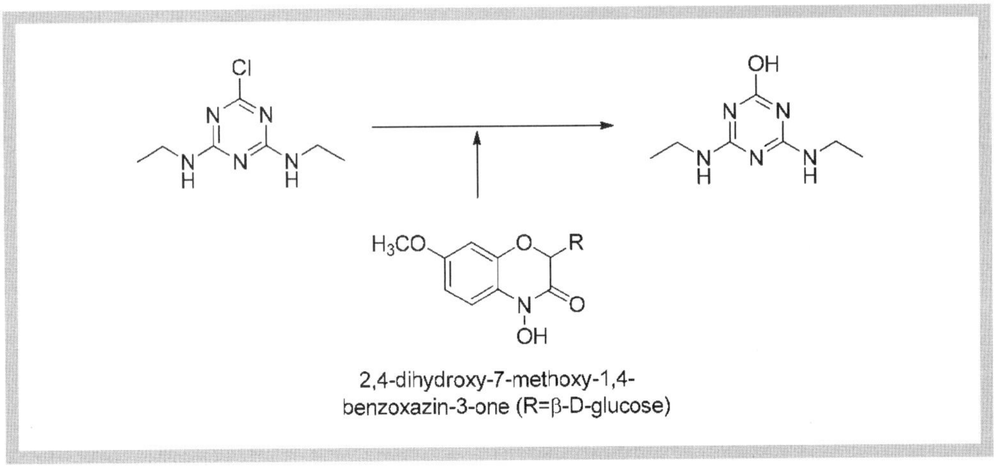

그림 9-13 옥수수 체내 DIMBOA 성분에 의한 simazine의 불활성화

같은 phenyl carbamate계인 chloropropham의 경우에도 그림 9-12와 같이 제초제 구조 내 NH-CO 결합이 식물 acylamidase에 의해 가수분해되면서 propanil과 유사한 선택성을 가진다.

비효소적 불활성화 기작로서는 simazine에 대한 옥수수의 저항성을 들 수 있다. 옥수수는 simazine과 같이 2번 위치에 염소가 치환된 triazine계 제초제인 atrazine, propazine에 대하여 강한 저항성을 보이는 작물이다. 그림 9-13에서 보는 바와 같이 옥수수의 체내에 2-glucoside (R = β - D - glucose)로 존재하는 2,4-dihydroxy-7-methoxy-1,4-benzoxazin-3-one (DIMBOA)의 반응으로 simazine의 2위에 있는 염소를 수산기로 치환시켜(탈염수화) 불활성의 2-hydroxysimazine으로 무독화 대사되기 때문이다.

나. 콘쥬게이트 형성에 따른 불활성화

식물의 종류에 따라서 처리된 제초제가 식물체 구성성분과 결합하여 불활성화되는 경우에 선택성이 나타난다. 2,4-D의 경우 aspartic acid 유도체나 glucosyl ester 등으로 되면 2,4-D의 살초 활성은 소실된다. 또한 논제초제인 bentazone은 벼에는 아무런 영향이 없으나 금방동사니 방제

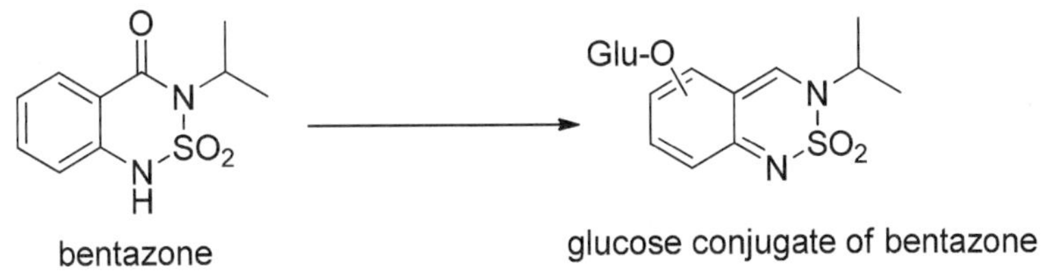

bentazone

glucose conjugate of bentazone

그림 9-14 Bentazone의 콘쥬게이트 형성

에는 효과가 있는데 이는 벼 체내에서 bentazone이 그림 9-14와 같이 glucosyl화되어 콘쥬게이트를 형성(무독화)하나 금방동사니 체내에서는 이러한 콘쥬게이트가 형성되지 않기 때문이다.

2.3.3 저항성 작물육종

유전공학기법(genetic engineering)을 이용, 작물품종 자체에 저항성을 부여함으로써 선택성을 높일 수 있다. 만약 제초제의 행동 양식이 알려지고 그 대상이 단백질이라면 유전공학기법에서 분리하고자 하는 대상 단백질에 대한 유전자 조작이 가능할 것이다. 이미 확립된 기술로 유전자를 전환시킴으로써 제초제에 의한 영향을 거의 받지 않도록 할 수 있다. 전환된 저항성 유전자를 바이러스나 미생물에 도입시킨 다음 최종적으로 조직배양에 의해 자라고 있는 식물세포 속으로 삽입시킨다.

이러한 세포배양법으로 모든 식물에 대하여 수천 종의 새로운 변이주를 만들 수 있다. 이러한 방법에 의해서 특별한 제초제에 저항할 수 있는 작물종을 만드는 일이 머지않은 장래에 가능할 것이며 실제로 성공한 사례도 있다. 이러한 기법은 제초제를 무독화할 수 있는 작물체 내 효소의 유전자를 유전공학적으로 증폭함으로써 가능하다.

Shah 등(1986)의 연구는 제초제의 독성으로부터 작물을 보호하는 데 유전공학이 어떠한 역할을 할 수 있는가를 보여준 좋은 실례이다. Glyphosate에 의해 저해되는 효소를 확인하고 glyphosate에 저항성인 페튜니아 품종에서 해당 효소를 명령하는 DNA clone을 분리하였고, 저항성은 그 효소의 유전자 수가 20배 정도 증폭됨으로써 효소의 생산량이 많아졌기 때문임을 밝혔다. 그러므로 꽃양배추 모자이크 바이러스(cauliflower mosaic virus)를 이용, polygene을 작성하여 배양 중인 glyphosate 감수성 페튜니아 세포에 도입시켜 재분화시킨 식물체는 glyphosate에 저항성이 있었다. 따라서 비선택성인 glyphosate를 이러한 저항성 작물 재배 시 잡초에 대하여 선택적으로 사용할 수 있다.

3. 농약의 약해

3.1 약해의 정의

약해(phytotoxicity)란 '농약의 부작용으로 작물에 나타나는 생리적 해(害)작용'으로 정의되며, 식물 조직을 파괴하거나 증산작용, 동화작용, 호흡작용 등 식물의 생리기능을 방해하고 억제함으로써 정상적인 생육을 저해하는 것을 말한다. 잎이 마르고, 황화되고, 과실에 반점이 생기는 등 외관이 나빠지는 것은 쉽게 약해라고 하지만 맛이 나빠지거나 과실의 크기가 약간 작아지는 등 기능이나 품질이 저하되는 것을 약해로 판정하기는 쉽지 않다. 어떤 작물에 약반이 나타나면 상품가치에 영향을 주기 때문에 분명히 약해라고 할 수 있으나, 농약이란 본래 경제적 효과를 목적으로 사용되기 때문에 경제적인 영향이 없는 피해[벼 잎에 일시적인 약반(藥斑)이 생긴 경우 등]를 통상적인 약해로 보기에는 무리가 있다. 경제적으로 영향을 주는 피해만 약해라 하고, 영향을 주지 않는 피해는 제외하는 것이 타당할지도 모른다.

토양에 살포하는 농약은 장기간 잔류하여 작물이 계속 흡수할 수 있기 때문에 영향은 오래 지속되지만, 경엽살포제는 그 영향이 일정 기간에 한정된다. 경엽살포제의 경우에는 약해가 대체로 급성으로 나타나고 회복 가능성도 높은 편이다. 때로는 처리 부위와 관계없이 피해를 받은 개체가 보상작용으로 무처리보다 생육이 더 좋은 경우도 있다는 것도 유의해야 한다.

약해는 발생하는 기간과 정도에 따라 구분하는데, 약제 처리 1주일 이내에 발아 및 발근 불량, 엽소(葉燒, leaf burn), 반점, 잎의 왜화, 낙엽, 낙과 등이 발생하는 경우 '급성적 약해'라고 하며, 수확기까지 서서히 영양생장, 화아(花芽, flower bud) 형성, 과실의 발육 등에 영향을 주어 생육 억제, 수량 감소, 품질 저하 등의 피해가 나타나는 경우는 '만성적 약해'로 구분한다, 처리한 농약이 토양에 잔류하여 연이어 재배한 작물에 약해를 일으키는 경우가 있으며 이를 '후작물 약해(2차 약해)'라고 한다.

3.2 약해 증상

약해는 단독으로 나타나기보다는 보통 몇 개의 증상이 중복되어 나타난다. 같은 작물에 같은 농약을 살포한 경우에도 조건이 다르면 증상이 달라질 수 있고, 시간이 지나면서 변화될 수 있으므로 발현 시기와 증상의 변화과정까지 관찰하는 것이 좋다.

3.2.1 경엽에 나타나는 증상

경엽(줄기와 잎)에 나타나는 증상에는 그림 9-15와 같이 잎 변색, 잎 기형, 낙엽 등이 있다. 농약을 살포하면 대체로 먼저 백화(白化, chlorosis) 증상이 나타나고 다음에 괴사(壞死, necrosis)

증상이 나타난다. 또한 약해가 가벼울 때는 백화, 심할 때는 괴사 증상이 나타나기도 한다.

- 백화는 작물의 잎 전체, 잎 가장자리, 엽맥 사이 등 다양한 부위에 백화, 황백화(黃白化), 퇴록화(退綠化), 황록화(黃綠化) 등으로 나타나는 증상이며, 태양광에 의해 생성된 단일 상태의 산소(singlet oxygen)로부터 엽록소를 보호하는 carotenoid의 합성과정이 농약에 의해 저해됨으로써 나타난다.
- 괴사(necrosis)는 기관, 조직, 세포 등 생체의 일부가 죽는 것을 의미하고, 백화(chlorosis)와 마찬가지로 잎 전체, 잎 가장자리, 엽맥 사이 등 다양한 부위에서 관찰된다. 괴사 증상은 작물의 종류에 따라 달라지며, 작물체 내의 polyphenoloxidase, peroxidase 등의 효소에 의하여 phenol류 등이 산화되어 갈색, 회백색, 황갈색, 흑갈색 등을 띠게 된다.
- 낙엽(leaf abscission)은 황화, 괴사가 일어난 후 잎이 떨어지는 증상으로 이층세포(離層細胞, abscission cell)에서 ethylene의 작용에 의하여 cellulase가 분비되어 이층세포의 박리(剝離) 또는 세포의 붕괴가 발생하기 때문에 일어난다. 이 증상은 과수에 많으며, 동제 살포에 의한 낙엽은 자연 낙엽과는 달리 엽병을 나무에 남기며 한해(寒害), 건조해, 요소결핍 등의 조건이 중복되면 심해지기도 한다. 감귤의 잎은 3년 정도 나무에 붙어 있어 매년 3~6월에 오래된 잎이 떨어지지만 농약 살포에 의해서 빨리 떨어지는 약해도 있다.
- 페녹시계 제초제 및 안식향산(安息香酸, benzoic acid)과 같이 auxin 활성을 가진 약제를 화본과 이외의 작물에 살포하면 호르몬성 증상이 나타나며, 부분적으로 이상 비대하여 기형엽이 발생한다. 또 생장점이 괴사되면 그 주변부에서 싹이나 잎이 나오는 기형이 되고, 전개하는 잎 주변부가 괴사하면 잎의 중앙부 엽맥이 신장하여 잎이 컵 모양의 기형이 된다. 유기인계

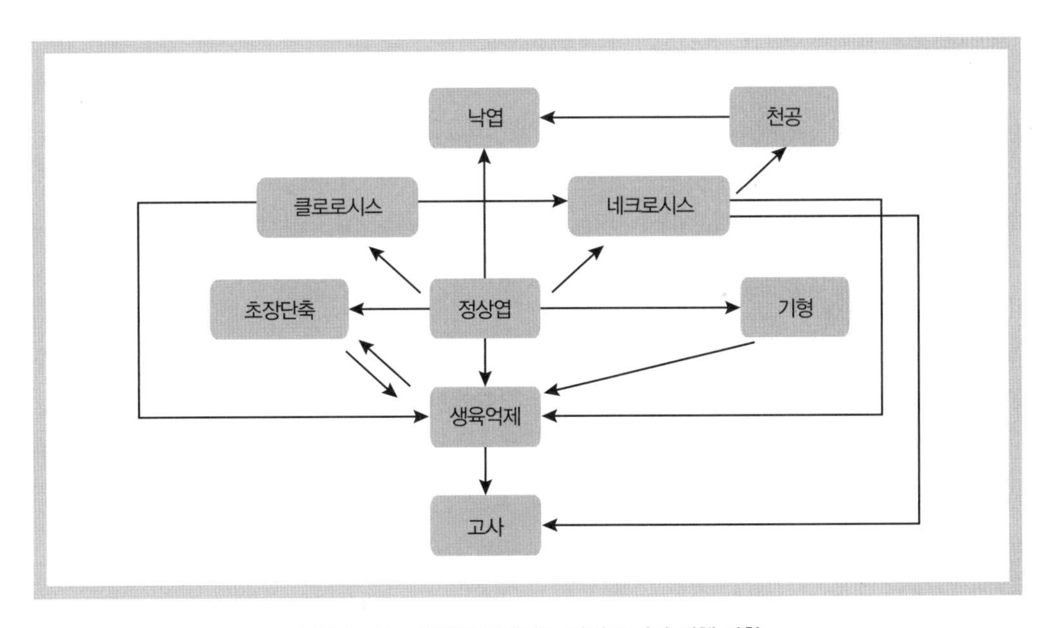

그림 9-15 경엽에 나타나는 약해 증상과 진행 방향

살충제를 박과 작물의 유묘기에 살포하면 전개하는 잎 가장자리 부분의 생장이 정지하여 기형엽으로 나오기도 한다.

3.2.2 뿌리에 나타나는 증상

뿌리에 나타나는 증상으로는 발근저해, 기형근, 갈변, 비대억제, 근장 및 근중 감소 등이 있다. 이러한 증상들은 주로 종자분의와 토양 처리로 생기기 쉽다. Trifluralin 등 dinitroaniline계 제초제는 특히 화본과 작물에서 발근저해나 기형근 형성 등 이상 증상을 일으킨다. 이 때문에 지상부는 비교적 정상이면서 뿌리 피해로 도복이 일어나기도 한다. 논에 phenoxy계 제초제를 살포하면 관근(冠根, crown root) 발생이 억제되기도 한다.

3.2.3 꽃에 나타나는 증상

꽃에 나타나는 증상은 대개 개화가 지연되는 경우로 기계유 유제를 살포한 낙엽 과수 등에서 볼 수 있다. Fenitrothion 유제 등을 배(만삼길 등)의 개화 시에 살포하면 꽃잎이 다갈색으로 되기도 한다. 또 사과 개화기가 저온일 때 SS 살포기(speed sprayer)를 이용하면 온도가 더 떨어져, 농약에 따라 꽃봉오리가 흑변되거나 잎에 약해가 발생하기도 한다. 살균제인 thiophanate-methyl 수화제, chlorothalonil 수화제 등을 개화 중에 살포하면 꽃받침에 약반이 생기기도 한다.

3.2.4 과실에 나타나는 증상

(1) 낙과

과수의 낙과도 ethylene의 작용에 의하여 이루어지며, 개화 후 15일까지 ethylene 생성량이 많은 사과(홍옥)에 fenitrothion 등 유기인계 살충제나 carbaryl 등을 살포하면 ethylene 생성을 촉진하고 그 결과 낙과가 조장된다. 반면 ethylene 생성량이 적은 국광이나 후지 품종은 같은 약제를 살포해도 낙과가 많이 발생하지 않는다. 사과는 일반적으로 과잉 착과하며, 양분 공급 부족으로 자연 낙과하게 되는데 이 시기에 dichlorvos 등을 살포하면 낙과가 많아진다. 특히 살포 시기가 늦어지면 단기간에 낙과가 집중되기도 한다. 배에 동제를 살포하면 유과가 낙과하기도 한다.

(2) 기형과

개화 전후(화분 형성에서 수정 시기까지) 약제의 영향을 받아 이상이 일어난 경우에는 기형과가 생기기도 한다. 피망고추에 streptomycin을 연속 살포하면 종자가 작아져 과실 비대가 억제되기도 한다. 하지만 수분에 나쁜 영향을 준다 해도 화분이 많거나 영향이 일시적인 경우에는 교배 기간이 길면 실제 피해는 없다.

(3) 약반

낙화 직후부터 과실 비대기까지 농약 살포에 의하여 과실에 가끔 약반이 생겨 상품가치를 크게 손상시키기도 한다. 증상으로는 녹과(錄果, russet) 발생, 과피 거칠어짐, 갈색 및 흑색 반점, 과피 그을림, 유침상(油浸狀, oil soaked) 약반이 생기기도 하고 심하면 열과가 발생한다. 석회유황합제를 감귤에 살포하면 햇빛을 잘 받는 부분에 암갈색 반점이 생기기도 한다. 동제(copper)에 의한 감귤의 흑점 증상도 햇빛을 잘 받는 부분의 과실에 나타나기 쉽다. 사과는 유기인계(fenitrothion 및 diazinon 수화제)에 약하여 녹과가 발생하기 쉽다. 저온조건에서 유기인계를 살포하거나, 염기성 동을 일찍 살포하거나, 살충제 유제와 살균제 수화제를 혼용하면 녹과 발생이 많아진다.

농약에 의하여 녹과가 발생하기 쉬운 시기는 낙화 후 2개월 정도가 되는 시기, 과실이 급격하게 생장하는 시기이며, 비가 많은 기상조건에서도 발생하기 쉽다. 복숭아의 성숙기에 captan을 살포한 경우 약액이 1시간 이상 마르지 않으면 기름기의 약반이 생기며, 심할 때 열과가 발생하기도 한다. 벼에 유기비소계인 neoasozin 액제를 살포한 경우 살포시기에 따라 백수 또는 이삭에 갈색~황백색 약반이 생기기도 한다.

(4) 착색 저해

농약에 의하여 과실의 착색이 저해되기도 한다. 과실은 성숙하면 바탕색인 초록색이 사라지고, carotenoid나 anthocyanin 색소가 형성되어 각각 독특한 색으로 나타난다. 기계유 유제를 살포한 감귤, phenthoate 유제를 살포한 딸기 등에서 착색이 저해되기도 한다. 착색 저해와는 다르지만 상품성과 관련이 큰 것으로 포도의 과분형성이 저해되는 경우가 있다. Dithiocarbamate계 살균제인 mancozeb 등은 과분을 녹이는 작용을 한다. 일반적으로 수확 전에 유제를 살포하면 과분이 녹는 경향이 있다.

(5) 임실장애

농약이 화분발아 등 수정에 나쁜 영향을 미쳐 결실을 저해할 수 있다. 이 경우에는 기형과가 되거나, 벼에서는 임실장애(fertility stress)로 백수가 되기도 한다. 일반적으로 감수분열기에는 농약에 대한 감수성이 높아 화분립이 불완전해지거나 종자가 작아진다. 문고병 방제약제였던 neoasozin은 방제효과를 나타내는 최저 약량과 무약해 최고 약량 사이의 (안전)범위가 비교적 좁기 때문에 가끔 벼에 약해가 생긴다. 과잉 살포하면 임실장애를 일으키고, 특히 출수 전 10일경 살포에서 장애가 현저하다. 출수 전 10일경은 감수분열기로서 영향을 받는 영화에서는 개화 지연, 개영(開穎) 불량, 화사(花絲) 신장 불량, 약(꽃밥) 발육 불량, 화분 발아 저하 등으로 결국 불임이 되기도 한다.

3.3 약해 발생의 원인

약해를 나타내는 원인은 표 9-8과 같이 작물의 특성, 농약의 물리화학적 특성, 환경조건, 농약의 사용방법 등에 따라 다르게 나타난다.

3.3.1 작물의 특성

(1) 품종

농약에 대한 감수성은 같은 작물에서도 품종에 따라 다르다. 특히 과수에서는 품종 간 차이가 문제되는 것이 많다. 채소에서도 새로운 품종이 육성·교체되면서 약해가 나타나고 있다.

(2) 작물의 형태

면적당 농약 부착량이 많거나 중량당 부착량이 많은 작물에서 약해가 나타나기 쉽다. 표면이 울퉁불퉁하고 털이 많은 작물은 wax 함량이 많거나 표면이 매끄러운 작물에 비하여 부착량이 많아지며, 소립과실(포도, 방울토마토 등)과 표면적이 큰 엽채류(들깻잎, 쌈채소류)도 부착량이 증가한다.

작물의 형태상 약액이 모이기 쉬운 부분에서도 약해가 나타난다. 열매꼭지의 오목한 부분(사과, 배 등)이나 옥수수의 엽신 기부는 약액이 모이기 쉬워 유기인제 등에 의해서 약해가 발생하는 경우가 많고, 포도의 열매 끝부분도 dinocap이나 captan 등에 의한 약해가 발생한다.

(3) 재배조건

노지재배와 시설재배는 온도나 수광량이 달라 작물의 생장 속도가 달라지면서 잎의 표피구조에

▶ 표 9-8 약해 발생에 영향을 주는 요인

요인	약해 발생 요인
작물의 특성	• 작물 종류 및 품종의 특성 • 작물의 형태 : 잎, 과실 표면의 형태 • 재배형태 : 노지재배, 시설재배, 멀칭재배 등 • 생육단계 : 발아특성
농약	• 물리성 : 부착성, 고착성, 침투이행성 • 환경 중 농약의 잔류 및 확산 : 표류비산, 휘산(증발), 잔류성, 농약의 대사 및 분해산물
환경조건	• 기상환경 : 광, 온도, 습도, 강우 등 • 토양환경 : 점토의 종류 및 함량, 유기물 함량 등
사용방법	• 불합리한 혼용 • 근접살포

차이가 생긴다. 또 춘작과 하작 등 재배 시기, 시비 등 경종 조건이 다른 경우에도 약해가 다르게 나타나지만, 일반적으로 연약한 묘에서 약해가 발생하기 쉽다.

벼 재배용 토양 처리 제초제의 상당수는 토양의 표층에 처리층을 만든다. 따라서 벼를 얕게 심으면 뿌리가 처리층에 있게 되므로 약해가 발생하기 쉽다. 뿌리로부터 흡수되는 acetanilide계 제초제의 약해는 이 조건에서 발생한다. 흡수 부위가 엽초부에 있는 제초제는 수심이 깊으면 약해가 일어나기 쉽다. Diphenylether계 제초제나 oxadiazon에 의한 벼의 엽초 갈변이 이 경우의 예이다.

(4) 생육단계

잎이 연약한 유묘기나 생육 초기에는 일반적으로 약해에 대한 감수성이 높으며, 감귤에서는 잎 전개기부터 유과기에 걸쳐 감수성이 높다.

작물이 발아하여 생장하는 과정이 다른 작물에서는 약해발생에 차이를 보인다. 콩과 팥의 발아 양식을 보면 콩은 자엽으로부터 출아하지만, 팥은 하배축으로부터 출아한다. 밭에 사용하는 토양 처리형 제초제는 토양 표면에 처리층을 형성하는데, 콩은 자엽이 토양 표면의 처리층을 밀어 올려 본엽이 제초제에 접촉되지 않고 처리층을 통과하게 하므로 약해가 없는 반면, 팥은 자엽이 지하에 남고 어린 경부(莖部)가 처리층을 통과하므로 약해를 받기 쉽다.

3.3.2 농약의 이화학적 특성

(1) 물리성

농약의 물리성은 작물에의 부착성과 작물체 내 침투성에 영향을 줄 수 있는 요소로서 중요한 약해 요인이며 농약의 제제형태, 물에 대한 용해도 및 휘발성 등이 포함된다. 일반적으로 유제가 수화제에 비하여 식물 조직 내 침투량이 많아지는 경향이 있어 약해 가능성이 높다. 농약 원제의 입자 크기도 약해 발생에 영향을 줄 수 있는데, 제초제인 dichlobenil 수화제는 입자가 작아질수록 효과가 좋아지지만 약해도 커지는 경향을 보인다.

작물이 흡수하는 농약의 양이 많아지면 약해 가능성이 높아지는데, 흡수량 증가 요인 중 하나는 물에 대한 용해도이다. 농약의 침투량은 약액이 마를 때까지의 시간이 길수록, 농도가 높을수록 커진다. 약액의 건조 시간은 온도나 습도, 약액에 함유된 계면활성제의 종류에 따라 달라진다.

일반적으로 침투이행성 살충제나 경엽처리형 제초제와 같이 식물체 내로 침투하는 특성을 가진 농약은 수용성이 비교적 높아, 침투된 후 증산류(apoplast 이동)를 타고 잎의 주변부나 선단부(先端部)로 이동하는 것으로 알려져 있다. 쌍자엽 식물에서는 잎의 주변부, 화본과 작물에서는 잎의 선단부로 농약이 이동하여 고농도로 축적되면 약해 증상이 나타나게 된다.

(2) 환경 중 농약의 잔류 및 확산

가. 표류비산

농약 살포액 또는 분제가 바람에 의해 비산되어 목적 이외의 장소에 있는 작물에 부착됨으로써 약해를 일으키는 수가 있는데, 이를 표류비산(drift)이라 한다. 인근의 작물이 약해에 대한 감수성이 높은 경우 비산된 농약에 의해 약해가 발생한다. 비산의 의한 약해는 지상살포보다 항공살포에서 더욱 광범위하게 확산될 수 있다.

나. 휘산

휘산(vapor drift)은 살포한 약제가 증발하여 기체상으로 된 농약성분이 방제대상 작물 또는 인근에 재배되고 있는 작물에 약해를 일으키는 것을 말한다. 농약 중에는 증기압이 높아서 증발하기 쉬운 것이 있으며, 특히 작물에 직접 접촉되면 약해를 일으키는 제초제는 증기압이 높은 편이다. 과수원의 잡초방제를 위해 제초제를 살포하면 휘산으로 인해 과수의 어린 싹이나 과실에 약해를 일으키는 경우가 있다. 일반적으로 제초제는 증기압이 10^{-4}mmHg 정도가 되면 휘산에 의한 약해의 가능성이 있다. 한편 dinitroaniline계의 trifluralin, nitrile계의 dichlobenil 등은 증기압이 높아서 증발하기 쉽지만, 토양혼화처리를 하면 가스상으로 확산되어 잡초의 새싹을 잘 죽인다.

담수 조건의 논에 살포하는 제초제 molinate의 경우는 주로 광분해로 소실되지만 휘산으로 소실되는 양도 많은 편이다. 밭 조건의 토양처리제초제는 토양 수분에 의하여 휘산되기도 하나, 점토나 유기물에 흡착되기도 하므로 증발관계는 상당히 복잡하다. 증기압이 낮고, 물에 대한 용해도가 매우 낮은 농약도 논물이 증발할 때 같이 증발하면서 휘산되어 작물에 약해를 일으키는 경우가 있다.

다. 농약의 잔류성

토양 중에 오랫동안 잔류하는 농약을 사용한 포장에 후작(後作)으로 그 농약에 감수성인 작물을 재배할 경우 약해가 발생될 수 있다. 후작물(following crop)에 약해를 보일 가능성이 높은 농약은 표 9-9에서 보는 바와 같이 대부분이 제초제이며, 국내에서는 논 제초제인 quinchlorac이 후작물인 가지과 작물(가지, 고추, 토마토, 담배, 감자 등)과 박과 작물(수박, 참외, 오이 등)에 약

▶ 표 9-9 제초제별 후작 약해의 우려가 있는 작물

제초제	약해 우려 작물
Trifluralin	벼
Nitralin	벼
Pendimethalin	벼
Diphenamid	벼, 콩과 작물, 시금치
Lenacil	벼, 콩과 작물, 가지과 작물, 십자화과 작물

해를 보여 등록이 취소된 바 있다.

제초제 외에도 살균제인 quintozene을 처리한 밭에 토마토, 가지, 피망, 파 등을 후작물로 재배할 때 약해의 우려가 있는 것으로 알려졌다.

라. 농약의 대사 및 분해산물

살포된 농약이 토양 중에서 대사 및 분해되어 생성된 화합물이 약해를 일으키기도 한다. Thiobencarb는 환원조건(담수상태)에서는 탈염소화반응이 일어나 dechlorothiobencarb가 되며 벼에 왜화(矮化) 증상을 야기한다. 답전윤환(畓田輪換) 시 배추의 근부병 방제를 위하여 사용된 quintozene은 환원조건에서 분해되어 pentachloroaniline(PCA)와 pentachlorothioaniline(PCTA)를 생성하며, 이들이 벼에 약해를 유발하는 것으로 알려져 있다.

(3) 환경조건

가. 기상조건

기상조건에 따라 약해 발생은 달라진다. 고온조건에서 살포하거나, 살포 후 강한 광에 의해 약해가 발생하기도 한다. 살포 전의 기상조건도 약해에 영향을 미친다. 연약한 묘를 만드는 기상조건은 물론 과수 등 영년작물(perennial crop)에서는 전년도에 건조해나 한(寒)해가 있었던 경우 약해가 발생한다. 각각의 기상조건이 약해와 깊은 관계가 있으나, 실제로는 온도와 광, 온도와 습도가 서로 상호작용을 함으로써 약해가 발생하는 것이 보통이다.

① 광 : 농약을 살포한 후 강한 광조건은 약해를 증가시킨다. 광에 의해 엽록소가 파괴되어 황화가 발생하기 때문이다. aminotriazole, methoxyphenone 등의 농약 살포에 의하여 carotenoid가 감소한 작물의 잎에서는 강광에서 황화현상이 발생한다.

약한 광 조건에서도 묘가 연약하게 되어 cuticle 층의 두께가 감소하기 때문에 약제 침투량이 많아져 약해가 증가할 수도 있다. 약광에서는 광합성 능력이 저하되고 해독기구의 하나인 glucoside conjugation 형성에 필요한 광합성 산물의 생산이 저하되어 약해가 많아지기도 한다.

② 온도 : 온도에 따른 약해의 발현은 작물에 따라 달라지며, 고온에서 쉽게 약해를 일으키는 것과 저온에서 약해를 일으키는 경우가 있다.

벼에 대한 제초제 simetryn 약해는 이상 고온, 부식질이 적고 흡착이 적은 사질토양, 연약묘, 어린 모의 경우에 많이 발생한다. 흡착이 적은 토양에서는 물에 용해된 형태로 존재하기 때문에 벼로 흡수되기 쉽고, 또 고온에서 흡수량이 많기 때문이다. 장마가 끝나고 온도가 급격하게 상승하고 증산이 왕성하게 되면 simetryn 흡수량이 증가함으로써 약해가 증가한다.

그 외에도 고온일 때 약해가 발생하는 예는 많다. 특히 하우스 재배는 고온조건으로서 mancozeb의 경우 약해를 일으키기 쉽다. 일반적으로 하우스 재배에서는 작물이 연약하게 되고, 살포한 약액이 늦게 마르는 등의 이유로 약해가 발생하기 쉽다.

저온에 의한 약해로는 phenoxy계 제초제에 의한 벼의 통엽(筒葉) 발생이다. 제초제인

MCPA가 벼에 미치는 영향은 온도에 따라서 다르다. 고온조건에서는 생육이 떨어지는 약해가 일어나지만, 오히려 저온조건에서 통엽과 함께 생육이 억제되어 문제가 된다. MCPA 및 MCPB에 의한 통엽은 약제 처리 후에 벼의 생육이 거의 정지하는 기온조건, 예를 들면 평균기온이 15℃ 전후로 3일 이상 지속되면 발생한다. 특히 약제 처리 시 벼가 4엽기 이내일 때 많이 발생하고, 6엽기 이후에는 통엽 발생은 적어지는 것이 보통이다.

③ 습도 : 다습한 조건에서 배추 잎은 cuticle 층이 얇고, 세포간극이 넓고, 기공수도 많아 약제가 잎의 조직 내로 침투하기 쉽게 된다. 또 살포 후에 다습한 조건이 되어도 약액 건조가 늦고 조직 내로 침투량이 많아지기 때문에 약해가 발생한다. simetryn처럼 뿌리에서 흡수되는 제초제는 고온, 저습 조건에서 흡수량이 많아 약해가 발생할 가능성이 높다.

나. 토양환경

토양의 종류 및 농약 흡착능, 농약의 종류 등에 따라 약해가 달라진다. 토양의 농약 흡착능은 약해와 밀접한 관계를 가지고 있으며, 흡착능이 높은 토양, 즉 유기물 함량이 많거나 montmorillonite와 같은 점토를 다량 함유한 토양에서는 농약의 가용성이 낮아 약해가 잘 발생하지 않는다.

또한 토양 중 수분 함량도 영향을 미친다. 최대 용수량이 적은 사질토에서는 물의 수직방향 이동성이 높으므로 토양 흡착이 적은 농약은 작물의 뿌리층으로 이동할 가능성이 높아 약해가 예상된다. 농약의 특성상 토양에 흡착되는 양이 적고 수용해도(水溶解度)가 큰 농약도 작물의 뿌리층으로 이동하여 약해를 일으키기 쉽다.

3.3.3 농약의 사용방법

농약은 정해진 사용방법 및 주의사항을 잘 숙지하여 사용하는 한 약해의 우려가 없다. 현재 발생하는 약해는 대부분 미등록 농약 사용, 잘못된 시기에 살포, 과잉 또는 불균일 살포, 불합리한 혼용 등에 기인한다.

(1) 불합리한 혼용

혼용이란 살포액 중에 2종 이상의 농약을 섞어서 한 번에 살포하는 것으로, 같은 시기에 발생하는 해충이나 병을 동시 방제하기 위한 것이다. 유제와 수화제의 혼합 등 서로 다른 제형의 농약을 혼합하여 살포액을 조제한 경우, 물리성이 변화되거나 살포액 중의 유효성분이 화학변화를 일으키기도 한다.

농약 중에는 보르도액이나 석회유황합제 등의 알칼리성 농약과 혼용할 경우 방제 효능이 달라지고 약해가 발생할 수도 있다. 예를 들면 유기인계 살충제가 알칼리성으로 되면 유효성분의 가수분해가 촉진될 수도 있다. 이렇게 되면 효과가 떨어지거나 화학변화를 일으켜 약해의 원인으로 되기도 한다. 또한 dithiocarbamate계 살균제인 zineb는 석회액과 혼용하면 zineb의 아연(Zn)이 칼슘(Ca)과 치환되어 수용성이 높아지고 약해를 일으킨다.

혼용에 의한 약해는 대체로 살포액의 물리성 변화 때문이다. 과수 재배에서는 해충과 병의 동시 방제를 위하여 자주 혼용하는데 살충제는 보통 유제, 살균제는 수화제가 많다. 이들을 혼합하면 때에 따라 수화제의 증량제 또는 전착제가 침전되거나, 유제의 유화제가 분리된다. 이러한 침전물이 귤의 과실에 부착되면 약반이 생길 수 있다. 감귤에 살포한 기계유 유제와 zineb 수화제의 혼합액은 2~4시간 정도 지나면 기름 성분이 분리된다. 분리된 기름 성분이 링 모양의 약반을 만들 수 있으며, 약반을 현미경으로 보면 왁스가 녹아 균열이 생긴 것을 관찰할 수 있다. 따라서 혼용할 때에는 먼저 물리성의 변화 여부를 확인할 필요가 있다.

(2) 근접살포

제초제 propanil은 벼와 피 사이에 속간(屬間) 선택성이 있는 약제이다. 그러나 propanil을 유기인계 또는 carbamate계 살충제와 근접살포(시간 또는 공간적으로 가깝게 살포)할 경우 표 9-10과 같이 벼에 엽소(葉燒) 증상이 나타난다.

Propanil이 벼에 안전한 것은 벼의 경엽에 함유되어 있는 arylacylamidase가 propanil을 약해를 일으키지 않는 3,4-dichloroaniline과 propionic acid로 분해하기 때문이다. 그러나 carbamate계 또는 유기인계 살충제와 propanil을 근접살포할 경우, 처리된 살충제가 벼의 aryl-, acylamidase 활성을 저해하여 벼를 피와 같은 propanil 감수성으로 만들기 때문이다. 이러한 현상은 토양처리된 carbamate계 살충제에서도 나타난다.

▶ 표 9-10 Carbamate계 살충제와 propanil 근접살포에 따른 약해와 효소활성 저해 정도

Carbamate계 살충제	약해 정도*			Propanil 분해효소 활성저해율(%)**
	제4엽	제5엽	제6엽	
Aldoxycarb	1.7	2.5	1.0	21.7
Fenobucarb	2.2	2.0	0.5	58.2
Isoprocarb	3.7	3.7	1.0	74.5
Metolcarb	2.2	3.3	1.1	91.3
Carbaryl	3.7	3.6	2.1	88.8
Propanil(xontrol)	1.9	2.1	0.5	-

출처 : M. Yukimoto, M. Oda, 1973

* 고사(고사) 면적에 따라 0(0%)~5(100%)의 지수로 표시

** Carbamate 무처리 시 활성은 22.5㎍ (propanil)/hr., carbamate는 3.3×10^{-7} M 첨가

3.4 약해를 방지하기 위한 대책

3.4.1 제제의 개선

(1) 비산방지 제제

농약의 표류비산은 살포 농약의 입자 크기에 좌우되므로 제제할 때 입자의 크기를 가능한 크게 하여 약해를 방지할 수 있다. 분제의 경우 미립제, DL(drift-less) 분제 등으로 제제하고, 액제의 경우 거품 상태로 살포하는 foam spray법 등으로 개선하면 약해를 줄일 수 있다. 또 항공살포에서는 수분 증발을 억제하는 sodium polyacrylate를 첨가하여 액적(droplet)을 무겁게 함으로써 표류비산을 줄일 수 있다. 한편 토양 표면에 살포하는 입제는 효과를 저하시키지 않는 범위 내에서 입경을 크게 만들어 작물 경엽으로의 비산율을 줄이면 약해를 줄일 수 있다.

(2) 방출제어 제제

가. 마이크로캡슐제

제제를 개선해서 약해를 경감시키는 방법 중에 방출을 제어(controlled release formulation)하는 여러 가지 제제 기술(formulation technique)이 있다. 농약을 살포하면 유효성분이 서서히 방출되는 기술로 잔효성을 길게 해서 효과를 높일 뿐만 아니라 약해 경감 목적으로도 유효하다. 그중 하나가 유효성분을 미세하게 분쇄한 후 캡슐에 넣어서 휘산을 방지하고 자외선에 의한 분해를 방지하는 목적으로 개발된 마이크로캡슐 제형이다. 통상적으로 마이크로캡슐 제형은 일반 제제에 비해 약해가 적은 편이다.

나. 고분자화합물

흡착성이 강한 화합물을 혼합하면 활성 성분이 흡착되므로 서서히 방출된다. 제초제 metribuzin을 kraft lignin(황산소다법으로 만든 펄프의 일종)이라고 하는 불용성 알칼리 lignin과 1:1로 혼합한 것을 콩밭에 처리하면 metribuzin은 kraft lignin에 흡착되어 서서히 방출되기 때문에 약해가 경감된다. 또한 도열병에 효과가 있는 pyroquilon에 흡착성이 강한 담체를 첨가하면 방출제어가 되어 약해가 경감되었다는 보고도 있다.

3.4.2 약해 경감제 이용

해를 줄이기 위해 토양에 시용하거나 작물 종자에 분의(粉依, powdering of seed)하는 물질을 약해 경감제(safener, 해독제)라고 한다. 약해 경감제에는 여러 가지가 있으며 약해 물질을 제거하는 물리적인 해독 물질, 작물체 내에서 화학적으로 해독하는 물질, 작물의 생리활성을 높여 약해를 경감하는 물질 등이 있다. 이러한 해독제들은 대부분 제초제에 사용된다.

(1) 물리적 해독 물질

토양 중의 유해물질을 제거하는 목적으로 하는 물질은 활성탄(active carbon)이 있다. 활성탄을 처리하는 방법으로는 토양 혼화, 종자분의, 묘의 뿌리에 분의하여 정식하는 것 등이 있다. 활성탄은 여러 가지 화합물을 흡착하므로 약해를 줄일 수는 있으나, 작업상 번거롭고 제초효과가 떨어질 우려도 있으며, 상당히 많은 양을 사용해야 하므로 실용상 어려운 점이 있다.

(2) 약해 경감제 이용

토양처리 제초제는 표토에 처리층을 만들어 제초효과를 나타내고 있으나, 토양이나 강우 조건 등에 의하여 약제가 아래 방향(뿌리층)으로 이동하면 작물에 약해를 일으키며, 이동을 억제하면 약해는 경감된다. Simazine 등 triazine계 제초제에 증산억제제인 oxyethylene docosanol 등을 처리하면 하방 이동을 줄일 수 있다. Diuron 등의 요소계 제초제에 계면활성제를 첨가해도 하방 이동이 줄어든다.

어떤 화합물은 작물체 내의 약해 유발물질을 분해하기도 하는데, 이를 해독제(antidote)라고도 하며 해독제의 종류는 표 9-11과 같다. 잘 알려진 해독제는 thiocarbamate계 제초제인 EPTC에 사용되는 dichlormid(R-25788)이다. 이것을 옥수수 종자에 분주하여 파종하면 EPTC 약해가 경감된다. EPTC는 옥수수 체내에서 glutathione conjugate와 cysteine conjugate를 생성하는데, Dichlormid와 EPTC를 동시에 사용하면 EPTC 대사가 촉진되어 해독효과가 나타난다. Dichlormid는 EPTC뿐만 아니라 alachlor, atrazine 등의 제초제에 대해서도 약해 경감효과가 있다. Dichlormid 이외에도 thiocarbamate계 제초제 약해 경감에 사용되는 NA(1,8-naphthalic anhydride)의 종자분의 효과는 dichlormid보다도 먼저 알려졌고, 옥수수뿐만 아니라 벼 등에도 효과가 있다.

Metolachlor, pretilachlor 등 chloracetanilide계 제초제는 화본과 작물에 생육억제를 일으키는 수가 있다. 이러한 약제에 CGA-43089를 처리하면 pretilachlor의 벼 약해, metolachlor의 옥수수 약해가 경감된다. Metolachlor의 경우 약해경감제를 제초제에 혼합하여 사용하는 것보다 종자에 분의하여 파종한 후에 제초제를 처리하는 것이 효과가 좋다고 알려져 있다. CGA-43089는 triazine계 제초제에 대해서도 약해 경감효과가 있다. 논 제초제 약해경감제로는 pretilachlor 제제에 혼합 사용되고 있는 fenclorim이 있다.

(3) 생리활성 증진제 이용

논 제초제 중 simetryn이나 butachlor는 재배조건에 따라 벼에 약해가 있다. Simetryn은 고온에서 잎마름 증상을 보이고, butachlor는 얕게 심은 벼에서 생육억제 증상을 보인다. 이때 식물 호르몬의 일종인 brassinolide에 의하여 약해가 경감된다. Brassinolide는 작물에 증수효과가 있는 것으로 알려져 있으며 내한성(cold resistant), 내병성, 항스트레스 효과도 확인되고 있다. 약해도 스트레스로 볼 수 있으므로 brassinolide의 생리활성 증진 효과가 약해를 경감하는 것으로 보인

▶ 표 9-11 제초제의 해독제

해독제	약해 원인 제초제	작물	비고
Benoxacor	Metolachlor	콩	분해 촉진
CL304415	Imazethapyr, Imidazolinones	콩	대사 촉진
Cloquintocet	Clodinafop-propargyl	곡물	해독과정 촉진
Dichlormid	Thiocarbamates	콩	대사 촉진
DKA-24	Thiocarbamate, 2-Chloroacetanilide	맥류	대사교란 촉진
Fenclorim	Pretilachlor	벼	Glutathione conjugation
Flurazole	Alachlor, Metolachlor	벼	-
Fluxofenim	Metolachlor	벼	대사 촉진
Furilazole	Sulfonylurea, Imidazolinones	화본과 작물	대사 촉진
Oxabetrinil	Metolachlor	벼	대사 촉진

다. Brassinolide 희석액에 묘를 침지할 경우 이앙한 벼는 butachlor나 simetryn에 의한 약해가 적었거나 회복이 빨랐다는 보고가 있다. 탄산칼슘도 약해 경감 효과가 있다.

3.4.3 농약 안전사용기준 준수

농약 중에는 작물의 종류 및 품종에 따라 약해를 일으키는 경우가 있으므로 농약 등록사항의 적용작물(또는 품종)에 한해서 사용해야 안전하다. 농약을 살포하기 전 또는 살포 중 약해를 방지하기 위하여 표 9-12의 주의사항을 숙지한 후 농약을 살포하여야 한다.

3.4.4 기타 고려사항

토양처리 제초제는 복토심을 일정하게 하고, 가늘게 쇄토하며, 논에서는 물 빠짐 정도에 알맞은 제초제를 선택해야 한다.

▶ 표 9-12 약해 방지를 위한 주의 및 실천사항

농약 살포 전	농약 살포 작업 중
• 적용작물, 처리시기(생육단계) 확인 • 희석농도, 혼용가부 확인 • 적용작물 및 품종 확인 • 근접살포에 대한 안전성 확인 • 살포기구 점검 • 기상예보 확인	• 살포액 조제(소량의 물 → 소정량의 물) • 고온일 때 살포 회피 • 균일 살포 • 풍향, 주변 포장으로의 표류비산 고려 • 농약 빈병 및 살포 후 잔액 처리 • 살포장비 세척

작물의 재배 측면에서도 간접적으로 약해를 줄일 수도 있다. 재식밀도, 비배관리 등을 적절하게 하고 작물을 건강하게 생육시키면, 농약의 살포량을 줄일 수 있으며 약해의 가능성은 적어진다. 또 연작을 하면 그 작물을 가해하는 병해충은 대체로 증가하고, 농약 사용량도 따라서 증가하게 된다. 그러므로 윤작과 같은 작부 체계는 약해를 줄이는 방법이 될 수 있다.

동일한 농약 성분을 반복해서 사용하면 대상 병해충이나 잡초에 저항성이 생기므로 방제효과가 떨어지기 때문에 농약 살포량은 점점 증가하게 되며 그 결과 작물의 민감성도 증가한다. 한편 농약을 연용할 경우 과수 등은 장기간 스트레스에 노출되므로 만성적인 약해가 발생할 수 있다.

chapter 10

농약의 작용기작

1. 농약의 작용단계

농약은 해충, 병원균 및 잡초에 살포되었다고 무조건 약효를 나타내는 것은 아니며 방제 대상 생물의 생화학적 작용점에 도달, 결합 또는 반응함으로써 비로소 약효를 나타낸다. 따라서 농약으로서의 약효는 순차적으로 ① 접촉(contact), ② 침투(penetration), ③ 작용점으로의 이행(translocation), ④ 작용점에서의 반응(affinity at active site)의 4단계로 구분할 수 있다. 이러한 단계는 살충, 살균 및 제초제에 구분 없이 공통적으로 적용된다.

첫 번째 접촉 단계에서는 농약 자체의 물리화학적 특성과 더불어 약제의 살포 방법 및 그 효율성과 밀접한 관계가 있다. 즉, 대상 해충의 서식 부위에 직접 살포하는 전면 또는 엽면 살포, 침투 이행성 약제를 이용한 토양 살포, 약제의 상당량이 공기 중에 분포하는 훈증법 등에 따라 접촉 효율이 좌우된다. 일반적인 전면 살포에서도 약제가 해충 또는 작물체에 직접 부착되는 비율은 1/3 이하이며 대부분 비산되거나 토양에 투하되게 된다. 따라서 이러한 전면 살포용 약제를 살포할 경우에는 접촉 효율을 높이기 위한 수단이 강구된다. 통상의 분무법에 비하여 살포 액적의 크기가 작고 균일한 미스트 살포법, 액적 표면에 정전기를 부가하여 표면 부착 효율을 높이는 정전기 살포법, 표면장력을 낮추어 습전성을 향상시키고 추가적으로 농약 분자가 작물체/해충 표면으로 배향하도록 유도하는 전착제 사용 등이 이에 해당한다. 약제의 화학/생화학적 안정성은 해충 및 작물체 표면 또는 침투성 약제의 작물 체내 잔효성을 좌우하므로 해충에 대한 접촉 기간에 큰 영향을 미치는 중요 요소이다. 아울러 이러한 환경요소별 분포에는 온습도, 바람 등 환경적 요인도 관여되므로 농약 살포에 대한 적정한 기상조건을 준수하는 세심한 주의가 요구된다.

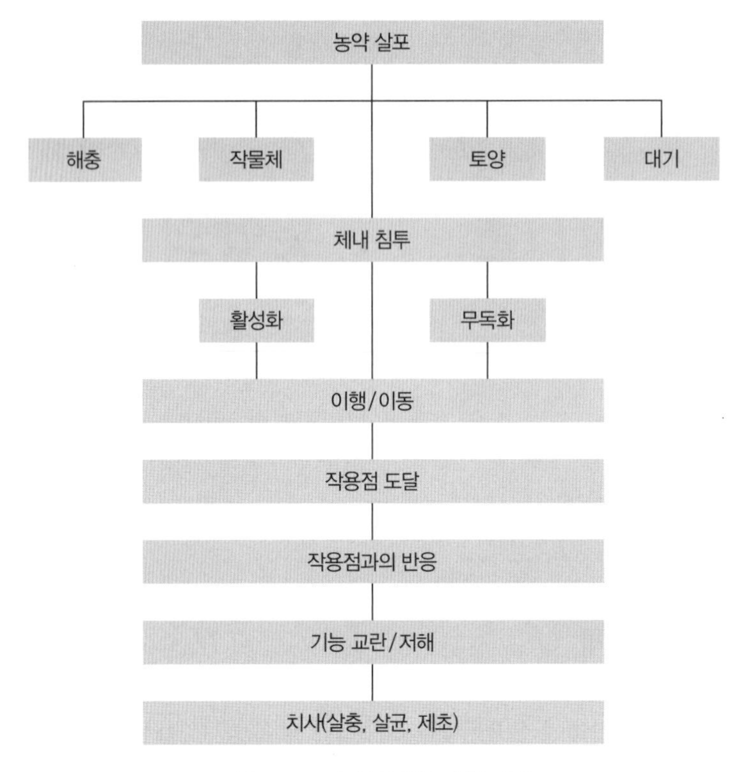

그림 10-1 농약의 약효 발현 과정

두 번째 침투 단계에서는 방제 대상 해충의 표피 조성과 log Pow(*n*-octanol/water 분배계수)로 대표되는 유효성분의 극성이 가장 중요한 요소이다. 그림 10-2에 나타낸 바와 같이 식물 잎 및 곤충의 표피의 최외부 표면은 왁스 등 매우 비극성인 물질로 구성되어 있다. 따라서 농약이 충분히 비극성이 아니면 이러한 왁스층으로 분배될 수 없으므로 침투 자체가 어렵다. 그러나 왁스층을 거쳐 내부로 갈수록 친수성이 커지므로 너무 비극성이면 작용점이 위치하는 생체 내부로의 침투가 어렵게 된다. 따라서 농약 분자는 친유성 뿐만 아니라 친수적 특성도 가져야 하는 서로 상반된 특성을 요구한다. 실용화된 농약들은 해충에 대한 생물활성이 매우 높아 단위 시간당 내부로 침투하는 양이 적어도 충분한 약효를 발휘하므로 대부분의 비해리성 농약은 전체적으로는 비극성이며 약간의 친수적 특성을 나타내는 것이 일반적이다. 약하게 해리하는 특성을 나타내는 약산 또는 약염기성 농약들은 살포액/작물체의 산도에 의하여 그 유용성과 수용성의 상대적 비율이 달라진다. 즉, 약산성 농약의 경우 pH가 산성일수록 유용성이 커지므로 침투성이 증대된다. 이러한 약해리성 농약에 대해서는 살포액 중의 산도를 일부 변경, 이온화 정도(degree of ionization)를 조절함으로써 투과력을 향상시키기 위하여 bisulfate 등의 활성제(activator)를 첨가하기도 한다. 한편 금속이온을 함유하는 살균제 등 농약들은 다른 침투기작을 나타낸다. 예를 들어 구리를 함유하는 살균제의 경우 금속이온 자체는 표피 투과성이 없으나 병원균의 포자 발아 시 분비되는 아미노산 및 keto acid가 구리이온과 chelate complex를 형성함으로써 가용성이

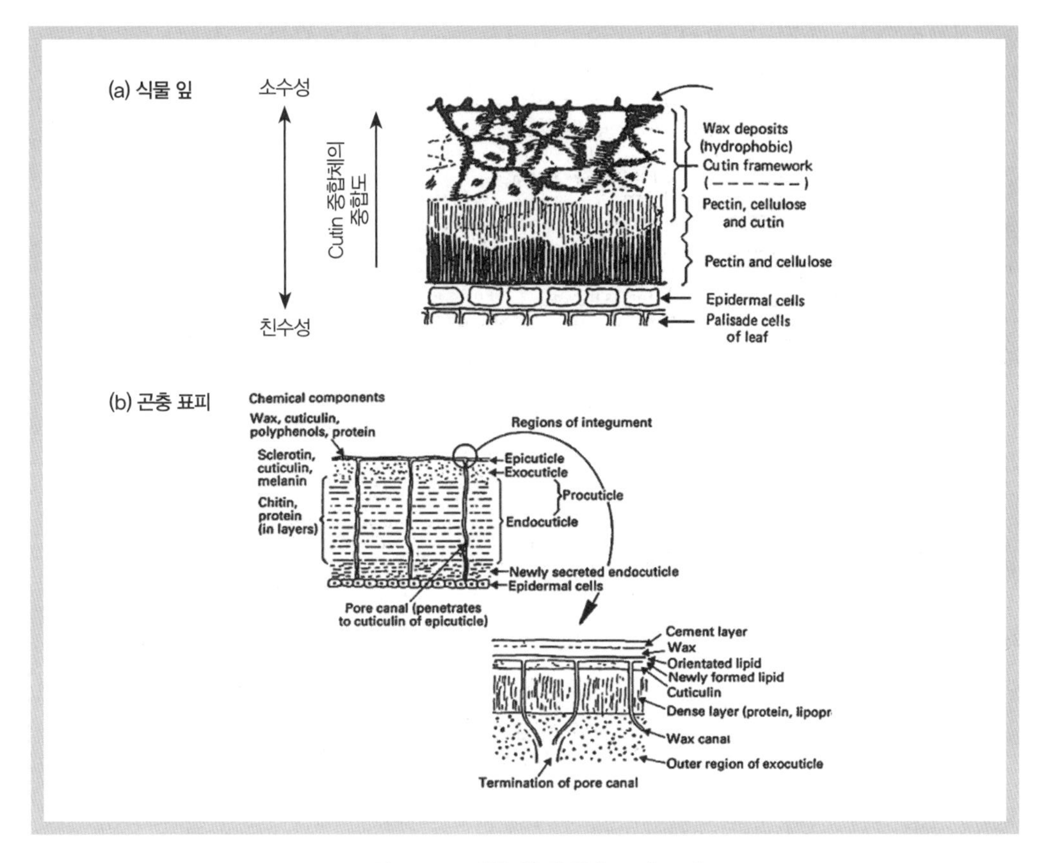

그림 10-2 식물 잎 및 곤충 표피 조직

증대, 포자나 균사에 침투하게 된다. 또한 구리이온이 없을 때에는 포자 발아 시 분비량이 매우 적은 양이나 구리이온에 의하여 생리 교란이 일어나 많은 양의 분비물이 발생하고 구리의 가용화가 가속화된다.

세 번째 작용점으로의 이행 단계에서는 이행 시 활성화(activation) 및 무독화(detoxication) 반응의 유무, 이러한 대사반응의 속도 및 이동 속도가 작용점에 도달하는 농약 성분의 양을 결정한다. 즉, 약제가 침투하여 대상 체내로 들어가면 농약 성분들은 작용점으로 이행(이동)되는 동안 생체 내에서 일어나는 생화학/화학 반응의 대상 물질이 될 수 있다. 활성화 반응의 대표적 예는 유기인계 살충제에서 thiophosphoryl기(P=S)가 phosphate(P=O)로 산화되는 반응이며 소위 복합산화효소군(mixed function oxidase, MFO)이 이에 관여한다고 알려져 있다. Thiophosphoryl의 구조를 갖는 유기인계 살충제는 phosphate 구조를 갖는 성분보다 작용점인 acetylcholinesterase(AChE)에 대한 저해력이 약하나 이러한 이행 과정 중에 phosphate로 변환되므로 실제 살충성분은 phosophate 형태이다. 활성화 과정을 제외한 무독화 반응은 대개 농약의 약효가 저하되는 반응이며 이러한 반응의 유무 및 반응속도에 따라 실제 작용점에 도달하는 성분량이 달라지며 또한 약효에 큰 영향을 끼치게 된다. 한편 작용점은 대개 세포의 소기관 내에 분포하므로 소기관을 둘러싸고 있는 막(주로 lipid bilayer로 구성)에 대한 투과성이 작용점 도달의 또 다른 인자로서 작용한다.

농약 작용의 최종 단계인 작용점에서의 반응(affinity at active site)에서는 생물 종에 따른 작용점의 존재 유무와 진화에 따른 친화력 차이가 생물종 간 선택성을 좌우한다. 예를 들어 포유동물에는 발견되지 않고 해충에만 존재하는 chitin의 생합성을 저해하는 benzoylphenylurea계 살충제는 인축/해충 간 선택성이 매우 높아 안전하게 사용할 수 있다. 유기인계 살충제의 작용점인 AChE는 포유동물 및 해충 체내 모두에서 발견되나 진화 과정 중 활성부위(active site) 내 3차원적 배열이 약간 상이하다. 따라서 유기인계 살충제 구조 중 3-methyl기를 함유하는 성분(예 : fenitrothion)들은 인축에 대한 독성이 다른 유기인계 살충제에 비하여 상당히 낮게 관찰된다.

2. 농약의 작용기작과 저항성

농약의 작용기작은 농약 사용 시 저항성 발현의 최소화를 위한 필수적 사항이다. 방제 대상인 해충, 병원균 및 잡초의 측면에서 농약은 적자생존을 강요하는 선택압(selection pressure)으로 작용하므로 당연히 이에 대한 저항성이 발생하게 된다. 저항성 발현의 인자로는 해충이 자기 자신에 해로운 농약에 접촉하지 않으려는 자기 방어 본능에 의한 행동 변화인 행동학적(behavioral) 요인, 약제 투과성(penetration)의 변화에 따른 형태학적(morphological) 요인, 무독화(detoxification) 대사 반응성의 증가에 따른 생화학적(biochemical) 요인, 작용점의 친화성 저하 및 변형에 따른 생리학적(physiological) 요인으로 구분한다. 농약의 작용기작은 이 중 생리학적 요인에 대하여 가장 결정적인 영향을 미친다.

농약의 저항성을 최소화하기 위해서는 동일 작용기작을 나타내는 농약 성분 부류 내에서 빈번히 발생하는 교차저항성(cross resistance)을 차단하는 것이 중요하다. 이를 위해서는 서로 상이한 작용기작을 나타내는 농약들을 교호 사용하여야 하는데 이를 위하여 전 세계적으로 농약별로 작용기작을 세분하고 있다. 즉, 살충제, 살균제 및 제초제에 대해서 국제적으로 Insecticide(IRAC), Fungicide(FRAC), Herbicide(HRAC) Resistance Action Committee가 결성되어 전 세계 유통 농약의 작용기작을 과학적으로 세분하여 교차저항성을 예방하고 있으며 국내에서도 이러한 국제적 작용기작 분류를 준용하고 있다.

3. 살충제 및 살응애제의 작용기작

살충제 및 살응애제의 해충 내 주요 작용 부위는 다섯 가지로 구분할 수 있다. 첫 번째는 신경(nerve) 및 근육(muscle)에서의 자극 전달 작용을 저해하는 부류로서 가장 많은 살충제가 이에 속한다. 이 부류의 살충제는 일반적으로 해충에 대한 반응 및 약효 발현 작용이 빠르게 일어난다.

두 번째는 성장(growth) 및 발생(development) 과정을 저해하는 부류이다. 해충에서의 발생은 유약호르몬(juvenile hormone)과 탈피호르몬(ecdysone) 2종의 주요 호르몬이 균형을 이루며 조절되는데 이러한 호르몬들의 유사체이거나 교란물질들이다. 또한 해충 골격의 주요 구성물질인 키틴(chitin)의 생합성을 저해하는 물질들이 포함된다. 이 부류의 살충제들은 성장 및 발생 단계에서 작용하므로 약효 발현에 보통 3~7일 정도의 지연기간이 필요하다.

세 번째는 호흡 과정(respiration)을 저해하는 부류이다. 모든 세포 내 과정에서 에너지원으로 이용되는 ATP를 생산하기 위한 미토콘드리아에서 일어나는 호흡작용을 저해한다. 전자전달계에서의 산화과정, 수소이온 구배(proton gradient)의 형성 저해, 산화적 인산화반응(oxidative phosphorylation)의 저해 등으로 세분된다. 일반적으로 해충에 대한 반응 및 작용이 빠르게 일어난다.

네 번째는 해충의 중장(midgut)를 파괴하는 부류로서 인시목(Lepidoptera) 해충에 특이적 살충작용을 나타내는 미생물 독소(Bt toxin) 또는 독소 유전자가 발현되도록 조작된 유전자 변형 작물을 포함한다.

다섯 번째는 작용기작이 아직 밝혀지지 않았거나 비선택적으로 저해하는 부류로서 생체 내에서 특이적 생화학적 작용점이 아닌 다점 저해 또는 아직 작용점이 잘 알려지지 않은 살충제들이다. 비선택적으로 저해하는 부류의 살충제들은 특이적 작용점을 나타내는 살충제와 혼합제 또는 혼용으로도 많이 사용되는데 저항성 발현이 감소되는 장점이 있다.

3.1 신경 및 근육에서의 자극 전달 작용 저해

신경 및 근육에서의 자극 전달 작용을 저해하는 살충제의 세부 작용기작과 분류기호 그리고 대표적 화학구조를 표 10-1에 나타내었다.

▶ **표 10-1 신경 및 근육에서의 자극 전달 작용을 저해하는 살충제의 세부 작용기작**

작용기작	표시기호	화학적 구조 계통 및 대표적 살충제
아세틸콜린에스테라제(AChE) 저해	1a	Carbamates(carbofuran)
	1b	Organophosphates(fenitrothion)
GABA 의존성 Cl 이온 통로 차단	2a	Cyclodiene OCls(endosulfan), BHC
	2b	Phenylpyrazoles(fipronil)
Na 이온 통로 변조	3a	Pyrethroids(deltamethrin)
	3b	DDT family OCls(DDT)

(계속)

▶ 표 10-1 신경 및 근육에서의 자극 전달 작용을 저해하는 살충제의 세부 작용기작(계속)

작용기작	표시기호	화학적 구조 계통 및 대표적 살충제
니코틴 친화성 ACh 수용체(nAChR)의 경쟁적 변조	4a	Neonicotinoids(imidacloprid)
	4b	Nicotine
	4c	Sulfoximines(sulfoxaflor)
	4d	Butenolides(flupyradifurone)
	4e	Mesoionics(triflumezopyrim)
니코틴 친화성 ACh 수용체(nAChR)의 다른자리입체성 변조	5	Spinosyns(spinosad)
글루탐산 의존성 Cl 이온 통로(GluCl) 다른자리입체성 변조	6	Avermectins(abamectin) Milbemycins(milbemectin)
현음기관 TRPV 통로 변조	9b	Pyridineazomethine derivatives(pymetrozine)
니코틴 친화성 ACh 수용체(nAChR)의 통로 차단	14	Nereistoxin analogues(cartap)
옥토파민 수용체 작용제	19	Amitraz
전위 의존 Na 이온 통로 차단	22a	Oxadiazines(indoxacarb)
	22b	Semicarbazones(metaflumizone)
라이아노딘 수용체 변조	28	Diamides(chlorantraniliprole)

3.1.1 곤충 신경계의 구조와 기능

그림 10-3에서 보는 바와 같이 신경계의 신경세포인 뉴런(neuron)은 세포체와 그 세포체로부터 길게 뻗어있는 하나의 축색(axon) 및 여러 개의 수상돌기(dendrite)로 되어 있다.

축색의 끝에는 다른 신경세포나 근섬유와 접하여 있으며 이 접합부를 일반적으로 시냅스(synapse)라 부른다. 근섬유와 접하고 있는 신경근 접합부(neuromuscular junction)는 특별히 신경종판(endplate)이라 불리는데, 이것도 일종의 시냅스이다. 신경 간 시냅스와 신경근 접합부는 서로 전기적으로 절단된 상태로 그 간극(synaptic cleft 또는 gap)은 각각 20~30nm 및 50~60nm이다.

외부로부터 받은 자극(stimulus)은 피부 등에 존재하는 감각기관에서 받아들여 감각신경계를 거쳐 시냅스, 중추신경계(central nervous system)에 연결된다. 중추신경계는 외부로부터 받아들인 자극의 해석이나 그 자극에 대한 반응(response) 등 매우 중요한 기능을 수행하게 된다.

신경세포는 세포막으로 피복되어 있으며, 이 세포막은 이온을 선택적으로 투과하는 성질이 있어 세포 내외의 이온 농도가 현저하게 다르다. 일반적으로 K^+의 농도는 세포 외액에서 보다 내액에서 높고, Na^+은 이와 반대로 외액에서 높은데, 이러한 신경세포 내외액 사이의 이온 농도 비율은 나트륨펌프(sodium pump)에 의해서 조절된다. 이 나트륨펌프에 의한 Na^+의 능동수송은

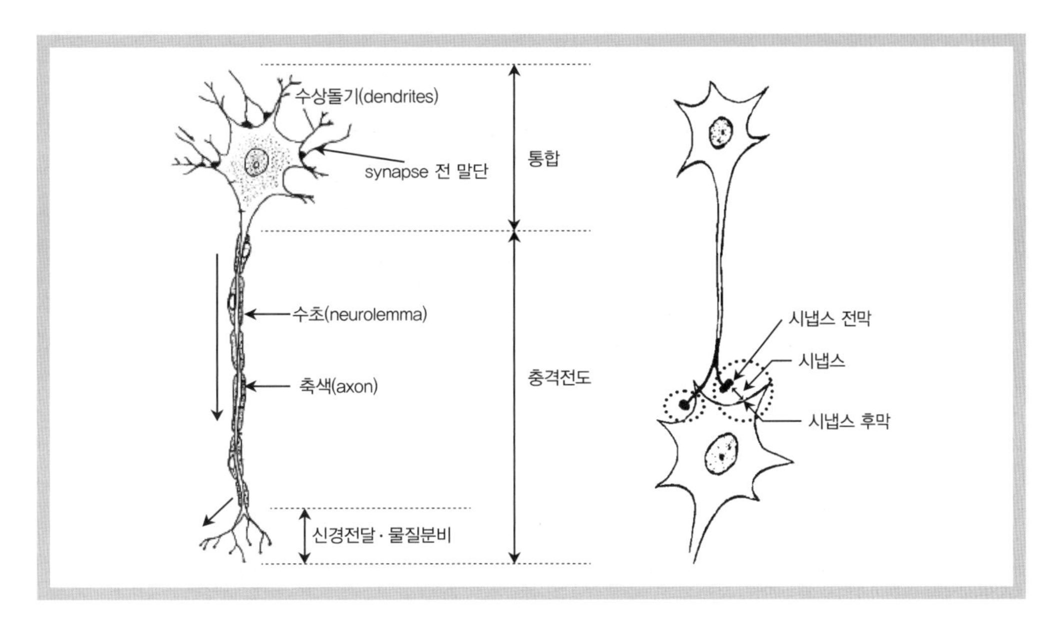

그림 10-3 곤충의 신경계

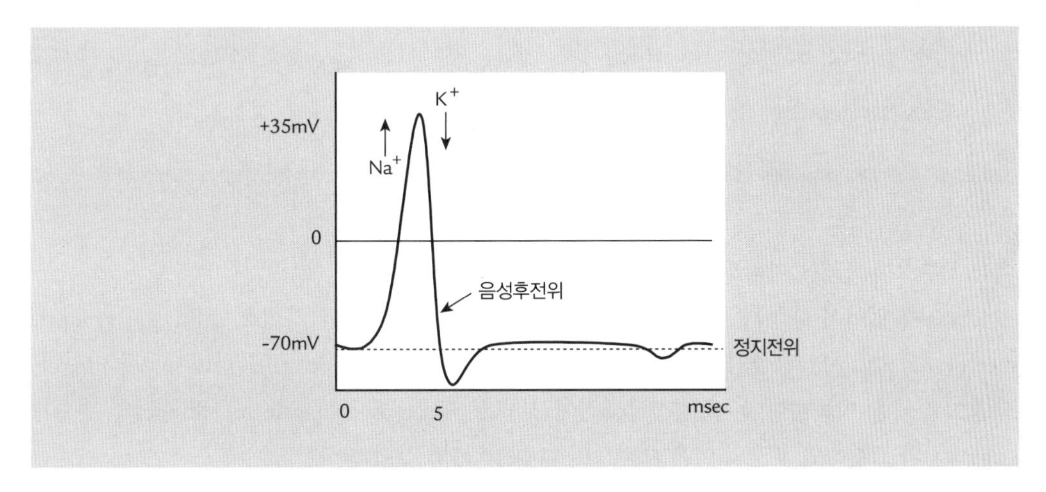

그림 10-4 신경막의 활동전위

ATP 에너지의 사용에 의해서 이루어진다. 신경막은 신경세포 내외액의 이온 농도 비율에 의하여 분극(polarization)되어 정지전위(resting potential) 시의 신경막은 K^+에 대해서만 높은 투과성을 보이고 Na^+나 Cl^-의 투과성은 낮다. 그러나 신경세포가 외부로부터 어떤 자극을 받아서 흥분이 일어나게 되면 신경막은 탈분극(depolarization)되어 Na^+에 대한 막 투과성이 그림 10-4와 같이 급격히 증대된다.

그 후에 Na^+의 유입(influx)은 바로 정지되고 다음 K^+의 유출(efflux)이 일어나 정지전위로 회복된다. 이와 같은 막전위 변화는 순간적(1~2msec)으로 생기므로 신경자극(impulse 또는 spike)

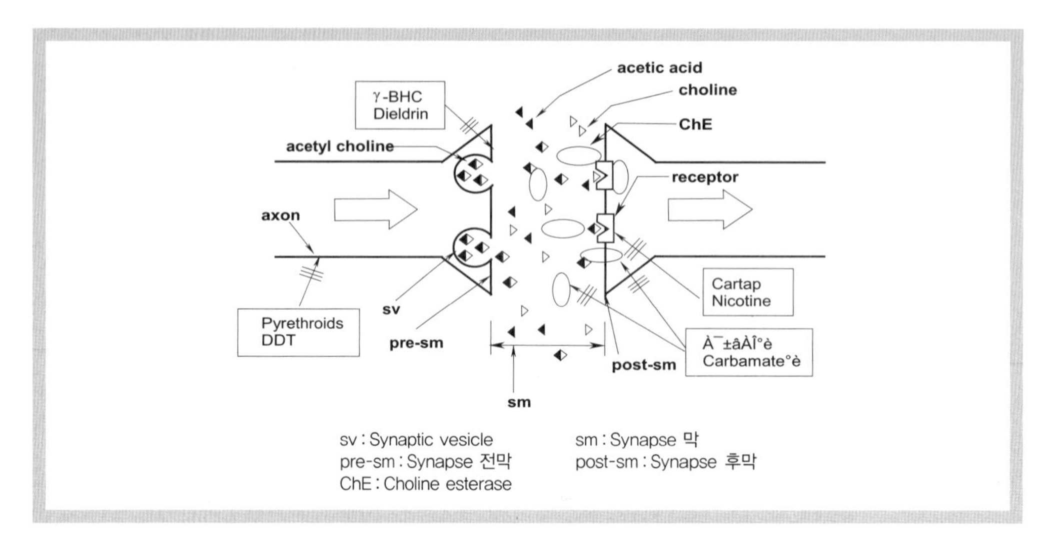

그림 10-5 곤충의 synapse에서의 신경자극전달기구와 신경계의 작용점

Acetylcholine(ACh) GABA(γ-aminobutyric acid) Dopamine

이라고 부르며 축색을 따라서 신경 말단(nerve end)에 전도된다.

시냅스에 있어서 흥분의 전달은 신경자극의 충격으로 축색말단(시냅스 전막, pre-synaptic membrane)으로부터 방출되는 화학적 신경전달물질(neurotransmitter)에 의해서 이루어진다. 시냅스 간극을 이동하여 온 신경전달물질이 시냅스 후막(post-synaptic membrane)의 수용체(receptor)와 결합하면 후막의 이온 투과성이 그림 10-5와 같이 변화한다.

대표적 신경전달물질로는 acetylchloine(ACh), GABA(γ-aminobutyric acid), dopamine 등이 알려져 있으며 신체 부위와 시냅스 위치에 따라 그 종류 및 비율이 상이하다.

흥분성 시냅스(excitatory synapse)에서는 Na^+ 통로가 열려 Na^+가 후막(post-membrane) 내로 유입되어 시냅스 후전위가 한계치 이상에 도달하면 활동전위(action potential)가 발생하여 흥분(excitation)이 전달된다. 또한 억제성 시냅스(inhibitory synapse)에서는 억제성 전달물질인 GABA가 전달되어 수용기(receptor)와 결합하므로 K^+의 유출이나 Cl^-의 유입이 일어나는 것으로 알려져 있다.

신경 말단, 즉 축색의 끝부분에서 ACh가 저장되어 있는 시냅스 소포(小胞, vesicle)는 자동적으로 파열되어 1~2mV의 전위를 발생하나 인접하는 세포에는 영향을 미치지 않는다. 그러나 신

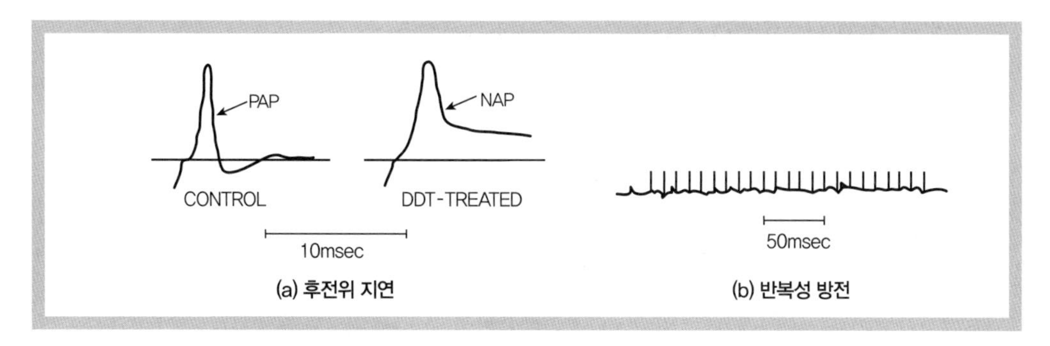

그림 10-6 신경전달 교란에 따른 비정상적 신경신호

경자극에 의한 소포체의 파열이 급격하여 ACh의 방출이 100~1,000배로 증가되면 후막에 흥분이 전달된다.

방출된 ACh는 수용체에 결합, 자극 전달 후 신속하게 acetylcholinesterase(AChE)에 의해서 가수분해되므로 후막은 다시 원래의 상태로 회복된다. 따라서 정상적인 시냅스 전달의 교란은 이상흥분 또는 이상억제의 원인이 되어 동물에 치명적인 영향을 미치게 된다. 이러한 자극 전달의 교란에 의하여 발생하는 전형적인 비정상적 신경신호의 양상을 그림 10-6에 나타내었다. 후전위 지연(prolongation of after potential)은 정지전위로의 회복이 늦어지는 현상으로 정상적 신경신호를 받을 수 없는 상태를 말하며 반복성 방전(repetitive discharge)은 하나의 자극에 대하여 다수의 신경신호가 발생하는 현상으로 경련을 유발한다.

3.1.2 아세틸콜린에스테라제 저해

유기인계 및 카바메이트계 살충제는 신경전달물질로서 ACh를 이용하는 시냅스(cholinergic synapse)에서 ACh를 가수분해하는 효소, AChE(아세틸콜린에스테라제)를 저해하여 살충작용을 나타낸다. 즉, 시냅스 후막에 존재하는 수용체에 결합하여 자극을 전달한 후 그 역할이 끝난 ACh을 choline과 acetic acid로 가수분해, 제거하는 AChE를 저해함으로써 수용체에 ACh가 계속 결합된 상태로 존재, 신경의 교란을 유발한다. 대표적 유기인계와 카바메이트계 살충제의 화학구조는 다음과 같다.

Fenitrothion (1962)

Carbofuran (1969)

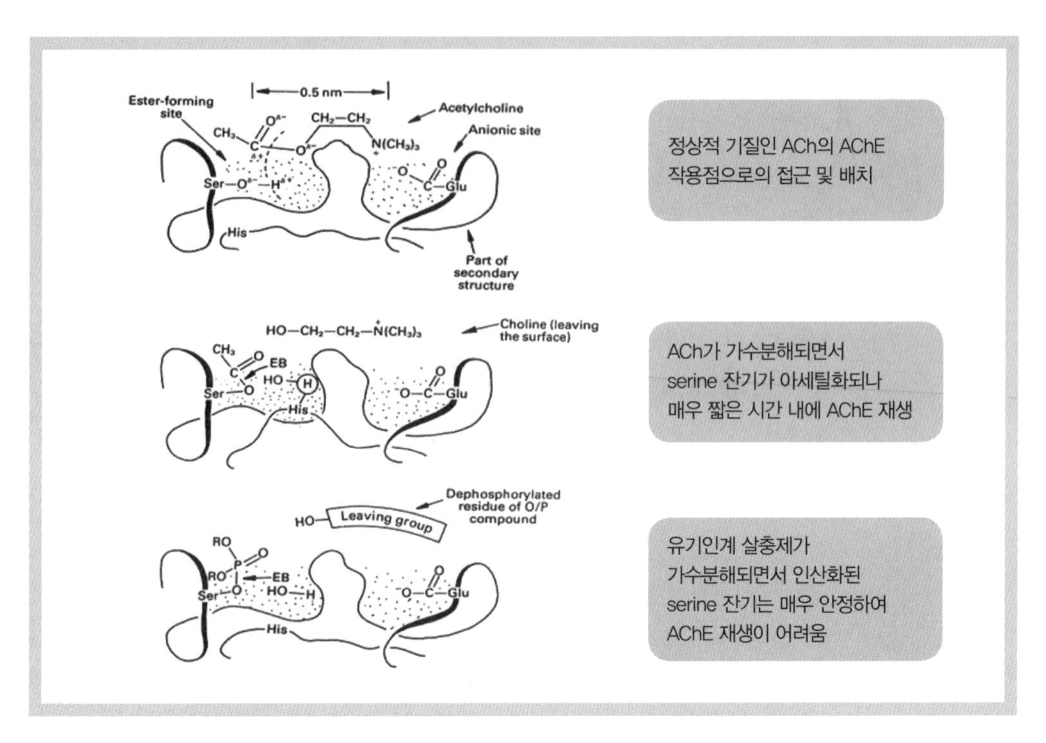

그림 10-7 AChE의 정상적 ACh 분해 및 유기인계에 의한 저해

AChE의 활성부위(active site)에서 정상적으로 일어나는 가수분해 반응과 유기인계 살충제에 의한 저해반응을 모식적으로 그림 10-7에 나타내었다. 정상적 기질인 ACh는 전자밀도의 분포에 따라 각각 에스터 형성점(esteratic site)과 음이온점(anionic site)에 맞게 입체적으로 배치된다. 에스터 형성점에 위치한 serine의 hydroxyl기와 친핵성 치환반응의 결과 아세틸화(acetylation)되어 일시적으로 저해되나 주위에 있는 histidine과 같은 염기성 아미노산에 의하여 아세틸기가 다시 이탈, 효소가 재활성화(regeneration)된다. 유기인계의 경우 ACh와 유사하게 입체 배치되고 ACh에서와 마찬가지의 반응으로 serine 잔기를 인산화(phosphorylation)한다. 인산화된 serine 잔기는 아세틸화 잔기와는 달리 주위에 있는 염기성 아미노산에 의하여 잘 이탈하지 않을 정도로 안정하므로 정상적 AChE로 재활성화되지 않는다. 정상적 조건에서 AChE는 37℃에서 분당 약 300,000ACh를 가수분해하나 인산화된 AChE는 정상적 AChE의 $1/10^7 \sim 10^9$ 활성을 나타낼 뿐이다.

유기인계와 카바메이트계 간 저해기작상에는 다소의 차이가 있다. 유기인계는 AChE의 serine 잔기를 공유결합적으로 인산화하는 반면 카바메이트계는 AChE-carbamate 복합체(complex)를 형성하여 저해한다. 즉 유기인계 살충제의 경우에는 복합체 형성 후 빠르게 인산화되어 공유결합적으로 인산화된 AChE가 축적된다. 카바메이트계 살충제에서도 복합체를 잘 형성하나 공유결합적 AChE로의 전환은 느리게 진행된다. 공유결합된 카바밀화(carbamaylated) AChE는 비교적 재활성화가 잘 일어나므로 카바밀화 AChE는 축적되지 않는다. 따라서 카바메이트계에서는 AChE-carbamate 복합체가 축적되어 AChE의 작용을 저해한다. 이러한 작용기작상의 차이로 인하여 유기인계에 의한 중독 시 강한 친핵체로서 인산기를 이탈시켜 해독제로 사용되는 2-PAM(pyridine-2-aldoxime methiodide)은 카바메이트계에 의한 중독 시에는 그 효과가 없다.

3.1.3 GABA 의존성 Cl 이온 통로 차단

Cyclodienes 및 BHC류의 유기염소계와 phenylpyrazole계 살충제는 GABA에 의하여 개폐되는 Cl^-이온 통로를 차단함으로써 살충작용을 나타낸다. GABA 의존성 Cl^-이온 통로는 $GABA_A$ 수용체라고도 불리는데 시냅스와 기타 신경조직에 광범위하게 분포하며, 세포 외부의 Cl^-이온을 세포 내로 유입하여 전위차를 유발, 불필요한 활동전위의 발생을 억제하는 역할을 한다. 이러한 GABA 의존성 Cl^-이온 통로가 차단되면 ACh를 이용하는 시냅스의 과잉 활성(hyperactivity)을 유발, 신경 전달을 교란한다. $GABA_A$ 수용체는 곤충과 포유동물 신경계 모두에서 존재하는데 비교적 최근에 개발된 fipronil의 경우 해충에서 포유동물 $GABA_A$에 비하여 500배 이상의 친화력을 나타내므로 종간 선택성을 현저히 나타낸다.

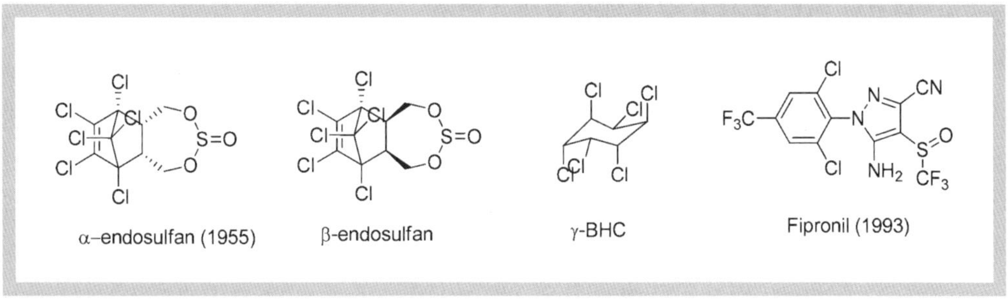

α-endosulfan (1955) β-endosulfan γ-BHC Fipronil (1993)

3.1.4 Na 이온 통로 변조

Pyrethroid계와 유기염소계 DDT 계통의 살충제는 신경 축색(axon)에 존재하는 Na^+ 통로를 변조(modulation)함으로써 신경 전달을 저해, 살충작용을 나타낸다. 천연과 합성 pyrethroid계 간 작용기작상의 차이는 없다.

축색 중 Na^+ 통로는 ATP를 에너지원으로 하는 능동적 펌프로서 자극 전달을 위한 전위차 유

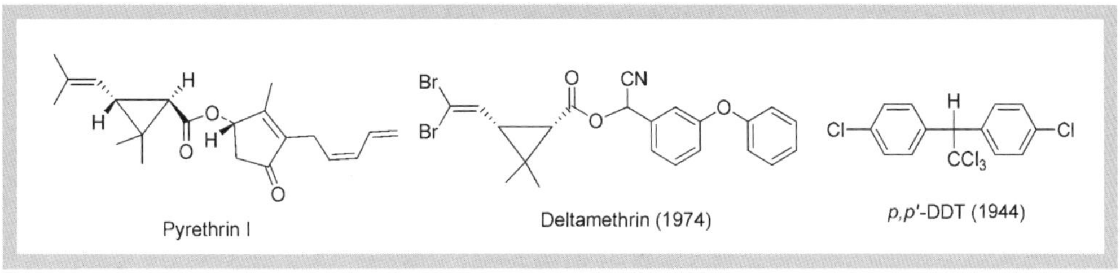

Pyrethrin I Deltamethrin (1974) *p,p'*-DDT (1944)

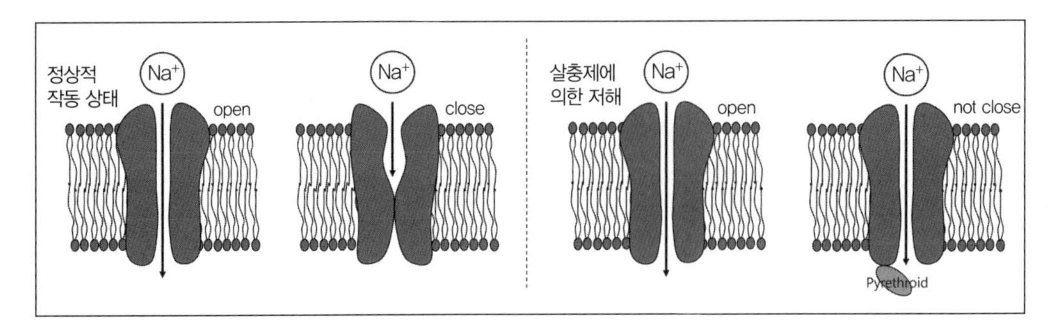

그림 10-8 Na 이온 통로 변조 살충제의 작용기작

발 시 Na^+를 축색 내로 유입하기 위해서 열리며 전달 후에는 다음 자극전달을 위하여 빠른 속도로 닫힌다. pyrethroid계와 유기염소계 DDT 계통의 살충제는 이러한 정상적인 닫힘을 저해함으로써 Na^+ 이온이 계속적으로 축색 내로 유입, 신경 전달을 교란한다. DDT의 작용은 pyrethroid계와 유사하나 결합 위치가 상이하다.

3.1.5 니코틴 친화성 ACh 수용체의 경쟁적 변조

Neonicotinoid계, nicotine, sulfoximine계, butenolides계 및 mesoionic계 살충제들은 AChE 수용체의 경쟁적 작용제(agonist)로서 cholinergic synapse에서 ACh 수용체를 저해함으로써 해충 내 신경 자극 전달을 교란한다.

ACh 수용체(AChR)는 막 관통성(transmembrane) 수용체로서 ACh 외 다른 분자 종류에 대한 친화력의 차이에 따라 2종류로 구분한다. 니코틴 친화성 ACh 수용체(nicotinic acetylcholine receptors, nAChR)는 특히 nicotine에 대하여 친화력을 나타내는 AChR로서 신경전달물질 분자

Imidacloprid (1991)
Acetamiprid (1995)
Nicotine
Sulfoxaflor (2012)
Flupyradifurone (2012)
Triflumezopyrim (2015)

가 결합 부위에 붙으면 이온 통로가 열리는 이온성 수용체(ionotropic receptor)이며 Na^{+}, K^{+} 및 Ca^{2+} 이온 통로이기도 하다. 반면 mAChR(muscarinic acetylcholine receptors)은 특히 muscarine에 대하여 친화력을 나타내는 AChR이며 대사성 수용체(metabotropic receptor)로서 신경전달물질이 결합하면 이온 통로를 직접 여는 작용을 하는 것이 아니라 G 단백질을 활성화시켜 시냅스 후 세포 내에서 일련의 화학적 사건을 일으키는 방식으로 작동하는 수용체이다.

nAChR은 ACh 수용체 단백질이나 nicotine도 작용제로서 반응을 나타내는 수용체로서 해충에서는 주로 중추신경계에서만 관찰되며 시냅스 전세포로부터 시냅스 후세포로 나가는 신경 신호를 전달하는 작용을 한다. Neonicotinoid계 살충제는 nAChR에서 ACh 작용을 모사(mimic)함으로써 nAChR에 화학적으로 결합, ACh의 수용체로의 접근을 봉쇄한다. 이 결과 원하지 않는 신경 자극이 계속적으로 전달되며 신경 전달에 관여하는 수용체와 세포 기능이 소진되어 마비 및 치사를 유발한다.

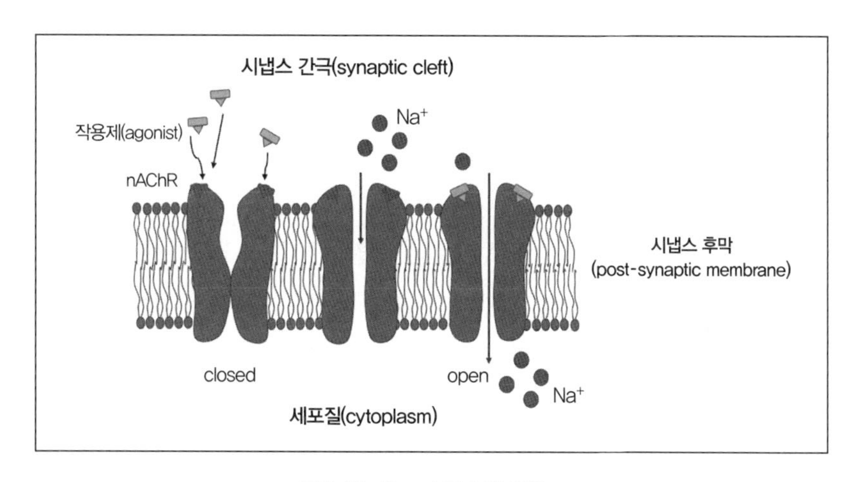

그림 10-9 nAChR의 작용

3.1.6 니코틴 친화성 ACh 수용체의 다른자리입체성 변조

Spinosyn계 살충제는 1980년대 토양 및 사탕수수 분쇄물에 존재하는 방선균 Saccharopolyspora spinosa 배양액으로부터 활성 성분 spinosyn을 발견함으로써 그 개발이 시작되었다. Spinosyn류는 20종 이상의 천연 성분을 포함하며 이러한 천연 화합물로부터 유도된 200종 이상의 합성 유도체는 spinosoid라고 불린다.

OCH_3 OCH_3 OCH_3 C_2H_5 R
A, R= H
D, R= CH_3
Spinosad (1997)

Spinosyn계 살충제는 접촉/

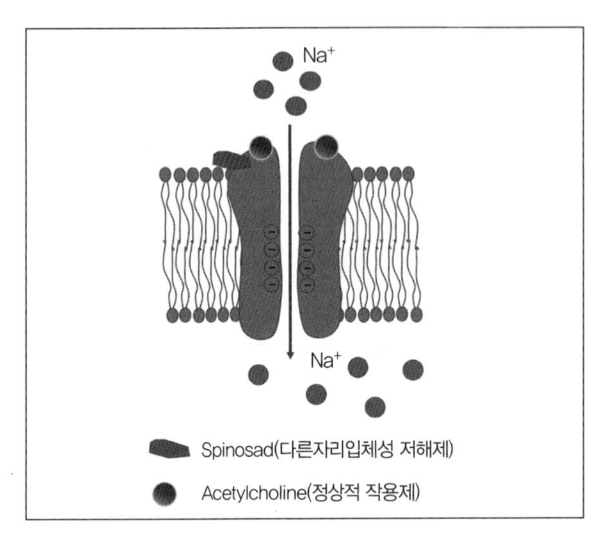

그림 10-10 Spinosad의 nAChR에 대한 다른자리입체성 저해

식독제이며 침투성은 없다. Neonicotinoid계 등 기존 살충제와 상이하게 작용하는 기작으로 저항성 해충에 효과가 높다.

Spinosyn계 살충제의 1차 작용점은 니코틴 친화성 ACh 수용체(nAChR)의 다른자리입체성 저해(allosteric inhibition)이며 2차적으로는 GABA 의존성 Cl^-이온 통로에도 작용한다. 즉, neonicotinoid계 살충제는 nAChR에 대하여 정상적 기질인 ACh와 경쟁적인 작용제인 데 반하여 spinosyn계 살충제는 ACh 작용점과는 다른 부위와 결합, 수용체의 구조를 변형시킴으로서 nAChR의 작용을 변조(modulation)시킨다.

3.1.7 글루탐산 의존성 Cl 이온 통로 다른자리입체성 변조

Avermectin 및 milbemycin계 살충제는 구충제(驅蟲劑) 개발을 목적으로 미생물 배양액을 검색하는 과정 중에 발견된 천연 살충성분들이다. 즉, 1978년 토양 방선균 *Streptomyces avermitilis*의 배양액 중에서 구충효과뿐만 아니라 살충, 살응애 활성성분을 발견하였으며 그 이전인 1972년 구충제 개발을 목적으로 토양 방선균 *Streptomyces hygroscopicus*의 배양액을 조사하는 과정에서 avermectins와 유사한 화학구조의 milbemycin을 발견한 바 있다.

Avermectins는 16개의 원자골격으로 lactone 작용기를 포함하는 대환 고리구조의 천연화합물들을 총칭하는데, 이들 화합물로부터 구충제와 더불어 고활성의 살충제 및 살응애제들이 실용화

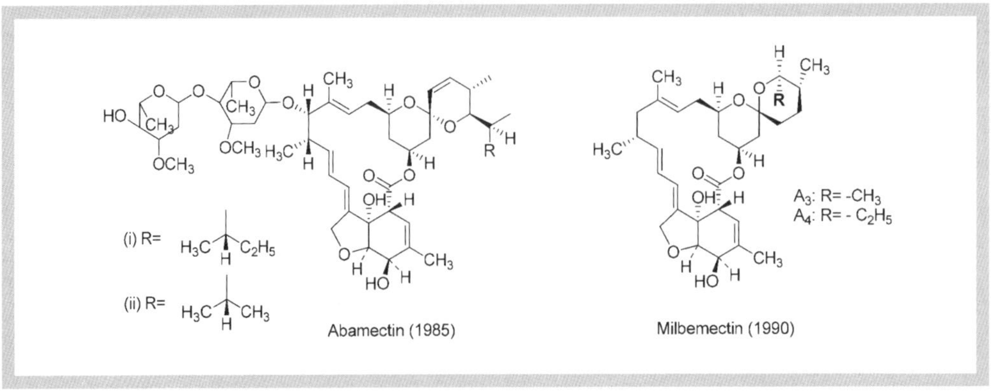

(i) R= H_3C–CH(H)–C_2H_5
(ii) R= H_3C–CH(H)–CH_3

Abamectin (1985)

A_3: R= $-CH_3$
A_4: R= $-C_2H_5$

Milbemectin (1990)

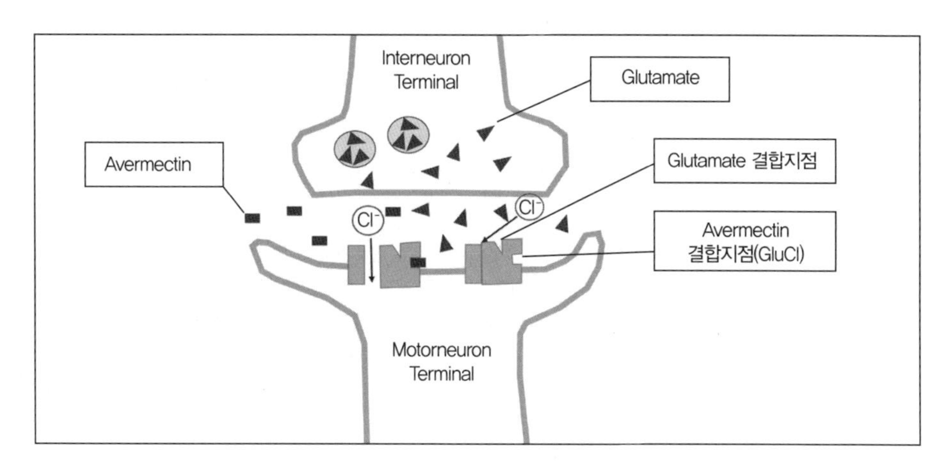

그림 10-11 Avermectin의 작용 지점

되었다. 한편 나비목(*Lepidoptera*, 나방류)에 대한 살충력이 낮은 점을 보완하기 위하여 화학적 유도체로서 emamectin benzoate, lepimectin 등이 각각 1984년 및 2011년에 새로이 개발되었다.

Avermectin 및 milbemycin계 살충제는 주로 접촉/식독제이며 기존 유기인계나 카바메이트계 살충제에 비하여 높은 살충 효율을 나타낸다. 살충작용 기작은 글루탐산 의존성 Cl^-이온 통로(glutamate-gated chloride channel, GluCl)에 대하여 다른자리입체성 저해를 한다. 즉, 신경과 근육세포 간 GluCl에 결합, 세포막의 Cl^-이온에 대한 투과성(permeability)을 증대시킴으로써 신경 또는 근육세포의 과분극(hyperpolaization)을 유발, 마비 및 치사에 이르게 한다.

3.1.8 현음기관 TRPV 통로 변조

Pyridine azomethine 유도체들은 해충의 현음기관(chordotonal organ) 신경계에 작용하는 침투이행성을 나타내는 접촉/식독제이다. 약제 살포 후 해충의 섭식중단 효과(anti-feeding) 및 기아에 의한 치사를 유발하는데, 상이한 작용 기작으로 기존 살충제에 저항성을 나타내는 해충에 특히 효과가 있다.

Pymetrozine (1993)

Azomethine (R' is not H)

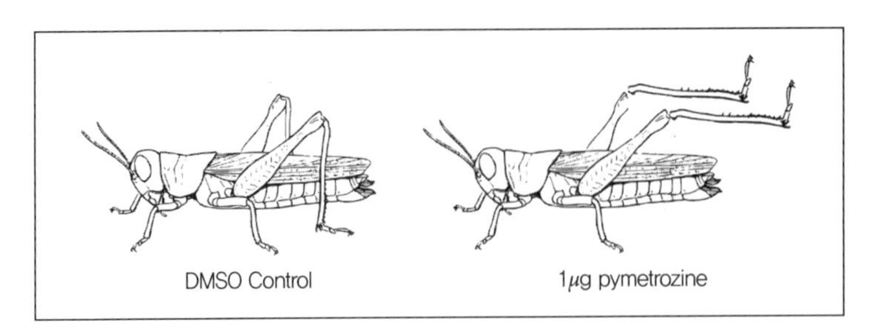

그림 10-12 Pymetrozine 처리 후 메뚜기 현음기관의 장애로 인한 뒷다리 관절의 이상(섭식 중단 및 행동 저해)

현음기관은 곤충류 특유의 기계수용체(stretch receptor)로서 체벽의 큐티클 막 사이에 활시위 모양으로 팽팽하게 건너지른 1개의 1차 감각세포를 말한다. 청음, 중력, 균형, 가속도, 자기 수용(생물체 내에서 기원하는 자극의 수용, 사지의 위치 감지 등), 운동 감각 등의 인식에 필수적인 기관이다. 현음기관이 교란되면 섭식 중단 및 행동 저해가 수반된다. TRPV 통로는 vanilloid, 특히 capsaicin에 친화력을 나타내는 transient receptor potential cation channel로서 Ca^{2+}에 대한 높은 선택성(Ca^{2+}/Na^{+} 비율 9 : 1)을 나타낸다. 곤충의 경우 nanchung과 Inactive의 2개 subunit로 구성되어 있으며 현음기관 신경에서는 2개의 subunit가 함께 작동하는 체계로 되어 있다.

3.1.9 니코틴 친화성 ACh 수용체의 통로 차단

Nereistoxin 유사체는 과거 민간요법으로 파리 및 개미 방제를 위하여 갯지렁이 사체와 독먹이 형태로 사용하는 점에 착안하여 1934년 *Lumbriconereis heteropoda*(갯지렁이)로부터 독소를 분리 동정하고 nereistoxin으로 명명한 이후 살충제로서 개발되었다. Nereistoxin은 신경독이나 자체의 휘발성이 너무 높아 농업용으로 부적합하나 휘발성을 낮춘 유도체 형태로 사용하고 살포 후 nereistoxin으로 전환되도록 분자설계하여 농업용 살충제로서 개발되었다.

실제 살충성분인 nereistoxin은 접촉/식독제로서 nAChR 저해제로서 작용, 살충효과를 나타낸다. Neonicotinoid계 살충제와 작용점은 동일하나 저해 작용이 상이하여(아직 불명확) 별개의 작용기작으로 분류된다.

Nereistoxin   Cartap hydrochloride (1967)

3.1.10 전위 의존 Na 이온 통로 차단

Oxadiazine 및 semicarbazone계 살충제는 해충의 신경계에 작용하는 접촉/식독제로서 침투이행성은 없다. Pyrethroid계 살충제와 상이한 작용 기작으로 저항성을 나타내는 해충에 특히 효과가 있다. Pyrethroid계 살충제에 비하여 약효 발현은 다소 늦게 나타나나 수일간에 걸쳐 치사가 지속되는 특성을 나타낸다.

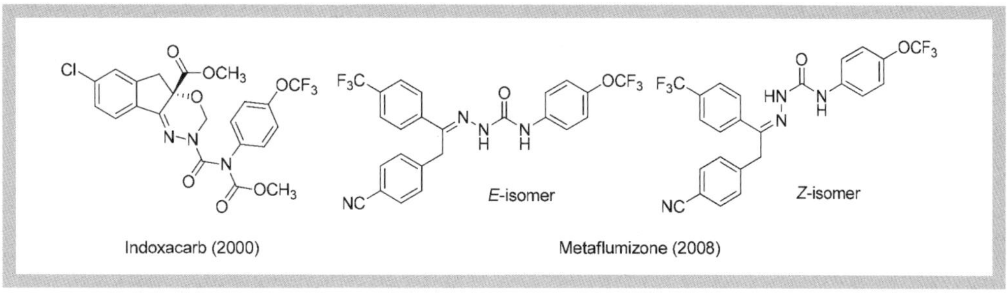

Indoxacarb (2000)

Metaflumizone (2008)

E-isomer

Z-isomer

Oxadiazine계인 indoxacarb는 전구적 살충제(prosthetic insecticide) 형태로 실제 작용 성분은 해충 체내에서 대사되어 decarboxymethylation된 대사산물이다.

Indoxacarb와 metaflumizone은 Na^+ 이온 통로를 비가역적으로 저해하여 Na^+ 이온 통로가 폐쇄되며 이에 따라 신경세포 내부로의 Na^+ 이온 유입이 차단된다. Pyrethroid계 살충제의 경우에는 Na^+ 이온 통로의 닫힘이 저해, 계속 열림 상태에서 신경세포 내부로의 Na^+ 이온 유입이 연속적으로 일어나 자극 전달이 교란되는 것과는 그 작용기작이 따르다.

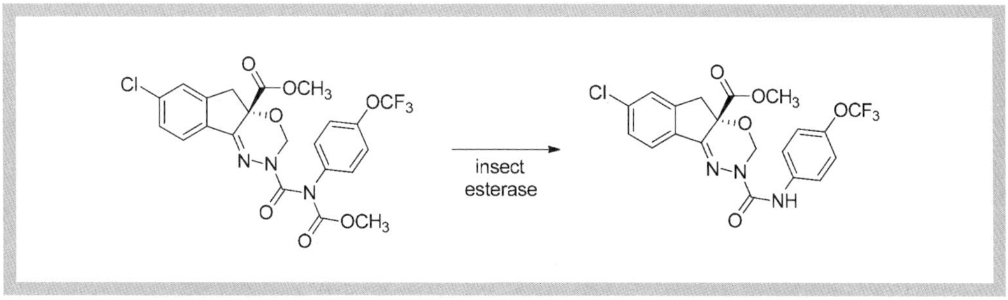

insect esterase

그림 10-13 벼룩 중 indoxacarb의 활성화

3.1.11 라이아노딘 수용체 변조

Diamide계 살충제는 비침투성 접촉/식독제로서 빠른 섭식 억제 효과를 나타낸다. 기존 살충제와 상이하게 근육세포에 작용하는 기작으로 저항성 해충에 대한 효과가 높다. Diamide계 살충제는 신경근 접합부(neuromuscular junction)의 근육 운동종판(motor endplate)에 존재하는 Ca^{2+}

이온 통로의 일종인 라이아노딘(ryanodine) 수용체를 저해한다.

Calcium 이온 통로에는 전압의존성(voltage-gated) calcium 이온 통로와 ryanodine 수용체(RyR)가 있다. 전압의존성 calcium 이온 통로는 흥분성 세포(excitable cells, 근육, 신경세포 등)의 세포막에서 발견되는 Ca^{2+}에 대하여 투과성을 나타내는 통로로서 신경근 접합부에서는 시냅스 전막에 존재하며 Ca^{2+} 이온의 유입에 따라 시냅스 소포(vesicle)로부터 신경전달물질의 방출을 유도한다.

Ryanodine 수용체(RyR)는 흥분성 세포에서 발견되는 세포 내 결합물질의존성(ligand-gated) calcium 이온 통로로서 주로 근육의 수축에 필요한 Ca^{2+} 이온의 방출을 조절한다. 남아메리카 식물(*Ryania speciosa*)의 대사물질로서 천연 살충활성을 나타내는 ryanodine에 대하여 그 작용이 현저하게 관찰되므로 ryanodine 수용체라고 명명되었다.

RyR은 dihydropyridine(DHP) 수용체(전압의존성 L-type calcium 이온 통로)와 연동하여 근소세포(sarcoplasmic reticulum, Ca^{2+} 저장체로서 근원섬유를 둘러싸는 활면소포체에 해당하는 구조

Rynodine

Chlorantraniliprole (2007)

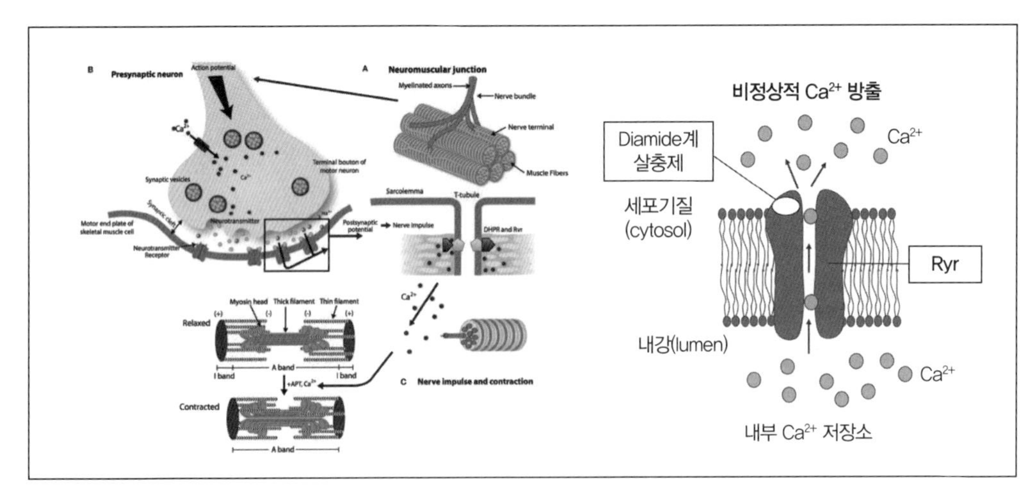

그림 10-14 신경근 접합부(neuromuscular junction)와 diamide계 살충제의 RyR 수용체 저해(DHPR : dihydropyridin receptor, Ryr : ryanodine receptor)

출처 : Marta Gonzales-Freire et al. 2014. The neuromuscular junction: aging at the crossroad between nerves and muscle Frontiers in Aging Neurosicence, 208(6), 1-11

물)로부터 Ca^{2+} 방출을 조절, 근육 수축과정에서 필수적 역할을 담당한다.

Ryanodine은 RyR이 활성화된 상태에서 낮은 농도 범위(nM~ < 10μM)에서는 RyR을 반쯤 연(half-open) 상태로 장시간 유지시켜 근소세포 중 Ca^{2+}을 고갈시키나, 높은 농도(약 100μM)에서는 비가역적으로 통로 열림을 저해한다.

Diamide계 살충제는 RyR의 열림을 유발하며 내부 Ca^{2+}이 세포질로 흘러나오게 함으로써 근육 수축에 필요한 Ca^{2+}의 고갈을 초래, 근육을 마비시키고 치사에 이르게 한다.

3.2 성장 및 발생 과정 저해

해충의 성장 및 발생 과정을 저해하는 살충제들은 주로 키틴 생합성 저해제, 유약 및 탈피호르몬 유사체 등이 주류를 이루고 있다. 키틴 및 곤충호르몬은 포유동물에는 존재하지 않는 성분들이므로 이들 살충제는 포유동물/해충 간 선택성이 다른 농약에 비하여 매우 우수하여 포유동물에 대한 독성이 낮으므로 농약 사용에 따른 위해 유발 가능성을 최소화하기 위한 종합방제체계(integrated pest management, IPM)에 많이 사용된다. 곤충의 성장 및 발생과정에서 그 약효를 나타내므로 신경 또는 호흡에 작용하는 살충제와 같은 즉각적 약효 발현은 기대할 수 없고 3~7일간의 지연기간이 필요하다.

▶표 10-2 성장 및 발생 과정을 저해하는 살충제의 세부 작용기작

작용기작	표시기호	화학적 구조 계통
유약호르몬 모사	7a	Juvenile hormone analogue(methoprene)
	7b	Fenoxycarb
	7c	Pyriproxyfen
응애류 생장 저해	10a	Clofentezine, hexythiazox
	10b	Etoxazole
0형 키틴합성 저해	15	Benzoylureas(diflubenzuron)
I형 키틴합성 저해	16	Buprofezin
파리목 곤충 탈피 저해	17	Cyromazine
탈피호르몬 수용체 기능 활성화	18	Diacylhydrazines(chromafenozide)
지질생합성 저해 (acetyl CoA carboxylase 저해)	23	Tetronic and tetramic acid derivatives (spirodiclofen, spirotetramat)

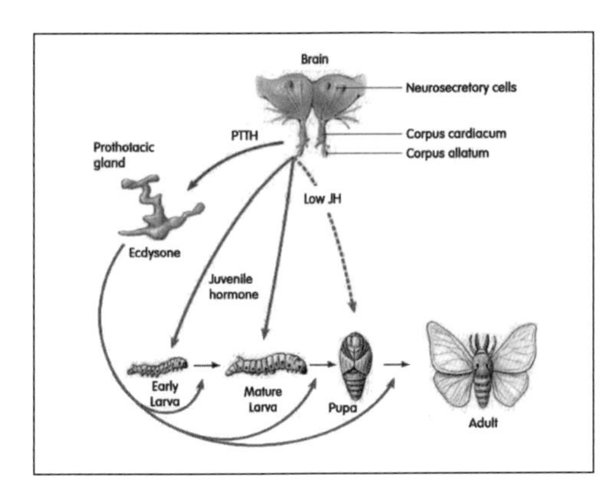

그림 10-15 곤충 호르몬의 역할

3.2.1 유약호르몬 모사

유약 또는 유충호르몬(juvenile hormone, JH)은 곤충의 뇌 뒤쪽에 위치하는 내분비샘인 알라타체(corpora allata)에서 분비되는 비고리형 sesquiterpenoids로서 곤충의 생리적 현상을 조절한다. 곤충의 발생(development), 생식(reproduction), 휴면(diapause), 다형성(다면발현, polyphenism, 1개의 유전자로 인해 2개 이상의 형질이 발현되는 것)을 조절한다.

JH는 유충을 성장시키나 변태과정을 억제함으로써 유충시기 동안 제대로 성장한 후 적절한 시기에 변태과정이 일어나도록 조절한다. 이러한 성장/탈피 및 변태에는 탈피호르몬인 ecdysteroids와 함께 작용한다. JH는 1965년 처음 발견되었고 1967년 구조가 동정되었는데 대부분의 곤충종들은 JH-III만을 분비하며, JH-0, I, II는 나비목(*Lepidoptera*)에서만 존재한다. 유충의 성장/탈피과정에는 JH와 ecdysone이 모두 작용하는데 변태 시에는 JH 양이 급격히 감소되며 ecdysone만이 작용한다.

JH 유사체(fenoxycarb 및 pyriproxyfen)는 JH 작용 모사(mimic)체로서 해충 접촉 및 섭취 시에 약효가 발현되며 침투성은 없다. JH 모사체들은 해충의 치사가 아닌 곤충생장조절제(insect growth regulator, IGR)로서 작용하며 해충의 정상적 발달 저해, 불완전 용화(蛹化, 번데기화), 불임화 등을 유발하여 방제효과를 나타낸다.

JH-III | Methoprene (1975)

Fenoxycarb (1985) | Pyriproxyfen (1989)

3.2.2 키틴합성 저해

키틴(chitin) 또는 갑각소(甲殼素)는 *N*-acetylglucosamine이 긴 사슬 형태로 결합한 중합체 다당류로서 절지동물의 단단한 표피, 연체동물의 껍질, 균류의 세포벽 따위를 이루는 중요한 구성 성분이다. 포유동물에서는 생산되지 않는 다당류로서 제초제인 dichlobenil을 생산하기 위한 연구 중 diflubenzuron이 합성되었고 이 화합물이 유충의 cuticle 축적을 저해하는 현상을 발견함으

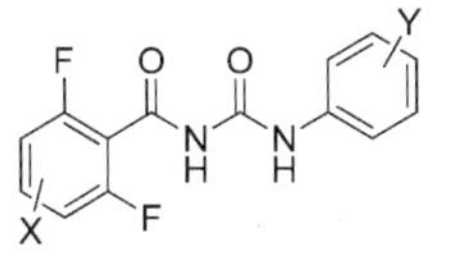

Benzoylurea계 살충제 기본구조 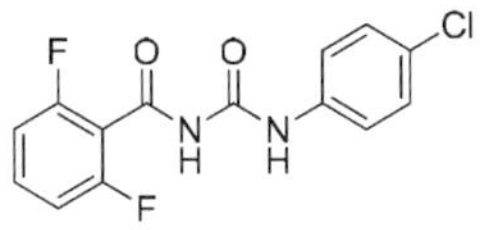 Diflubenzuron (1976) 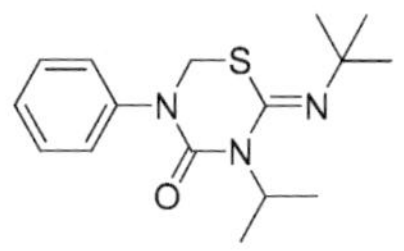 Buprofezin (1984)

로써 새로운 살충제 부류로서 개발되었다.

키틴합성 저해제의 대부분은 benzoylurea(또는 benzoylphenylurea)계이며 buprofezin은 benzoylurea계 살충제의 작용 기작과 유사하나 상이한 화학구조로 인하여 세부 분류를 달리하고 있다.

Benzoylurea계와 buprofezin 키틴합성 저해제는 비침투성의 접촉독제이며 곤충생장조절제(insect growth regulator, IGR)로서 작용하여 유충에만 약효를 나타내며 성충에는 약효가 없다. 탈피 시에 살충효과가 나타나므로 3~7일간의 약효발현 지연기간이 소요되며 신경계에 작용하는 살충제에 대한 저항성 해충에 특히 효과가 있다. 해충에 선택적인 약제이므로 인축 등 포유동물에 대해서는 낮은 독성이 특징이다.

이들 약제들은 해충의 키틴 생합성을 저해하여 해충 표피 내층의 chitin 축적을 방해, 탈피를 저해한다. 초기에 알려졌던 chitin synthase는 주요 생화학적 작용점이 아니며 *N*-acetylglucosamine의 키틴 생합성 혼입(incorporation)을 저해한다. 아울러 탈피호르몬(ecdysone)에 의하여 좌우되는 생화학적 지점에 작용하는 것으로 알려져 있다. Buprofezin의 경우 수도에서 발생하는 벼멸구 유충의 변태 및 배아 발생을 저해한다.

3.2.3 탈피호르몬 수용체 기능 활성화

Ecdysone은 곤충의 주요 탈피호르몬(molting hormone)인 20-hydroxyecdysone의 전구적 호르몬(prosthetic hormone)으로서 곤충의 앞가슴샘(전흉선, prothoracic gland)에서 분비된다. Ecdysone과 그의 동족체를 포함하는 ecdysteroids는 곤충의 성장과정 중 탈피 및 변태(metamorphosis)에 관여하며 유충의 탈피 시에는 섭식이 중단된다.

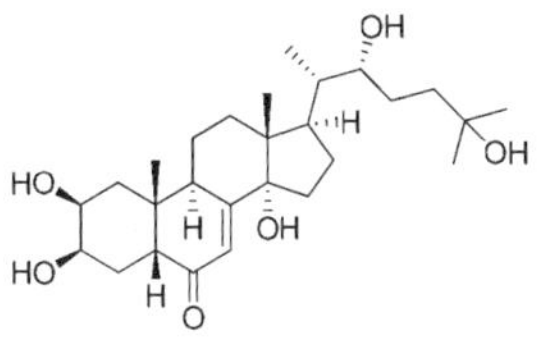

Ecdysone 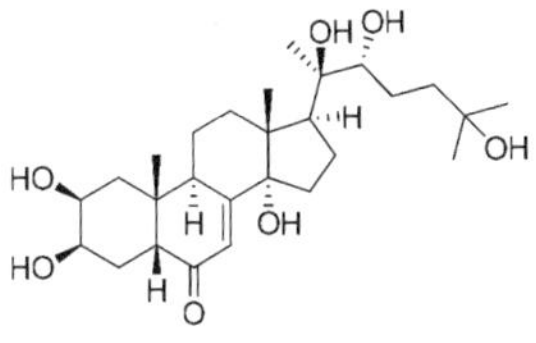 20-Hydroxyecdysone 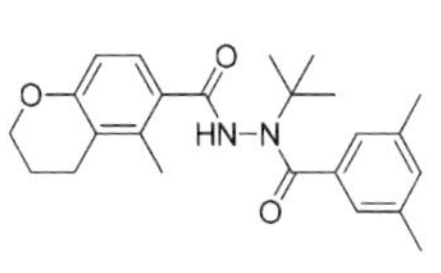 Chromafenozide (1999)

Diacylhydrazine계 살충제는 스테로이드와는 상이한 화학구조를 가지고 있으나 탈피호르몬 20-hydroxyecdysone과 동일한 작용제의 특성을 나타낸다. 즉 이들 화합물들은 해충의 탈피과정에 교란을 일으켜 비정상적으로 빠르고 불완전한 치명적 탈피를 유발한다. 또한 약제 살포 직후 해충은 탈피 유도로 인하여 섭식이 중단된다.

Diacylhydrazine계 살충제는 해충에 의한 섭취 및 접촉 시 약효를 나타내며 침투성은 없다. 해충의 직접적 치사가 아닌 곤충생장조절제(insect growth regulator, IGR)로서 작용하며 해충에 선택적인 약제이므로 인축 등 포유동물에 대해서는 낮은 독성이 특징이다.

3.2.4 지질생합성 저해

Tetronic and tetramic acid 유도체 살충제는 1990년대 protoporphyrinogen oxidase를 저해하는 bicyclic *N*-aryl herbicides에 대한 구조-활성 간 상관관계(structure-activity relationship)의 연구 중 acetyl CoA carboxylase를 저해하는 제초제와 살충/살응애제의 개발과정에서 실용화되었다.

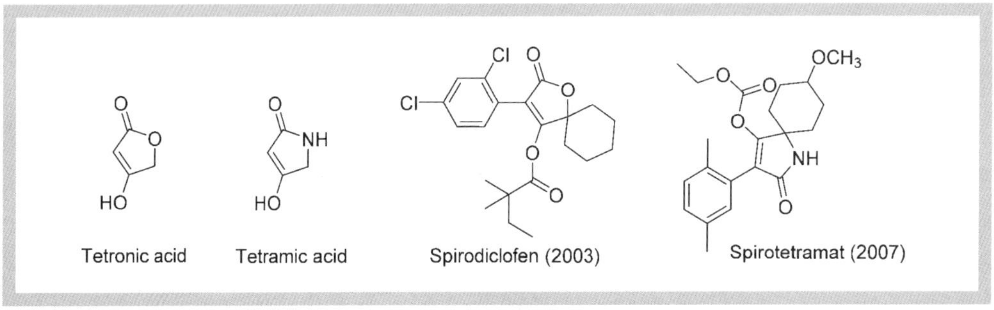

Tetronic acid　Tetramic acid　Spirodiclofen (2003)　Spirotetramat (2007)

이들 살충제는 해충의 생장과정에서 요구되는 지질의 생합성(acetyl CoA carboxylase) 과정 중 첫 번째 단계인 malonyl CoA 합성에 관여하는 acetyl CoA carboxylase를 저해하여 살충작용을 나타낸다. 해충에 의한 섭취 및 접촉 시 약효를 나타내는데 주로 비침투성이나 spirotetramat는 침투성이 있다. 이들 중 spirodiclofen 및 spiromesifen은 주로 살응애제로 사용되며 살란효과를 겸

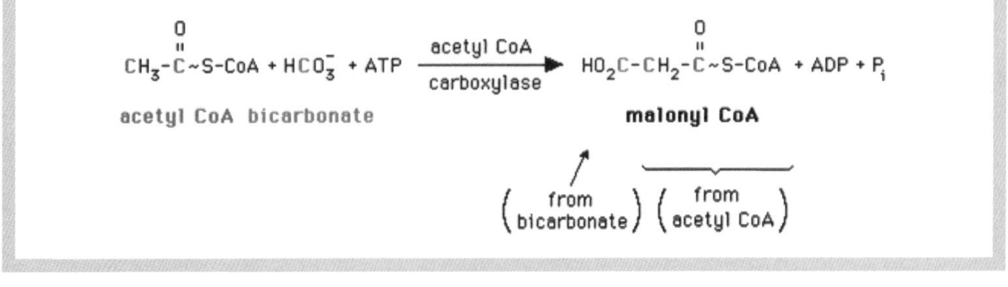

$$\underset{\text{acetyl CoA}}{CH_3\text{-}\overset{O}{\overset{\|}{C}}\sim S\text{-}CoA} + \underset{\text{bicarbonate}}{HCO_3^-} + ATP \xrightarrow[\text{carboxylase}]{\text{acetyl CoA}} \underset{\text{malonyl CoA}}{HO_2C\text{-}CH_2\text{-}\overset{O}{\overset{\|}{C}}\sim S\text{-}CoA} + ADP + P_i$$

(from bicarbonate) (from acetyl CoA)

그림 10-16 지질 생합성과정 중 acetyl CoA carboxylase의 작용

비하고 있다. 이들 약제들은 기존의 살충제/살응애제와 상이한 작용기작을 나타내므로 저항성 해충에 효과가 높다.

3.3 호흡과정 저해

곤충, 응애, 선충 등 해충들은 포유동물 등 다른 생물체와 마찬가지로 고에너지 화합물인 ATP(adenosine triphosphate)를 화학에너지원으로 근육의 운동, 생합성 등 생명활동을 유지한다. ATP를 생산하기 위한 과정 즉, 호흡은 탄수화물 등의 해당과정(glycolysis)에 의한 acetyl CoA 생성, TCA(tricarboxylic acid) cycle에 의한 NADH 및 FADH 등 고에너지 화합물의 생성, 전자전달계에 의한 단계적 산화와 미토콘드리아 내외막 간 수소이온농도의 구배 형성, ATP synthase가 관여되는 산화적 인산화과정(oxidative phosphorylation)에 의한 ADP의 ATP로의 전환단계로 이루어진다.

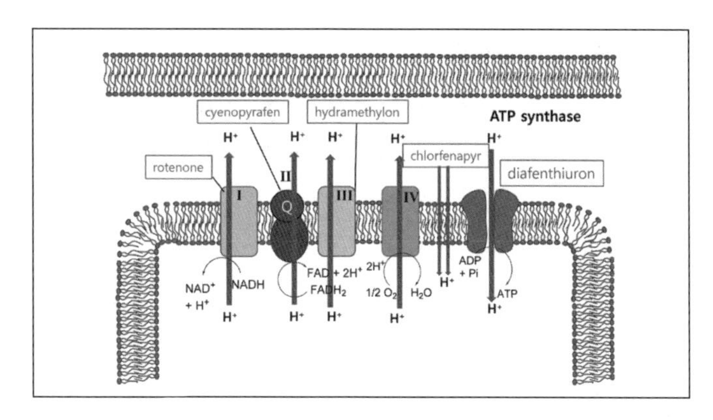

그림 10-17 미토콘드리아 전자전달계 및 ATP 생성 과정

▶ 표 10-3 호흡과정을 저해하는 살충제의 세부 작용기작

작용기작	표시기호	화학적 구조 계통 및 대표적 살충제
미토콘드리아 ATP 합성효소 저해	12a	Diafenthiuron
	12b	Organotin miticides(cyhexatin)
	12c	Propargite
	12d	Tetradifon
수소이온 구배형성 저해 (탈공력제)	13	Pyrroles(chlorfenapyr) Dinitrophenols(DNOC) Sulfluramid
전자전달계 복합체 III 저해	20a	Hydramethylnon

(계속)

▶ **표 10-3 호흡과정을 저해하는 살충제의 세부 작용기작**(계속)

작용기작	표시기호	화학적 구조 계통 및 대표적 살충제
전자전달계 복합체 III 저해	20b	Acequinocyl
	20c	Fluacrypyrim
	20d	Bifenazate
전자전달계 복합체 I 저해	21a	MET1 acaricides/insecticides(pyridaben, tebufenpyrad)
	21b	Rotenone
전자전달계 복합체 IV 저해	24a	Phosphides
	24b	Cyanides
전자전달계 복합체 II 저해	25a	β-ketonitrile derivatives(cyenopyrafen)
	25b	Carboxanilides(pyflubumide)

3.3.1 미토콘드리아 ATP 합성효소 저해

유기주석 살응애제(organotin miticides), diafenthiuron, propargite, tetradifon 등은 해충의 에너지 대사과정 중 미토콘드리아 내 산화적 인산화에 관여하는 ATP synthase를 저해하여 치사에 이르게 한다. 저해하는 부위는 아직 명확하지 않으나 rotor(Fo domain) 부위에서 수소이온의 유입을 저해하는 것으로 알려져 있다.

이들 약제들은 살충/살응애제로 사용되며 잔효성 접촉/식독제로서 살응애제의 경우 살란작용을 겸비하고 있다. Diafenthiuron의 경우 전구적 살충/살응애제로서 살포 후 실제 활성 성분인 diafenthiuron carbodiimide으로 빠르게 변환되어 약효를 나타낸다.

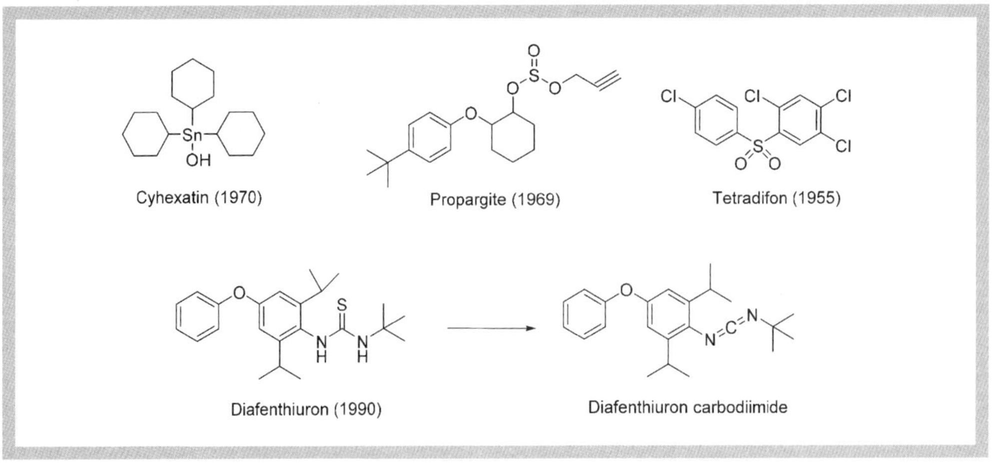

Cyhexatin (1970)
Propargite (1969)
Tetradifon (1955)
Diafenthiuron (1990)
Diafenthiuron carbodiimide

그림 10-18 Diafenthiuron의 해충 체내 활성화 반응

3.3.2 수소이온 구배형성 저해(탈공력제)

Pyrrole계 및 dinitrophenol계 및 살충/살응애제들과 sulfluramid는 잔효성 접촉/식독의 살충/살응애제로서 살란작용을 겸비하고 있으며 작용기작이 상이한 pyrethroid, 유기인계 및 카바메이트계 살충제에 대한 저항성 해충에 효과적이다.

해충의 에너지 대사과정 중 탈공력제(uncoupler)로서 작용, 산화적 인산화에 의한 ATP 합성을 저해한다. 즉, 전자전달계에서의 순차적 산화과정에 의하여 미토콘드리아 막 내외 간에는 수소이온 농도의 구배가 형성되며 이러한 구배에 의한 수소이온 유입이 산화적 인산화과정과 결합하여 ATP가 생성된다. 탈공력제의 경우 산화적 인산화과정과의 결합 없이 수소이온 구배가 소실되도록 함으로써 ATP는 생성되지 않는다.

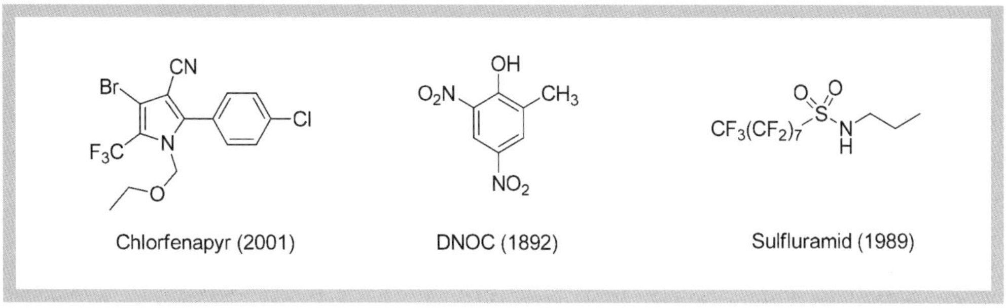

Chlorfenapyr (2001)　DNOC (1892)　Sulfluramid (1989)

Chlorfenapyr는 전구적 살충제(prosthetic insecticide) 형태로 실제 작용 성분은 해충 체내에서 mixed function oxidase(MFO)에 의하여 *N*-deethoxymethylated된 대사산물이다.

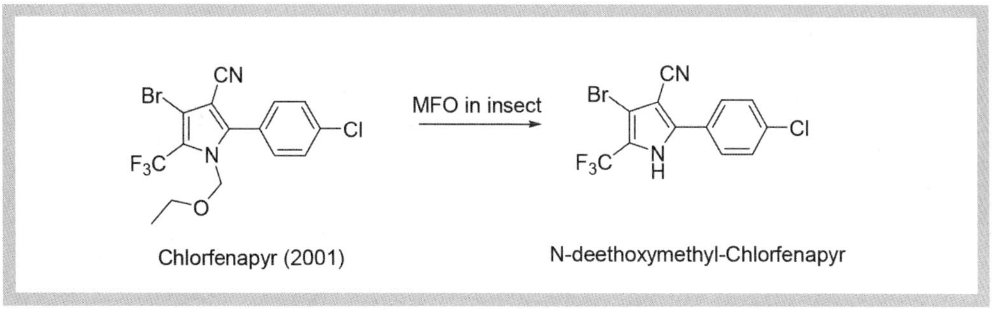

MFO in insect

Chlorfenapyr (2001)　N-deethoxymethyl-Chlorfenapyr

그림 10-19 Chlorfenapyr의 해충 체내 활성화 반응

3.3.3 전자전달계 복합체 I 저해

METI(mitochondrial complex I) 저해 살응애제 및 살충제는 잔효성 접촉/식독제로서 살란작용을 겸비하고 있으며 비극성 비해리성의 특성으로 비침투성(일부 약제는 반침투성)을 나타낸다.

METI 저해 살응애제 및 살충제와 rotenone은 해충의 에너지 대사 과정 중 미토콘드리아 내에서 일어나는 전자전달계 복합체 I을 저해한다. 전자전달계 복합체 I은 NADH를 NAD^+ + H^+ + $2e^-$로 산화하는 NADH dehydrogenase로서 2개의 전자를 ubiquinone(Q)에게 전달하여 ubiquinol(QH_2)을 생성한다. 그와 동시에 관 관통성 양성자펌프(proton pump)로서 H^+을 미토콘드리아 막 외부로 내보내어 ATP 생성을 위한 수소이온 구배를 조성하는 작용을 하는데 METI 저해 살응애제 및 살충제는 이 복합체 작용을 저해한다. 이중 rotenone은 다소 상이한 작용 지점을 나타내어 세부적으로 분류를 달리하고 있다.

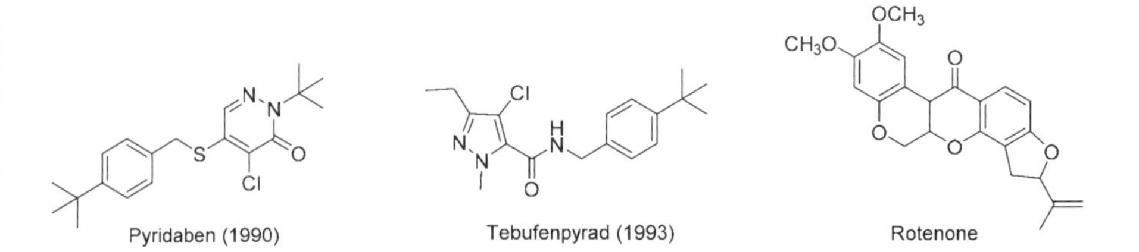

Pyridaben (1990) Tebufenpyrad (1993) Rotenone

3.3.4 전자전달계 복합체 II 저해

β-Ketonitrile 유도체 및 carboxanilides계 살응애제는 해충의 에너지 대사 과정 중 미토콘드리아 내 전자전달계 복합체 II 단계를 저해한다. 전자전달계 복합체 II는 호박산 탈수소효소(succinate dehydrogenase)라고 불리는데 복합체 I, III, IV와는 달리 양성자펌프는 아니며 succinate를 fumarate로 산화시키면서 FAD를 $FADH_2$로 환원한다. 이후 생성된 $FADH_2$는 다시 FAD로 전환되면서 생성된 전자를 최종적으로 ubiquinone에게 전달, ubiquinol을 생성하는 전자 공여체이다. 이들 약제들은 이러한 복합체 II를 저해함으로써 해충의 호흡 대사를 저해, 치사에 이르게 한다.

이들 약제들은 잔효성 접촉/식독 살응애제로서 살란작용을 겸비하고 있다. Cyeopyrafen과 pyflubumide는 전구적 살응애제 형태로 실제 작용 성분은 각각 해충 체내에서의 대사산물인 cyenopyrafen-OH와 pyflubumide-NH이다.

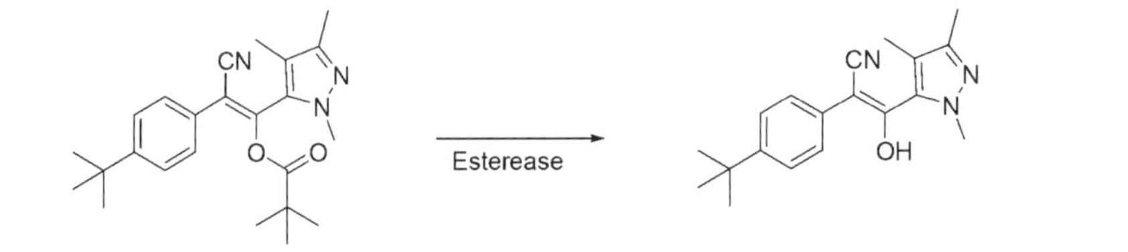

Esterease

Cyenopyrafen (2008) Cyenopyrafen-OH

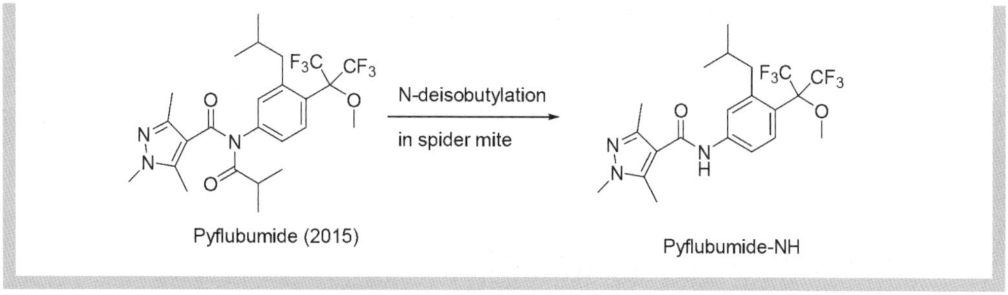

N-deisobutylation

in spider mite

Pyflubumide (2015)

Pyflubumide-NH

그림 10-20 Cyenopyrafen 및 pyflubumide의 해충 체내 활성화 반응

3.4 해충의 중장 파괴

박테리아의 일종인 *Bacillus thuringiensis*(Bt)는 1901년 누에에서 처음 보고되었으며 1911년 나방 애벌레에서 재발견되었고 다양한 나방 및 나비의 장에서 기생 박테리아로서 발견된다. 포자 또는 독소 단백질 결정을 1920년대부터 액상 분무 형태의 살충제로 사용되었으며 이후 *Bacillus thuringiensis subsp. israelensis, aizawai, kurstaki, tenebrionis* 등이 미생물 기원 살충제로서 실용화되었다.

Bt의 살충성분은 포자나 배양액 중의 δ-endotoxin이라 불리는 단백질 독소이다. 이 독소는 포자를 형성하는 과정에서 결정 형태로 생성되는데 포자 형성, 수용체 결합 및 protease로부터 toxin을 보호하는 3개의 영역(domain)이 합쳐 하나의 독소를 구성한다.

초기에는 나비목(*lepidoptera*) 해충을 방제하는 데 사용하였으나 그 이후 다양한 해충류의 방제에 사용된다. 작용기작은 약제 섭취 후 해충의 중장(midgut) 막에 δ-endotoxin이 수용체에 결

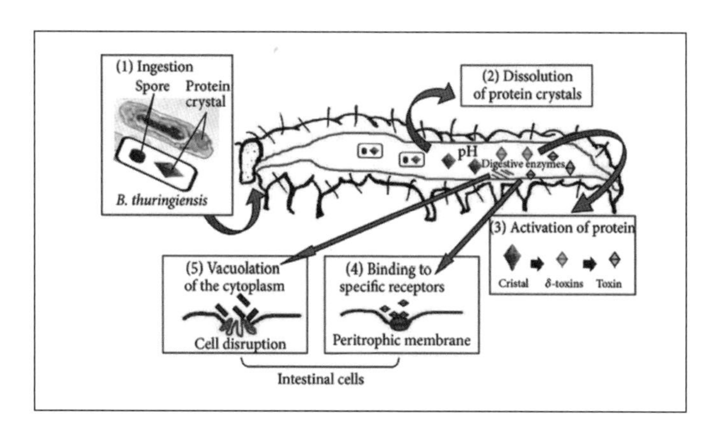

그림 10-21 Bt Endotoxin의 살충 작용 기작

출처 : Rogério Schünemann et al, 2014, Mode of Action and Specificity of Bacillus thuringiensis Toxins in the Control of Caterpillars and Stink Bugs in Soybean Culture ISNR Microbiology, 1-12

합하며 용해작용에 따라 막 천공을 유발, 폐혈증(septicemia)으로 유충을 치사에 이르게 한다.
최근에는 이러한 δ-endotoxin을 생산하는 유전자(cry gene)을 함유하는 유전자 조작 작물(GMO)을 육종, 식물 자체에서 δ-endotoxin을 생산하여 해충을 방제하고 있다.

3.5 작용기작 불명 또는 비선택적 다점 저해

비선택적으로 다중의 작용점을 저해하는 훈증제로는 methyl bromide(CH_3Br), chloropicrin(CCl_3NO_2), sulfuryl fluoride(SO_2F_2) 등이 있고 살포용 살충제로는 disodium octaborate($Na_2B_8O_{13}$), 토주석(tartar emetic)등이 있다. 전구적 훈증제로는 methyl isothiocyanate(CH_3NCS) 발생제(generator)로서 metam 및 dazomet 등이 있다.
그 외 azadirachtin, benzoximate, bromopropylate, chinomethionat, dicofol, lime sulfur, pyridalyl, sulfur 등 다수의 살충/살응애제는 아직까지도 그 작용기작이 불명확하다.

4. 살균제의 작용기작

살균제의 병원균 체내 주요 작용 부위는 매우 다양한데 다음과 같은 열 가지로 크게 구분할 수 있다.

① 핵산 대사 저해
② 세포분열(유사분열) 저해
③ 호흡 저해
④ 아미노산 및 단백질 합성저해
⑤ 신호전달 저해
⑥ 지질 합성 및 막 기능 저해
⑦ 세포막 스테롤 생합성 저해
⑧ 세포벽 생합성 저해
⑨ 세포벽 멜라닌 생합성저해
⑩ 기주식물 방어기구 유도

그 외 다중의 작용점을 저해하는 살균제와 아직까지 작용기작이 불명확한 살균제들이 있다. 비선택적으로 다중의 작용점을 저해하는 부류의 살균제들은 아직까지도 많이 사용되고 있는데 특이적 작용점을 나타내는 살균제와 혼합제 또는 혼용으로 사용할 경우 저항성 발현이 감소되는 장점이 있다.

4.1 핵산 대사 저해

▶ 표 10-4 핵산 대사를 저해하는 살균제의 세부 작용기작

작용기작	표시기호	화학적 구조 계통 및 대표적 살균제
RNA 중합효소 I 저해	가1	Phenylamides(metalaxyl, ofurace)
아데노신 디아미나제 효소 저해	가2	Hydroxy-(2-amino) pyrimidines(bupirimate)
DNA/RNA 합성 저해	가3	Heteroaromatics(hymexazole)
DNA 토포이소메라제 효소 저해	가4	Carboxylic acids(oxolinic acid)

Phenylamide계 살균제는 식물 병원성 사상균 주요 4종 중 방제가 어려운 역병(phytophthora blight), 노균병(downy mildew), 뿌리썩음병(phytophthora root rot) 등 oomycetes(난균류) 병에 우수한 살균력을 나타내는 metalaxyl이 1979년에 최초로 실용화되었다. 장기간 사용에 따른 저항성 발생이 보고되고 있으나 타 약제와의 교대 사용으로 최소화가 가능하다. 침투 이행성 약제들로서 보호 및 치료 효과를 모두 나타낸다.

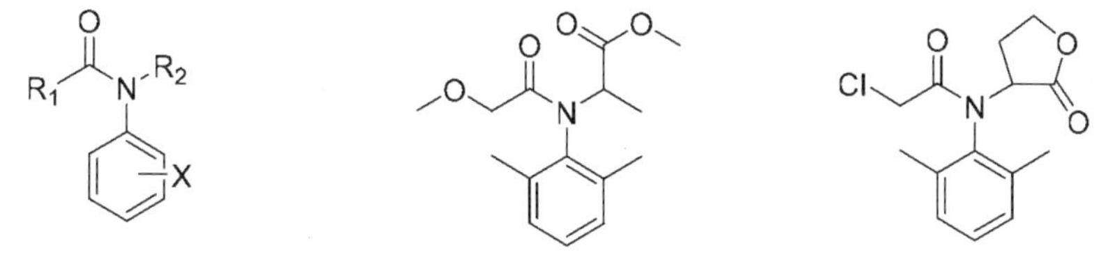

Basic structure of phenylamides

Metalaxyl (1979)

Ofurace (1992)

이들 약제들은 ribosomal RNA(rRNA)를 전사, 생합성하는 RNA polymerase I을 저해함으로써 단백질이나 핵산 생합성을 저해하여 병원균을 살멸한다. 2차적으로 세포분열도 저해한다. 호박산 탈수소효소(succinate dehydrogenase) 저해제(SDHI)와 유사한 amide기를 함유하고 있으나 호흡과정을 저해하지는 않는다.

4.2 세포분열(유사분열) 저해

▶ **표 10-5 세포분열(유사분열)을 저해하는 살균제의 세부 작용기작**

작용기작	표시기호	화학적 구조 계통 및 대표적 살균제
미세소관(β-tubulin) 형성 저해	나1	Benzimidazoles(carbendazim) *N*-phenylcarbamates(diethofencarb)
	나2	*N*-phenylcarbamates(diethofencarb)
	나3	Benzamides, toluamides(zoxamide) Thiazolecarboxamides(ethaboxam)
세포분열 저해	나4	Phenylureas(pencycuron)
스펙트린 단백질 비편재화	나5	Benzamides, pyridinylmethylbenzamides(fluopicolide)
액틴/미오신/피브린 기능 저해	나6	Cyanoacrylates(phenamacril) Arylphenylketones(metrafenone)

Benzimidazole계 살균제는 1960~70년대 초반 경엽살포제, 종자소독제 및 수확 후(post-harvest)처리제로 실용화되었다. 기존에 주로 사용되어왔던 보호제(protectant)에 비하여 치료제(eradicant) 효과를 겸비하고 기존 살균제와는 상이한 작용기작을 나타내어 저항성 병원균에 대한 효과가 우수하였다. 낮은 유효성분 살포량, 넓은 적용 범위 및 침투성의 장점으로 반복적으로 다량 사용되었는데, 단일 작용점 특성에 따른 저항성 발현의 문제가 발생되고 있어 사용량이 점차 감소되는 추세이다.

이들 약제 중 benomyl 및 thiophanate-methyl은 살포 후 빠른 속도로 carbendazim으로 전환되므로 실제 살균성분은 carbendazim이다. 약염기성 약제(짝산의 pKa 4.2~4.7)들로서 작물체의 산도에 따라 표피 투과성이 영향을 받는 경향이 있다. 과수 및 채소류의 탄저병, 잿빛곰팡이병 등 광범위한 적용 범위를 나타내며 thiabendazole은 주로 post-harvest 처리제로 사용된다. 보호 및 치료 효과를 겸비하고 있는 침투 이행성 약제이다. 저항성 발현에 따라 단제와 더불어 작용기작이 상이한 다른 살균제와의 혼합제 성분으로 많이 사용되고 있다.

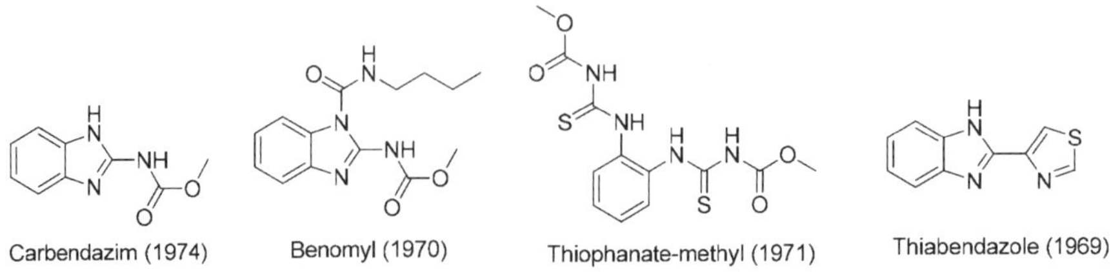

Carbendazim (1974) Benomyl (1970) Thiophanate-methyl (1971) Thiabendazole (1969)

Benzimidazole계 살균제는 유사세포분열에서 방추체(spindle) 등을 구성하는 미세소관(microtubule, MT)의 형성(assembly)을 저해한다. 미세소관은 실 모양을 띠고 있으나 미세소관을 이루고 있는 단위체는 공 모양의 단백질(globular protein)인 tubulin으로서 이 단위체가 연속적으로 결합하여 실 모양의 미세소관을 이룬다. 미세소관을 형성하는 tubulin은 주로 분자량이 55,000인 α-tubulin과 β-tubulin으로 하나씩 결합하여 이합체(dimer)를 형성한다. 이합체는 이미 만들어진 미세소관의 끝에 연속적으로 계속 결합하여 긴 실 모양의 미세소관이 만들어진다. Benzimidazole계 살균제는 이러한 과정 중 β-tubulin의 조립과정을 저해, 병원균을 살멸시킨다.

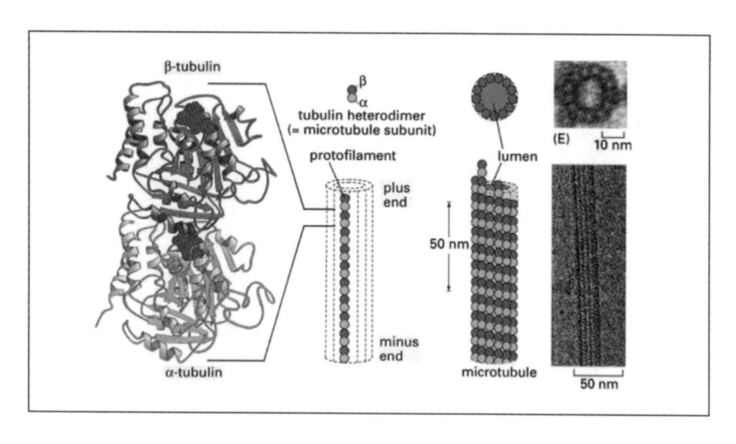

그림 10-22 미세소관의 조립 과정

4.3 호흡 저해

▶ 표 10-6 호흡을 저해하는 살균제의 세부 작용기작

작용기작	표시기호	화학적 구조 계통 및 대표적 살균제
복합체 I의 NADH 산화-환원효소 저해	다1	Pyrimidinamines(diflumetorim) Pyrazole-MET1(tolfenpyrad) Quinazoline(fenazaquin)
복합체 II의 호박산 탈수소효소 저해(SDHI)	다2	Phenylbenzamides(mepronil) Phenyloxoethyl thiophene amides(isofetamid) Pyridinylethyl benzamides(fluopyram) Furan carboxamides(fenfuram) Oxathiin carboxamides(carboxin) Thiazole carboxamides(thifluzamide) Pyrazole-4-carboxamide(penthiopyrad) *N*-methoxy(phenylethyl) pyrazole-carboxamides (pydiflumetofen) Pyridine carboxamides(boscalid)

(계속)

▶ 표 10-6 호흡을 저해하는 살균제의 세부 작용기작(계속)

작용기작	표시기호	화학적 구조 계통 및 대표적 살균제
복합체 III : 퀴논 외측에서 시토크롬 bc1 기능 저해	다3	Methoxyacrylates(azoxystrobin) Methoxyacetamide(mandestrobin) Methoxycarbamates(pyraclostrobin) Oximinoacetates(kresoxim-methyl) Oximinoacetamides(orysastrobin) Oxazolidinediones(famoxadone) Dihydrodioxazines(fluoxastrobin) Imidazolinones(fenamidone) Benzyl carbamates(pyribencarb)
복합체 III : 퀴논 내측에서 시토크롬 bc1 기능 저해	다4	Cyanoimidazoles(cyazofamid) Sulfamoyltriazoles(amisulbrom) Picolinamides(fenpicoxamid)
산화적 인산화 반응에서 탈공력제	다5	Dinitrophenylcrotonates(binapacryl) 2,6-Dinitroanilines(fluazinam)
ATP 합성효소 저해	다6	Triphenyl tin compounds(fentin hydroxide)
ATP 이동 저해	다7	Thiophenecarboxamides(silthiofam)
복합체 III : 퀴논 외측에서 시토크롬 bc1 기능 저해-stigmatellin 결합형	다8	Triazolopyrimidylamines(ametoctradin)

4.3.1 전자전달계 복합체 II의 호박산 탈수소효소 저해

호박산 탈수소효소 저해제(succinate dehydrogenase inhibitors, SDHIs)는 오랜 개발 역사로 다양한 구조의 살균제들이 실용화되어 있다. Carboxin(1969), flutolanil(1986), mepronil(1981) 등 초기 SDHI 살균제는 담자균류(basidiomycetes)에 속하는 녹병(rust) 및 *Rhizoctonia* 유발병(벼 잎집무늬마름병, 흑반병 등)에 뛰어난 약효를 나타내나 식물 병원균 적용 범위가 좁은 단점이 있다. 그러나 strobilurins, benzimidazoles, anilinopyrimidin 등 다른 살균제들과의 작용기작과 다르므로 교차저항성(cross resistance)이 발생하지 않는 장점이 있다. 따라서 적용 범위가 넓은 새로운 SDHI 살균제가 개발되고 있다. 이들 약제들은 약제별로 적용 병의 범위가 상이하나 보통 보호 및 치료 효과를 겸비하고 있다. 또한 화합물별로 침투성에 차이가 있는 침투성/반침투성 약제들이다.

기본 화학구조는 분자 내에 carboxamide(amino carbonyl)기를 함유하며 다양한 유도체 형태가 실용화되어 있다.

이들 SDHI들은 병원균의 호흡과정 중 전자전달계 복합채 II인 호박산 탈수소효소를 저해한다. 즉, 전자전달계 복합채 II의 ubiquinone binding site(Q-site)에 결합하여 ubiquinone(Coenzyme Q) ⟶ ubiquinol(QH_2)로 환원되는 반응을 저해함으로써 살균작용을 나타낸다.

▶ 표 10-7 SDHI 살균제의 세부구조별 분류 및 대표적 살균제

화학구조별 세부 부류	대표적 살균제
Phenylbenzamides	Flutolanil
Phenyloxoethylthiopheneamide	Isofetamid
Pyridinylethylbenzamides	Fluopyram
Furancarboxamides	Fenfuram
Oxathiincarboxamides	Carboxin
Thiazolecarboxamides	Thifluzamide
Pyrazole-4-carboxamides	Fluxapyroxad, penthiopyrad
N-Methoxy-(phenylethyl)pyrazolecarboxamides	Pydiflumetofen
Pyridinecarboxamides	Boscalid
Pyrazinecarboxamide	Pyraziflumid

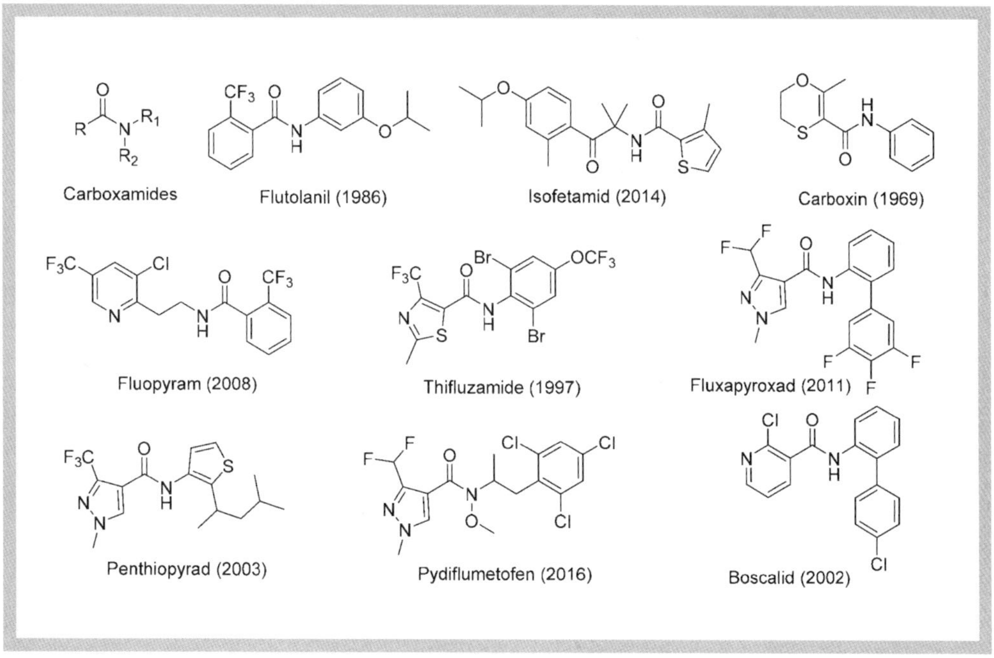

Carboxamides　Flutolanil (1986)　Isofetamid (2014)　Carboxin (1969)

Fluopyram (2008)　Thifluzamide (1997)　Fluxapyroxad (2011)

Penthiopyrad (2003)　Pydiflumetofen (2016)　Boscalid (2002)

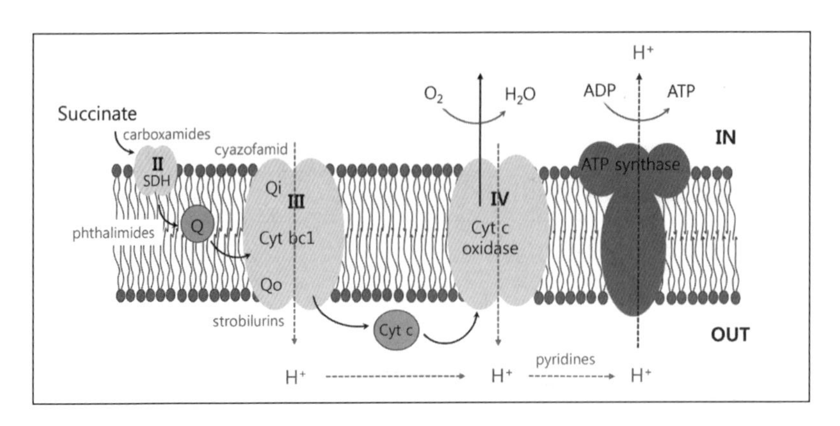

그림 10-23 SDHI 살균제 및 기타 살균제의 전자전달계 작용 지점

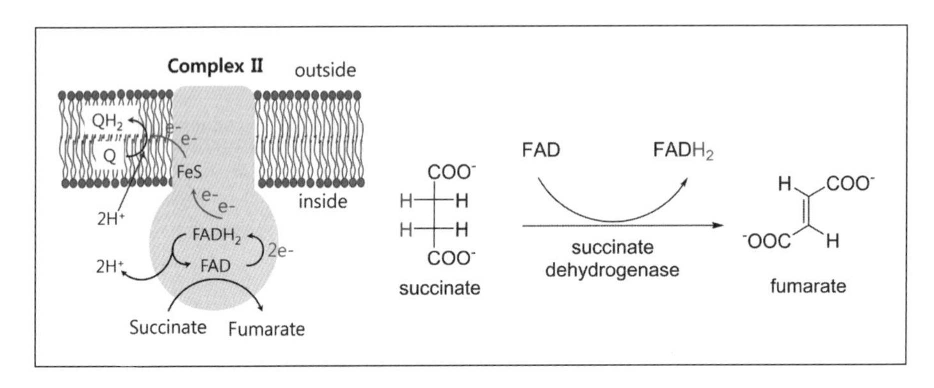

그림 10-24 호박산 탈수소효소의 작용

4.3.2 전자전달계 복합체 III : 퀴논 외측에서 시토크롬 bc1 기능 저해

Strobilurin계 살균제들은 목재를 부패시키는 버섯곰팡이 *Strobilurus tenacellus*로부터 분리된 천연 항균물질군인 strobilurins로부터 유도된 화합물들이다. 숙주에 대한 영양분 경쟁에서의 우세를 위하여 분비되는 strobilurins는 다른 사상균에 대한 억제 효과를 나타낸다. 천연 strobilutins의 미토콘드리아 호흡대사 저해의 작용은 호흡대사가 모든 생물체에서 필수적이므로 비표적 생물에 대한 독성이 높을 가능성이 있었으나 인축에 대한 경구독성이 낮게 관찰되어 선택성이 높은 살균제로서 개발되었다.

Strobilurin A

Methyl β-methoxyacrylate

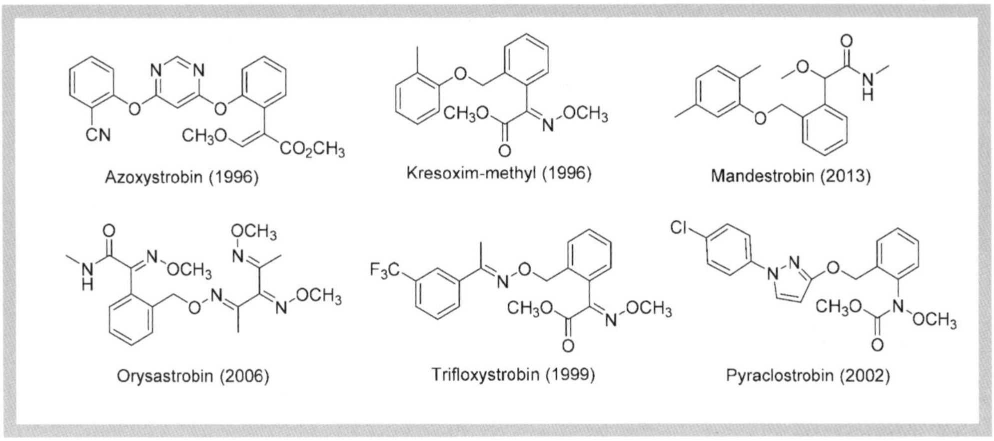

Azoxystrobin (1996) Kresoxim-methyl (1996) Mandestrobin (2013)

Orysastrobin (2006) Trifloxystrobin (1999) Pyraclostrobin (2002)

Strobilutins는 β-methoxyacrylates의 단순 화학적 구조를 포함하고 있는데 천연 strobilurins는 광화학적 불안정성 등으로 농업용 살균제로는 부적합하나 선도물질로서 활용되어 신규 살균제 군으로 개발되었으며 1992년 azoxystrobin 및 kresoxim-methyl이 신규 살균제로 실용화되었고 그 이후 전 세계 살균제 시장의 10% 이상을 점유할 정도로 많이 사용되고 있다.

Strobilurin계 살균제들은 약제별로 살균력 차이는 있으나 광범위한 병원균에 대하여 방제효과가 있어 식물 병원성 사상균의 주요 4종인 자낭균류(ascomycetes), 담자균류(basidiomycetes), 불완전균류(deuteromycetes), 난균류(oomycetes)에 모두 효과가 있다. 예방 및 치료효과를 겸비하고 있으며 침투성, 반침투성 또는 표면 확산력에 의하여 작물체에 널리 분포하는 특성을 나타낸다.

Strobilurin계 살균제들은 미토콘드리아 전자전달계 복합체 III를 저해한다. 복합체 III는 cytochrome bc1이라고도 불리는데 막 관통성 양성자펌프(proton pump)로서 미토콘드리아 막 외부로 proton(H^+)을 보내어 최종적으로 ATP를 생산하기 위한 수소이온 농도의 구배를 조성하는 작용을 한다. 복합체 III의 미토콘드리아 막 외측과 내측은 그 작용이 서로 상이하다. 이른바 Q-cycle로 불리는 작용이 일어나는데, 외측에서는 2개의 ubiquinol이 ubiquinone으로 산화된다. 발생한 4개의 proton은 막 외부로 흘려보내어 수소이온 농도의 구배를 조성한다. 함께 발생한 전자 4개 중 2개는 cytochrome c를 환원시키는 데 사용되며 최종적으로 복합체 IV로 전달된다. 나머지 2개는 내측으로 이동, 막 내부의 proton과 함께 ubiquinone을 다시 ubiquinol로 환원한다.

$$QH_2 + 2\ \text{cytochrome c}\ (Fe^{3+}) + 2\ H^+\text{in} \rightleftarrows Q + 2\ \text{cytochrome c}\ (Fe^{2+}) + 4\ H^+\text{out}$$

Strobilurin계 살균제는 복합체 III 외측의 ubiquinol 산화과정에 작용하여 수소이온 농도 구배의 조성과 전자전달을 저해함으로써 병원균을 살멸시킨다. Strobilurin계를 포함하여 이러한 작용기작을 나타내는 약제를 QoI(quinone outside inhibitors) 살균제라고 부른다. 한편 strobilurin 유사체가 아닌 QoI 살균제도 개발·실용화되었는데 strobilurin과 화학구조는 다르나 그 작용기작은 동일하다.

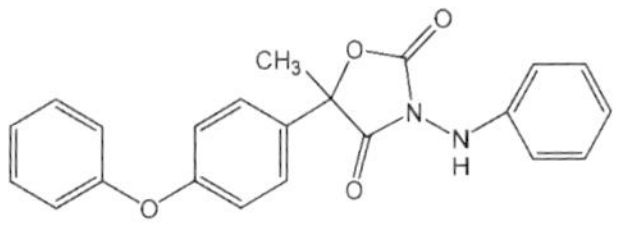

Famoxadone(1997년) 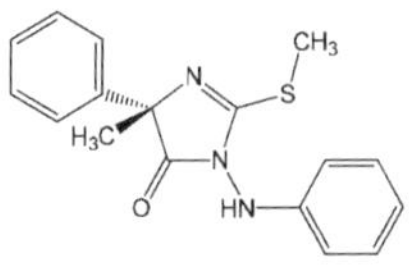 Fenamidone(2001년) 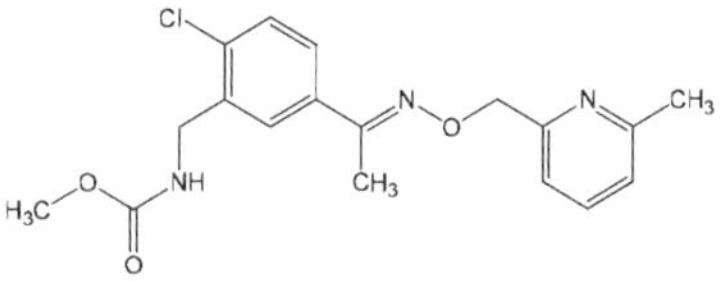 Pyribencarb(2008년)

4.3.3 전자전달계 복합체 III : 퀴논 내측에서 시토크롬 bc1 기능 저해

Strobilurin계 살균제로 대표되는 QoI 살균제와는 달리 전자전달계 복합체 III의 미토콘드리아 막 내측에서 일어나는 ubiquinone의 환원과정을 저해하는 QiI(quinone inside inhibitor) 살균제도 최근에 실용화되었다. Cyazofamid, amisulbrom, fenpicoxamid 등은 QiI 살균제로서 strobiliruin계나 SDHI계 살균제와 그 작용기작이 다르므로 이들 약제에 대한 저항성 병원균에 효과가 우수하다.

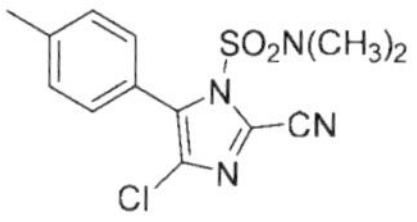

Cyazofamid (2001) 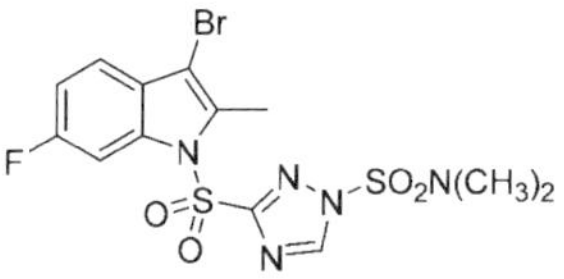 Amisulbrom (2008) 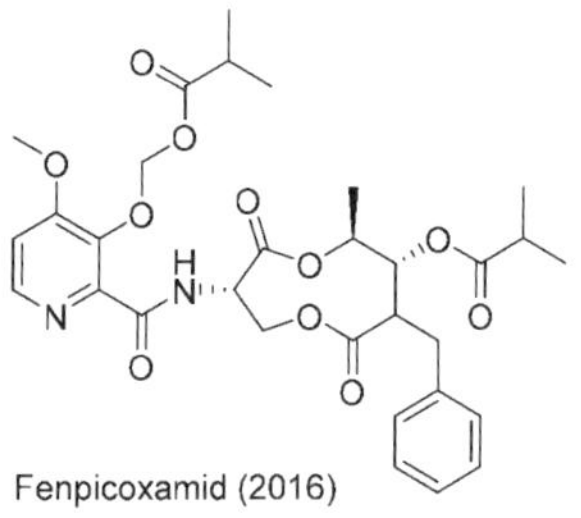 Fenpicoxamid (2016)

4.3.4 산화적 인산화 반응에서 탈공력제

Dinitrophenol 유도체 계통의 살균제들은 병원균의 에너지 대사과정 중 탈공력제로서 작용하여 산화적 인산화에 의한 ATP 합성을 저해한다. 즉, 전자전달계에서의 순차적 산화과정에 의하여 미토콘드리아 막의 내외 간에는 수소이온 농도의 구배가 형성되며 이러한 구배에 의한 수소이온 유입이 산화적 인산화과정과 결합하여 ATP가 생성된다. 탈공력제의 경우 산화적 인산화과정과의 결합 없이 수소이온 구배가 소실되도록 함으로써 ATP는 생성되지 않는다.

Dinitrophenylcrotonate 계통의 binapacryl은 살균제 특히 과수 흰가루병(powdery mildew)에 효과가 있는데 dinitrophenol계 개발 이전의 비침투성 살균제로는 방제가 곤란하였다. 실제 작용 성분은 crotonyl기가 이탈된 유리의 dinitrophenol이다. 비교적 최근에는 dinitroaniline계의 fluazinam이 실용화되었는데 탈공력 작용과 더불어 병원균 체내 –SH(thiol)기에 대한 친화력이 높아 다점 작용기작을 함께 나타낸다.

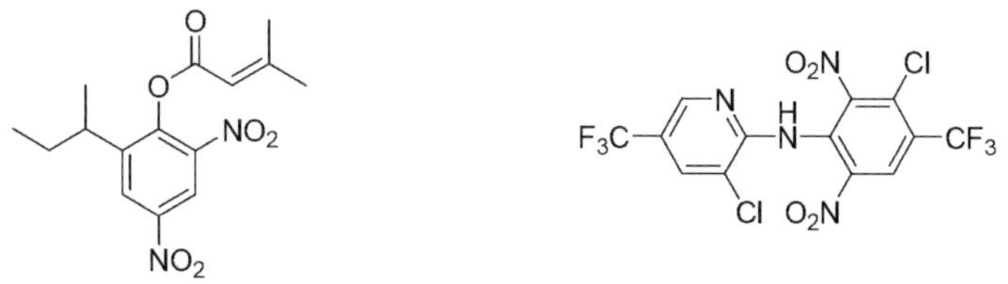

Binapacryl　　　Fluazinam (1990)

4.3.5 ATP 합성효소 저해

유기주석계 살균제는 4가의 주석을 함유하는 R_3SnX 구조로서 X는 acetate, chloride, hydroxide 인데 실제 살균성분은 hydroxide 형태이다.

유기주석계 살균제는 유기주석계 살응애제와 마찬가지로 병원균의 에너지 대사과정 중 미토콘드리아 내 산화적 인산화에 관여하는 ATP synthase를 저해하여 치사에 이르게 한다. 저해하는 부위는 아직 명확하지 않으나 rotor(Fo domain) 부위에서 수소이온의 유입을 저해하는 것으로 알려져 있다.

Fentin acetate (1959)　　　Fentin hydroxide (1960)

4.4 아미노산 및 단백질 합성저해

▶ 표 10-8　아미노산 및 단백질 합성을 저해하는 살균제의 세부 작용기작

작용기작	표시기호	화학적 구조 계통 및 대표적 살균제
메티오닌 생합성 저해	라1	Anilinopyrimidines(cyprodinil)
단백질 합성 저해(종결단계)	라2	Enopyranuronic acid antibiotic(blasticidin-S)
단백질 합성 저해(개시단계)	라3	Hexopyranosyl antibiotic(kasugamycin)
단백질 합성 저해(개시단계)	라4	Glucopyranosyl antibiotic(streptomycin)
단백질 합성 저해(신장단계)	라5	Tetracycline antibiotic(oxytetracycline)

4.4.1 메티오닌 생합성 저해

Anilinopyrimidine계 살균제는 sulfonylurea계 제초제(acetolactate synthase 저해제)의 구조-활성 관계 검색과정에서 착안하여 개발된 약제들이다. 사상균 중 특히 잿빛곰팡이병(*Botrytis cinerea*)을 대상으로 개발되었으며 균체 내 메티오닌(methionine) 생합성 및 가수분해 효소의 분비를 저해하는 특유의 작용 기작을 나타내어 기존 살균제에 대한 저항성을 나타내는 병원균에 효과가 높다. Cyprodinil과 mepanipyrim은 각각 침투성 및 접촉형 보호살균제이며 pyrimethanil은 반침투성의 보호 및 치료 겸용 약제이다.

Cyprodinil (1994) Mepanipyrim (1995) Pyrimethanill (1998)

Anilinopyrimidine계 살균제는 1차적으로 아미노산인 메티오닌의 생합성 과정을 저해하는데 특히 전구물질인 L-cystathionine을 합성하는 cystathionine-γ-synthase의 작용을 저해한다. 2차적으로는 병원균의 숙주 침입을 위한 가수분해 효소 등의 분비를 저해한다.

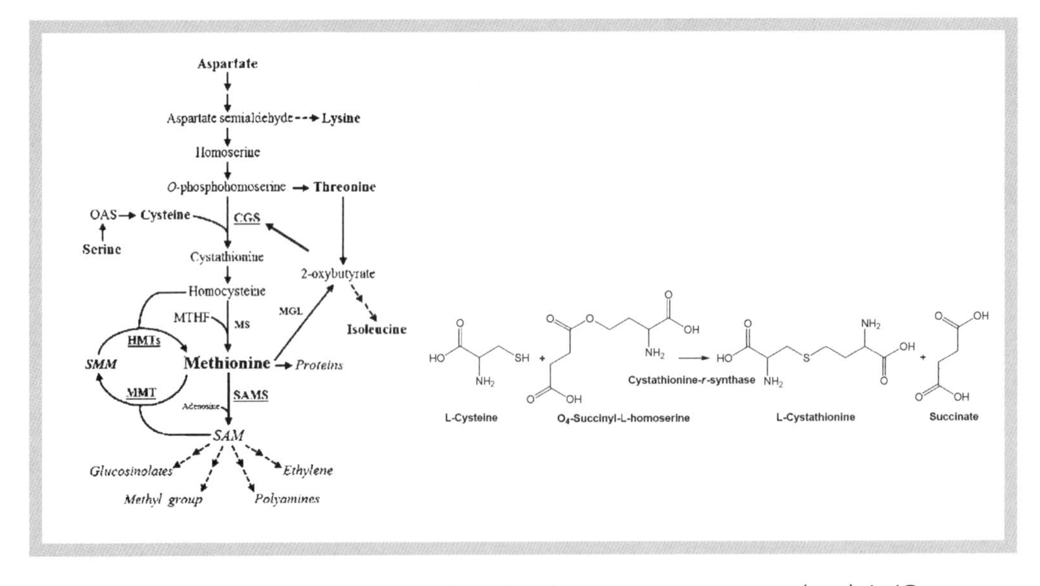

그림 10-25 미생물 중 메티오닌 생합성 경로 및 cystathionine-γ-synthase(CGS)의 작용

4.4.2 단백질 합성 저해

기존 살균제로 방제가 어려운 세균성 병에 bactericide로서 농업용 항생제(antibiotics)를 사용해 왔다. 단제 혹은 혼합제로서 사상균 병 방제에도 널리 사용된다. 보호 및 치료 효과를 모두 나타내나 주로 치료 효과가 우수하며 대부분 침투 이행성 약제이다.

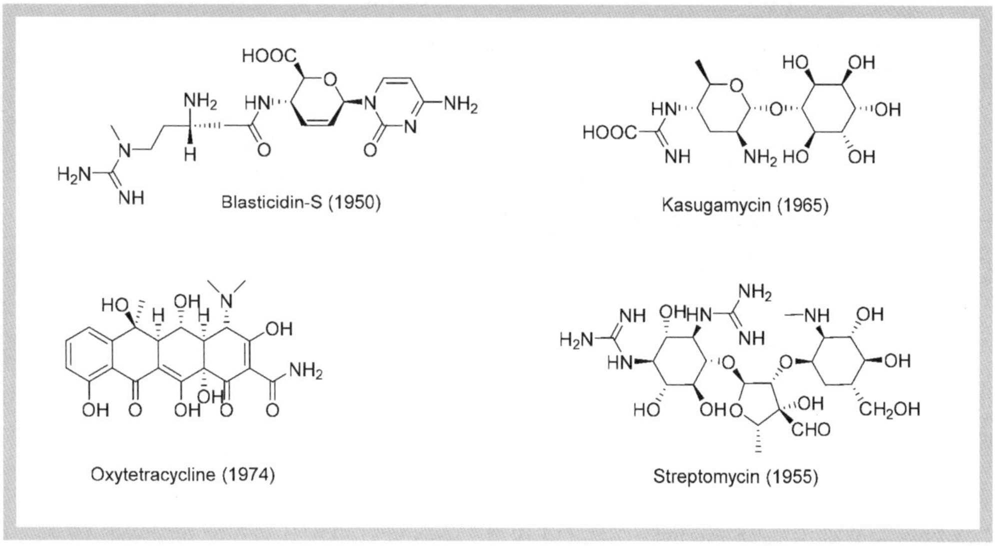

Blasticidin-S (1950)

Kasugamycin (1965)

Oxytetracycline (1974)

Streptomycin (1955)

사용되는 항생제는 병원균의 단백질 합성을 저해하는데 항생제별로 작용점은 상이하다. 단백질 생합성은 DNA의 유전정보를 갖는 mRNA와 tRNA, 리보솜의 큰 소단위체가 합쳐져 개시복합체를 형성하며 이 개시복합체는 mRNA의 개시코돈(initiation codon)을 인식함으로써 시작된다. 개시tRNA가 개시코돈에 결합함으로써 합성을 개시한다. 이후 아미노산을 적재한 tRNA가 연속적으로 반응하여 폴리펩티드 사슬이 신장된다. 리보솜에 종결코돈이 출현하면 종결인자가 이를 인식하고 방출인자(release factor)가 종결코돈과 결합하고 폴리펩티드 사슬과 tRNA를 분리시킨다. 폴리펩티드 사슬이 유리된 후 리보솜은 mRNA와 유리되어 새로운 단백질 합성 과정에서 사용될 수 있도록 2개의 소단위체로 분리된다. 각각의 항생제들은 약제별로 개시, 신장 및 종

▶ **표 10-9 농업용 항생제의 발견, 용도 및 작용점**

항생제	방선균(actinomycetes)	용도	작용점
Blasticidin-S	*Streptomyces griseochromogenes*	살균제	리보솜, 종결단계
Kasugamycin	*Streptomyces kasugaensis*	살균제, 살세균제	리보솜, 개시단계
Oxytetracyclin	*Streptomyces rimosus*	살세균제	리보솜, 신장단계
Streptomycin	*Streptomyces griseus*	살세균제	리보솜, 종결단계

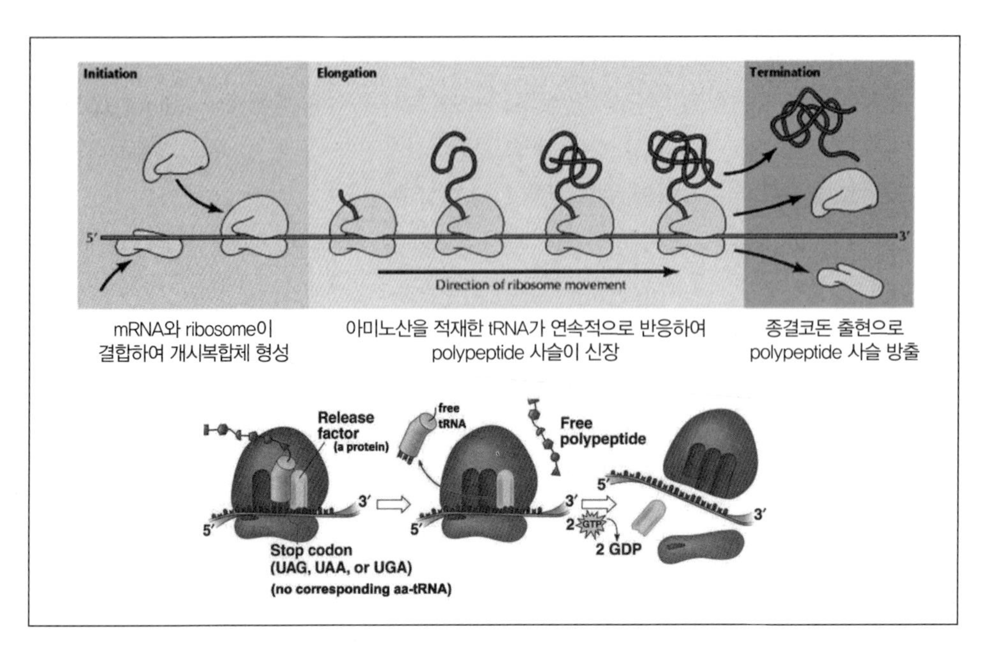

그림 10-26 단백질의 생합성 과정

결의 각 단계에 작용함으로써 병원균의 단백질 생합성을 저해, 병원균을 살멸시킨다.

농업용 항생제 중 validamycin은 대부분의 항생제와는 달리 단백질 합성이 아닌 trehalase를 저해함으로써 trehalose에 의한 숙주 방어를 유도하는 것으로 알려져 있다.

4.5 세포막 스테롤 생합성 저해

▶ 표 10-10 세포막 스테롤 생합성을 저해하는 살균제의 세부 작용기작

작용기작	표시기호	화학적 구조 계통 및 대표적 살균제
C14-탈메틸 효소 저해	사1	Piperazines(triforine) Pyridines(pyrifenox) Pyrimidines(fenarimol) Imidazoles(prochloraz) Triazoles(tebuconazole)
환원 및 이성질화 효소 기능 저해	사2	Morpholines(tridemorph) Piperidines(fenpropidin) Spiroketal-amines(spiroxamine)
3-케토환원효소 저해	사3	Hydroxyanilides(fenhexamid) Aminopyrazolinone(fenpyrazamine)
스쿠알렌 에폭시다제 효소 저해	사4	Thiocarbamates(pyributicarb) Allylamines(naftifine)

4.5.1 C14-탈메틸 효소 저해

Ergosterol은 곰팡이와 원생동물에서 발견되는 세포막의 주요 구성 성분으로 동물세포에서의 cholesterol과 동일한 역할을 담당한다. Cholesterol 생합성에 비하여 보다 많은 에너지가 요구되나 수분 조건의 큰 변화에 적응하기 위하여 진화한 결과로 추정되며 동물세포에서는 아직까지 발견되지 않았다. 이러한 동물세포와의 상이점에 착안, ergosterol 생합성에 관여하는 효소들은 살균제 및 의약품(무좀약) 개발 시 주요 목표 작용점으로 인식되어 왔으며 1976년 최초로 triadimefon이 ergosterol 생합성을 저해하는 살균제로서 실용화되었다.

Ergosterol의 생합성 경로는 acetyl CoA로부터 mevalonic acid 생합성 경로를 통해 steroid의 전구체인 squalene이 합성되며 squalene으로부터 다시 생합성 경로를 통하여 최종적으로 ergosterol이 생합성된다.

Ergosterol 생합성 저해제(ergosterol biosynthesis inhibitors, EBIs) 중 C14-탈메틸 효소 저해제의 선도 화학구조는 다음과 같으며 가장 많은 수의 다양한 유도체가 살균제로서 등록, 사용되고 있다. 보호 및 치료 효과를 겸비하고 있으며 식물 병원성 사상균의 주요 4종 중 자낭균류

Ergosterol　　Cholesterol

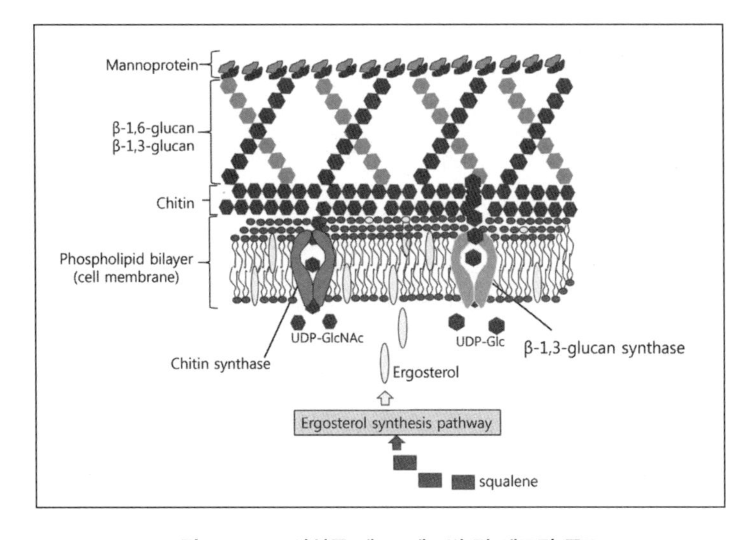

그림 10-27 사상균 세포, 세포벽 및 세포막 구조

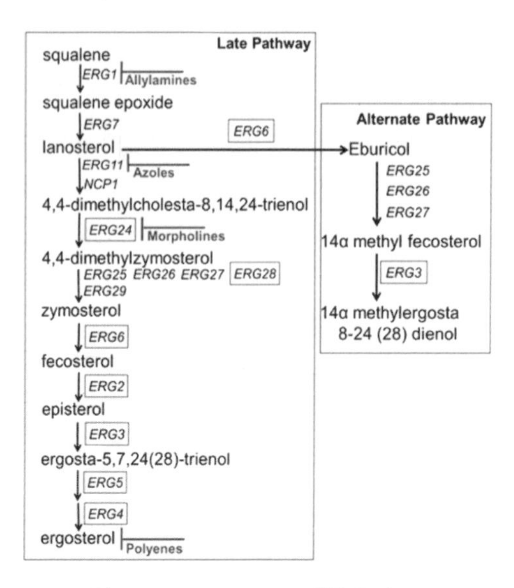

그림 10-28 Ergosterol 생합성 경로

(ascomycetes), 담자균류(basidiomycetes)에 뛰어난 약효를 나타내나 난균류(oomycetes)에는 상대적으로 살균효과가 열등한 편이다. 화합물별로 상이하나 침투성/반침투성 약제로서 병원성 사상균의 작용점에 대한 저항성 발현이 늦거나 그 정도가 낮아 장기간에 걸쳐 사용이 가능한 장점이 있다.

R = H,OH
Z =
triazole
imidazole
pyrimidine

triadimefon (1976)
tebuconazole (1988)
prothioconazole (2004)

prochloraz (1977)
fenarimol (1977)
pyrifenox (1986)

C14-탈메틸 효소 저해제의 ergosterol 생합성 경로 중 작용지점은 lanesterol이 4,4-dimethylcholesta-8,14,24-trienol로 전환되는 14번 탄소에서의 탈메틸반응에 관여하는 C14-demethylase이다.

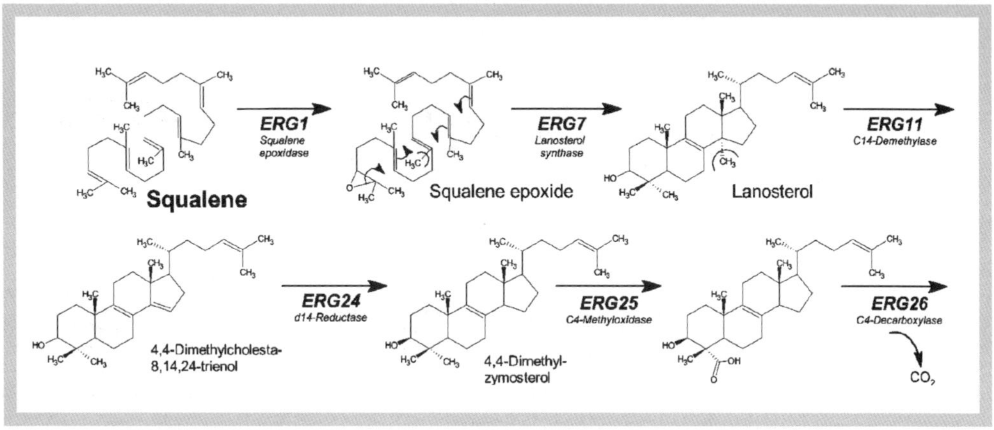

그림 10-29 C14-탈메틸 효소 저해제의 작용 지점

4.5.2 환원 및 이성질화 효소 기능 저해

Morpholine, piperidine, spiroketalamine계 살균제도 EBI 계통의 살균제인데 작용지점은 4,4-dimethylcholesta-8,14,24-trienol이 4,4-dimethyl-zymosterol로 환원되는 반응에 관여하는 Δ14-reductase와 fecosterol이 episterol로 이성질화되는 반응에 관여하는 Δ8 isomerase로 알려져 있다.

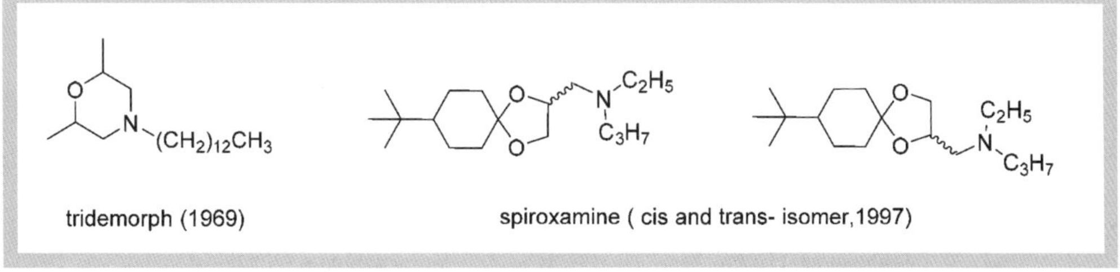

tridemorph (1969)

spiroxamine (cis and trans- isomer,1997)

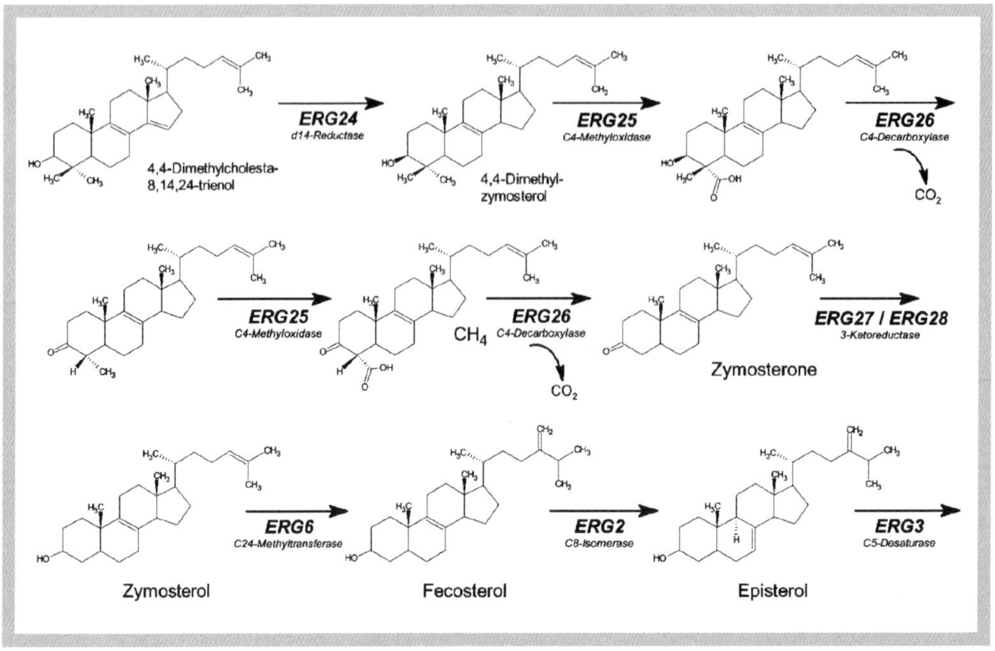

그림 10-30 환원 및 이성질화 효소 저해제의 ergosterol 생합성 경로 중 작용 지점

4.5.3 3-케토환원효소 저해

Hydroxyanilide, aminopyrazolinone계 살균제 역시 EBI 계통의 살균제로서 작용지점은 zymosterone의 3번 탄소 keto기가 alcohol기로 환원, zymosterol로 전환되는 반응에 관여하는 3-ketoreductase이다.

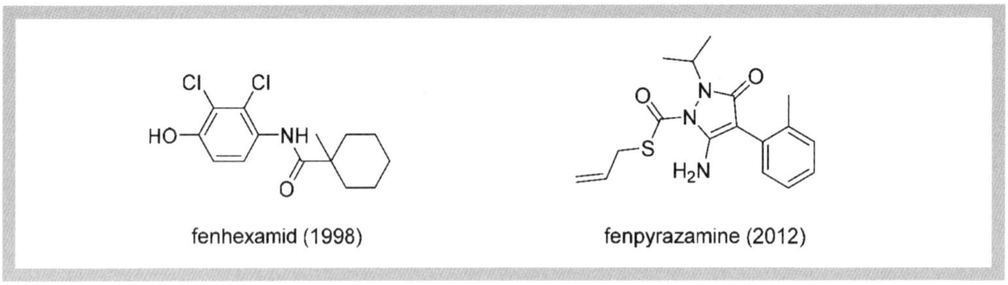

fenhexamid (1998)

fenpyrazamine (2012)

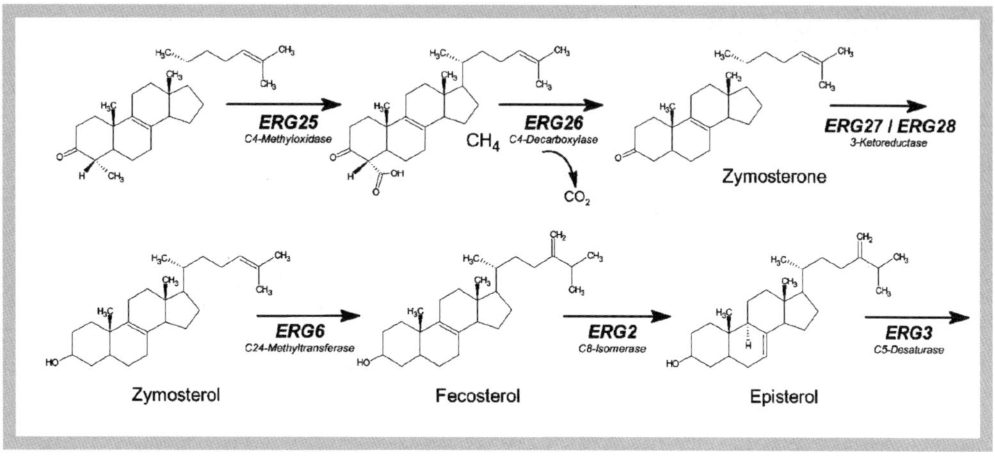

그림 10-31 3-케토환원 효소 저해제의 ergosterol 생합성 경로 중 작용 지점

4.5.4 스쿠알렌 에폭시다제 효소 저해

Thiocarbamate, allylamine계 살균제 또한 EBI 계통의 살균제인데 작용지점은 ergosterol 생합성 초기 squalene이 squalene epoxide로 산화되는 반응에 관여하는 squalene epoxidase로 알려져 있다.

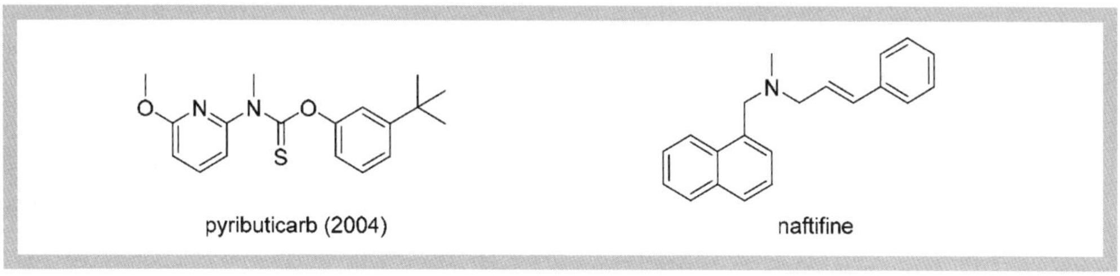

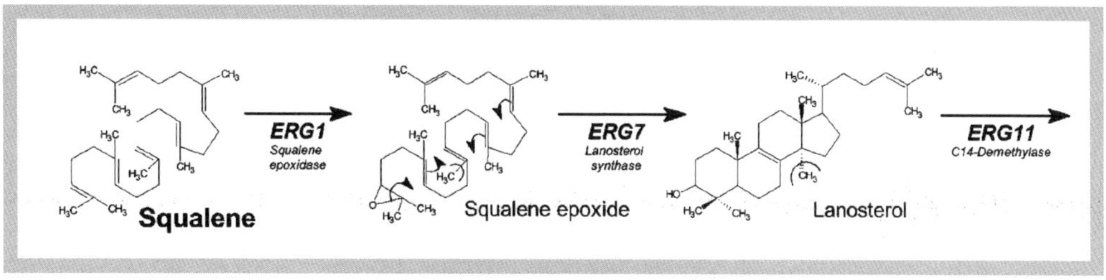

그림 10-32 스쿠알렌 에폭시다제 효소 저해제의 ergosterol 생합성 경로 중 작용 지점

4.6 세포벽 생합성 저해

▶ **표 10-11 세포벽 생합성을 저해하는 살균제의 세부 작용기작**

작용기작	표시기호	화학적 구조 계통 및 대표적 살균제
키틴 합성 저해	아4	Polyoxins(polyoxin)
셀룰로오스 합성효소 저해	아5	Cinnamic acid amides(dimethomorph) Valinamide carbamates(benthiavalicarb) Mandelic acid amides(mandipropamid)

4.6.1 키틴 합성 저해

병원균의 세포벽은 식물체와는 달리 세포벽 내부에는 키틴(chitin) 등이 섬유상으로 존재하고 그 위에는 글루칸(glucan) 성분들이 외층을 이룬다. 각 성분들은 매우 밀접하게 부착되어 세포벽을 강화하고 있는데 글루칸과 키틴이 서로 공유결합을 하고 있는 경우도 있으며 글루칸 성분 사이는 신장 및 측쇄에 의하여 서로 밀접하게 구성되어 있다.

polyoxin B, R=-CH_2OH
polyoxin D, R=-COOH
Polyoxins (1967)

Polyoxin류는 *Streptomyces cacaoi*로부터 유래한 항생제로 주로 B와 D가 농업용 항생제로서 사용된다. 단제 혹은 혼합제로서 사상균 병 방제에 사용되는데 보호 및 치료 효과가 모두 있으나 주로 치료 효과가 우수하다. Polyoxin류의 항생제는 chitin synthase를 저해함으로써 균체 세포벽 생합성을 저해하여 살멸에 이르게 한다.

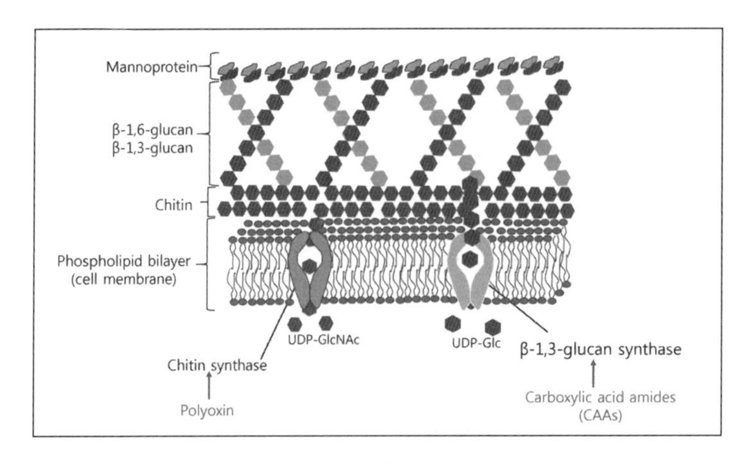

그림 10-33 사상균 세포벽의 생합성을 저해하는 살균제의 작용점

4.6.2 셀룰로오스 합성효소 저해

식물 병 사상균 병해 중 방제가 어려운 역병(late blight, *Phytophthora infestans*), 노균병(downy mildew) 등 난균류(oomycetes) 병에 우수한 살균력을 나타내는 새로운 dimethomorph가 1988년 보고, 1993년 실용화되었다. 이러한 carboxylic acid amide(CAA)계 살균제는 metalaxyl과 같은 기존 phenylamide계 살균제와는 다른 작용기작을 나타낸다.

Cinnamic acid amides, valinamide carbamates 및 mandelic acid amides로 화학구조가 세분되는데 난균류 병에 대한 보호 및 치료 효과를 나타내며 침투성 또는 반침투성 약제들로서 포자 형성을 저해하는 효과도 나타낸다.

(*E*)-isomer (*Z*)-isomer
dimethomorph (1993)
benthiavalicarb (2003)
mandipropamid (1999)

이러한 CAA계 살균제들은 세포벽 주요 구성 성분인 β-(1,3)-glucan을 생합성하는 β-(1,3)-glucan synthase를 저해한다. 이에 따른 β-(1,3)-glucan 생합성 저해에 따른 결핍으로 세포벽의 강도를 비정상적으로 약화시켜 삼투압 등 외부 요인에 대한 적응의 불능을 초래함으로써 살멸에 이르게 한다.

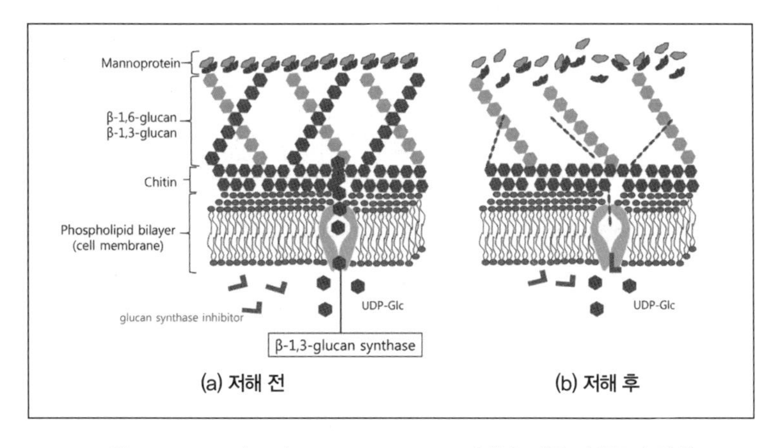

그림 10-34 β-(1, 3)-glucan synthase 저해에 따른 사상균의 변화

4.7 세포벽 멜라닌 생합성 저해

▶ 표 10-12 세포벽 멜라닌 생합성을 저해하는 살균제의 세부 작용기작

작용기작	표시기호	화학적 구조 계통 및 대표적 살균제
환원효소 저해	자1	Isobenzofuranone(fthalide) Pyrroloquinolinone(pyroquilon) Triazolobenzothiazole(tricyclazole)
탈수효소 저해	자2	Cyclopropanecarboxamide(carpropamid) Carboxamide(diclocymet) Propionamide(fenoxanil)
폴리케티드 합성효소 저해	자3	Trifluoroethylcarbamate(tolprocarb)

세포벽의 멜라닌 생합성 저해제들은 벼의 도열병(rice blast) 방제용 약제이다. 도열병은 자낭균류(ascomycetes)에 속하는 *Magnaporthe grisea*(*Magnaporthe oryzae*, 또는 *Pyricularia oryzae*)이 유발하는 벼 재배 시에 가장 중요한 방제 대상 병해이다. 기후 등 자연 재해를 제외하고 벼 재배 시 피해의 가장 큰 요인이며 벼를 재배하는 전 세계 85개국에서 발생하여 연간 6,000만 명 분의 쌀 생산량의 감소를 초래한다고 알려져 있다. 도열병 방제를 위해서 항생제, 유기인계 살균제, isoprothiolane, ferimzone, metominostrobin 등의 살균성 화합물들을 사용하여 왔으나 저항성 발현 및 비표적 생물에 대한 부작용 등의 단점이 있다.

이러한 단점을 줄이기 위하여 비살균성 화합물을 사용하는 두 가지 접근법이 연구되어 왔는데 첫 번째는 도열병 균의 벼 작물체 표피의 투과를 저해하는 멜라닌 생합성 저해제이며 두 번째는 도열병에 대한 벼 자체의 체내 방어 능력을 증대시키는 기주식물의 방어기구 유도제들이다. 이러한 화합물의 개발은 저항성 발현의 가능성을 경감시킬 뿐만 아니라 인축 등 비표적 생물계에 대한 부작용을 최소화하는 친환경적 접근법이다.

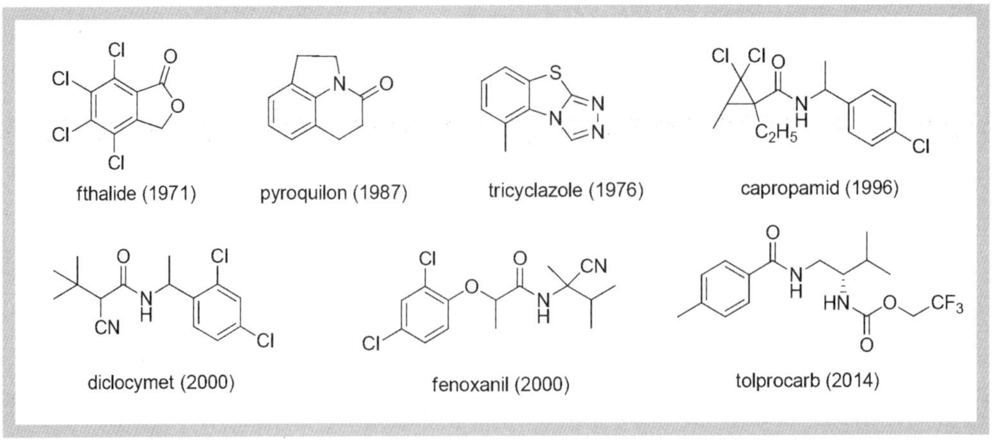

fthalide (1971) pyroquilon (1987) tricyclazole (1976) capropamid (1996)

diclocymet (2000) fenoxanil (2000) tolprocarb (2014)

멜라닌 생합성 저해제들은 벼 도열병 방제용 전문 살균제로서 주로 보호용(protectant)이며 치료 효과는 거의 없으므로 발병 전 처리 시기에 유의하여야 한다. 이들 약제들은 경엽 살포뿐만 아니라 종자 소독, 육묘상 및 수면 처리용으로도 사용된다.

멜라닌 생합성 저해제들의 작용기작은 도열병 균의 벼 체내 침투 과정과 밀접한 관련이 있다. 도열병 균의 벼 체내 침투는 다음과 같은 과정으로 진행된다. ① 벼 표면에 포자가 낙하되면 2시간 이내에 점액(mucilage)에 의하여 밀착, ② 발아관(germ tube) 발아, ③ 기생성 균류가 숙주 표면에 형성하는 흡반상(狀) 기관인 부착기(appressorium) 생성, ④ 삼투압에 의한 수분 유입 및 팽압 증대(>8 MPa, 약 80기압 이상), ⑤ 균 효소 분비로 벼 표면 연화(softening)와 함께 침입사(infection peg)에 의한 벼 표피 투과.

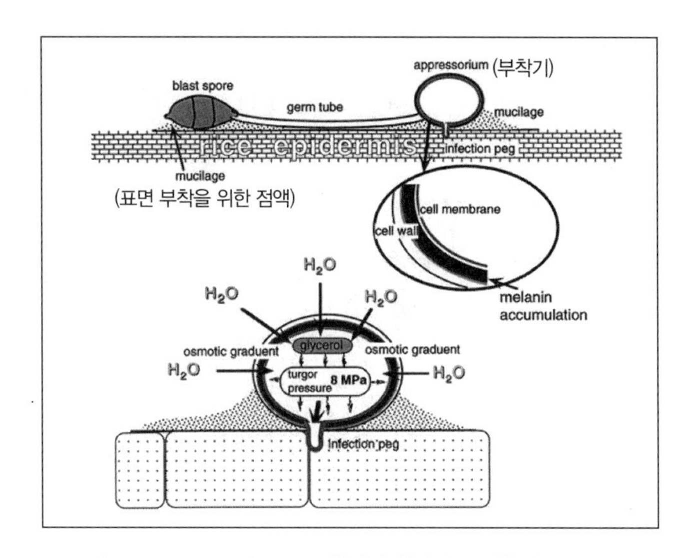

그림 10-35 도열병 균의 부착기와 침입사에 의한 벼 표피 투과

이러한 도열병 균의 벼 체내 침투과정에서 1,8-dihyroxynaphthalene(DHN) melanin은 중요한 역할을 담당한다. 즉, 부착기 세포벽 내부 층에 DHN melanin이 축적되어 세포벽의 강도를 증대, 8Mpa 이상의 팽압(turgor pressure)을 감당할 기계적 강도를 제공한다. 또한 세포벽의 투과성을 변경시켜 큰 분자의 유출을 차단, 삼투압 구배를 조성함으로써 물의 유입을 가속화시켜 높은 팽압을 조성하며 최종적으로 침입사가 높은 팽압으로 벼 표면을 기계적으로 천공하도록 유도한다.

Isobenzofuranone, pyrroloquinolinone, triazolobenzothiazole, cyclopropanecarboxamide, carboxamide, propionamide, trifluoroethylcarbamate계 화합물들은 모두 멜라닌 생합성을 저해하나 약제에 따라 작용지점이 상이하다. Isobenzofuranone, pyrroloquinolinone, triazolobenzothiazole계는 환원효소, cyclopropanecarboxamide, carboxamide, propionamide계는 탈수효소, 그리고 trifluoroethylcarbamate계는 폴리케티드 합성효소를 저해하는 것으로 알려져 있다.

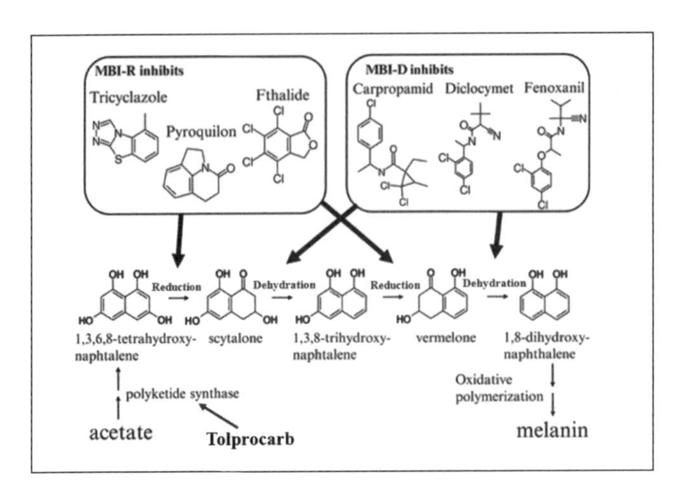

그림 10-36 멜라닌 생합성 저해제별 작용 지점

4.8 기주식물 방어기구 유도

▶ 표 10-13 기주식물 방어기구를 유도하는 살균제의 세부 작용기작

작용기작	표시기호	화학적 구조 계통 및 대표적 살균제
살리실산 관련	차1	Benzothiadiazole(acibenzolar-S-methyl)
	차2	Benzisothiazole(probenazole)
	차3	Thiadiazolecarboxamide(tiadinil)
Polysaccharide 유도인자	차4	Polysaccharides(laminarin)
Anthraquinone 유도인자	차5	Plant extract(extract from giant knotweed)
Microbial 유도인자	차6	Microbial(*Bacillus cereus* group)
Phosphonates	차7	Ethyl phosphonates(fosetyl-Al)

기주식물 방어기구 유도체들은 식물체에서의 잠재적인 선천성 면역 체계(innate immunity system)인 전신획득저항성(systemic acquired resistance, SAR)을 유발하는 물질들이다. SAR은 병원균 감염 부위에서 원격적으로 유발되는 식물체 조직 내의 비약해성, 비선택적 식물체 방어 반응으로서 식물이 미생물과 접촉하였을 때, 식물에 의해 합성·축적되는 저분자의 항균성 화합물인 phytoalexin이 감염 부위 또는 인근에서 발현되는 현상과는 구별된다.

이러한 SAR 현상은 잘 알려져 있으나 그 기작 등 상세 사항에 대해서는 현재까지 명확히 밝혀지지 않았으며 salicylic acid와 같은 원격 신호물(signal molecule)에 의한 항균성 단백질의 유도 등 일부만이 알려져 있다.

SAR 현상을 식물병 방제에 이용할 경우에는 식물체 자체의 항균성 유도, 항균 효과의 긴 지속성, 매우 광범위한 병원균에 대하여 적용 가능 및 기존 살균제에 비하여 저항성 유발이 적은 여러 장점이 있다.

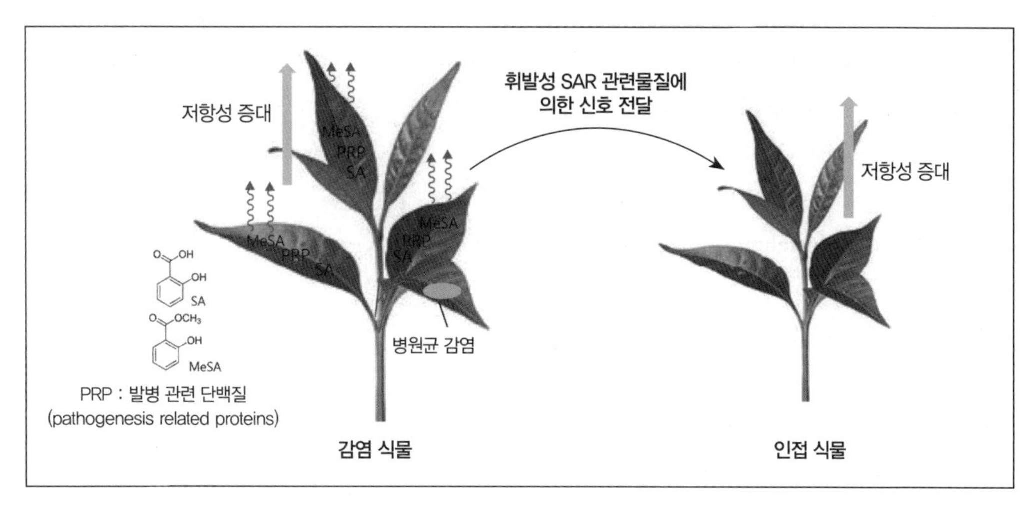

그림 10-37 Methyl salicylate에 의한 식물체 방어기구 발현

현재 실용화된 기주식물 방어기구 유도체들은 살리실산 관련 식물 활성제(salicylate-related plant activator)들이다. 이들은 보호 효과로서 식물체 자체의 방어 체계를 유도하며 자체의 살균 작용은 없다. SAR 발현을 위해서 발병하기 일정 시기 전에 약제 살포가 필수적이다. Probenazole, tiadinil, isotianil은 주로 벼 도열병, acibenzolar-*S*-methyl은 채소 및 과수류에 대하여 사용된다.

probenazole (1975) acibenzolar-S-methyl tiadinil (2003) isotianil (2011)

4.9 비선택적 다점 저해

다음에 열거한 살균제 계통(대표 살균제)들은 비선택적으로 다중 작용점을 나타내는 살균제들이다. 상당수의 성분들이 오랜 기간 사용해온 살균제들로서 현재까지도 많이 사용하고 있다, 이들 살균제들은 명확한 작용점 저해에 의한 선택적 고효율 살균활성은 기대하기 어려우나 특이적 작용점이 없으므로 저항성 발현이 없거나 적은 장점이 있다. 따라서 명확한 작용점을 나타내는 살균제와 혼합 사용할 경우 특이적 살균제에 대한 저항성 발현을 감소시키는 특성도 나타낸다.

- Inorganic, electrophiles(copper)
- Dithiocarbamates and relatives, electrophiles(mancozeb)
- Phthalimides, electrophiles(captan)
- Chloronitriles(chlorothalonil)
- Sulfamides, electrophiles(dichlofluanid)
- *Bis*-guanidines, membrane disruptors/detergents(iminoctadine)
- Triazines(anilazine)
- Quinones, electrophiles(dithianon)
- Quinoxalines, electrophiles(chinomethionat)
- Maleimide, electrophiles(fluoroimide)
- Thiocarbamate, electrophiles(methasulfocarb)

친전자성 화합물로 분류되는 무기 금속성분, dithiocarbamate계, phthalimide, sulfamide, quinone, quinoxaline, maleimide, thiocarbamate계 살균제들은 균 세포 내의 친핵체인 -SH기를 함유하는 효소들을 비선택적으로 저해한다. 또한 chloronitrile계 살균제들도 -SH기를 함유하는 효소들을 비선택적으로 저해한다고 알려져 있다.

5. 제초제의 작용기작

제초제의 잡초 체내 주요 작용 부위는 매우 다양한데 다음과 같은 아홉 가지로 크게 구분할 수 있다.

① 지질(지방산) 생합성 저해
② 아미노산 생합성 저해
③ 광합성 저해
④ 색소 생합성 저해
⑤ 엽산 생합성 저해
⑥ 세포분열 저해
⑦ 세포벽 합성 저해
⑧ 호흡 저해
⑨ 옥신작용 저해 및 교란

그 외 현재까지 작용기작이 불명확한 제초제들이 있다.

5.1 지질(지방산) 생합성 저해

▶ **표 10-14 지질(지방산) 생합성을 저해하는 제초제의 세부 작용기작**

작용기작	표시기호	화학적 구조 계통 및 대표적 제초제
아세틸 CoA 카르복실화 효소 (ACCase) 저해	A	Aryloxyphenoxy-propionates 'FOPs' (haloxyfop-R-methyl) Cyclohexanediones 'DIMs' (sethoxydim) Phenylpyrazolines 'DEN' (pinoxaden)
지질 생합성 저해 (비 ACCase 저해)	N	Thiocarbamates(molinate) Phosphorodithioates(bensulide) Benzofurans(benfuresate)

5.1.1 아세틸 CoA 카르복실화 효소 저해

아세틸 CoA 카르복실화 효소(acetyl CoA carboxylase, ACCase) 저해제들은 1970~80년대 aryloxyphenoxypropionate와 cyclohexanedione 계통의 화합물들이 단자엽식물(monocotyletone plants)의 ACCase를 저해함을 발견하고 이에 대한 구조-활성관계의 연구 결과로부터 개발되었다. 최초의 aryloxyphenoxypropionate계와 cyclohexanedione계 제초제로서 각각 diclofop-methyl(1975년)과 alloxydim(1980년)이 실용화되었다. 이들은 기존의 광엽 쌍자엽(dicotyledone) 잡초 방제용으로 사용되던 제초제들과는 상이하게 협엽(단자엽, monocotyledone) 잡초에 대하여 방제 효과를 나타내므로 graminicide라고도 불린다.

단자엽 식물의 ACCase는 두 계통의 화합물에 민감하게 저해되나 쌍자엽 식물의 ACCase는 저해받지 않는다. Aryloxyphenoxypropionates의 propionic acid moiety에서 2번 탄소의 *R*-configuration이 강한 제초 활성을 나타내는 화학구조이다. 주로 ester 형태로 사용되나 가수분해된 acid 형태도 유효성분이다.

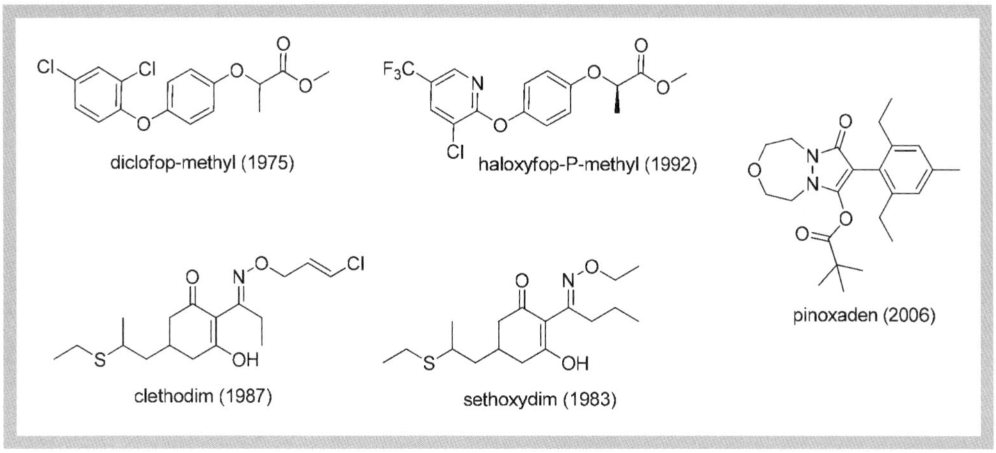

diclofop-methyl (1975)

haloxyfop-P-methyl (1992)

pinoxaden (2006)

clethodim (1987)

sethoxydim (1983)

선택성 잡초발생 후 처리제(post-emergence herbicides)로서 특히 단자엽 잡초에 효과가 높으며 쌍자엽 잡초에는 효과가 없다.

이들 화합물의 작용기작은 지방산 생합성 과정의 첫 번째 단계인 acetyl CoA가 malonyl CoA로 변환되는 반응에 작용하는 acetyl CoA carboxylase(ACCase)를 저해한다. 감수성 잡초에는 감수성 진핵세포성 ACCase만 존재하여 살초되나 저항성 잡초에는 감수성 진핵세포성 ACCase와 저항성 원핵세포성 ACCase를 공유하고 있어 살초되지 않는다.

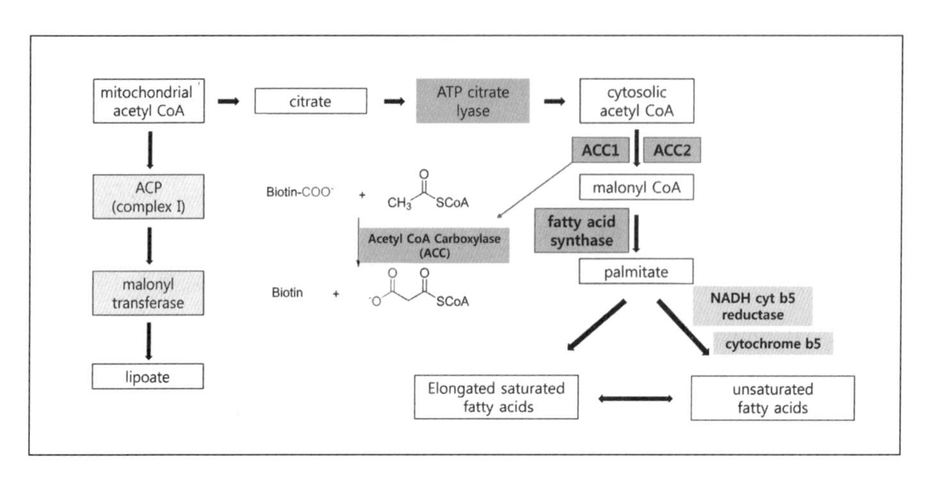

그림 10-38 지방산 생합성에서 ACCase의 작용

5.1.2 지질 생합성 저해

ACCase를 저해하지 않으면서 잡초 내 지방산 및 지질 생합성 과정(비 ACCase 저해)을 저해하는 부류로는 thiocarbamate, phosphorodithioate 및 benzofuran계 제초제가 있다.

Thiocarbamate계는 구조-활성관계의 연구 결과로부터 살충제, 살균제 및 제초제 등으로 다양하게 개발되었는데 제초제로는 잡초 발생 전(pre-emergence) 처리제 또는 토양혼화용 제초제로 개발되었으며 특히 수도 재배 시 난방제 잡초인 잡초인 피(barnyard grass)에 대한 살포활성이 높다. Benzofuran계로는 1976년 benfuresate가 다년생 잡초 방동사니 등 난방제 잡초에 탁월한 수도용 제초제로 개발되었다.

C_2H_5 S N $CH(CH_3)CH(CH_3)_2$ O — esoprocarb (1988)

S O P S NH O S O — bensulide (1962)

O O S O O — benfuresate (1980)

5.2 아미노산 생합성 저해

▶ 표 10-15 아미노산 생합성을 저해하는 제초제의 세부 작용기작

작용기작	표시기호	화학적 구조 계통 및 대표적 제초제
가지사슬 아미노산 생합성 저해	B	Sulfonylureas(bensulfuron-methyl) Imidazolinones(imazaquin) Triazolopyrimidines(penoxulam) Pyrimidinyl(thio)benzoates(pyriminobac-methyl) Sulfonylaminocarbonyltriazolinones(flucarbazone-Na)
방향족 아미노산 생합성 저해	G	Glycines(glyphosate)
글루타민 합성효소 저해	H	Phosphinic acids(glufosinate-ammonium)

5.2.1 가지사슬 아미노산 생합성 저해

Sulfonylurea, imidazolinone, triazolopyrimidine, pyrimidinyl(thio)benzoate 및 sulfonylaminocarbonyltriazolinone계 제초제들은 가지사슬 아미노산(branched-chain amino acid)인 leucine, isoleucine 및 valine의 생합성을 저해하는 제초제들이다.

Sulfonylurea계 제초제로는 chlorsulfuron이 최초로 밀 재배 시 5~35ga.i./ha 살포로 대부분의 광엽 잡초 및 일부 협엽 잡초를 방제하는 제초제로 개발되었으며 그 이후 수십 종의 유사체들이 추가로 실용화되었다. Imidazolinone계 제초제는 항경련제(anticonvulsant)의 개발과정에서 phthalimide 계통의 화합물이 제초 활성을 나타낸다는 사실을 발견한 이후 구조-활성 연구결과로부터 개발되었다. Triazolopyrimidine계 제초제는 sulfonylurea계 제초제의 bioisosteres 개발 과정에서 발견되었다. Pyrimidinyl(thio)benzoate계 제초제는 기존 sulfonylurea계 제초제인 chlorsulfuron을 모체로 하여 새로운 제초제를 개발하는 과정에서 발견되었는데 *N*-heteroaromatic compound인 phenoxyphenoxypyrimidine의 제초활성을 모체로 하여 sulfonylurea계 제초제의 단점인 피에 대한 제초 활성을 중점으로 개발되었다.

Sulfonylurea계 제초제는 극히 적은 양(1~10ga.i./10a)으로 잡초 방제 효과를 나타내며 주로 곡류 재배 시 많이 사용된다. 광엽 잡초 방제용(일부는 협엽 또는 화본과 잡초방제)으로서 벼 재배 시 피에 대한 방제 효과는 낮으므로 피 방제용 제초제와의 혼합제로 사용되며 잡초 발생 후(post-emergence) 처리제이다. Imidazolinone계 제초제는 비농경지에 주로 사용하는 비선택성 제초제로서 협엽 및 광엽잡초를 동시에 방제하며 잡초 발생 전 및 발생 후 겸용 처리제이다. Triazolopyrimidine계 제초제는 극히 적은 양(2~5ga.i./10a)으로 잡초 방제 효과를 나타내며 벼 재배 시 피 및 광엽 잡초를 동시에 방제할 수 있으며 잡초 발생 전 및 발생 후 겸용 처리제이다. Pyrimidinyl(thio)benzoate계 제초제 역시 극히 적은 양(1.5~18ga.i./10a)으로 잡초 방제 효과를 나타내며 벼 재배 시 피 및 광엽 잡초를 방제하는데 주로 피 방제용으로 sulfonylurea 제초제와

bensulfuron-methyl

imazaquin (1986)

penoxsulam (2004)

flucarbazone-Na (2000)

혼합제 형태로 사용되며 잡초 발생 후 처리제이다. Sulfonylaminocarbonyltriazolinone계 제초제 또한 극히 적은 양으로 잡초 방제 효과 (2~7ga.i./10a)를 나타내며 밀 및 곡류 재배 시 협엽 및 광엽 잡초를 동시에 방제하는 잡초 발생 후 처리제이다.

이들 제초제들의 작용점은 가지사슬 아마노산 생합성 과정의 초기 단계인 α-acetolactate와 α-aceto-α-hydroxybutyrate의 생성반응에 관여하는 acetolactate synthase(ALS) 또는 acetohydroxy acid synthase(AHAS, ALS와 동일한 효소)이다. 즉, ALS에 대한 친화력으로 기질과의 결합을 차단함으로써 가지사슬 아미노산인 leucine, isoleucine 및 valine의 결핍을 초래, 살초작용을 나타낸다.

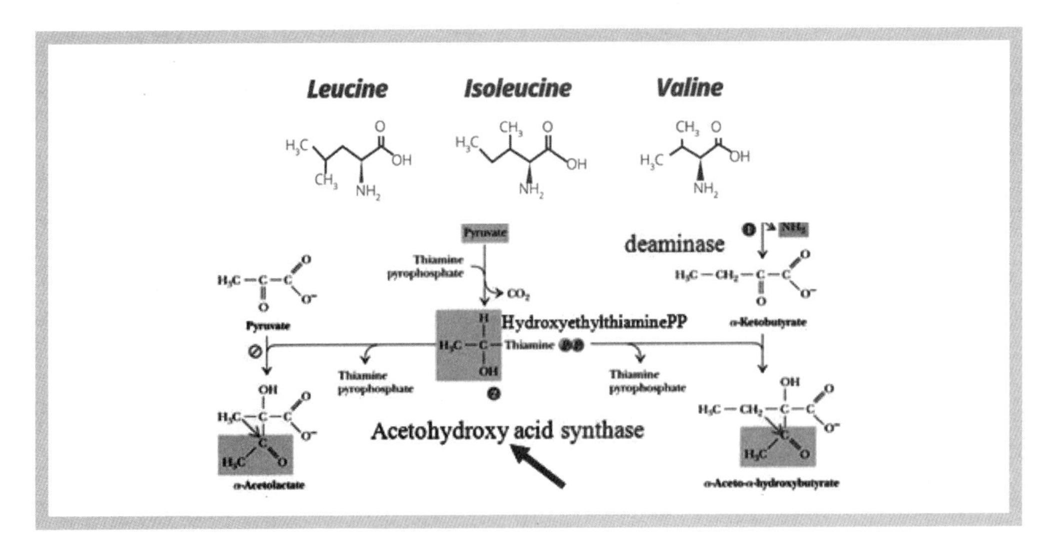

그림 10-39 가지사슬 아미노산 생합성에서 ALS 또는 AHAS의 작용

5.2.2 방향족 아미노산 생합성 저해

방향족 아미노산(aromatic amino acid)의 생합성을 저해하는 glyphosate는 1950년에 최초로 합성되었으나 금속을 제거하기 위한 chemical chelator로서 이용되어 오다가 1970년 독립적으로 glyphosate의 살초력이 발견되었고 1974년에 제초제로서 상업화되었다.

Glyphosate는 전 세계에서 가장 많이 사용할 뿐만 아니라 유전자조작작물(genetically modified crops, GMO crop)의 시초를 이루는 제초제이다. 즉, glyphosate 생산 폐수 중 glyphosate 저항성이면서 정상적 식물 성장을 나타내는 *Agrobacterium strain*(CP4)을 발견한 이후 1994년 GMO soybean인 'Roundup Ready'가 최초의 GMO 작물로서 상업화되었다.

Glyphosate는 아미노산인 glycine의 유도체로서 acid뿐만 아니라 다양한 염의 형태로도 제조되는데 유효성분은 양쪽성 이온(zwitter ion) 구조를 나타내는 수용성 이온 화합물이다. 비선택성 제초제(식물전멸약)로서 침투성 약제이나 토양과 접촉 시에는 불활성화되므로 경엽처리용 약제이다.

glyphosate　　　glyphosate zwitter ion

Glyphosate는 방향족 아미노산인 tryptophan, tyrosine, phenylalanine 등을 생합성하는 shikimic acid pathway를 저해, 방향족 아미노산의 결핍에 의한 살초작용을 나타낸다. 작용지점은 shikimate-3-phosphate와 phosphoenolpyruvate가 결합, 5-enolpyruylshikimate-3-phosphate(EPSP)를 형성하는 반응에 관여하는 EPSP synthase이다.

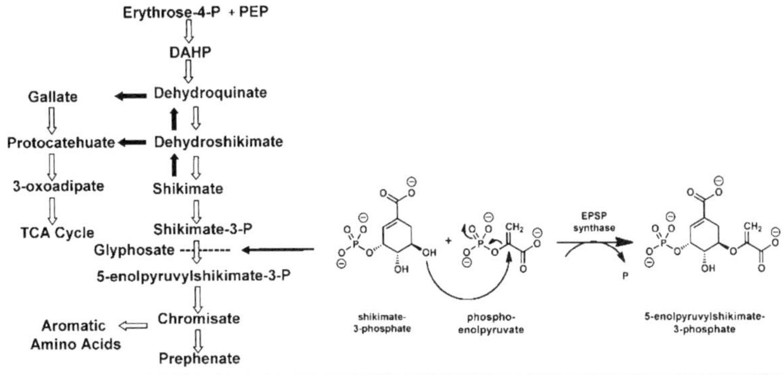

그림 10-40 방향족 아미노산을 생합성하는 shikimic acid pathway 및 glyphosate 저해 지점

5.2.3 글루타민 합성효소 저해

글루타민 합성효소의 저해제인 glufosinate는 천연물질로부터 기원하였다. 즉, 박테리아 *Streptomyces* sp.로부터 다른 박테리아를 저해하는 tripeptide 화합물 bialaphos를 1960~1970년대 초에 발견하였다. Bialaphos는 2개의 alanine 잔기와 glutamate 유사한 구조의 amino acid로 구성되어 있는 화합물로서 자체로는 살초 활성이 없으나 식물체 내에서 대사, 천연 제초성분인 phosphinothricin을 방출한다. 1970년대 phosphinothricin을 라세미 혼합물(racemic mixture) 형태로 합성하고 glufosinate로 명명하였으며 1981년 ammonium salt 형태의 제초제로 상업화하였다.

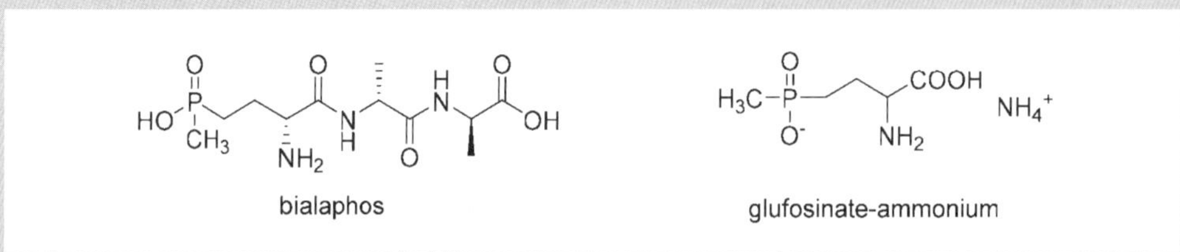

bialaphos glufosinate-ammonium

Glyphosate와 유사한 경로로 1980년대 후반 *Streptomyces hygroscopicus*로부터 glufosinate 저해에 대한 저항성을 나타내는 glutamine synthetase enzyme과 gene을 발견하고 이로부터 1995~2011년에 걸쳐 유채, 옥수수, 목화, 대두에 대한 GMO 작물이 상업화되었다.

Glufosinate는 phosphinic acid 유도체로서 비선택성 접촉형 제초제(식물전멸약)이다. 반침투성 정도만 있으므로 주로 액제(SL) 제형으로 경엽처리용으로 사용된다.

Glufosinate는 glutamate와 ammonia가 결합하여 glutamine을 생성하는 반응에 관여하는 glutamine synthetase를 저해한다. 그 결과 NH_2 공여체(donor)의 결핍으로 인하여 광호흡이 저해되고 glyoxylate가 축적된다. Glyoxylate가 축적됨에 따라 광합성의 탄산가스 고정이 저해를 받아 괴사를 유발하고 살초시킨다.

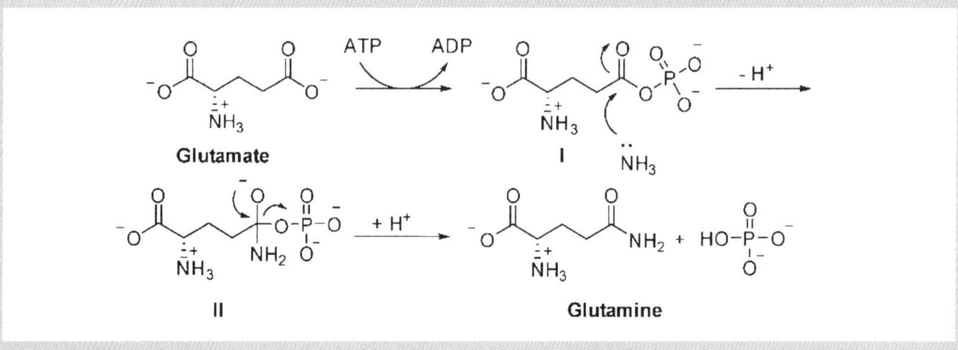

그림 10-41 Glutamine synthetase의 작용

5.3 광합성 저해

▶ 표 10-16 광합성을 저해하는 제초제의 세부 작용기작

작용기작	표시기호	화학적 구조 계통 및 대표적 제초제
광화학계 II 저해	C1	Triazines(simazine) Triazinones(hexazinone) Triazolinones(amicarbazone) Uracils(bromacil) Pyridazinones(chloridazon) Phenyl-carbamates(desmedipham)
	C2	Ureas(linuron) Amides(propanil)
	C3	Nitriles(bromoxynil) Benzothiadiazinones(bentazon) Phenylpyridazines(pyridate)
광화학계 I 저해	D	Bipyridyliums(paraquat)

식물의 광합성(photosynthesis)은 광에너지를 이용하여 공기 중의 탄산가스를 고정, 탄수화물을 생합성하는 녹색식물에서 필수적인 생화학 반응이다. 광합성은 명반응과 암반응으로 구성되어 있는데 명반응은 광에너지를 이용, 물을 광분해하여 고에너지 화합물인 ATP와 NADPH를 생산하고 이러한 에너지원을 이용하여 암반응에서 탄산가스를 고정하여 탄수화물을 생산한다. 현재까지의 제초제는 명반응을 저해하며 암반응을 작용점으로 하는 제초제는 아직 실용화된 바 없다. 명반응은 다시 photosystem(PS) I 및 II로 구성되어 있는데 명반응의 개시는 PS II에서 시작한다. 즉, PS II의 reaction center(D1/D2 단백질로 구성)가 광에너지를 흡수, 물을 O_2와 H^+로 분해하여 전자를 얻고 이들 전자는 전자전달계를 통하여 전자수용체(plastoquinone 등)를 산화하면서 수소이온 농도구배를 조성, ATP synthase의 작용에 의하여 ATP를 생성한다. 산화된 전자수용체는 다시 PS I에서 환원, 전자를 얻고 다시 산화되면서 $NADP^+$를 NADPH로 환원시킨다. 현재까지 실용화된 광합성 저해 제초제들은 이러한 전자전달계를 저해하거나 탈공력제이다.

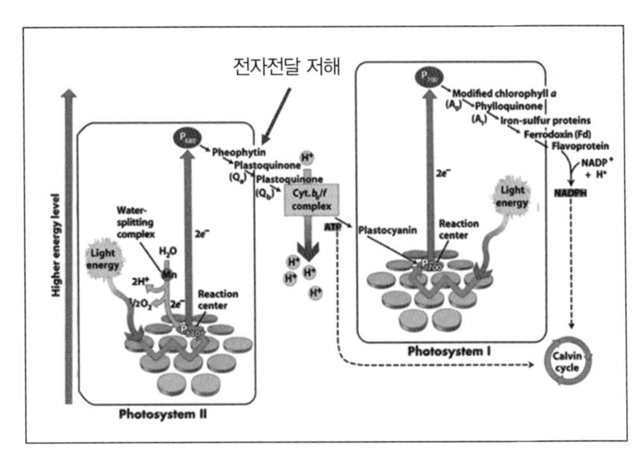

그림 10-42 광합성의 명반응

5.3.1 광화학계 II 저해

명반응 PS II 저해제는 그 개발 역사가 길다. 즉, 1950년대 초 phenylurea계 화합물이 광합성 중 Hill 반응(엽록체에 의한 산소 발생 반응)을 저해하는 것을 발견하였으며 이를 토대로 urea계 제초제 diuron이 최초로 실용화되었다. 또한 이와는 별도로 1952년 광합성을 저해하는 triazine계 제초제를 발견하였다. 1959년 이후 본격적으로 Hill 반응을 저해하는 제초제를 개발하기 위한 연구가 수행되어 *s*-triazines, acylanilides, uracils, benzonitriles, imidazoles, benzimidazoles, triazinones, pyridazinones 등 다양한 화학구조의 PS II 저해 제초제들이 개발되었으며 현재도 Hill 반응 저해 제초제를 개발하기 위한 연구가 진행되고 있다.

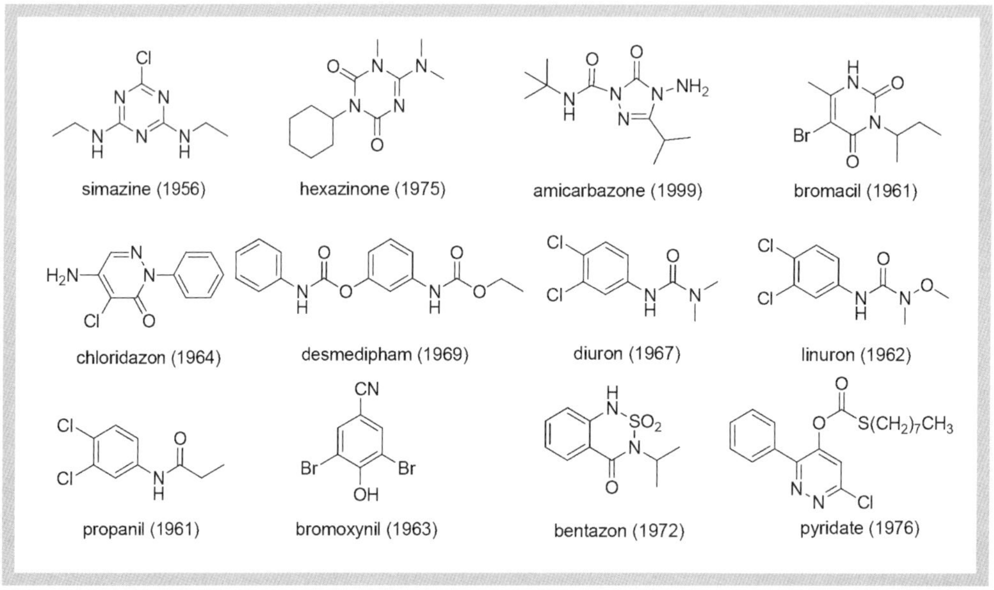

simazine (1956)	hexazinone (1975)	amicarbazone (1999)	bromacil (1961)
chloridazon (1964)	desmedipham (1969)	diuron (1967)	linuron (1962)
propanil (1961)	bromoxynil (1963)	bentazon (1972)	pyridate (1976)

PS II 저해 제초제는 화학구조와 그 종류가 다양하여 약제 특성 및 제초 활성이 다양한 범위로 관찰된다. 이를 요약하면 표 10-17과 같다.

PS II 저해 제초제는 PS II 복합체의 reaction center인 D1 protein에 있는 전자수용체인 plastoquinone의 결합지점을 저해하는 것으로 알려져 있다. 전자수용체인 plastoquinone은 reaction center에 2분자가 tandem으로 결합되어 있다(그림 10-42의 Qa 및 Qb). Qa는 상시 결합되어 있는 plastoquinone으로서 첫 번째 전자수용체이며 전자를 두 번째 전자수용체인 Qb(two-electron gate라고 불림)로 전달한다. 전자 1쌍을 받은 Qb^{2-}는 proton을 포획, plastoquinol로 환원된다. plastoquinol은 다시 plastoquinone으로 산화되면서 proton을 막 외부로 방출하고 산화된 plastoquinone은 다시 Qb 결합지점에 결합하는 과정이 순환된다. 이 과정에서 proton은 계속 막 외부로 방출되어 ATP 생산을 위한 수소이온 농도 구배가 형성된다. 아직 명확히 밝혀지지는 않았으나 PS II 저해 제초제의 종류에 따라 저해 지점이 다소 상이하므로 C1, C2, C3의 세 가지

▶ **표 10-17** Photosystem II 저해 주요 제초제의 작용 특성

제초제 성분	선택성	적용 잡초		잡초 방제 시기 (emergence)		침투성(systemicity)	
		협엽 잡초	광엽 잡초	발생 전	발생 후	반침투성	이행성
Atrazine	선택성	○	○	○	○	○	○
Simazine	선택성	○	○	○	○	○	○
Hexazinone	비선택성	○	○	×	○	○	○
Metribuzin	선택성	○	○	○	○	○	○
Amicarbazone	선택성	○	○	○	○	○	○
Bromacil	비선택성	○	○	×	○	○	○
Chloridazon	선택성	×	○	○	○	○	○
Desmedipham	선택성	×	○	×	○	○	○
Linuron	선택성	○	○	○	○	○	○
Methabenzthiazuron	선택성	○	○	○	○	○	○
Diuron	비선택성	○	○	×	○	○	○
Propanil	선택성	○	○	×	○	접촉제	×
Bromoxynil	선택성	×	○	×	○	○	×
Bentazon	선택성	×	○	×	○	○	×
Pyridate	선택성	○	○	×	○	○	×

부류로 세분한다.

5.3.2 광화학계 I 저해

PS I 저해제인 bipyridylium계 제초제는 4차 암모늄(quaternary ammonium) 구조를 포함하는 이온성 화합물로서 외부로부터 electron을 받아들여 free radical을 용이하게 형성하고 자동적으로 산화-환원되는 특성을 나타내는 화합물들이다.

비선택성 제초제(식물전멸약)로서 접촉형 제초제이나 침투성도 일부 있다. 잡초 발생 후 처리

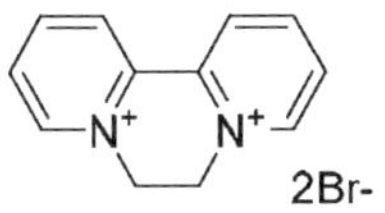

N+ N+ 2Br-
diquat (1962)

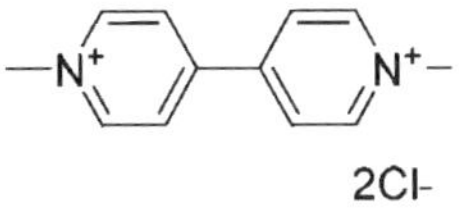

N+ N+ 2Cl-
paraquat (1962)

제이며 염 형태의 수용성 제형으로 사용된다. Diquat의 경우 목화, 담배 등에서 작물의 수확 전 조기 수확과 용이성을 위한 건조제(desiccant)로도 사용된다.

PS I 저해 제초제의 작용기작은 PS I의 전자전달과정에서 강력한 전자수용체로 작용, 전자를 포획함으로써 NADPH의 생성을 저해한다. 전자 포획에 따라 생성된 radical은 다시 산화되면서 산소를 활성산소(superoxide)로 전환시킴으로써 2차적으로 세포 내 과산화를 유발하여 살초시킨다.

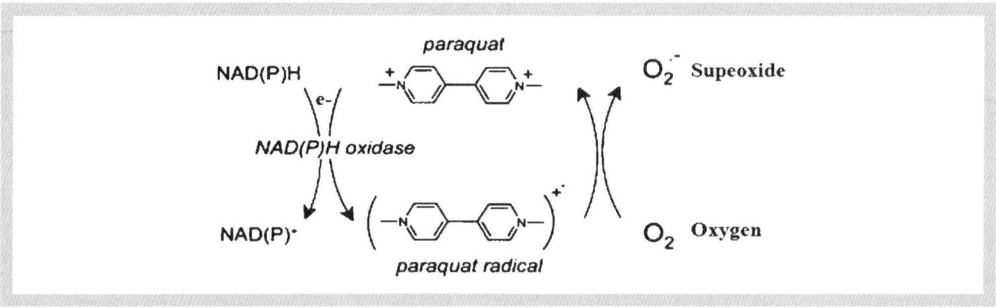

그림 10-43 제초제 paraquat의 산화/환원 과정

5.4 색소 생합성 저해

▶표 10-18 색소 생합성을 저해하는 제초제의 세부 작용기작

작용기작	표시기호	화학적 구조 계통 및 대표적 제초제
엽록소 생합성 저해	E	Diphenyl ethers(oxyfluorfen) Phenylpyrazoles(pyraflufen-ethyl) *N*-phenylphthalimides(cinidon-ethyl) Thiadiazoles(thidiazimin) Oxadiazoles(oxadiazon) Triazolinones(carfentrazone-ethyl) Oxazolidinediones(pentoxazone) Pyrimidindiones(butafenacil)
카로티노이드 생합성 저해(PDS)	F1	Pyridazinones(norflurazon) Pyridinecarboxamides(diflufenican)
카로티노이드 생합성 저해(HPPD)	F2	Triketones(mesotrione) Isoxazoles(isoxaflutole) Pyrazoles(pyrazolynate)
카로티노이드 생합성 저해(불명확)	F3	Isoxazolidinones(clomazone) Ureas(fluometuron) Diphenyl ethers(aclonifen) Triazoles(amitrole)

5.4.1 엽록소 생합성 저해

엽록소 생합성을 저해하는 제초제는 1969년 광퇴색(photobleaching)을 유발하는 diphenyl ether계 제초제 nitrofen과 oxadiazole계 화합물을 발견하면서부터 시작되었다. diphenyl ether, phenylpyrazole, *N*-phenylphthalimide, thiadiazole, oxadiazole, triazolinones, oxazolidinedione,

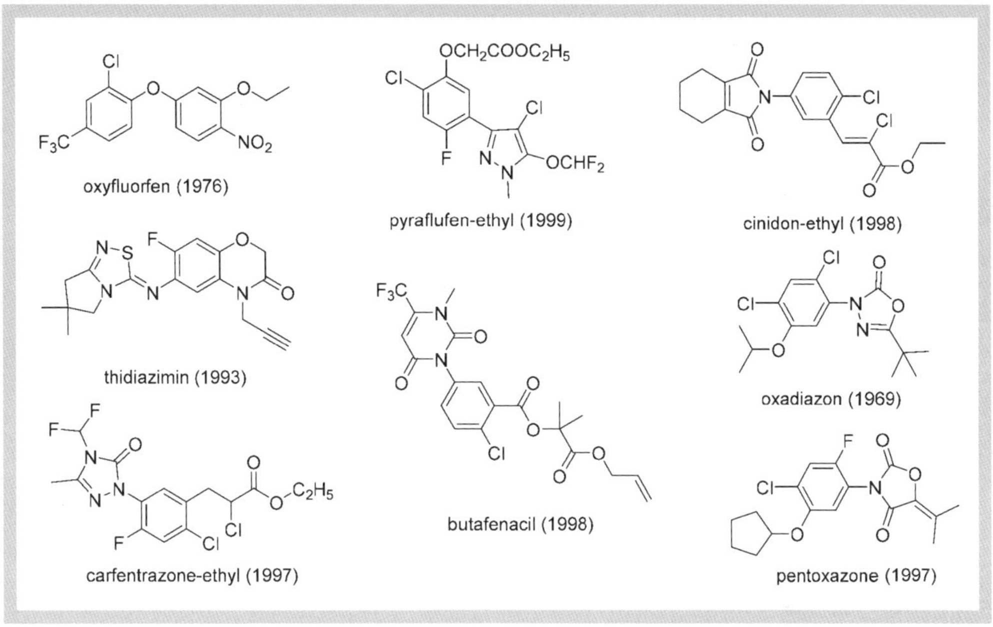

oxyfluorfen (1976)

pyraflufen-ethyl (1999)

cinidon-ethyl (1998)

thidiazimin (1993)

oxadiazon (1969)

butafenacil (1998)

carfentrazone-ethyl (1997)

pentoxazone (1997)

▶**표 10-19 엽록소 생합성 저해 주요 제초제의 작용 특성**

제초제 성분	선택성	적용 잡초		잡초 방제 시기		침투성	
		협엽 잡초	광엽 잡초	발생 전	발생 후	반침투성	이행성
Bifenox	선택성	○	○	○	○	○	×
Oxyfluorfen	선택성	○	○	○	○	○	×
Pyraflufen-ethyl	선택성	×	○	×	○	○	×
Flumioxazin	선택성	○	○	○	×	○	×
Fluthiacet-methyl	선택성	×	○	×	○	○	×
Oxadiazon	선택성	○	○	○	○	○	×
Oxadiargyl	선택성	○	○	○	×	○	×
Carfentrazone-ethyl	선택성	×	○	×	○	○	×
Pentoxazone	선택성	○	○	○	○	○	×
Butafenacil	비선택성	○	○	×	○	○	×

pyrimidindione계 등 다양한 화학구조의 화합물들이 제초제로 개발되었으며 그 종류가 다양하여 약제 특성 및 제초 활성이 다양한 범위로 관찰된다. 이를 요약하면 표 10-19와 같다.

이들 제초제들은 chlorophyll과 heme 생합성 과정에서 중요한 역할을 수행하는 protoporphyrinogen oxidase(PPG oxidase 또는 Protox)의 저해제들이다.

식물체의 chlorophyll과 동물에서 산소운반체의 전구체인 hemoglobin은 그 중심에 porphyrin 구조를 가지고 있다. 이러한 porphyrin은 생물체 내에서 생합성되는데 protoporphyrinogen oxidase는 protoporphyrin IX 생합성의 제7번째 단계 protoporphyrinogen IX을 탈수소(dehydrogenation)하여 Protoporphyrin IX을 생성하는 작용을 한다.

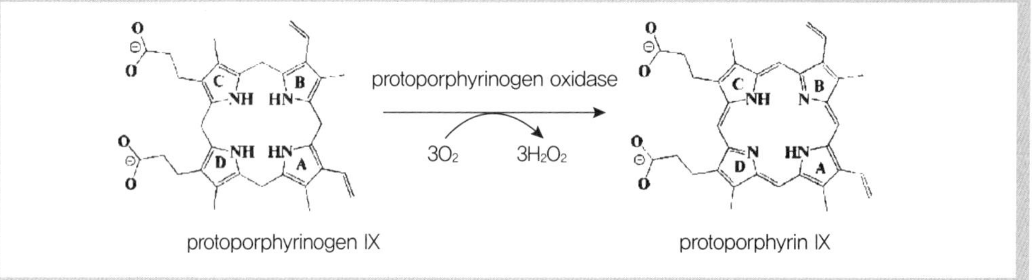

그림 10-44 Protoporphyrinogen oxidase의 작용

5.4.2 카로티노이드 생합성 저해

카로티노이드(carotenoid) 생합성을 저해하는 제초제는 1968~1972년 pyridazinone계 제초제로서 개발한 norflurazon이 생합성을 직접적으로 저해함을 발견하면서부터 그 개발이 본격화되었다. 카로티노이드는 광합성 및 비광합성 생물체에 보편적으로 분포하고 생합성된다. 황색~적색의 광범위한 색소 성분으로서 식물체 세포 내에서는 엽록체(chloroplast)와 유색체(chromoplast,

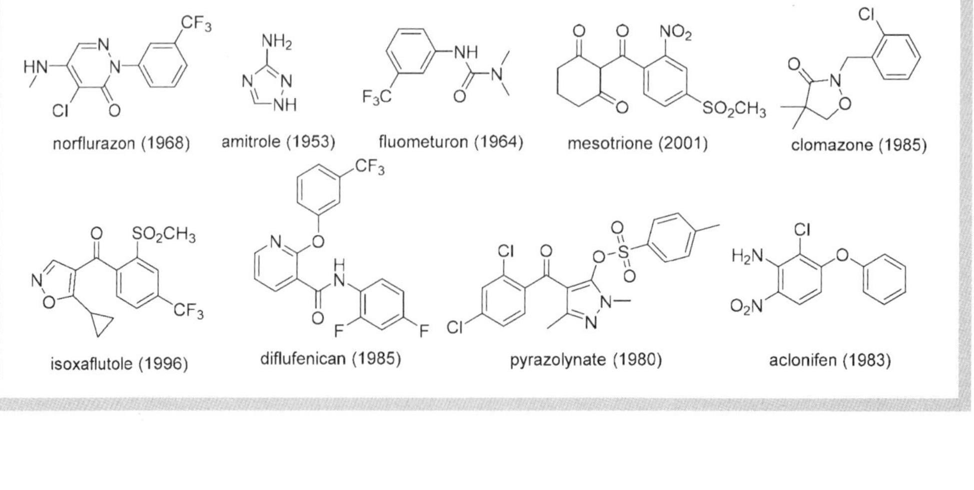

엽록소 이외의 색소를 함유하는 색소체) 막에 존재한다. 카로티노이드는 광합성 과정 중 photooxidation에 대한 protector로서 작용하여 superoxides 등 반응성 산소종의 scavenger 역할을 하며 abscisic acid의 전구체이기도 하다. 따라서 카로티노이드 생합성 저해는 제초제의 주요 작용점으로 활용되고 있다.

카로티노이드 생합성 저해 제초제는 화학구조와 그 종류가 다양하여 약제 특성 및 제초 활성이 다양한 범위로 관찰된다. 이를 요약하면 표 10-20과 같다.

▶ **표 10-20 카로티노이드 생합성 저해 주요 제초제의 작용 특성**

제초제 성분	선택성	적용 잡초		잡초 방제 시기		침투성	
		협엽 잡초	광엽 잡초	발생 전	발생 후	반침투성	이행성
Norflurazon	선택성	○	×	○	×	○	○
Diflufenican	선택성	○	○	○	×	○	×
Mesotrione	선택성	○	○	○	○	○	○
Isoxaflutole	선택성	○	○	○	×	○	○
Pyrazolynate	선택성	○	○	×	○	○	○
Amitrole	비선택성	○	○	×	○	○	○
Clomazone	선택성	○	○	○	×	○	○
Fluometuron	선택성	○	○	×	○	○	○
Aclonifen	선택성	○	○	○	×	○	○

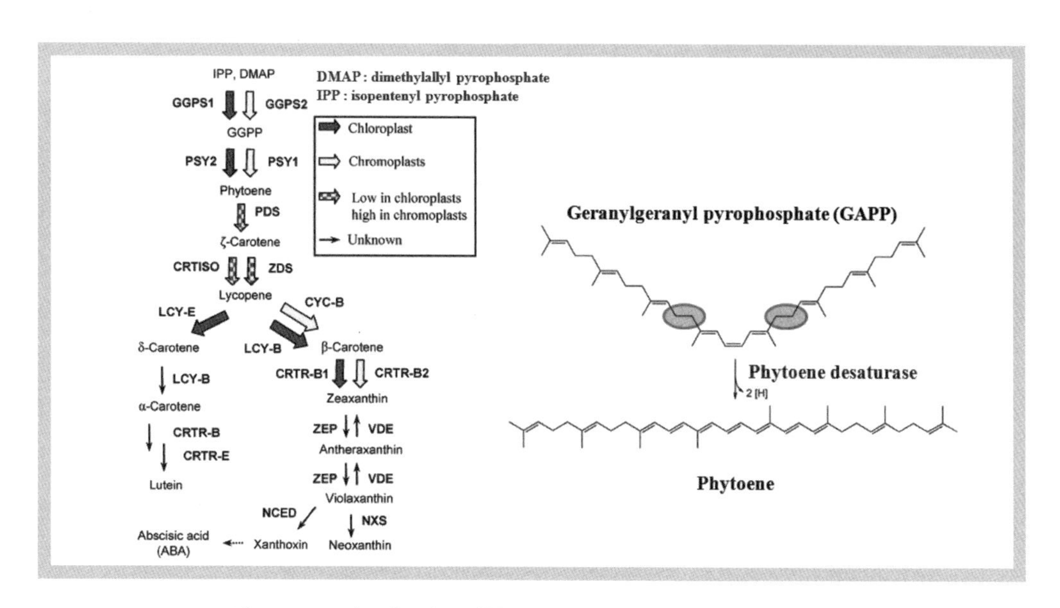

그림 10-45 카로티노이드 생합성 과정과 phytoene desaturase의 작용

이들 제초제들은 모두 카로티노이드 생합성 과정을 저해하나 화학구조에 따라 그 작용지점이 상이하다. Pyridazinone 및 pyridinecarboxamide계 제초제는 카로티노이드 생합성 과정의 초기단계인 geranylgeranyl pyrophosphate로부터 수소를 이탈시켜 이중결합을 추가, phytoene을 생성하는 반응에 관여하는 phytoene desaturase를 저해한다.

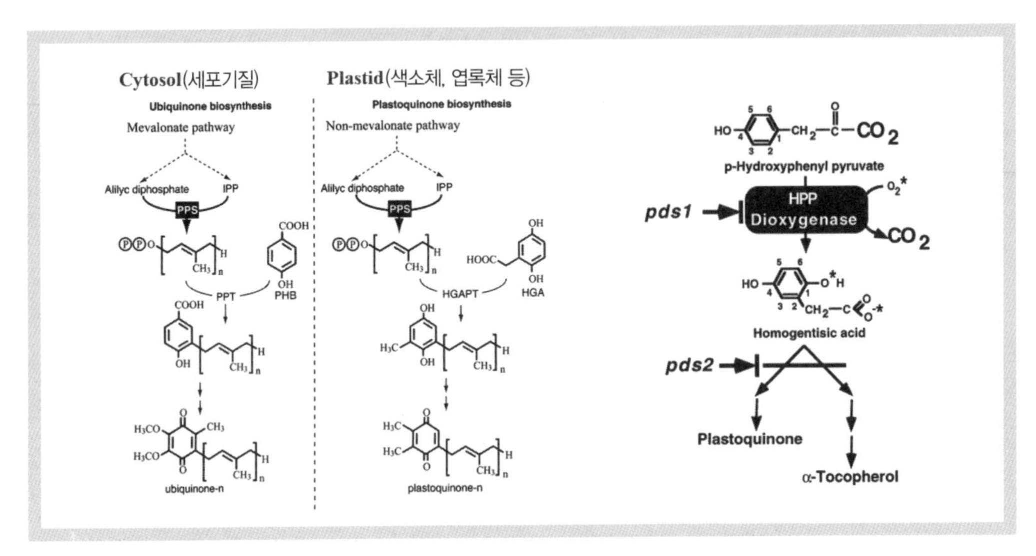

그림 10-46 Plastoquinone의 생합성 과정과 *p*-hydroxyphenylpyruvate dioxygenase(HPPD)의 작용

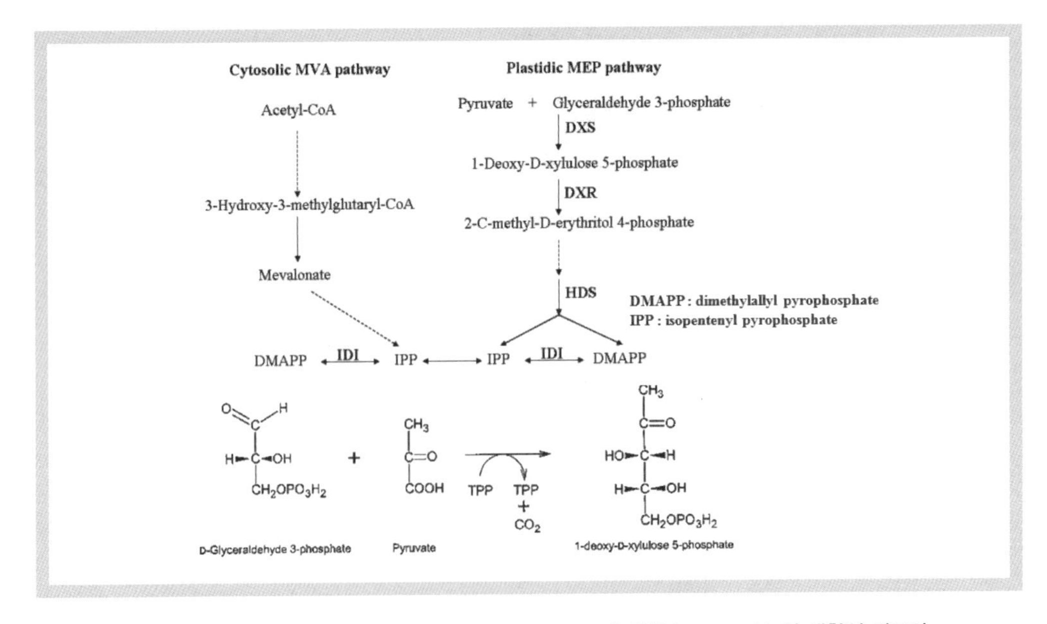

그림 10-47 색소체 중 비 mevalonic acid pathway에 의한 isoprenoids의 생합성 경로와 1-deoxy-*D*-xylulose 5-phosphate synthase(DXS)의 작용

Triketone, isoxazole 및 pyrazoles계 제초제는 plastoquinone 생합성 과정 중 *p*-hydroxyphenylpyruvate가 homogentisic acid로 decarboxylation되는 반응에 관여하는 *p*-hydroxyphenylpyruvate dioxygenase(HPPD)를 저해한다.

Isoxazolidinone, urea, diphenyl ether 및 triazole계 제초제는 plastid isoprenoid 합성과정(비 mevalonic acid pathway)의 중요 화합물인 1-deoxy-*D*-xylulose 5-phosphate(DOXP)의 합성효소인 DXS를 저해, 광 조건에서 엽록소와 카로티노이드가 축적되는 작용을 저해한다.

5.5 세포분열 저해

세포분열을 저해하는 제초제의 개발은 오랜 역사를 가지고 있다. Otto Warburg는 1920년 phenylurethane(ethyl *N*-phenylcarbamate, EPC)이 *Chlorella*의 광합성을 저해함을 발견하였다. 1940년대 말 EPC의 isopropyl 유도체인 propham과 chlorpropham이 협엽잡초 방제용 선택성 제초제로 개발되었다. 2,6-Dinitroniline계 화합물들의 제초제 개발 연구가 1950년대 말부터 시작되었고 최초의 dinitroaniline계 제초제로서 1964년에 trifluralin이 상업화되었다. Chloroacetamide계 제초제에 대한 개발 연구가 1950년대부터 시작되어 다양한 제초제가 개발되었으며 식물체의 세포분열은 제초제의 주요 작용점으로 개발이 계속되고 있다.

▶ **표 10-21 세포분열을 저해하는 제초제의 세부 작용기작**

작용기작	표시기호	화학적 구조 계통 및 대표적 제초제
미소관 조합 저해	K1	Dinitroanilines(pendimethalin) Phosphoroamidates(butamiphos) Pyridines(dithiopyr) Benzamides(propyzamide) Benzoic acids(chlorthal-dimethyl)
유사분열/미소관 형성 저해	K2	Carbamates(chlorpropham)
장쇄 지방산 합성저해	K3	Chloroacetamides(alalchlor) Acetamides(napropamide) Oxyacetamides(mefenacet) Tetrazolinones(fentrazamide)

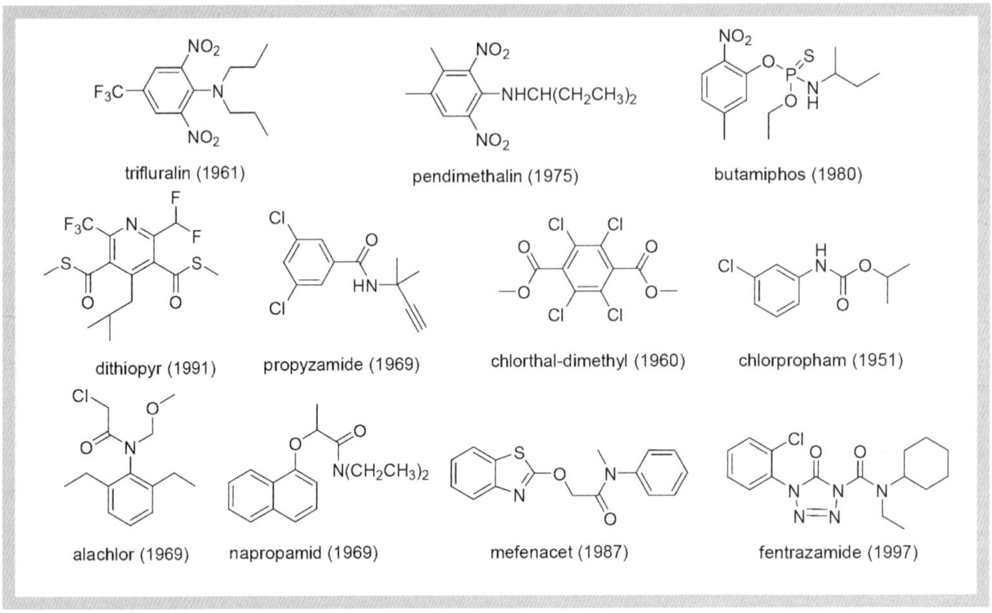

NO_2 F_3C N NO_2

trifluralin (1961)

NO_2 $NHCH(CH_2CH_3)_2$ NO_2

pendimethalin (1975)

NO_2 O P S N H O

butamiphos (1980)

F F_3C N F S O O S

dithiopyr (1991)

Cl O HN Cl

propyzamide (1969)

Cl Cl O O O O Cl Cl

chlorthal-dimethyl (1960)

H Cl N O O

chlorpropham (1951)

Cl O O N

alachlor (1969)

O O $N(CH_2CH_3)_2$

napropamid (1969)

S O N N O

mefenacet (1987)

Cl O O N N N N N=N

fentrazamide (1997)

세포분열 저해 제초제는 화학구조와 그 종류가 다양하여 약제 특성 및 제초 활성이 다양한 범위로 관찰된다. 이를 요약하면 표 10-22와 같다.

▶ **표 10-22 세포분열 저해 주요 제초제의 작용 특성**

제초제 성분	선택성	적용 잡초		잡초 방제 시기		침투성	
		협엽 잡초	광엽 잡초	발생 전	발생 후	반침투성	이행성
Butralin	선택성	○	○	○	×	○	×
Ethalfluralin	선택성	○	○	○	×	×	×
Oryzalin	선택성	○	○	○	×	×	×
Pendimethalin	선택성	○	○	○	×	×	×
Trifluralin	선택성	○	○	○	×	×	×
Butamiphos	선택성	○	×	○	×	×	×
Dithiopyr	선택성	○	○	○	×	×	×
Propyzamide	선택성	○	○	○	○	○	○
Chlorthal-dimethyl	선택성	○	○	○	×	×	×
Chlorpropham	선택성	○	○	○	×	○	○
Alachlor	선택성	○	○	○	×	○	○
Butachlor	선택성	○	○	○	×	○	○

▶ 표 10-22 세포분열 저해 주요 제초제의 작용 특성(계속)

제초제 성분	선택성	적용 잡초		잡초 방제 시기		침투성	
		협엽 잡초	광엽 잡초	발생 전	발생 후	반침투성	이행성
Metolachlor	선택성	○	○	○	×	○	○
Pretilachlor	선택성	○	○	○	×	○	×
Napropamid	선택성	○	○	○	×	○	○
Flufenacet	선택성	○	○	○	×	○	○
Mefenacet	선택성	○	○	○	×	○	○
Fentrazamide	선택성	○	○	○	×	○	○

이들 제초제들은 모두 세포분열을 저해하나 화학구조에 따라 그 작용지점이 상이하다.

Dinitroaniline, phosphoroamidate, pyridine, benzamide 및 benzoic acid계 제초제는 유사세포분열에서 방추체(spindle) 등을 구성하는 미세소관(microtubule, MT)의 단위체인 tubulin에 결합하여 미세소관의 중합화를 저해한다.

Carbamate계 제초제는 세포분열, 미세소관의 조립 및 중합화를 저해하는 것으로 알려져 있다.

Chloroacetamide, acetamide, oxyacetamide 및 tetrazolinone계 제초제는 장쇄 지방산(very long chain fatty acid, VLCFA) 생합성을 저해한다. 장쇄 지방산은 탄소수 22 이상의 지방산으로서 식물체 세포질 내의 소포체(endoplasmic reticulumn)에서 생합성된다. 진핵생물(eukaryotes)에서 필수 요소로서 VLCFA 인지질(phospholipid), sphingolipid, 세포 막 구조, 세포 크기 조절, 세포 분열 및 분화 등에 관여한다.

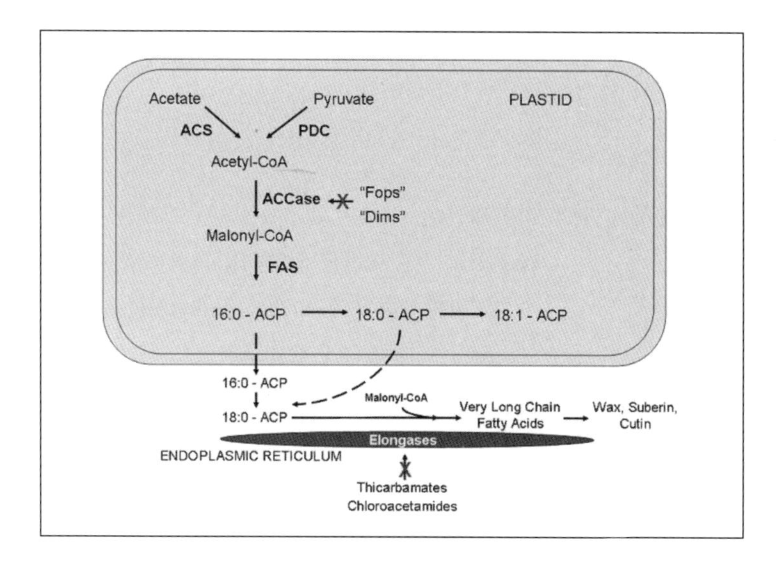

그림 10-48 장쇄 지방산의 생합성 과정 및 chloroacetamide계 제초제의 작용 지점

5.6 세포벽 합성 저해

제초제 dichlobenil의 살초 기작 연구 중 cellulose 생합성 저해 작용을 발견한 이래 잡초발생 전 처리 제초제 개발의 중요한 생화학적 작용점으로 인식되어 왔으며 1984년 cellulose synthase 저해제로서 isoxaben이 개발한 바 있다. Nitrile, benzamide 및 triazolocarboxamide계 제초제는 주로 과수원 및 비농경지(잔디 등)에서 협엽과 광엽 잡초를 모두 방제하는 잡초발생 전 토양처리제로 사용된다.

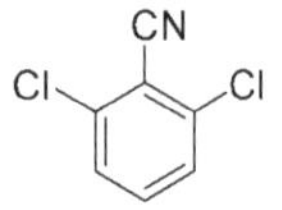

dichlobenil (1960) 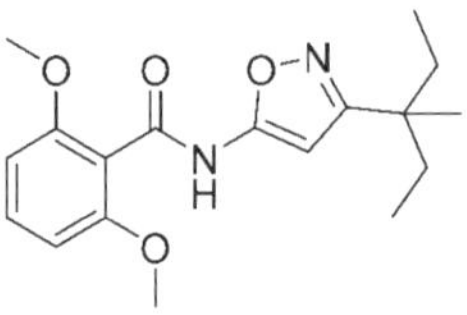 isoxaben (1984) 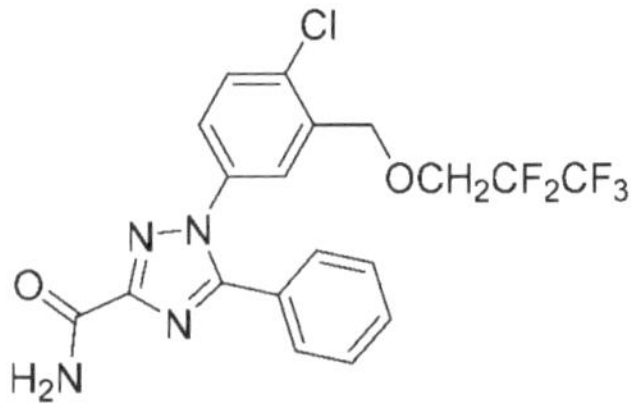 flupoxam (1992)

Cellulose는 β-(1,4)-결합 glucose의 homopolymer로서 식물체 세포벽에서 가장 중요한 구조적 기능을 하는데 plasma membrane에서 multi-protein complex인 cellulose synthase complex에 의하여 생합성된다. Cellulose synthase는 UDP-glucose를 cellulose로 생합성하는 processive glycosyltransferase의 일종이다. 세포벽 합성을 저해하는 제초제는 cellulose 생합성 과정에서 cellulose synthase를 저해한다.

5.7 호흡 저해

식물체의 호흡을 저해하는 제초제의 개발은 1892년 dinoseb과 구조가 유사한 dinitro-*ortho*-cresol의 살충효과를 발견하였으며 이후 제초 및 살균효과도 있음을 확인하였다. *ortho*-Methyl기를 *sec*-butyl기로 치환한 dinoseb이 1945년에 상업화되었으며 1950년대 dinitrophenol이 선택성 제초제로 상업화되었다. 이러한 dinitrophenol계 제초제들은 약해 유발 가능성, 인축에 대한 부작용 등으로 제초제로서의 사용이 제한적이다.

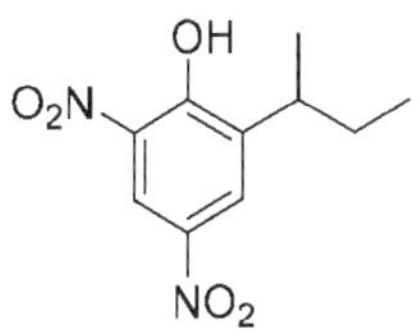

dinoseb

Dinitrophenol 유도체 계통의 제초제들은 식물체의 에너지 대사과정 중 탈공력제로서 작용하여 산화적 인산화에 의한

ATP 합성을 저해한다. 즉, 전자전달계에서의 순차적 산화과정에 의하여 미토콘드리아 막의 내외 간에는 수소이온 농도의 구배가 형성되며 이러한 구배에 의한 수소이온 유입이 산화적 인산화과정과 결합하여 ATP가 생성된다. 탈공력제의 경우 산화적 인산화과정과의 결합 없이 수소이온 구배가 소실되도록 함으로써 ATP는 생성되지 않는다. 이러한 탈공력제의 작용은 동식물 및 미생물에서의 공통적 현상을 나타낸다.

5.8 옥신작용 저해 및 교란

▶ 표 10-23 옥신작용을 저해하거나 교란하는 제초제의 세부 작용기작

작용기작	표시기호	화학적 구조 계통 및 대표적 제초제
합성 옥신	O	Phenoxycarboxylic-acids(2,4-D) Benzoic acids(dicamba) Pyridinecarboxylic acids(picloram) Quinolinecarboxylic acids(quinclorac)
옥신 이동 저해	P	Phthalamates(naptalam) Semicarbazones(diflufenzopyr-Na)

5.8.1 합성 옥신

식물의 생장호르몬인 옥신의 유사체로서 합성 옥신을 제초제로 개발한 과정은 긴 역사를 가지고 있다. 즉, 1929년 Friesen이 phenylurethane의 식물 생장 및 발달에 대한 효과를 보고한 이래 1934년 식물체 중 천연 옥신으로서 IAA(indole-3-acetic acid)를 분리 동정하였다. 이어 1940~41년에 걸쳐 phenoxyacetic acids의 광엽잡초에 대한 살초효과 연구 결과로 2,4-D와 MCPA가 개발되었다.

Phenoxycarboxylic acid, benzoic acid, pyridinecarboxylic acid 및 quinolinecarboxylic acid계 제초제들은 IAA 유사 작용을 나타내는 침투성 제초제이다. 선택성 제초제로서 광엽 잡초에 대하여 발생 후 처리제(quinclorac은 피방제, 발생 전 처리 포함)로서 주로 사용된다.

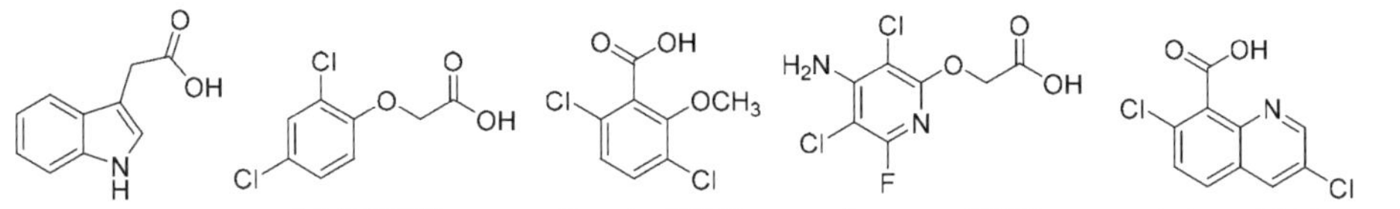

IAA　2,4-D (1942)　dicamba (1961)　fluroxypyr (1985)　quinclorac (1989)

합성 옥신 제초제들의 정확한 작용기작은 많은 2차적 효과로 인하여 아직 명확히 밝혀지지 않았으나 세포벽의 가소성(plasticity)과 핵산 대사과정에 큰 영향을 미치는 것으로 알려져 있다. 합성 옥신 제초제들은 약제별로 차이가 있기는 하나 대부분 고농도에서는 살초활성을 보이는 반면, 낮은 농도에서는 식물 생장 촉진 작용을 나타낸다.

5.8.2 옥신 이동 저해

Phthalamate계 광엽 잡초용 잡초발생 전 처리제로서 제초제로서 1949년 naptalam이 개발되었고 semicarbazone계 침투성 제초제로서 1999년 diflufenzopyr가 개발되었다.

이들 제초제들은 세포 내 및 세포 간 옥신 이동을 저해하여 살초작용을 나타내는 제초제들이다. 그 정확한 작용지점은 아직 명확히 밝혀지지 않았으나 auxin-carrier protein과 결합하여 정상적 auxin 전달을 저해하는 것으로 알려져 있다.

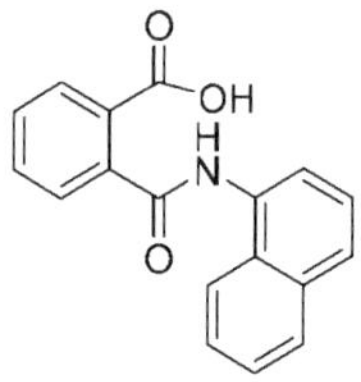

naptalam (1949)

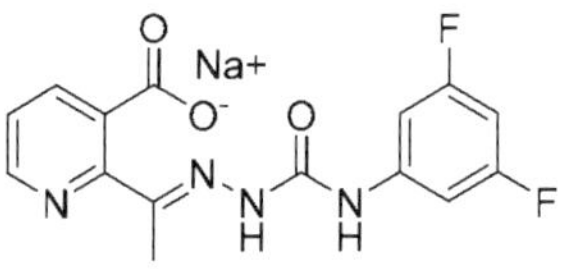

diflufenzopyr-Na (1999)

농약의 대사

농약의 대사에 관련된 연구는 그동안 많은 발전을 보여 최근에는 농약의 화학적 구조와 그 대사경로와의 관계가 상당 부분 밝혀져 있다.

생물의 입장에서 보면 체내에 침투된 농약은 외래성의 이물질(異物質, xenobiotics)로서 화학구조와 생물의 종류에 따라서 대사양상 및 대사산물이 달라진다. 그러나 농약의 생물학적 대사경로를 한마디로 표현한다면 무극성 물질이 극성물질로 변환되는 과정이라고 말할 수 있다. 농약은 방제대상 생물체 내에 쉽게 침투되도록 대부분 무극성의 지용성 화합물로 설계되어 있다. 생물체 내에 침투된 대부분의 농약은 그림 11-1과 같이 주로 산화, 환원, 가수분해 등의 Phase I 반응과 콘쥬게이션(conjugation) 등의 Phase II 반응을 받아 수용성으로 변환되어 해독·배설된다. 그러나 유기 염소계 살충제의 경우에서는 물에 가용인 형태로까지 대사되지 못하고, 체지방에 축적되는 경우도 있다.

식물에 흡수된 제초제도 대사작용을 받으며, 식물의 종류에 따라 활성화, 불활성화 능력의 차이를 보여 제초제의 선택성을 갖게 한다. 병원균에 침투된 살균제는 그 화학구조 그대로 활성을 보이는 것이 많지만, 경우에 따라서는 균체 내부나 식물체 내에서 대사되어 대사체로서 활성을 발현하는 것도 있다. 그러나 병원균에 의해 대사되어 불활성화(해독)되는 것도 많으며, 균체내에서의 불활성화의 증대가 균의 약제내성 획득기작이 되는 것도 알려져 있다. 생물체 내나 토양 중에 잔존한 농약은 식물, 곤충, 토양 미생물 등에 의한 생물적 대사, 그리고 대기와 토양의 여러 요인에 의하여 비생물적으로도 대사된다. 따라서 농약의 생물체 내에서의 활성화, 비활성화의 기작을 규명하고 또한 환경에서의 화학물질의 동태를 추적하는 농약의 대사분해에 관한 연구는 중요한 의미를 갖는다. 방제 대상 생물에서는 쉽게 활성화되고 인축에서는 쉽게 분해, 해독, 배설되는 농약이 바람직하다.

Phase I 반응은 효소작용에 의하여 외래분자 내에 극성기인 OH, SH, COOH, NH_2 등이 도

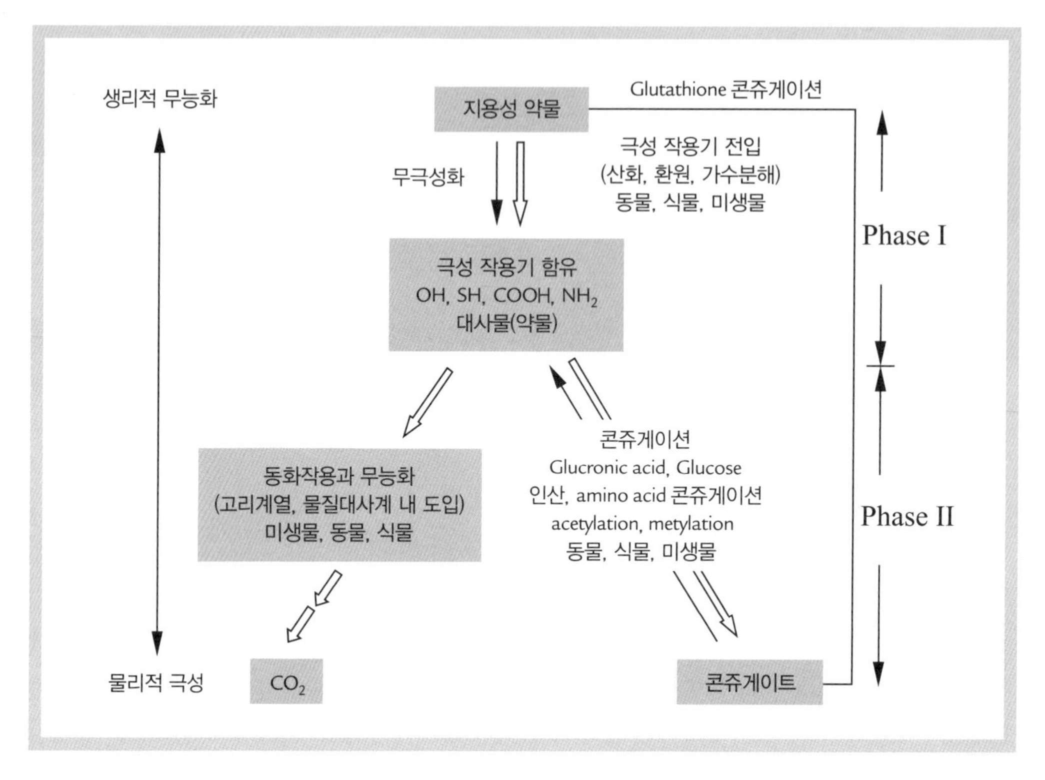

그림 11-1 농약의 생물적 변화 기본 경로

입되는 과정이다. Phase II 반응은 두 가지 경로로 알려져 있는데, 하나는 Phase I 반응으로 생성된 중간물질이 당, 아미노산, peptide, 황산 등의 생물체 내 성분과 결합하는 콘쥬게이션 경로이고, 다른 하나는 극성화된 농약의 분자가 생체 내의 물질대사 경로에 들어가 최종적으로 물과 탄산가스에 이르는 무기화 과정(mineralization)이다. Phase I 반응의 극성기 도입 과정은 동물, 식물 및 미생물 사이에 거의 비슷한 과정을 밟는다. 그러나 생성된 중간 대사산물 이후의 대사 과정과 생성되는 화합물의 형태는 생물의 종류에 따라서 다르다. 이하 지금까지 밝혀진 농약의 대사를 Phase I 반응과 Phase II 반응으로 나누어 설명한다.

1. Phase I 반응

1.1 산화

산화(oxidation)반응이 화합물의 대사에서 차지하는 비중은 동물, 식물 및 미생물 등 모든 생물에서 매우 크며 반응 양상도 다양하다.

1.1.1 Microsomal oxidases계 효소

농약과 같은 지용성 화합물의 산화는 포유동물의 간(肝) microsome 산화효소계에 의하여 주로 일어나며 여러 가지 형태의 산화반응이 일어난다. 이 효소계는 복합기능 산화효소(mixed function oxidase, mfo) 또는 1원자 산소첨가효소(monooxygenase) 등으로 불리며 NADPH와 분자상의 산소 존재하에서 농약 분자 RH를 R-OH로 산화시킨다.

$$RH + NADPH + H^{+} + O_2 \longrightarrow R-OH + NADP^{+} + H_2O$$

Mfo는 포유동물, 조류, 양서류, 어류, 곤충 등에 광범위하게 분포되어 있으며 이들 생물에 의한 농약의 산화작용은 포유동물의 간이나 곤충의 microsome에서 자세히 연구되어 있다. 이 효소계는 그림 11-2에서 보는 바와 같이 NADPH, NADPH cytochrome P_{450} reductase 및 cytochrome P_{450}을 구성요소로 하는 전자전달계에 존재하며, 기질에 산소를 첨가하는 산화효소의 핵심은 cytochrome P_{450}이라는 heme protein으로 알려져 있다. 이 heme protein은 일산화탄소(CO)와 결합하여 환원될 때 450nm의 파장을 흡수하는 특성 때문에 cytochrome P_{450}으로 명명되었다.

이러한 mfo 효소에 의한 산화과정은 piperonylbutoxide 등의 methylene dioxyphenyl계 화합물, SKF525-A 등에 의하여 선택적으로 저해를 받는 특징이 있다.

농약은 일반적으로 분자 내에 산화되기 쉬운 부위를 여러 개 갖고 있어, 한 분자 내에 서로 다른 여러 종류의 산화반응이 일어나기도 한다. mfo에 의한 각종 산화반응은 표 11-1에서 보는

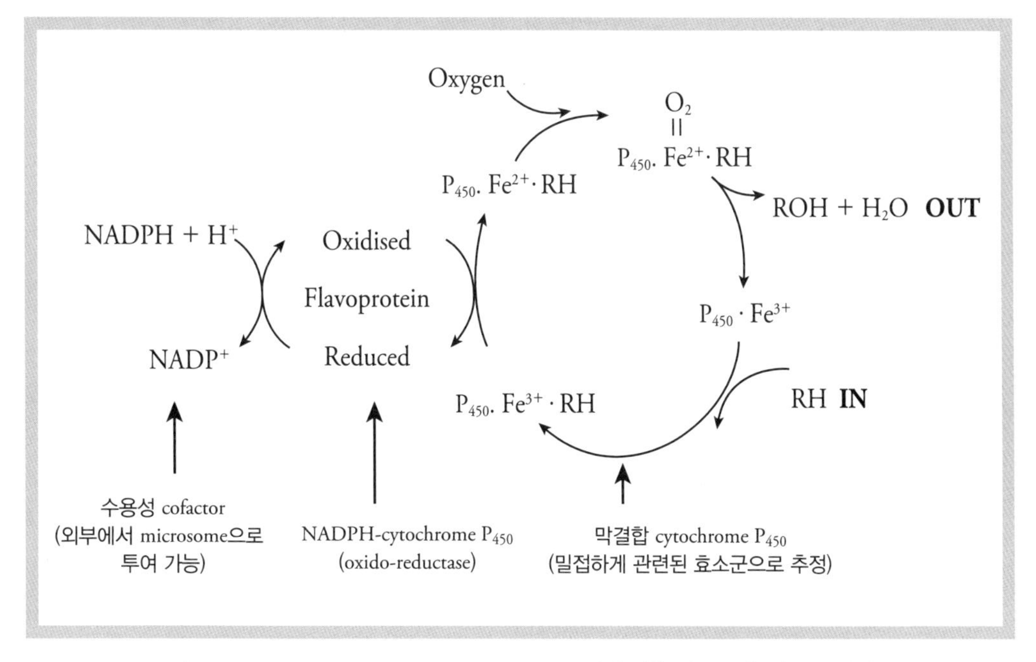

그림 11-2 Cytochrome P_{450} monooxygenase계에 의한 외부물질(RH)의 산화과정

▶ 표 11-1 Monooxygenase가 관여하는 산화반응

	반응의 형태	일반적인 표시
1	(a) 지방족 수산화 반응	$RCH_2-H \xrightarrow{[O]} RCH_2OH$
	(b) 방향족 수산화 반응	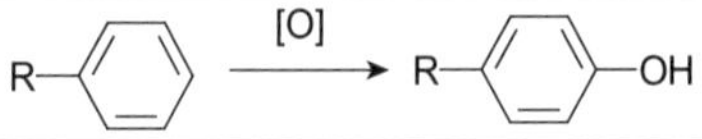 $R-C_6H_5 \xrightarrow{[O]} R-C_6H_4-OH$
2	(a) O-탈알킬화 반응	$ROCH_3 \xrightarrow{[O]} ROCH_2OH \xrightarrow{[O]} ROH$
	(b) N-탈알킬화 반응	$RNHCH_3 \xrightarrow{[O]} RNHCH_2OH \xrightarrow{[O]} RNH_2$
3	에폭시화 반응	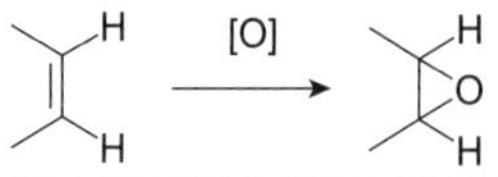 $>C(H)=C(H)< \xrightarrow{[O]} >C(H)-O-C(H)<$
4	산소원자의 황원자 치환 반응	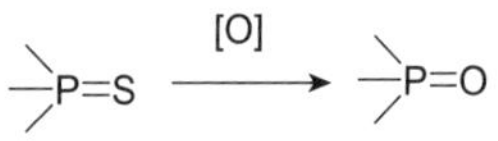 $>P=S \xrightarrow{[O]} >P=O$
5	(a) Sulphoxide와 sulphone의 생성반응	$RCH_2SCH_3 \xrightarrow{[O]} RCH_2S(=O)CH_3 \xrightarrow{[O]} RCH_2S(=O)_2CH_3$
	(b) Amone oxide의 생성반응	$RN(CH_3)_2 \xrightarrow{[O]} R-N(=O)(CH_3)_2$

바와 같으며, 산화반응의 종류나 산화되는 위치, 순서는 화합물의 구조나 생물의 종류에 따라서 달라진다.

(1) 수산화 반응

지방족 수산화 반응(aliphatic hydroxylation)의 예로는 bromacil, trifluralin 분자의 propyl 부분의 산화를 들 수 있다.

고리의 수산화 반응(aromatic hydroxylation)은 많은 농약이 방향족 및 헤테로 고리를 가지고

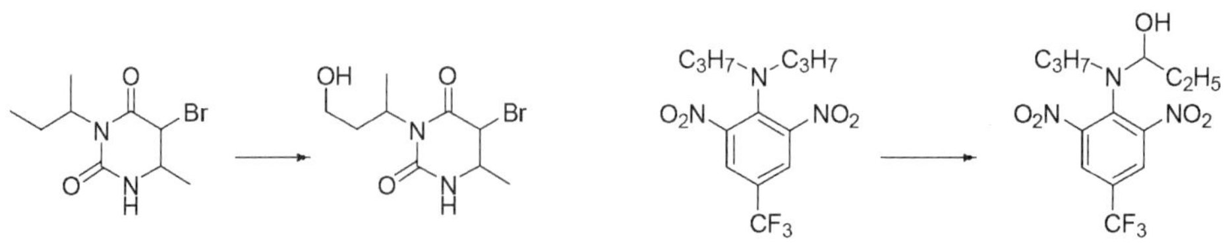

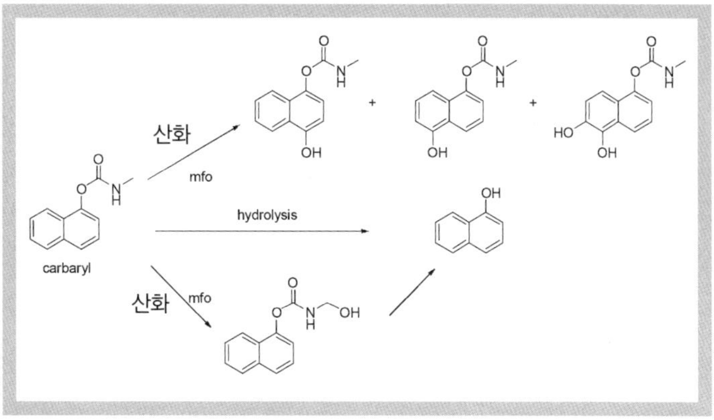

있기 때문에 농약에서 자주 발생하는 대사반응이다.

Carbamate계 살충제인 carbaryl은 mfo의 작용에 의하여 수산화가 일어나 4-hydroxy 및 5-hydroxycarbaryl이 된다.

이와 유사하게 제초제인 chlorpropham은 식물체 내에서 산화되어 phenol 유도체가 된다. 제초제의 methyl기에 대한 지방족 수산화반응(aliphatic hydroxylation)도 빈번히 일어나며, 제초제로 사용되는 bromacil과 trifluralin의 propyl 부분의 산화를 예로 들었다.

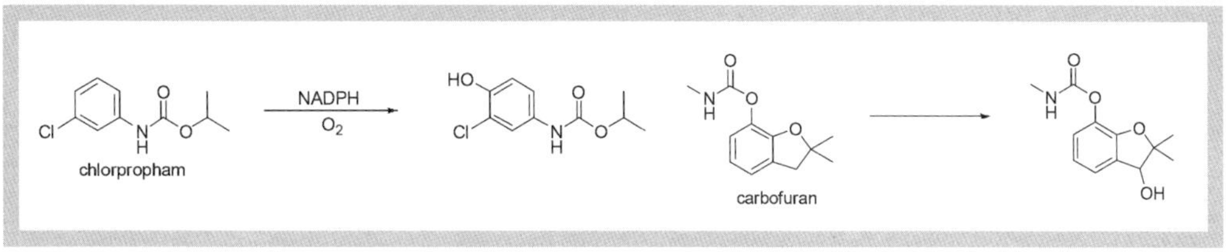

(2) 탈알킬화

O-탈알킬화는 농약에서 자주 일어나는 반응으로 침투성 살균제인 chloroneb가 *Rhizoctonia* 균에 의해서 산화되는 경우를 예로 들 수 있다.

N-탈알킬화 반응도 자주 일어나는 반응인데 이는 많은 농약이 치환된 amine이거나 amide 형태가 많기 때문이다.

Atrazine이나 다른 대부분의 triazine계 제초제도 역시 *N*-탈알킬화 반응이 일어나는데, 특히 이 계열의 제초제에 대한 *N*-탈알킬화 반응계가 잘 발달된 일부의 식물들이 이들 약제에 대하여 저항성을 갖는다고 보고되어 있다.

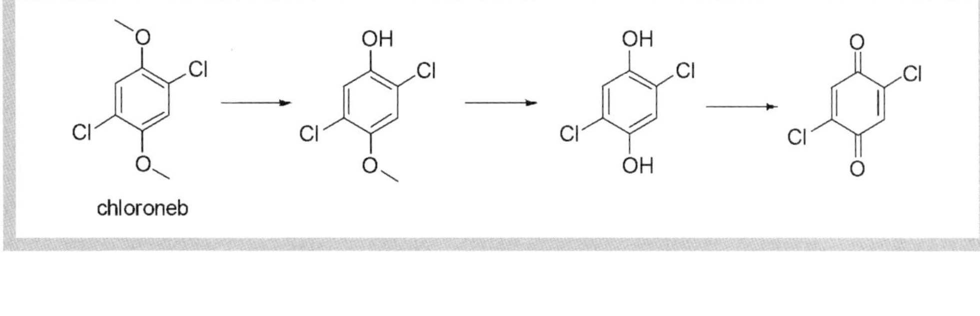

atrazine

NADPH O_2

N-deisopropyl atrazine

(3) epoxy화

일반적으로 epoxide는 수많은 불포화 화합물 대사과정의 순간적인 중간체인 경우가 많은데, 유기 염소계 농약의 경우, aldrin의 epoxide인 dieldrin은 오히려 안정한 화합물이어서 생물의 지방질에 잔류할 뿐만 아니라 aldrin보다 독성이 크다.

aldrin

NADPH O_2

dieldrin

(4) 산화적 탈황화

산화적 탈황화반응(oxidative desulfuration)은 산화과정을 통하여 황이 전기음성도가 더 큰 산소 원자로 바뀌게 되기 때문에 많은 thiophosphate계 살충제의 대사반응에서 특히 중요하다. 일반적으로 이들은 산화가 되면서 원래의 화합물보다 AchE 저해 활성이 월등히 증가하는 활성화가 일어난다. Parathion이 독성이 큰 paraoxon으로 활성화되는 반응은 좋은 예이다.

parathion

NADPH O_2

paraoxon

(5) Sulfide의 산화

Sulfoxidation은 thioether의 황이 sulfoxide, sulfone으로 산화되는 반응이다. 침투성 살충제인 demeton-*S*-methyl이 산화되어 sulfoxide가 되는 경우와 carbamate계 살충제인 aldicarb가

sulfoxide와 sulfone으로 전환되는 경우가 예이다. Sulfide의 산화는 thiomethion과 phorate 등 침투성 유기인계 살충제에서 특히 중요하다. 식물체 내에서는 sulfoxide는 빠르게 생성되지만, sulfone으로의 변화가 느리기 때문에 비교적 안정한 활성 대사산물이 널리 식물체 내에 침투 이행하여 병해 방제에 충분한 양을 상당 기간 유지할 수 있다.

demeton-*S*-methyl → (NADPH, O_2) → sulfoxide of demeton-S-methyl

aldicarb → (NADPH, O_2) → aldicarb sulfoxide → (NADPH, O_2) → aldicarb sulfone

1.1.2 FMO에 의한 산화

FMO(flavin-containing monooxygenase)는 지용성 단백질이며 P-450와 마찬가지로 세포 내의 endoplasmic reticulum 내에 존재하며 N, S, P 원자와 그리고 일부 inorganic ion을 지니고 있는 화학물질의 산화에 관여하는 대사효소로서 처음에 돼지의 간 등으로부터 발견되었으며 그 후로 사람을 포함한 거의 모든 동물에 존재함이 확인되었다. 예를 들어, nicotine의 산화가 대표적이며, phorate, fonofos 등은 이 P-450과 FMO 두 체계 모두에 의해서 대사되기도 한다.

nicotine → (FMO) → nicotine-1'-N-oxide

phorate → (P450, FMO) → phorate sulfoxide

fonofos → (P450, FMO) → fonofos oxon

1.1.3 비 microsome oxidases계에 의한 탈수소 반응

수산화 반응에 의하여 생성된 1차 alcohol류는 생체 내에서 aldehyde를 경유하여 carboxylic acid로 산화되고, 2차 alcohol류는 산화되어 ketone을 생성한다. 이들 alcohol의 탈수소화 반응은 mfo

에 의하여 일어나는 것이 아니라 간의 soluble fraction에 존재하는 alcohol dehydrogenase에 의하여 촉매되는 비 microsomal oxidase계 산화반응이다. 이들 효소는 보효소로서 NAD를 필요로 하며 pyrazole에 의하여 저해된다.

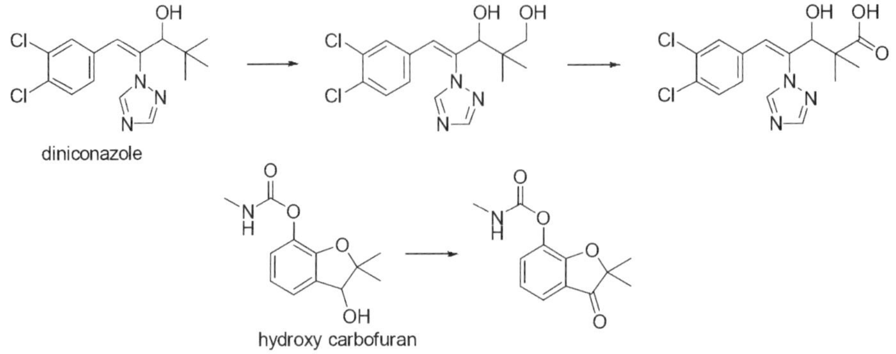

1.1.4 고리개열에 관여하는 산화 효소계

방향성 농약과 그 대사산물의 생물학적 고리개열(aromatic ring opening)은 대부분이 미생물에 의해서 이루어진다. 산화, 환원, 가수분해에 의하여 대사되고 생성된 phenol 유도체, 방향성 carboxylic acid, aniline 유도체 등은 수산화반응을 거쳐 dihydroxyphenol 화합물로 되어 고리개열 반응이 일어난다.

농약이 개열되는 일련의 산화과정을 *Pseudomonas*와 *Anthrobacter*를 이용하여 2,4-D에 대하여 연구한 결과, 2,4-D는 우선 NADH와 산소의 존재하에서 ether 결합이 절단되어 2,4-dichlorophenol로 전환되고, 다시 산소 1원자가 첨가되어 3,5-dichlorocatechol로 변화하는데, 여기에 dioxygenase가 작용하여 고리를 개열시켜 α,γ-dichloromuconic acid로 되면서 최종적으로 CO_2로 변환된다.

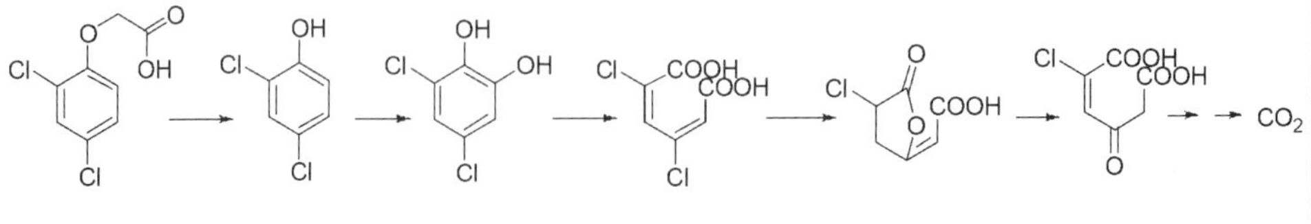

1.2 환원반응

생체 내에서 환원반응(reduction)은 nitro, azo, hydroxylamine, N-oxide sulfoxide, epoxide, alkene, aldehyde, ketone 등의 화합물에서 일어나는 것으로 알려져 있다. 또 할로겐 화합물도 환원적으로 탈할로겐화되어 수소원자와 치환되고, 또 일부 염소계 농약도 환원적으로 탈염소화물이 생성된다.

1.2.1 Nitro기의 환원

방향족 nitro화합물은 생체 내에서 쉽게 amino화합물로 환원된다. 포유동물의 장 내에 존재하는 혐기성균은 일반적으로 강력한 nitro기의 환원력을 가지고 있어 nitro기를 효율적으로 환원시키는 것으로 알려져 있다.

또한 parathion은 시금치 잎의 마쇄물에 의해서 NADPH 생성계와 FAD 존재하에서 환원되어 aminoparathion을 생성한다.

parathion → aminoparathion

1.2.2 S-oxide, N-oxide의 환원

Carbophenothion은 산화되어 carbophenothion sulfoxide가 생성되나 이 sulfoxide는 NADPH와 FAD를 필요로 하는 효소계(쥐의 간)에 의하여 혐기적 조건하에서 carbophenothion으로 다시 환원된다.

Nicotine은 mfo에 의하여 nicotine-1-oxide로 산화되나 이 N-oxide도 혐기적 조건하에서 쥐(rat)의 간 microsome과 가용성 분획 내 효소작용에 의하여 nicotine으로 다시 환원된다.

carbophenothion → carbophenothion sulfoxide (liver enzymes, NADPH, O_2)
carbophenothion sulfoxide → carbophenothion (FAD, NADPH, liver enzymes)

1.2.3 환원적 탈할로겐화

DDT는 혐기성 조건하에서 비둘기의 간 microsome-NADPH계에 의하여 탈염소화되어 TDE로 된다. 또한 이 반응은 쥐(rat)의 간 microsome에서도 일어나나 riboflavin의 첨가에 의해서 두 배 정도 촉진되고 Fe^{++}, Fe^{+++}, Hg^{++}에 의해서 저해된다. 이 반응은 미생물에 의해서도 일어나는 것으로 알려져 있다.

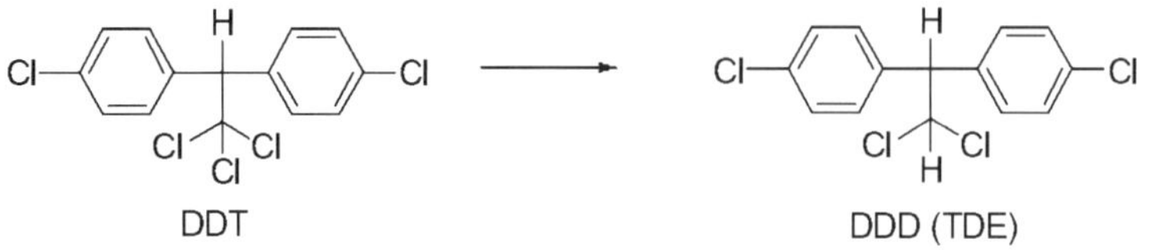

1.3 가수분해

중성인산 ester는 포유동물, 곤충, 미생물 등에 널리 분포하는 esterase에 의해 가수분해(hydrolysis)된다. 이 효소는 phosphoric acid의 mono 또는 diester를 가수분해하는 phophatase와는 다르기 때문에 aryl esterase, A-esterase, phosphotriesterase라고 불리며, 중성 인산 유도체의 가장 산성인 기와 인과의 결합을 절단한다. 따라서,

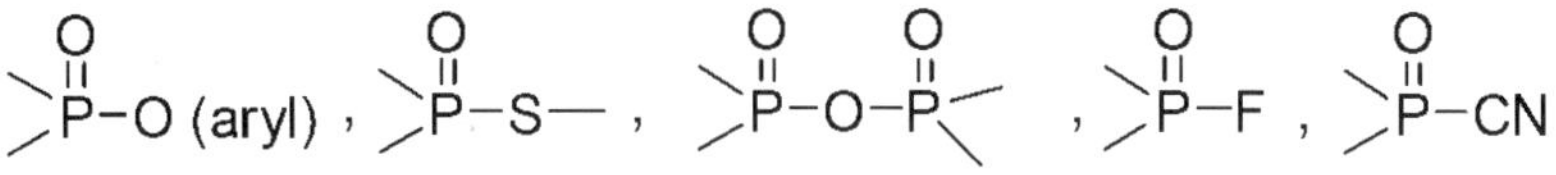

등의 결합이 이 효소에 의하여 가수분해를 받는다. 분해되는 것은 주로 oxo형이지만 인시목 유충에서 thiono phosphosphoric acid ester를 특이적으로 가수분해하는 효소도 발견되었다.

1.3.1 Carboxylesterase

Carboxylesterase는 지방산 및 방향족 ester류를 가수분해시키는 효소이며, 동물의 간 microsome에 존재하고 그 외 혈장이나 신장에서도 높은 활성을 보이는 것으로 알려져 있다.

Malathion의 carboxylester 결합이나 pyrethroid의 제1차 alcohol ester 결합은 간 microsome 내에 존재하는 carboxylesterase에 의해서 가수분해된다. 또한 malathion에 대하여 저항성인 곤충

류에서 이러한 caboxylesterase의 활성이 높게 나타나는 것으로 알려져 있다. 가수분해 생성물은 AChE 저해활성을 잃고, 수용성이기 때문에 쉽게 배설된다.

유기인계 살충제 trichlorfon의 butyric acid ester인 butonate는 선택성이 높은 저독성 살충제이다. 포유동물체 내에서는 곤충에서보다 esterase에 의해 쉽게 가수분해되어 trichlorfon을 생성한다. trichlorfon은 생리적 pH에서 DDVP로 변화 또, DDVP는 살충제 Naled의 작용물질이기도 하다. 이 변화는 cysteine 등 thiol 화합물의 작용에 의해 비효소적으로도 일어난다.

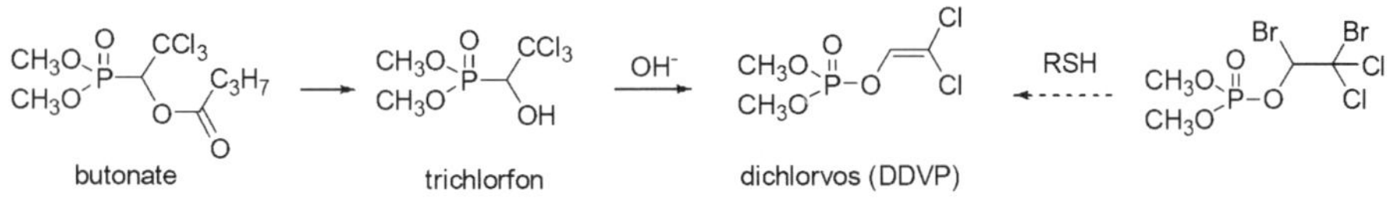

살충제 cartap의 thiolcarbamate ester 결합도 생체적으로 분해되어 nereistoxin이 생성된다. 그러나 실제적으로 신경계에 작용하는 물질은 dihydro체라고 생각된다.

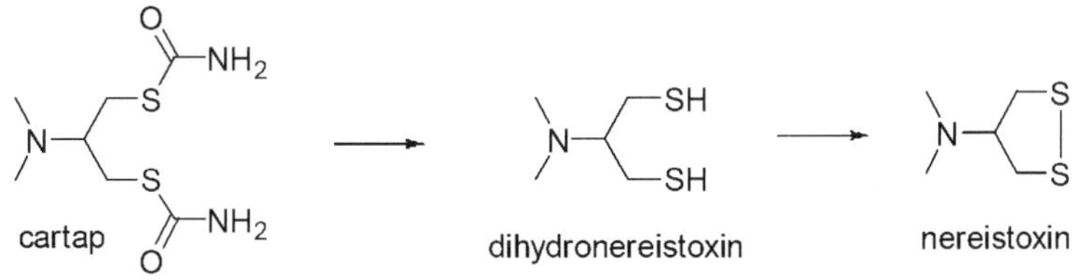

합성 pyrethroid에서 제1급 alcohol 유도체형인 rethmethrin, tetramethrin등에서는 제2급 alcohol 유도체형의 경우와는 다르게 ester의 가수분해가 가장 중요한 해독기작이다. Carbamate계 살충제도 마찬가지로 가수분해를 받아 해독된다.

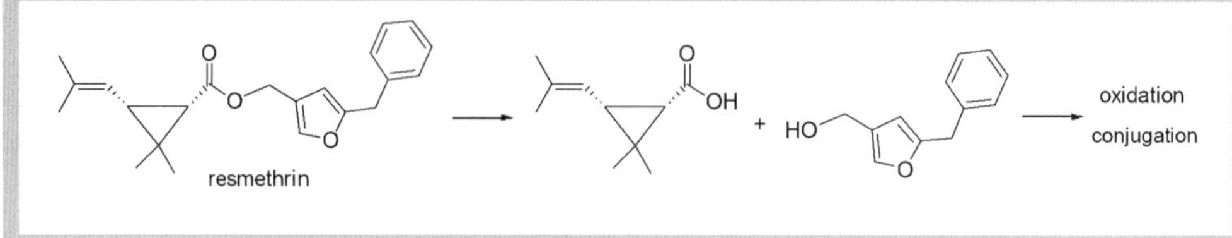

resmethrin → OH + HO → oxidation conjugation

이 효소활성은 동물종에 따라 크게 다르기 때문에 선택 독성과 관계가 깊다.

Chloropropham과 같은 phenyl carbamate와 propanil와 같은 acyl amide는 아래와 같이 가수분해에 의하여 NH-CO결합이 절단되어 무독화된다.

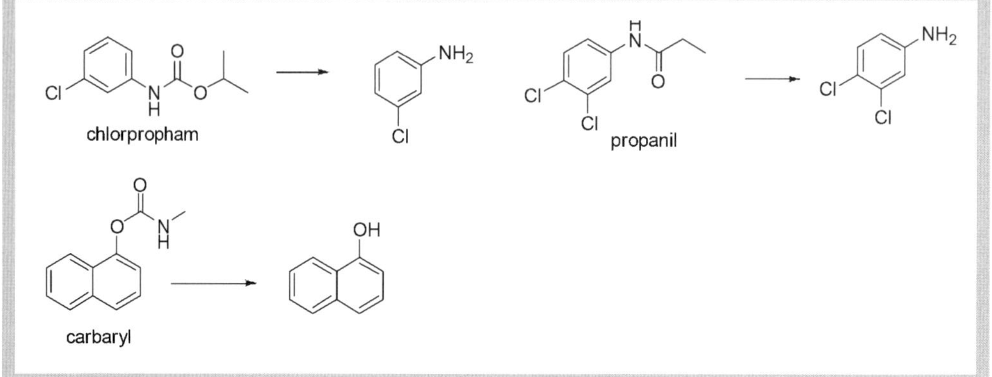

chlorpropham → NH_2 Cl; propanil → NH_2 Cl Cl; carbaryl → OH

1.3.2 Arylesterase

Arylesterase는 고리가 짧은 carbonic acid와 phenol류의 ester결합을 가수분해시키는 효소로서 주로 포유동물의 간에 존재하나 종류에 따라서는 혈장에 존재하기도 한다. 이 효소는 유기인계 농약의 oxon화합물, 즉 paraoxon, fenitrooxon 등의 P-O-aryl 결합을 절단한다.

중성인산 ester는 포유동물, 곤충, 미생물 등에 널리 분포하는 esterase에 의해 가수분해된다. 이 효소는 phosphoric acid의 mono 또는 diester를 가수분해하는 phophatase와는 다르기 때문에 aryl esterase, A-esterase, phosphotriesterase라고 불리며, 중성 인산 유도체의 가장 산성인 기와 인과의 결합을 절단한다. 따라서,

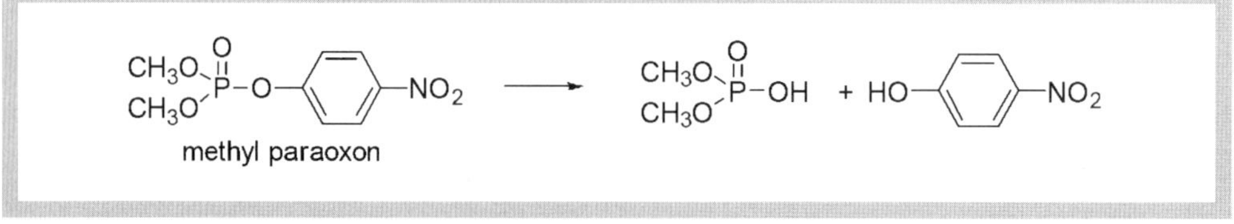

$(CH_3O)_2P(O)-O-C_6H_4-NO_2$ (methyl paraoxon) → $(CH_3O)_2P(O)-OH$ + $HO-C_6H_4-NO_2$

등의 결합이 이 효소에 의하여 가수분해를 받는다. 분해되는 것은 주로 oxo형이지만 인시목 유충에서 thiono phosphosphoric acid ester를 특이적으로 가수분해하는 효소도 발견되었다.

1.3.3 Amidase

Carboxylamide결합의 가수분해는 주로 간 microsome에 존재하는 amidase에 의하여 일어난다. Dimethoate의 amide결합은 carboxylamidase에 의하여 가수분해된다. 제초제 propanil은 벼의 체내에서 acylamidase의 작용으로 가수분해되는데 유기인계나 carbamate계 농약에 의해서 acylamidase가 저해되므로 이들 농약을 근접살포할 경우 propanil에 의해 벼에 약해가 유발될 수 있다.

dimethoate

1.3.4 Epoxide hydrase

간 microsome에 존재하는 epoxide hydrase는 각종 화합물의 epoxide를 trans-dihydrodiol로 변화시킨다. 특히 polycyclocarbohydrate로부터 생성된 epoxide의 가수분해는 발암기작과 관련이 있으므로 많은 관심의 대상이 되고 있으나, 유기염소계 살충제인 dieldrin의 epoxide가 가수분해되는 과정에는 관여하지 않는 것으로 알려져 있다.

tridiphane

1.3.5 **탈염화수소화 반응**(Dehydrochlorination)

DDT에 대하여 저항성을 보이는 곤충은 glutathione의 존재하에 DDT를 탈염산화시켜 DDE로 변화시키는 효소를 가지고 있다.

이 효소는 곤충이나 포유동물의 간 가용성 분획에 존재하는 BHC 대사효소나 glutathione-*S*-transferase와 혼동하여 생각하였으나 최근에 이들 효소의 특성이 밝혀지면서 DDT-dehydrochlorinase이라는 것이 규명되었다.

DDT $\xrightarrow{GSH}$ $[(ClC_6H_4)_2CH–CCl_2SG]$ + Cl^- → DDE

2. Phase II 반응

2.1 콘쥬게이션

콘쥬게이션 반응은 동식물체 내에서 일어나는 것으로 미생물에서는 거의 일어나지 않는다. 반응의 종류에 따라 관여하는 효소, 반응기 및 콘쥬게이션의 종 특이성에 대해서는 표 11-2에서 보는 바와 같다.

OH, -COOH, $-NH_2$, -SH 등의 작용기를 갖는 화합물(농약) 또는 이와 같은 작용기를 생성하는 1차 대사산물은 포합이라 불리는 합성반응에 의해 일반적으로 보다 저독성이며 배설되기 쉬운 화합물로 변환되는 것이 많다. Glucoside, 황산 ester, methyl ester, acyl amide 생성 등이 주요 반응이다.

콘쥬게이션의 전 단계에는 에너지원이 요구되는데 다음과 같이 두 가지 형태로 높은 에너지 중간체가 생성된다.

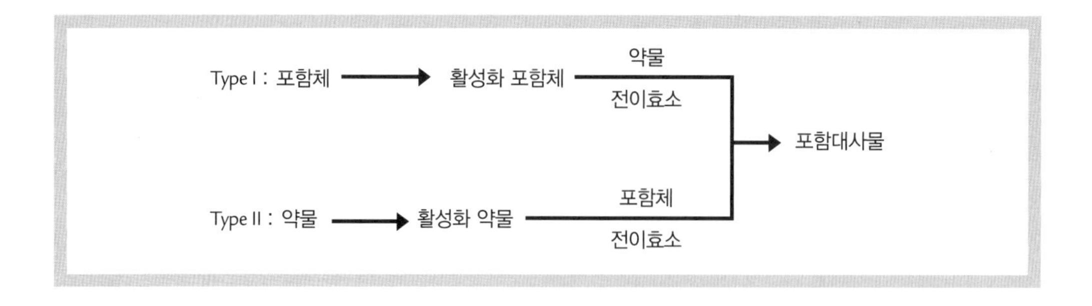

이 중에서 Type I이 대부분을 차지하여 UDPGA(Glucuronic acid 활성체), UDPG(glucose의 활성체), PAPS(3'-phosphoadenosine-5'-phosphosulfate, 황산의 활성체) 등이 높은 에너지를 가지는 활성화 콘쥬게이트이다.

Amino acid 콘쥬게이트는 Type II로서 약물의 COOH기가 acyl CoA로 활성화되어 포합제인 아미노산과 반응한다. 또 glutathione 콘쥬게이션은 다른 콘쥬게이션과는 달리 무극성의 약물과 직접 콘쥬게이션한다.

▶ 표 11-2 콘쥬게이트 형성

콘쥬게이션 방식 (관여효소)	콘쥬게이트 (활성화 콘쥬게이트)	주요 반응기	분포조직	생물분포
Glucuronic acid conjugation (UDP-Glucuronyl transferase)	Glucuronic acid (UDPGA)	OH, COOH, NH_2, NH, SH	microsome	포유동물 조류, 어류
Glucose conjugation (UDP-Glucosyl transferase)	Glucose (UDPGA)	〃	〃	식물, 미생물
Amino acid conjugation (*N*-acyl transferase)	Amino acid	COOH	mitocondria cytoplasm	동물, 식물
Glutathione conjugation (Glutathione-*S*-transferase)	Glutathione	Aliphatic acid Aromatic halogen compound Nitro compound Phosphoro triester, Epoxide, alkene	cytoplasm	동물, 식물
Sulfuric acid conjugation (Sulfur transferase)	Sulfric acid (PAPS)	OH	cytoplasm microsome	동물
Thiocyanation (Rhodanase)	*S*-SO_3 등	CN^-	mitochondria	생물 전부
Methylation (methyl transferase)	CH_3 (SAM)	OH, SH, NH_2	microsome cytoplasm	-
Acetylation (*N*-acetyl transferase)	Acetyl radical (Acetyl CoA)	NH_2, SO_2NH_2	cytoplasm	-

2.1.1 Glucuronic acid 콘쥬게이션

모든 포유동물과 조류, 어류, 파충류, 양서류에서 alcohol, phenol, carboxylic acid, amine, mercaptan 등의 glucuronic acid 포합이 일어난다.

이 반응은 두 단계를 거쳐서 일어나는 것으로 제1단계는 활성 중간체 uridine-5′-diphospho-D-glucuronic acid(UDPGA)의 합성단계로서 UDPGA는 간의 세포질 내에 존재하는 효소에 의해서 합성되고, 제2단계는 UDPGA가 glucuronic acid를 제공하여 microsome에 존재하는 UDP-glucuronyl transferase에 의해서 glucuronosyl을 생성한다.

$$\text{D-Glucose-1-}Pi + \text{UTP} \xrightarrow{\text{UDPG Pyrophosphorylase}} \underset{\text{UDPG}}{\text{UDP-}\alpha\text{-D-glucose}} + \text{PP}i$$

$$\underset{\text{UDPG}}{\text{UDP-}\alpha\text{-glucose}} + 2\text{NAD} + H_2O \xrightarrow{\text{UDPG Dehydrogenase}} \underset{\text{UDPGA}}{\text{UDP-}\alpha\text{-D-glucuronic acid}}$$

$$\text{UDPGA} + \text{ROH} \xrightarrow{\text{UDP Glucuronosyl transferase}} \text{RO-}\beta\text{-D-glucuronide} + \text{UDP} + H_2O$$

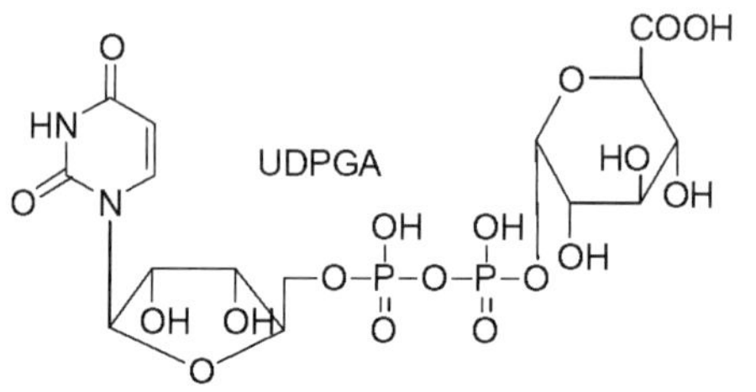

UDPGA

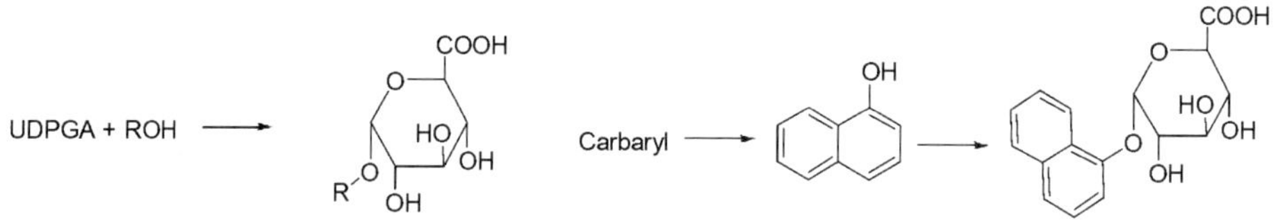

UDPGA + ROH →

Carbaryl →

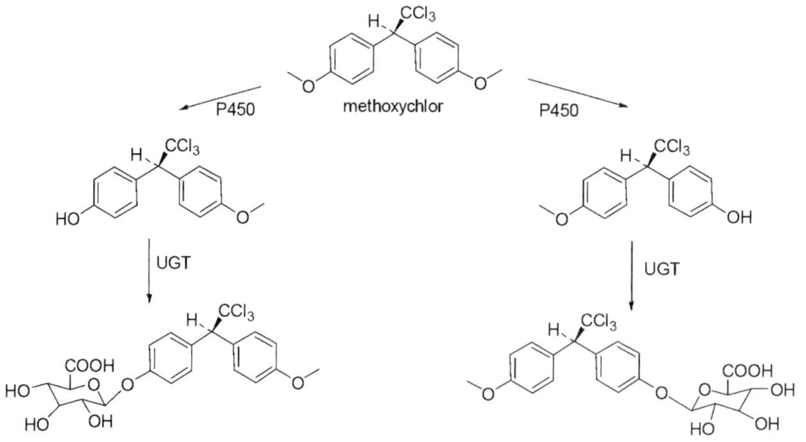

methoxychlor

P450

P450

UGT

UGT

2.1.2 Glucose 콘쥬게이션

Glucose 콘쥬게이트는 주로 곤충이나 식물체, 갑각류에서 생성되나 원숭이 등의 일부 포유동물에서도 생성되는 것으로 알려져 있다. 또한 -OH , -COOH, -NHOH기를 가지는 화합물은 O-glucoside를, NH와 SH기를 가지는 화합물은 각각 N-glucoside, S-glucoside를 생성한다. 동물의 경우 포합체는 쉽게 체외로 배설되나, 식물에서는 포합체는 체내에 머물러 더욱 대사된 후 glucose 이외의 당과 포합체를 생성한다. 살충제 isoxathion은 포유동물에서는 O-glucoside를, 식물체에서는 O-glucoside와 N-glucoside를 생성하며 농약 배당체의 대표적인 예이다. DCPA(propanil)는 3,4-dichloroaniline까지 대사되어진 후, 2,4-D는 그 상태로 glucose와 포합화합물을 만든다.

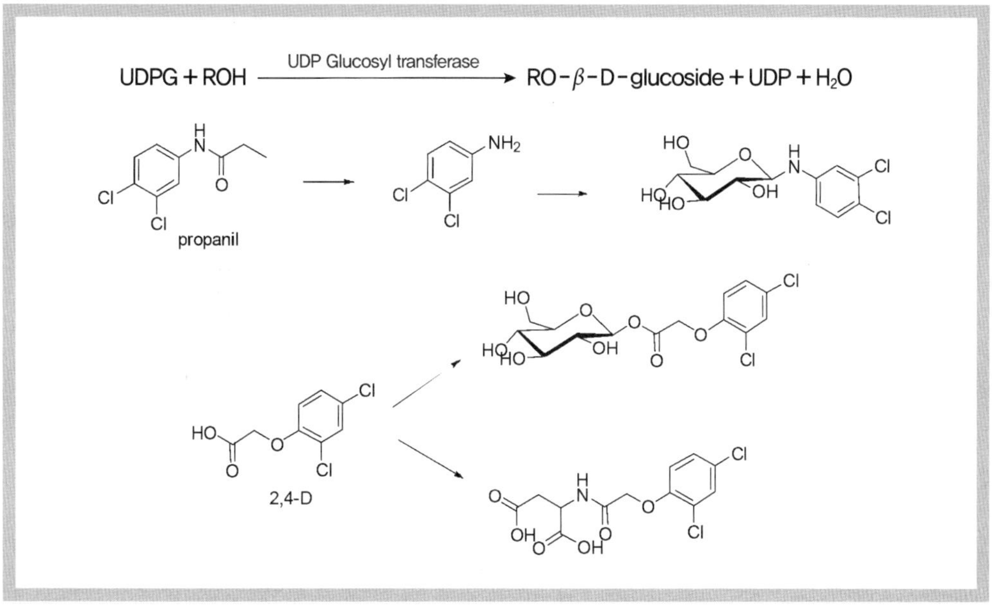

$$\text{UDPG} + \text{ROH} \xrightarrow{\text{UDP Glucosyl transferase}} \text{RO-}\beta\text{-D-glucoside} + \text{UDP} + H_2O$$

propanil

2,4-D

2.1.3 Amino acid 콘쥬게이션

각 caboxylic acid류는 amino acid와 콘쥬게이트를 형성한다. 일반적으로 caboxylic acid은 생체 내에서 nitrile, amide, ester 등의 가수분해나 alcohol의 산화에 의해서 생성되는데 콘쥬게이트 형성의 제 1단계는 ATP 의존성 효소의 촉매로 caboxylic acid에 의한 coenzyme A의 acylation이다. 다음에 amino acid acyl transferase의 촉매에 의하여 acylated CoA의 acyl기가 amino acid의 amino기로 전이된다. 이들 효소 반응은 포유동물의 간과 신장, 개와 닭에 있어서는 신장, 쥐(rat)에 있어서는 장에서만 일어난다. Acyl화 CoA의 합성은 mitochondria에서, acyl기가 amino기로 전이하는 것을 촉매하는 효소는 soluble fraction과 mitochondria에 존재한다.

$$R\text{-}COOH + ATP + CoA.SH \xrightarrow{\text{Acyl-CoA synthase}} R\text{-}CO\text{-}S\text{-}CoA + PP_i + AMP$$

$$R\text{-}CO\text{-}S\text{-}CoA + H_2N\text{-}CH(R)\text{-}COOH \xrightarrow{\text{N-acyl transferase}} R\text{-}CO\text{-}HN\text{-}CH(R)\text{-}COOH + CoA\text{-}SH$$

콘쥬게이션에 관여하는 amino acid류로서 glycine(포유류, 어류), aspartic acid(식물), cysteine(포유류, 식물, 어패류), taurine(포유류, 식물, 어패류), ornithine(조류, 파충류), glutamine(포유류, 곤충) 등이 있으며 그 외 serine, carnitine, alanine, valine, leucine, phenyl alanine, tryptophane 등도 콘쥬게이트를 형성하나 종류에 따라서 현저한 차이를 보인다.

Glycine은 아미노산 콘쥬게이트 중에서 가장 광범위하게 발견되는 것으로 대부분의 포유동물, 어류에서 생성되나 식물체 내에서는 그렇게 중요한 콘쥬게이트는 아니다. DDT의 대사산물인 DDA는 쥐(mouse)에서 glycine 콘쥬게이트를 형성하며, pyrethroid의 알코올 부위에서 생성된 3-phenoxypropionic acid, cypermethrin, decamethrin의 산부위는 쥐(rat, mouse) 및 곤충에서 역시 glycine 콘쥬게이트를 형성한다. Pyrethroid 살충제인 dimethrin은 가수분해되어 생성된 alcohol이 carboxylic acid로 산화된 후 glycine 포합에 의해 배설된다.

dimethrin

2.1.4 Glutathione 콘쥬게이션

Glutathione(GSH)은 glutamate/cysteine/glycine이 결합된 tripeptide로서 항산화제 역할을 하는 화합물이다.

Glutathione 콘쥬게이트 형성은 화합물의 친전자성 중심에서 일어나는 것으로, 만약 화합물이 친전자성을 가지고 있지 않을 때에는 산화 활성화된 후에 glutathione과 콘쥬게이션한다. 반응을 촉매하는 효소는 GSH-S-transferase(GST)이며, 포유동물의 간이나 신장에 많고 soluble fraction에 존재하며 식물체 내에도 존재한다. GSH 콘쥬게이션은 식물 조직 내에 분포하나 동물에서는 mercapturic acid 등으로 변하여 배설된다.

$$R-X + GSH \xrightarrow{\text{GSH-S-transferase}} R-S-G + HX$$

$$R-S-G \longrightarrow \text{Peptide 절단} \longrightarrow RSCH_2CH(NH_2)COOH \longrightarrow RSCH_2CH(NHCOCH_3)COOH$$

mercapturic acid

(1) Triazine계 농약의 glutathione 콘쥬게이션

제초제 1,2,3-triazine계 농약(atrazine, simazine 등)은 동물 및 식물체 내에서 다같이 GSH-콘쥬게이트를 형성한다.

?-Asp | Cys | Gly

atrazine + glutathione →

(2) 유기인계 농약의 glutathione 콘쥬게이션

O,O-dimethylthiophosphoric acid triester형의 화합물은 GSH-S-transferase의 작용에 의하여 O-demethylation되어 methyl기는 GSH로 전이된다. 생성된 GSH-CH_3는 다시 대사되어 CO_2까지 대사된다. 그러나 O,O-diethyl기는 이와 같은 대사 반응을 잘 받지 않는다. 또한 P-O-*-NO_2 결합의 p-nitrophenol기도 GSH로 전이되는 것으로 알려져 있다.

mevinphos $\xrightarrow{GSH}$

parathion → $(C_2H_5O)_2P(S)-OH$ + GS-C_6H_4-NO_2

(3) 활성화 glutathione 콘쥬게이션

Olefine의 이중결합은 mfo에 의하여 epoxide화된 후에 GSH-콘쥬게이트를 형성한다. 최근 dimethylvinphos의 대사에 3분자의 GSH가 관여하는 것으로 알려져 그 첫째는 직접 O-demethylation 단계이고, 다음 P=O결합에 의해서 생성된 2,4-dichlorophenacylchoride와의 반응에 관여하고 다른 하나는 이 GSH 콘쥬게이트와의 효소반응에 의하여 산화형의 GSH와 acetophenone을 형성하는 과정이다. 이외에 dithiocarbamate계 제초제인 EPTC는 쥐(rat)나 옥수수에서 S-sulfoxide로 산화된 후에 GSH를 carbamyl화 한다.

2.1.5 황산 콘쥬게이션

황산 콘쥬게이션은 포유동물이나 어패류에서 관찰되는데 황산은 식품 중에 존재하는 것 또는 cystein 등의 황을 함유하는 아미노산으로부터 생성되는 것이 이용된다. 이 반응은 우선 soluble fraction에 존재하는 효소에 의하여 황산이 PAPS(3-phosphoadenosine-5′-phosphosulfate)로 변화되어 활성화되고 그로부터 황산기가 sulfotransferase의 작용에 의해서 기질로 전이된다. 이 효소는 포유동물의 간 soluble fraction 또는 microsome에 존재하고 곤충에서는 중장(midgut) 내에서 발견된다. 기질로는 phenol, oxime, hydroxyamine류 등 광범위하다. 또 arylamine류는 N-sulfate를 생성한다.

$$ATP + SO_4 \xrightarrow{\text{ATP-sulfurylase}} APS + PPi$$

$$APS + ATP \xrightarrow{\text{APS-phosphokinase}} PAPS^* + ADP$$

$$R\text{-}OH + PAPS \xrightarrow{\text{Sulfotransferase}} R\text{-}O\text{-}SO_3H + PAP$$

$$ATP + SO_4^{2-} \xrightarrow{\text{sulfate adenyl transferase}} APS + PPi$$

APS(adenine-5'-phosphosulfate)

$$APS + ATP \xrightarrow{\text{adenyl sulfate kinase}} PAPS + ADP$$

PAPS

Phenol과 alcohol류의 동물대사에는 황산 포합도 중요하다. 예를 들면, cyanophose는 쥐의 체내에서 분해되어 cyanophenol의 sulfuric acid ester가 주요 대사산물로서 뇨중에 배설된다.

Cabaryl은 고리 산화가 된 후 황산 콘쥬게이션이 일어난다.

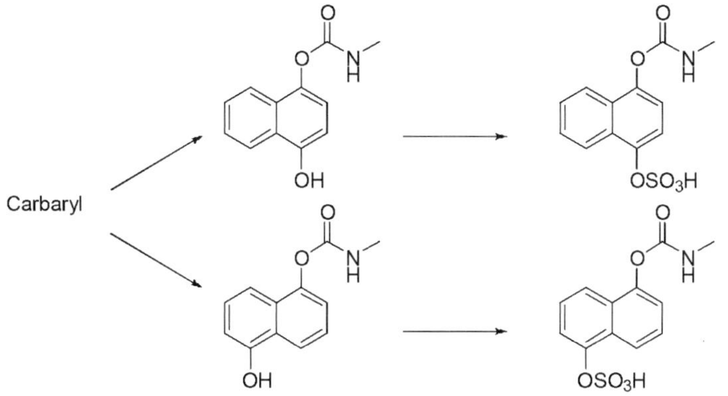

cyanophos

Carbaryl

2.1.6 Thiocyanate 형성

생체 내에서 생성된 CN^-는 황과 결합하여 SCN^-로 변한다. 이 반응은 간의 mitochondria에 존재하는 rhodanase에 의해서 촉매되고, 유황원으로서는 thiosulfate, thiosulfonate persulfide 및 polysulfide가 이용된다. 또 rhodanase는 포유동물 외에 미생물에도 존재한다. Pyrethroid 화합물의 구성성분인 CN기는 포유동물 체내에서 빠르게 SCN^-으로 변화된다. 독성의 CN^-를 해독하는 중요한 반응이며, SCN^-는 독성이 감소된 대사물질이다.

$$CN^- + S_2O_3(\text{thiosulfate}) \longrightarrow SCN^- + SO_3^-$$

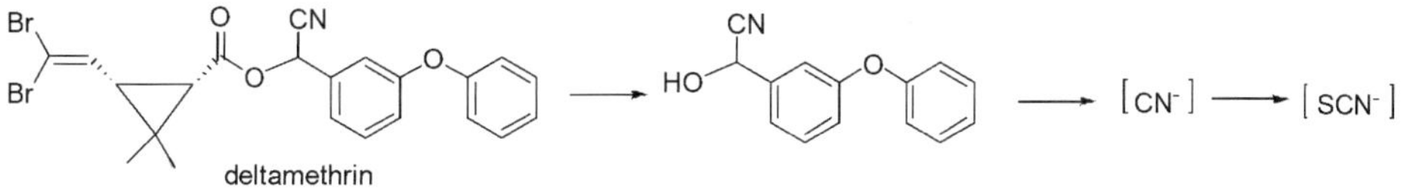

deltamethrin

2.1.7 Methylation

식물, 어패류 등에서 phenol성의 OH기, SH기, 1, 2, 3차 amino기는 methyltransferase에 의해 methyl화 반응을 받는다. 이 효소는 S-adenosyl methionine(SAM)을 methyl 공여체로 이용하며 대부분의 methyltransferase는 soluble fraction에 존재한다.

Thiophenol, dithiocarbamate 등의 SH기도 methyl화되는데 이 반응은 cytosol fraction 또는 microsome에서 일어나고, 간, 신장 및 폐에서 많은 효소가 발견된다.

$$L\text{-methionine} + \text{ATP} \xrightarrow{\text{Methionine adenosyl transferase}} \text{SAM} + \text{PP}i$$

$$\text{SAM} + \text{HX} \xrightarrow{\text{Methyl transferase}} \text{X-CH}_3 + \text{S-adenosyl homocystein}$$

살균제 disulfiram의 sulfide 결합이 분해되어 -SH로 된 후 S-methylation 된다.

disulfiram

2.1.8 Acetylation

대부분의 amino기는 acetyl화가 가장 일반적으로 일어나며 그 외에 formylation, succinylation도 알려져 있다. 주로 포유동물, 어패류에서 acetyl기의 공여체는 acetyl CoA이고 N-acetyl transferase의 작용으로 대부분이 지방족 및 방향족 amine으로 전이되며 이 반응에 관여하는 효소는 포유동물이나 식물에 광범위하게 분포하고 있는데 포유동물에서는 간, 폐, 소장의 점막에서 높은 활성을 보인다.

$$\underset{\text{Acetyl CoA}}{CH_3CO-SCoA} + \underset{\text{Amine}}{R-NH_2} \xrightarrow{N\text{-acetyl transferase}} \underset{\text{Acetyl Conjugate}}{R-NHCOCH_3} + CoA-SH$$

3. 기타 반응

이상 기술한 농약의 각종 대사 외에 몇몇 형태의 대사과정이 알려져 있다. Pentachloronitrobenzene(PCNB) 중 nitro기, phthalide 등의 염소원자가 SCH_3기와 치환되는 반응, dinitroaniline계 제초제로부터 benzimidazol환, morpholine환, quinoline환 등의 heterocycle이 형성되는 반응(이 반응은 광분해에 의해서도 일어난다), methoprene의 이중결합이 이성화되는 반응 등은 모두 생물이 관여하는 대사 반응이다.

농약과 환경

1. 환경 중 농약

병해충 및 잡초를 방제하기 위해 사용된 농약은 토양, 대기, 수질, 식물 등에 잔류하면서 다양한 경로를 통해서 그림 12-1과 같이 환경에 이동 및 분포한다. 농약의 동태는 잔류, 이동, 분포, 소실 등을 포함하고 있으며, 이는 농약의 이화학적 특성, 농약의 제제 형태, 사용 방법, 대사 및 분해 등과 밀접한 관계가 있다. 또한 농약의 동태는 환경조건, 기상조건, 토양조건, 작물의 재배조건 등에 따라 크게 달라진다. 농약이 환경에 존재할 때는 모화합물뿐만 아니라 화학적, 물리학적, 생물학적, 광화학적 반응 등에 의해 변환된 화합물 형태로 존재한다. 또한 농약은 환경 중 존재하는 유기 및 무기물과 결합잔류물(bound residue)을 형성함으로써 이동성이 매우 낮은 화합물 형태로 존재한다. 이러한 과정에서 농약은 대부분 독성이 경감되어 무독화되지만 농약성분에 따라 오히려 독 작용이 더욱 활성화되는 경우도 있다.

농약의 환경 중 대사 및 분해반응은 가수분해, 산화와 환원, 그리고 광화학적 반응과 동식물체 내에 존재하는 효소와 촉매 등에 의한 콘쥬게이션(conjugation) 반응이 있다. 유기인계 농약이나 carbamate계 농약은 수산이온(OH^-)에 의한 가수분해가 쉽게 일어나 유기산과 phenol류 등으로 분해된다. 예로서 dithiocarbamate계 살균제는 산소와 물에 의해 ethylene thiourea monosulfate 등의 화합물로 변환된다. 토양에 존재하는 금속이나 유기 황산화물도 농약과 화학적으로 반응하여 농약을 변환시키는 역할을 한다.

태양광에 의한 광화학반응은 산화, 환원, 가수분해, 탈할로겐화, 이성질화, 전이(transformation) 등의 과정을 포함하고 있으며 농약의 분해에 큰 영향을 미치고 있다. 특히 자외선은 농약성분과 직접 반응한다. 예로서 황을 포함한 유기인계 살충제는 광에 의하여 유황을 잃고 이의 독성이 더욱 증가되며 분해되면서 phosphate을 생산한다. 또한 diphenyl ether계 제초제는 광

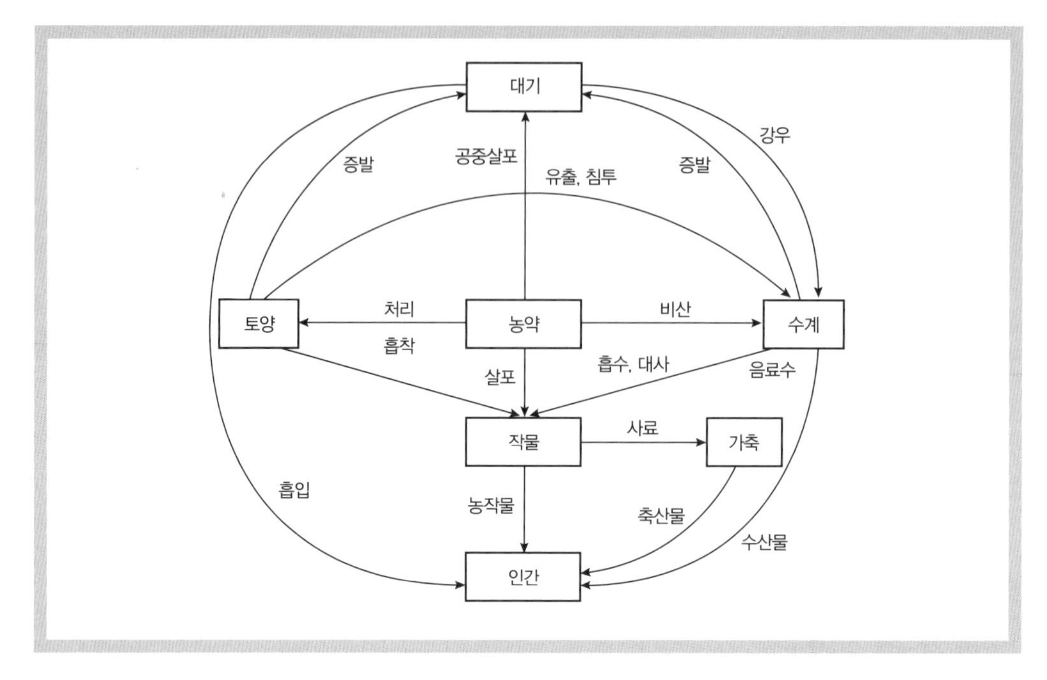

그림 12-1 환경 중 농약의 행적

에 의하여 ether결합이 끊어져 phenol로 변환된다. 광화학반응은 광이 직접 농약과 반응을 일으키거나, 광반응을 촉진하는 물질(photosensitizer)과 반응하여 농약성분에 대해 다양한 화학적 변환을 촉진하기도 한다.

농약은 또한 환경생물에 의해 대사 및 분해되며 이를 통해 농약으로 인한 환경오염이 줄어든다. 농약이 미생물에 의해 분해될 때는 농약성분이 미생물의 에너지원과 영양분으로 사용되어 이산화탄소로 무기화되는 과정을 거치거나 또는 에너지원으로 사용되어 농약의 화학적 구조가 변환된다. 미생물은 토양뿐만 아니라 강물, 바닷물, 저니토, 동물의 소화기관 내에도 존재하고 있으므로 해당 환경에 노출된 농약의 대사 및 분해에 크게 영향을 미친다. 이와 관련한 반응으로는 표 12-1에 보여준 바와 같이 산화, 환원, 가수분해 반응 등이 있으며 탈할로겐화, 메칠화, 치오메칠화, 전이반응 등도 있다. 또한 농약성분이나 분해산물이 미생물체 내의 sulphate, glucuronic acid 등과 결합하여 수용성 콘쥬게이트 화합물이 생성되기도 하며 이러한 반응은 효소에 의해 일어난다. 이렇듯 환경 중 농약의 분해로 인해 생성된 주요 분해산물은 표 12-2에 나타난 바와 같이 다양하며 이들 분해산물들은 대부분 생물에 대한 활성이 약화되고, 화학적 구조가 불안정해져 환경 중에서 쉽게 소실되는 경향이 높다. 반면, aldrin의 경우처럼 토양 및 식물체 내에서 산화되어 생물에 대한 활성이 더욱 강하고 안정한 화합물(dieldrin)로 변환되기도 한다. 이러한 농약성분의 활성화는 fenthion, ethyl thiometon에서도 볼 수 있으며, 분자구조 내에 thiomethyl기를 갖는 농약성분은 산화되어 생물활성이 증가된 sulfoxide($-SOCH_3$), sulfone($-SO_2CH_3$)의 형태로 전환되며 잔류성 또한 높아진다. 따라서 환경 중 농약의 동태를 구명할 때는 모화합물뿐만 아니라 대사산물에 대한 독성과 잔류성을 동시에 고려해야 할 필요가 있다.

▶ **표 12-1 미생물에 의한 농약의 주요 반응**

반응의 종류	대표적 반응 사례
산화	$CH_3Cl \rightarrow CH_3OH$, $NH_3 \rightarrow NO \rightarrow NO_2$ $-SH \rightarrow -S-S-$, $-S- \rightarrow -S(O)- \rightarrow -S(O_2)-$ $P=S \rightarrow P=O$
환원	$CH_3Cl \rightarrow CH_4$, $Ph-NO_2 \rightarrow Ph-NH_2$ $S(O) \rightarrow S$
가수분해	RCOOR' → RCOOH+R'OH, ROR' → ROH+R'OH PhOCOR → PhOH+RCOOH, Epoxide → -CH(OH)-CH(OH)- $CH_3Cl \rightarrow -COOH$ 또는 $CH_3OH+HCl$, $-CN \rightarrow -CONH_2$ P(S,O)-OR → P(S,O)-OH+ROH $RSC(S,O)-NH_2 \rightarrow ROH+CS_{3+}NH_3$ 또는 $RSH+CO_2+NH_3$
콘쥬게이션	-OH → OCH3 또는 $-OCOCH_3$ $-NH_2 \rightarrow NHCOR$ 또는 $-NHCH_3$ $CH_3X \rightarrow CH_3S$ 또는 CH_3NH_3 or CO
탈염산	$-CH_2CH_2Cl \rightarrow -CH=CH-$
탈탄산	RCOOH → RH, Ph-COOH → Ph-OH
이성화	ROP(S)= → RSP(S)=, γ-BHC → α-NHC

▶ **표 12-2 환경 중 농약의 주요 대사산물**

농약성분	대사산물	농약성분	대사산물
Aldrin	Dieldrin	Fenthion	Sulfoxide, Sulfone
DDT	DDE(DDD)	Benomyl	Carbendazim
Endosulfan	Endosulfan sulfoxide	Thiophanate-methyl	Carbendazim
Heptachlor	Heptachlor epoxide	Quintozene	Pentachloroaniline
Trichlorfen	Dichlorvos		Pentachlorothioanizol
Dimethoate	Dimeoxon	Chlorthiamid	Dichlobenil
Disulfoton	Sulfoxide, Sulfone	Dichloranil	2,6-Dichlorobenzamide
Formothion	Dimethoate	Nitrofen	Amine compound
		2,4-D, MCPA ester	2,4-D, MCPA acid

1.1 수질환경 중 농약

하천, 호수, 바다 등 지표수와 지하수계로의 농약의 유입은 직접 투하, 농약살포 후 유출, 폭우에 의한 유실 및 농경지로부터의 배수 또는 토양 중 농약의 침출(浸出), 대기로부터의 습식(rain out과 wash out) 및 건식 침착 등에 의해 발생한다. 농약이 물 환경으로 유입되는 것은 의도적인 목적이기보다는 비의도적 과정을 통해 오염 가능성이 높으며 직접적인 발생원을 예측할 수 없는 비점오염원(non-point source)에 의한 것이기에 오염 관리가 취약하다고 할 수 있다. 특히 우리나라와 같이 전체 농약 사용량의 50% 이상이 벼농사용으로 사용되는 경우에는 논물에 투하된 농약이 지표수와 직결되므로 수계로의 농약의 유입은 주의해야 한다. 또한, 하수구, 숲 지역, 하천변 및 쓰레기 적환장 등 방역소독을 위한 방역용 살충제의 사용으로 인한 수계로의 유입 또한 중요 관리부분이다.

수계 중의 농약은 저니토(底泥土, sediment)에 흡착되고 수생 생물에 흡수·농축되기도 하며, 수면에서 증발되어 대기 중으로 이동될 뿐 아니라 지하수에 유입된 농약은 음용수를 통하여 사람을 비롯한 모든 생물체로 이동된다.

농약은 등록과정에서 사람과 환경에 대한 다양한 영향평가를 거치게 된다. 환경 중 토양, 수계 및 대기 오염을 고려하여 각 매체별 잔류 농도를 추정하고 서식생물에 대한 독성 및 위해성 평가를 거쳐 안전성이 입증된 농약만을 사용하고 있다.

환경오염 우려 농약의 수계 유출 영향평가를 위한 기본 자료로서 하천수 중 농약의 잔류실태와 유출양상을 파악하기 위하여 2002년에 금강 만경강 및 동진강의 하천수 중 농약의 잔류 변화를 1년간 추적 조사하였다. 대부분의 검출 농약이 그림 12-2와 같이 수도용이었으며 검출시기가 농약의 사용시기와 대체적으로 일치하는 경향이었고 잔류수준은 대체적으로 낮은 편이었으나 살균제 isoprothiolane과 살충제 endosulfan의 경우는 사용 시기를 경과하여서도 지속적으로 검출되는 특징이 있었다.

작물에 살포된 농약이 토양으로 유입된 농약은 대부분 토양에 잔류하고 일부는 지하수로 용탈되어 수계를 오염시킬 가능성이 있다. 토양 중 잔류농약의 지하수 오염 가능성은 토양흡착계수와 반감기를 이용하여 농약의 용탈 가능성을 평가하는 GUS(groundwater ubiquity score) 모델을 이용하여 평가할 수 있다.

$$GUS = \log T_{1/2} \times (4 - \log_{10} Koc)$$

$$T_{1/2} = \text{반감기}$$

GUS 산출에 필요한 토양흡착계수(soil adsorption coefficient, Koc)와 반감기는 국내에 공개된 데이터가 없기 때문에 미국 EPA가 제공하는 OSU(Oregon State University)의 DB를 이용할 수 있으며, GUS가 2.8 이상이면 토양 중 잔류농약의 용탈 가능성이 높고 1.8 이하일 경우에는 용탈 가능성이 없는 것으로 볼 수 있으며 1.8~2.8일 경우는 용탈 가능성이 있는 것으로 볼 수

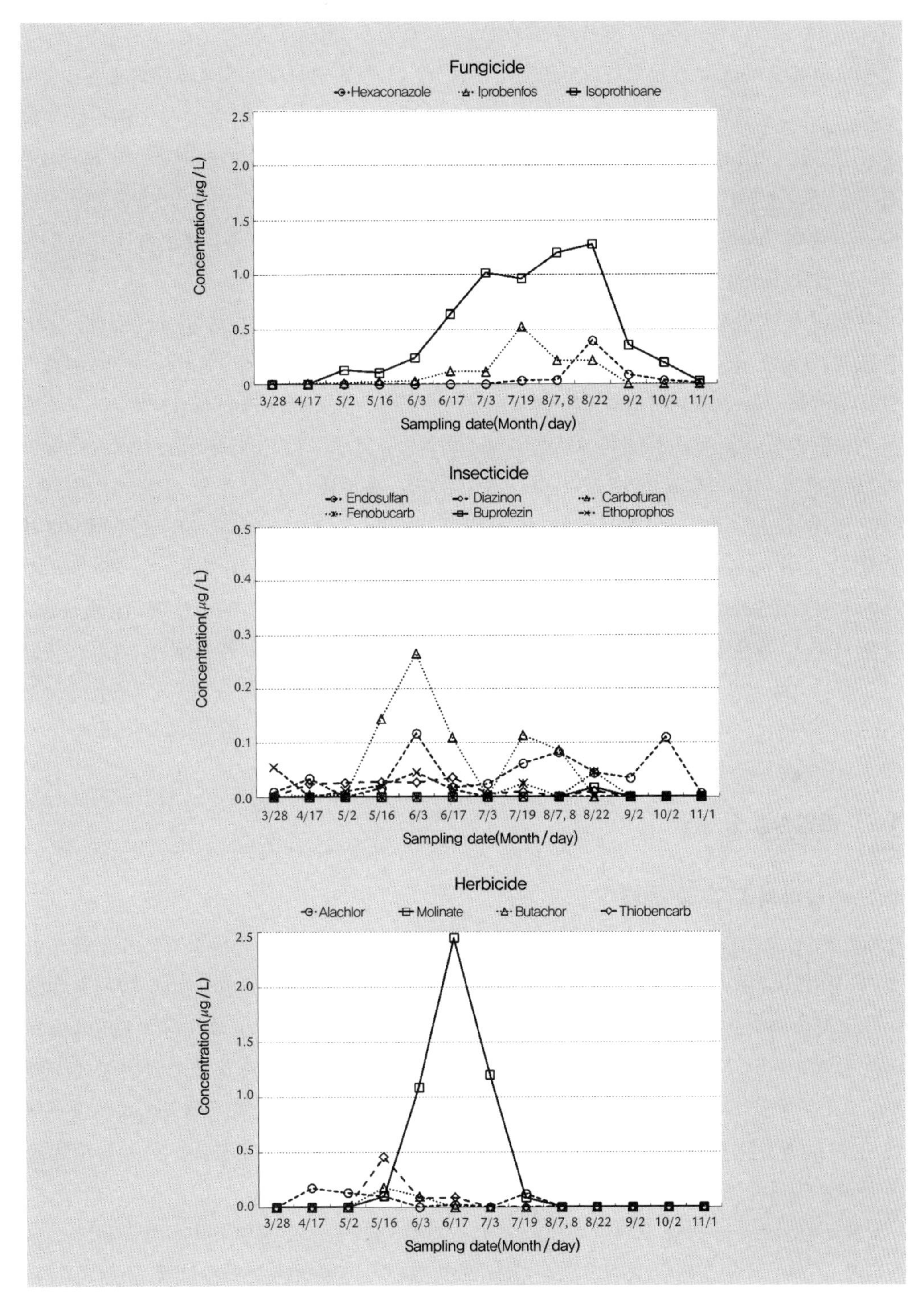

그림 12-2 연중 하천수로의 농약 유입 경향

출처 : 김찬섭, 2017~2002년 금강, 만경-동진강 하천수 중 잔류농약의 연간 검출 양상, Korean Journal of Environmental Agriculture, 36(4): 230-240

있다.

농약 제형에 따른 수계 유입가능성을 살펴보면, 벼 재배 시 희석제인 유제와 수화제는 식물체와 물에 주로 분포되고 입제는 토양과 물에 주로 분포되어 벼 재배환경 내 수서생물에 큰 영향을 줄 수 있으며 소하천 등 수계로 유출될 가능성이 높다. 실제, 하천수 중 잔류농약 모니터링 결과에서도 입제형태로 살포된 수도용 농약이 주로 검출되는 경향을 보이고 있기 때문에 하천수 오염 우려가 높은 입제 농약의 경우 살포 후 유출 안전 기간을 설정하여 일정 기간 담수를 유지시킬 필요가 있다.

수계 내 농약의 분해는 물의 특성, 온도, pH 등 수질조건을 비롯하여 증발, 가수분해, 산화, 환원, 이성질화, 광분해 및 미생물분해에 의해 크게 영향을 받는다. 가수분해는 산가수분해와 알칼리분해로 나누어지며 diazinon은 산 조건에서, malathion, monocrotophos는 알칼리 조건에서 가수분해가 잘 진행된다. 물속에서 농약의 광화학반응의 중요한 기작은 산화, 이성질화 등이며, 광분해에 미치는 환경요인으로는 pH, 광증감물질, 용존산소, 부식산 및 용매종류 등 다양하다. Permethrin은 290nm 이상의 광에서 이성질화되고 propachlor는 5시간 UV 조사 시 80%가 분해되었으며 napropamide는 25℃, pH 7에서 반감기가 5.7분이었다. 미생물은 농약분해의 주요한 요인으로 *Bacillus*, *Pseudomonas* 등 호기성 세균류, *Nocardia*와 같은 방선균, *Aspergillus*와 같은 사상균, 혐기성 세균은 물론 *Chlorella*와 같은 조류도 농약을 분해하는 능력을 가지고 있는 것으로 알려져 있다.

1.2 토양환경 중 농약

1.2.1 농약의 토양 중 동태

병해충 및 잡초를 방지하기 위해 살포된 농약이 농작물에 부착되는 비율은 농작물의 형태적 특성 및 농약의 제형과 살포방법에 따라 다르다. 일반적으로 유제는 살포량의 50%, 분제는 30% 이하가 작물체에 부착되는 것으로 알려져 있다. 토양 살충제와 소독제와 같이 직접 토양에 살포되는 농약과 마찬가지로 농작물에 부착된 농약이나 대기 중으로 비산된 농약도 강우 등에 의해 토양으로 이동된다. 또한 식물에 흡수 및 이행된 농약은 퇴비나 낙엽, 짚 등에 잔류하며 동물체에 흡수 및 농축된 농약도 그 배설물이나 사체 등에 잔류하다가 토양에 잔류한다. 따라서 토양은 농작물 재배기간 동안 처리한 농약의 최종 종착지라고 할 수 있다.

작물과 대기로부터 토양 표면에 도달한 농약은 다시 대기 중으로 증발하거나 바람에 날려 이동되기도 하며 식물에 의해 흡수되기도 한다. 또한 토양에 잔류하는 농약은 빗물 등에 의해 유실되는 토양과 함께 유출되어 직접 지표수로 이동 및 토양 하층으로 용탈된다. 농약이 토양으로부터 증발되는 양은 작물 표면에서 증발되는 양 못지않게 많다. 토양 중 농약의 증발은 대부분 토양수분과 함께 공증류(co-distillation) 상태로 증발한다.

토양 중 농약의 이동은 토성, 점토광물의 종류, 유기물 함량 등 토양의 이화학적 특성에 따라서 상이하며 농약 자체의 이화학적 특성에 의해서도 영향을 받는다. 즉 석회나 인산이 토양에 흡착되는 것과 마찬가지로 농약도 토양조건, 특히 유기물 및 점토광물 함량이 많은 조건에서 토양에 흡착되는 양이 많으므로 증발이나 하층으로의 이동이 억제되고 대부분의 농약이 표토 10cm 이내에 존재한다. 그러나 유기산 등과 같은 음이온성 농약과 수용해도가 높은 농약은 다른 농약에 비해 수용성이 증가하여 표 12-3과 같이 토양 중 상대적 이동성이 크다.

▶ **표 12-3 농약의 토양 중 상대적 이동성**

5(이동성 강함)	4	3	2	1(이동성 약함)
Chloramben	Amitrole	Alachor	Bensulide	Aldrin
Dicamba	bromacil	Ametryn	Chloridazon	Benfluralin
Dalapon	Chlorfenac	Atraton	Dichlorbenil	Chlonomethionat
2,3,6-TBA	2,4-D	Atrazine	Diuron	Chlordimeform
TCA	Dinoseb	Diphenamid	Diazinon	Chloroxuron
Tricamba	MCPA	Endothal	EPTC	DDT
	Picloram	Fenuron	Linuron	Dieldrin
	Pyrichor	Fluometuron	Molinate	Diquat
		Napthalam	Pebulate	Disulfoton
		Prometon	Prometryn	Endrin
		Propazine	Propanil	Heptachlor
		Propham	Siduron	Lindane
		Simazine	Terbutryn	Neburon
		2,4,5-T		Nitralin
		Terbacil		Paraquat
		Thionazin		Parathion
		Trietazine		Tetrachlorothiophene
				Trifluralin
				Zineb

1.2.2 농약의 토양 중 잔류

농약의 토양 중 잔류는 농약 및 토성을 포함하여 다음과 같은 요인에 의해 주로 영향을 받으며 이들 각 요인이 복합적으로 영향을 미친다.

① 농약의 특성 : 화학적 성질(안전성), 물리적 성질(휘발성, 용해성, 흡착성 등)

② 농약의 처리 방법 : 제형, 살포량, 살포 방법 및 시기, 살포 빈도 등

③ 작물 재배 방법 : 작물의 종류 및 형태, 경작법, 시비, 관개 등

④ 기상 : 온도, 강우, 광, 바람 등

⑤ 토양 : 토양구조, 유기물 함량, 토성(특히 점토), 점토의 종류, 금속원소의 종류, 금속원소의 함량, pH, 양이온 치환용량(CEC), 수분, 온도 등

일반적으로 유기염소계 살충제는 표 12-4와 같이 오랫동안 토양에 잔류하며, 이들 중 aldrin, DDT, chlordane, endosulfan 등 일부 성분은 잔류성 유기오염물질(persistent organic pollutants, POPs)로 규정되었다. 유기염소계 살충제의 잔류실태를 보면 미국의 북부 위스콘신주에서 밭토양에 살포한 유기염소계 농약의 잔류량을 살포 15년 후에 조사한 결과, DDT가 16%, α-BHC가 0.2%, aldrin 살포에 의한 dieldrin이 5.8% 잔류하고 있음을 보고하였으며 캐나다에서도 살포 15년 후에 DDT가 55%, BHC가 7.5%(이중 γ-BHC 6%, α-및 β-BHC가 각각 36%), chlordane이 16% 잔류하는 것으로 보고되고 있다. 그러나 현재 많이 사용되고 있는 유기인계나 카바메이트계 농약은 환경 중에서 상대적으로 빨리 분해되므로 잔류성 문제가 크지 않다.

우리나라는 농약을 등록할 때 토양 중 반감기가 180일 이내인 농약으로 한정하고 있으며 반감기가 180일 이상이면서 후작물에 영향을 주는 농약을 토양잔류성 농약으로 규제를 하고 있다. 국외에서는 토양 중 반감기가 1년 이상인 것을 토양잔류성 농약이라고 한다. 현재 우리나라에 유통되는 농약 95% 이상이 토양 중 반감기가 100일 미만이다. 한편, 토양 중 농약의 잔류는 물리화학적 및 생물학적 요인에 의해 달라지며 대표적으로 다음과 같이 주요 원인에 의해 다양하게 나타난다.

▶ **표 12-4 농약의 종류별 토양 중 반감기**

과거 농약	반감기(연)	최근 농약	반감기(연)
Heptachlor(유기염소계)	7~12	Parathion(유기인계)	12
DDT(유기염소계)	3~10	Dichlorovos(유기인계)	1
Toxaphene(유기염소계)	10	Carbofuran(카바메이트계)	67
Chlordane(유기염소계)	2~4	Fenobucarb(카바메이트계)	15
Dieldrin(유기염소계)	1~-7	Butachlor(아마이드계)	9

(1) 토양 중 농약의 흡착 및 탈착

농약의 흡착 및 탈착은 토양 중 농약의 잔류량을 결정하는 물리화학적 메커니즘이다. 토양입자에 대해 흡착성이 높은 농약은 토양표층에 잔류하는 경향이 강하며 반대로 탈착성이 높은 농약은 토양에서 이동하는 경향이 강하다. 이러한 메커니즘은 토양 중 농약의 잔류량에 큰 영향을 미친다. 토양 중 농약의 흡탈착 메커니즘은 농약의 모화합물과 그 분해산물 모두에게 일어나며 농업환경 중 이동성뿐만 아니라 분해율, 그리고 작물로의 흡수이행율에 크게 영향을 미치므로 토양 중 농약의 잔류행적을 연구하는 데 매우 중요하다.

농약의 토양입자에 대한 흡착률을 나타내는 대표적인 함수는 Freundlich식이 있으며 이는 다음과 같은 공식으로 표현될 수 있다.

$$\frac{x}{m} = Kc^{1/n}$$

(x : 흡착질의 양, m : 흡착제의 양, c : 흡착질의 평형농도, K, $1/n$: 특정상수)

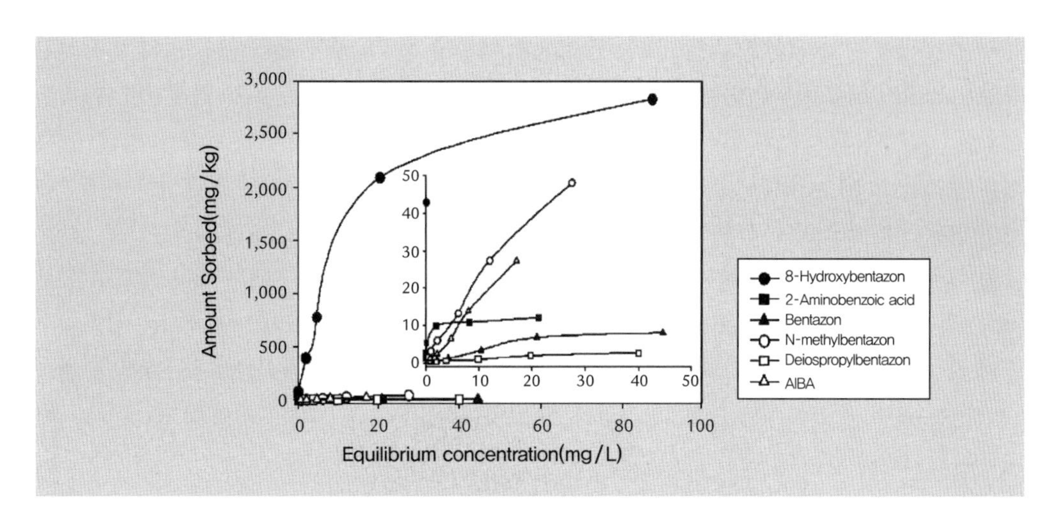

그림 12-3 Bentazon과 그 대사산물의 토양 중 흡착 등온선(isotherm)

출처 : 김종수, 김장억, 2009, 제초제 bentazon과 그 대사산물의 토양 중 흡착 양상, 한국환경농학회지 28권, 274-280.

제초제 bentazon의 경우 과거 지하수에서 검출될 정도로 높은 용탈성을 갖는 것이 알려져 있다. 이는 bentazon과 그 대사산물들의 토양 중 흡착률을 조사한 결과 모화합물보다 대사산물이 훨씬 높아 bentazon이 상대적으로 용탈될 가능성이 높다는 것이 상기 적용 공식으로도 입증되었다(그림 12-3). 이와 같이 농약과 그 대사산물의 토양 중 잔류행적을 예측할 때 이들 화합물의 흡탈착 메커니즘을 적용하면 잔류량을 평가하는 데 효율적이다.

(2) 농약의 특성에 따른 잔류

농약의 물리화학적 특성이나 분자량에 의해서 결정되는 용해도는 농약의 휘발 및 용탈, 그리고 분해성에 크게 영향을 미친다. 예를 들어 증기압이 높고 수용성이 큰 농약은 대체로 잔류성이 낮은 반면 난용성인 화합물은 지용성이 커서 토양입자에 강하게 흡착됨에 따라 생물학적 분해가 어렵다. 토양 중 농약의 분해는 주로 미생물에 의해 일어나므로 농약의 화학적 안정성은 토양 중 농약의 잔류성과 깊은 관계가 있지만 농약의 화학적 안정성과 미생물에 대한 안정성은 반드시 일치하지는 않는다. 예를 들면, 아니솔(anisole) 유도체(phenyl-O-CH_3)는 화학적으로 안정하나 미생물에 의해서 쉽게 demethyl화가 되고 aniline 유도체(benzene-NH_2)는 화학적으로 불안정한 화합물로서 쉽게 산화되나 토양 중에서 토양 입자에 강하게 흡착되는 특성이 있어 미생물에 의한 분해가 쉽지 않아 오랫동안 토양에 잔류한다.

(3) 농약의 처리에 따른 잔류

농약은 입제, 분제, 유제, 수화제 등 여러 가지 형태로 사용되기 때문에 토양 중 농약의 잔류는 이들 제형의 종류에 따라 크게 달라질 수 있다. 유제나 수화제와 같이 액상으로 살포하는 경우

분제나 입제와 같이 고상으로 처리하는 경우보다 빠르게 토양입자에 흡착한다. 농약이 흡착된 토양은 입자가 크므로 농약의 확산에 의한 소실, 미생물 및 광에 의한 분해가 억제된다. 따라서 동일한 토양에서도 농약의 처리방법에 따라서 농약의 분해, 소실 정도가 다르므로 토양 중 잔류성의 차이를 보인다. 특히, 농약의 휘발성이 클수록 처리방법에 따라 농약의 잔류성이 현저하게 상이하다. 일반적으로 농약의 잔류성은 토양 표면 처리, 토양 혼화 처리, 수면 처리순으로 높다.

농약의 살포량도 농약의 분해속도에 영향을 주는데 소량 살포의 경우에는 대량 살포보다 분해속도는 빠르나 그 분해율은 크지 않다. 농약의 살포회수와 잔류성과의 관계에서는 살포회수가 증가하여도 토양에 축적되는 잔류량이 증가하지 않는다. 예로서 반감기가 1년인 농약을 매년 1회씩 계속하여 살포하여도 그림 12-4와 같이 토양 중 농약의 잔류량은 최초 농도 대비 두 배 이상은 초과하지 않는 것으로 계산된다.

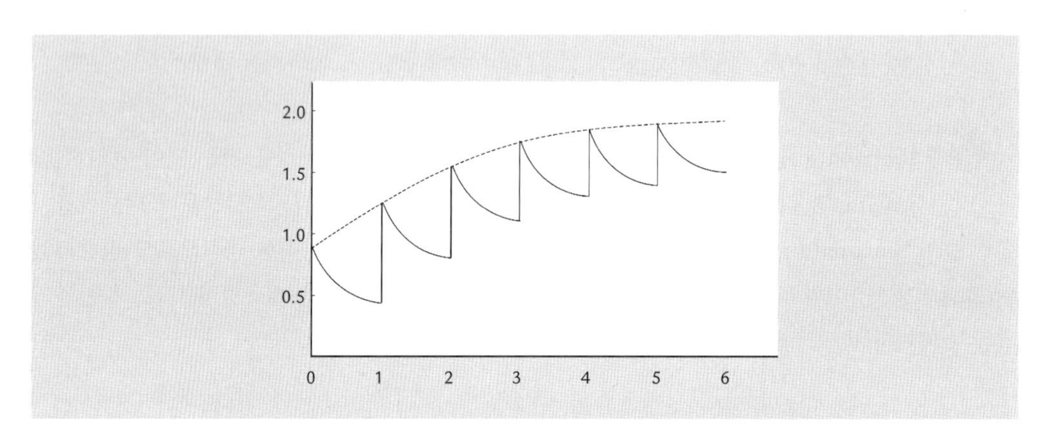

그림 12-4 반감기가 1년인 농약의 연속 사용에 따른 토양 중 잔류농도

농약을 토양 중에 반복하여 살포하면 농약을 분해하는 미생물들이 적응하게 되어 분해속도는 점차 가속화되고 잔류기간이 짧아지게 되는데, 이러한 토양을 'conditioned soil'이라고 한다. 예로서 표 12-5에서 보는 바와 같이 diazinon의 경우 처리횟수가 증가하면 토양 중 반감기가 짧아지는 것을 알 수 있다.

▶ **표 12-5 Diazinon 반복살포에 의한 토양 중 반감기의 변화**

살포 횟수	0	1	2	3	4	5
반감기(일)	6.4	3.7	3.4	1.8	1.5	1.2

(4) 토양조건에 따른 잔류

농약의 분해속도는 동일한 조건하에서 시험하더라도 토양의 조건에 따라서 큰 차이를 보인다.

▶ 표 12-6 유기물 첨가에 의한 butachlor 및 nitrofen의 토양 중 반감기 (단위 : 일)

구분	Butachlor		Nitrofen	
	무살균	살균	무살균	살균
무처리	35.7	158.6	31.2	350.9
볏짚처리	28.5	108.5	26.2	354.0
벼그루터기처리	30.5	210.5	27.8	364.1

이와 같은 현상은 토양 중 무기물 함량, 중금속 원소의 종류 및 함량, 토양 점토광물의 종류 및 함량, 양이온치환용량(CEC), 토양 산도(pH) 등에 의해서 농약의 분해정도가 상이하기 때문이다. 예를 들어 diphenyl ether계 제초제는 호기적 밭 상태보다 혐기적 담수조건에서 빠르게 소실되며, 분자구조 중 nitro기가 있는 경우, amino기로 환원되어 분해속도는 토양의 종류에 따라 상이해진다. 특히, 토양 중 농약의 분해에 영향을 미치는 요인은 토양의 유기물이다. 토양 중 부식은 유기물 함량이 높아 농약을 흡착하는 특성이 강하다. 일반적으로 볏짚이나 벼그루터기 등과 같이 유기물 함량이 많은 영양원을 함유하고 있는 토양에서는 표 12-6과 같이 미생물종이 다양하여 농약을 분해할 수 있는 활성이 높다. 하지만 2,4-D, naptalam, chlorpropham, trichloracetate, monuron 등은 유기물 함량이 많은 토양에서 오히려 분해가 지연되어 토양 잔류기간이 길어지기도 한다.

토양의 pH도 농약의 잔류성에 영향을 주는데 일반적으로 토양의 pH가 높을수록 농약의 분해가 촉진되는 것으로 알려져 있다. 하지만 표 12-7에서 보는 바와 같이 농약의 물리화학적 특성에 따라 농약의 분해속도와 잔류성에 미치는 pH의 영향은 상이하다. 이는 토양 중 농약의 분해에 관여하는 미생물의 최적 pH와 관계가 있으며 ester 결합을 갖고 있는 유기인계 농약과 amide계 농약 등은 pH에 따라서 이들의 화학적 안정성이 달라지기 때문이다.

▶ 표 12-7 토양 pH와 농약의 분해속도

농약	pH	반감기(일)	농약	pH	반감기(일)
Dicamba (25℃)	4.3	59	Dalapon (25℃)	4.3	>100
	5.3	19		5.3	16.3
	6.5	17		6.3	2.5
	7.5	>100		7.3	18
Diazinon (25℃)	4.3	7.7	Chloramben (25℃)	4.3	36
	5.5	22		5.3	38
	6.7	41		6.5	41
	8.1	24		7.5	20

토성 또는 점토 함량은 농약의 분해에 직접적으로 큰 영향을 주지 않으나 점토 함량이 낮은 사질토양에서는 용탈될 가능성이 높다. 또한 점토광물의 종류도 농약의 분해에 직접 영향을 주지 않으나 montmorillonite와 같이 2 : 1 격자형 점토광물을 함유하는 토양과 allopane과 같은 화산회 토양은 양이온치환용량(CEC)이 높으므로 극성이 높은 농약성분은 흡착되기 쉽다. 따라서 흡착된 농약성분은 미생물에 의한 분해가 어려워짐에 따라 토양 중 잔류기간이 길어진다. 한편, 토양수분은 극단적인 건조 또는 습윤 상태를 제외하면 농약의 잔류성에 크게 영향을 주지 않는다.

(5) 기상조건에 따른 잔류

기온은 토양온도(지온)와 밀접한 관계가 있다. 기온이 높으면 토양수분의 증발이 많아지므로 농약도 대기 중으로 증발되는 수분과 함께 소실되는 양이 많아지고 그 결과 토양 중 잔류량이 낮아진다. 또한, 농약은 지표면 또는 물의 표면에서 광분해에 의해 분해되므로 일조량 증가는 농약의 토양 중 잔류량을 저하시키는 중요한 요인이 된다.

강우는 토양 중 농약 잔류성에 직간접적으로 영향을 미치는 중요한 요인 중 하나로서 토양 표면의 농약을 수계 등으로 유출시켜 토양 중 잔류량을 경감시킬 뿐만 아니라 토양 내에서 농약의 확산을 조장하고 토양수분 공급에 의한 미생물 활동을 조장시켜 농약의 분해를 촉진시키기도 한다. 또한 용탈되기 쉬운 농약을 심층까지 용탈시켜 농약의 유실을 유도하는 역할을 하므로 강우는 토양 중 농약의 잔류량을 감소시키는 중요한 요인이 될 수 있다. 하지만 농약을 토양 내부로 침투시켜 광분해 및 휘산의 가능성을 적게 함으로써 토양 중 농약의 잔류기간을 증대시키는 원인이 되기도 한다.

바람은 표토를 다른 곳으로 이동시킬 뿐만 아니라 토양 수분의 증발을 일으키므로 토양 중 농약의 잔류량을 감소시킨다.

(6) 농작물 재배 방법에 따른 잔류

작물의 종류와 생육상태, 작물 주변 식생상태, 농약 살포 전후 토양의 경운상태, 시비 및 유기물 시용, 관개 등은 농약의 토양 중 잔류성에 큰 영향을 미친다. 일반적으로 작물과 작물 주변 식생의 생육이 양호할 경우 근권(뿌리)의 환경도 양호하게 되므로 농약의 흡수율과 분해율이 향상됨에 따라 토양 중 농약의 잔류량이 감소한다.

농약을 살포한 전후에 토양을 경운하면 농약의 이동성이 증가하고 미생물의 활성이 향상되어 농약의 분해율도 증가함에 따라 토양 중 농약의 잔류량이 감소한다. 또한, 비료 및 유기물의 시용은 미생물의 활성에 영향을 미치며 이에 따라 농약의 잔류량도 영향을 받는다.

농약을 살포한 후 관개수를 유입할 경우 농약의 이동성이 증가하여 토양 중 잔류량이 감소한다. 한편, 농작물의 재배방법은 토양조건과 밀접한 관계가 있으므로 토양의 이화학적 특성에 따라 잔류성이 달라진다.

1.3 대기환경 중 농약

살포된 농약 중 농작물에 부착되지 않은 농약의 입자는 토양에 직접 낙하하든가 아니면 대기 중에 비산되어 부유(浮遊), 이동되며 농작물, 토양, 수계에 존재하는 농약이 증발하거나 바람에 의한 풍식으로 토양에 남아 있던 농약이 대기 중으로 이동되기도 한다. 대기 중의 농약 및 광분해 대사산물은 가스상태 이외에 부유분진에 부착 또는 흡착되어 고체 형태로 존재하는데 그 농도는 상대적으로 낮다. 대기는 끊임없이 이동하므로 대기 중의 농약은 신속하게 그리고 크게 희석되는 한편 상당히 먼 거리까지 이동하는 특성이 있다. 대기 중에서 자주 검출되는 농약으로는 유기 염소계 살충제, 유기인계 살충제, 트리아진 제초제 및 아세트아닐리드 제초제 등이 있다.

농약 살포액은 살포기의 노즐을 통해 살포되며 살포된 액적 크기가 150μm 미만인 경우 바람에 의해 비산될 가능성이 높기 때문에 전체 살포액 중 150μm 미만의 액적 비율을 비산 지표로 활용할 수 있다.

바람이 없는 상태에서 벼 재배지에 fenitrothion과 fenobucarb를 헬리콥터로 높은 농도의 농약을 소량 살포한 직후에 대기 중에 존재하는 농약 농도를 조사한 결과 0.1~1.6mg/m^3이던 것이 20분이 경과한 후에는 거의 검출되지 않았다고 보고한 바 있으며, 산림지역에 fenitrothion을 항공살포하였을 때 평균 지표면 낙하량은 표준살포량의 약 6% 수준으로 보고된 바 있다. 즉, 대기로의 비산 및 대기 대류활동 등으로 빠르게 확산 분포됨을 알 수 있다. 한편, 헬리콥터를 이용한 항공살포 시 그림 12-5에서 보는 바와 같이 비행경로를 중심으로 좌우로 멀어질수록 단위 면적당 낙하 입자 수가 급격히 적어지며, 살포약제에 따라 낙하 분포의 큰 차이를 보인다.

그러나 온실이나 시설재배지같이 밀폐된 공간 내에서 농약을 살포할 때에는 공간 내의 농약이 고농도로 분포될 가능성이 있으므로 주의하여야 한다. 이와 같이 대기 중의 농약은 표류하여 이동하다가 결국에는 토양 표면에 낙하하게 되는데 입자의 낙하속도는 입자의 반지름의 제곱에

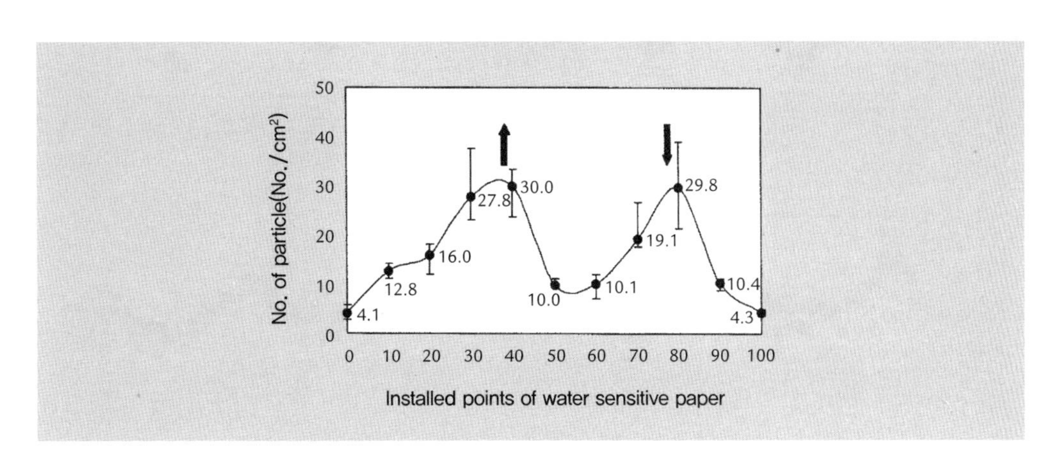

그림 12-5 논경지에 항공살포 시 낙하 입자 분포

출처 : 진용덕(2008). 헬기를 이용한 항공살포 농약의 비산 및 분포 특성, 농약과학회지, 12(4): 351-356

비례하므로 입자가 클수록 빨리 낙하한다(Stock's 법칙). 예를 들어 지름이 0.1mm, 비중이 1인 입자가 1m 낙하하는 데 바람이 없는 조건하에서 약 3초가 소요되나 지름이 0.01mm의 입자는 약 5분이 소요된다. 하지만 입자가 극히 미세하면 낙하하지 않고 대기 중에 계속하여 부유하다가 강우 시 빗물에 씻겨 낙하한다.

최근에는 농약 분사 시 대기를 통해 확산되고 주변에 침적하여 발생한 환경피해 영향을 평가하는 시도가 이루어지고 있다. 지표면에서 농약 분사에 따른 영향을 평가하기 위한 다양한 모델 중 AGDISP(AGricultural DISPersal) 모델은 농약을 노즐로 분사 시 농약용액이 입자형태로 주변에 미치는 영향을 평가하는 모델로 농산물 형상에 의하여 형성되는 캐노피에 의한 불규칙한 대기 흐름에 방출되는 농약을 모사하고 농산물과 지표면에 떨어지는 침적량을 계산한다. 미국 및 유럽지역에서는 항공기를 이용하여 분사되는 영향을 파악하는 데 많이 사용하였고, 최근에 지표에서 농약살포에 따른 영향을 평가할 수 있게 수정 및 보안되었으며, 농약의 확산을 모사하기 위해서 노즐의 배치와 압력, 분사속도, 농약의 입자크기, 지면과 노즐의 이격 거리, 기상, 지표면과 분무대의 경사각 등이 주요 입력 변수로 활용된다.

농약 중 유기염소계 살충제와 같은 반휘발성 유기화합물(semivolatile organic compounds, SOCs)은 대기 중에서 가스상과 입자상으로 존재하며 습식(rain out과 wash out) 및 건식 침착에 의하여 식물잎, 토양, 수계 등 환경매체로 침착되고 기온이 높을 때는 다시 대기로 재휘발되며 건식 및 습식 침착에 의하여 또 다시 환경매체로 침착되는 과정을 그림 12-6에서 보는 바와 같이 반복한다.

토양 표면의 잔존 농약은 바람에 의한 토양 풍식에 의해 대기 중으로 이동될 수 있다. 큰 토양

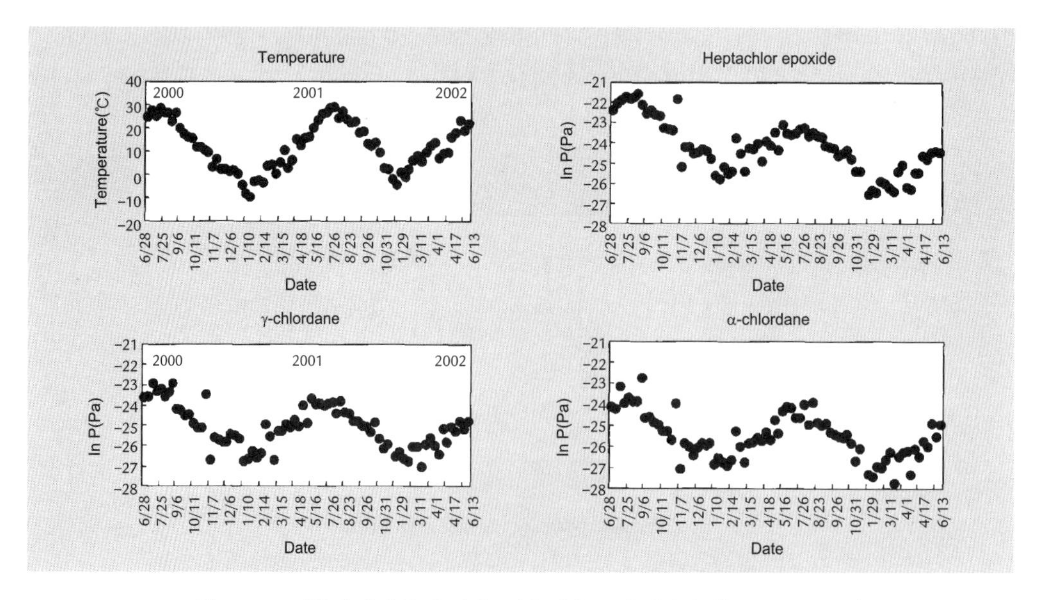

그림 12-6 기온과 대기 중 유기염소계 농약 농도의 상관관계(2000~2002년)

출처 : 최민규(2007). 대기 중에서 가스상 유기염소계 농약의 농도변화 패턴. J. Environ. Toxicol. 22(2): 111-118

입자는 바람에 의해 토양 표면을 굴러 움직일 수 있고 이를 'surface creep'이라 한다. 더 작은 토양 입자는 바람에 의해 공기 중으로 현탁될 수 있다. 제초제 trifluralin 및 triallate의 토양 풍식에 따른 이동성 연구에서 겨울에 3번의 풍식에 의해 토양 잔존량의 약 1.5%가 대기 중으로 소실되었다.

대기 환경 중 유기염소계 농약 등 오염물질의 동태를 확인하기 위해 대기시료 채취를 해안지점과 내륙지점으로 나누어 측정한 결과, 그림 12-7(a)와 같이 해안지점의 시료 채취시기에는 중국과 몽고의 사막 지역에서부터 발원한 기단(air mass)과 함께 황사가 이동해왔으며, 그림 12-7(b)와 같이 내륙지점의 시료채취 시기에는 중국과 몽고를 거쳐 동해 상공을 통과하는 궤적을 보여 주고 있다. 즉, 시료채취 일자에 따라 우리나라에 영향을 준 발생원이 다르지만 우리나라는 중국, 몽고, 북한과 같이 최근에도 유기염소계 농약을 사용할 가능성이 있는 국가들의 상공을 거쳐 장거리 이동한 대기의 영향을 받고 있는 것으로 나타났다. Heptachlor는 사용이 중단되었고, 클로르단은 중국 일부지역에서 흰개미 방제를 위하여 불법으로 아직도 사용되고 있으며 DDT는 dicofol 타입으로 계속 사용하고 있다. 따라서, 우리나라에서 DDT류는 과거 사용에 따른 토양의 잔류 농도는 사용금지된 기간이 30년 이상 지났기 때문에 ppb 이하의 극미량이 잔류하고 있는 데 비하여, 대기 중 잔류 농도가 해안가 지점에서 최고 2.5pg/m^3 수준까지 검출되는 것은 현재 사용하고 있는 지역 대기가 장거리 이동함에 따라 직접적인 영향을 미친 것으로 추정된다.

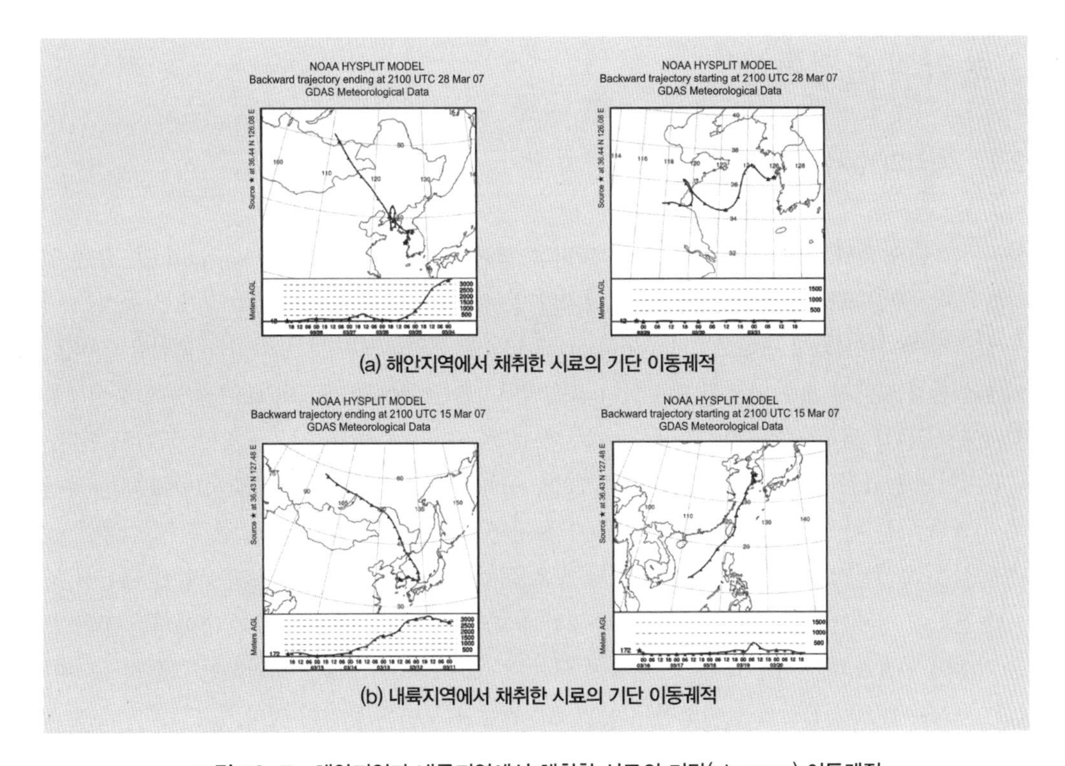

그림 12-7 해안지역과 내륙지역에서 채취한 시료의 기단(air mass) 이동궤적

출처 : 최종무(2012). 대기 환경 중 키랄 유기염소계 농약의 분포 특성, Korean Journal of Environmental Agriculture, 31(3): 255-263.

1.4 생태계 중 농약

농약의 환경 중 분포를 요약한 그림 12-1에서 보듯이, 농약의 잔류 화학종 형태가 다양하고 여러 환경 매체 내의 잔류 및 확산 범위도 광범위하기 때문에 법적으로 허용된 농약의 사용범위를 넘어서 잘못 사용하였을 때에는 다양한 환경오염 문제를 발생시킬 수 있다. 이때 인간의 활동과 가장 밀접한 부분 중의 하나가 수계이다.

수생태계는 미생물부터 포식성 어류와 조류(鳥類) 등의 다양한 생물상을 가지고 있고 살포한 농약은 강우에 의한 토양의 유실과 함께, 또는 용탈에 의해 수생태계로 유입될 뿐 아니라 특히 논의 경우 직접 투여하는 입제농약의 사용은 농약의 유효성분이 논물에 녹아 관개수와 직접 연결된 하천이나 호수에 유입될 수 있으므로 우리나라와 같이 벼농사용 농약의 사용량이 전체 사용량의 15% 정도나 차지하는 경우에는 수서생물(水棲生物)에 미치는 농약의 영향은 매우 중요하다.

농약이 수서생물에 미치는 영향은 농약 그 자체의 특성에 따라 크게 상이할 뿐만 아니라 피해 대상 생물의 종류 및 그 생육상태, 수온 등에 따라 다르며 농약의 제제형태에 따라서도 영향을 받는다.

2. 농약의 환경독성

2.1 농약의 수서생물에 대한 독성

유기염소계 살충제는 비교적 어독성이 강하다고 알려져 있으며, 특히 PCP나 endrin은 강한 어독성으로 인하여 현재 생산 및 사용이 금지되어 있다. 하지만 갑각류(甲殼類)에 대한 독성은 매우 낮으며 패류(貝類)에 대해서도 dieldrin, heptachlor을 제외하고는 낮은 독성을 보인다. 그러나 이들은 환경 중에서 매우 안정한 화합물이므로 먹이사슬(食品連鎖, food chain)을 통해 수서생물 체내에 축적되므로 생태계 내에서 생물농축(生物濃縮, bioconcentration)의 원인이 되기도 한다.

유기인계 농약은 EPN, chlorfenvinfos 및 ethoprophos를 제외하면 담수어(淡水魚)에 대한 독성은 비교적 낮은 편이다. 그러나 phenthoate가 무지개송어(rainbow trout)와 같은 특정 어류에 높은 독성을 보이는 것과 같이 생물종에 따라 높은 독성을 보이기도 한다. 또한 실험실 내에서 조사한 결과에 의하면 많은 유기인계 농약에 의하여 피라미, 잉어 등의 등(背)이 굽어지는 것과 같은 기형어가 발견되는 경우도 있다. 패류에 대한 독성은 chlorpyrifos를 제외하면 특별히 독성이 높은 농약은 없으나 갑각류에 대하여는 높은 독성반응을 보이는 농약이 있다.

Carbamate계 살충제의 대부분은 담수어 및 패류에는 낮은 독성을 보이나 갑각류에 대한 독성은 높은 편이다. deltamethrin, fenvalerate, cypermethrin 등 pyrethroid계 살충제는 대부분 어독성이 강한 것으로 알려져 있으나 silafluofen은 어독성이 낮아 벼농사용으로도 사용이 가능하다.

살균제 중에는 유기수은계 농약이 어류, 패류, 갑각류 다같이 비교적 높은 독성반응을 보여 현재 그 사용이 금지되어 있다. 유기유황계 살균제인 zineb, maneb 등과 같이 ethylene bis dithiocarbamate(EBDC)계 농약은 어류, 패류, 갑각류에 다같이 독성이 낮으나 thiram, MTMT 등의 dimethyl dithiocarbamate계 농약은 반대로 높은 독성을 보인다. 기타 유기비소계 및 항생물질계 살균제는 어패류에 비교적 독성이 낮으나 chlorothalonil, captafol, captan 등의 살균제는 어류에 대하여 어느 정도 독성을 보인다.

PCP를 제외한 제초제는 일반적으로 어독성이 비교적 낮은 것으로 알려져 있으나 butachlor 등 몇몇 제초제는 어패류에 높은 독성반응을 보이는 것이 있으며 molinate 제초제는 잉어에 대하여 급성독성은 낮으나 저농도에서 장기간 노출되면 빈혈증상을 보이며 일본 후쿠시마현과 나가노현, 미국 캘리포니아에서 대량 잉어 폐사의 원인물질로 밝혀졌다.

농약에 대한 수서생물의 독성 여부를 평가하는 데 잉어(*Cyprinus carpio*), 송사리(*Oryzias lapites*) 및 미꾸리(*Misgurnus anguillicaudatus*), 물벼룩(*Daphnia magna*), 조류(*Selenastrum caprocorntum*)의 생물종이 활용되고 있다.

2.2 농약의 어독성

살포된 농약에 의한 수생생물에 대한 독성 중에서 대표적인 것은 어류에 대한 독성으로 어종, 생육상태 등에 따라서 상이하나 일반적으로 3~5cm 정도 자란 잉어, 2~3cm 정도의 송사리, 5~10cm 정도 자란 미꾸리에 농약을 투여하여 48시간 후 및 96시간 후의 반수 치사농도(半數致死濃度, LC_{50})를 조사하며 독성 정도에 따라 표 12-8과 같이 어독성을 분류하여 관리하고 있다.

벼 재배용 농약으로서 어독성이 I급으로 구분되는 농약은 환경생물에 해를 줄 우려가 있는 것으로 판정하여야 하며 사용에 제한을 두어야 한다. 다만, 사용량, 제제의 형태, 사용방법, 이화학 특성 등을 고려하여 평가한 결과 안전성이 확보되는 경우에는 그러하지 아니할 수 있다.

수도용 농약과 기타 농약(원제 또는 제품) 중 잉어 등에 대한 48시간 후의 반수 치사농도(LC_{50})가 0.1mg/L 이하인 경우 수중 잔류성 시험을 진행한다. 수질 중 잔류된 농약이 사람과 가축에 해를 줄 우려가 있는지 여부는 잔류허용기준과 수질 중 잔류량으로 평가하며 잔류허용

▶ **표 12-8 농약의 어독성 분류 및 국내 농약의 어독성 분포(2019년 8월 기준)**

구분	I급	II급	III급	계
LC_{50}(mg/L, 48 or 96hr)	0.5 미만	0.5 이상~2.0 미만	2.0 이상	-
품목 수(%)	410(18.1)	323(14.2)	1,525(67.2)	2,271(100)

기준이 설정되어 있지 않은 경우는 농약의 ADI를 토대로 수질 중 잠정잔류허용기준을 정하여 평가한다. 음용수 관련 수질 중 농약의 잠정잔류허용기준은 일일섭취허용량(ADI)의 10%에 성인의 평균체중 55kg을 곱하고 성인의 일일 음수량 2L로 나누어 설정하고 있으며, 글루포시네이트 등 192개 성분에 대해 0.0006~0.1mg/L의 잠정잔류허용기준이 설정되어 있다(2019년 8월 기준).

수서생물에 피해를 일으킬 우려가 있거나 수질환경보전법에 의한 공공수역의 수질을 오염시켜 그 물을 이용하는 사람과 가축 등에 피해를 줄 우려가 있는 농약을 '수질오염성농약'이라고 한다. 음용수 위해성 평가는 음용수 기준과 지하수나 지표수의 연평균 환경추정농도와 비교하여 이루어지는데, 독성노출비가 1 이하인 농약과 독성노출비가 1 이상 10 미만이고 수중잔류 반감기가 2개월을 초과하면 수질오염성 농약으로 지정하여 등록을 보류한다. 현재 우리나라에서 유통 중에 있는 농약은 농약관리법상으로 수질오염성 농약으로 지정된 것은 없다. 그러나 피레스로이드계 살충제인 deltamethrin, cypermethrin 및 fenvalerate와 유기염소계 살충제인 endosulfan, 유기인계 살충제인 ethoprophos는 비교적 어독성이 강한 농약으로 알려져 있어 벼농사용으로 사용을 금지하고 있으며 양어장이나 하천에 이들 농약이 흘러 들어가지 않도록 주의하여야 한다.

2.2.1 어독성에 영향을 미치는 요인

(1) 생물의 종류

어류의 농약에 대한 감수성이 생물의 종류에 따라 상이한 것은 농약의 효과가 병해충의 종류에 따라 차이를 보이는 것과 마찬가지이다. 생물의 종류에 따른 독성 차이의 엄밀한 비교는 각 생물종별 서식조건(棲息條件)의 상이 및 생육상황에 따른 감수성 정도가 다르므로 매우 어렵다. 그러나 일반적으로 생물의 분류학상 근연종(近緣種)은 비슷한 감수성을 나타내며 원연종(遠緣種)은 크게 상이한 감수성을 표 12-9 및 그림 12-8과 같이 나타낸다.

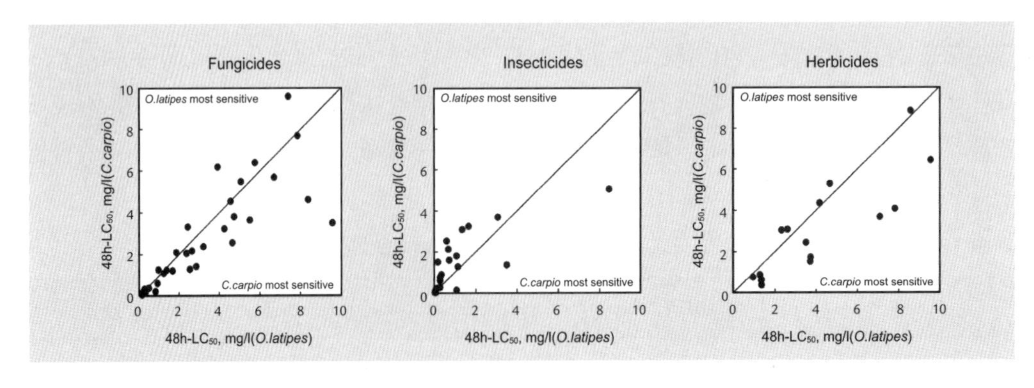

그림 12-8 농약용도별 잉어(*C. carpio*)와 송사리(*O. latipes*)의 48h-LC_{50} 상관관계

▶ 표 12-9 농약에 대한 어종별 반수치사농도(LC_{50}/48h)

농약	잉어	물벼룩	농약	잉어	물벼룩
살균제			살충제		
Captan	0.25	1.5	Aldrin	0.12	>40
Mancozeb	4.0	>10	BHC	0.31	>10
Zineb	>40	>40	DDT	0.25	>40
Fthalide	>40	>40	Heptachlor	0.3	>40
Iprobenfos	>10	2.3	Cartap	0.78	>40
Chlorothalonil	0.11	7.8	Chlorfenvinfos	0.27	0.011
Isoprothiolane	6.8	35	Chlorpyrifos	0.13	0.005
Thiram	0.075	0.45	Diazinon	3.2	0.08
			Parathion	4.5	0.005
제초제			EPN	0.2	0.0017
Thiobencarb	1.5	0.75	Carbaryl	13	0.05
Molinate	34	>40	BPMC	16	0.32
Paraquat	>40	>40			
Trifluralin	0.1	>40			
Simazine	>40	>40			

농약 등록을 위한 어류 급성독성시험에 사용되는 시험어종은 잉어 또는 송사리(이상, 온수어종) 그리고 벼재배용 농약은 미꾸리를 추가하고 있다. 잉어와 송사리의 급성독성값의 상관성은 시험농약의 용도 및 제제의 형태와 관계없이 높은 수준으로 감수성에도 유의한 차이가 낮은 경향이 있다. 한편, 국내에서는 등록 시험 어종으로 잉어 또는 송사리 등 온수어종에 대한 시험성적을 요구하고 있으나 미국, 유럽 등에서는 냉수어와 온수어에 대한 성적을 요구하고 있다.

(2) 노출시간

실제 자연 환경에서는 농약이 수계로 유입되더라도 낮은 농도로 장시간 이동 없이 존재하는 것이 보통이다. 이런 노출시간에 따라 독성이 달라지는 문제를 해결하기 위해 미국, 유럽 등에서는 급성 위해성 평가에 96시간 LC_{50}를 이용하고 있다. 우리나라에서는 그동안 48시간 LC_{50}값을 어류에 대한 위해성 평가에 이용하고 어독성도 구분하고 있었으나, 현재는 48시간 및 96시간 LC_{50}값을 산출하여 어독성 평가에 활용하고 있다. 48시간 및 96시간 LC_{50}값의 차이가 없는 경우는 48시간 이내에 독성발현이 완전히 나타났음을 의미하고, 96시간 LC_{50}값이 더 낮아지는 경우는 독성발현이 늦게 나타나거나 지속기간이 긴 것, 또는 장기간 축적되어 나타났음을 의미한다.

(3) 생육상태

어류는 난기(卵期)에 농약에 대하여 감수성이 가장 낮고 다음이 부화(孵化) 직후의 치어(稚魚)이다. 섭식을 처음 시작하는 시기에 감수성이 가장 높고 그 이후 생장을 계속함에 따라 다시 감수성이 낮아지는 것이 일반적이나 농약의 종류에 따라 항상 같은 경향을 보이는 것은 아니다. 다른 예로서 갑각류(甲殼類)인 게(crab)의 carbaryl, methoxychlor에 대한 감수성은 부화기에 가장 높고 그 이후 생장하면서 낮아진다.

(4) 수온

수온이 높아지면 물속의 용존산소량이 감소하는 한편 생물의 대사는 활발해지고 호흡량도 증가하므로 생물이 살아가는 데 불리한 환경조건이 되어 농약에 대한 저항성이 떨어져 대부분의 농약이 수온의 상승에 비례하여 어독성이 높아지나 표 12-10에서 보는 바와 같이 농약의 종류에 따라 수온의 영향이 달라진다. 무지개송어에 대한 methoxychlor의 독성은 높은 수온에서 낮아지며 물벼룩에 대한 유기염소계나 carbamate계 살충제의 독성도 수온이 낮은 경우에 증대된다.

▶ 표 12-10 수온 변화와 농약에 대한 잉어의 감수성 변화 (단위 : TLm*/24h)

수온 상승에 따른 독성 변화		수온(℃)				
		15	20	25	30	35
독성이 증가하는 농약	Ethion	14	6.8	1.8	1.8	0.36
	PCNB	40	20	15	3.8	1.0
독성 변화가 없는 농약	MIPC	15	15	15	14	13
독성이 낮아지는 농약	MCPB ethyl	2.1	2.8	3.3	3.5	3.6
	DDT	0.6	0.6	0.55	0.7	0.75

* TLm : median tolerance limit

(5) 농약의 형태

농약의 어독성은 제제형태에 따라서도 상이하여 표 12-11에서 보는 바와 같이 일반적으로 유제가 독성이 가장 높고 다음이 수화제, 분제, 입제의 순이다. 입제의 경우 형태적인 특성상 짧은 시간에 물에 용해되지 않거나 모래나 지오라이트(zeolite)를 사용한 피복식 또는 흡착식 입제는 물속에 침전되어 오랜 기간 용출되는 특성을 가지고 있다. 입제형태의 농약에 대한 급성 어독성 시험은 농약의 제형을 변형시키지 않고 직접처리하여 시험용액을 조제한 후 시험하고 있기 때문에 시험기간 동안 시험용액의 농도에 변화가 발생하여 독성에도 영향을 미칠 가능성이 있다. 입제형태의 농약을 물에 직접 처리하는 것보다 마쇄 후 처리하였을 때 물속 잔류농도와 독성치가 높게 나타났으며, 48시간보다 96시간의 독성값이 비교적 안정적이고 오차가 작았다.

2.2.2 생물농축

인간의 목적에 의해 사용되어 환경으로 노출된 농약은 여러 경로를 통해 수계, 대기, 토양 등 환경매체를 거치면서 자연계의 물리적·화학적·생물학적 인자에 의해 분포·분해되면서 최종 사람뿐만 아니라 다양한 생태계의 생물에 도달하게 된다. 사람이나 고등동물은 일반적으로 섭식을 통하여 농약을 경구적으로 섭취하는 경우가 많으며 특히 농약을 살포하는 농민은 농약을 살포하는 과정에서 직접 경피 또는 경구적으로 흡입하면서 체내로 농약이 유입된다. 한편, 토양 및 수중 동물은 피부접촉에 의한 경피적 흡수가 많으며, 수중 동물은 아가미를 통한 호흡과정에서 체내로 흡수 이행된다. 동물체 내에 흡수된 농약은 다시 배설 및 호흡배기를 통하여 토양, 수계 및 대기 중으로 배출되며 또한 동물의 시체가 토양에 환원되므로 토양 중으로 이동되기도 한다. 한편, DDT, BHC와 같은 화학적으로 안정하고 지질 등의 생체성분과 결합하기 쉬운 지용성 농약을 연속하여 섭취하면 이들 농약은 대사 배설이 어려워 동물체 내에 계속 축적될 것이며 따라서 체조직 중에 축적된 농약의 농도는 물, 토양 등의 환경과 먹이 중의 농약 농도보다 높게 나타나는데 이러한 현상을 생물농축(生物濃縮, bioconcentration)이라 한다.

생물농축은 먹이사슬(food chain)을 통하여 일어나는데 체내에 농약을 축적하고 있는 생물이 다른 생물의 먹이가 되면서 원래 먹이생물이 함유하고 있던 농약성분이 포식생물의 체내로 이동하게 된다. 이처럼 농약의 생물농축성과 분해성 및 잔류성은 인간뿐 아니라 자연계의 생물종이 농약에 노출되는 정도를 결정하는 주요 인자이며, 생물농축성은 농약이 수계로 이동한 후 수생생태계에 영향을 미쳐 수생생물의 만성적인 독성을 유발할 가능성과 먹이연쇄를 통한 인체의 축적 가능성을 설명하는 자료로 이용되고 있다. 따라서 먹이사슬을 거쳐 사람의 건강과 직결되므로 생물농축성의 정확한 평가는 보건학적으로 큰 의의를 가진다.

생물농축은 먹이연쇄의 꼭대기에 위치하는 동물에 영향이 커서 계속 진행되면 동물, 인간 등에 축적되어 만성독성이 나타날 수 있다. 이러한 사례로서 미국의 경우 1960년대 초에 매, 솔개 등 맹금류가 급격히 감소하는 등 문제점 이 발견되었는데, 이에 대한 원인물질로 생물농축성이 강한 DDT, BHC 등이 밝혀지면서 해당 농약의 사용이 금지되었다.

▶ 표 12-11 농약의 제제형태와 어독성

농약	제제	어독성(TLm, ppm)		농약	제제	어독성(TLm, ppm)	
		잉어(48h)	물벼룩(3h)			잉어(48h)	물벼룩(3h)
Diazinon	원제	6.8	0.0078	Methomyl	원제	2.8	0.0033
	유제	6.3	0.04		수용제	1.5	0.025
	수화제	8.0	0.01				
EPN	원제	0.35	0.0012	Fenobucarb	원제	1.6	0.32
	유제	0.15	0.0065		유제	2.6	0.05
	분제	0.31	0.0088		분제	3.0	0.04

2.2.3 먹이사슬과 생물농축

(1) 육상 먹이사슬과 생물농축

먹이사슬은 생태계 종, 개체수와 밀도의 균형 유지 역할을 하는데, 육생 생물 간의 먹이사슬을 보면 토양의 성분들은 식물에 흡수되거나 토양서식의 절족동물과 환형동물 등에게로 흡수되며 이들은 다시 포식자인 소형동물 및 조류로 이행, 농축되고 최종적으로 먹이연쇄(먹이사슬)의 최상위에 있는 대형 동물 및 맹금류로 흡수·농축되게 된다.

따라서 육생 생물 중 농약의 농축 정도는 조류, 포유동물>무척추동물>식물과 같은 경향을 나타낸다. 한편, 농약 등 화합물이 토양에 흡착되었을 때 이 토양을 직접 섭취하는 지렁이의 경우 소형이 더 농축성이 큰데 이는 농약이 주로 토양 표층에 잔류하고 있고 소형 지렁이들이 지표에 근접하여 서식하기 때문인 것으로 알려져 있다.

조류(鳥類)의 경우 유기염소계 살충제의 영향이 매우 크게 나타나 있는데 이는 노출경로가 ① 지렁이 등 토양 생물 섭취, ② 어패류 등 수생 생물 섭취, ③ 농약이 처리된 종자섭취 등 매우 다양하기 때문인 것으로 알려져 있다. 이와 같은 사례로는 1950년대 후반 영국에서 작물종자나 유묘의 해충방제를 위해 aldrin, dieldrin 및 heptachlor를 사용한 결과, 꿩, 메추리 등 조류의 폐사사건이 다발하여 이들의 사용을 제한하였다.

가축의 경우 농약에 노출되는 경로는 경구를 통해 사료를 섭취하거나, 기생충 방제용 살충제 살포에 경구 및 피부로 흡수 및 호흡으로 체내 유입되는 경우가 있다. 이와 같은 경로로 투여된 농약은 지방질에 축적되어 최종적으로 인간이 섭취하게 되는 우유, 고기 등에 잔류하게 된다. 이와 같은 사례로서 유기염소계 농약인 DDT의 경우, 채소 200ppm, 고기 0.2ppm 및 사람에서 6ppm까지 검출된 예가 있다. 1960년대 일본의 조사에 따르면 이들 농약은 인체 지방질이나 모유 중에서 3~12ppm이 검출된 바 있으며 1963년 미국의 조사에 따르면 미국인의 지방질 중 DDT의 함량이 12ppm이나 검출된 예가 있다. 한편 1978년 조사에 따르면 모유에서 이들 화합물이 독일의 경우 0.8ppm, 아프리카에서는 무려 15.6ppm으로 우유에서보다 매우 높은 잔류 수준을 보인 것으로 나타났다.

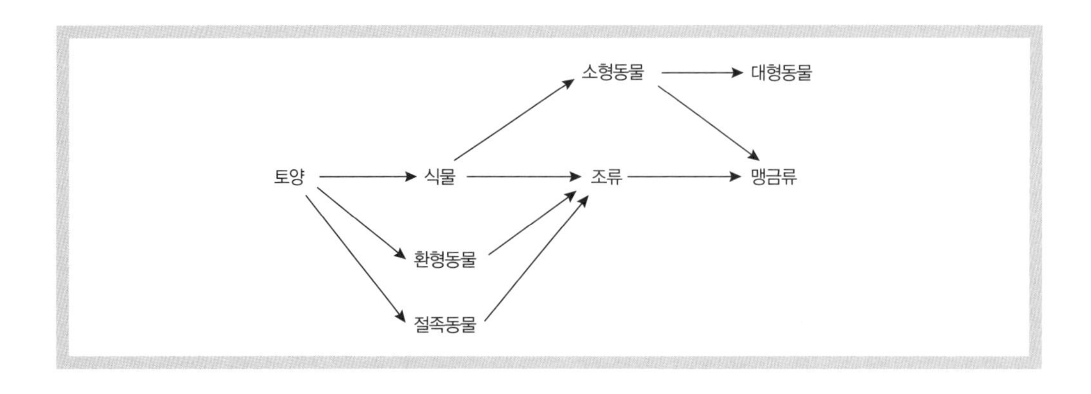

(2) 수계 먹이사슬과 생물농축

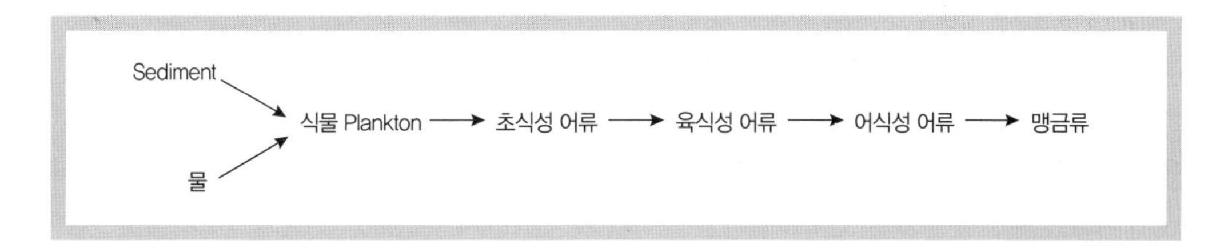

수질생태계에서는 물속의 plankton이 작은 물고기의 먹이가 되고 그 작은 물고기는 다시 큰 물고기의 먹이가 되며 이들 물고기는 육식 조류나 동물의 먹이가 되어 먹이사슬의 상위에 있는 생물은 하위에 있는 생물보다 많은 양의 농약을 체내에 축적하게 된다. 수질 환경에 투여된 농약 중 안정한 농약은 용해 또는 현탁되어 확산되고 일부는 수중 유기물 및 토양콜로이드 입자에 흡착·침강되어 퇴적물로 이행한다. 그리고 일부는 직접 식물성 plankton에 섭취되거나, algae(조류)에 흡착되어 1차 농축과정을 거치고 이들을 섭취하는 동물성 plankton, 곤충유충 및 소형어류에서 2차 농축이 일어나게 된다. 그리고 주로 포식성인 대형어류에서 3차 농축이 일어나고 최종적으로는 이들 어류를 섭취하는 조류(鳥類)에 축적되어 다양한 악영향을 주게 된다.

Carson은 저서 *Silent Spring*(1962) 중에서 미국 캘리포니아의 클리어호에서 일어난 물새의 대량 폐사 사건을 이러한 농축의 예로 들고 있다. 즉 클리어호에서는 1949년에서 1957년까지 모기의 방제를 위하여 대량의 DDT가 살포되었는데 이에 따라 살포 다음 해부터 100여 마리의 물새가 폐사하는 일이 발생한 것이다.

수생 생물의 농약 섭취경로는 여러 가지가 있으나 이 가운데서 어류에 농약의 섭취경로는 ① 아가미 호흡에 의한 직접 섭취, ② 먹이섭취에 의한 간접 섭취로 구분할 수 있으며 두 경로의 기여 비율은 농약의 물리화학적 특성에 따라 다른데 수중 농도가 높으면 직접 흡수의 기여율이 크고 수중 농도보다 먹이 중 농도가 크면 경구 섭취 기여율이 크다.

(3) BCF

생물농축계수(bioconcentration factor, BCF)란 생물농축의 정도를 수치로 표현한 것으로 수질환경 중 화합물의 농도에 대한 생물의 체내에 축적된 화합물의 농도비를 말한다.

$$\mathrm{BCF} = \frac{\mathrm{Cb}}{\mathrm{Cw}}$$

Cb : 생물체 중 화합물의 농도(μg/g)

Cw : 수질환경 중 화합물의 농도(μg/mL)

예를 들면 수질 중 화합물의 농도가 1ppm이고 송사리 중의 농도가 10ppm이면 이 화합물의 BCF는 10/1, 즉 10이 된다. 한편 BCF는 지용성 생체구성물질과 수질환경 간의 분배현상이기 때문에 농약이 옥탄올/물 양쪽 용매에 분배되는 비율인 분배계수(LogP)와 높은 상관관계를 지니며, 분배계수가 높은 화합물은 생물농축가능성이 높다고 할 수 있다(표 12-12). 어류 체내의 농약 정류 상태에 빠르게 도달하는 농약일수록 어류 체내에서의 배설속도가 빠른 경향이 있다. 농약의 생물농축성에 미치는 또 다른 요인으로는 농약의 물리화학적 성질인 증기압 및 수용성이 있다. 요컨대, 농약의 분배계수가 높을수록, 배설속도가 느릴수록, 수용성과 증기압이 낮을수록 생물농축 경향이 강하다 할 수 있다.

▶ **표 12-12 농약의 생물농축계수 및 물리화학적 특성**

농약	생물농축계수 (BCF)	분배계수 (LogP)	배설속도 ($LogK_{DEP}$)	증기압 (LogVp)	물 용해도 (LogSw)
BPMC	1.44	2.79	−1.55	0.20	2.62
Chlorothalonil	2.22	2.88	−1.82	−1.12	−0.04
Dichlorvos	0.81	1.90	−0.66	3.32	3.90
Methidathion	5.53	2.20	−0.82	−0.60	2.30

우리나라에서 농약을 이용한 BCF 실험은 1990년대 초에 *Carassius auratus*(goldfish)를 이용하여 carbamate계 농약인 carbaryl, carbofuran 및 BPMC, 유기염소계 농약인 chlorothalonil의 단기간 BCF와 분배계수가 측정된 바 있으며, 최근에는 국제적으로 인정받기 위해 OECD 가이드라인에 따른 실험을 수행하고 있다. 실험 용수의 조건은 수온 24±1℃, pH 8.0±0.1, 용존산소 7ppm 이상으로 유지하여 진행하며, 실험 농도는 실험 동물의 LC_{50} 농도의 1/1000, 1/100 농도(OECD 가이드라인 305-D)로 8일간 진행된다. 생물 농축성 물질로 판단하는 기준은 미국 EPA에서는 BCF값이 1,000 이상, EU에서는 2,000 이상으로 규정하고 있으며, 우리나라는 미국처럼 1,000 이상을 기준으로 하고 있다.

2.2.4 수생생물에 대한 위해성 평가

농약 위해성지표(pesticide risk indicator)는 위해성 경감정책 시행에 따른 경시적 농약사용 경감효과를 분석하는 데 사용할 수 있는 지표를 말한다. 농약 위해성지표는 시간 경과에 따른 위해성 경향을 추적하기 위해 농약 사용에 관한 정보와 농약 위해성(toxicity and exposure)에 관한 정보를 결집하는 것으로 다양한 농약 사용에 따른 종합적 위해성에 관한 정보를 제공함으로써 국가 농약경감정책의 효과 및 추진방향을 제시하는 데 도움을 준다. OECD에서 개발한 농약 수계 위해성지표로 REXTOX(Ratio of EXposure to TOXicity), ADSCOR(ADditive SCORing) 및 SYSCOR(SYnergistic SCORing) 등이 있으며, 지표에 사용된 주요 변수는 표 12-13에 제시한 바와 같다. 한편, 반수영향농도(median effect concentration, EC_{50})는 대조구에 비해 50% 생장

▶ 표 12-13 농약 수계 위해성지표에 사용되는 주요 변수 및 자료

변수	자료 형태
노출	• 농약 사용(기본적인 농약사용 면적, 추천 사용량, 사용횟수, 살포방법, 완충지대) • 농약 살포 지역의 수심, 경사도, 강우량, 유기물 함량, 토성, 작물생육단계, 살포농약의 물 중 반감기, 옥탄올/물 분배계수, 토양 내 흡착계수
독성	• 96시간 반수치사농도(LC_{50}), 물벼룩 48시간 반수영향농도(EC_{50}), 조류의 96시간 성장률에 따른 반수영향농도(ErC_{50}) • 어류의 21일 무영향농도(NOEC), 물벼룩 21일 번식 NOEC, 조류 96시간 NOEC

저해시키는 시험물질의 농도를 말하고, 무영향농도(no observed effect concentration, NOEC)는 대조구에 비해 영향이 인정되지 않는 시험물질의 최고 농도를 의미한다.

농약을 등록하기 위해서는 농약의 환경생물독성 시험을 진행하여야 하며, 시험결과를 통해 환경생물에 대한 안전성이 확보된 경우만 등록이 허가된다. 다양한 수생생물에 대한 시험성적 등을 검토하여 표 12-14와 같은 평가기준에 해당하는 경우 위해성이 없는 것으로 판단하되 1단계 검토결과 위해성이 없으면 2단계 이상의 검토는 생략하고, 2단계 검토결과 위해성이 없으면 3단계 검토는 생략한다. 최종단계 검토결과 위해성이 있는 것으로 추정될 경우 등록을 보류할 수 있다. 다만, 사용 시기 등의 제한을 통하여 해당 환경생물에 대한 안전성이 확보된 경우에는 등록이 가능할 수 있다.

▶ 표 12-14 환경생물독성과 환경 중 농도를 고려한 위해성 평가기준

수생생물	1단계	2단계	3단계
어류	TER* $\leq$ 2	TER $\leq$ 1	TER $\leq$ 1
		미꾸리 누적치사율 $\geq$ 30%	-
어류생물농축성	BCF $\geq$ 1000	TER $\leq$ 1	-
물벼룩	TER $\leq$ 2	TER $\leq$ 1	TER $\leq$ 1
조류	TER $\leq$ 2	-	-

* TER(Toxicity Exposure Ratio, 독성노출비) : 무영향농도 ÷ 환경추정농도 또는 반수치사(영향)농도
- 무영향농도 : NOEC(No Observed Effect Concentration)
- 환경추정농도 : PEC(Predicted Environmental Concentration)
- 반수치사(영향)농도 : LC_{50}(Lethal Concentration), LD_{50}(Lethal Dose), EC_{50}(Effective Concentration), LR_{50}(Lethal Residue)

1. 살충제

1.1 국내의 주요 해충

우리나라에서 농작물을 가해하는 해충의 종류는 약 2,618종으로 알려져 있으며 이들 해충 중 방제 대상 해충은 42종으로 알려져 있다. 우리나라에서 발생하는 주요 농업 해충과 이들의 가해방식은 표 13-1과 같다.

▶ 표 13-1 작물에 따른 국내의 주요 해충

구분	해충	가해방식
벼	멸구(plant hopper)류 : 벼멸구, 애멸구	흡즙(성, 약충)
	끝동매미충(leaf hopper)	흡즙(성, 약충)
	혹명나방(glass leaf roller)	저작(유충)
	이화명나방(rice stem borer)	저작(유충)
	굴파리(rice stem maggot)류 : 벼줄기, 벼애잎	저작(유충)
	벼물바구미(rice water weevil)	저작(성,유충)
원예 및 과수	잎말이나방류(leaf roller)류	저작(유충)
	배나무방패벌레(pearlace-bug)	흡즙(성, 약충)
	진딧물류(aphid)류 : 복숭아혹, 사과혹, 조팝나무	흡즙(성, 약충)

(계속)

▶ 표 13-1 작물에 따른 국내의 주요 해충(계속)

구분	해충	가해방식
원예 및 과수	응애(acarina, mite) : 점박이, 사과	흡즙(성, 약충)
	사과굴나방(apple leafminer)	저작(유충)
	복숭아심식나방(peach fruit moth)	저작(유충)
	깍지벌레(scales)	흡즙(성, 약충)
채소	파밤나방(armyworm)	저작(유충)
	배추좀나방(diamond-back moth)	저작(유충)
	목화진딧물(cotton aphid)	흡즙(성, 약충)
	배추흰나비(common cabbage worm)	저작(유충)
특용작물	담배나방(tobacco budworm)	저작(유충)
	담배거세미나방(tobacco cut worm)	저작(유충)
산림	솔나방(pine moth)	저작(유충)
	솔잎혹파리(pine leaf gall midge)	저작(유충)
저곡	쌀바구미(rice weevil)	저작(유충)

[해충의 생활사]

해충이 부화된 후 1령충이 되어 자라다가 더 이상 자라지 못하게 되면 허물을 벗고 새롭고 연한 피부가 생성되면 다시 자라게 된다. 이 과정을 탈피(molting)라고 하는데, 종에 따라 일정한 횟수의 탈피를 거친 후 성충이 되거나 번데기를 거쳐 성충이 되고, 성충은 발생 후 일정 기간이 지나면 다시 알을 낳게 되는 과정으로 되어 있다.

또한 해충의 생활사는 수회의 탈피를 거쳐 성충이 되는 변태(metamorphosis)과정에 따라서 완전변태(complete metamorphosis)와 불완전변태(incomplete metamorphosis)로 분류된다.

완전변태는 알(egg) ⟶ 유충(larvae) ⟶ 고치(pupae) ⟶ 성충(adult)의 생활사를 갖는 것으로 나방류, 굴파리류, 물바구미 등이 이에 속하며, 주로 저작(chewing) 피해를 유발한다.

불완전변태는 알(egg) ⟶ 약충(nymph) ⟶ 성충(adult)의 생활사를 갖는 진딧물과 응애, 방패벌레가 이에 속하며 주로 흡즙(sucking) 피해를 유발한다.

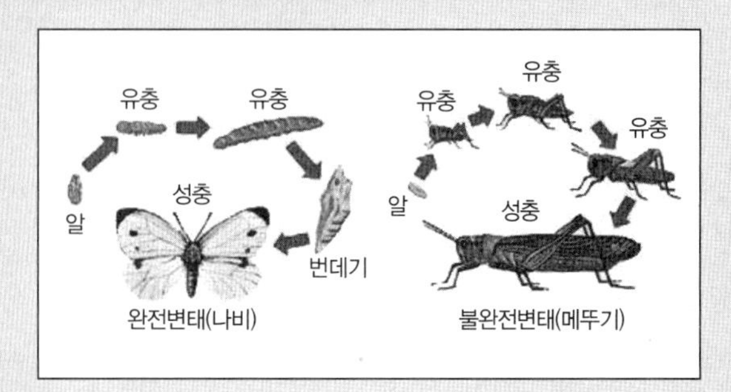

출처 : http://contents.kocw.or.kr/KOCW/document/2014/Chungnam/Leejong-shin/4.pdf

1.2 살충제의 구조에 따른 분류

살충제는 구조에 따라 organophosphorus계, carbamate계, organochlorine계, pyrethroids계, nereistoxin계, nicotine계, benzoylurea계, rotenone계, phenylpyrazol계, abamectin, diamide계, 기타 등으로 분류할 수 있다.

1.2.1 Organophosphorus계 살충제

Organophosphorus계(유기인계) 살충제는 1930년대에 독일의 Schrader가 살충성 유기인 화합물을 발견한 이래 생물활성이 높은 유기인 화합물에 대한 합성연구가 활발하게 진행되어 현재까지 많은 종류가 개발되어 실용화되었다.

유기인 화합물은 주로 살충제로 개발되어 실용화되었으나, 살균제, 제초제, 식물생장조절제(plant growth regulator) 및 살충 협력제(synergist) 등으로도 개발되고 있다.

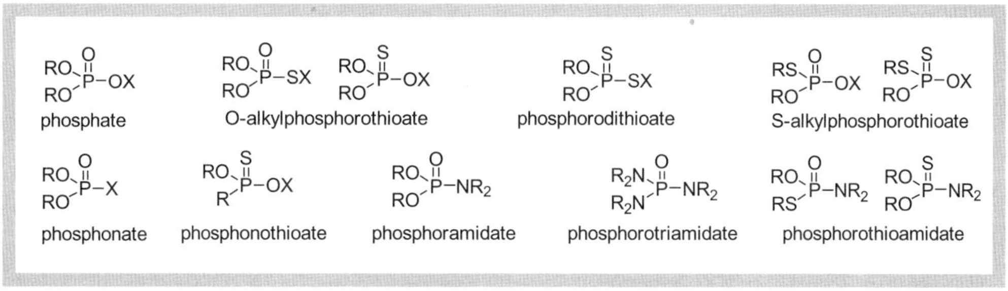

구조	명칭
$(RO)_2P(=O)-OX$	phosphate
$(RO)_2P(=O)-SX$, $(RO)_2P(=S)-OX$	O-alkylphosphorothioate
$(RO)_2P(=S)-SX$	phosphorodithioate
$(RS)(RO)P(=O)-OX$, $(RS)(RO)P(=S)-OX$	S-alkylphosphorothioate
$(RO)_2P(=O)-X$	phosphonate
$(RO)(R)P(=S)-OX$	phosphonothioate
$(RO)_2P(=O)-NR_2$	phosphoramidate
$(R_2N)_2P(=O)-NR_2$	phosphorotriamidate
$(RO)(RS)P(=O)-NR_2$, $(RO)_2P(=S)-NR_2$	phosphorothioamidate

유기인계 살충제의 구조는 위에서 보는 바와 같이 5가의 인(P)이 중심이 되고 이 인에 이중결합을 갖는 산소(O) 또는 유황(S)이 결합되며, R은 alkoxy, alkylthio, alkyl 및 amide기 등이다. X는 이른바 이탈기(leaving group)이며 치환 alkyl 또는 aryl의 유기 잔기(殘基)가 결합되어 있다.

유기인계 살충제는 인(燐)에 결합되어 있는 R기와 이중결합되어 있는 원소(산소 또는 황), 그리고 이탈기의 치환기 종류에 따라서 여러 가지로 분류되며, 신경전달물질(ACh)의 분해효소인 AChE의 활성을 저해함으로써 살충력을 발휘한다.

유기인계 살충제의 AChE의 저해작용은 주로 AChE의 ester 분해부위(esteric site)를 인산화(phosphorylation)함으로써 일어나는 것으로 알려져 있다. 이는 AChE의 ester 분해부위의 serine 잔기 중 수산기가 농약의 인 원자에 대하여 친핵성 치환반응을 일으키면서 인산화되기 때문에 인 원자의 전자밀도가 낮을수록 반응성이 증대된다. 따라서 oxon(P=O)형 화합물이 thiono(P=S)형의 화합물에 비하여 일반적으로 AChE에 대한 높은 저해활성을 보인다. 이는 산소(O) 원자가 황(S)원자에 비하여 전기음성도(electronegativity)가 높기 때문에 중심원소 인의 전자밀도가 낮아지기 때문이며 산소의 활성 중심과 수소결합 형성에도 관계가 있다. 따라서 각 유기인계

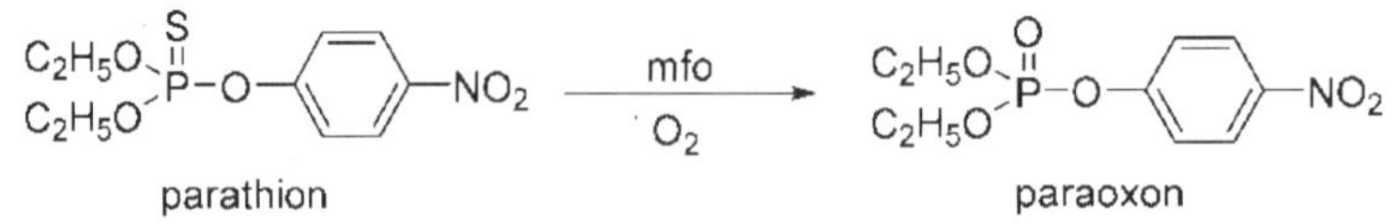

그림 13-1 Parathion의 paraoxon으로의 활성화

살충제 중 일반적으로 안정하고 극성이 낮은 phosphorothioate 및 phosphorodithioate계 살충제의 경우 in vitro에서는 AChE 저해활성이 낮으나 생체 내에서는 대사과정을 통하여 독성이 높고 불안정한 phosphate 또는 phosphorothiolate로 그림 13-1과 같이 활성화(activation)된다.

유기인계 살충제는 ester결합을 하고 있으므로 일반적으로 알칼리에 의해서 쉽게 가수분해되고, 생체 내에서 phosphatase, carboxylesterase 또는 amidase 등의 효소에 의해서 분해되어 활성이 떨어지며 환경 중에서 잔류성은 짧은 편이다. 한편 phosphorothionate는 열에 의해서 phosphorothiolate로 이성화(isomerization)되기 쉽고 이는 화학적, 생화학적으로 활성이 높아 특히 인축에 대하여 강한 독성을 보이는 경우도 있다.

유기인계 살충제는 대부분 물에 불용성이나 유기용매에는 잘 녹는 친유성 화합물이므로 곤충의 체내에 침투하여 쉽게 작용점에 도달할 수 있고, 또 식물의 경엽으로부터 침투가 쉬우므로 주로 접촉독제(contact poison) 또는 침투성 살충제(systemic insecticide)로 사용되며, 식독제(stomach poison)로도 작용한다.

Parathion은 1946년 독일의 Schrader에 의하여 최초로 합성된 유기인계 살충제이며 주로 접촉독 및 식독작용을 하고, 흡입독작용도 있다. 살충 및 살응애효과를 보이는 비침투성 약제이나 심달성(深達性, translocation)이 있는 것으로 알려져 있다. 본제의 급성경구독성 LD_{50}(rat)은 3.6mg/kg, 급성경피독성 LD_{50}(rat)은 6.8mg/kg으로 포유동물에 대한 독성이 매우 강하다.

Fenitrothion은 접촉독제이나 식독작용도 있으며 심달성과 살란(殺卵)효과가 있다. 본제는 선택성이 있어 포유동물에 대하여 낮은 독성[급성경구독성 LD_{50}(rat) 250~500mg/kg, 급성경피독성 LD_{50}(rat) 3,000mg/kg 이상]을 보이지만, 곤충 체내에서는 fenitrooxon으로 산화되어 AChE를 강하게 저해하여 살충효과를 발휘한다.

국내에는 1964년에 소개되어 벼의 이화명나방, 굴파리류, 멸구 및 낙엽과수의 심식충류, 잎말이나방류, 진딧물류 등 각종 해충 방제에 이용되고 있다. 타 약제와 혼합하였을 때에도 안정성이 높아 kasugamycin, fenvalerate 등과의 혼합제 개발이 가능하다.

Fenthion은 fenitrothion의 3-methyl-4-nitrophenol부분의 nitro기가 methlythio기로 치환된 것으로 접촉 및 식독작용이 있다. 침투이행성이 있으며, 증기압이 낮고 광이나 알칼리에 안정하여 잔효성도 있다. 본제는 벼의 이화명나방과 굴파리류, 과실의 잎말이나방의 방제에 사용된다.

Diazinon는 주로 접촉 및 식독작용에 의하여 살충효과를 보이며 흡입독성도 있다. 토양 및 식물체 내에서 비교적 신속하게 분해되므로 잔류성이 낮은 특성을 갖고 있다. 벼의 이화명나방, 멸구류, 매미충류, 콩류의 도둑나방, 노린재류, 채소류의 배추흰나비, 진딧물류, 응애류, 총채벌레류, 과수류의 심식충류, 잎말이나방류, 진딧물류, 매미충류, 깍지벌레류 등의 방제를 위해 광범위하게 사용된다.

Chlorpyrifos는 광범위한 해충에 효과를 보이는 접촉독, 식독 및 흡입독제이다. Chlorpyrifos는 표준 사용농도에서는 약해(phytotoxicity)가 없으나 고농도에서는 약해의 우려가 있으며, 토양 중에서 60~120일간 효과가 지속되는 잔효성이 긴 약제이다. 본제는 채소류의 거세미나방, 고자리파리, 배추흰나비, 과수류의 잎말이나방, 심식나방, 귤굴나방 등의 방제에 사용된다.

Malathion은 선택성의 침투이행성 약제이며 접촉독제이다. 또한 본제는 식물의 조직 내에서 분해가 쉽고 식물의 표면에서 휘산이 많아 잔효성이 없으며, 세대가 짧은 곤충에 반복하여 사용하면 저항성이 발현되어 약효가 떨어진다.

이 약제는 인축 독성이 낮고 적용대상의 범위가 넓어 벼의 멸구류, 매미충류, 노린재류, 콩의 풍뎅이류, 진딧물류, 오이잎벌레, 응애류, 배추잎벌레, 무잎벌레, 배추흰나비, 과수의 심식충류, 잎말이나방류, 굴나방류, 진딧물류, 응애류, 화훼의 진딧물류, 총채벌레류, 응애류의 방제에 사용되고 있다. 급성경구독성 LD_{50}(rat)은 2,800mg/kg, 급성경피독성 LD_{50}(rabbit)은 4,100mg/kg으로 포유동물에 매우 안전한 대표적인 저독성 약제이다.

EPN은 접촉독, 식독 및 흡입독 작용에 의하여 살충효과를 발휘하며 약효지속기간이 2~3주로 다른 유기인계 살충제에 비하여 비교적 긴 것이 특징이다.

EPN은 포유동물에 대한 독성이 비교적 높아 45% 유제의 경우 고독성 농약으로 분류되어 취급 제한 농약으로 지정되어 있다.

본제는 벼의 이화명충, 멸강충, 벼굴파리류, 멸구, 매미충류, 채소류의 심식나방류, 풍뎅이류, 바구미류, 진딧물류, 응애류, 총채벌레류, 과수의 잎말이나방류, 심식충류, 매미충류, 진딧물류, 깍지벌레류 등의 방제에 사용된다.

Dichlorvos는 주로 접촉독으로 작용하나 증기압이 높아서 훈증효과도 있다. 특성상 침투이행성이 있으나 증기압이 높고 분해가 빨라 잔효성은 없다. Dichlorvos의 훈증제는 온실과 비닐하우스 내의 진딧물류·응애류 방제와 창고에서의 저장물의 해충 방제에 사용된다. 유제는 과수와 뽕나무의 잎말이나방과 심식나방 등의 방제에 이용된다. 급성경구독성 LD_{50}(rat)은 56~108mg/kg, 급성경피독성 LD_{50}(rat)은 75~107mg/kg으로 포유동물에 대한 급성 독성은 비교적 높은 편이다.

Fonofos는 토양해충 방제에 효과적인 살충제로, 처리된 fonofos는 토양 내에서 가스화되어 살충효과를 나타내며 잔효기간도 길다. 이 약제는 땅콩, 감자의 굼벵이, 배추의 벼룩잎벌레, 마늘의 고자리파리 방제에 사용된다.

Flupyrazofos는 한국화학연구소에서 개발하여 1995년 성보화학에서 상품화한 국내 최초의 살충제(상품명 선봉)로 접촉 및 식독작용이 있으며, 배추좀나방의 방제에 뛰어난 효과를 나타낸다.

그 외 침투이행성의 접촉독 작용제로 methamidophos, acephate, methidathion, phenthoate와 비침투이행성의 살충, 살응애효과를 보이는 phosmet, 침투이행성으로 접촉 및 식독작용을 갖는 phosphamidon, monocrotophos 등이 사용되고 있다. 또한 최근 포유동물에 대한 안전성을 향상시키기 위하여 포유동물의 체내에서 쉽게 배출되는 terbufos, isazofos 등 여러 가지 유기인계 살충제가 개발되어 실용화되고 있다.

Phoxim은 속효성 토양 살충제로, 토양해충을 유인 살충하는 미끼제로 사용되며 파종/정식 전 토양 혼화나 정식/파종 후 토양전면 처리로 거세미나방 방제에 효과가 있다.

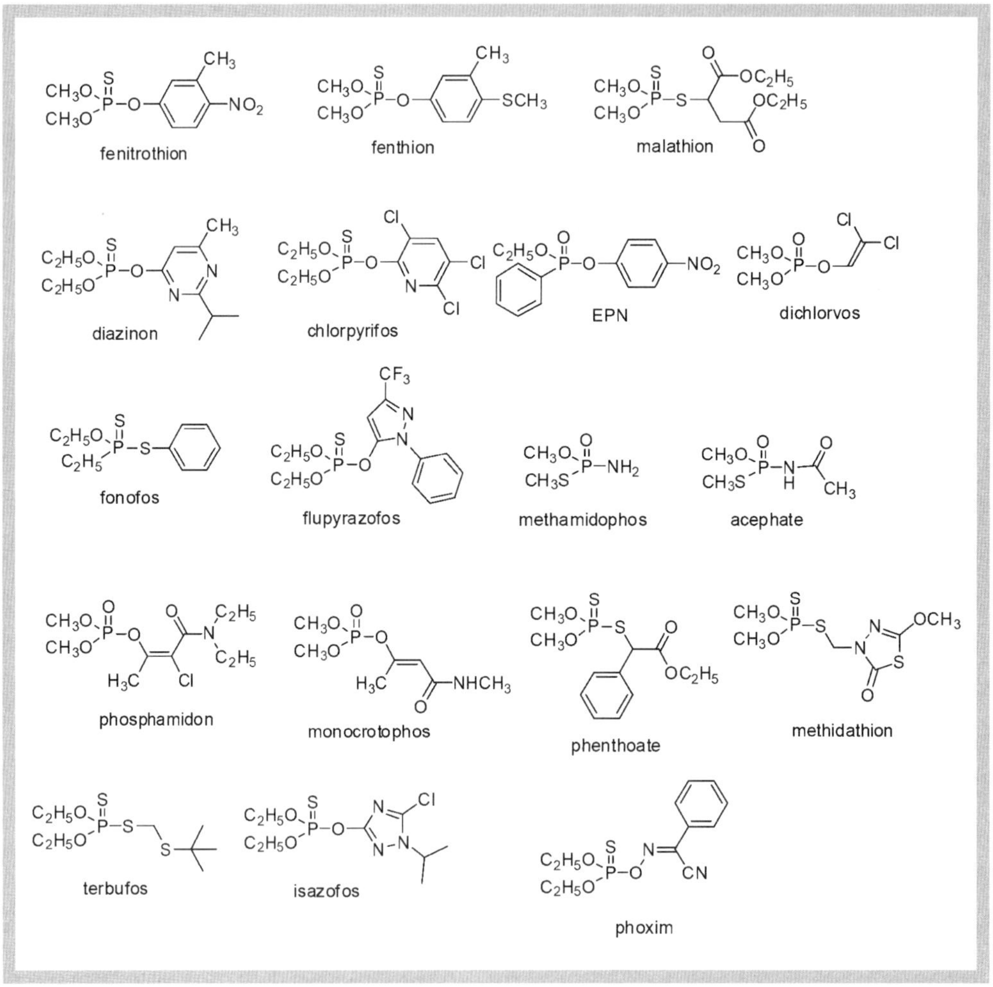

CH_3O, CH_3O, S, P, O, CH_3, NO_2
fenitrothion

CH_3O, CH_3O, S, P, O, CH_3, SCH_3
fenthion

CH_3O, CH_3O, S, P, S, O, OC_2H_5, OC_2H_5, O
malathion

C_2H_5O, C_2H_5O, S, P, O, CH_3, N, N
diazinon

Cl, C_2H_5O, C_2H_5O, S, P, O, Cl, N, Cl
chlorpyrifos

C_2H_5O, O, P, O, NO_2
EPN

Cl, Cl, CH_3O, CH_3O, O, P, O
dichlorvos

C_2H_5O, C_2H_5, S, P, S
fonofos

CF_3, N, N, C_2H_5O, C_2H_5O, S, P, O
flupyrazofos

CH_3O, CH_3S, O, P, NH_2
methamidophos

CH_3O, CH_3S, O, P, N, H, O, CH_3
acephate

CH_3O, CH_3O, O, P, O, O, N, C_2H_5, C_2H_5, H_3C, Cl
phosphamidon

CH_3O, CH_3O, O, P, O, H_3C, O, $NHCH_3$
monocrotophos

CH_3O, CH_3O, S, P, S, O, OC_2H_5
phenthoate

CH_3O, CH_3O, S, P, S, N, N, OCH_3, S, O
methidathion

C_2H_5O, C_2H_5O, S, P, S, S
terbufos

C_2H_5O, C_2H_5O, S, P, O, N, Cl, N, N
isazofos

C_2H_5O, C_2H_5O, S, P, O, N, CN
phoxim

1.2.2 Carbamate계 살충제

Carbamate계 살충제(Carbamate insecticide)의 기원은 1925년경에 구조가 밝혀진 서아프리카산 칼라바콩(Calabar bean, Physostigma venenosum)의 독성분인 physostigmine이 곤충의 AChE를 강하게 저해한다는 것이 밝혀지고, 1947년 스위스의 Ciba Geigy AG사에서 *N,N*-dimethylaryl cabamate 화합물의 살충성이 발견된 이후에 pyrolan, isolane, dimetan 등을 개발한 것이 시발점이다.

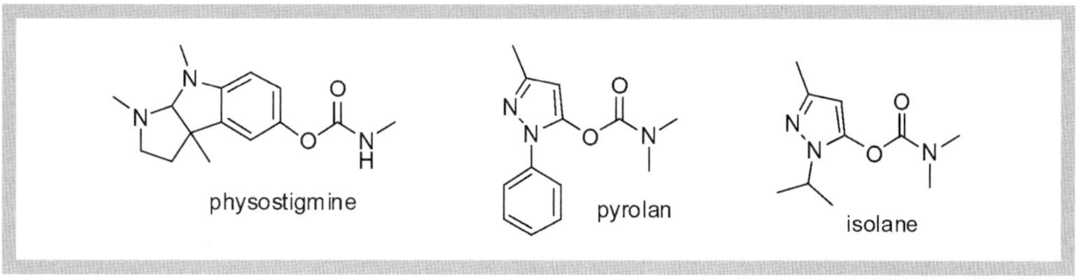

physostigmine pyrolan isolane

현재 사용되고 있는 cabamate계 살충제의 대부분은 *N*-monomethylcabamate 형태이며 leaving group은 치환 phenyl, naphthyl, heterocyclic기 또는 oxime 유도체이다.

일반적으로 carbamate계 살충제는 종 특이성이 높아 우리 나라에서는 멸구류, 매미충류의 방제에 사용되지만, oxime carbamate계는 예외적으로 저작성(咀嚼性) 곤충(chewing insect)에도 효과가 있다. 그러나 천적인 거미에는 영향이 거의 없는 것이 특징이다.

Carbaryl은 1957년 H. L. Haynes 등에 의하여 살충활성이 보고된 최초의 *N*-monomethyl carbamate계 살충제로 실용화된 naphthyl carbamate 화합물이다. 본제는 침투이행성이고 접촉독작용을 하며 phenyl carbamate에 비하여 약효 지속기간이 긴 것이 특징이다. 또한 carbaryl은 살충제로서의 효과 이외에 사과 적과제로서의 효과를 추가적으로 보이는 것이 특징이며, 벼의 흰등멸구, 사과의 잎말이나방, 배추의 배추흰나비의 방제에 사용된다.

Fenobucarb(BPMC)는 접촉독 및 식독제로서 저온에서도 우수한 살충효과를 발휘하고 천적에 대한 영향이 적은 특징이 있으며, 타 약제와의 혼합에 대한 안정성이 높아 많은 종류의 혼합제가 실용화되어 있다. 본제는 벼의 멸구류와 끝동매미충 방제에 이용된다.

leaving group carbamic acid

Carbofuran은 침투이행성 약제로 살충효과 외에 살응애 및 살선충 효과도 있어 광범위한 해충에 대하여 살충효과가 있다. 토양 중 반감기는 30~60일로 토양 중 미생물에 의하여 쉽게 분해되므로 토양잔류성의 우려는 없다. 급성경구독성 LD_{50}(rat)은 8~14mg/kg, 급성경피독성 LD_{50}(rabbit)은 2,550mg/kg으로 포유동물

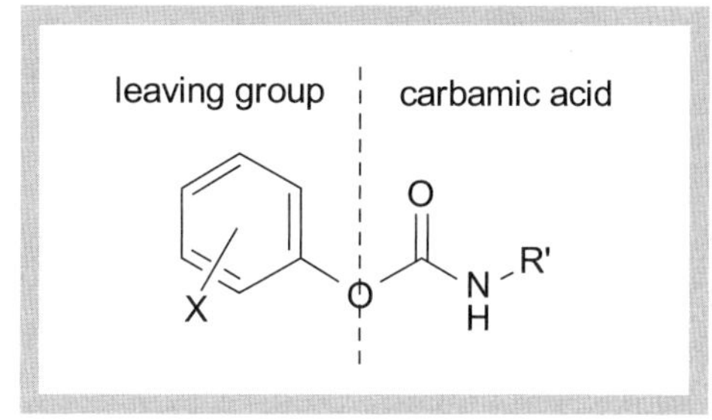

에 대한 경구독성이 매우 강하다. 살포제로는 제제되지 않으며 입제형태로만 사용되고 있다.

Benfuracarb는 침투성의 접촉 및 식독작용이 있는 침투이행성 약제로 그 자체로는 AChE 저해력이 낮으나 곤충 체내에서 carbofuran으로 전환, 활성화되어 해충의 AChE를 강력히 저해함으로써 살충효과를 보이는 procarbamate계의 약제이다.

주로 토양처리제로 사용되나 종자처리 또는 육묘상 처리용으로도 사용되고 있으며 채소나 과실 등 원예작물에 진딧물, 잎굴파리, 총채벌레, 깍지벌레 방제용 경엽처리로도 사용되고 있다.

Methomyl, alanycarb, thiodicarb는 oxime carbamate계 살충제로 침투이행성의 접촉 및 식독작용으로 살충 및 살선충 효과를 발휘한다. 이들 약제는 광범위한 해충 방제제로서 경엽처리, 토양 및 종자처리용으로 사용된다.

기타 isoprocarb, pirimicarb, metolcarb, furathiocarb, carbosulfan 등 carbamate계 살충제가 개발, 실용화되어 있으며, 이들 약제의 살충특성은 침투이행성의 살충제로 식독 및 접촉독제이다. 또한 본 약제들은 속효성이며 약효 지속기간이 짧고 토양 중에서 분해도 신속하게 일어나므로 잔류성에 대한 문제는 없다.

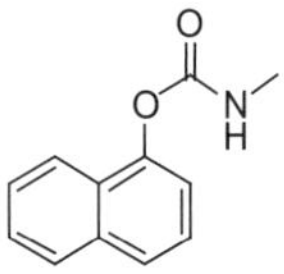

carbaryl 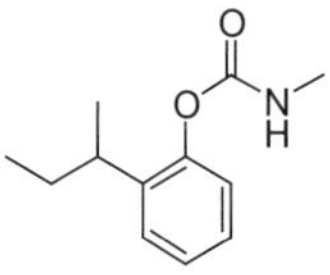 fenobucarb 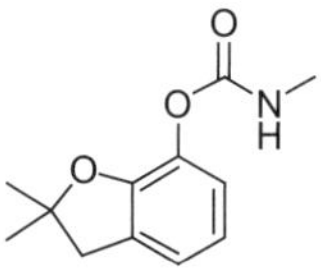 carbofuran 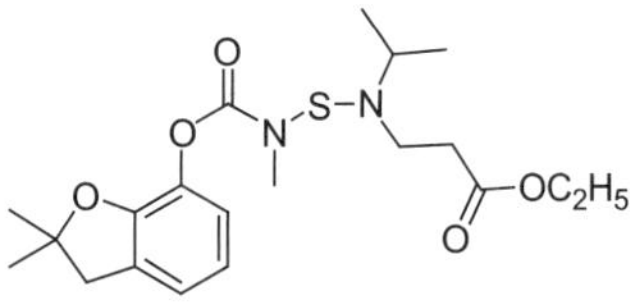 benfuracarb

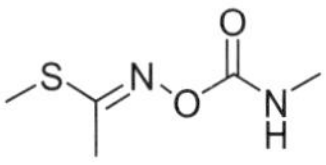

methomyl 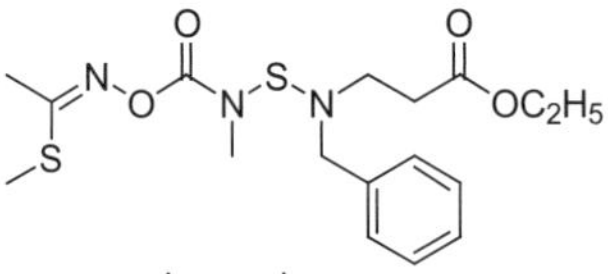 alanycarb 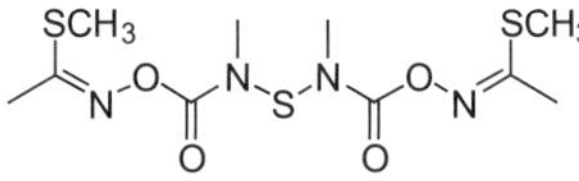 thiodicarb

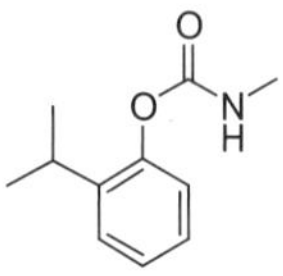

isoprocarb 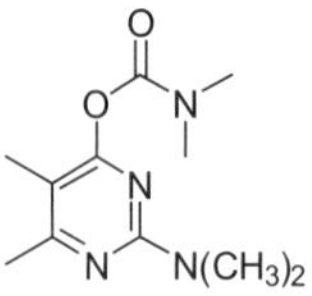 pirimicarb 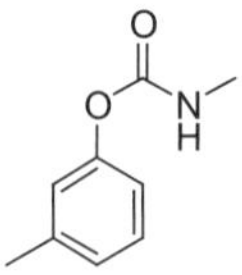 metolcarb 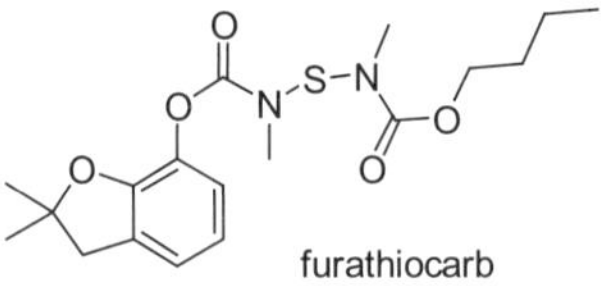 furathiocarb

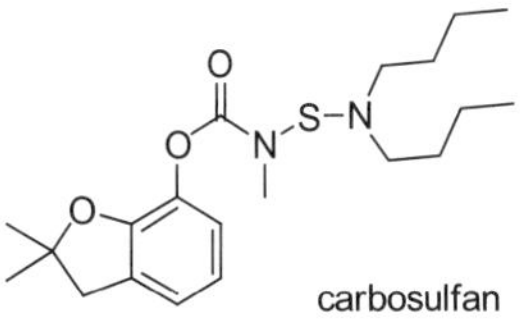

carbosulfan

1.2.3 Organochlorine계 살충제

(1) DDT계

DDT는 1873년 Zeidler에 의하여 합성되었으나 살충제로서는 1939년 Ciba-Geigy사에서 실용화되었다. 초기에는 주로 위생해충의 방제를 위해 사용되었으나, 그 후 농업용 해충 방제에도 널리 사용되었다. DDT와 그 유사화합물들은 신경축색에서의 신경자극전달을 교란시켜 반복흥분(repetitive dischange)을 일으킴으로써 살충력을 발휘하는 것으로 알려져 있다. DDT에 대한 곤충의 감각신경은 특히 민감하고 감수성은 저온에서 높아지므로 DDT의 살충력은 외부 온도가 내려갈수록 더욱 증대되는 것이 특징이다. 곤충의 중독증상은 이상 흥분과 다리 경련이 전형적이며 그 작용은 완만하게 나타난다.

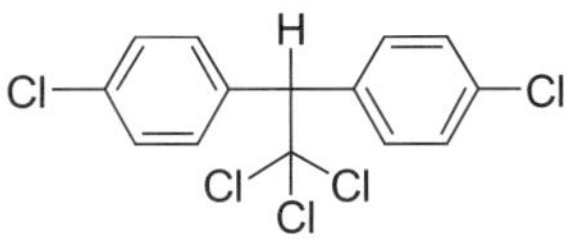

DDT 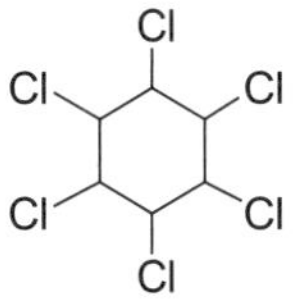 BHC

본제의 급성경구독성 LD$_{50}$(rat)은 113~118mg/kg, 급성경피독성 LD$_{50}$(rat)은 2,510mg/kg으로 낮고, 환경 중에서 매우 안정하며 잔효성은 뛰어나지만, 잔류성 및 인축에 대한 만성독성의 이유로 인하여 환경오염의 주범으로 인식되면서 우리 나라에서는 1973년에 그 사용이 전면 금지되었다.

(2) BHC계

BHC계나 cyclodiene계 화합물들은 곤충의 중추신경에 강한 자극작용을 일으켜 시냅스의 신경전달을 촉진시키고, 후방전(after-discharge)에 의한 자발성 흥분이 증대되면서 살충작용을 일으킨다.

BHC는 1825년 Michael Faraday에 의해서 합성되었다. BHC의 각 이성체 중 살충력을 갖는 것은 γ-BHC이며 다른 이성체는 살충력이 약하다. 특히 γ-BHC가 99% 이상 함유된 순품은 lindane이라고 한다.

γ-BHC는 접촉독, 식독 및 흡입독제로서 신경저해에 의하여 살충력을 발휘하며 곤충의 중독증상은 DDT와 마찬가지로 운동실조, 경련, 마비의 순으로 진행되어 결국에는 죽게 된다. 이러한 증상은 γ-BHC가 DDT의 경우보다 신속하게 나타나며, 살충력도 높은 것으로 알려져 있다. 그러나 BHC는 환경 중에서 매우 안정한 화합물로 잔류성 및 생체 내 만성중독의 우려로 우리 나라에서는 1979년 이후 사용 및 생산이 금지되었다.

(3) Cyclodiene계

Cyclodiene계 살충제는 1945년 이래 주로 Julius Hyman에 의해서 발전되어 온 유기염소계 살충제로 chlordane, heptachlor, aldrin 등 많은 화합물이 합성, 실용화되었다. 이들 화합물 중 aldrin, dieldrin, endrin, chlordane은 국내에서 농업용 살충제로 거의 사용되지 않았으며, heptachlor도 잔류성 및 독성문제 때문에 실제 사용기간은 길지 않았다.

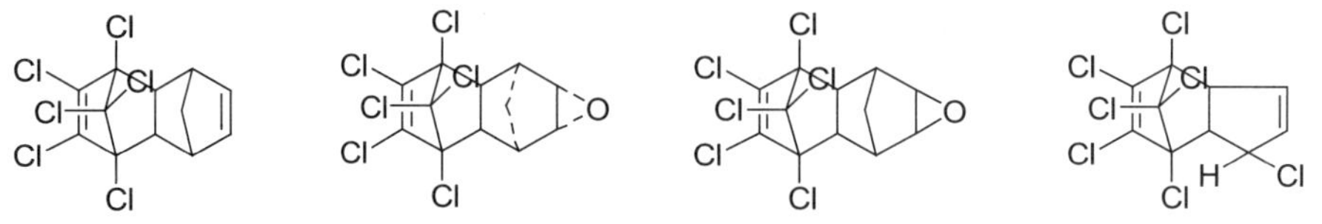

aldrin　dielerin　endrin　heptachlor

Endosulfan은 현재 우리나라에서 사용되고 있는 유일한 cyclodiene계 살충제로 분제와 유제가 담배나방, 토양해충 방제를 위하여 제한적으로 사용되고 있다.

Endosulfan은 α와 β의 2개 이성질체(isomers)가 있으며, 접촉독 및 식독작용에 의하여 살충효과를 발휘하는데 잔류성이 다른 cyclodiene 살충제에 비하여 상당히 짧은 편이다.

beta endosulfan　alpha endosulfan

1.2.4 Pyrethroids계 살충제

제충국(除蟲菊, Chrysanthnum cinerariaefolium, 또는 C. coccineum)의 분말인 pyrethrin은 천연 살충제로서 과거 오랜 기간 동안 사용되어 왔다. 천연 pyrethrin의 주요 살충성분은 ester 형태의 6개 성분으로 알려져 있다. Acid 부분으로는 pyrethric acid(acid I) 또는 chrysanthemic acid(acid II)이며 alcohol 조합에 따른 ester 화합물로서 총칭하여 pyrethroids라고 불리며 각각의 성분을 그림 13-2에 나타내었다.

Pyrethroid계 살충제(Pyrethroid Insecticide)의 작용기작은 신경축색에서의 신경자극전달을 저해, 반복 흥분 등을 유발하여 결국 치사에 이르게 하는 것이다. 특히 pyrethroid 살충제에서는 이

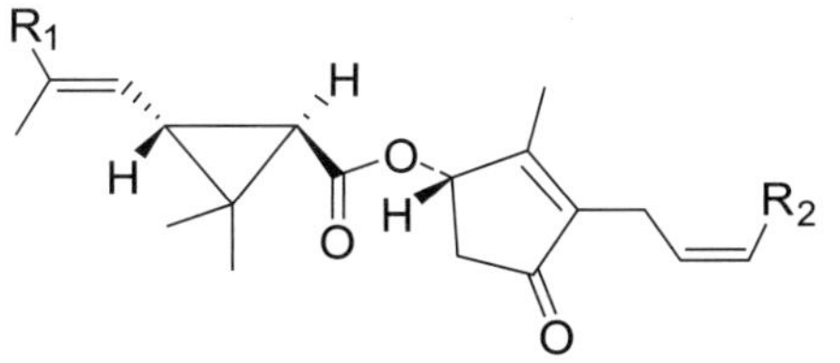

R1	R2	성분명
$-CH_3$ (Chrysanthemic acid)	$-CH=CH_2$ $-CH_3$ $-CH_2-CH_3$	Pyrethrin I Cinerin I Jasmolin I
$-COOCH_3$ (Pyrethric acid)	$-CH=CH_2$ $-CH_3$ $-CH_2-CH_3$	Pyrethrin II Cinerin II Jasmolin II

그림 13-2 천연 pyrethrin의 구조

른바 녹다운효과(knockdown effect)라는 신경전달 저해증상이 특이하게 관찰되는 특징이 있다.

Pyrethroid계 살충제는 일반적으로 포유동물에 대한 독성이 매우 낮아 안전성 농약으로 오랫동안 주목을 받아 왔지만 천연 pyrethrin이 환경 중에서 수분 및 광에 의하여 쉽게 분해되는 문제점 때문에 농약으로서의 실제 사용이 곤란하였다. 최근 안전성 농약의 개발 요구에 부응하여 pyrethrin의 산 및 alcohol 부분의 화학구조를 변화시켜 많은 종류의 pyrethroid계 살충제가 개발, 실용화되게 되었다.

합성 pyrethrin계 살충제는 일반적으로 어류에 대한 독성이 강하여 수계와 직접 연결되는 수도용으로 사용이 금지되어 왔지만, 최근에는 발달된 분자구조 설계기법에 의하여 어류에도 안전한 pyrethroid계 살충제가 개발, 실용화되고 있다.

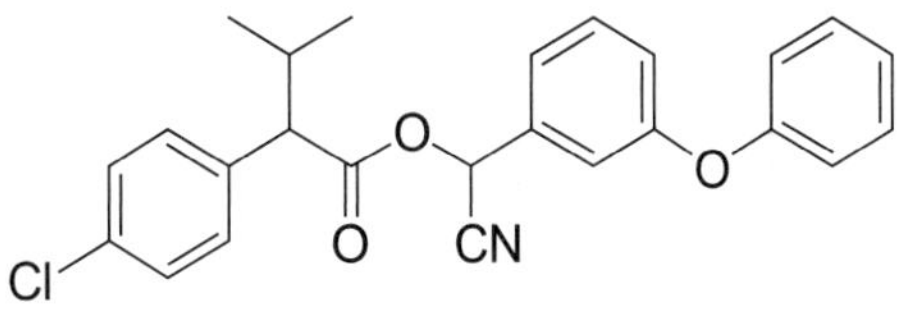

Fenvalerate는 접촉독 및 식독제로 유기염소계, 유기인계 및 carbamate계 살충제에 대하여 저항성을 갖는 해충 등 광범위한 해충, 특히 과수나 채소의 딱정벌레목(*Coleoptera*), 파리목(*Diptera*), 노린재목(*Hemiptera*), 나비목(*Lepidoptera*), 메뚜기목(*Orthoptera*)의 방제에 효과적이나 오이, 토마토, 배 등에는 약해의 우려가 있다. 본제는 열과 산에 안정할 뿐만 아니라 천연 pyrethrin의 단점인 광분해에 대해서도 안정하다.

Deltamethrin은 접촉독 및 식독작용에 의하여 살충효과를 발휘하며 효과가 비교적 빨리 나타나는 속효성 살충제이다. 이 약제는 채소와 과수류의 잎말이나방, 굴나방류, 진딧물 등의 방제를 위해 사용되며, 다른 pyrethroid계 살충제에 비해 빨리 광분해된다.

Cypermethrin은 지방질과 친화력이 강하므로 지방질을 함유하고 있는 곤충의 표피를 쉽게 침투하여 체내에 침입하는 식독 및 접촉독제로 그 방제효과가 확실하다. 또한 속효성 약제이며 잔효성도 어느 정도 인정되고 있다. 본제는 과수의 진딧물, 굴나방류와 배추의 배추좀나방의 방제에 사용된다.

급성경구독성 LD_{50}(rat)은 303~1,123mg/kg, 급성경피독성 LD_{50}(rabbit)은 2,400mg/kg이며 어류에 대한 TLm(갈색송어)은 0.002~0.0028ppm으로 어패류에 대한 독성이 매우 높다.

기타 pyrethroid계 살충제로서 fluvalinate, flucythrinate, fenpropathrin, cyfluthrin, cyhalothrin, bifenthrin, acrinathrin, etofenprox 등 다수가 개발, 실용화되어 있으며, 이들 농약의 식독 및 접촉독작용에 의하여 광범위한 해충에 대하여 살충효과를 보인다.

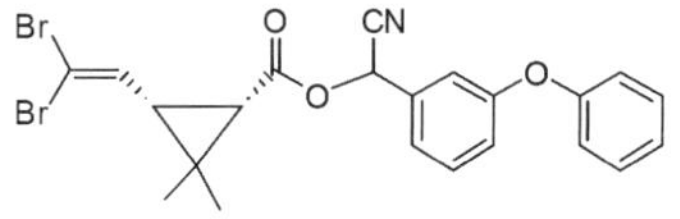

deltamethrin

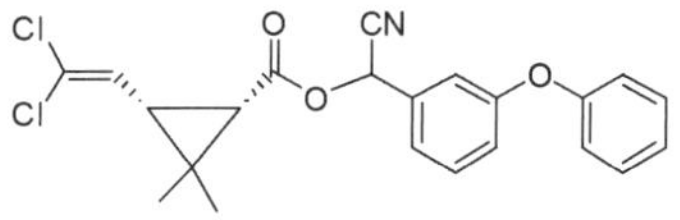

cypermethrin

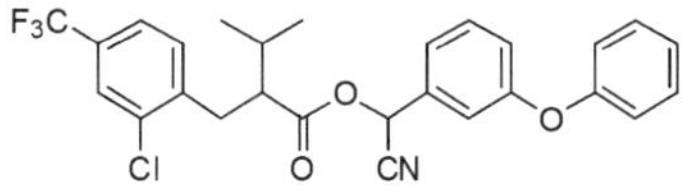

fluvalinate

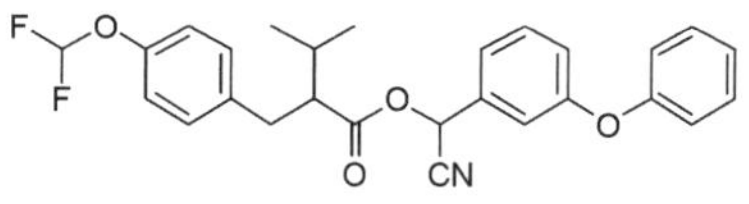

flucythrinate

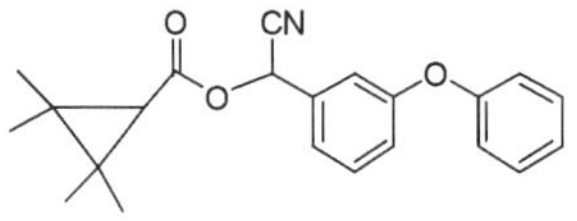

fenpropathrin

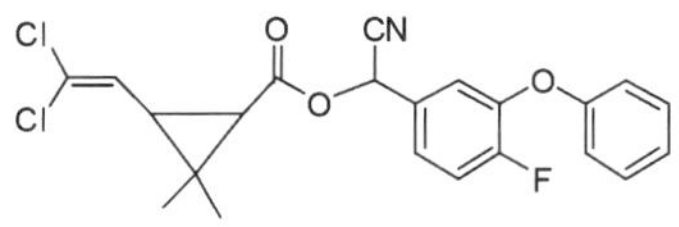

cyfluthrin

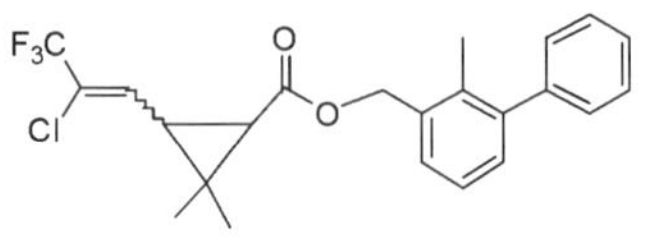

bifenthrin

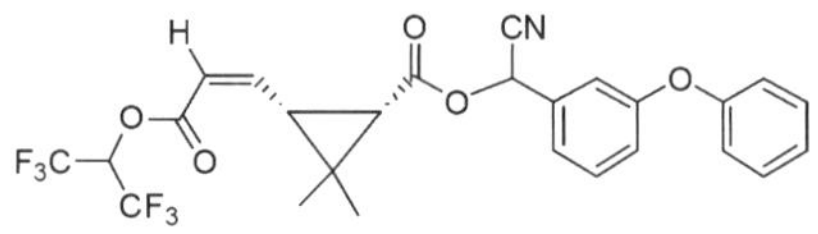

acrinathrin

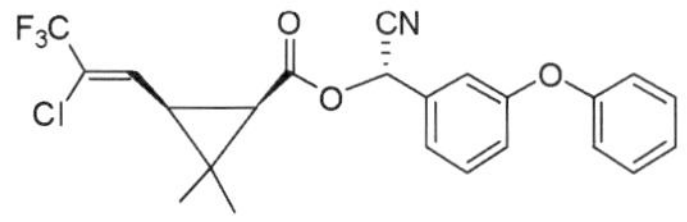

cyhalothrin

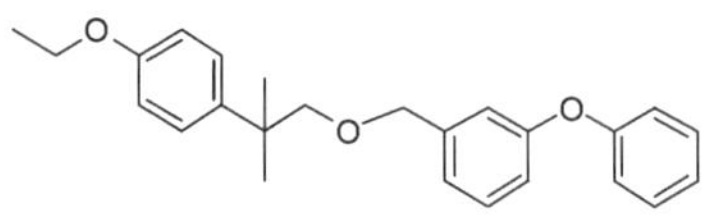

etofenprox

Fluvalinate는 식독 및 접촉독제로 살충작용뿐만 아니라 응애의 방제효과도 있다. 본제는 나비목(*Lepidoptera*), 진딧물, 삽주벌레, 멸구 및 응애와 같이 채소 및 과수의 광범위한 해충에 효과가 있다.

Cyhalothrin은 접촉독 및 소화중독으로 살충효과를 나타내며, 과채류나 과수 등의 나방류, 가루이, 노린재류의 방제에 사용된다.

Cyfluthrin은 접촉독 및 소화중독으로 살충효과를 나타내며, 고구마, 콩, 참깨 중거세미나방, 배추의 벼룩잎벌레, 밤의 밤바구미 방제에 사용된다.

1.2.5 Nereistoxin계 살충제

바다 갯지렁이로부터 얻어진 천연독소성분인 nereistoxin은 ACh와 구조가 비슷하기 때문에 ACh와 경합하여 ACh receptor에 결합한 후 신경전달물질(Ach)의 수용을 차단함으로써 살충활성을 발휘한다(antagonist). Nereistoxin의 유도체인 cartap과 bensultap은 충체 내에서 일차 대사 산물인 nereistoxin으로 전환되어 독작용을 나타낸다. 증상은 허탈상태를 거쳐 긴장 손실을 동반한 마비가 오게 되며, 처리약량이 적으면 재회복이 가능하나 한계치 이상이면 죽게 된다.

Cartap은 1965년에 실용화된 약제로서 접촉독 또는 식독제이다. 해충이 완전히 사멸되기까지는 일정 시간이 소요되는 특성이 있으며, 침투성이 강하고 살포 후 강우에 대해서도 영향이 적다. 또한 벼, 과수, 채소의 각종 해충 방제에 사용되며, 유기인계 및 carbamate계 살충제에 저항성인 해충에도 안정적인 방제효과를 보인다.

급성경구독성 LD_{50}(rat)은 325~345mg/kg, 급성경피독성 LD_{50}(rat)은 1,000mg/kg으로 동물에 대한 독성이 낮은 편이다.

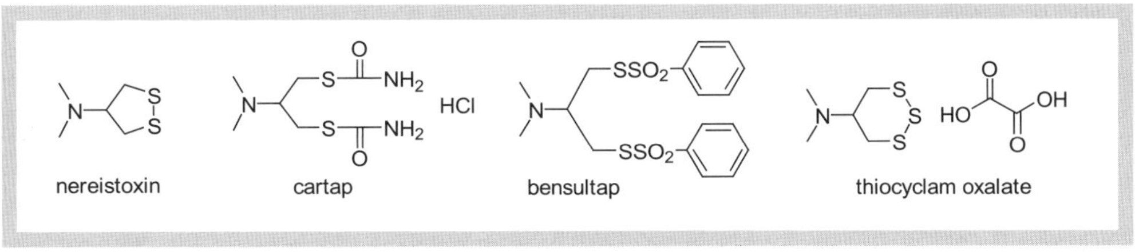

Bensultap은 접촉독 및 식독제로서 딱정벌레목 및 나비목에 대하여 효과가 우수하여 벼, 과수, 채소의 각종 해충 방제에 사용된다. 사과나 배 및 감귤의 품종에 따라서 약해의 우려가 있다.

급성경구독성 LD_{50}(rat)은 1,105~1,120mg/kg으로 매우 낮아 보통독성으로 분류된다. 토양중 반감기는 토양 특성에 따라서 상당히 다르지만 3~35일로 짧은 편이다.

Thioclycalm은 nereistoxin 유사체로 옥살산의 염의 형태로서 속효성 접촉독 및 소화중독제이다. 오이, 토마토의 아메리카잎굴파리, 배추 파밤나방, 감귤 꽃노랑총채벌레, 참외 담배가루이, 배 애모무늬잎말이나방 방제 등에 사용한다.

1.2.6 Nicotine계 살충제

담배 잎에서 추출한 nicotine과 그 관련 화합물을 nicotinoids라고 부른다. 일반 담배(*Nicotiana tabacum*) 잎에는 0.1~6.35%의 nicotine을 함유하고 있으나 *N. rustica*종의 잎에는 2~14%의 nicotine을 함유하고 있다. 담배 잎 중에 함유되어 있는 천연 nicotine 및 유연 화합물로는 nicotine, nornicotine 및 anabasine이 주류이며, 그 외에 미량의 관련 alkaloid가 함유되어 있으나 살충력이 비교적 강한 것은 위의 3종류이다.

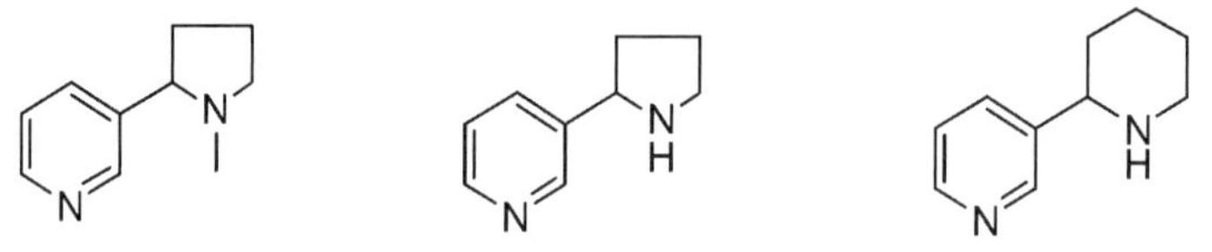

nicotine　　nornicotine　　anabasine

Nicotine은 접촉독작용, 식독작용, 흡입독작용을 하며, 주로 황산염의 수용액으로 사용되었다. 이 약제는 과수의 진딧물과 같은 흡즙해충(sucking insect)과 유충에 접촉독제로 이용되었으나, 포유동물에 대한 독성[LD_{50}(rat) 50~60mg/kg]이 강하고 약제의 충체 내 침투력에 문제가 있어 사용이 제한적이었다. 그러나 최근 분자설계와 합성기술의 발달로 효과적이고 안전한 새로운 nicotinoid계 살충제 즉 neonicotinoids의 개발이 활발하게 진행되고 있다.

Imidacloprid는 1992년 Nihon Bayer사에서 개발한 Neonicotinoid계 살충제로서 해충의 중추신경의 synapse 후막의 아세틸콜린수용체(AChR)에 작용하여 nicotine과 같은 작용기작으로 자극전달을 과다하게 하여(agonist) 흥분, 마비를 통하여 살충효과를 발휘하는 약제이다. 접촉 및 식독작용을 하는 침투이행성의 살충제로 이화명나방, 진딧물, 삽주벌레, whitefly 등의 흡즙해충 및 벼물바구미, 콜로라도 딱정벌레(Colorado beetle) 등의 토양해충에도 효과가 있으며, 선충(nematode)이나 응애(mite)에는 효과가 없다. 곤충과 포유동물 사이에서 뛰어난 선택독성을 지니고 있으며, 포유동물에 대한 LD_{50}(rat)은 440mg/kg으로 낮은 급성독성을 보이고 있다.

Dinotefuran은 접촉 및 식독작용을 하는 침투이행성의 살충제로 잎 뒷면에 처리하여도 잎 전체에 골고루 퍼져 약효가 안정적으로 발휘된다. 다양한 작물의 진딧물, 가루이, 노린재류, 깍지벌레, 벼룩잎벌레, 총채벌레 등의 해충에 효과가 있다.

Clothianidin은 침투이행성의 접촉독, 소화중독 약제로 다양한 종류의 흡즙해충 방제에 이용되며 신속한 살충효과와 잔효성이 긴 약제이다.

Thiamethoxam은 침투이행성의 약제로 다양한 종류의 흡즙해충 방제에 이용된다.

Thiacloprid는 접촉 및 식독작용을 하는 침투이행성의 살충제로 잎 뒷면에 처리하여도 잎 전체에 골고루 퍼져 약효가 안정적으로 발휘된다. 다양한 작물의 진딧물, 가루이, 노린재류, 깍지

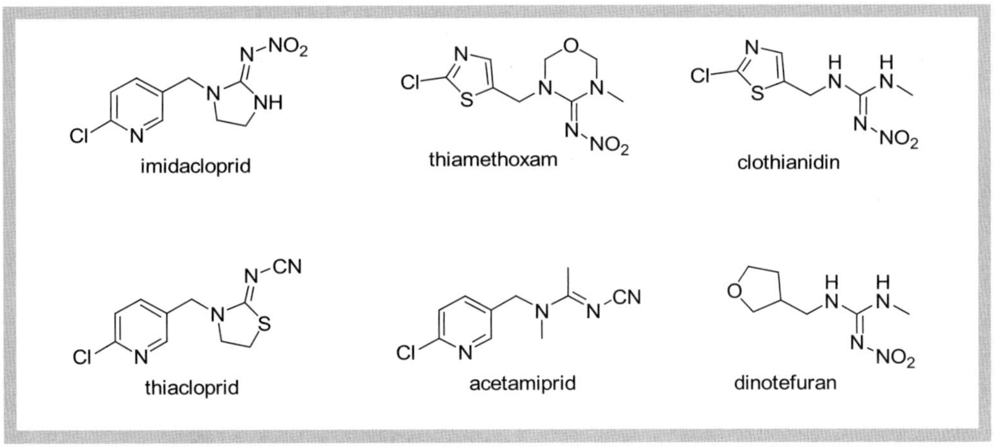

imidacloprid thiamethoxam clothianidin

thiacloprid acetamiprid dinotefuran

벌레, 벼룩잎벌레, 총채벌레 등의 해충에 효과가 있다.

Acetamiprid는 침투이행성을 가진 약제로 신속한 살충효과를 발휘한다. 꿀벌에 대한 독성이 높고, 다양한 작물의 진딧물, 가루이, 노린재류, 깍지벌레, 총채벌레 등의 해충에 효과가 있다.

1.2.7 Benzoylurea계 살충제

곤충의 표피는 chitin으로 구성되었는데, urea계 화합물은 곤충의 chitin 생합성을 저해하여 살충효과를 나타내며, 나비목 및 매미목(Homoptera)의 해충 방제용으로 주로 사용되고 있다. 이와 같은 chitin 생합성 저해제들은 일반적으로 곤충과 포유동물 사이에 높은 선택성을 가지고 있으므로 인축에 안전할 뿐만 아니라 환경오염의 우려가 없는 장점을 지니고 있다.

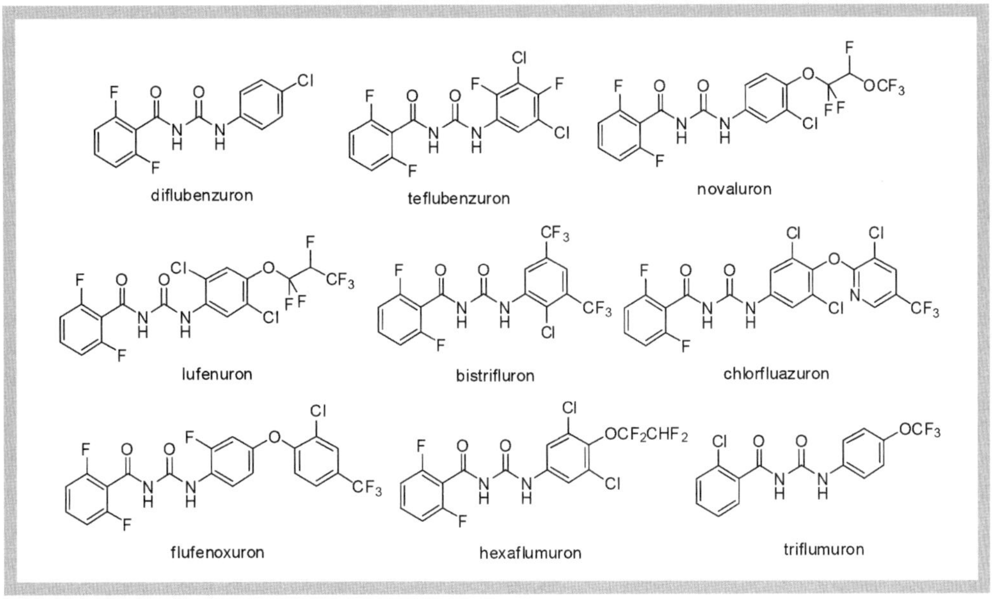

diflubenzuron teflubenzuron novaluron

lufenuron bistrifluron chlorfluazuron

flufenoxuron hexaflumuron triflumuron

Diflubenzuron은 요소계 식독제로 곤충의 chitin 생합성을 저해함으로써 살충효과를 나타내는 약제이다. 약효 지속기간이 길어 지효성이며, 알의 부화(孵化)를 억제하는 효과도 인정되고 있다.

적용해충으로는 사과의 잎말이나방, 감귤의 귤굴나방, 감의 감꼭지나방, 버섯류의 버섯파리의 방제 등에 사용된다. 급성경구독성 LD_{50}(rat)은 4,650mg/kg으로 포유동물에 대한 독성이 매우 낮다.

Teflubenzuron은 침투이행성의 접촉 및 식독제로 해충의 chitin 생합성 저해에 의한 살충효과와 암컷의 생식에 영향을 주어 살충활성을 발휘한다. 본제는 주로 과수의 잎말이나방류, 굴나방류, 채소의 배추좀나방, 산림의 잎말이나방, 솔나방 등의 방제에 사용된다.

Novaluron은 섭식이나 흡즙에 의한 식독작용으로 효과를 나타내며, 다양한 작물의 나방류, 가루이, 총채벌래, 노린재 등의 방제에 사용되며, 특히, 알과 유충에 비정상적인 탈피를 유도하여 살충효과를 나타내기 때문에 나방 성충에 대하여 직접적인 살충효과가 없어 반드시 유충 발생초기에 살포하여야 한다.

Lufenuron은 주로 나방류의 방제에 사용되며, 어린 유충에 탈피저해작용으로 치사시킬 뿐만 아니라 산란억제효과 및 부화억제 효과도 있다. 적인 탈피를 유도하여 살충효과를 나타내기 때문에 나방 성충에 대하여 직접적인 살충효과가 없어 반드시 유충 발생 초기에 살포하여야 한다.

Bistrilfuron은 국내에서 개발된 벤조일우레아계 살충제로, 배추의 배추좀나방, 파밤나방 외에 고추, 파, 사과, 근대의 나방류, 오이, 멜론의 온실가루이 방제에 사용된다.

Chlorfluazuron은 나방류에 효과가 높으나 십자화과 채소류의 유묘기에 사용 시 약해의 우려가 있다.

Flufenoxuron은 기존 응애약에 의한 저항성 응애류에도 효과가 좋으며, 나방류 유충의 모든 발육단계에 걸쳐 높은 살충효과로 처리폭이 넓고 약효가 오래 지속된다.

이외 urea계 살충제에는 triflumuron, hexaflumuron 등이 있으며, 이들은 침투이행성의 접촉 및 식독제이다.

1.2.8 Rotenone계 살충제

Rotenone은 원래 동남아시아 및 중남미에서 물고기를 잡기 위한 목적으로 사용하던 야생 콩과작물인 Derris elliptica, D. malaccensis 등에 함유된 유효성분으로부터 발전된 살충제이다. 이들 식물 중에는 물고기를 마비시키는 성분 등이 함유되어 있는데, 18세기 중엽에 이들 성분의 작용 중 살충활성도 있음이 밝혀졌다. 이들 식물체 중의 살어(殺魚), 살충성분은 rotenone 및 그 유연 화합물로서 그중 rotenone이 가장 강력한 살충력을 보여 pyrethrin, nicotine과 더불어 대표적인 천연 식물성 살충제로 되었으나 강한 어독성으로 현재는 농업용 살충제로 사용이 제한되어 있다.

Rotenone은 접촉독 및 식독제로 작용하며, 곤충의 신경저해 및 근육조직 내 미토콘드리아의 전자 전달계에서 복합체 I(NADH dehydrogenase)을 저해함으로써 호흡을 방해하여 곤충을 치사

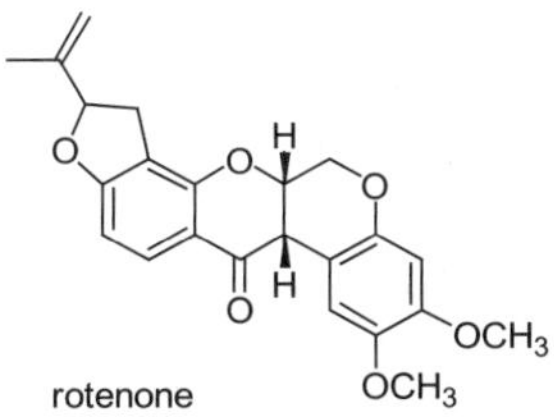

rotenone

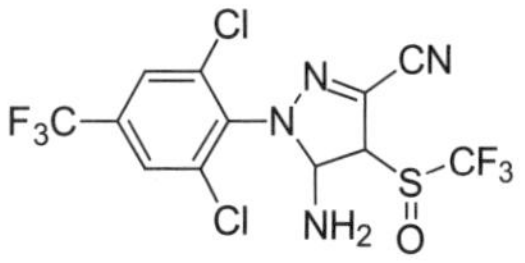

fipronil

케 한다. 광, 공기, 열에 불안정한 화합물로서 햇빛에 노출되면 봄에는 5~6일, 여름에는 2~3일 이내에 살충력을 거의 상실한다. 또한 온도의 상승에 따라 살충활성이 증대되는 특징이 있고, pyrethrin보다는 지효성이지만 속효성 약제이며 살충효과가 확실하다.

포유동물에 대한 급성독성은 비교적 낮은 편이나, 어류에 대한 독성은 높아 잉어에 대한 LC_{50}은 0.032ppm이다.

1.2.9 Phenylpyrazol계 살충제

Fipronil은 1992년 *Rhone-Poulenc*사에서 개발한 살충제로서 GABA(γ-amino butyric acid)에 의하여 통제를 받는 chloride channel을 저해함으로써(GABA antagonist) 살충효과를 발휘한다. Pyrethroid, cyclodiene, 유기인계, carbamate계 살충제에 대하여 저항성을 지닌 해충들도 효과적으로 방제할 수 있는 특성이 있으며, 토양 및 지상부에 서식하는 광범위한 해충 방제에 사용된다.

1.2.10 Abamectin류

Abamectin은 *Streptomyces avermitilis*에 의하여 생산되는 발효물질인 avermectin계통의 미생물 기원 살충제이다. 접촉 및 식독 작용제로 약간의 침투이행성을 갖고 있으며, 살응애, 살충효과가 있다. 살포 후 작물의 잎에 신속히 흡수되기 때문에 응애, 총채벌레류, 굴파리과 같은 흡즙해충에 뛰어난 살충효과를 나타낸다.

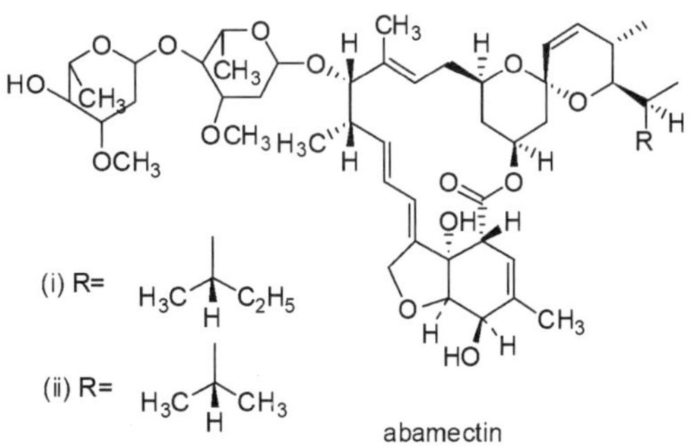

(i) R= H_3C–CH–C_2H_5

(ii) R= H_3C–CH–CH_3

abamectin

Emmamectin benzoate는 토양 박테리아에서 추출한 천연성분의 유도체로서 강한 침투성과 신속한 살충효과를 나타낸다. 나방에 대한 지속효과가 뛰어나며 다양한 해충에 사용된다.

1.2.11 스피노신계

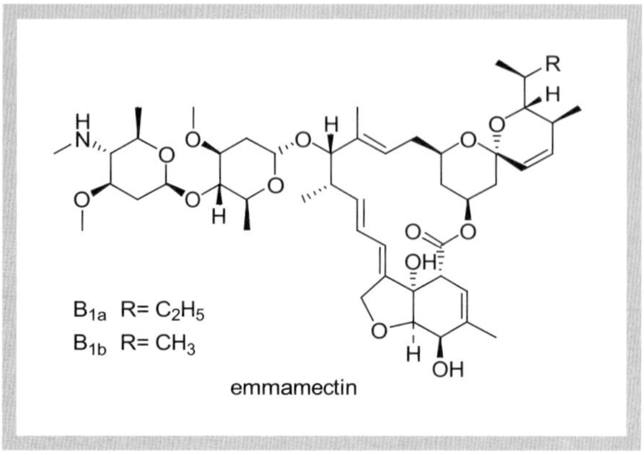

B_{1a} R= C_2H_5
B_{1b} R= CH_3

emmamectin

Spinetoram은 스피노신계(spinosyn)의 접촉 및 소화독으로 해충의 신경전달체계를 마비시켜 살충효과를 나타낸다. 토양방선균의 발효대사체로서 침달성이 뛰어나 약제가 묻지 않은 잎 뒷면에도 높은 방제효과를 나타낸다. 총채벌레류, 나방류, 온실가루이, 굴파리 등의 방제에 사용된다.

Spinosad는 스피노신계의 접촉 및 소화독으로 해충의 신경전달체계를 마비시켜 살충효과를 나타낸다. 토양방선균의 발효대사체로서 총채벌레류, 나방류, 온실가루이, 굴파리 등의 방제에 사용된다.

Spinetoram J

Spinetoram L

A, R= H
D, R= CH_3

spinosad

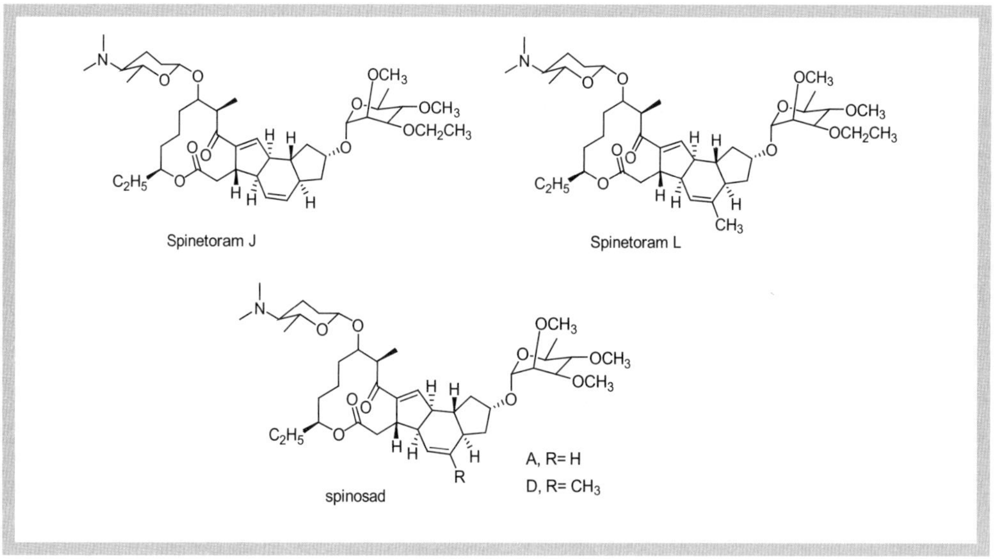

1.2.12 디아마이드계

Cyantraniliprole은 디아마이드계(diamide) 살충제로 해충의 근육세포내 칼슘채널을 저해하여 근육을 마비시켜 치사시키는 약제로서 가루이류, 진딧물류, 나방류의 해충 방제에 탁월한 효과를 보인다. 침투이행성이 강하고 신속한 살충효과와 긴 지속효과를 가지고 있고 해충이 접촉 또는 섭식 시 빠른 섭식억제효과를 보인다.

Cyclaniliprole은 디아마이드계 살충제로 해충의 근육세포 내 칼슘채널을 저해하여 근육을 마

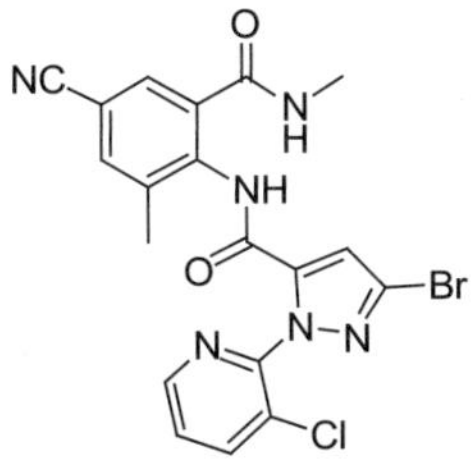

cyantraniliprole 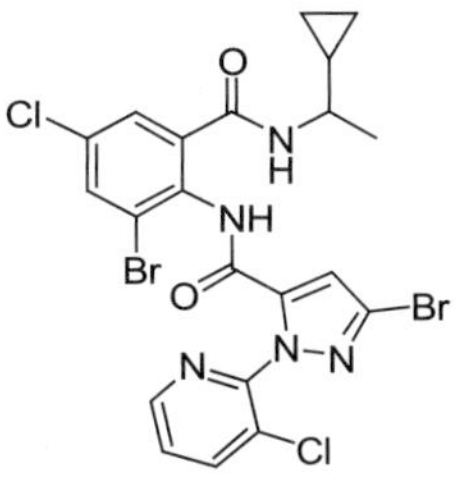 cyclaniliprole 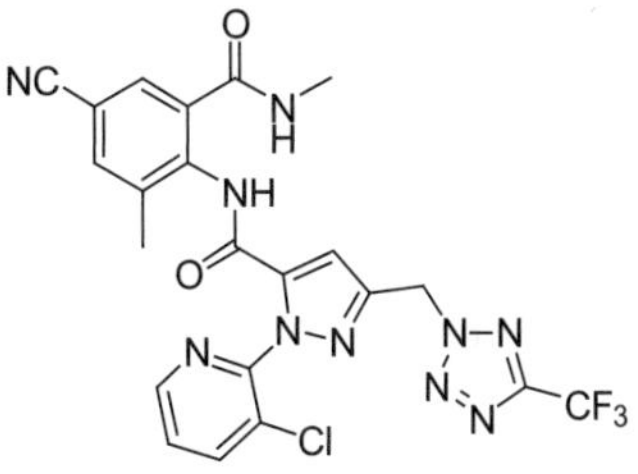 tetraniliprole

비시켜 치사시키는 약제로서 총채벌레, 담배가루이, 벼룩잎벌레, 나방류의 방제에 탁월한 효과를 보인다. 신속한 살충효과와 긴 지속효과를 가지고 있고 해충이 접촉 또는 섭식 시 빠른 섭식억제효과를 보인다.

Tetraniliprole은 디아마이드계 살충제로 해충의 근육세포 내 칼슘채널을 저해하여 근육을 마비시켜 치사시키는 약제로서 나방류의 방제에 탁월한 효과를 보인다. 신속한 살충효과와 긴 지속효과를 가지고 있고 해충이 접촉 또는 섭식 시 빠른 섭식억제효과를 보인다.

1.2.13 기타

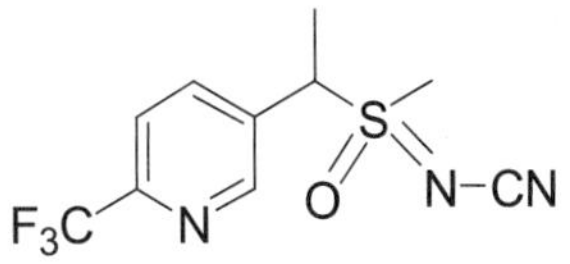

Sulfoxaflor는 설폭시민계 살충제로 효과가 빠르고 오래 지속된다. 접촉독과 소화중독에 의해 살충효과를 발휘하고, 침투이행성이 우수하여 진딧물에 강력한 효과를 나타내어, 진딧물류, 깍지벌레류, 노린재류, 매미충 등의 다양한 해충 방제에 사용된다.

sulfoxaflor

Spiroteramat은 테트라믹에시드계 살충제로 해충의 지질생합성을 저해하여, 흡즙성해충에 우수한 살충작용을 나타낸다. 양방향 침투이행성이 우수해 약효가 오래동안 지속된다. 진딧물류, 깍지벌레류, 가루이의 방제에 사용된다.

Indoxacarb는 옥사디아진계 살충제로 곤충신경세포의 나트륨 전달을 방해하여 효과를 나타내고, 다른 계통 살충제에 저항성을 보이는 해충 방제에 효과적인 나방전문 방제제이다. 해충이

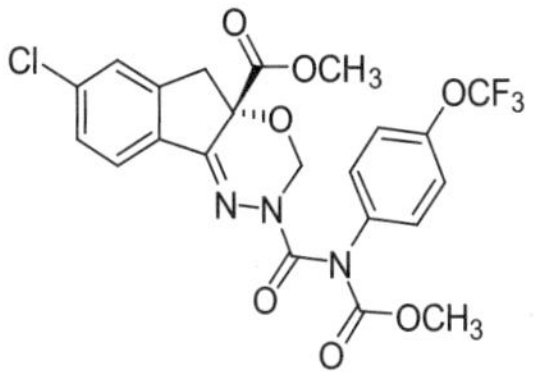

indoxacarb 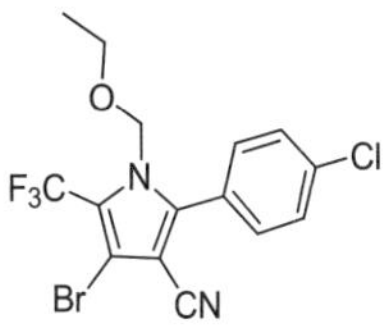 chlorfenapyr 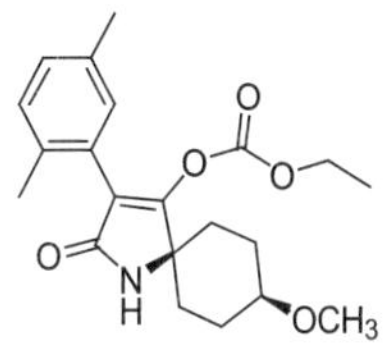 spirotetramat

섭식하거나 접촉시 빠른 시간 내에 섭식행위를 중단하여 피해가 최소화된다.

Chlorfenapyr는 파이롤계 접촉 및 소화중독제로 다양한 해충 방제에 사용되나 오이, 고추, 가지, 배추, 구기자, 토마토, 시금치, 참외의 유묘기와 적용작물 이외의 작물에는 약해의 우려가 있다.

Flonicamid는 니아신계 살충제로 침투이행성 및 침달성이 우수하여 높은 방제효과를 보인다. 잔효력과 내우성이 우수하고 꿀벌에 대한 안전성이 높아 개화기에 사용 가능하다. 진딧물류와 가루이류에 효과가 있다.

Flupyradifuron은 뷰테놀리드계 침투이행성 살충제로 속효성과 빠른 섭식저해로 진딧물을 효과적으로 방제한다.

Fluxametamide는 나방 방제에 탁월하게 효과적이며, 방제가 어려운 고령 나방 유충에도 높은 살충효과를 보인다. 빠른 치사효과와 지속효과도 높다. 또한, 방제가 어려운 꽃노랑총채벌레, 오이총채벌레, 아메리카잎벌레에도 높은 살충효과를 나타낸다.

Pyridalyl은 나방류의 방제에 사용되며 해충의 세포구조 및 세포내소기관 변형을 유발하는 독특한 작용기작을 가지고 있는 것으로 추정되며 접촉독 및 섭식독에 의해 살충효과를 보인다.

Pyrifluquinazon은 빠른 섭식억제효과와 약효의 지속성이 긴 진딧물류 방제제로 접촉독 및 섭식독에 의해 살충효과를 보인다.

Pymetrozine은 피리딘아조메틴계의 침투이행성 살충제로서 접촉독 및 소화중독에 의해 살충효과를 발휘한다. 진딧물, 가루이 방제에 사용되며 약효지속기간이 긴 약제이다.

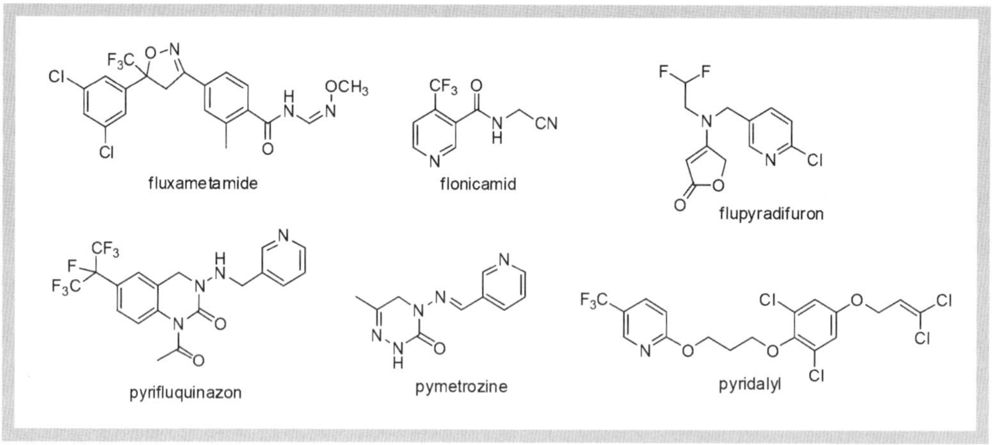

fluxametamide　flonicamid　flupyradifuron

pyrifluquinazon　pymetrozine　pyridalyl

1.2.14 생물농약

병해충 방제의 목적으로 병해충에 대하여 천적이나 기생생물, 독소를 생산하거나 길항성을 나타내는 미생물 등을 제제한 약제를 생물농약(biopesticide)이라고 한다. 생물농약은 유기합성농약에 의한 자연 생태계의 파괴 우려, 병해충의 약제 저항성 유발, 천적에 대한 영향 등의 각종 문제점을 해결할 수 있다는 장점이 있다.

생물농약에는 세균(bacteria), 사상균(絲狀菌, fungus), 바이러스(virus) 등의 미생물 살충제(microbial insecticide)와 기생벌, 기생선충 등의 천적생물을 이용한 생물 살충제로 구분한다. 그러나 생물농약, 특히 미생물 살충제는 자연 생태계 내에 사용되었을 때에 돌연변이, 생태계에 영향 등의 우려가 있으므로 세심한 주의를 요구하고 있다. 현재 실용화된 것은 세균의 일종인 Bacillus thuringiensis(Bt) 등이 있다.

(1) 미생물 살충제

Bt제는 세균의 일종인 *Bacillus thuringiensis*(Bt)균을 배양하여 균의 아포(牙胞, spore)가 생성될 때에 아포 중의 단백질 독소인 결정성의 δ-endotoxin을 아포와 혼합물 형태로 제제한 약제이다. 해충이 이 독소를 먹으면 소화과정에서 독소가 용해되어 중독작용을 일으킨다. 또한 Bt제는 온혈동물, 어류, 조류(鳥類) 등에 무독하지만 나비목 해충의 유충에 탁월한 효과를 발휘하는 선택성이 높은 약제이다.

그 외 세균으로서 *Bacillus popilliae*, *Bacillus lentimorbus* 및 *Bacillus moritai* 등이 알려져 있다.

(2) 천적 살충제

천적을 이용한 해충의 방제는 해충의 천적 곤충을 대량 사육하여 방사함으로써 해충의 밀도를 저하시키고, 이를 통하여 해충으로부터 농작물을 보호하는 생물학적 방제법의 하나이다. 가루깍지벌레(*Psudococcus comskocki*)의 천적인 기생벌(*Pseudophycus malinus*, GAHAN) 제품이 상품화되어 있으며, 귤가루깍지벌레(*Psudococcuscitri Risso*)의 천적인 무당벌레(*Cryptrolaemus montrouzier*)의 이용이 실용화되고 있다.

이러한 생물농약은 인축, 어류 및 조류에 대한 피해가 없고 자연 생태계 내에 존재하는 생물을 이용한 해충 방제제이기 때문에 안전하기는 하지만, 특정 해충에 대하여만 효과가 있고 지역적으로도 방제범위가 제한되므로 농작물을 가해하는 수많은 해충의 방제에 널리 이용하기는 어려운 문제점이 남아 있다.

1.2.15 곤충 호르몬제

곤충의 호르몬 중에 살충제로서 이용이 가능한 것은 곤충의 유충상태를 유지시키는 유약 호르몬(juvenile hormone)으로 곤충에만 특이적으로 작용하기 때문에 곤충 이외의 생물에 대해서는 안전하고 약제저항성의 우려도 없다.

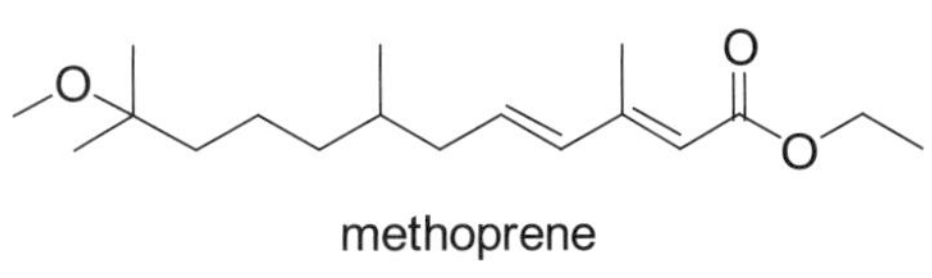

methoprene

그러나 유약 호르몬은 곤충과 다른 생물과는 선택성이 높으나 해충과 익충(益蟲) 사이에 특이적 선택성이 없고, 특히 천연의 유약 호르몬은 자연계 내에서 불안정하다는 결점이 있다. 최근에는 천연의 유약 호르몬에 비하여 안정하고 활성이 강한 methoprene과 같은 합성 화합물이 개발되어 앞으로 이 계통의 농약개발이 기대된다.

유약 호르몬과 그 관련 화합물의 살충제로서의 이용은 그 구성원소가 주로 탄소, 수소 및 산소만으로 되어 있고 독성 및 잔류성 문제가 거의 없으며, 극미량으로 충분한 활성을 보일 뿐만 아니라 종래의 살충제와는 작용기작이 다르므로 기존의 약제에 의하여 저항성이 유발된 해충에도 효과적인 방제가 가능하기 때문이다. 그러나 이러한 유약 호르몬은 곤충을 유충상태로 지속시키는 특성이 있으므로 유충시기에 작물을 가해하는 해충의 경우에는 오히려 피해를 볼 수도 있는 한계가 있다. 이러한 계열의 약제는 성충상태에서 작물을 가해하는 해충에 대하여 애벌레(larvae) 또는 번데기(pupae) 상태일 때 유약 호르몬을 처리하여 성충으로 변태되는 과정을 저지함으로써 효과를 발휘할 수 있다.

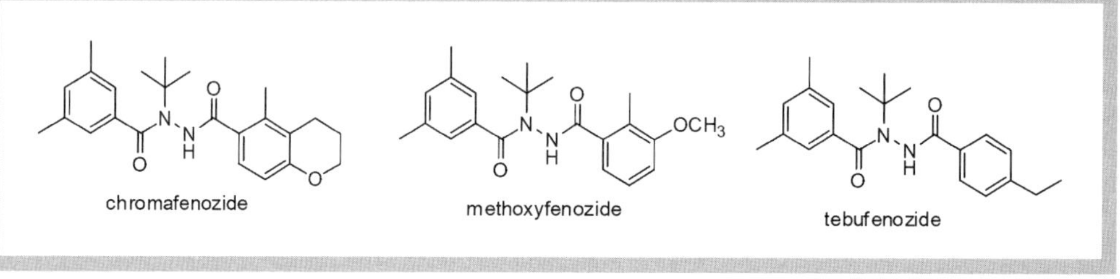

chromafenozide　　methoxyfenozide　　tebufenozide

Chromafenozide, methoxyfenozide, tebufenozide는 벤조일하이드라자이드계의 곤충생장 조절제로, 탈피를 촉진하여 해충을 치사시키며 다른계통에 저항성이 생긴 해충의 방제에도 우수한 효과를 보인다. 나방류의 해충에만 선택적으로 살충효과를 나타낸다.

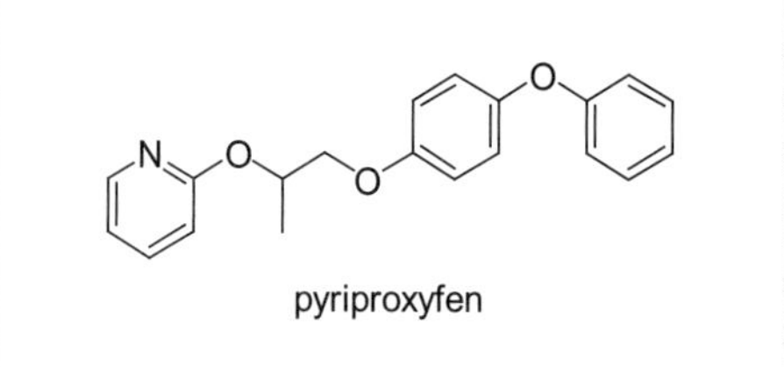

pyriproxyfen

Pyriproxyfen은 곤충 생장호르몬 유사체로 살란효과 및 약충에서 성충으로의 변태 저해작용 효과가 있어 온실가루이나 담배가루이의 방제에 사용된다.

1.2.16 곤충 페로몬제

곤충 pheromone은 누에의 성 페로몬(sex pheromone)인 bombykol을 분리, 동정한 Karlson과 Butenandt가 Luescher와 함께 1959년에 제안한 것으로 '곤충 개체로부터 체외로 배출되어 같은 종의 다른 개체에 특이한 반응을 일으키게 하는 생리 활성물질'이라고 정의할 수 있다. 곤충의 페로몬과 호르몬의 차이는 곤충 호르몬이 내분비선에서 생합성되어 개체 내에서 극미량으로 생리작용을 나타내는 데 반하여, 곤충 페로몬은 생합성되어 체외로 배출되어 같은 종족의 개체 간에 정보전달에 관여하는 물질이라는 데 차이가 있다.

페로몬은 그 작용특성에 따라 크게 두 가지로 분류되는데 페로몬의 자극에 의해서 곤충에 직접 행동을 일으키는 성 페로몬(sex pheromone), 집합 페로몬(aggregation pheromone), 경보 페로몬(alarm pheromone), 길(道) 페로몬(trial pheromone) 등의 방출(放出) 페로몬(release pheromone)과 페로몬의 자극에 의해서 곤충 개체에 생리적 변화를 일으키는 계급 분화(分化) 페로몬, 생식능력 억제 페로몬 등의 기동(機動) 페로몬(primer pheromone)이 있다.

곤충의 주요한 행동은 극미량의 페로몬에 의해서 조절되므로 페로몬을 적당히 이용하면 많은 곤충들 중에서 특정한 곤충만을 유인, 집합, 흥분시킬 수 있다. 페로몬을 이용하여 곤충의 행동을 인위적으로 교란시켜 해충을 방제하려는 시도가 최근 활발하게 진행되고 있다.

각종 페로몬 중에서 해충 방제용으로 가장 유력한 것은 성 페로몬으로 그 이용법은 크게 두 가지로 구분된다. 첫째는 해충의 발생 예찰용으로 해충의 발생시기 및 밀도를 예측하여 방제에 필요한 살충제의 양, 방제시기 등의 정보를 얻는 것이다. 둘째로는 살충제 대신에 직접 해충의 밀도를 감소시킬 목적으로 이용하는 것이다. 즉 해충 발생 시에 많은 트랩(trap)을 설치하여 해충의 수컷을 가능한 한 많이 포살(捕殺)하는 방법(mass trapping)과 야외의 전체 대기 중에 성 페로몬을 살포, 수컷이 암컷의 위치를 탐지하는 기능을 교란시켜 교미를 못하게 하거나 또는 암컷의 위치를 찾기 위하여 방황하다가 지쳐서 죽게 하는 방법 등이다.

▶ 표 13-2 곤충의 성 페로몬

곤충	성 페로몬
Bombyx mori(Silkworm♀)	Bombykol
Limantria dispar(Gypsymoth♀)	Disparlure
Spodoptera Litura(Tobaco cutworm♀)	(Z,E)-9,11-Tetradecadien-1-yl acetate
Graphoritha molesta(Oriental fruit mot♀)	(Z)-8-Dodecen-1-yl acetate
Chilo supplessalis(Rice stem borer♀)	(Z)-11-Hexadecen-1-al (Z)-13-Hexadecen-1-al
Sanninoidea exitiosa(Peach tree borer♀)	(Z,Z)-3,13−Octadecadien-1yl acetate
Achroia grisella(♂)	Undecanal (Z)-11vOctadecen-1-al
Attagenus megatoma(♀)	(E,Z)-3,15-Tetradecadienoic acid
Apis mellifera(Bee♀)	(E)-9-Oxo-2-decenoic acid (E)-9-Hydroxy-2-decenoic acid
Musca domesca(House fly♀)	(Z)-9-Tricocene
Dorosophila melanogaster(♂)	(Z)-11-Octadecen-1yl acetate

1.2.17 유인제(attractant) 및 기피제(repellent)

식물을 가해하는 식식성(食植性) 곤충(phytophagous)은 식성에 따라서 한 가지 식물만을 식해(食害)하는 것과, 모든 식물을 비선택적으로 식해하는 것으로 나뉜다.

곤충의 기주식물 선택생리는 곤충과 식물 사이에 복잡한 생리, 생태적 요인에 의해서 결정되지만, 그중 하나의 중요한 요인으로는 식물체 내에 함유하고 있는 성분 중 곤충을 유인 또는 기피하는 물질이 관여하는 것이다. 최근 이러한 식물성분들을 해충 방제에 이용하려는 시도와 연구가 다양하게 진행되고 있다.

(1) 곤충 유인물질

기주식물에 함유된 곤충 유인물질(insect attractant)에는 산란(産卵) 유인물질(oviposition attractant)과 먹이 유인물질(food attractant)이 있다.

① Allylisothiocyanate($CH_2=CH-CN-N=O$)
  : 십자화과 식물의 배추좀나방(Plutella xyllostella) 산란 유인

② *n*-Propylmercaptan($CH_3CH_2CH_2SH$), *N*-propyldisulfide(Sesamolin, $-C_3H_7-S-S-C_3H_7$)
  : 양파의 양파파리 산란 유인

③ Oryzanone(p-methoxyacetophenone) : 벼의 이화명나방 유충 유인

④ Acetaldehyde : 감자의 Colorado 잎벌레 유충 유인

이들 유인물질을 이용한 해충 방제는 유인물질과 살충제를 동시에 사용하여 유인되어 오는 해충을 방제하는 것이다.

(2) 곤충 기피물질

곤충 기피물질(repellent)은 식물성분 중 식물선택에 관여하는 활성물질 중 곤충이 기피하는 인자로서는 ① 기피인자 및 ② 섭식저해인자가 있다.

① 기피인자(repellency) : 곤충에 부(負, negative)의 주화성을 일으키는 자극물질을 말하는 것으로 누에의 유충에 대한 lauryl alcohol이 그 예이다. *N*-Diethyl-m-toluamide(DEET)는 열대지방의 풀모기(striped mosquito)에 기피작용을 보여 모기 기피제로 실용화되고 있다.

② 섭식저해인자(feeding deterrence) : 곤충의 섭식을 저해하는 물질을 말하는 것으로 곤충의 식물 선택에 부(負)의 요인으로 미각적 저해물질이 독성 및 물리적 저해 등과 함께 관여한다고 알려져 있다.

식물체 내에 함유되어 있는 섭식 저해물질은 표 13-3과 같으나 현재까지 해충 방제용으로 실용화된 것은 없다.

▶ **표 13-3 식물체 중 곤충 섭식저해물질**

섭식저해물질	식물명	곤충
Isoboldine	*Goceulus trilobus* DO	담배나방, 까치밥나무자나방
Clerodendin	*Clerodendrin trichotomum* THUNB	담배밤나방, 조명나방, 독나방

1.2.18 곤충 불임화제

곤충을 방사선으로 조사(照射)하든가 또는 화학 불임화제(chemical sterilant)의 처리로 불임화시켜 야외 포장에 방사하면 야생의 건전한 해충은 불임화된 곤충과 교미(mating)하더라도 산란한 알이 부화하지 않으므로 이와 같은 불임화 해충의 방사를 계속하여 반복하면 해충의 밀도를 현저하게 감소시키게 된다.

불임화제(不姙化, sterilization)의 실용적 이용으로는 최초로 방사선을 조사한 screw worm fly의 방제에 시험적으로 성공한 예가 있다. 그러나 방사선 조사에 의한 불임화는 곤충의 대량 사육 등 많은 문제점이 있어 실제 포장에서 실용화가 곤란하여 최근에는 화학 불임화제에 대한 연구가 진행되고 있다.

곤충 화학 불임화제로서 유효한 화합물로는 대사 길항물질(anti-metabolites)과 알킬화제(alkylating agents)가 있다.

(1) 대사 길항물질

알이나 정충(sperm)의 생산을 저하시키거나 이미 생산된 알이나 정충을 치사시키는 화학물질로서 그 화학구조는 amethopterin과 같이 생체 내 주요 대사 중간산물과 유사한 화합물이며 곤충 체내에 침투되면 대사과정이 저해되거나 정지하게 된다.

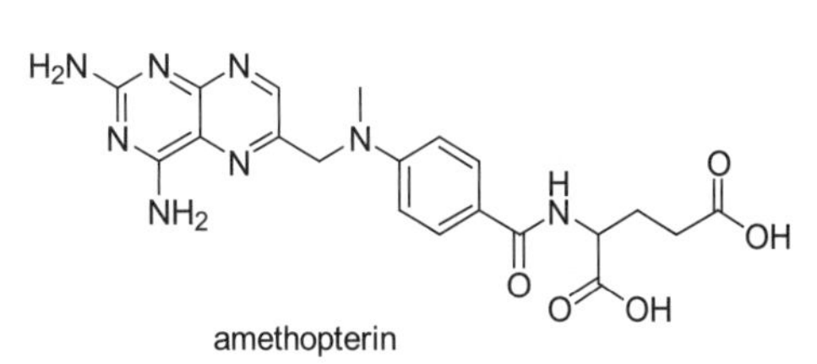

amethopterin

그러나 이 길항물질은 곤충의 암컷을 주로 불임화시키는 작용을 하지만 알킬화제(alkylating agent)보다 불임화력이 떨어진다.

(2) 알킬화제

곤충의 우성(優性) 유전자에 작용하여 변성을 유도하는 물질로 생체 내 주요 화학물질인 유전질(遺傳質)의 활성수소를 alkyl기로 치환시키는 화합물을 말한다.

Alkyl화 불임화제는 aziridine핵을 갖는 Tepa, Metepa, Apholate가 대표적 물질이다. 이들 화학

물질은 곤충의 수컷 또는 자웅 양성을 다같이 불임화시키며, 대사 길항물질보다 작용력이 강하여 우수한 불임화제로 인정되고 있다.

이들 화학물질의 불임화 특성은 염색체(染色體) 절단에 의한 세포분열 저해와 난소(卵巢) 발육에 영향을 주어 불임화시키는 것으로 이는 aziridine핵의 화학구조가 불안정하므로 쉽게 개열(cleavage)되어 반응성이 높은 이온성의 중간체(carbonim, alkylating agent)를 쉽게 만들기 때문이다.

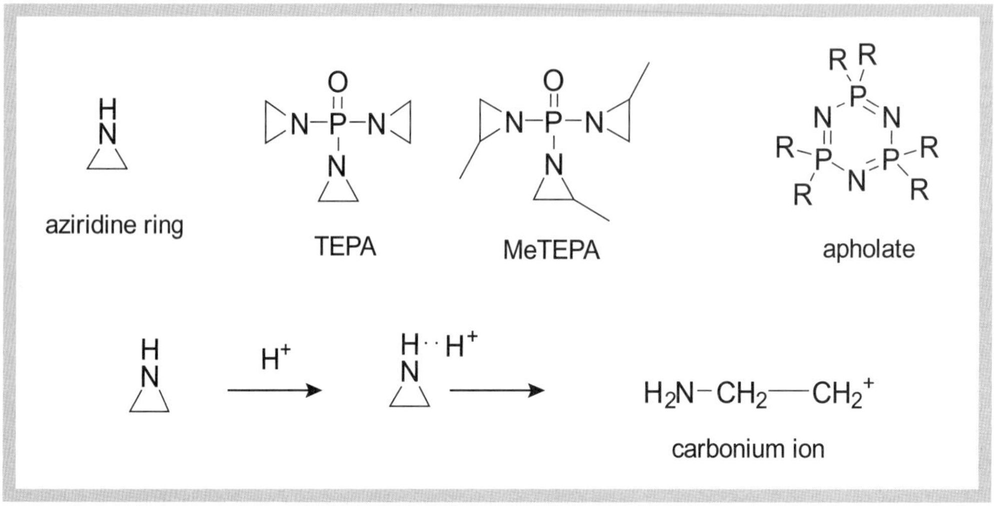

aziridine ring

TEPA

MeTEPA

apholate

$H_2N-CH_2—CH_2^+$

carbonium ion

그러나 이들 alkyl화제는 포유동물에 대한 독성이 강하여 아직까지 실용화되지 못하고 있다.

최근 Tepa 및 tetramine과 화학구조가 비슷한 hexamethyl phosphoamide(HMPA) 및 hexamethylmeramide(HMM)가 집파리 수컷에 대한 불임효과가 우수하고 포유동물에 대한 독성도 Tepa의 1/50 정도로 안전하여 앞으로 이들 화합물의 실용화 연구가 기대되고 있다.

1.3 협력제

협력제(協力劑, Synergist)의 기원은 천연 식물성 농약인 pyrethrin에 어떤 물질을 첨가함으로써 살충력이 증대되는데 착안하여 개발된 것으로 이때 첨가되는 물질을 협력제(synergist) 또는 공력제(共力劑)라고 한다. 협력제는 그 자체만으로는 살충력이 없으나 혼용되는 살충제의 생물활성을 증대시켜주는 작용을 한다. Pyrethrin의 협력제는 참깨기름 중에 함유되어 있는 sesamin이 처음 발견되었으나 그후 sesamolin과 같이 더 강력한 협력제가 참깨기름 중에서 발견되었다. 그 외 pyrethrin의 협력제로 egonol, hinokinin, hibalactone이 계속하여 발견되었으며, 이들 화합물

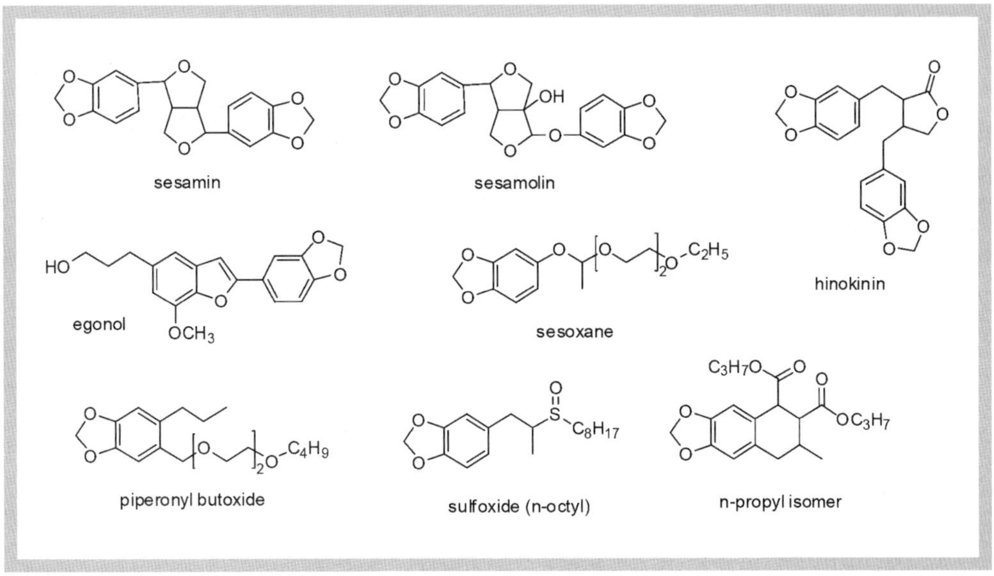

그림 13-3 Pyrethroid계 농약에 대한 협력제

은 어느 것이나 그 분자구조 중에 methylene dioxyphenyl기를 공통적으로 가지고 있다.

현재 piperonyl butoxide, sulfoxide, *n*-propylisomer과 같은 합성 협력제가 실용화되고 있으나 이들 중 piperonyl butoxide(PBO)가 가장 실용적 효과가 있다.

한편 DDT나 parathion에 저항성인 집파리에 협력제인 sesamex(3,4-methylene dioxyphenylbezene sulfonate)를 각각 DDT와 parathion에 첨가하여 처리하였을 경우 강한 살충력이 관찰되었다. 또한 sesamex의 carbamate계 살충제에 대한 협력제로서의 효과도 보고되었다.

1.4 작물의 해충저항성 품종의 육성

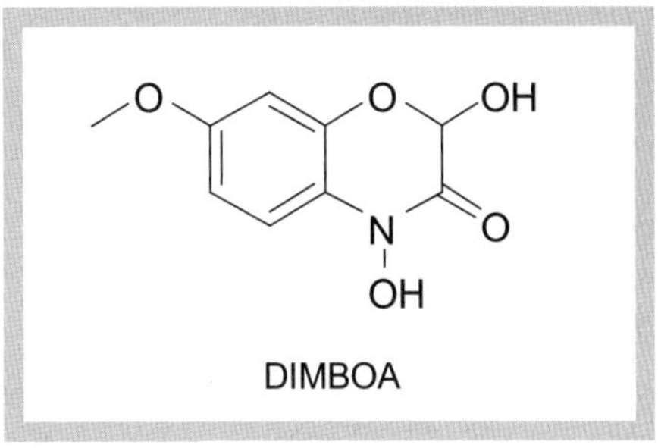

식물 중에는 해충의 식해(食害)를 받기 어려운 종 또는 품종이 존재한다.

옥수수의 품종 간에는 조명나방의 식해에 대한 저항성의 강약이 있는데 그 저항성의 원인 인자로서 2,4-dihydroxy-7-methoxy-1,4-benzoxazin-3-one(DIMBOA)이 알려져 있다.

DIMBOA는 옥수수 체내에서 glucoside 형태로 존재하며, 식해를 받았을 경우 효소의 작용에 의해 유리 DIMBOA가 형성되어 해충에 대하여 저항을 나타내는 것으로 보고되어 있다. 병해충에 대한 이러한 저항성 품종의 육성은 장래에 있어서 중요한 해충 방제법의 하나가 될 것이다.

2. 살응애제

응애는 절족동물문(節足動物門, Arthropoda), 거미강(Arachnida)의 응애목(Acarina)에 속하는 것으로 현재 지구상에 10,000여 종이 서식하고 있으며, 우리나라에서는 20여 종이 발견되고 있다. 농작물을 가해하는 주요 응애는 과수 및 시설 원예작물에 서식하는 점박이응애(spotted spider mite), 사과응애(european red mite)가 있으며 최근 마늘, 양파 등에 뿌리응애(bulb mite)의 피해가 증가되고 있다.

과거에는 응애를 방제하기 위한 약제로서 월동기에는 기계유(機械油)제가, 발생기의 방제제로서는 석회 유황합제와 rotenone제가 사용되는 정도였으나 제2차 세계대전 이후 유기합성살충제의 개발과 더불어 살응애 전용의 농약도 출현하였다. DDT와 parathion 등과 같은 강력한 살충제의 사용에 의해 응애의 천적이 감소하였기 때문에 응애류의 발생 및 가해(加害)가 증대하는 결과를 초래하게 된 것이다.

Metcalf(1948)는 살충제인 DDT가 응애류에 대하여는 효과가 없는 원인을 구명하고 DDT 관련 화합물의 살응애성에 관한 연구를 지속적으로 수행하여 BCPE, CPCBS 등 살응애제(Acaricides, Miticides) 개발에 선두 역할을 하였다. 그 후 이러한 것으로부터 chlobenzilate, tetradifon, dicofol 등의 살응애제가 계속하여 등장했다.

한편 유기인제 살충제인 TEPP, parathion, EPN 등도 응애 방제에 효과가 있어 1950년대부터 잎응애의 방제에 사용되어 왔었다. 그러나 인축독성이 강하고, 유충이나 성충에는 효과가 있으나 살란(殺卵)효과가 없으며 비선택성 살충제로 응애의 천적에도 피해를 주어 살응애제로서 적당하지 못하였다. 그 후 저독성 유기인제로서 살응애력이 뛰어난 malathion, dialifos 등이 개발되었다. 현재는 잔효성이 있는 접촉독형과 침투이행형의 thiometon, ethion 등 수 종에 한하여 사용되고 있다.

Dinex, dinocap, binapacryl 등의 dinitrophenol계 화합물과 quinoxaline계도 살응애활성을 갖고 있어 chinomethionat 등이 개발되었다.

또한 azo화합물인 chlorfensulfide, formamidin계인 amitraz 및 유기주석계 화합물인 azocyclotin, 제초제로 개발된 bialafos도 살응애제로 이용된다.

또한 최근에는 abamectin 등의 항생물질제, 응애의 병유발성 virus 및 포식성(捕食性) 천적을 이용한 생물학적 방제와 방사선 및 화학 불임제(不姙劑)를 이용한 유전적 방제법 등이 시도되고 있어 실용화가 기대된다.

응애류는 사과와 감귤 등의 과수를 비롯하여 많은 종류의 작물을 가해하며 작물의 생육 기간 중 거의 계속적으로 발생하며, 연간 세대수도 10여 회 반복되는 것이 많으므로 이들 응애를 효과적으로 방제하기 위해서는 다음과 같은 조건을 구비한 약제가 필요하다.

- 성충 및 유충에 대한 효과뿐만 아니라 살란 효과도 있어야 한다.

- 잔효 기간이 길어야 하며 약제 저항성 유발이 없어야 한다.
- 응애류에만 선택적으로 작용하고 천적 및 유용생물에는 안전하여야 한다.
- 응애류는 그 종류가 많으므로 적용범위가 넓어야 한다.
- 작물에 대한 약해 및 인축에 대한 독성이 없어야 한다.

2.1 살응애제의 작용기작

살응애제의 작용점 및 작용기작은 크게 살충제와 마찬가지로 응애의 신경계에 작용하여 신경기능을 저해하는 것과 미토콘드리아에 작용하여 에너지 대사계를 저해하거나 생체 내의 amine대사를 저해하는 생체 대사 저해제로 나뉜다.

살응애제의 신경기능저해는 주로 유기인계 및 카바메이트계 살충제와 같이 synapse계 내에서 신경전달물질인 아세틸콜린(ACh)을 분해하는 AChE를 저해하는 것과 diarylcarbinol계 화합물인 dicofol 등에서 볼 수 있는 것과 같이 신경계내의 ATPase를 저해하여 반복 흥분을 일으켜 죽게 한다.

Dinitrophenol계 및 유기주석계 화합물은 호흡의 전자전달계에 작용하여 전자전달과정에서 생성되는 에너지(NADPH)를 이용하여 ATP를 생산하는 산화적 인산화반응을 탈공역하거나(dinitrophenol) 직접 저해하여(유기주석계) 살응애력을 발휘한다.

또한 quinoxaline계 화합물은 TCA cycle의 각종 반응을 저해하는 것으로 보아 SH효소를 저해하는 것으로 여겨지며, formamidine계 화합물인 amitraz는 octopamine receptor에 agonist로 작용하여 효과를 발휘한다.

한편 항생물질인 polynactin 복합체는 금속을 착염(錯鹽)형태로 포착하는 성질이 있으므로 응애 체내 금속을 함유하는 호흡효소를 불활성시켜 내부호흡을 저해하므로써 살응애작용을 보인다.

원자 16개로 구성된 고리구조를 포함하는 milbemectin은 억제성 신경전달물질인 GABA 수용체에 결합하여 Cl-ion channel을 활성화시켜 응애와 곤충의 활동을 억제하는 것에 의해 효과를 발휘하는 것으로 생각되고 있다(GABA agonist). 또한 제초제로 개발된 bialafos는 식물체 내에서 활성화되어 식물의 중요한 대사인 glutamine합성을 저해하는 것으로 알려져 있으나 응애에 대한 작용기작은 아직 밝혀지지 않고 있다.

2.2 살응애제의 저항성

유기합성농약이 개발되어 사용된 이후 병원균, 해충 및 응애가 약제에 대한 내성이 유발되는 경우가 적지 않게 보고되고 있다. 특히 잎응애는 연간 세대교체가 10회 이상 되는 것이 있으므로 동일한 약제를 2~3년간 연속하여 사용하게 되면 그 약제에 대하여 저항성을 갖는 계통이 유발된다. 따라서 잎응애류 방제에는 약제에만 의존할 것이 아니고 천적 이용 또는 비배관리의 합리화에 의해 발생을 미연에 방지하는 등의 생물학적 방제를 가미한 종합방제가 요구되며 교차저항성관계가 없는 약제를 번갈아 가며 사용하여야 한다.

2.3 주요 살응애제와 그 작용

2.3.1 Diarylcarbinol계 살응애제

Dicofol로 대표되는 diarylcarbinol계 살응애제는 관련화합물인 DDT가 응애류에 대하여 전혀 효력이 없는 데 반하여 광범위한 응애류에 대하여 살란, 살유충, 살충활성을 가진다. 이 계통에 속하는 주요 살응애제를 다음 그림에 정리하였다. 벤젠고리의 para 위치에 염소(chlorine) 또는 취소(bromine)로 치환되어 있는 것이 특징이다.

BCPE dicofol proclonol

chlorobenzilate chloropropylate phenisobromolate

2.3.2 유기유황계 살응애제

Chlorfenson(CPCBS)은 침투이행성 약제로 살란효과는 있으나 성충에 대한 효과는 없으며 약효 지속기간은 길다.

Tetradifon은 비침투성의 접촉독 작용제로 응애의 성충이나 유충에는 효과가 없으나, 본 약제에 접촉된 성충(암컷)이 산란한 알은 부화되지 않으며 부화 직후의 유충에도 효과가 있다. 또한 본 약제는 지효성이며 약효 지속기간은 길다.

Propargite(BPPS)은 성충, 유충에 대하여 접촉제로서 작용하여 속효성은 있으나 살란효과는 적다. 이와 같이 화학구조와 관능기의 차이에 의해 작용이 다르나 그 기작에 대하여는 아직 밝혀지지 않았다.

2.3.3 유기인계 살응애제

Malathion, dialiphos 등의 유기인제는 살성충, 살유충, 살란효과를 갖지만, 현재 사용되는 것은 ethion, thiometon 등의 침투성 살충작용을 갖는 약제이며 잎응애에 대한 살란효과는 없다.

2.3.4 Phenol계 살응애제

2,4-Dinitrophenol 중 dinex, dinocap, binapacryl 등은 잎응애류의 전 세대에 걸쳐 속효적으로 작용한다.

2.3.5 유기주석계 살응애제

Cyhexatin, azocyclotin는 잎응애류의 성충, 유충에 대하여 효과가 있으며, fenbutatin oxide는 잎응애류의 유충 및 탈피 직후의 성충에 효과가 있으나 지효성 약제로 약효 지속기간이 길므로 응애 발생을 억제하는 효과도 있다. 또한 유기인계 및 기타 살응애제에 의하여 유발된 저항성 응애에도 효과적인 방제가 가능하다.

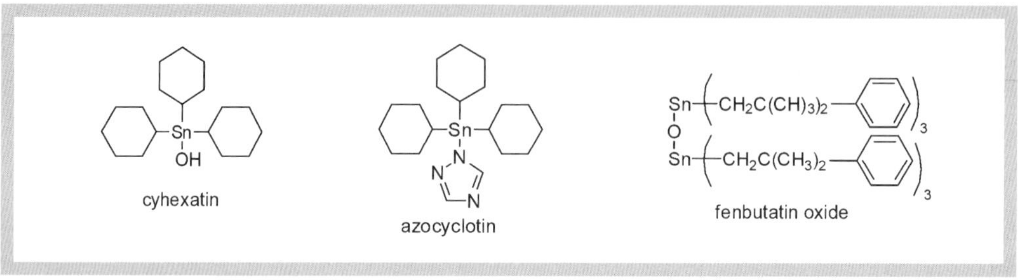

cyhexatin

azocyclotin

fenbutatin oxide

2.3.6 항생물질계 살응애제

항생물질인 polynactin 복합체는 과수의 잎응애에 유효하며, 살성충, 살유충력이 강하다. Milbemectin은 광범위한 잎응애류의 전 생육기에 대하여 높은 활성을 보인다. 기존의 살응애제에 저항성을 갖는 잎응애에 대하여도 효력을 나타낸다. 제초제인 bialafos는 과수원의 잡초를 제거함으로써 잎응애류가 초류(草類)로부터 과수에 이동하는 것을 감소시킨다.

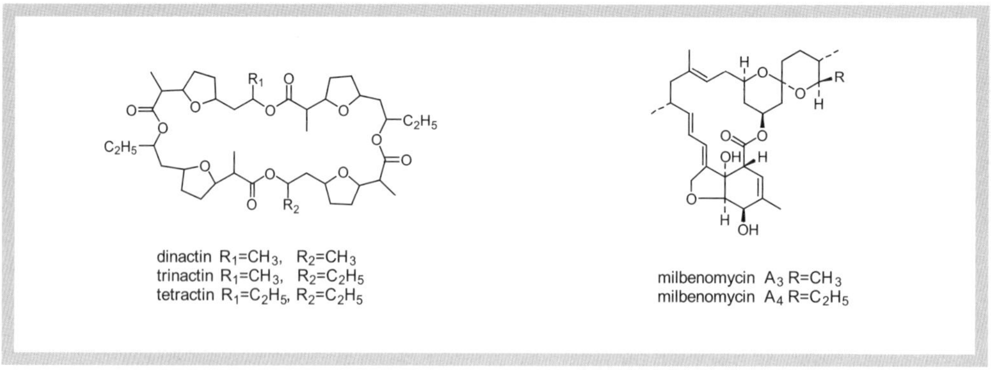

dinactin R_1=CH_3, R_2=CH_3
trinactin R_1=CH_3, R_2=C_2H_5
tetractin R_1=C_2H_5, R_2=C_2H_5

milbenomycin A_3 R=CH_3
milbenomycin A_4 R=C_2H_5

2.3.7 기타 살응애제

Chinomethionat는 잎응애의 성충, 유충, 알에 대하여 효과가 있으며 천적에는 영향을 미치지 않는다. Amitraz는 성충, 유충, 알에 속효적이며 비교적 장기간에 걸쳐 응애의 발생을 억제한다. Benzoximate는 귤잎응애, 사과잎응애에 대하여 살란력, 살성충력이 강하며 효력도 지속적이다.

Fenothiocarb는 귤잎응애의 알과 성충에 높은 활성을 보이며, 각종 약제저항성의 잎응애에 대하여 우수한 효력을 나타낸다.

Fenproximate는 phenoxypyrazol계 살응애제로 알, 유충, 성충의 전 생육단계에 대하여 활성을 나타낸다. 또한 pyrazolcarboxyamide구조를 갖는 tebufenpyrad는 기존의 살응애제에 저항성을 보이는 잎응애류에 대하여 활성을 보인다. Fluazinam은 보호살균제로서 개발되었으나 잎응애에 대하여도 강한 효과가 있다. Pyridaben은 피리다지논계 살충제로 잎응애의 전 생육단계에 활성을 나타내나, 특히 유약충(幼若蟲)에 대하여 강하게 작용하며 잔효성도 있다. Tetrazine 골격을 갖는 clofentezine은 과수, 야채의 잎응애방제에 탁월한 효과를 나타낸다.

Bifenazate는 카바제이트계의 접촉독 살충제로 응애의 유충, 약충, 성충 생육단계에 걸쳐 효과를 나타내는 속효성 약제이다. 감귤, 사과, 참외 등의 다양한 응애류 방제에 사용되며 석회보르도액과 같은 강알칼리성 약제 또는 카바메이트계, 유기인계 살충제 근접살포 시 약효 미흡의 우려가 있다.

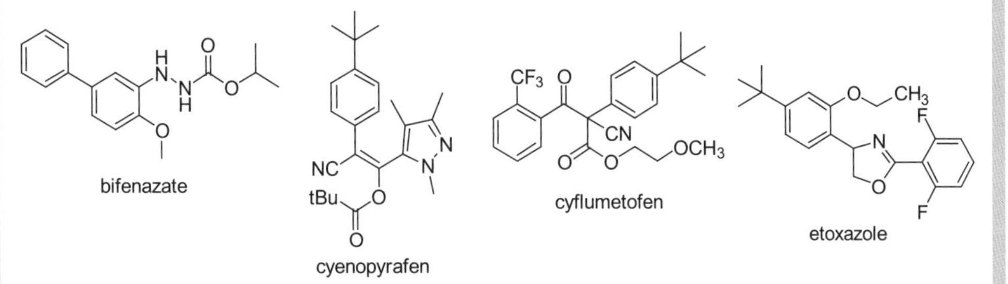

bifenazate cyenopyrafen cyflumetofen etoxazole

Cyenopyrafen은 아크리로니트릴계 살응애제로, 응애류의 알부터 성충까지 전 세대를 방제할 수 있는 응애 전문약제이다. 귤응애, 점박이응애, 차먼지응애, 사과응애 등의 방제에 사용되며 내우성이 우수하여 안정적인 효과를 발휘하고 약효발현 속도가 매우 빠르며 약효지속기간이 길어 약제 살포횟수를 줄일 수 있다.

Cyflumetofen은 벤조일아세토니트로닐계 살충제로, 응애류의 알부터 성충까지 전 세대를 방제할 수 있는 응애 전문약제이다. 귤응애, 점박이응애, 차먼지응애, 사과응애 등의 방제에 사용되며 내우성이 우수하여 안정적인 효과를 발휘하고 약효발현 속도가 매우 빠르며 약효지속기간이 길다.

Spiromesifen은 테트로닉에시드계 살충제로 해충의 지질생합성을 저해하여 살충작용을 나타내며, 응애 알의 부화억제 작용과 유·약충에 대한 효과가 우수하고, 성충에는 불임효과를 보인다. 다양한 응애류와 가루이의 방제에 사용된다.

Spirodiclofen은 테트로닉에시드계 살충제로 해충의 지질생합성을 저해하여 살충작용을 나타낸다. 알, 유충, 약충에 대한 효과가 우수하고, 지속기간이 길다.

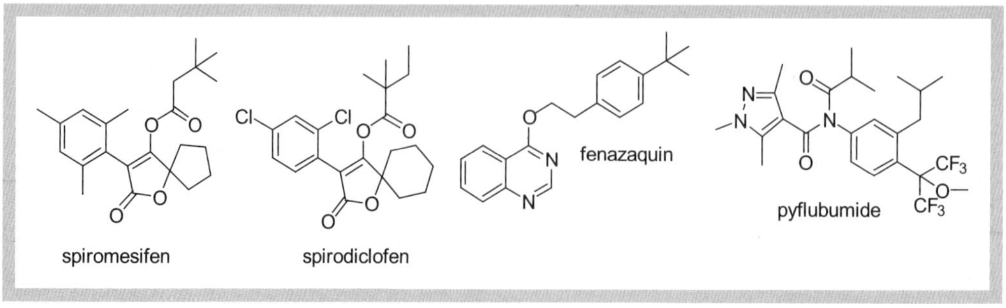

spiromesifen spirodiclofen fenazaquin pyflubumide

Etoxazole은 옥사졸린계 살충제로 응애 성충에 대한 불임효과, 알 및 유·약충에 대한 효과가 뛰어난 지효성 약제로 안정되고 높은 효과를 보인다. 성충에 대한 효과보다 알, 유충, 약충에 대한 효과가 뛰어나므로 발생 초기에 살포하는 것이 좋다.

Fenazaquin은 퀴나졸린계 살응애제로 응애의 알, 약충, 성충 등 모든 생육단계에 걸쳐 효과가 우수하다.

Pyflubumide는 카복사닐리드계 살충제로 응애의 모든 생육단계에 걸쳐 효과가 우수하고, 빠른 살충효과를 발휘하고 약효지속기간이 길다.

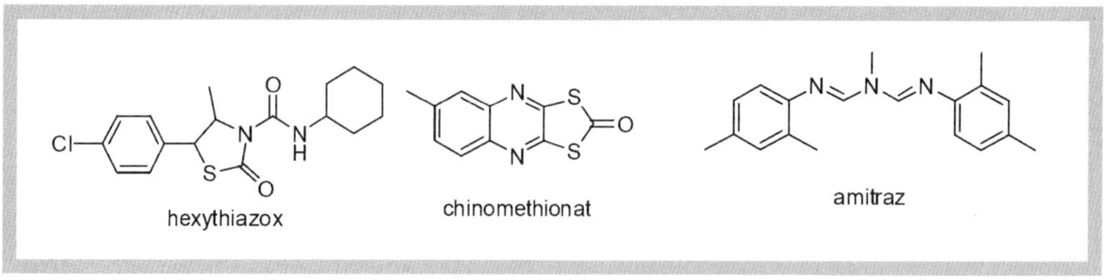

hexythiazox chinomethionat amitraz

Hexythiazox는 성충에 대한 살충력은 약하나 성충 불임효과와 알, 약충에 대한 방제효과가 있어 발생 초기에 사용하는 것이 효과적이고 잔효성이 긴 약제이다. 귤응애, 점박이응애, 차먼지응애, 뿌리응애의 방제에 사용한다.

benzoximate fenothiocarb tebufenpyrad

fenproximate pyridaben fluazinam

clofentezine

3. 살선충제

선충은 선형동물문(線形動物門, Nemathelminthes)의 선충강(線蟲綱, Nematoda)에 속하는 미소동물로서 일부 종을 제외한 대부분의 선충은 물속이나 토양 및 생물체에 서식한다. 농작물을 가해하는 선충은 식물의 지하부에 기생하는 뿌리혹선충 및 시스트선충이 있으며, 식물의 지상부에 기생하는 벼의 심고선충(心枯線蟲) 등 널리 분포하고 있다.

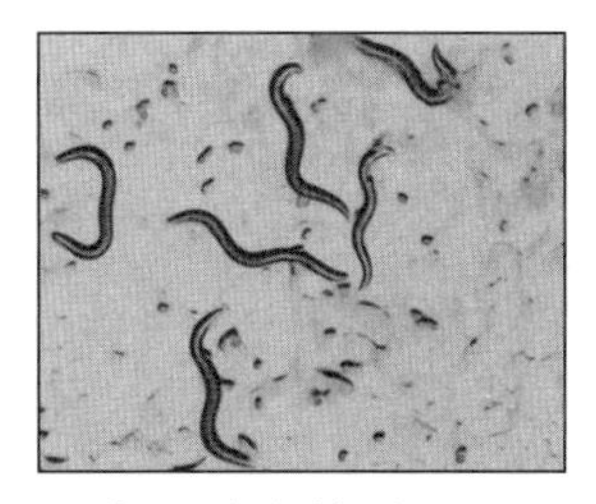

Caenorhabditis elegans

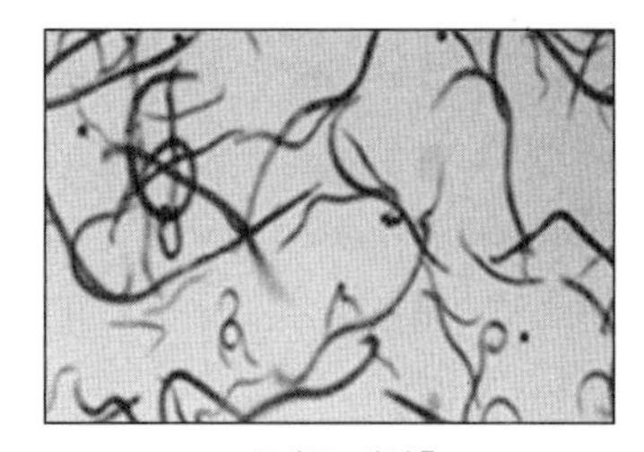

소나무 재선충

선충의 약제 방제는 토양 중에 서식하는 선충을 방제하기 위하여 1911년 이황화탄소(CS_2)를 사용한 것이 시초였으나 방제효과가 낮아 실용화되지 못하고 그 이후(1919년) chloropicrin이 개발되어 토양훈증제로 실용화되었다. 1940년대에 들어와 토양선충이 경제적으로 피해해충으로 등장하면서 methyl bromide, D-D(1,3-Dichloropropene), EDB, DBCP 등의 할로겐화 탄화수소계 화합물이 전문 살선충제(nematicides)로 실용화되었다. 또한 이들은 높은 증기압을 가지고 있어 훈연제로서 사용되고 있다.

그 외에도 할로겐화 탄화수소계인 EDC, 할로겐화 ether인 DCIP, dithiocarbamate계의 carbam, thiocyanate인 REE(Sassen) 등이 개발되었다.

최근 소나무 시들음병이 솔수염하늘소에 의해 전염되는 선충에 의해 발생한다는 것이 알려져 이를 방제하기 위한 약제도 개발되었다.

또한 식물 추출물 중에도 살선충 작용을 보이는 것이 알려져 있다. 예를 들면 마리골드의 뿌리로부터 α-terthienyl, 5-(3-buten-1-ynyl)-2,2'-bisthienyl이, 아스파라거스의 뿌리로부터는 asparagusic acid 등이 살선충 활성을 갖는 물질로 단리되었다.

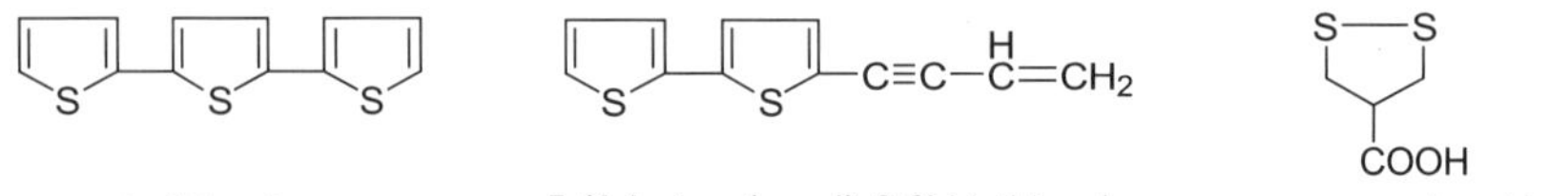

C≡C–CH=CH₂ COOH

terthienyl 5-(3-buten-1-ynyl)-2,2'-bisthienyl asparagusic acid

화학적 방제 외에도 선충의 천적으로 알려져 있는 세균, 사상균, 포식성 선충, 응애 등의 이용도 시도되어 선충포식균에 의한 선충방제용의 생물농약이 개발되었다. 또한 윤작, 저항성품종의 재배 등과 같은 경종적 방제법도 충분히 고려해야 할 것이다.

3.1 살선충제의 작용기작

현재 사용되는 살선충제의 대부분은 유기할로겐 화합물이며, 훈증제로서 토양중에 처리하면 기화(氣化), 흡착, 확산 등에 의하여 선충체에 침입한다.

할로겐화 탄화수소에 의한 살선충작용은 반응성이 매우 높은 할로겐화물과 생체 내의 -SH, $-NH_2$, -OH기 등과 반응함으로써 필수효소의 활성을 저해하게 된다. 유기 할로겐화물과 염기성 물질과의 반응은 1분자 및 2분자의 친핵성 치환반응(S_N1 및 S_N2)이 있으나 S_N2 반응이 보다 선택적이다.

Halogen원소의 종류에 따른 반응성은 I > Br > Cl의 순으로 높고, 알킬기는 포화 화합물보다 β,γ-불포화 화합물이 반응성이 높다. 예로서 EDB는 EDC보다, 1,3-dichloropropene은 1,2-dichloroprpane보다 살선충 활성이 높다.

Thiocarbamate계인 carbam은 토양 중에서 분해되어 methyl isothiocyanate(CH_3NCS)로 되어 생체 내의 -SH 등 활성중심과 반응하여 불활성화시키므로 살선충 활성을 보이며, thiocyanate

계 화합물인 REE는 증기압이 낮아 토양 중 선충 방제용으로 사용할 수 없으나, 벼의 심고선충 보독종자(保毒種子)를 침지처리할 경우 종자 중에 감염된 선충체 내에 약제가 침투하여 선충 호흡계의 전자전달계를 저해함으로써 살선충작용을 보이는 것으로 알려져 있다.

3.2 주요 살선충제와 그 작용

3.2.1 유기할로겐계 살선충제

Chloropicrin, methyl bromide, ethylene dibromide 등은 저장 중인 곡물과 과실의 훈연제로서 사용되었으나 살선충제로서 효과도 인정되어 토양선충 방제제로 사용되고 있다.

1,3-Dichloropropene(D-D)은 1943년에 하와이에서 파인애플의 선충 방제에 탁월한 효과가 있음이 밝혀진 후에 토양 선충 방제 전문약으로 사용하게 되었다. 이 약제는 증기압이 높아 토양에 처리하면 토양 내에 확산되어 선충에 접촉독 또는 흡입독 작용을 보이며, 우리나라에서는 단제로서는 사용되지 않고 chloropicrin과의 혼합제(Telone)가 토양 해충약으로 사용되고 있다.

DCIP는 propylene에서 유도된 halogenated ether로 야채, 차 등의 선충 방제에 사용된다.

CCl_3NO_2
chloropicrin

CH_3Br
methyl bromide

$BrCH_2CH_2Br$
ethylene dibromide

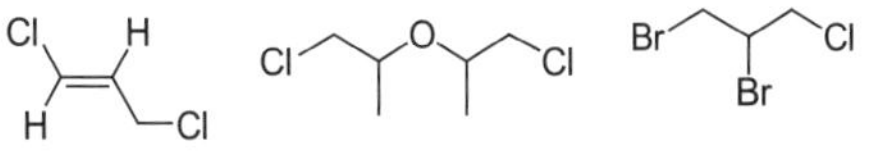

Cl H H Cl
1,3-dichloropropene

Cl O Cl
DCPI

Br Cl Br
DBCP

3.2.2 기타 살선충제

기타 살선충제로서는 methy isothiocynate와 REE 등은 벼 뿌리마름 선충 등에 효과가 있으나 REE는 등록이 인정되지 않았다. 살선충제로서 개발된 carbam은 토양살균제 및 제초제로 이용되고 있으며, 살균제로 개발된 dazomet와 benomyl도 살선충 효과가 인정되었다. 유기인계 살충제 fenthion(MPP)의 활성산화물인 mesulfenfos, pyraclofos, ethoprofos, fosthiazate 등도 살응애제로 사용된다.

Imicyafos는 유기인계 살충제로 선충에 탁월한 효과를 보이며, 침투이행성을 가지고 있고, 작물의 정식전 토양 혼화처리 시 선충의 효과적 방제가 가능하다.

Cadusafos와 terbufos, phorate는 유기인계 살충제로 선충 및 토양해충에 대해 효과가 우수하다.

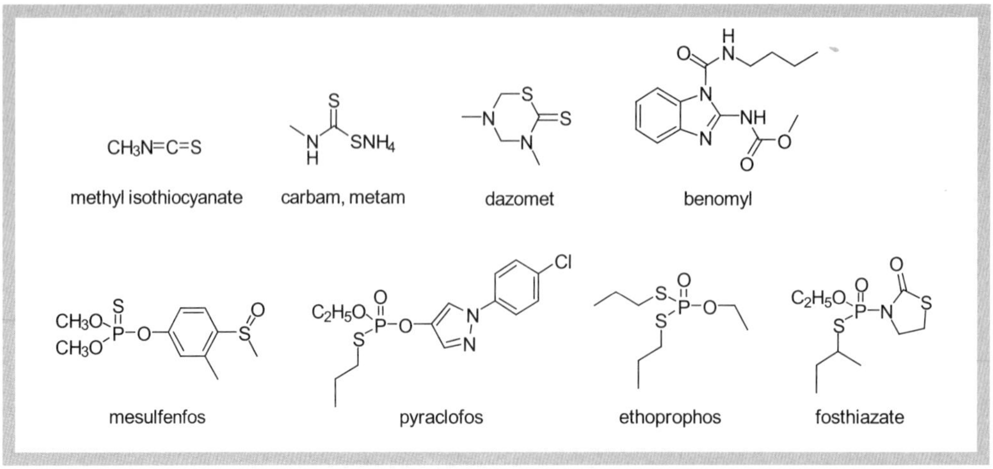

$CH_3N{=}C{=}S$ methyl isothiocyanate | carbam, metam | dazomet | benomyl

mesulfenfos | pyraclofos | ethoprophos | fosthiazate

Fluopyram은 벤자마이드계 살충제로 토양의 산도, 토성, 지온 등 토양조건의 변화에도 안정적인 약효를 나타낸다.

Fluensulfone은 멜론, 수박, 참외, 토마토, 호박 등의 뿌리혹선충 전 생육기에 효과가 있고, 선충에 접촉 시 섭식중단과 마비증상을 일으킨다.

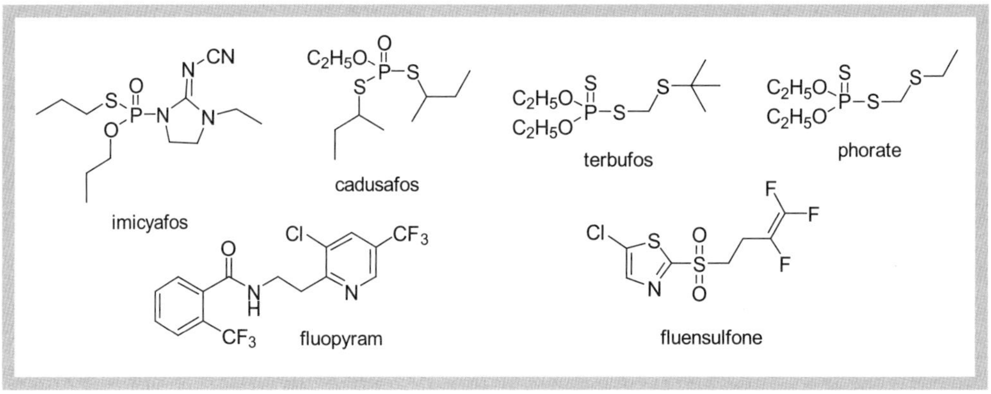

imicyafos | cadusafos | terbufos | phorate | fluopyram | fluensulfone

4. 살균제

살균제(Fungicides)는 주로 곰팡이(사상균, fungi)와 세균(細菌, bacteria), 바이러스(virus) 등을 살멸 또는 생장을 억제하는 데 사용되는 농약을 말한다. 이들 병원체는 숙주인 식물과 같은 유기체이기 때문에 숙주에 해가 없이 병원균만을 선택적으로 방제해야 하므로 병은 해충보다 농약에 의한 방제가 어렵다.

예방용 살균제의 살포는 식물이 병원균에 의해 감염되기 쉬운 시기에 해야 하며 주로 살균제에 의해 도포된 부분만이 예방되기 때문에 대상 식물체에 균일한 도포가 필요하다. 즉 액상 살포 형태가 얇은 막으로 도포되고, 쉽게 고착되어 오래 남아 있기 때문에 분제보다 더 효과적이다.

또한 살균제의 살포는 반복적으로 실시할 필요가 있는데 이는 살균제에 의해서 생장이 억제되었던 곰팡이도 3개월의 성장기간 동안 12~25세대를 생산할 수 있으며, 식물의 성장에 의한 희석과 비 등에 의한 살균제의 유실 등에 기인하기 때문이다.

4.1 국내의 주요 병균

4.1.1 식물병과 병원체

식물 기주(寄主)에 대한 병원체 또는 환경요인의 지속적인 영향의 결과로 나타난 기주 세포와 조직의 기능이상을 식물병이라고 하며 2개의 요인으로 크게 구분한다. 감염성 또는 생물성 원인으로 진균병, 세균병, 기생성 고등식물, 바이러스, 선충 등이 있고 환경 원인으로는 온도, 토양수분, 광량, 산소, 대기오염, 양분 결핍, 무기성분의 독성, 토양산도, 농약 독성(약해), 부적당한 경종법 등을 들 수 있으며 그중 감염성, 생물성 원인에 의한 식물병이 살균제에 의한 방제의 대상이 된다.

병원체에 의한 병의 발생은 병원체가 기주식물에 도달하여 부착되는 접착(接着, inoculation) 또는 감염(感染, infection)단계와 병원체가 기주식물 내부로 들어가는 侵入(invasion)을 거쳐 기주에 定着(settlement)하여 침입한 병원체와 기주식물 간에 영양관계가 성립된 후 최초의 병징이 나타날 때까지 2~15일간의 潛伏(incubation)기간을 거치고 기주식물의 병적인 반응(病徵, symptom)이 나타나고 병이 지속되면 식물은 죽게 된다. 이때 병원체는 자기가 필요로 하는 양분을 기주 세포로부터 지속적으로 빼앗음으로 기주를 약하게 하며, 독소나 효소 또는 생장 조절제 등을 분비하여 기주 세포의 대사를 교란하거나 죽이며, 통도 조직을 통한 유기 양분과 무기 양분 및 물의 이동을 방해하고, 접촉하고 있는 기주 세포의 내용물을 다 소모시켜 병을 일으킨다.

4.1.2 병원균의 분류

식물의 병을 일으키는 병원균(Pathogen)은 주로 세균, 곰팡이, 바이러스 등이고 선충도 직접적인 피해를 주기도 하지만 균에 의한 감염을 매개하여 병을 일으킨다.

세균은 분류학에서 가장 하등에 속하는 생물로서 대개 단세포이며 여러 가지 형태를 갖고 있고 보통 지름은 0.3~3.0μm, 길이는 1~6μm 정도이다. 세균은 pectin이나 cellulose 분해효소를 분비하여 세포막을 파괴하여 병을 일으킨다. 수도의 흰빛잎마름병, 감귤, 토마토 궤양병, 채소류의 무름병, 과수의 근두암종병 등을 발생시키는 眞正細菌目(Pseudomonas屬, Xanthomonas屬,

Corynebacterium屬, Erwinia屬, Agrobacterium屬)과 纖維形 모양으로 分枝를 갖고 분생포자를 형성하여 증식하며 감자의 더뎅이병을 일으키는 放射狀細菌目(Actinomycetes屬, Streptomyces屬)으로 크게 구분한다.

곰팡이는 영양기생을 하는 미생물 중 가장 진화된 것으로 균사(mycelium)가 있고 유성, 무성 생식을 모두 소유하는데 유성생식이 불분명한 불완전 균을 제외하고 유성 포자의 종류에 따라 분류한다. 조균강(藻菌綱, Phycomycetes)은 무사마귀병, 모썩음병, 흰녹가루병, 모잘록병 등을 일으키고 난균강(卵菌亞綱, Oomycetes)은 노균병, 역병을 일으키는데 다른 곰팡이에 비해 특이하여 균사체 격막이 없고 세포벽 주성분은 chitin이 아닌 cellulose로 구성되어 있다. 자낭균강(子囊菌綱, Ascomycetes)은 잎오갈병, 흰가루병, 그을음병, 부란병, 탄저병을, 담자균강(擔子菌綱, Basidiomycetes)은 녹병, 잎집무늬마름병, 깜부기병을, 불완전균綱(Deuteromycetes)은 줄기마름병, 탄저병, 도열병 등을 발생시킨다.

바이러스는 핵산과 단백질로 되어 있는 핵단백질로 대사효소가 없고 기주의 대사계에 의존하여 증식하는데 수도의 오갈병, 줄무늬 마름병, 모든 모자이크병을 일으킨다.

4.1.3 주요 작물의 병 종류와 병징

우리나라 작물에 발생하는 각종 병의 종류는 약 1,539종이 보고되어 있으나 주요 작물에 대한 방제 대상 병해는 36종으로 알려져 있으며 주요 작물별 병해의 종류를 보면 표 13-4와 같다.

▶ 표 13-4 주요 작물의 병과 병원균

작물명	병명	병원균	병징
벼	흰빛 잎마름병(백엽고병) : bacterial leaf blight	세균	잎 시들음
	모 잘록병 : seedling blight	진균-조균	-
	도열병 : rice blast	진균-불완전균	병반
	잎집무늬마름병(문고병) : sheath blight	진균-담자균	-
보리	깜부기병 : smut	진균-담자균	-
	줄기녹병 : stem rust	진균-담자균	-
	흰가루병(백분병) : powdery mildew	진균-자낭균	-
감자	역병 : crown rot	진균-조균	부패
옥수수	깜부기병 : smut	진균-담자균	-
포도나무	노균병 : downy mildew	진균-조균	-
오이	노균병 : downy mildew	진균-조균	-
수박	탄저병 : bitter rot	진균-불완전균	-
딸기	잿빛곰팡이병(회색병) : gray mold	진균-불완전균	-

▶ 표 13-4 주요 작물의 병과 병원균(계속)

작물명	병명	병원균	병징
토마토	잎곰팡이병 : leaf mold	진균-불완전균	-
사과나무	부란병 : valsa canker	진균-자낭균	-
배나무	검은별무늬병(흑성병) : scab	진균-자낭균	흑반
	붉은별무늬병: rust	진균-담자균	적반
	검은무늬병: leaf spot	진균-불완전균	흑반
밤나무	줄기마름병: endothia canker	진균-담자균	-

4.2 살균제의 종류

4.2.1 무기 또는 금속 함유 살균제

금속류의 살균효과는 옛날부터 잘 알려져 있는데 살균기작은 생체 내 효소나 단백질의 SH기와 반응함으로써 호흡효소의 활성을 억제하는 것이다. 살균제로서 금속원소의 이용은 구리화합물이 그 효시로 이후 수은제가 강력한 살균제로 실용화되었으며 주석(Sn)화합물도 살균제로 개발되었다. 그러나 수은제는 환경 및 작물 체내에서의 잔류성 및 인축에 대한 독성 문제로 그 사용이 금지되었으며 주석화합물은 주로 응애 방제용으로서 이용되고 살균제로서는 실용화되지 못하고 있다.

(1) 구리제(Copper)

구리는 SH기와의 반응성으로 보아 수은(Hg)보다는 낮고 생물에 대한 독성도 낮은 것이 일반적이나 병원균의 종류에 따라서 구리제가 수은제와 비슷한 살균력을 보이는 경우가 있어 현재까지 농업용 살균제로 널리 사용되고 있다.

구리화합물 중 살균제로 실용화되고 있는 것은 옛날부터 광범위한 병해 방제에 널리 사용되어온 보르도액(Bordeaux mixture)을 위시하여, copper hydoxide, copper sulfate, copper oxychloride등의 무기구리화합물이 보호살균제로 사용되고 있으며, 유기구리제로는 oxine copper, DBEDC등이 실용화되어 있다.

가. 무기구리제

대개 물에 불용성으로 분제, 수화제로 제제하여 광범위하게 사용하고 있으며 물에 불용성인 구리화합물을 작물의 표면에 피복, 고착시키면 대기 중의 탄산가스나 식물이 분비하는 유기산에 의해서 서서히 구리이온(Cu^{2+})이 용출되어 살균작용을 하게 되는데 경엽, 토양처리 또는 종자처리 등 주로 보호살균제로 사용된다.

보르도액[Bordeaux mixture, CuSO4 · 7Cu$(OH)_2$ · 6Ca$(OH)_2$]은 물에 불용성인 구리제로 일명 석회보르도액이라 부르며 1885년 프랑스의 Millardet가 포도의 노균병 방제에 보르도액이 효과가 있음을 발견한 이래 현재까지 광범위하게 사용되고 있는 중요한 보호살균제로서 세계에서 가장 많이 사용하는 구리 함유제이다. 황산구리($CuSO_4$)와 생석회(CaO)가 주성분이고, 병해 발생 후의 치료효과는 미약하며 병원균의 포자가 날아오기 전에 작물의 경엽에 살포하여 작물 표면에 부착하는 포자가 발아하는 것을 저지하는 발병 전 예방제로 벼의 이삭누룩병, 고추의 반점세균병 및 탄저병 등의 방제에 사용된다.

Copper hydroxide[Cu$(OH)_2$]는 광범위한 병해에 대하여 유효하고 화학적으로 안정하여 잔효력도 있으므로 예방제로서의 효과가 크다. 주로 수화제로 사용되며, 물에 대한 용해도가 보르도액보다 높아 작물 표면에서 용해성 구리이온의 양이 상대적으로 증가하므로 적은 양으로 사용하여도 효과가 있다. 과립수화제로 사과, 오이 등의 겹무늬썩음병과 노균병 방제에 사용된다.

나. 유기구리제

Oxine copper는 oxine(8-quinolinol)과 구리의 착염으로서 구리이온 침투가 무기구리제보다 월등히 용이하고 또한 oxine 자체가 세포 내 금속함유효소의 금속을 탈취하기 때문에 자체 살균력을 나타내므로 종래의 구리제제인 보르도액에 비하여 배의 검은무늬병에 대하여 1/10의 구리함량으로도 동등한 방제효과를 발휘하는 것으로 알려져 있다. 사과, 감귤 및 참깨의 점무늬낙엽병, 겹무늬낙엽병, 탄저병, 더뎅이병 및 시들음병 방제에 사용된다.

oxine copper　　DBEDC(sanyol)　　Yonepon

이외에 DBEDC(Sanyol) 및 copper nonylphenolsulfonate(Yonephon)과 같은 유기구리화합물이 사용되고 있다.

(2) 수은제(Mercury)

PMA　　neo asozin

무기수은제로서 승홍($HgCl_2$, mercuric chloride)이 대표적이고 유기수은제로서는 PMA(phenylmercury acetate)가 1930년대에 개발되어 종자처리 소독제로 사용되었다. 하지만 수은살균제는 인축 및 어독성과 환경독성이 높아 1970년대에 사용이 전면 금지되었다.

(3) 비소제(Arsenicals)

비소화합물에는 3가와 5가의 화합물이 살균력이 있는데 5가에 비하여 3가 화합물의 살균력이 더 높게 나타난다. 실용적으로 개발된 비소제 중에는 5가 형태도 있는데 이 경우 약제 살포 후 생체 내에서 환원, 3가의 화합물로 활성화되어 살균력을 나타내게 된다.

네오아소진(Neo-Asozin)은 병원균 균사의 신장, 침입 및 진전을 억제하여 살균시키며 기주식물의 조직이나 병원균 체내에 침투, 이행성이 있어 약효지속기간이 비교적 길다. 또한 일반 비소화합물과 달리 철(Fe)과 결합되어 있으므로 작물에 약해를 경감시키는 효과가 있다. 그러나 출수후에 사용할 경우 수확물 중 잔류량이 허용기준 이상으로 되므로 사용 시기에 주의하여야 한다. 벼의 잎집무늬마름병, 사과의 부란병 방제에 사용된다.

(4) 유기주석제(Organotin)

주로 Triphenyl 화합물(R3SnX)로 구리처리량의 1/10으로도 사상균의 방제가 가능하며 보호살균제로 사용에 알맞고 또한 살응애 효과도 있다. Fentin hydroxide와 fentin acetate가 있고 후자는 물에 용해되거나 생체 내에서 존재할 경우 fentin hydroxide로 빠르게 전환된다.

fentin hydroxide　　fentin acetate

(5) 무기유황제

황(Sulfur)은 1821년부터 살균성이 인정되어 포도 흰가루병(powdery mildew) 방제용으로 개발되었다. 친유성 물질로서 세포 내 침투성이 강하여 유지(fat and oil)의 함량이 많은 병원균에 강한 작용성을 보이는 선택성이 있으므로 그 적용범위가 비교적 좁으나 살균작용 외에 살응애작용이 있는 특성이 있고 분제, 수화제로 사용된다. 살균력은 석회유황합제에 비하여 떨어지나, 보르도액, parathion, malathion 등의 약제와 혼용이 가능하여 최근 사과 등 과수의 병해 방제제로 석회유황합제의 대용으로 사용되고 있다.

Lime sulfur(석회 유황합제, calcium polysulfide)는 1851년 프랑스의 Grinson이 최초 포도병 방제에 사용하였고 석회에 과량의 유황분말을 섞어 끓여서 만든 현탁액이다. 과수의 병해 방제제로 강력한 살균력을 나타내는 약제이며 응애나 깍지벌레 등에 대한 살충작용도 있다. 그러나 석회 유황합제는 강한 알칼리성을 나타내고 작물에 약해를 유발하기 쉬운 단점이 있어 주로 과수의 휴민기(休眠期)에 사용한다. 사과의 흰가루병 등을 방제한다.

4.2.2 비침투성 유기 살균제

(1) Dithiocarbamate계

보르도액 등 초기 무기 살균제 이후 2세대 살균제 중에서 가장 중요한 역할을 하고 있다. 광범위한 효력과 비교적 저항성 유발이 없다는 장점으로 침투성 살균제와 함께 널리 사용되고 있다. 작용 특성은 예방효과를 보이며 비선택성 살균작용을 보인다. 이 계통의 살균제는 dialkyl dithiocarbamate, ethylene bis dithiocarbamate 및 propylene bis dithiocarbamate형의 3종류로 구분된다.

가. Dialkyl dithiocarbamates

Dialkyl dithiocarbamate형에는 dimethyl dithiocarbamate군과 thiram군이 대표적이고 dimethyl dithiocarbamate군에는 Fe, Zn, Ni 등의 착염으로 각각 ferbam, ziram, sankel이라는 이름으로 개발되어 살균제로 사용되고 있으며 일반적으로 Zn 또는 Cu와 1 : 1 또는 1 : 2의 착염으로 되어 있다.

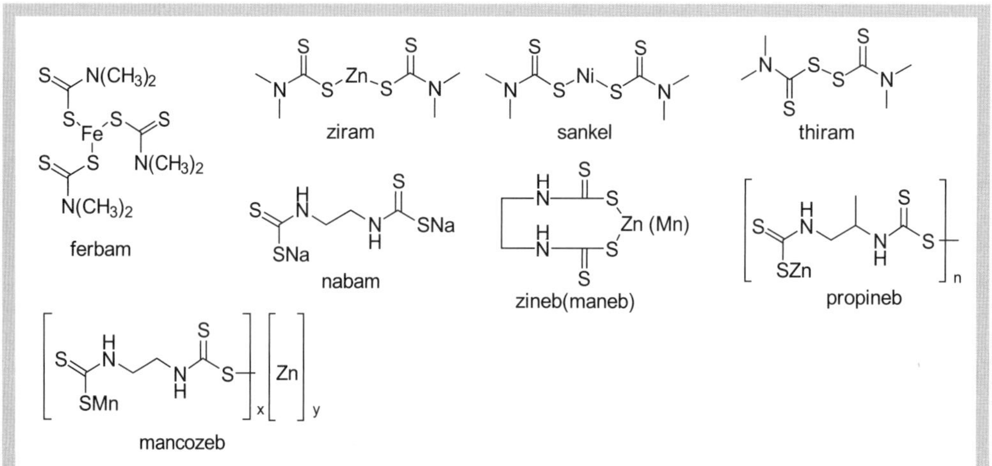

ferbam ziram sankel thiram nabam zineb(maneb) propineb mancozeb

약제군 중 1 : 1의 착염은 양이온이므로 그대로 병원균의 호흡계에 관여하는 SH작용기 함유 효소와 결합하여 호흡을 저해하나, 1 : 2 착염은 일단 양이온으로 해리된 후에 양이온이 위의 1 : 1 착염과 같은 기작으로 호흡을 저해한다. Sankel은 직접 살균작용은 없으나 기주식물인 벼의 병원균에 대한 저항력을 증대시키는 것으로 병원균의 침입을 방지하거나 증식을 억제하는 효과가 있고 또한 침투, 이행성은 없으나 지효성(遲效性) 약제이다.

Thiram형 살균제 중 Thiram은 과수 병해에 대하여 예방과 치료효과를 겸비하고 있으며 약해의 우려가 없는 것이 특징이다.

나. Ethylene bis dithiocarbamates

Ethylene bis dithiocarbamate형은 Na염인 nabam(sodium ethylene bis dithiocarbamate)을 비롯하여 nabam의 sodium을 Zn나 Mn으로 치환되어 zineb, maneb, mancozeb라는 이름으로 원예용 살균제로 실용화되고 있다.

Zineb와 maneb는 각각 탄저병 및 오이의 노균병에 대한 보호살균제로 사용되었으나 작물에 대한 약해의 우려로 1990년에 품목이 폐지되었다.

Mancozeb는 광범위한 작물에 탄저병을 포함한 광범위한 병해에 보호살균제로 가장 널리 사용되고 있으나 고온, 다습한 조건에서 불안정하여 경시변화가 심하게 일어나므로 잘 밀봉하여 냉암소에 보관하여야 한다. 적용범위는 매우 넓어 사과를 비롯한 각종 과수류의 탄저병, 낙엽병, 썩음병 등의 방제와 토마토, 양파, 오이 등의 채소류 노균병 방제에도 사용된다.

다. Propylene bis dithiocarbamate

Propineb는 내우성(耐雨性)이 양호하고 광이나 온도에 비교적 안정하여 효과가 지속적인 보호살균제로 과수 및 채소류의 각종 병해에 효과가 있으며 적용범위가 넓고 잎응애의 발생을 억제하는 효과도 있다. 또한 propineb는 병원균의 약제내성 우려가 없으며 다른 약제에 의한 내성균에도 효과적으로 방제할 수 있는 특성이 있다. 적용대상은 mancozeb와 유사하다.

4.2.3 Chlorine-substituted aromatic계

Hexachlorobenzene(HCB), PCP, PCNB, dicloran, chloroneb, phthalide 등 상이한 구조의 다수의 약제가 포함되어 있다. PCP는 목재방부제로 주로 사용되며 hexachlorobenzene은 종자처리제로 사용된다. Phthalide는 벼 도열병 전용방제제이다.

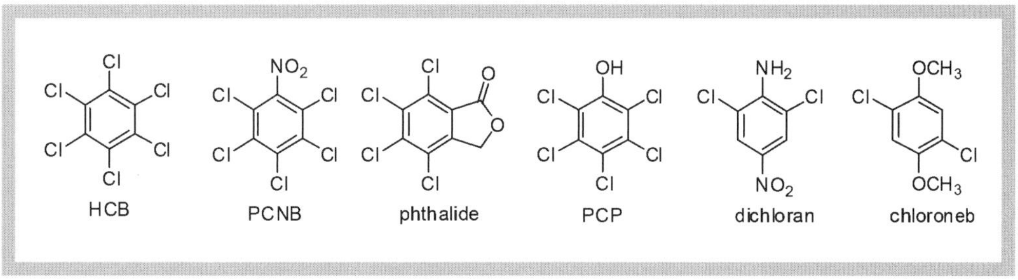

4.2.4 Dicarboximide계

Procymidone, Iprodione, vinclozolin 등이 있고 procymidone만이 침투이행성인 반면 iprodine과 vinclozolin은 예방과 치료 활성을 갖는 접촉성 살균제이다.

Procymidone은 침투이행성의 치료 및 보호살균제로 뿌리로부터 흡수하여 잎이나 꽃으로 이행하며 살균기작은 병원균의 triglyceride의 생합성을 저해하는 것이다. 과수나 채소의 잿빛곰팡이

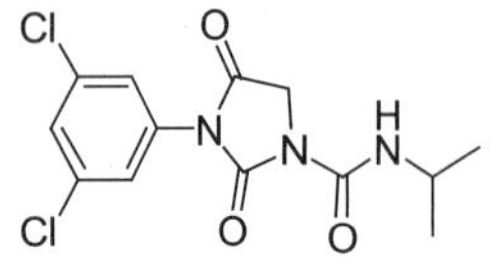

iprodione 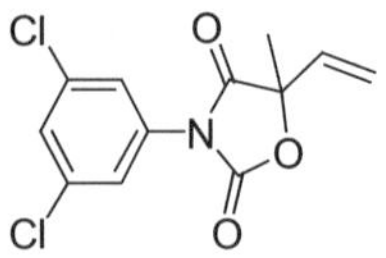　vinclozolin 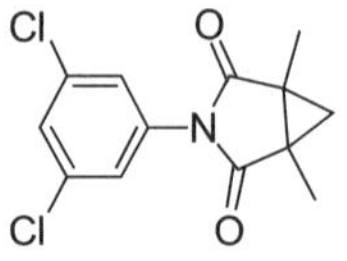　procymidone

병, 균핵병, 마름병 등의 방제에 사용한다.

Iprodione은 보호 및 치료효과를 겸비한 접촉형 살균제로 포자의 발아억제 및 균사생장을 억제하여 살균활성을 보인다. 작물에 대한 약해는 없고 적용병은 과수 및 원예작물에 발생하는 낙엽병, 잎마름병, 잿빛곰팡이병 등이다. 침지 또는 종자처리, 수확 후 처리용으로도 사용되고 있다.

Vinclozolin은 비침투이행성의 보호 및 치료효과를 겸비한 살균제로 병원균의 포자발아를 저해함으로써 살균활성을 발휘한다. 작물에 대한 약해는 없고 딸기, 오이, 고추 등의 잿빛곰팡이병, 잎마름병 등에 사용된다.

4.2.5 Phthalimide계

일명 trichloromethylthiolate계 살균제라고도 하는 이 계열의 살균제는 효소나 단백질의 SH작용기와 반응하여 병원균의 호흡을 저해함으로써 살균효과를 발휘한다. Captan 및 folpet이 있으며 captafol은 trihaloalkylthiolate(-S-CCl_3)의 구조를 가지고 있지 않으나 그 구조가 비슷할 뿐만 아니라 작용기작도 비슷하므로 같은 계통의 살균제로 취급된다.

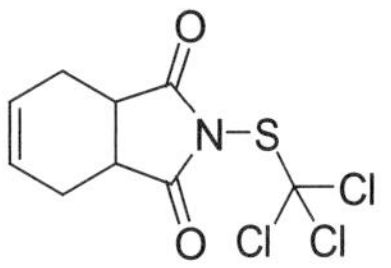

captan 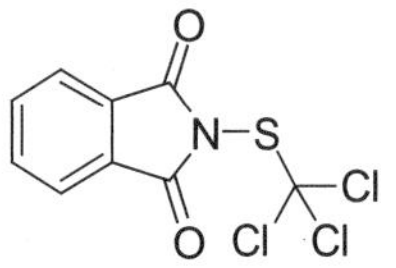　folpet 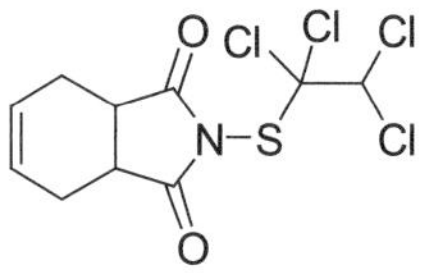　captafol 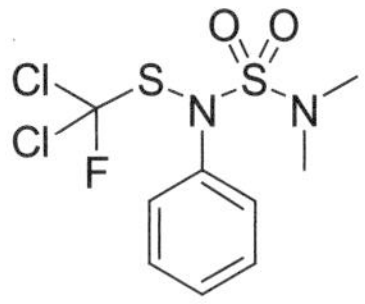　dichlofluanid

Captan은 가장 널리 사용되며 작물재배 시뿐만 아니라 종자소독, 토양살균제로도 사용된다. 중성 및 산성용액에서는 신속하게 가수분해되고, captan 자체의 금속 부식성은 없으나 captan의 분해산물은 부식성을 보인다. 적용 병해는 사과, 포도, 뽕나무 및 맥류의 탄저병, 겹무늬썩음병, 눈마름병 등이다.

Folpet도 captan과 마찬가지로 자체로서는 금속에 대한 부식성은 없으나 그 가수분해산물은

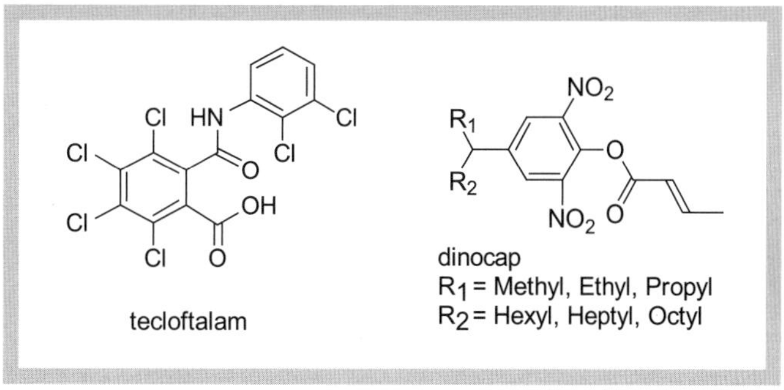

부식성이 있다. 건조상태에서는 안정하나 실온에서 습기에 의해서 서서히 가수분해되며 열이나 알칼리 조건에서는 빨리 가수분해되므로 석회보르도액, 석회유황합제 등의 알칼리성 약제와 혼용할 수 없다. 사과, 포도 및 오이 등의 탄저병, 노균병, 잿빛곰팡이병의 방제에 사용된다.

tecloftalam

dinocap
R_1 = Methyl, Ethyl, Propyl
R_2 = Hexyl, Heptyl, Octyl

Captafol은 침투, 이행성의 접촉독작용을 보이고 효과 발현이 빠르며 약효지속기간도 비교적 길다. 작물의 종류 및 품종에 따라서 약해 발생의 우려가 있으며, 특히 작물의 꽃이 피어 있는 기간 중에 사용하면 약해의 우려가 있다. 한편 우리나라에서는 농산물 중 잔류량에 의한 발암의 우려가 있어 1993년 이후 사용이 금지되었다.

Dichlofluanid는 침투, 이행성의 약제로 병원균의 분생포자 발아를 억제하므로 예방적 효과 및 치료 효과를 보이며 2차적으로 살응애 작용도 있는 것으로 알려져 있다. 과채류의 노균병, 잿빛곰팡이병의 방제에 사용된다.

Tecloftalam은 phthalamic acid계 침투이행성 살균제로 벼의 흰잎마름병에 예방 및 치료 효과가 있다.

4.2.6 Dinitrophenol계

Nitrophenol계 살균제는 산화적 인산화 과정의 탈공역제로서 살균작용을 발휘한다. 일반적으로 nitrophenol의 ester유도체는 살균, 살응애제로 겸용되는 것이 많고 대상 병해도 흰가루병에 국한된다.

Dinocap은 비침투성의 접촉형 살균제로 작용하나 30℃ 이상의 고온에서는 약해를 일으키기 쉬우며 특히 배나무의 어린잎에는 약해의 우려가 크므로 주의하여야 한다. 또한 알칼리성 약제 및 기계유 유제 외의 혼용은 심한 약해를 일으키므로 혼용하여서는 안 된다. 배와 사과에서 흰가루병의 방제에 사용된다.

4.2.7 Quinone계

Quinone은 천연산물에도 널리 분포하고 있는 화합물로서 vitamin K_1, K_2, CoQ(ubiquinone) 등 생체 내에서 중요한 역할을 하는 성분과 균독소(菌毒素)인 luteoskyrin(황변한 쌀 중에 있는 독성분)에 이르기까지 널리 분포하고 있다. 따라서 quinone 화합물은 생체 내에서 여러 가지 생리기능에 영향을 주는 것으로 알려져 이를 이용한 몇몇 살균제가 사용되고 있으며 SH기를 필수적으로 가지고 있는 효소를 공격하여 살균시킨다.

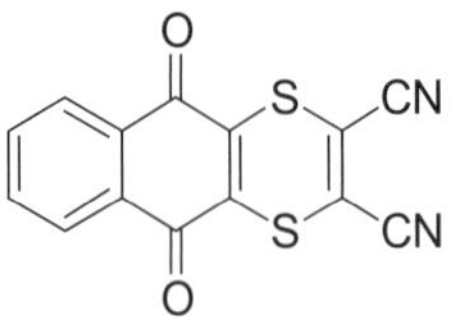

dithianone 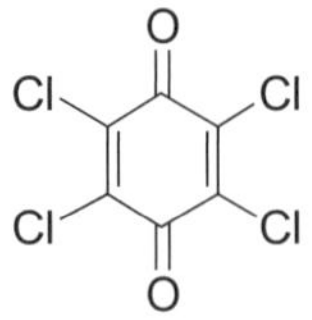 chloranil 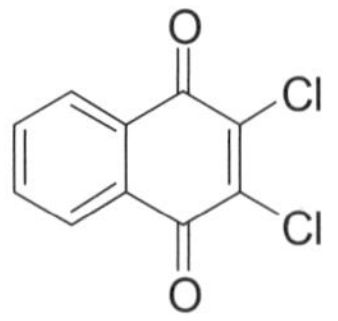 dichlone

Dithianone은 사과 탄저병, 포도 노균병 등 광범위한 병해에 대한 보호살균제로 nitrile기(-CN)가 독성기로 작용하여 병원균의 원형질이나 단백질의 SH기에 작용하여 대사작용을 저해함으로써 병원균의 포자 발아를 강하게 저해하며, 잔효성도 있으나 발아 후 살포는 효과가 없다. 곰팡이에 의한 병해뿐만 아니라 세균성 병해에도 효과가 있는 광범위한 살균제이다.

Dithianone 이외 chloranil, dichlone이 종자소독제로 실용화되고 있다.

4.2.8 Aliphatic nitrogen계

Dodine은 사과, 배에 발생하는 병을 방제하는 데 효과적인 약제로 약간의 침투이행성을 갖는다. 사과 및 배의 검은별무늬병, 점무늬낙엽병의 방제에 사용된다.

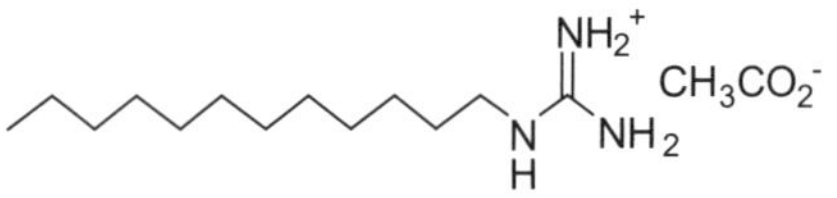

dodine 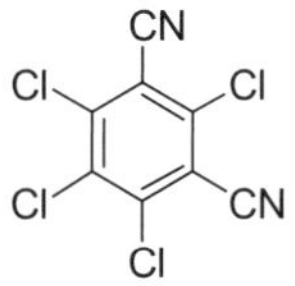 chlorothalonil

4.2.9 Arylnitrile계

Arylnitrile 화합물(X－C≡N)은 주로 제초제로 개발되어 실용화된 것이 많고 살균제로서의 작용기작은 아직 확실하게 밝혀지지 않고 있으나 균체 내 SH 화합물과 반응하여 호흡을 저해하는 것으로 추정하고 있다.

Chlorothalonil은 생물활성 범위가 넓어 각종 작물의 병해방제제로 널리 사용되고 있는 살균제로 병원균 포자의 발아를 저해하고 작물체 내 균사의 침입을 저해함으로써 살균효과를 발휘한다. 침투, 이행성은 없으나 예방효과가 우수하고 약효지속기간도 길며 내성균 유발의 우려가 없는 것이 특징이다. 각종 과수류 및 밭작물의 탄저병, 노균병, 역병, 마름병 및 각종 낙엽병의 방제에 널리 사용된다.

4.3 침투성(systemic) 유기 살균제

4.3.1 Oxathiin계

Oxathiin계 살균제는 호흡계의 전자전달을 저해하는 살균제로서 병원균의 미토콘드리아에서 succinic acid의 산화를 저해하여 균체 내 succinic acid의 축적이 일어나고 succinic acid ⟶ $FADH_2$ ⟶ CoQ로의 전자전달을 억제하는 것으로 알려져 있다.

Carboxin은 1966년에 소개되었고 최초의 성공적인 침투이행성 농약이다. 강한 알칼리성 및 산성의 농약을 제외한 모든 농약과 혼용이 가능한 특성이 있으며, 침투 이행성 살균제로 맥류의 겉깜부기병 방제효과가 매우 우수하나 작물의 경수(莖數) 및 수량이 감소하는 경향이 있다. 국내에서는 보리의 겉깜부기병 및 줄무늬병의 방제에 사용되고 있다.

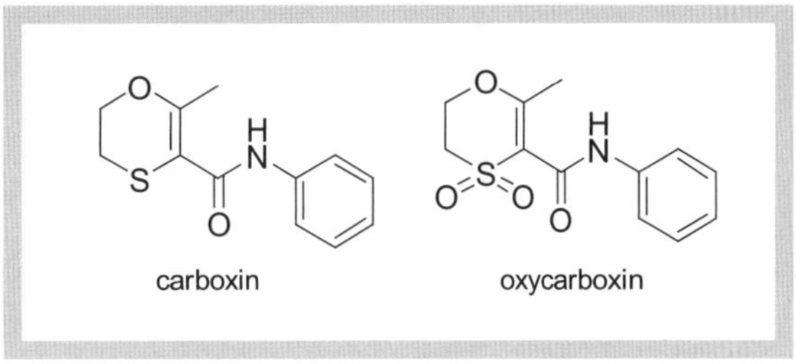

Oxycarboxin은 carboxin의 식물체 중 대사산물로서 carboxin에 비하여 살균력은 떨어지나 강력한 침투, 이행성의 살균제로 식물체 내에 침입해 있는 병원균을 살멸시킬 수 있으며 병해 격발 시에 만연(蔓延)을 방지하는 효과도 있어 예방과 치료효과를 겸비하고 있다. 그러나 중복살포 또는 과잉살포 시에 약해를 일으킬 우려가 있으며 한발(旱魃)로 잎이 시들어 있을 때 살포하거나 뿌리로부터 흡수시키면 약해의 우려가 있으므로 주의하여야 한다. 국화의 백녹병 방제에 사용되고 있다.

carboxin　oxycarboxin

4.3.2 Benzamide계

Mepronil은 침투이행성의 치료 및 보호 살균제로 살균기작은 호흡과정 중 succinic acid의 산화를 저해하는 것으로 알려져 있다. 주로 벼의 잎짚무늬마름병 등의 방제에 사용 중이고 작물에 대한 약해는 없다.

Flutolanil 역시 침투이행성의 보호 및 치료 효과를 겸비하고 있으며 벼의 잎집무늬마름병과 같은 basidiomycetes에 살균활성이 높다.

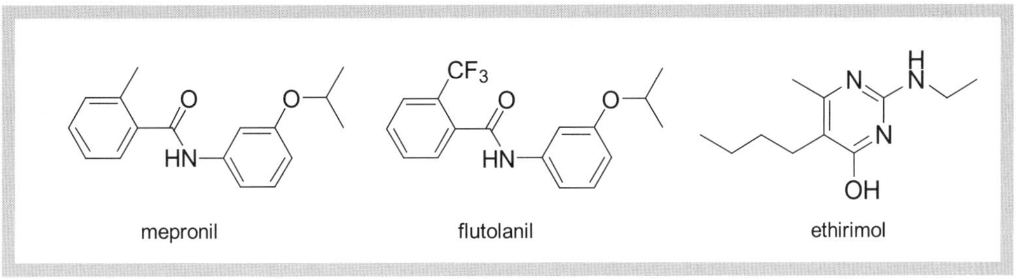

mepronil　flutolanil　ethirimol

4.3.3 Hydroxyaminopyrimidines

Ethirimol은 흰가루병 방제 전문 살균제로서 급격한 저항성이 발현되어 사용감소 추세에 있다.

4.3.4 Benzimidazole계

고활성이며 광범위한 병해에 효력이 있는 약제로 대부분 물관으로 이동하여 과실보다 잎과 생장점으로 이행, 효과를 나타낸다. 그러나 문제는 병원균의 약제에 대한 저항성이 유발되므로 타 약제와 교호사용하여야 한다.

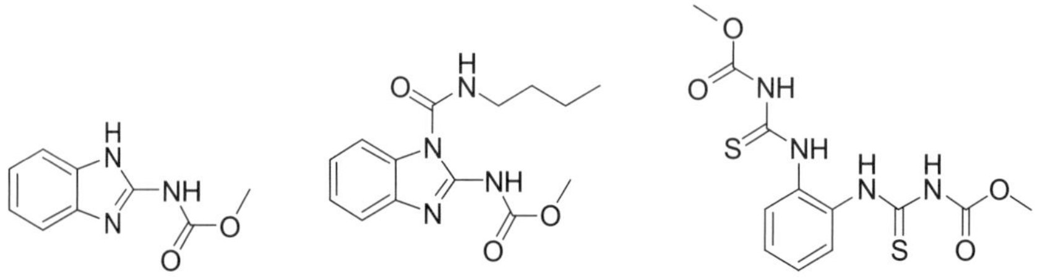

carbendazime(MBC) benomyl thiophanate methyl

Benomyl은 식물의 경엽에 발생하는 병해, 저장병해, 종자전염성 병해 및 토양병해 등 광범위한 병해에 유효하나 내성균 유발 예가 있으므로 과도한 연용은 피해야 한다. 식물체 내에 침투하여 carbendazim[methyl benzimidazol-2-yl carbamate(MBC)]으로 활성화되어 약효를 발휘한다. 경엽에 처리한 benomyl은 대부분이 안정한 상태로 잎 표면에 존재하나 그 대사산물인 MBC보다는 잎의 cuticle층을 잘 통과하고 이행한다. 적용 병해는 벼 도열병, 잎집무늬마름병, 각종 과수 및 원예작물의 흰가루병, 탄저병, 썩음병, 잿빛곰팡이병, 균핵병 등이다.

Thiophanate methyl은 benomyl과 마찬가지로 MBC로 활성화되고 광범위한 병해에 대하여 예방과 치료 효과가 있으나 조균류의 병해(역병, 노균병 등)에는 효과가 떨어지며 식물체 내 침투, 이행성이 있다. 주로 경엽 살포용으로 포자의 발아와 발아관의 신장, 부착기의 형성, 균사의 침입을 저해한다. 적용 병해는 benomyl의 경우와 같다.

Carbendazim은 benomyl 및 thiophanate methyl의 생체 내 대사 활성물질로서 살균특성은 이들 살균제와 마찬가지로 보호 및 치료 효과를 겸비한 침투이행성 살균제로 뿌리나 녹색의 조직을 통하여 흡수되어 생장부로 이동하여 포자의 발아와 발아관의 신장, 부착기의 형성, 균사의 성장을 저해하는 것으로 알려져 있다. 사과, 배, 딸기의 탄저병, 검은별무늬병 등의 방제에 사용된다.

4.3.5 Phenylamide계

Metalaxyl, furalaxyl, benalaxyl 등이 Phenylamides(acylalanine) 계통에 속하며 병원균의 RNA 합성을 저해한다. Metalaxyl은 경엽, 종자, 토양 등에 다양하게 처리되며 균사 생육, 포자생성억제 및 치료 효과도 있다. 비 선택성 살균제의 혼용이 일반적이며 벼의 잘록병, 밭작물의 역병, 노균병, 탄저병 방제에 사용된다.

Benalaxyl은 균사 생장, 포자발아를 억제하며, 역병, 뿌리썩음병, 노균병 방제에 사용된다.

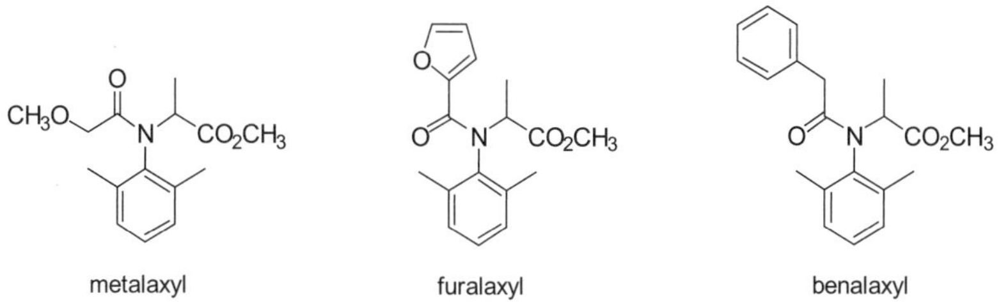

metalaxyl　　furalaxyl　　benalaxyl

4.3.6 Triazole계

Triadimefon 식물의 생장점으로부터 흡수되어 신속하게 이행되는 침투이행성의 약제로 보호 및 치료 효과를 겸비하고 있다. 작물에 대한 약해는 없고 세포막 성분인 ergosterol의 생합성을 저해하여 살균작용을 나타낸다. 각종 원예작물 및 밭작물의 흰가루병, 잿빛곰팡이병, 낙엽병 등의 방제에 사용되고 있다.

Diniconazole은 침투이행성의 살균제로 사과나 배의 붉은별무늬병 예방 및 치료목적으로 사용되고, 일부 작물의 경우 생장억제제로 사용된다.

Difenoconazole은 다양한 작물의 탄저병, 흰가루병, 녹병, 검은벼무늬병 등의 예방 및 치료에 사용되는 침투이행성 살균제이다.

Myclobutanil은 사과, 배의 붉은별무늬병, 검은별무늬병, 흰가루병, 원예 및 밭작물의 흰가루병, 녹병 방제에 사용된다.

Metconazole은 침투이행성으로 마늘, 양파의 흑색썩음균핵병에 뛰어난 효과를 보이며, 다양한 밭작물의 갈색무늬병, 검은별무늬병, 흰 가루병, 탄저병, 녹병 등의 방제에 사용된다.

Bitertanol은 예방 및 치료 효과가 있으며 적용범위가 넓은 침투성 종합살균제로, 다양한 작물의 갈색무늬병, 검은별무늬병, 흰가루병, 탄저병, 녹병 등의 방제에 사용한다.

Cyproconazole은 침투이행성 예방 및 치료 효과가 있다. 부란병, 검은별무늬병, 흰가루병, 둥근무늬낙엽병 등에 사용한다.

Ipconazole은 침투이행성으로 종자소독 시 키다리병까지 방제 가능하고 잎도열병 방제에 사용한다.

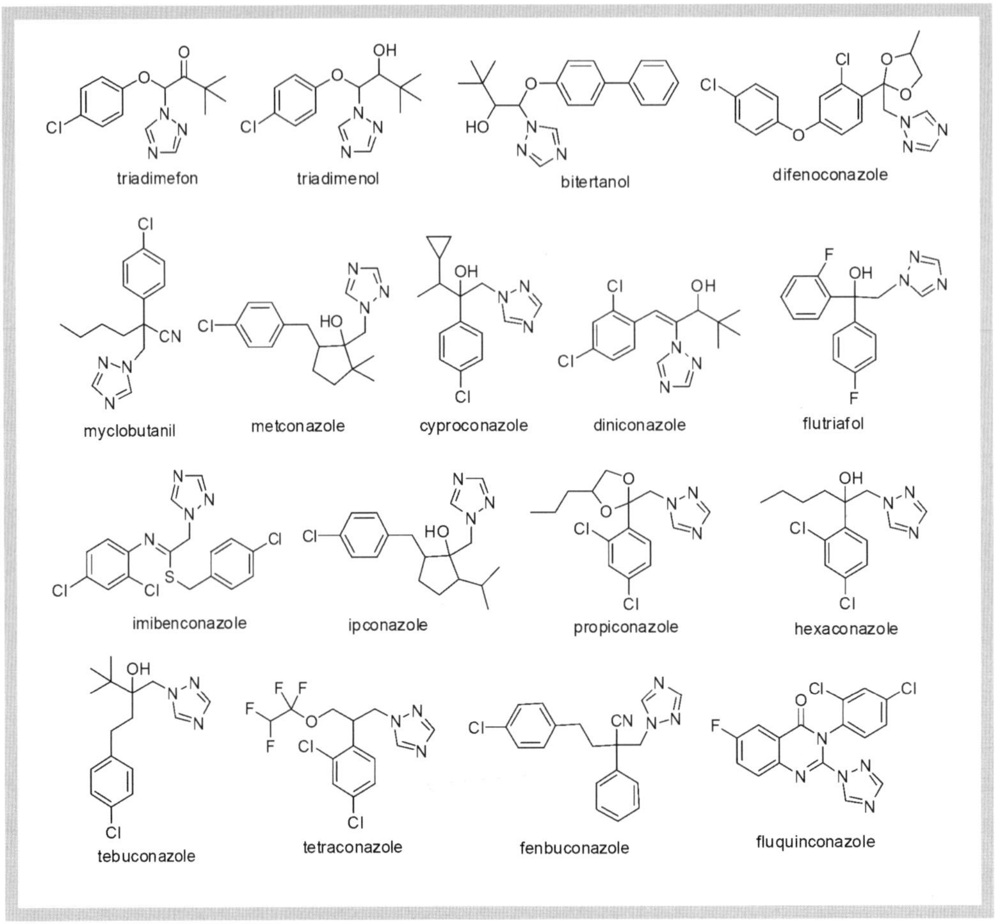

triadimefon triadimenol bitertanol difenoconazole

myclobutanil metconazole cyproconazole diniconazole flutriafol

imibenconazole ipconazole propiconazole hexaconazole

tebuconazole tetraconazole fenbuconazole fluquinconazole

그 외에 propiconazol, triadimenol, hexaconazole, imibenconazole, tebuconazole, tetraconazole, fenbuconazole, fluquinconazole, flutriafol 등이 있다.

4.3.7 Piperazine계

Triforine은 세포막 성분인 ergosterol의 생합성을 저해하여 모든 숙주에 있는 노균병에 대해 강력

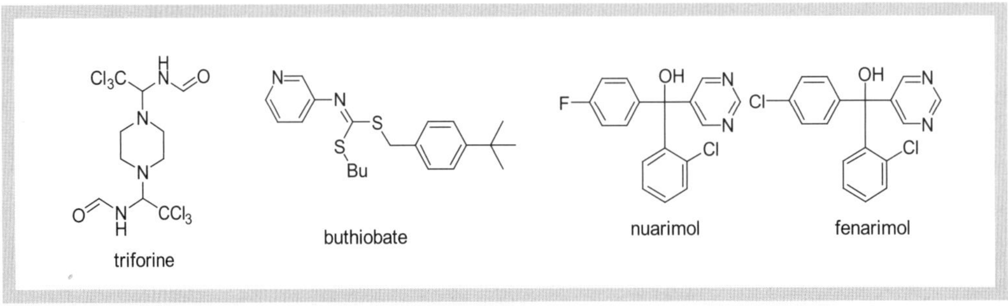

triforine buthiobate nuarimol fenarimol

한 살균 효과를 보이고 고추 탄저병 방제에 주로 사용된다.

4.3.8 Pyridine계

Buthiobate도 역시 세포막 성분인 ergosterol의 생합성을 저해하며 채소, 과수의 노균병 방제에 사용된다.

4.3.9 Pyrimidine계

Nuarimol, fenarimol 등은 침투이행성의 보호 및 치료 효과를 겸비한 살균제로 식물병원균의 ergosterol 생합성을 저해하여 각종 작물의 흰가루병을 효과적으로 방제한다. Nuarimol은 사과 등 과수의 흰가루병, 각종 원예작물의 녹병 방제에 사용된다.

4.3.10 Imidazole계

Prochloraz는 침투이행성의 보호 및 치료 효과를 겸비한 imidazole계 살균제로서 세포막 성분인 ergosterol의 생합성을 저해하여 광범위한 포장작물, 과수, 채소 및 잔디밭의 병해 방제에 효과적이며 작물에 대한 약해는 없다.

Cyazofamid는 cyanoimidazole계 예방 효과가 있는 살균제로, 병원균의 발아억제 효과와 동시에 유주자낭 형성 및 유주자의 운동성을 저해하여 2차 감염 억제효과가 있으며 역병과 노균병 방제에 사용된다.

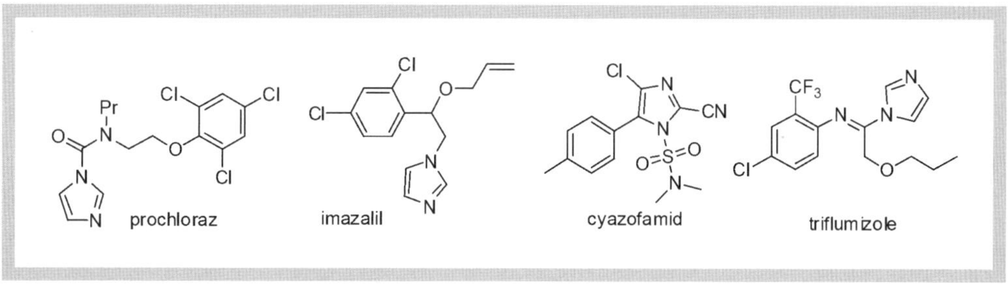

Triflumizole은 침투성 약제로 약효지속기간이 길며 예방 및 치료 효과가 있다. 흰가루병, 탄저병, 녹병, 검은별무늬병, 잎마름병 등에 사용한다.

4.3.11 Morpholine계

Tridemorph는 보리의 뿌리나 잎으로부터 흡수하여 식물 전체로 이동, 세포막 성분인 ergosterol의 생합성을 저해하여 3~4주간 약효를 발휘한다.

Dimethomorph는 침투이행성의 치료 및 보호 살균제로 항포자 생성 저해제 및 균의 세포막

성분인 ergosterol의 생합성을 저해하여 살균활성을 나타낸다. 본제는 *Z*-isomer만이 살균활성을 나타내나 광에 의하여 상호 변환되므로 *E*-isomer도 효과 발현에 관여한다. 주로 낭균, 특히 감자나 토마토, 고추 등 밭작물의 역병 방제에 사용 중이다.

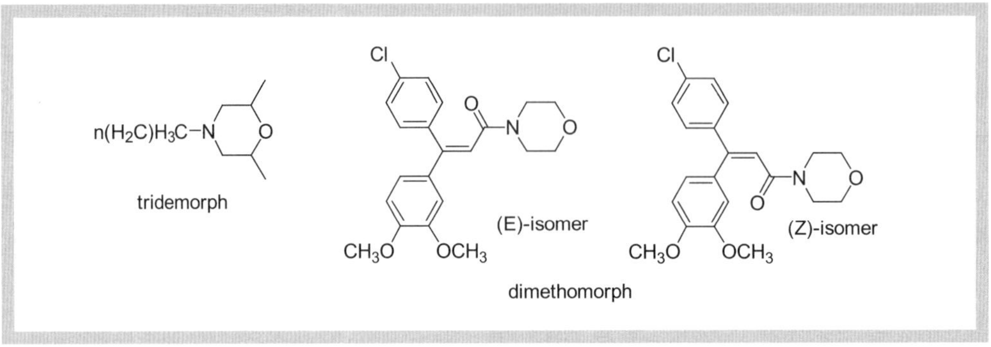

$n(H_2C)H_3C-N$ O

tridemorph

Cl O N O Cl N O O

CH_3O OCH_3 (E)-isomer CH_3O OCH_3 (Z)-isomer

dimethomorph

4.3.12 Organophosphate

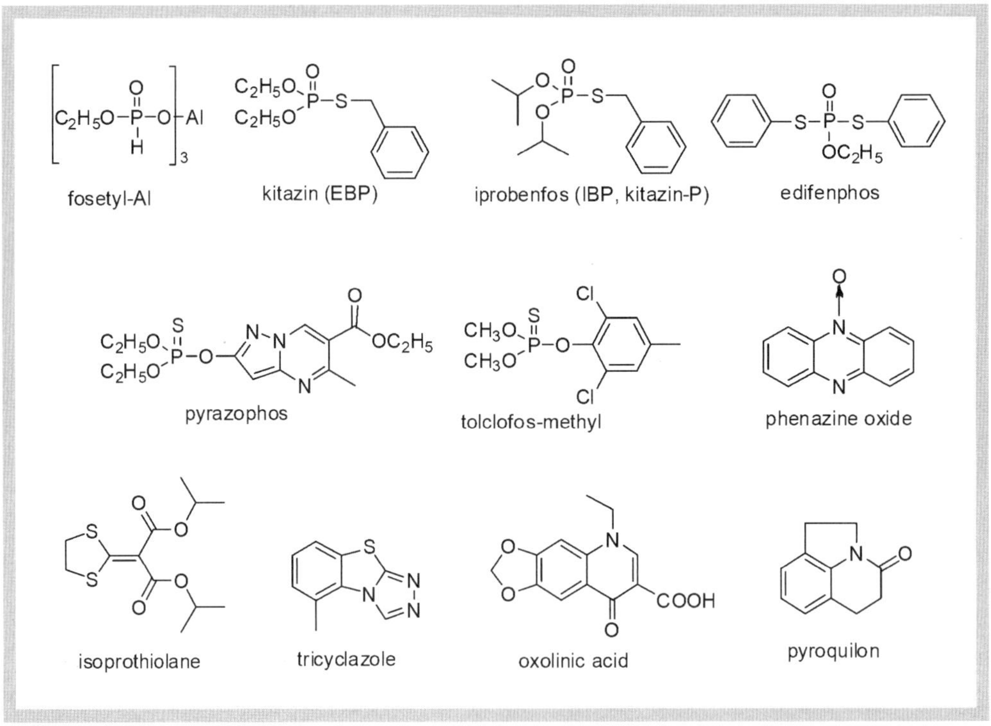

$[C_2H_5O-P(=O)(H)-O]_3Al$ fosetyl-Al

C_2H_5O, C_2H_5O, P(=O)–S kitazin (EBP)

O, P(=O)–S, O iprobenfos (IBP, kitazin-P)

S–P(=O)–S, OC_2H_5 edifenphos

C_2H_5O, C_2H_5O, P(=S)–O, N–N, N, O, OC_2H_5 pyrazophos

CH_3O, CH_3O, P(=S)–O, Cl, Cl tolclofos-methyl

O, N, N phenazine oxide

S, S, O, O, O, O isoprothiolane

S, N, N, N tricyclazole

O, O, N, O, COOH oxolinic acid

N, O pyroquilon

Fosetyl-Al은 엽면처리, 토양처리, 수확후 처리 등 다양한 방법으로 사용되는데 주로 밭작물의 노균병, 역병 등의 방제에 이 약제를 살포하면 식물체의 병 저항성을 증가시키는 것으로 알려져 있다.

Kitazin은 유기인계 살균제 중 최초로 개발되었고 벼 도열병 방제에 사용되며, 병원균 세포막의 인지질 합성을 저해할 뿐 아니라 도열병균이 생산하는 pyricularin 독소와 길항적으로 작용하여 살균활성을 나타내므로 병해에 대한 예방과 치료 효과를 겸비하는 특성을 보인다.

Iprobenfos, edifenphos는 벼 도열병 방제에 쓰이고 병원균 세포막의 인지질 합성을 저해하여 병원균 포자의 발아를 억제하고 균사 신장 억제 및 병반상에서 포자의 형성을 저해함으로써 살균효과를 발휘한다. Iprobenfos는 약효 발현속도가 비교적 빠르게 나타나며 약효지속기간은 짧으나 edifenphos는 약효지속기간이 비교적 길다.

Pyrazophos의 작용기작은 불분명하지만 사과, 보리, 오이 및 뽕나무 등 광범위한 작물의 흰가루병 방제에 사용한다.

Tolclofos-methyl은 치료 및 보호 살균제로 라이족토니아균에 의한 병해에 효과가 좋으며 잔효성이 길다. 잔디 라이족토니아마름병, 감자 검은무늬썩음병, 인삼 모잘록병, 감자, 채소, 딸기, 사과 및 잔디의 토양병해인 흑지병, 눈마름병, 라지벳취병 등의 방제에 사용한다. 살균기작은 병원균체 내의 인지질(燐脂質, phospholipid)의 생합성을 저해함으로써 병원균의 포자발아 및 균사성장을 저해한다.

4.3.13 Phenazine계

Phenazine oxide는 벼의 흰빛잎마름병 방제용으로 사용되고 약해가 적다. 벼의 품종, 생육상태, 환경조건에 따라서 잎에 작은 반점이 보이는 경우가 있으나 수량에는 영향이 없으며, 출수기에 살포는 환경조건에 따라서 벼이삭이 갈변하는 경우가 있으므로 출수기 이후 살포는 피하여야 하며 또한 중복살포는 약해를 유발하므로 피하여야 한다.

4.3.14 유기유황계

Isoprothiolane은 침투, 이행성의 약제로 병원균의 인지질(燐脂質)의 생합성 저해로 벼 도열병균의 균사신장 및 포자 형성을 저해하며 병원균의 수도체 내 침입을 저해하는 작용이 있어 예방적 효과가 크다. 살균제로서의 효과 외에 묘대기에 처리함으로써 건묘육성 및 뜸묘 방지의 효과도 있으며 벼의 등숙률을 증대시키는 효과가 보고되고 있다.

4.3.15 Thiazole계

Tricyclazole은 침투 이행성 살균제로서 병원균체 내 melanin 생합성을 저해하며 벼 도열병의 예방과 치료 효과를 겸비하고 식물체 내로 신속하게 흡수이행되므로 병원균이 벼의 체내에 침입하는 것을 저해하여 포자형성을 억제하고 병원성을 저하시키는 특성이 있어 2차 감염을 억제한다.

4.3.16 Quinoline계

Oxolinic acid는 벼의 그람(gram) 음성 세균에 대하여 예방과 치료 효과를 겸비한 침투이행성 약제이다. 배추 무름병, 고추 세균점무늬병, 복숭아 세균 구멍병 등의 방제에 사용되며 채소 등 작물에 극미한 약해를 보이는 경우가 있다.

Pyroquilon은 침투이행성의 보호살균제로 벼 도열병 방제 전문 약제이다. 도열병균의 melanin 생합성을 저해하여 생활사 중 침입균사의 형성으로부터 기주 세포의 침입단계에 이르는 발육을 저해하고, 포자의 형성 및 병원력을 강하게 저하한다. 효과 지속성이 있어 사용 폭이 넓고 타 약제에 의하여 야기된 저항성 병원균에 대해서도 안정적 효과가 있다.

4.3.17 Strobilurin계

Strobilurin계 살균제는 자연계에서 생성되는 사상균의 대사산물인 strobilurins와 oudemansins의 유기합성 유사체로 미토콘드리아의 전자전달계를 저해하여 활성을 나타낸다.

Azoxystrobin은 침투이행성이 뛰어나고 예방과 치료 효과를 동시에 나타내며 사과의 겹무늬썩음병, 오이의 노균병 등 방제에 쓰인다. Kresoxim-methyl도 azoxystrobin과 특성이 비슷하고 다양한 작물의 갈색무늬병, 흰가루병, 노균병, 녹병, 탄저병 등의 방제에 쓰인다.

Mandestrobin은 배 흑성병, 살과 갈색무늬병 방제에 우수한 효과를 보이며 밭작물의 탄저병, 균핵병 방제에 사용된다.

Orysastrobin은 침투이행성이 우수하고 벼의 다양한 병해 방제에 사용된다.

Trifloxystrobin은 다양한 작물의 탄저병, 갈색점무늬병, 흰가루병, 더뎅이병, 뿌리혹병, 잿빛곰팡이병, 겹무늬썩음병, 덩굴마름병 등의 방제에 사용한다.

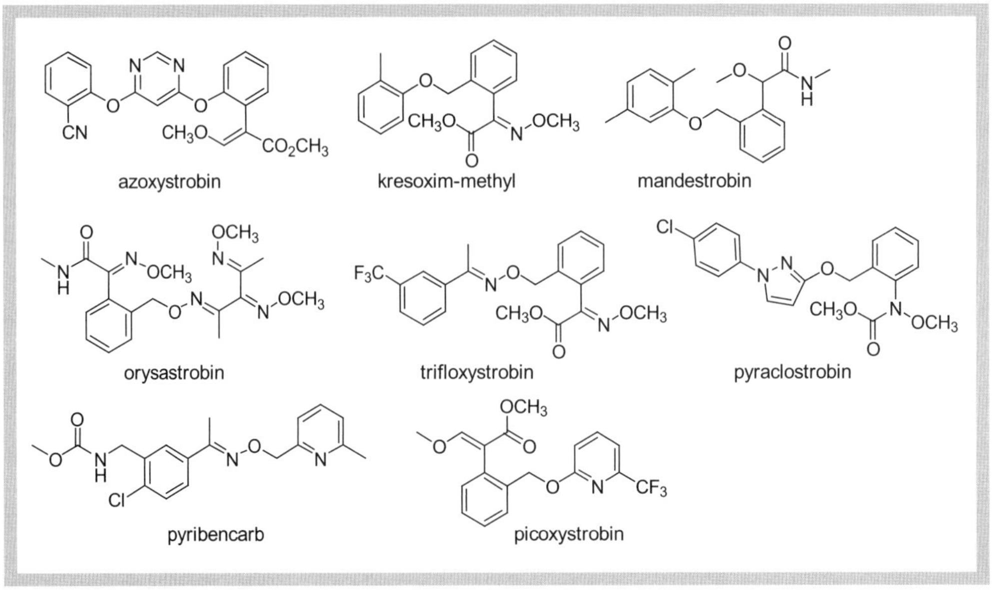

azoxystrobin kresoxim-methyl mandestrobin

orysastrobin trifloxystrobin pyraclostrobin

pyribencarb picoxystrobin

Pyraclostrobin은 내우성이 우수하고 효과가 오랫동안 지속되며 감귤의 더뎅이병, 인삼 잘록병, 그 외 다양한 작물의 잿빛곰팡이병, 흰가루병, 탄저병, 노균병, 녹병, 점무늬병 등의 방제에 사용한다.

Pyribencarb는 strobilurin 형태의 benzylcarbamate로 전자전달계 복합체 III를 저해하며, 벼의 종자소독, 마늘 흑색썩음균핵병, 다양한 작물의 균핵병, 검은별무늬병, 잿빛곰팡이병 등의 방제에 사용된다. 침달성이 높은 예방 acl 치료 효과를 겸비한 약제이다.

Picoxystrobin은 밭작물의 탄저병, 역병, 점무늬병, 노균병, 잎마름병 방제에 사용된다.

4.4 훈증제

훈증제(Fumigants)로는 chloropicrin, methyl bromide, MITC, dazomet, metam-sodium등이 있고 높은 휘발성이 있는 작은 분자의 살균제로 훈증 작용으로 토양에 존재하는 곰팡이, 곤충, 선충 및 잡초 씨앗을 방제한다. Chloropicrin은 독특한 냄새로 경고 물질 역할을 하며 그 자체가 이상적 훈증제이며 metam-sodium, dazomet은 토양 중에서 methylisothiocyanate(MITC)로 분해되어 독작용을 한다.

4.5 항생제

Streptomycin은 *Streptomyces griseus*의 발효로 생산되며 원래 의료용으로 개발, 사용되어 온 약제로 병원균의 단백질 합성을 저해함으로써 병원균을 살멸한다. 식물체 내 침투, 이행성은 없으나 광범위한 그람 양성 또는 음성균에 효과가 있으나 토양 살균제로는 사용할 수는 없다. 감귤 궤양병, 배추무름병 등의 방제에 사용한다.

Kasugamycin은 벼의 도열병(rice blast) 방제용 항생물질로 *Streptomyces kasugaensis*를 배양하여 얻어지며 식물체 내에 침투, 이행하여 단백질의 생합성을 저해한다고 알려져 있다. 병원균의

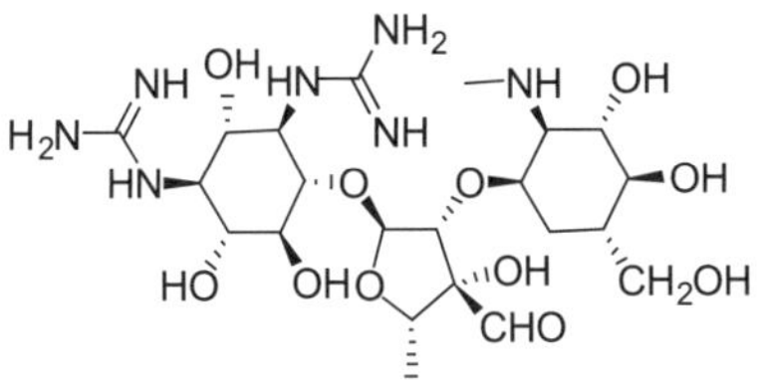

streptomycin

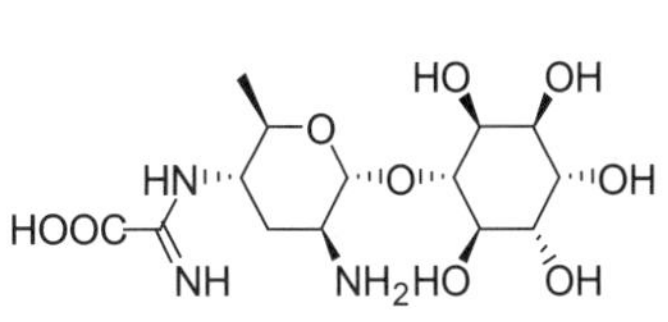

kasugamycin

포자 형성 저해작용은 약하나 균사의 신장을 억제하는 효과가 있어 도열병에 대하여 예방 및 우수한 치료 효과를 보인다.

그러나 과도하게 사용하면 내성균(耐性菌)을 유발하기 쉬우나 유발한 내성균은 사용을 중단하면 내성이 감퇴되어 다시 감수성균으로 환원되는 특성이 있다.

벼 도열병, 세균성 알마름병, 감귤궤양병, 고추 및 오이의 노균병, 탄저병, 반점병의 방제에 사용한다.

Blasticidin-S는 토양 중의 방선균(放線菌)인 *Streptomyces grieseochlomogenes*를 호기적 조건하에서 배양하여 유효성분을 분리, 이용한다. 예방과 치료 효과를 겸비하고, 특히 벼 도열병의 치료 효과가 우수하여 도열병균이 침입한 후 또는 병반 형성 초기에 살포함으로써 병반의 형성 및 확대, 진전을 억제할 수 있으므로 도열병 격발(激發) 시나 출수 이후에도 사용이 가능하다. 그러나 살포액의 농도가 40ppm 이상에서는 벼잎에 약해가 심하게 일어나므로 주의하여야 한다.

Validamycin은 벼 잎집무늬마름병(문고병, sheath blight) 방제용 항생물질제로, *Streptomyces hydroscopicus* var. *limoneus*를 발효시켜 생산하며 알칼리성에는 안정하나 산성에는 불안정하여 쉽게 분해된다.

작용기작은 불분명하나 병원균 균사의 신장을 억제하고 이상 분지(分枝)를 유기(誘起)시켜 병원성을 상실하게 한다. 벼잎집무늬마름병 외에 잔디의 브라운벳취병 방제에도 사용된다.

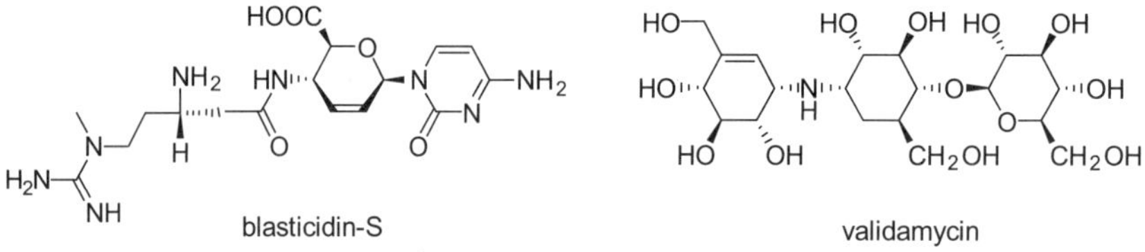

blasticidin-S　　validamycin

Polyoxin은 *Streptomyces cacaoi* var. *Asoensis*로부터 분리한 수용성 물질로서 벼의 잎집무늬마름병(sheath blight) 방제에 쓰인다. 현재까지 polyoxin A에서 M까지 13종이 단리되었으며 우리나라에서는 polyoxin B가 과수의 점무늬낙엽병(斑點落葉病, Altenaria leaf spot) 방제약으로 사용되고 있으며, polyoxin D는 사과나무 부란병(腐爛病, canker) 방제약으로 사용되고 있다. 작용특성은 chitin 합성이 저해되므로 세포벽 형성이 저해되어 포자의 발아관(發芽管)이나 균사가 팽화(膨化)된다. 따라서 포자의 침입 및 발아를 저지하고 균사의 생육을 저해하여 병

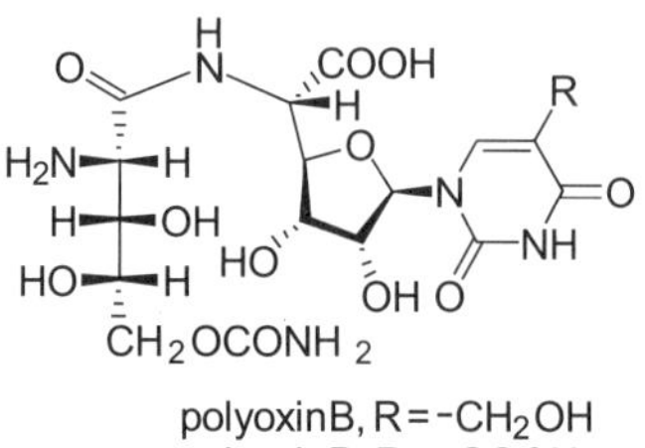

polyoxinB, R=-CH_2OH
polyoxinD, R=-COOH

반의 확대, 진전을 억제하는 효과가 있으므로 예방과 치료 효과를 동시에 발휘하고 병반상(病斑上)에서 포자 형성의 저해로 2차 감염이 억제되고 잔효력도 있다.

4.6 기타 살균제

Diethofencarb는 phenylcarbamate계 살균제로서 뿌리나 줄기로부터 흡수되어 식물 전체로 이동하는 침투이행성의 보호 및 치료 효과를 겸비하여 잿빛곰팡이병 발아관의 유사분열을 저해한다. 포도, 오이, 토마토, 딸기 등의 benzimidazole계 살균제에 저항성을 나타내는 잿빛곰팡이병 방제에 효과적이다.

Anilazine은 비침투이행성의 보호살균제로 작물에 대한 약해는 없다. 주로 밀의 *Septoria spp*의 방제용으로 사용되고 있다. 오이 잿빛곰팡이병 방제에 사용한다.

Etridiazole은 접촉성의 치료 및 보호 살균제로 벼, 고추, 오이의 잘록병, 잔디의 피티움마름병 등의 방제에 사용된다.

Fludioxonil은 phenylpyrrole계 살균제로 삼투압조절 경로의 MAPK를 저해하여 활성을 나타내며, 병원균의 균사 및 분생포자의 성장 및 발아를 억제한다. 다양한 작물의 잿빛곰팡이병, 균핵병, 탄저병, 잎곰팡이병, 잘록병, 점무늬병 등 다양한 병해에 사용한다.

Fluoroimide는 보호살균제로서 작용기작은 병원균의 포자발아를 저해함으로써 살균활성을 보인다. 주로 감, 사과, 감귤의 흰가루병, 낙엽병, 더뎅이병의 방제에 이용한다.

Flusulfamide는 치료 및 보호살균제로서 주로 종자처리로 유채, 배추 등의 무사마귀병 방제에 이용 중이다.

Iminoctadine은 guanidine계 살균제로 곡류작물에는 종자처리로 사용되며, 포도, 사과, 수박의 탄저병, 부란병, 덩굴마름병 등의 방제로 널리 사용된다.

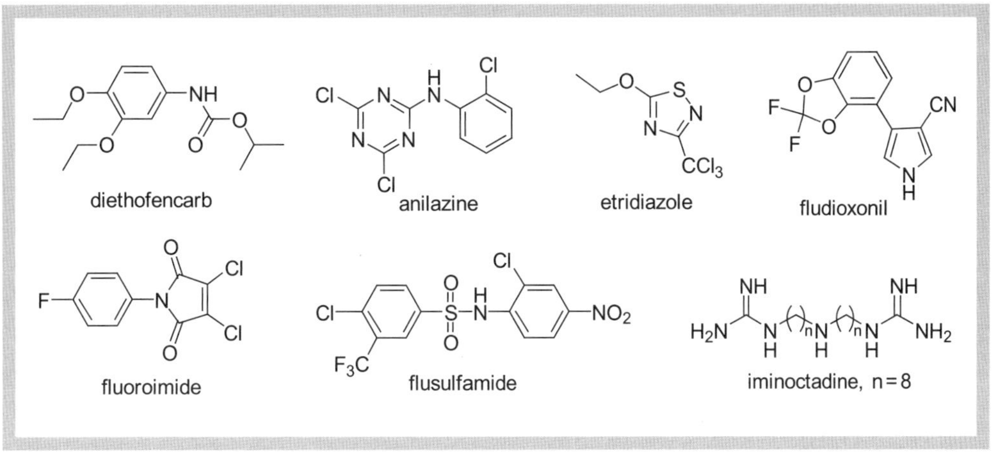

diethofencarb　anilazine　etridiazole　fludioxonil

fluoroimide　flusulfamide　iminoctadine, n=8

Pencycuron은 비침투이행성의 보호살균제로 약효지속기간이 길고, 벼의 잎집무늬마름병 및 인삼 잘록병, 마늘 흑색썩음균핵병, 고추 흰비단병의 방제용으로 사용되고 있다.

Propamocarb는 carbamate계 살균제로 염산염(propamocarb hydrochloride) 형태로 사용된다. Propamocarb는 침투이행성의 보호살균제로 뿌리 및 잎으로부터 흡수, 이행하며 살균작용점이 다양하고 역병, 노균병, 뿌리썩음병, 모잘록병 방제용으로 주로 사용되고 있다.

Tolyfluanid는 *N*-trihallomethylthio계 살균제로 광범위한 작용점을 갖는 살포용 보호살균제이다. 작물에 대한 약해는 없으며. 토마토 등의 잿빛곰팡이병의 방제에 사용된다.

Fluazinam은 보호 살균제로 약간의 치료 효과와 침투이행성이 있으며 잔효성이 우수하며 내강우성이 있다. 작용기작은 미토콘드리아에서 산화적 인산화 과정에서 탈공역작용을 보인다. 사과 탄저병, 배추의 뿌리마름병, 배의 검은별무늬병의 방제에 사용된다.

Mandipopamid는 carboxylicacidamide계 살균제로 병균의 침입과 생작을 저해하여 포자 형성과 발아를 억제한다. 침달성이 있어 엽면에 처리하면 잎 전체에 골고루 약효가 발휘되며 역병과 노균병 방제에 사용된다.

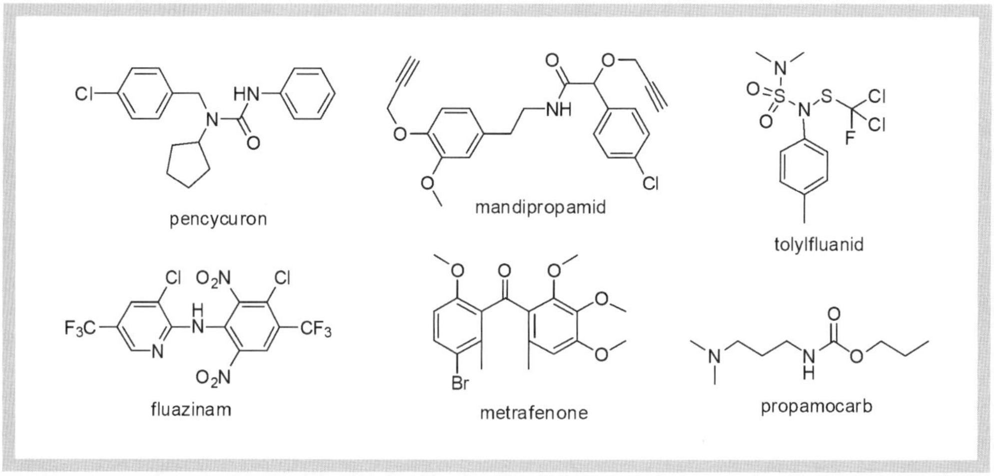

pencycuron
mandipropamid
tolylfluanid
fluazinam
metrafenone
propamocarb

Metrafenone은 benzophenone계 침투이행성 살균제로 흰가루병에 대하여 보호, 치료 및 포자 발아 억제 효과가 우수하다. 흰가루병과 잎마름병 방제에 사용된다.

Cyprodinil, pyrimethanil은 anilinopyridmine계 살균제로 methione 생합성을 저해하여 활성을 나타내고, 점무늬병, 잿빛곰팡이병, 검은별무늬병, 검은무늬병, 갈색무늬병에 치료 및 예방효과가 있다.

Mepanipyrim은 anilinopyrimidine계 살균제로 잿빛곰팡이병 방제에 사용된다.

Mepronil은 carboxyanilide계 살균제로 담자균류에 의한 병해에 효과가 뛰어나고, 잔디 갈색잎마름병, 감자 검은무늬썩음병, 원예작물의 녹병 방제에 사용된다.

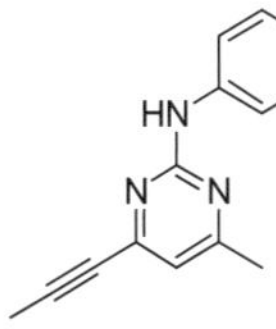

mepanipyrim 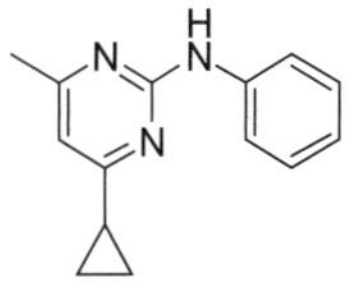 cyprodinil 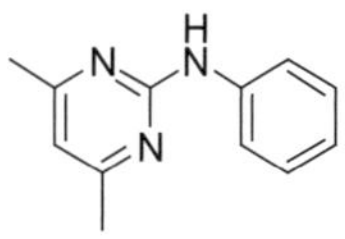 pyrimethanil

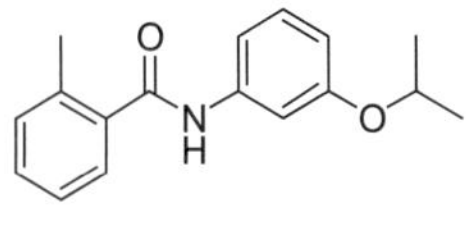

mepronil 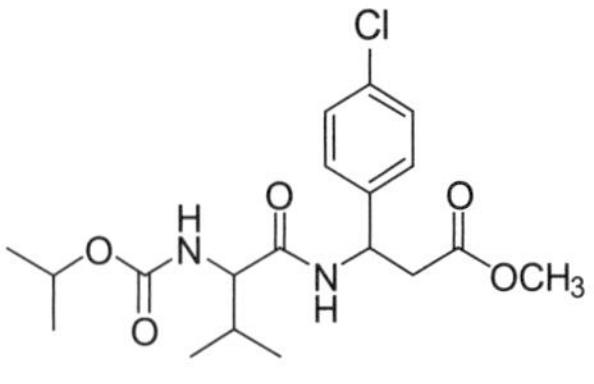 valifenalate 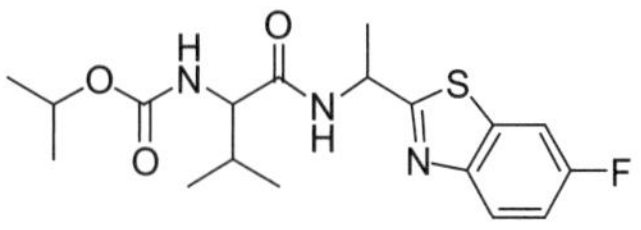 benthiavalicarb isopropyl

Valifenalate는 난균류에 대한 세포벽 생합성 저해로 살균작용을 나타내고, 양파, 오이, 포도 등의 노균병 방제에 사용된다.

Benthiavalicarb isopropyl은 병원균의 인지질 및 세포벽 합성을 저해함으로써 포자발아, 균사신장, 유주자형성 억제 등 병원균 생육 전반에 효과를 나타내며, 노균병, 역병의 예방 및 치료효과를 보이는 침투이행성 약제이다.

Boscalid는 anilide계 침투이행성 약제로 잿빛곰팡이병, 흰가루병, 균핵병의 방제에 사용한다.

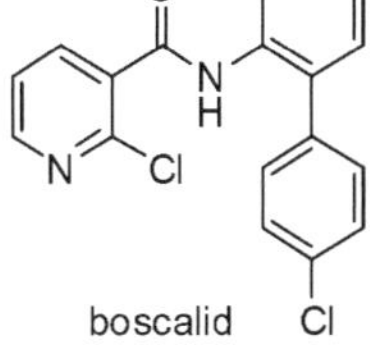

boscalid 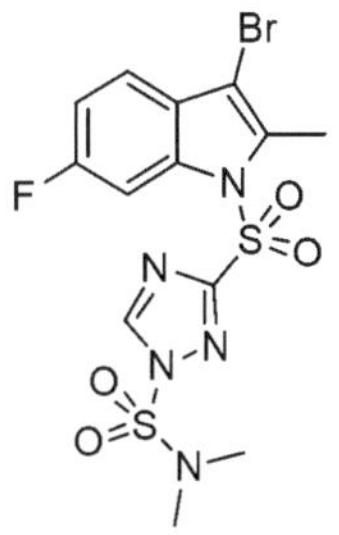 amisulbrom 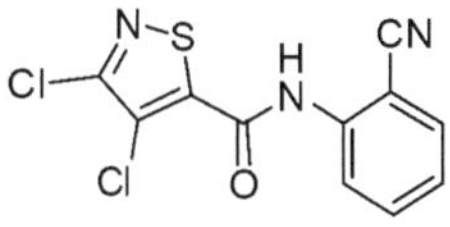 isotianil

Amisulbrom은 sulfonamide계 살균제로 병원균 생육단계에 걸쳐 효과를 발휘하며 뿌리혹병, 노균병, 역병에 사용한다. 약제 살포 후 잎 표면의 큐티클층에 바르게 침투하여 내우성이 우수하며 장기간 지속적인 효과를 발휘한다.

Isotianil은 thiadiazolecarboxamide계 침투이행성 살균제로 약효지속기간이 길고, 도열병과 흰잎마름병에 대하여 타 약제와 교차저항성이 없다.

Isopyrazam은 carboxamide계 흰가루병 전문 약제로 예방 및 치료 효과가 뛰어나다.

Ethaboxam은 thiazolecarboxamide계 침투이행성 살균제로, 역병, 노균병 잎집무늬마름병 등의 방제에 사용한다.

Oxathiapiprolin은 isoxazoline계통의 새로운 살균제로 노균병, 역병 방제에 사용된다.

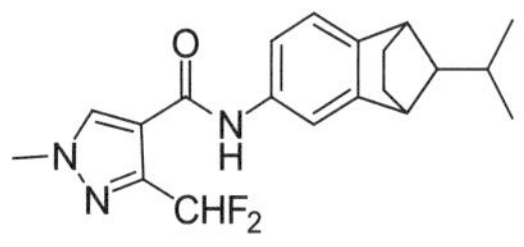

isopyrazam 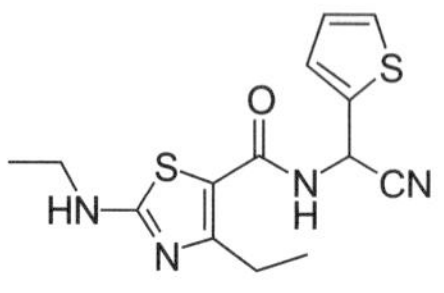 ethaboxam 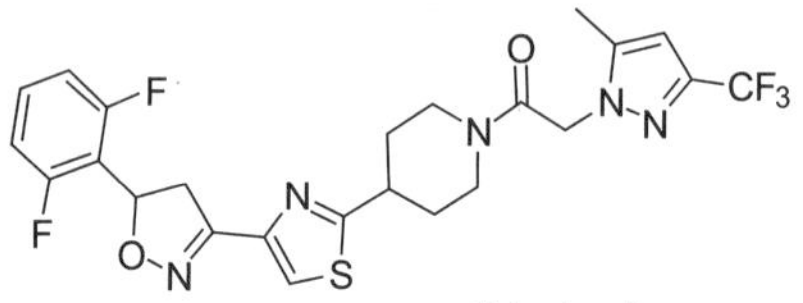 oxathiapiprolin

Thifluzamide는 anilide계 살균제로 침투이행성이 우수하며 육묘상 처리 시 벼 도복을 경감시킬수 있으며, 벼 잎집무늬마름병, 잘록병, 인삼 잘록병, 딸기 눈마름병에 사용한다.

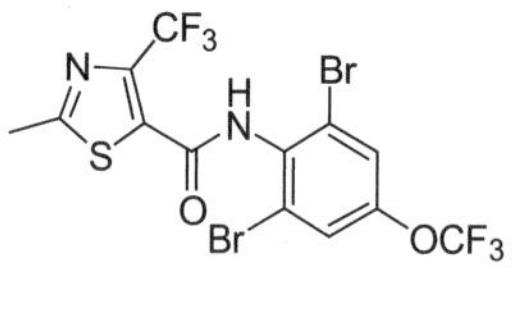

thifluzamide 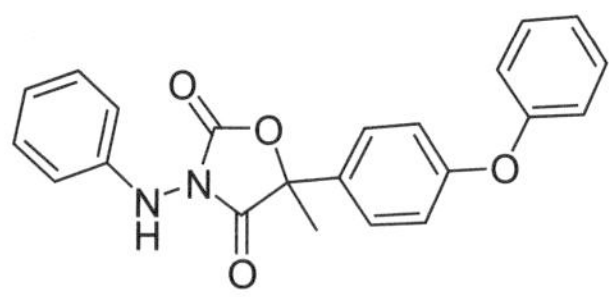 famoxadone

Famoxadone은 oxazolinedione계 살균제로 미토콘드리아에 작용하여 병원균의 호흡을 저해하여 활성을 나타내고, 내우성과 잔효력이 긴 약제로, 감자 목도열병, 배추와 양파 노균병, 고추와 토마토 역병 방제에 사용한다.

Penthiopyrad는 pyrazolecarboxamide계 살균제로 미토콘드리아의 호흡을 저해하여 활성을 나타내고 넓은 스펙트럼을 가지고 있어 다양한 병해에 사용된다.

Fenpyrazamine은 pyrizolinone계 살균제로 침달성 및 침투이행성이 높아 약제가 닿지 않는 부분까지 안정적인 효과를 보인다. 예방 및 치료 효과가 우수하며, 다양한 작물의 잿빛곰팡이병, 균핵병 방제에 사용한다.

Fenhexamid는 스테롤합성 저해제로 포자의 발아관 신장을 억제하며 균사가 식물체 안으로 침입하지 못하게 하는 hydroxyanilide계 잿빛곰팡이병 방제용 약제이다.

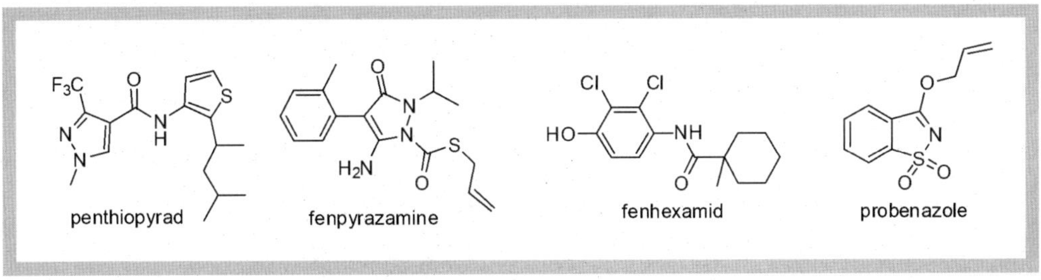

penthiopyrad fenpyrazamine fenhexamid probenazole

Probenzole은 식물의 병원균 저항성을 높여주는 약제로서, 침투이행성이 강하고 약효지속기간이 길며 벼의 도열병과 세균벼알마름병, 고추 세균점무늬병, 배추 무름병방제에 사용된다.

Flusulfamide는 뿌리혹병에 우수한 살균력을 나타내는 benzenesulfonanile계 살균제이다.

Fluopyram은 phenylbenzamide계 침달성 살균제로 미토콘드리아의 제2복합체를 저해하여 활성을 나타내고, 오이 흰가루병 및 포도 잿빛곰팡이병에 대한 치료 효과가 우수하며, 약효지속기간이 긴 약제이다.

Flutolanil은 phenylbenzamide계 침투이행성 살균제로 미토콘드리아의 제2복합체를 저해하여 활성을 나타내고, 벼 잎집무늬마름병, 인삼 잘목병, 양파 및 마늘의 흑색썩음균핵병 등에 대한 치료 효과가 우수하며, 약효지속기간이 긴 약제이다.

Flutianil은 thiazolidine계 비침투성 약제로 흰가루병 전문 약제이다.

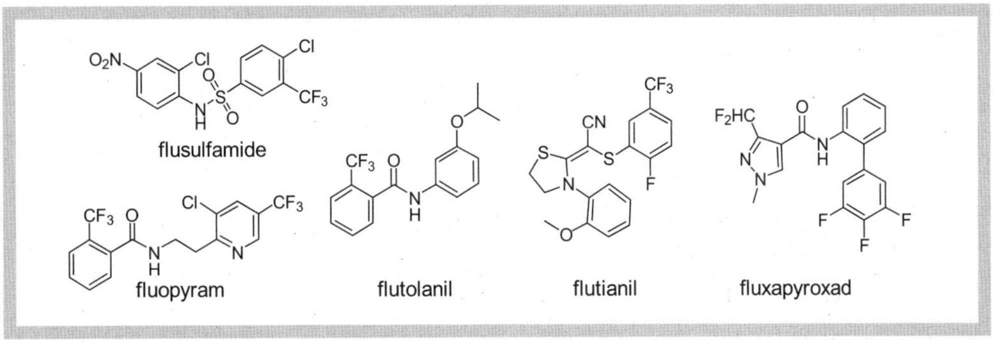

flusulfamide fluopyram flutolanil flutianil fluxapyroxad

Fluxapyroxad은 phenylbenzamide계 침투이행성 살균제로 미토콘드리아의 제2복합체를 저해하여 활성을 나타내며, 침투이행성이 뛰어나고 약효지속기간이 긴 약제로, 다양한 병해의 방제에 사용된다.

Picabutrazox는 tetrazolyloxaime계의 살균제로 조의 잎집무늬마름병, 밭작물의 노균병, 역병 방제에 사용한다.

Hymexazol은 isoxazole계 살균제로 감자 및 벼 잘록병 예방효과와 건묘육성 효과가 있고, 잔디 피티움마름병에 사용한다.

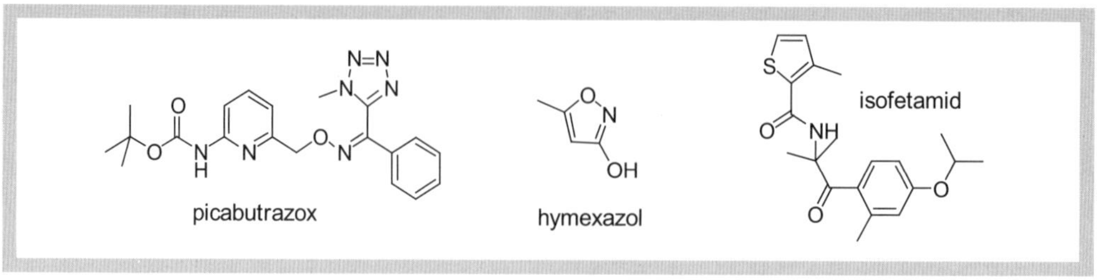

picabutrazox hymexazol isofetamid

Isofetamid는 thiopheneamide계 침투이행성 약제로 과수와 과채류의 잿빛곰방이병, 균핵병 방제에 사용된다.

5. 살조류제

조류(algae)는 담수나 해수에서 서식하는 하등생물로서 그 분류 범위는 단세포성 생물로부터 늪지대의 녹조류나 해수의 해조류까지이다.

살조류제(殺藻類劑, algicide)는 이런 조류의 생물학적 활성을 조절, 억제하는 화학물질로서 조류의 서식 특성 때문에 수중에서 효력이 잘 나타나야 하며 경제적인 이용가치가 있어야 한다. 주로 공공 취수장이나 수영장 등의 조류 방제에 사용된다.

5.1 무기염소계 화합물

$Ca(ClO)_2$, NaClO, $NaClO_2$ 등의 대표적인 무기염소계(inorganic chorines) 화합물은 좋은 살조류제일 뿐만 아니라 소독제로 사용되고 대부분이 세탁표백제의 원료이다. 또한 수영장의 염소 소독처리에 쓰인다.

5.2 구리화합물

구리가 함유된 살조류제는 염소계 화합물보다 균일한 효과가 나타나고 효력이 장시간 지속된다. 구리화합물(copper compounds)이 수영장 주변의 식물이나 잔디 등에 뿌려지거나 튀게 된다면 식물약해가 유발된다. 효력이 뛰어난 다른 살조류제도 같은 현상이 나타난다.

유기구리화합물은 대체로 대중시설인 수영장 등에 사용하지 않고 그보다는 공업적으로 사용하거나 공중 수도 관리, 농업 등에 사용한다. 이 화합물들 중에서 가장 보편적으로 이용되는 것

중 하나가 copper-triethanolamine이다. 이 화합물은 관계용수나 취수장, 저수지, 늪지 그리고 호수나 양식 부화장에 서식하고 있는 플랑크톤이나 필라멘트형 조류의 방제에 사용되며 수영장에 사용이 가능하다. 이 화합물은 수질소독을 한 즉시 그 효력이 나타난다. 이와 비슷한 효력을 지니고 있는 화합물로는 copper-ethylenediamine 등이 있다.

Copper-monoethanolamine은 미국 EPA에 의해 1980년에 등록되어 저수지, 호수, 늪지의 조류 제거와 제초 작업에 사용되고 있다.

AlgimycinPLL[citrate와 gluconate의 킬레이트(chelate)형 구리]는 액체나 정제 형태로 제제화되어 특히 *Chars spp.*, *Nitella spp.*와 같은 조류 방제에 사용되고 있다. 이것은 호수나 취수장, 늪지, 양식 부화장 등에서 사용된다.

그 외 다른 구리계 화합물을 보면 블루스톤(blue stone)과 블루비트리올(blue vitriol)이란 상표명으로 불리는 copper sulfate-pentahydrate가 있다.

이들 구리화합물은 수용액상에서 구리가 이온화되어 단세포나 필라멘트형 조류를 방제한다. 작용기작은 구리계 살균제의 작용기작과 같고 0.5~2.0ppm 농도 범위에서 플랑크톤과 필라멘트형의 조류 방제가 가능하다.

5.3 염화 암모늄화합물

염화 암모늄화합물(quaternary ammonium chloride)의 계통 살조류제의 구성을 보면 4가의 염화암모늄으로 치환기 끝에 염소나 브롬이온이 있고 탄소 원자 중 적어도 하나는 탄소 사슬이 C_8~C_{18}개로 이루어져 있다. 이러한 탄소 사슬은 식물성 기름에서 볼 수 있는 지방산과 유사한 형태로 유도되어 있다. 방부제, 살균제, 소독제, 온실에서의 조류 제거에 사용되고 취수통이나 우물, 스프링클러, 수영장, 하수 처리장같이 몇 개월에 걸친 장기적 조류 방제작업에 적당한 약제이다.

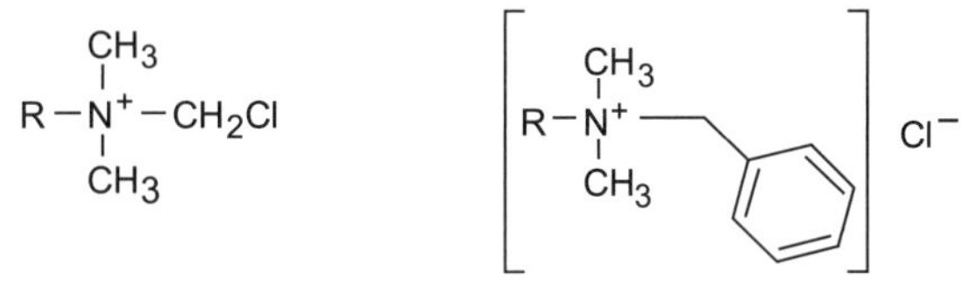

alkyldimethylbenzylammonium chloride

Alkyldimethlbenzylammonium chlorides는 수영장이나 냉각장치, 에어컨의 냉각탑, 온실 등의 지속성이 요구되는 조류 방제에 이용된다. 하지만 어독성이 있으므로 늪지나 호수, 강가에서는 사용을 할 수 없다.

5.4 기타

전문적으로 조류 방제에 사용되는 것이 acrolein이다. 이것은 사람이나 수생 생물에 높은 활성을 나타내는 고휘발성 유기화합물이다. 이 화합물은 유용한 수용성 제초제와 살조류제지만 최루성 가스 유발효과 때문에 위험하여 자격을 갖춘 전문가가 다루어야 한다. 이것은 식물의 세포막을 파괴한다든가 다양한 효소계를 파괴하는 작용으로 일반적인 독성을 나타낸다.

Triphenyltin acetate(fentin acetate)는 많이 사용하고 있는 농약 중 하나이다. 이것은 살균제, 살조류제 살연체동물제 등의 작용을 나타낸다.

Diamine C, sodium dichloroiscyanurate은 수영장에서 지속적으로 살조류효과를 나타내고 있으며, simazine은 1.0ppm 농도에서 다양한 범위의 조류를 방제할 수 있기 때문에 저수지 등에 사용될 수 있고 살조류제 중에서 가장 어독성이 낮은 것 중 하나이다.

Dichlone은 살균제 농약으로서 호수나 늪지의 녹조류 방제에 사용된다.

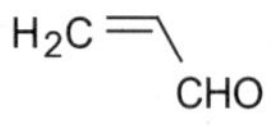

acrolein 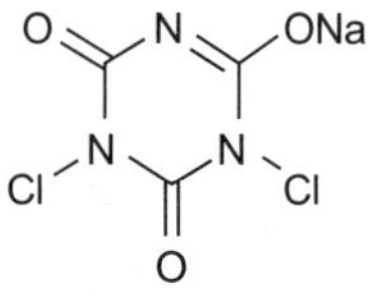 sodium dichloroisocyanurate 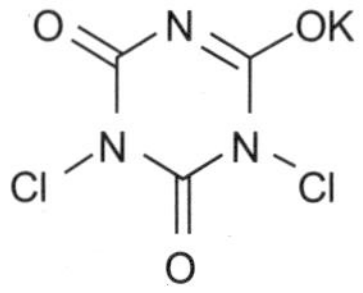 potassium dichloroisocyanurate

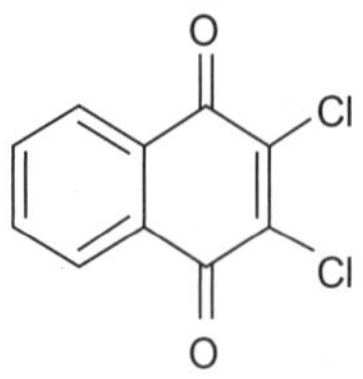

dichlone 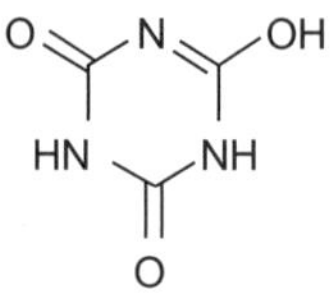 isocyanuric acid(ICA) 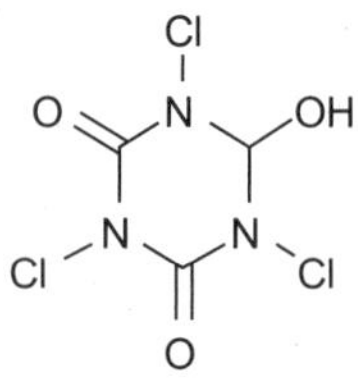 trichloroisocyanuric acid(TICA)

ICA와 TICA는 수영장의 살조류와 소독을 목적으로 사용된다. 이들 화합물도 자외선과 일광에 의한 분해에 안정하고, 수중에서도 안정하기 때문에 지효성이 있다.

6. 제초제

6.1 국내의 잡초 발생 및 종류

잡초(雜草, weed)란 작물이 필요로 하는 양분을 수탈하거나 생육환경을 불리하게 하여 작물의 생육에 경쟁적 관계에 있는 식물로 설명되며, 경작지 내 잡초는 작물과 양분, 광, 수분 및 공간에 대하여 경합하고, 때로는 작물의 생육을 저해하는 물질들을 분비하기도 하여 작물의 생육과 경쟁한다. 또한, 작물의 병해충이 잡초에 서식하며 직간접적으로 작물의 생육을 저해하고 수량 및 품질의 저하를 초래하며, 비료, 관개수 등 농업자재의 효율을 낮추고, 경운, 시비 및 수확 등 주요 농작업을 어렵게 하여 농업인의 노동 효율을 낮추어 생산비를 증가시키는 요인이 된다.

전 세계적으로 잡초 발생으로 인한 피해는 농업생산 시 재해손실의 약 30%를 차지하여 충해, 병해 및 토양손실과 함께 4대 농업 재해의 하나이다. 잡초로 인한 작물 수량의 손실은 잡초의 종류, 발생량, 발생 시기에 따라 달라지지만 우리나라의 경우 일반적으로 잡초방제 없이 농작물을 재배한다면 이앙벼의 15~30%, 건답직파 벼의 30~50%, 맥류의 25~40%, 콩, 옥수수 등 밭작물이 30~50% 감수된다고 알려져 있다.

게다가 강피, 물피, 뚝새풀, 나도겨풀 등 논과 논둑에 발생하는 화본과 잡초들은 거의 모두가 도열병, 줄무늬잎마름병, 잎집무늬마름병, 깨씨무늬병, 오갈병, 벼멸구, 흰등멸구, 끝동매미충 등의 숙주식물이다. 또한 방동사니과 잡초들은 줄무늬잎마름병과 잎집무늬마름병에 대한 숙주식물이며, 광엽 잡초들 중 물달개비와 미나리는 잎집무늬마름병에 대해, 그리고 여뀌, 여뀌바늘, 사마귀풀, 중대가리풀, 수염가래꽃 등은 오이 모자이크 바이러스의 숙주작물이다. 따라서 이들 잡초들에 대한 방제를 소홀히 한다면 작물 병해충 방제효과도 크게 떨어지게 된다.

6.1.1 국내 경작지 내 잡초 발생

전 세계적으로 농경지에 발생하는 잡초는 약 1,800여 종이고, 식량작물 재배지에서의 주요 잡초는 200여 종으로 알려져 있다. 국내의 경우에는 461종의 잡초가 알려져 있는데 그중 방제대상 잡초는 22종이다.

잡초 발생량은 재배기간 중 대체로 경지 $1m^2$당 논 500~3,500본, 밭 1,000~5,000본 정도이며 경지 $1m^2$당 토심 2cm 작토(作土)에 매립되어 있는 잡초 종자 수는 논 30,000여 개, 밭 50,000~100,000여 개로 경작지 토양의 잡초발생에 대한 잠재력은 매우 큰 것으로 알려져 있다. 그러나 경지 잡초로서 전국에 널리 분포하며 잡초 군락 내에서 우생(優生) 또는 차우생(次優生)하는 주요 잡초들은 논과 그 주변에 30여 종, 밭과 그 주변에 50여 종이다. 특히 우리나라는 몬순 기후권에 속해 있어서 생태적으로 남방형(南方型) 잡초들의 구성비가 높고 고온다습한 우기(雨期) 전후에 잡초의 생육이 왕성하여 하작물(夏作物)에 미치는 피해가 큰 것이 특징이다.

6.1.2 잡초의 종류

잡초의 분류는 방제대상의 경지를 중심으로 논 잡초, 밭 잡초, 답리작(畓裏作) 잡초, 수로(水路) 잡초, 과원(果園) 잡초, 잔디밭 잡초, 비농경지 잡초 등으로 구분하고 생존연한(生存年限) 및 생육 시기에 따라 하계 1년생, 동계 1년생, 2년생 및 다년생으로 구분한다. 또한 형태적 특성에 따라 화본과 잡초(또는 세엽 잡초)와 광엽 잡초로 대별하는 것이 일반적이다. 그러나 식물 분류학상 같은 과(科)에 속하는 주요 잡초들이 하나 이상 있거나 같은 속(屬), 또는 같은 종(種) 내에서 변종들이 많이 발생하면 주(主) 초종명(草種名) 내지 형태적 특성을 가미한 편법적인 분류를 하기도 한다. 이러한 잡초의 분류에 있어서 잡초 방제에 가장 중요한 것은 잡초의 생육 시기와 생활환에 의한 분류이며 대체로 다음과 같은 특성이 있다.

(1) 1년생 잡초

1년생 잡초(annual weed)의 일생은 종자의 발아로부터 생장을 시작하고 개화, 결실하여 번식체인 종자를 형성한 후 식물체가 죽기까지 1년 이내에 끝난다. 하계 1년생은 봄부터 여름까지 발아하여 대부분의 생장을 여름 동안에 하고 종자를 생산한 후 고사하며 종자는 이듬해 봄까지 토양 중에서 휴면한다. 논 잡초로서 강피, 물달개비, 마디꽃 등이 그 대표적 잡초이다. 반면, 동계 1년생은 가을에 주로 발아하나 환경에 따라서는 겨울 또는 이른 봄까지 발아하여 봄에 왕성히 생장하고 늦봄 또는 초여름에 종자를 맺고 죽으며 종자는 여름을 토양 중에서 휴면하는 것이 보통이다. 이들은 시기상 해를 넘기기 때문에 월년생(越年生) 1년초라고도 한다. 논의 휴한기간 또는 답리작, 답전작에서 많이 발생하는 뚝새풀, 벼룩나물, 별꽃, 냉이류 등이 대표적 잡초들이다.

일반 포장에서 잡초는 대부분 1년생이고 종자의 생산량이 많아 지속성이 매우 크고 초종이 다양하며 생장속도가 빨라서 방제에 어려움이 따른다.

(2) 2년생 잡초

2년생 잡초(biennial weed)들은 1년 이상 2년 미만 생존하며 종자가 발아한 첫해에는 영양 생장을 하고 다음 해에는 개화하여 종자를 생산한 후 고사한다. 야생당근과 엉겅퀴속의 일부 잡초가 그 예이다. 2년생 잡초 중에는 온대 북부지방에서는 2년생이 되나 온대 남부에서는 1년생으로 생존기간이 짧아지기도 한다.

(3) 다년생 잡초

다년생 잡초(perennial weed)들은 2년 이상 거의 부정기간(不定期間) 생존하며 번식 습성에 따라 단순 다년생(單純 多年生), 인경형(鱗莖型) 및 포도형(匍匐型)으로 구분한다. 단순 다년생은 종자로만 번식하고 영양체로는 번식하지 않는 것이 보통이나 뿌리를 절단하면 절단된 뿌리들이 새 개체로 성장하며 민들레와 질경이가 대표적이다. 인경형 다년생은 인경(bulb)과 종자로 번식하나 주로 인경으로 번식하고 무릇이 그 대표적 예다. 포도형 다년생은 포도경(stolon), 근경

(rhizome) 또는 다육근(tuberous root)으로 주로 번식하고 대체로 종자를 형성하나 종자가 번식의 주체는 아니다.

6.1.3 잡초의 번식과 방제효율

잡초번식의 특성을 요약하면 무엇보다도 첫째로 종자를 다량 맺어 작물과의 경합에 유리하고, 김을 매어도 잡초 수가 크게 줄지 않는다. 작물은 종자 하나로부터 기껏해야 약 600배 이하의 증식률을 보이지만 잡초는 1개체가 보통 1,000개~100만 개의 종자를 생산한다. 예를 들면 바랭이는 8만 개, 중대가리풀은 10만 개, 망초는 82만 개의 종자를 생산한다. 따라서 잡초 방제는 그해의 작물에 대한 피해는 이미 받았다 하더라도 다음 해 또는 다음 작물을 위해서 종자가 맺히기 전에 실시하여야 한다. 둘째는 잡초의 생육기간이 짧아 발아 후 60일이면 대부분 종자가 성숙하게 된다. 예로서 쇠비름, 중대가리풀은 20~50일, 애기땅빈대, 개비름 등은 20~30일에 일생을 마치므로 자칫하면 잡초의 종자번식 시기인 방제시기를 놓치기 쉽다. 셋째는 작물에 비하여 불량환경에 대한 적응성이 아주 크다. 잡초 종자는 대부분 휴면성을 가지며 토양 중에서 발아력을 잃지 않고 오랜 기간 동안 지날 수 있다. 예로서 벼룩나물, 강아지풀, 개비름, 명아주 종자 등은 토양에서 30년 후까지, 그리고 소리쟁이 종자는 70년 후까지도 발아력을 잃지 않음이 알려졌고, 바랭이는 젖소에게 먹혀 소화기관을 통과한 후에도 종자의 37%가 발아력을 갖고 있어 지속적인 잡초 방제 필요성이 대두된다. 넷째로 다년생 잡초들은 영양번식이 주된 번식법이 되지만 종자로도 또한 번식하며 번식력이 크다. 즉 다년생 잡초들의 영양생식은 사람의 농작업의 도움을 받지 않는다면 1년에 3m도 퍼져 나가지 못하나, 토양 경운 장비로 근경, 포도경, 괴경, 다육근, 인경 등을 잘게 부수어 포장의 여기저기에 산재시키게 되면 이들은 휴면아(休眠芽)가 활성아로 변해 각각 개체로 증식되며, 이러한 생존력은 일반 영양번식 작물보다도 더욱 강하다. 또한 이들은 영양번식 기관의 저장양분 함량이 높고 잠아(潛芽)가 많아 일반적으로 재생력이 크므로 제초제에 의한 방제에 어려움을 준다.

6.1.4 국내 논 및 밭 경작지에서의 주요 잡초

우리나라의 논과 그 주변에 발생하는 잡초들의 군락 구성 및 발생량은 지역적으로, 계절별로 차이가 있고 논의 관·배수 관리, 답리·전작 여부, 수도 재배시기 및 방법, 토양조건, 그리고 특히 포장의 잡초 방제 경력에 따라 많이 달라지지만 주요 잡초들은 대체로 다음과 같이 요약된다.

못자리에는 쇠털골, 강피, 마디꽃, 물달개비, 사마귀풀, 방동사니류, 올미 등이 우생하고 물못자리를 하거나 인산질 비료를 많이 시용하고 일찍 관개를 시작하는 보온절충 못자리에서는 담수조류가 왕성히 자라나 괴불을 형성하여 피해를 준다. 또한, 보온절충 못자리 관리가 밭상태에 가까울수록 황새냉이, 논냉이, 여뀌, 명아주, 별꽃, 벼룩나물 등의 발생률이 높아지고, 일반 밭 못자리에서는 강피, 명아주, 비름, 냉이류, 바랭이, 벼룩나물 등 주요 밭 잡초들이 모두 발생한다.

본답에서는 강피, 물피, 물달개비, 사마귀풀, 여뀌, 여뀌바늘, 마디꽃, 개구리밥, 좀개구리밥, 가래, 방동사니, 알방동사니, 참방동사니, 벗풀 등이 우생하고 올방개, 올챙고랭이, 올미, 보풀, 너도방동사니, 논피, 밭뚝외풀, 논뚝외풀, 생이가래, 네가래, 곡정초, 수염가래꽃, 중대가리풀, 등에풀 등이 차우생(次優生)한다. 그리고 배수가 불량한 논에는 특히 가래의 우점도가 높으며 배수가 양호한 답리작 지대에는 방동사니류의 발생률이 높다. 일부 지역에서는 올미, 보풀, 자귀풀, 미나리 등이 점점 우생화하고 간척지에서는 매자기가 문제가 되는 잡초이다.

수도를 수확한 후 건답(乾畓)상태로 있거나 답리작을 하는 경우에는 전국적으로 뚝새풀, 벼룩나물이 우생하고 별꽃, 황새냉이, 논냉이, 광대나물 등이 차우생한다. 그밖에 수도 재배기간 중 논둑 주위에는 너도겨풀이 많이 발생하여 논 안으로 뻗어나가고 바람하늘지기, 여뀌, 바늘골, 골풀, 파대가리, 방동사니대가리, 참방동사니, 알방동사니, 방동사니, 병아리방동사니, 너도방동사니, 강피, 물피, 돌피 등이 무성하기 쉬우며, 항상 물이 많이 있기 쉬운 간선 수로에는 가래, 구와말, 나자스말, 붕어마름, 여뀌, 줄풀 등이 흔히 많이 발생한다. 논과 그 주변에 발생하는 주요 잡초 35종을 표 13-5에 나타내었다.

▶ **표 13-5 논 경작지 및 그 주변에 발생하는 주요 잡초**

구분	생육기간	잡초명
화본과	1년생	강피, 물피, 돌피, 뚝새풀
	다년생	나도겨풀
방동사니과	1년생	알방동사니, 참방동사니, 바람하늘지기, 바늘골
	다년생	너도방동사니, 매자기, 올방개, 올챙고랭이, 쇠털골, 파대가리
광엽잡초	1년생	물달개비, 물옥잠(물옥잠과), 사마귀풀(닭의장풀과), 여뀌(마디풀과), 여뀌바늘(바늘꽃과), 마디꽃(부처꽃과), 밭뚝외풀, 등에풀(현삼과), 생이가래(생이가래과), 곡정초(곡정초과), 자귀풀(콩과), 중대가리풀(엉거시과)
	다년생	가래(가래과), 벗풀, 올미(택사과), 개구리밥, 좀개구리밥(개구리밥과), 네가래(네가래과), 수염가래꽃(숫잔대과), 미나리(미나리과)

밭작물 경작지 및 그 주변에서 발생하는 잡초 종은 1990년 조사결과 총 46과 216종으로 논에 비하여 많다. 발생하는 잡초종 및 우점종은 하·동작물, 지대, 토성, 배수 정도 등에 따라 상이하다. 하작물과 동작물간 발생 잡초 종수는 하작물이 41과 189종, 동작물이 39과 165종으로 동작물에 비하여 하작물에서의 잡초 종수가 다소 많다. 작물 경작지 및 그 주변에서 발생하는 주요 잡초를 표 13-5와 13-6에 나타내었으며 심한 피해를 유발하는 우점 잡초 종은 하작물의 경우 바랭이, 쇠비름, 명아주, 방동사니, 깨풀, 피, 강아지풀, 개비름 등 8종이고 동작물의 경우 뚝새풀, 명아주, 별꽃, 갈퀴덩굴, 냉이, 속속이풀, 망초 등 7종이다.

▶ 표 13-6 밭작물 경작지 및 그 주변에서 발생하는 주요 잡초

구분	농경지	농경지 주변
1년생 잡초	쇠비름, 바랭이, 명아주, 여뀌, 닭의장풀, 깨풀, 기비름, 방동사니, 피, 마디풀, 좀명아주, 강아지풀, 괭이밥, 주름잎, 왕바랭이, 개여뀌, 민바랭이, 청비름, 돌피, 한련초, 비름, 매듭풀(22종)	바랭이, 강아지풀, 여뀌, 방동사니, 왕바랭이, 깨풀, 명아주, 쇠비름, 돌피, 닭의장풀, 피, 마디풀, 매듭풀, 환삼덩굴, 개비름, 청비름, 괭이밥, 민바랭이, 조개풀, 도깨비바늘, 털비름, 고마리, 한련초, 강피, 좀명아주, 며느리배꼽, 왕고들빼기(27종)
월년생 잡초	별꽃, 망초, 냉이, 속속이풀, 뚝새풀(5종)	망초, 속속이풀, 냉이, 개망초, 개밀, 뚝새풀, 별꽃(7종)
다년생 잡초	쇠뜨기, 쑥, 메꽃, 질경이, 씀바귀, 제비꽃(6종)	쑥, 질경이, 토끼풀, 쇠뜨기, 소리쟁이, 억새, 메꽃, 씀바귀, 그령, 제비꽃, 쇠무릎, 박주가리(12종)
계	33종	46종

6.2 주요 제초제의 특성

국내에서 사용되는 제초제(herbicides)의 유효성분 수는 1998년 78종에서 2018년 114종으로 크게 늘었다. 이들 제초제를 화학구조별로 구분하고 주요 제초제의 작용 및 사용특성을 살펴보면 다음과 같다.

6.2.1 Chloroacetamide계

Acetanilide계라고도 하며, 치환 aniline과 저급지방산과의 amide체인 acetanilide계 제초제는 모두 carbonyl기의 α-carbon 위치에 하나의 염소원자를 갖고 있는 α-chloroacetamide 형태라는 구조적 특징을 갖고 있다. VLCFAs(Very-long-chain fatty acids) 대사 저해를 통한 세포분열 저해 작용기작(작용기작, K)을 갖는 것으로 알려져 있으며, 화본과 식물에 대한 선택적 활성이 높다. 이들 화합물은 대부분이 잡초 종자의 발아를 억제하는 특성을 보이며 토양에 흡착성이 매우 강하고 잔효성이 긴 특징이 있다.

Alachlor는 주로 화본과 잡초의 발아 억제제로 적은 양으로 살초활성을 나타낸다. 잡초의 유아 및 유근으로부터 흡수되어 체내 단백질의 생합성을 저해하여 세포분열을 억제하여 살초시킨다. Alachlor는 밭잡초 방제용으로 널리 사용되며 잡초의 생육기에 경엽으로부터 흡수는 거의 되지 않는다. 토양 중 이동성은 낮아 식양토에서 1~2cm 정도 이동하며 잔효기간은 10~12주간 지속된다.

Butachlor는 alachlor와 같이 화본과 및 방동사니과 잡초의 발아 시에 탁월한 방제효과를 나타낸다. 처리된 약제는 주로 잡초의 유아로부터 흡수되어 체내 생장점으로 이동하며 세포분열을 억제하여 살초시킨다. 벼의 발아 시에는 피와 마찬가지로 생육이 저해되나 3엽기 이후에는 거의

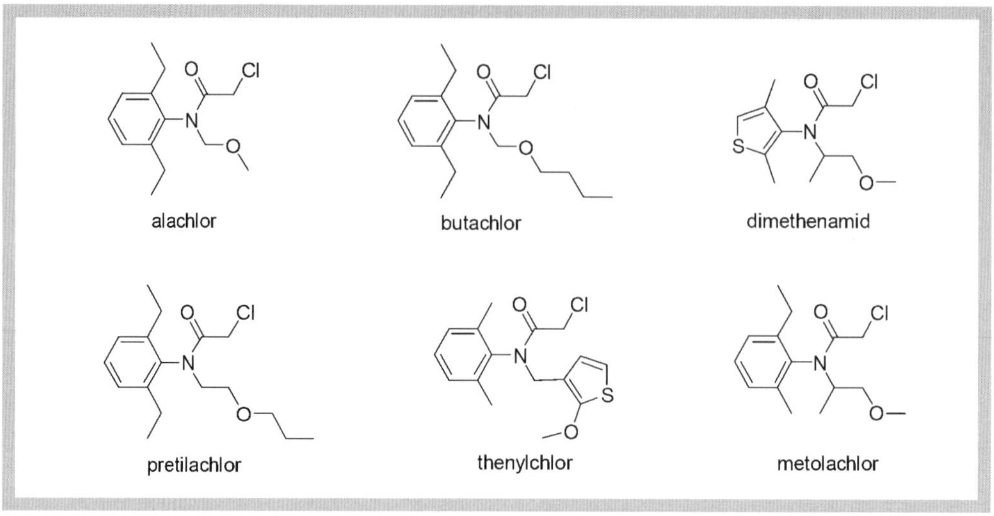

alachlor butachlor dimethenamid

pretilachlor thenylchlor metolachlor

영향을 받지 않는다. 사질토, 물빠짐이 심한 논, 고온 시에 butachlor의 처리는 벼의 생육이 억제되는 현상을 볼 수 있으나 바로 회복되므로 수량에는 영향이 없다. Butachlor의 토양 중 이동성은 낮아 사양토에서 2~4cm, 식양토에서 1~2cm 정도 이동하며 비교적 신속하게 분해, 소실되나 잔효성은 약 40일간 지속된다.

Metolachlor는 세포분열 저해에 의한 잡초의 발아 억제로 살초기작을 나타낸다. 잡초의 metolachlor 흡수는 주로 잡초의 종자가 발아할 때 유아에서 일어나고 뿌리로부터의 흡수는 적다. 물에 대한 용해도가 비교적 높고 토양 내 이동성이 큰 편이며, 토양 중 분해는 비교적 빠르다.

Pretilachlor는 배축, 중경(中莖) 및 자엽초로부터 흡수되며 발아 잡초의 뿌리로부터도 흡수된다. 본제는 이앙 및 직파재배 논의 주요 화본과 잡초, 광엽 잡초 및 사초과 잡초를 선택적으로 방제할 수 있는 제초제이다.

6.2.2 Amide계

Amide계 제초제는 다음에 보는 바와 같이 그 구조가 acetanilide계와 비슷하나 carbonyl기에 chloromethyl기가 결합되지 않은 점에서 서로 구별된다. amide계는 chloracetamie계와 동일한 작용기작을 갖는 acetamide계(작용기작, K3) 성분으로 mefenacet, napropamide 등이 있으며, 세포벽 구성성분인 cellulose 생합성 억제 작용기작을 갖는 benzamide계(작용기작, L) 성분으로 isoxaben, 광합성 과정 중 광계 II 작용을 교란하는 amide계(작용기작, C2) 성분으로 propanil 등이 있다.

Mefenacet와 napropamide는 세포의 생장 및 분열을 저해하는 선택성 제초제로 1년생 화본과 잡초 방제에 효과적이며, 식물체의 뿌리를 통해 흡수되어 식물 뿌리 성장을 저해하여, 벼의 이앙답에 토양처리 및 경엽처리제로 주로 사용된다. Mefenacet는 토양에 강하게 흡착되므로 이동성이 거의 없으며 반감기는 몇 주 정도이다.

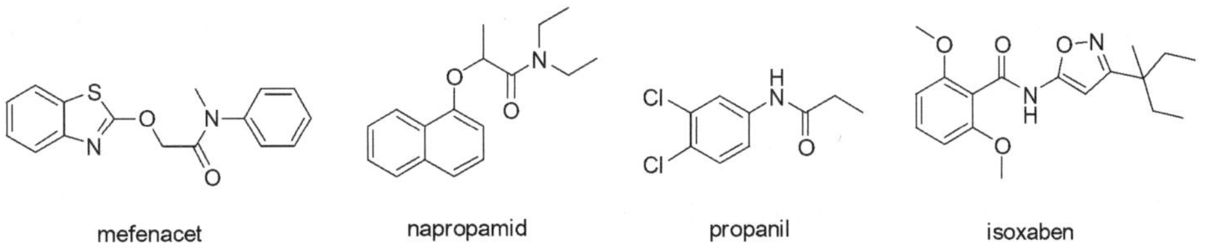

mefenacet napropamid propanil isoxaben

Isoxaben은 주로 뿌리로 흡수되어 cellulose 생합성을 저해하여 살초활성을 보인다. 본제는 토양처리제로서 봄 및 가을에 발아하는 광범위한 광엽잡초를 효과적으로 방제할 수 있는 제초제이다. 토양 중에서는 비교적 낮은 이동성을 보이며 토양 중 반감기는 약 3~4개월이다.

Propanil은 논의 피만 살초시키고 벼에는 아무런 영향이 없는 속간 선택성이 있는 제초제이다. 벼 체내에는 acylamidase에 의해서 propanil이 쉽게 분해되어 무독화되나 피에는 acylamidase의 활성이 극히 미약하므로 propanil의 활성이 그대로 유지된다. 그러나 벼에 유기인계 또는 carbamate계 살충제를 propanil과 동시에 또는 10일 이내에 근접살포(近接撒布)하면 벼 체내의 acylamidase가 불활성화되어 propanil를 무독화시키지 못하므로 벼도 피와 마찬가지로 고사한다. Propanil의 작용기작은 광합성 저해, 호흡능 저해, 호흡 증진 등에 의해서 살초되나 주로 광합성 과정 중 광계 II를 통한 광합성 명반응 저해로 살초시킨다. Propanil에 내성을 보이는 식물은 벼속 외에 메꽃과, 가지과, 미나리과로 이들 작물에는 안전하게 살포할 수 있다. 토양 내 propanil의 이동성은 매우 낮으며 잔효기간도 짧아 2~4일밖에 되지 않는다.

6.2.3 Aryloxyalkanoic acid계

Aryloxyalkanoic acid계 혹은 phenoxy-carboxlic acid계라고 하며, phenoxy계로 잘 알려져 있는 호르몬형 제초제(작용기작, O)이다. 대표적인 약제는 2,4-D로서 Zimmerman이 합성 auxin의 연구과정에서 2,4-D가 고농도에서 살초활성을 나타내는 것을 발견한 이래 많은 종류의 aryloxyalkanoic acid계 제초제가 개발, 실용화되었다. Aryloxyalkanoic acid계 제초제는 선택성의 침투이행성으로 잎이나 뿌리로부터 흡수되어 분열조직으로 이동하여 축적된다. Aryloxyalkanoic acid계 제초제의 작용특성은 생체 내 auxin의 균형을 교란시키는 것이 주된 작용으로 분열조직의 활성화, 이상 분열, 형태적 이상, 흡수 증진, 엽록소 형성 저해, 세포막의 삼투압 증대 등 식

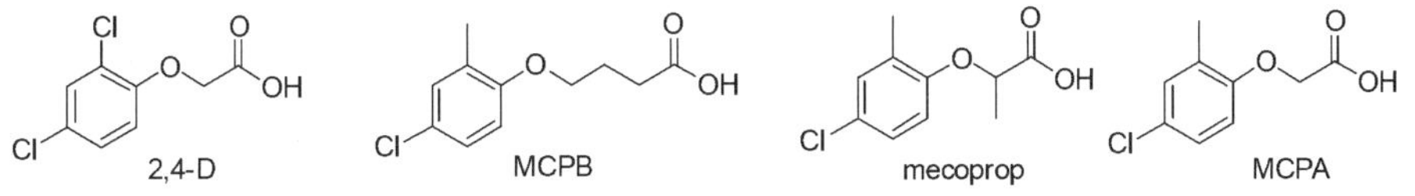

2,4-D MCPB mecoprop MCPA

물의 기본적 생리기능을 교란시킴으로써 살초활성을 나타낸다.

2,4-D는 1942년 P. W. Zimmerman 및 A. E. Hitchcock이 식물의 생장효과를 발견한 이후 실용화된 제초제로 식물호르몬 활성을 보이며 식물의 거의 모든 부위에서 흡수되어 체내를 자유로이 이행하는 침투이행성이 있다. 식물체 내에 침투한 2,4-D는 생장점과 같은 세포분열이 왕성한 조직에 집적하여 세포분열에 이상을 일으킨다. 특히 동화작용의 억제, 호흡 증진, IAA(indole-3-acetic acid) 생성 저해 외에 세포막의 구조를 느슨하게 하여 삼투압을 증대시킨다. 살초작용이 식물호르몬 작용에 기인되므로 미량으로도 확실한 약효를 나타내고 식물의 뿌리에 강하게 작용하므로 다른 약제와 혼합할 경우 약효 상승효과가 있다. 또한 광엽잡초와 화본과 잡초 사이에 선택적 활성이 있으므로 약량 조절에 의하여 농경지 및 비농경지에 선택적 또는 비선택적 제초제로 이용 가능하며 살초작용 외에 벼의 무효분열 억제나 도복 방지와 같은 추가적 효과도 기대할 수 있다. 2,4-D의 토양 중 이동성은 토성에 따라 다르며 carboxyl기의 치환기 종류에 따라서도 차이가 있어 2,4-D의 sodium염 및 amine염은 2~4cm 이동하나 ester 화합물은 1cm 정도 이동한다. 토양 중 잔류성도 온도에 따라 상이하여 여름에는 15~20일, 가을~겨울에는 30~50일간 잔류한다.

MCPB는 전구적(前驅的) 화학구조를 갖는 제초제로 약효 발현속도가 완만한 특징이 있다. 특히 벼에는 영향이 적으므로 치묘(稚苗)를 이앙한 논에 광엽잡초의 발아 억제제로 효과적이다. MCPB는 토양 또는 식물체 내에서 β-산화에 의해서 MCPA(4-chloro-2-methylphenoxyacetic acid)로 되어 살초활성을 발휘한다. 그러나 콩과식물이나 아마(亞麻)는 β-산화 능력이 없으므로 약해를 받을 염려가 없고 안전하다. 온도 변화에 따른 MCPB의 활성 변이는 적고 또 2,4-D와 같이 벼 잎이 말리는 현상도 매우 적어 저온지대에서도 안전하게 사용할 수 있는 특성이 있다. MCPB의 기본적 살초기작은 식물호르몬 작용에 의한 것으로 활성은 다른 aryloxyalkanoic acid계 제초제에 비하여 지효성이나 발아 억제력은 매우 강하다. MCPB는 많은 종류의 제초제와 혼합처리로 협력작용이 있으므로 많은 혼합제가 개발되어 사용되고 있다. 또한 토양 중에서 MCPB의 이동성은 MCPB sodium염이 2~3cm이고 ester체는 1.0~1.5cm이다. 잔효성은 여름에 20~35일간, 겨울에는 50~70일간 지속된다.

Mecoprop은 콩과 잡초인 크로바의 재생(再生) 방지작용이 특히 우수한 제초제이다. 화학구조는 Propionic acid기의 2번 탄소가 비대칭 탄소로 광학 활성을 나타내며 *R-isomer*가 *S-isomer*보다 제초 활성이 높다. 식물호르몬 활성은 MCPA에 비하여 떨어지나 체내 이행성은 높다. 화본과 식물에 대해서는 MCPA보다 영향이 적으므로 보리나 밀밭의 광엽잡초 방제를 위하여 이른 봄에 경엽처리제로 사용된다. 그러나 벼에 경엽처리는 MCPA에 비하여 살초활성이 떨어지고, 또 토양처리에서도 MCPB에 비하여 효과가 떨어지므로 논 잡초 방제용으로는 실용성이 없다. 종래 aryloxyalkanoic acid계 제초제의 측쇄(側鎖)는 짝수의 탄소수로 되어 있고 mecoprop는 홀수의 탄소수를 가지나 살초활성은 높다. 이는 치환된 methyl기가 다시 측쇄로 되어 있으므로 기본적 탄소수는 2개이기 때문이다. 토양 중 mecoprop의 이동성은 식토(埴土)에서 4~6cm, 사양토

(砂壤土)에서 7~8cm로 비교적 이동성이 크며 잔효성은 100g/10a 처리의 경우에 20~30일 지속된다.

6.2.4 Aryloxyphenoxypropionic acid계

Aryloxyphenoxypropionic acid계 제초제는 2-(4′-aryloxyphenoxy)propionic acid 구조를 갖는 선택성의 침투이행성 약제로 diclofop의 살초활성이 처음 밝혀진 이후 많은 종류의 제초제가 개발되었다. 이들 제초제는 화학구조적으로 aryloxyalkanoic acid계와 매우 유사하나 제초활성이 매우 다른 특징을 나타낸다. 즉 aryloxyalkanoic acid계가 옥신작용을 통해 주로 광엽잡초를 살초한 반면, 이 계통의 제초제는 주로 식물체 내의 지질(脂質)합성효소인 ACCase(acetyl CoA carboxylase)를 저해(작용기작, A)하여 잡초를 방제한다. 특히 광엽작물에는 안전하고 주로 화본과 잡초에 매우 강한 살초작용을 나타내어 일명 'graminicide'라고 불리기도 하여, 광엽의 밭작물 재배시 화본과 잡초를 방제하기 위하여 주로 사용된다. 이들 제초제는 propionic acid 또는 ester의 α-carbon이 비대칭 탄소로서 광학이성체 모두 활성을 나타내는 구조적 특징을 갖고 있으나, 일반적으로 *R*-isomer의 제초활성이 보다 우수하여 별도의 제초제로서 개발되고 있다.

Cyhalofop-butyl은 피에 특이적인 살초효과가 있으며, 식물의 잎과 줄기로 흡수되는 침투이행 특성이 있는 경엽처리형 제초제로 후작물에 대한 영향이 없다.

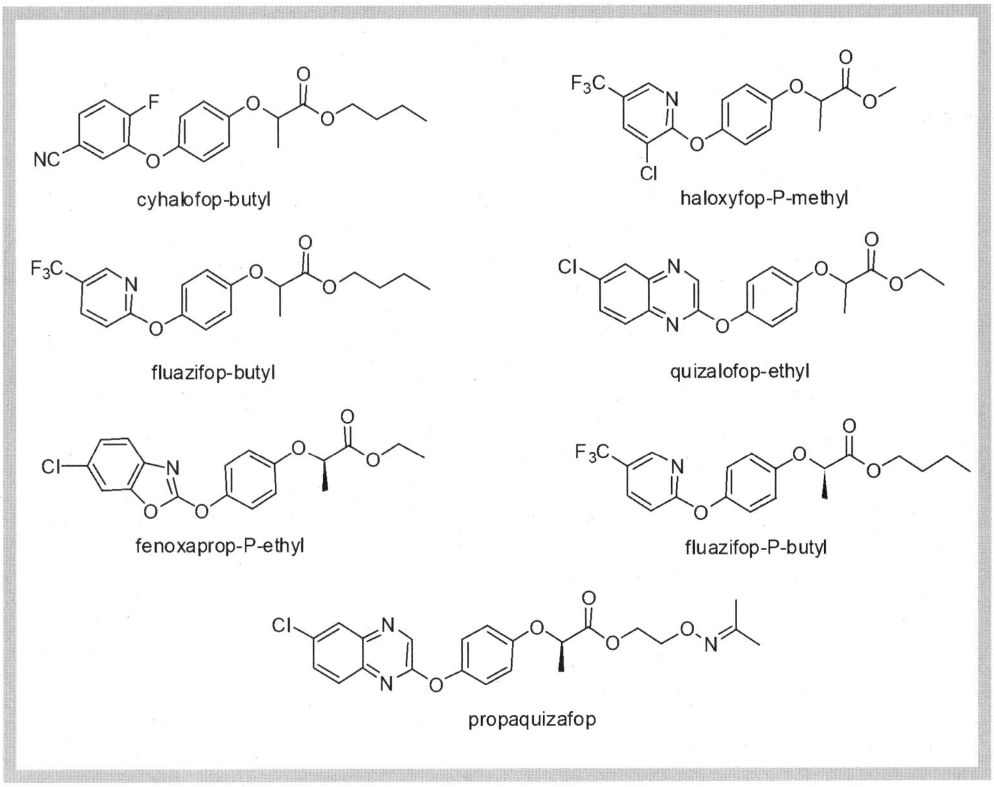

cyhalofop-butyl
haloxyfop-P-methyl
fluazifop-butyl
quizalofop-ethyl
fenoxaprop-P-ethyl
fluazifop-P-butyl
propaquizafop

Fenoxaprop-P는 식물의 잎으로부터 흡수되어 식물의 상하로 이동하며 뿌리 또는 근경(根莖)으로 이동하는 침투이행성 및 접촉작용제의 경엽처리형 제초제로 지방산 생합성을 저해하여 살초활성을 발휘한다.

Fluazifop은 식물의 잎으로부터 흡수되어 채관부와 물관부를 통하여 분열조직으로 이동되어 축적되는 침투이행성의 선택성 제초제이다. Fluazifop-butyl은 ATP 생산을 저해함으로써 살초활성을 발휘한다. 본제는 경엽처리제로 광엽작물 재배지에 발생하는 1년생 및 월년생 화본과 잡초를 선택적으로 방제한다.

Haloxyfop은 식물의 잎 및 뿌리로부터 흡수되어 식물의 분열조직으로 이동하여 그들의 생장을 저해하는 선택성의 제초제이다. 본제는 토양처리 및 경엽처리제로 1년생 및 다년생 화본과 잡초를 효과적으로 방제한다.

Propaquizafop는 식물의 잎이나 뿌리로부터 흡수되어 식물 전체로 이동하는 침투이행성의 경엽처리형 제초제로 식물체 내 지방산 생합성을 저해하여 살초활성을 발휘한다. Propaquizafop가 처리된 잡초는 34일 이내에 생육을 정지하고, 어린 식물조직에 백화현상이 일어나며 10~20일 후에는 식물 전체가 고사한다.

Quizalofop은 식물의 잎으로부터 흡수되어 체관부와 물관부를 통하여 식물 전체로 이동되며 분열조직에 축적된다. 본제는 선택성 침투이행성 제초제로 경엽처리에 의하여 광엽작물 재배지의 1년생 및 다년생 화본과 잡초를 효과적으로 방제한다. 광엽식물체 내에서는 흡수 및 이동이 매우 제한되며 대부분이 모화합물 상태로 처리된 잎에 존재하며, 토양 내에서 약 3주 동안 잔류한다.

6.2.5 Benzoic acid 및 nitrile계

Benzoic acid계 제초제는 Heyden사에서 개발한 2,3,6-TBA가 제초제로 실용화된 이후 많은 종류의 치환체가 개발되었으나 국내에서는 dicamba만이 사용되고 있다. Benzoic acid계 제초제 중 dicamba는 aryloxyalkanoic acid계 제초제와 같이 auxin활성을 보이나 식물체 내 또는 토양 중에서의 안정성이 더 높고 살초범위가 매우 넓은 것이 특징이다.

Dicamba(작용기작, O)는 aryloxyalkanoic acid계 제초제에 비하여 auxin활성은 약하나 토양 및 식물체 내에서 안정한 작용특성을 보이므로 다년생 잡초의 방제에 효과적이다. 또한 살초범위

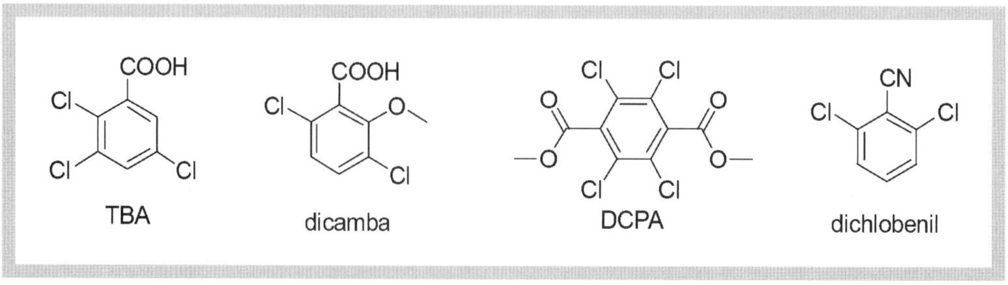

TBA dicamba DCPA dichlobenil

도 넓고 특히 화본과 잡초에 효과가 높다. 식물체 내 흡수는 뿌리와 경엽을 통하여 이루어지며 체내에서의 이동성은 매우 높다. Dicamba는 잡초의 발아 억제효과와 경엽 접촉효과가 있으며 aryloxyalkanoic acid계 제초제로 방제할 수 없는 광엽잡초에도 넓은 활성을 보이는 것이 특징이다. Dicamba는 강력한 식물호르몬 작용에 의하여 분열조직을 저해, 고사시킨다. 광엽잡초와 화본과 잡초 사이의 선택성은 aryloxyalkanoic acid계 제초제보다 좁으나 저농도로 처리함으로써 벼과 작물 재배지의 광엽잡초 방제가 가능하다. Dicamba는 물에 잘 녹고 토양 중에서 쉽게 이동되는 특성이 있어 감수성 작물 재배지의 근처에서 살포를 피하여야 한다.

Chlorthal-dimethyl(DCPA)은 benzenedicarboxylic acid 구조를 갖는 발아 전 제초제 작용을 나타내며, dicamba와 달리 미세소관 생성(microtubule assembly) 억제기작(작용기작, K1)을 갖는다. 토양 중 반감기는 25~97일이다.

Nitrile계 제초제는 benzonitrile계로 불리며, cellulose 생합성 억제기작(작용기작, L)을 가진다. Dichlobenil은 침투이행성의 선택성 제초제로 식물 생장조직의 cellulose 생합성을 저해하여, 분열 조직 내 세포분열, 종자 발아뿐만 아니라 근경까지도 강력히 저해하여 살초작용을 나타낸다. 특히 표토 5~10cm에 강하게 흡착되기 때문에 약제 처리 위치에 따른 선택성을 잘 나타내는 특징이 있다. 토양 중 dichlobenil의 반감기는 토양의 종류에 따라 크게 상이하여 1~6개월이다.

6.2.6 Bipyridylium계

Bipyridilium계 제초제의 작용기작은 광합성의 전자 전달계에서 전자를 탈취하여 생성된 자유기(free radical)가 과산화물을 생성하여 살초시킨다. 따라서 광의 조도(照度), 즉 광의 강도와 살초 활성과는 밀접한 관계가 있다. 이 계통에 속하는 제초제의 종류는 적으나 매우 적은 양으로 강력한 속효성 살초활성을 보이며 비선택성 접촉형 제초제이다.

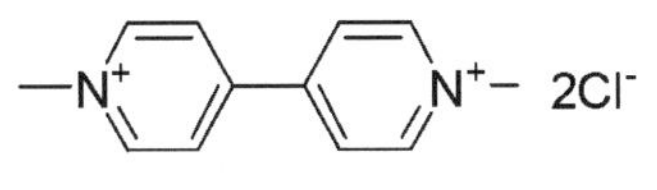

$-N^{+}$ ⟨pyridine⟩–⟨pyridine⟩ $N^{+}-\ 2Cl^{-}$

paraquat

Paraquat는 어린 식물에서부터 성숙한 식물에 이르기까지 경엽처리로 신속하게 체내에 흡수되어 살초시키는 속효성 제초제로서 국내에서 오랜 기간 다량 사용되어 왔다. 식물체 내에서 paraquat는 광합성에 관여하는 전자를 탈취하여 자유기로 되고 이것이 생체 내에 과산화물을 생성하여 잡초가 갈변 또는 고사하게 된다. Paraquat는 식물체 내 침투력은 강하나 이행은 적으므로 다년생 식물의 지하부에는 영향을 주지 못한다. 또한 paraquat는 비선택적 활성을 보이지만,

화본과 잡초에 비하여 광엽잡초에서는 효과가 떨어진다. Paraquat는 토양에 접촉한 즉시 토양입자에 강하게 흡착하여 불활성화하므로 장기간 잔류하나 생물활성은 거의 없다.

6.2.7 Cyclohexanedione oxime계

Cyclohexanedione계 혹은 Cyclohexanedione oxime계라 하며, arylphenoxypropionic acid계 제초제와 유사하게 ACCase를 저해하여(작용기작, A) 식물체 내 지질의 합성을 저해, 세포의 유사분열을 방해함으로써 살초활성을 발휘한다. 비교적 최근에 개발된 지방산 합성 저해기작의 Cyclohexanedione계 제초제로는 clothodim 및 sethoxydim이 실용화되어 있으며, 주로 식물의 잎으로부터 흡수되어 체관부와 물관부를 통하여 식물 전체로 이동되는 침투이행성 제초제이다.

clethodim　　sethoxydim

Clethodim과 sethoxydim은 경엽처리 선택성 제초제로 광엽작물 재배지의 화본과 잡초를 효과적으로 방제하며, 어린잎부터 천천히 고사하기 시작한다. 식물의 잎이나 줄기에 부착한 약제는 속히 흡수되고, 토양 중에서 모화합물은 매우 신속하게 대사 분해되며, 토양 중 반감기는 1일 미만(15℃)이다.

6.2.8 Dinitroaniline계

Dinitroaniline계 제초제는 1959년 Eli Lilly사에서 개발한 trifluralin을 시초로 우수한 살초활성으로 많은 화합물이 개발되었다. Dinitroaniline계 제초제의 화학구조는 다음에서 보는 바와 같이 벤젠고리 2,6-번에 nitro기가 존재하며 para 위치에 trifluoromethyl, methyl, methanesulfony기 등으로 치환된 점이 특징적이다.

이 계통의 제초제는 토양처리제로 주로 사용되며, 뿌리로부터 흡수하여 화본과 잡초의 발아를 선택적으로 억제하는 특성을 보이고 특히 세포분열에 필요한 미세소관(microtubule) 단백질(tubulin)의 생합성 저해에 의한 세포분열 저해가 주요 작용기작이다.

Benfluralin은 종자 발아에 영향을 주며 잡초의 뿌리 및 새싹의 발달을 저해함으로써 잡초의 생육을 저해한다. 1년생 잡초 및 광엽잡초 방제용으로 사용된다. 토양에서는 화학적 분해, 증발 및 광분해에 의해서 소실되며 토양 중 잔효기간은 약 4~8개월 지속된다.

Ethalfluralin은 종자 발아 및 생리적 생장과정에 영향을 주는 토양처리형의 제초제이다. 토양에 처리한 ethalfluralin은 작물에 흡수나 이행이 거의 되지 않는다. 토양에 강하게 흡착되므로 하층으로의 침투는 거의 없으며, 토양 중 반감기는 25~46일이다.

Nitralin은 잡초의 종자 또는 어린 뿌리로부터 흡수되어 발아를 정지시키나 경엽에서는 전혀 흡수되지 않는다. 잡초 종자 내 침투는 수분의 흡수와 함께 이루어지는데 능동적 흡수가 아니므로 파종 후 토양처리제로서만 사용된다. Nitralin의 구조가 다른 dinitroaniline계 제초제와 다소 상이하나 화본과 잡초에 활성이 강한 선택성을 보인다. 토양 중 nitralin의 이동성은 낮아 1~2cm에 불과하며 잔효기간이 40~50일간 지속된다.

Oryzalin은 세포분열 저해에 의한 종자의 발아와 관련된 생리적 생장에 영향을 주는 선택성 제초제이다. 본제는 토양처리제로서 과수원 등에 발생하는 광범위한 1년생 화본과 잡초 및 광엽잡초 방제제로 사용되고 있다.

Pendimethalin은 증기압이 trifluralin의 1/20 정도이고 물에 대한 용해도가 낮아 논잡초 방제용으로 사용할 수 있는 특징이 있다. 일반적으로 화본과 잡초에는 강한 활성을 보이나, 겨자과 및 국화과 잡초에 대한 활성은 낮으며 이러한 경향은 저온에서 더욱 현저하게 나타난다. Pendimethalin은 잡초의 뿌리나 유아에서 흡수되어 세포분열이 왕성한 생장점으로 이행, 집적되어 세포분열을 저해하여 생장을 정지시킨다. 토양에는 강하게 흡착되어 표층 1~2cm 정도밖에 이동되지 않고 잔효기간도 45~60일간 지속된다. 또한 본 약제는 용해도가 낮으므로 토질에 따른 효과의 변동도 적다.

Prodiamine은 미세소관 형성을 저해하여 세포분열 및 식물의 뿌리와 싹의 성장을 저해하여 살초활성을 보인다. 본제는 토양처리 및 경엽처리제로서 선택성을 가지며, 1년생 화본과 잡초 및

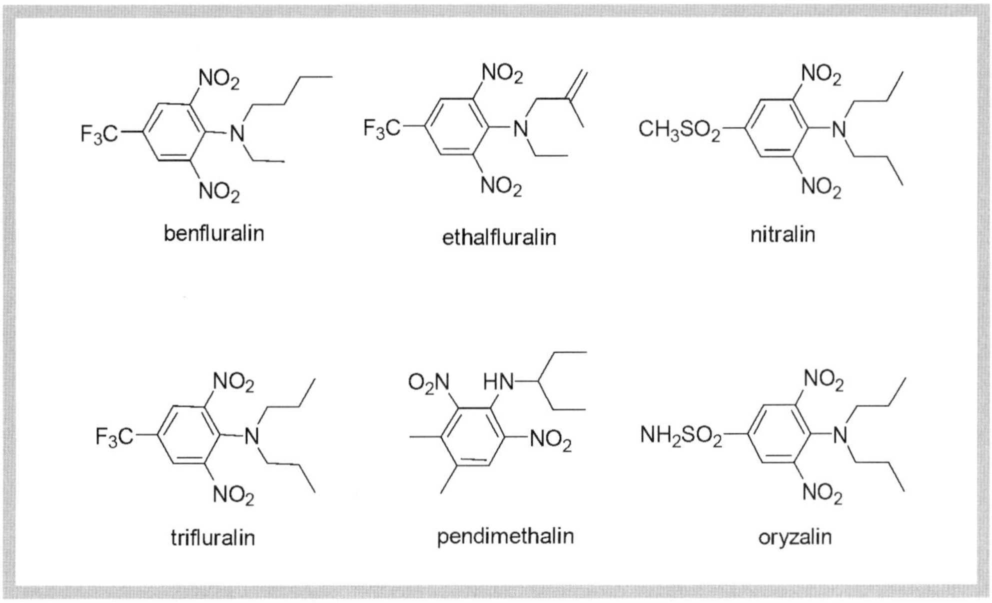

benfluralin　ethalfluralin　nitralin

trifluralin　pendimethalin　oryzalin

광엽잡초 방제제로 사용되고 있다. 토양 및 물에서는 광에 의한 분해가 이루어지며, 토양에 강하게 흡착되고 반감기는 포장에서 69일 정도(사양토)이다.

Trifluralin은 증기압이 높아 건조지방에서 토양 혼화처리하면 높은 살초활성을 보이는 것이 특징이다. 경엽처리는 효과가 없으나 때에 따라서 박과 식물의 경엽에 전류(轉流)하는 경우가 있다. 살초활성은 주로 잡초의 발아 시에 유근, 유아, 자엽초를 통하여 흡수되어 세포분열을 저해하므로 살초된다. Trifluralin은 토양에 강하게 흡착되므로 건조한 토양에서는 토양에 혼화처리하지 않으면 살초효과를 기대할 수 없다. 또한 저온에서도 활성이 지속되는 특성이 있으나 논에는 누수(漏水)에 의해서 약해가 일어나기 쉬우므로 사용할 수 없으며 밭의 경우에도 강우에 의하여 약해의 위험성이 있으므로 주의하여야 한다.

6.2.9 Diphenyl ether계

Diphenyl ether계 제초제는 nitrofen을 시초로 많은 종류의 화합물이 개발되어 논잡초 방제용으로 실용화되었다. 살초작용은 주로 PPO(protoporphyrinogen oxidase) 저해를 통한 광합성을 저해하며 광 요구 특성이 있다.

Bifenox는 살초범위가 넓고 특히 올미에 대한 살초효과는 diphenyl ether계 제초제 중에서 가장 높으며, 방제주기는 발아 전부터 2엽기 사이에 사용하면 거의 완전 방제가 가능하나 3~4엽기 이후의 처리는 효과가 떨어진다. Bifenox의 작물 체내 흡수 부위는 다른 diphenyl ether계 제초제와 마찬가지로 유아에서 흡수되나 경엽으로의 이동은 매우 적다.

Chlomethoxyfen은 diphenyl ether의 3′위치에 alkoxy기를 도입한 구조이며 잎이나 줄기로부터 흡수되어 식물의 photoporphyrinogen 산화효소를 저해하여 살초활성을 보이는 선택성의 접촉 살초제로 벼 이앙답의 토양처리제로 주로 사용된다.

Chlornitrofen은 diphenyl ether계 제초제 특유의 유아부 흡수와 광활성에 의해서 살초효과를 나타낸다. 그러나 chlornitrofen은 다른 diphenyl ether계 제초제에 비하여 벼의 엽초에 갈변현상

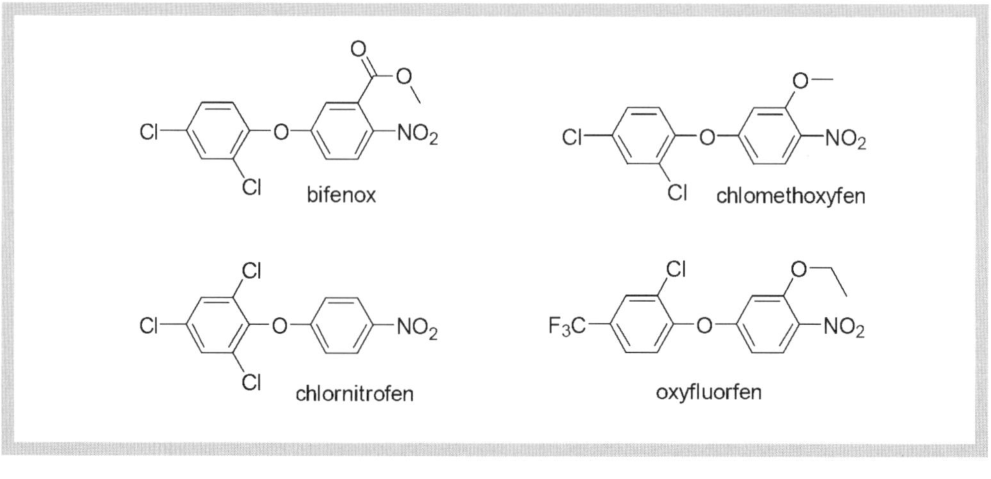

bifenox

chlomethoxyfen

chlornitrofen

oxyfluorfen

이 현저하게 경감되는 것이 특징이다. 또한 어독성이 낮고 약해가 적으므로 사질 토양이나 하천 유역에서도 안전하게 사용할 수 있다는 장점이 있다. Chlornitrofen의 살초활성은 잡초의 발아 전 처리제로서 사용할 때 가장 활성이 높고 발아 후 처리는 효과가 떨어진다. 토양 중 이동성은 매우 낮아 0.5~1.0cm 정도이며 잔효기간은 25~30일간 지속된다.

Oxyfluorfen은 토양처리형 제초제로 토양처리층에 잡초의 유아부가 접촉하면 흡수되어 살초활성을 나타내는 특성이 있고, nitrofen에 비하여 살초범위가 넓다. 특히, 다른 diphenyl ether계 제초제에 비하여 적은 양으로 효과적인 살초활성을 발휘하는 것이 특징이다. 논잡초 방제에도 낮은 약량으로 살초효과를 보이나 벼에 약해(엽초의 갈변)가 심하게 나타나므로 논잡초 방제용으로 실용화되지 못하고 있다.

6.2.10 Imidazolinone계

최근 개발된 Imidazolinone계 제초제는 식물의 잎 및 뿌리로부터 흡수되어 체관부와 물관부를 통하여 식물 분열조직으로 이동하여 축적되는 선택성 제초제이다. 침투이행성이 있어 토양처리 및 경엽처리제로 사용되며 대부분 발아 후 처리제이다. 이들 약제는 식물체 내 필수 아미노산 중 지방족 아미노산인 valine, leucine 및 isoleucine의 생합성에 관여하는 ALS(acetolactate synthase)를 저해함으로써(작용기작, B) 단백질 생합성을 억제하여 결국에는 DNA 합성 및 세포 생장을 저해하여 살초활성을 발휘한다.

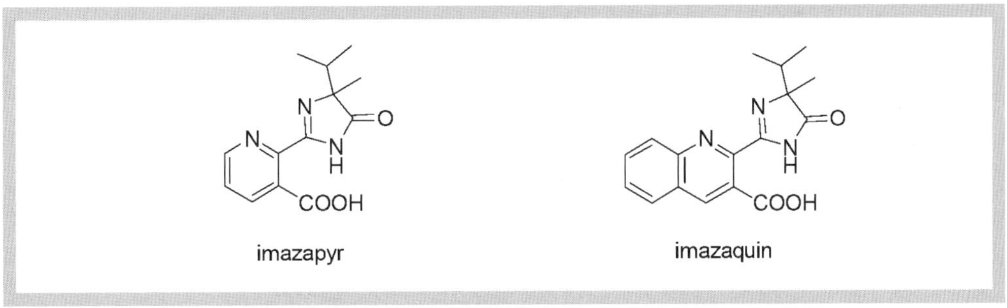

imazapyr　　imazaquin

Imidazolinone계 제초제는 경엽처리 후 식물체 중 모화합물은 처음 24시간 내에 급속히 감소하고 뿌리 중의 잔류량이 토양 중으로 침출된다. 작물과 잡초 간 선택성은 무독화 대사속도의 차이에 기인한다고 알려져 있으며 적은 살포량으로도 뛰어난 방제효과를 나타내는 고효율의 제초제들이다. 토양 중 잔류성은 온대지방에서는 6개월~2년이며 열대지방에서는 3~6개월간 잔류한다.

Imazaquin은 바랭이 등 화본과 잡초와 쑥 등 광엽잡초에 서서히 작용하는 지효성 약제로 완전히 잡초를 고사시키는 데까지 20~30일가량 소요되며, 경엽과 뿌리를 통하여 동시에 흡수 이행되어 발아 전 혹은 생육 초기에 사용할 수 있다.

6.2.11 유기인계

유기인계(organophosphorus) 화합물은 주로 살충제로 개발 실용화되어 사용되었으나 제초제로서는 1946년 Stauffer사에서 개발한 bensulide를 시초로 제초제로서 효과가 인정되어 개발이 진행되었다. 유기인계 제초제는 환경 중 분해가 쉬워 잔류성 문제가 없으므로 앞으로 이 계통의 제초제 개발이 기대되고 있다. 유기인계 제초제의 화학구조는 살충제에서와는 상이한 phosphonodithioate나 phosphonothiolate 형태이다.

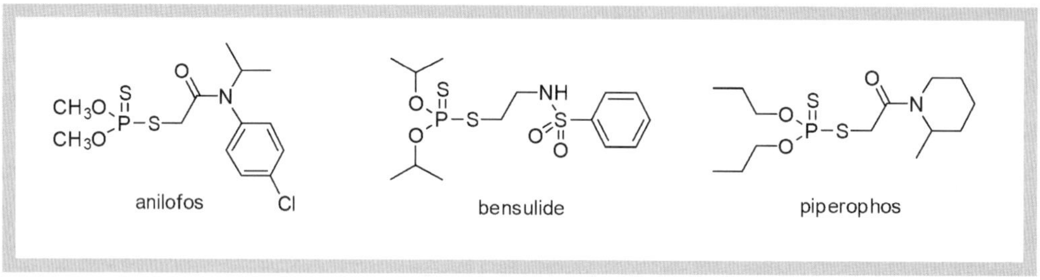

anilofos bensulide piperophos

Anilofos는 세포분열 저해기작을 통해 살초작용을 나타내며(작용기작, K3), 주로 뿌리로부터 흡수되나 일부 잎으로도 흡수된다. 선택성 제초제로 벼의 이앙답 1년생 잡초 방제에 사용되고 있다. 토양에서는 유기인화합물의 전형적인 분해경로로 분해되며 토양중 반감기는 30~45일이다.

Bensulide는 지질생합성과정을 억제하며, 주로 뿌리 표면으로부터 흡수된다. 모화합물 자체로는 뿌리로부터 잎으로 이동되지 않으나 대사산물은 이동된다. 본제는 발아를 억제하는 선택성 제초제로 각종 작물의 재배지에 발생하는 1년생 화본과 및 광엽잡초 방제제로 사용되고 있다. 토양에서는 미생물에 의해서 서서히 분해되며 반감기는 4~6개월이다.

Piperophos는 anilofos와 같이 세포분열 저해를 통한 잡초의 살초작용을 가지며(작용기작, K3), 경엽에서도 흡수되나 주로 뿌리에서 흡수되어 생장점의 분열조직으로 이동하여 세포분열과 신장을 저해하며 벼 직파 시 1년생 화본과 잡초 및 사초과 잡초의 방제에 사용되고 있다. 토양중 piperophos는 하층으로 어느 정도 이동은 있으나 토양 중 분해 및 불활성화에는 수일이 소요된다.

6.2.12 Phosphonoamino acid계

Phosphinic acid계라고도 불리며, glufosinate-ammonium이 대표적이다. glufosinate는 약간의 침투이행성은 있으나 접촉형의 비선택성 제초제이다. 식물체 내에서 이동은 잎에서만 이루어지는 것으로 잎의 기부에서 가장자리로 이동된다. Glufosinate는 *Streptomyces*가 생산하는 bialaphos라고 하는 peptide에서 peptidase작용에 의해 만들어지는 천연물이다. Glufosinate의 작용기작은 체내에 ammonium ion의 축적과 함께 식물체 내 glutamine의 생합성을 저해하고 광합성을 저해하

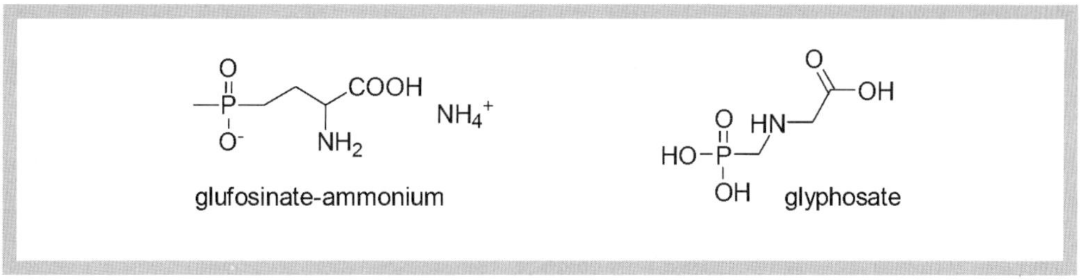

glufosinate-ammonium glyphosate

여 살초활성을 발휘한다(작용기작, H). 본제는 주로 과원에서 발생하는 광범위한 1년생 및 월년생 잡초 방제용으로 사용되며, 토양 중 반감기는 약 3~20일이다.

Glyphosate는 아미노산인 glycine 유도체로 비선택성 제초활성을 갖고 있다. 약제 처리 후 6시간 정도 이내에 경엽을 통하여 체내에 흡수되며, 흡수된 glyphosate는 체관을 따라 신속하게 지하부에 이행한다. 1년생 식물은 4~10일, 다년생 식물은 2~3주 이내에 잎색이 담록색~황색으로 변하여 고사한다. Glyphosate의 살초기작은 시킴산 경로(shikimate pathway)를 통한 방향족 amino acid의 생합성과정의 EPSP(5-enolpyruvyl shikimic acid-3-phosphate) synthase가 저해되어 나타나며(작용기작, G), 2차적으로 광합성에 영향을 주므로 살초효과는 광합성 저해형 제초제와 달리 광의 강약에는 큰 영향을 받지 않는다. Glyphosate의 살초범위는 매우 넓으며 식물체 내에서 비교적 안정하여 분해는 잘 되지 않는다. Glyphosate는 토양에 흡착력이 강하므로 하층으로의 이동은 거의 없으며 토양 중에서 미생물에 의해서 쉽게 분해된다.

6.2.13 Pyrazole 및 Phenylpyrazole계

Pyrazole계 제초제는 pyrazole에 carbonyl기가 연결된 구조를 갖는 특성의 pyrazole계와 pyrazole에 phenyl기가 연결된 phenylpyrazole계로 세분할 수 있다.

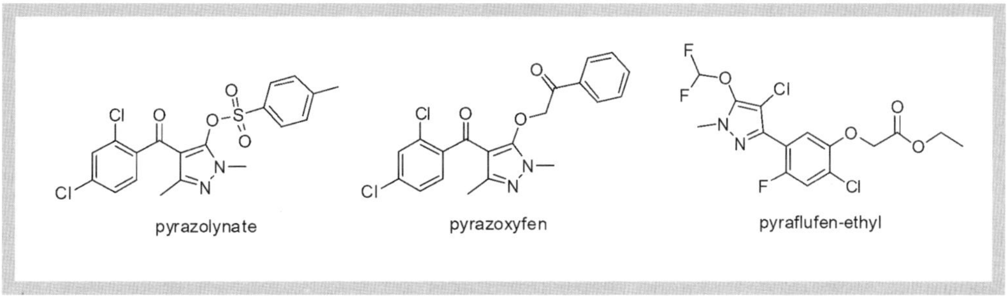

pyrazolynate pyrazoxyfen pyraflufen-ethyl

Pyrazole계 제초제인 pyrazolynate, pyrazoxyfen, benzofenap 등은 광합성 저해제이나 Hill 반응 저해보다는 식물 경엽 내 엽록소의 생성을 저해하거나 파괴한다.

특히 4-HPPD(4-Hydroxyphenylpyruvate dioxigenase) 저해를 통해 엽록소 구성성분의 생합성

을 억제하는 것으로 알려져 있다(작용기작, F2). Pyrazolynate는 엽록소 생합성 저해제로서 논의 화본과 및 사초과 잡초 방제용으로 사용된다. 토양 중에서는 비교적 빨리 분해되어 토양 중 반감기는 10~20일이며, 작물에 대한 약해는 거의 발생하지 않는다.

Pyrazoxyfen은 어린 가지나 뿌리로부터 흡수하여 식물 전체로 이동하는 침투이행성의 선택성 제초제이다. 본제는 벼 재배에 토양처리 및 경엽처리로 1년생 및 다년생의 잡초 방제에 효과가 있으나 밭잡초에는 효과가 떨어지며, 토양 중 반감기는 4~15일이다.

Phenylpyrazole계 제초제인 fluazolate, pyraflufen-ethyl 등은 chlorophyll 생합성에 관여하는 PPO(protoporphyrinogen oxidase)의 작용을 저해하여 살초작용을 갖는 것으로 알려져 있다(작용기작, M).

Pyraflufen-ethyl은 1993년에 개발된 약제로 토양과 수중 반감기가 1~2일로 매우 짧고, 식물 잎에 직접 닿은 부위에만 효과를 나타낸다.

6.2.14 Pyridazinone 및 phenyl-pyridazine계

Pyridazinone계 성분으로 norflurazon과 pyrazon, 그리고 phenyl-pyridazine계 성분으로 pyridate와 pyridafol은 광합성 작용을 저해하는 것으로 알려져 있다.

Pyrazon과 pyridate, pyridafol은 광합성 명반응의 광계 II 작용을 저해하는 기작을 가지며(작용기작, C), Norflurazon은 카로테노이드 생합성에 관여하는 PDS(phytoene desaturase)의 작용을 저해하는 것으로 알려져 있으며, 발아억제제로 사용되고, 토양 반감기가 90일 이상으로 알려져 있다(작용기작, F1).

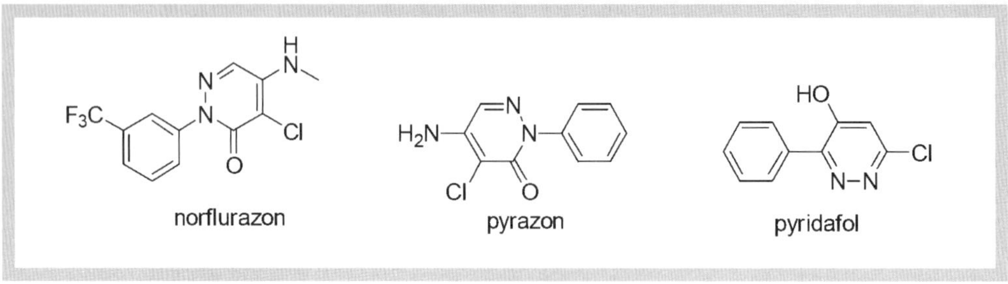

norflurazon　　pyrazon　　pyridafol

6.2.15 Sulfonylurea계

Sulfonylurea계 제초제는 T. Yayama 등(1983)에 의해서 처음으로 살초활성이 발견된 이래 최근 많은 종류의 화합물(bensulfuron, cinosulfuron, flazasulfuron, pyrazosulfuron, imazosulfuron 등)이 개발되어 제초제로 실용화되고 있다. 저약량으로 높은 제초활성이 있어 환경에 부하를 적게 하는 새로운 계통의 제초제이다. Sulfonylurea계 제초제는 선택성의 침투이행성으로 식물의 뿌리나 잎으로부터 흡수하여 식물의 필수 amino acid인 valine 및 isoleucine의 생합성에 관여하는

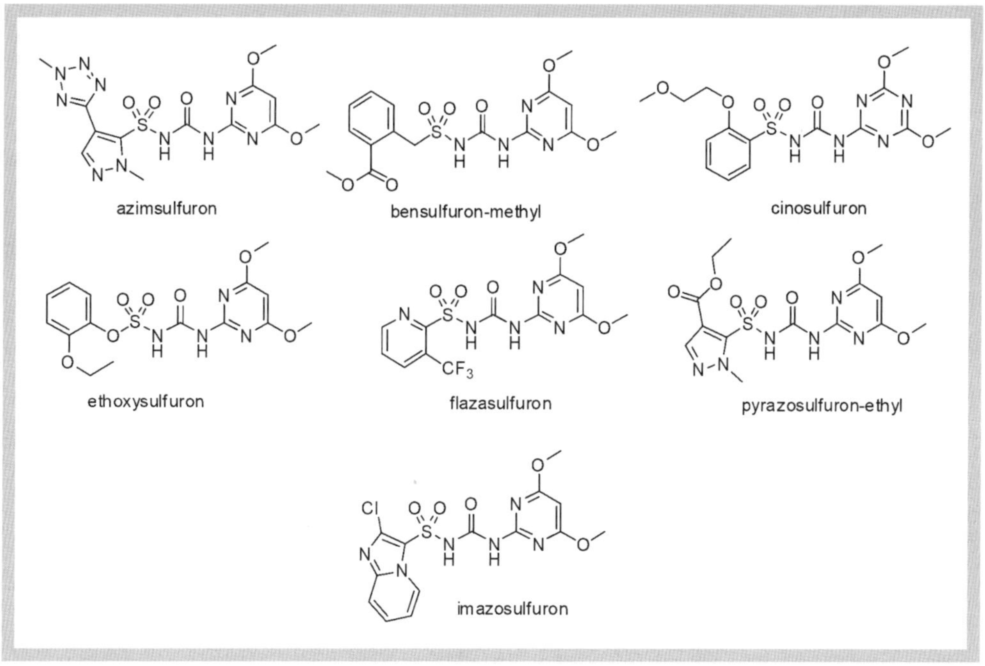

azimsulfuron
bensulfuron-methyl
cinosulfuron
ethoxysulfuron
flazasulfuron
pyrazosulfuron-ethyl
imazosulfuron

acetolactate synthase(ALS)의 활성을 저해함으로써 세포분열과 식물의 생육을 억제하여 잡초를 방제한다.

Bensulfuron은 잎과 뿌리로부터 흡수되어 신속하게 분열조직으로 이동되는 선택성의 침투이행성 제초제이다. 본제는 필수 amino acid인 valine과 isoleucine의 생합성에 관여하는 ALS 저해를 통해 세포분열과 식물의 성장을 저해하여 살초활성을 보인다. 토양처리 및 생육기 처리제로 논의 1년생 및 다년생 잡초 방제제로 사용한다. 호기적 조건의 토양 중에서 신속하게 분해되어 반감기는 약 3주 정도이다. 작물과 잡초 간 선택성은 무독화 대사 속도의 차이에 기인하는 것으로 알려져 있으며 그 외 sulfonylurea계 제초제도 bensulfuron과 같은 살초활성을 보인다.

Azimsulfuron은 광엽식물에 대한 선택성이 높은 제초제이며, 잎을 통해 흡수된다. 수용성이 높고 비휘발성이어서, 지하수 침출 가능성이 높은 특성을 갖고 있다.

Pyrazosulfuron-ethyl은 광엽잡초에 효과적이며, 뿌리를 통해 흡수되는 특성을 갖고 있고, 토양 중 반감기는 10~28일이다.

Flazasulfuron은 화본과와 광엽잡초에 모두 살초효과를 가지는 것으로 알려져 있으나, 광엽잡초에 보다 효율적이며, 식물의 잎을 통해 흡수 이행되는 특성이 있어, 경엽처리형 제초제가 더욱 효과적이다. 토양 중 반감기는 41일이 일반적이지만, 최대 102일까지 보고된 바 있다. 특히 본제는 pH에 민감하여 산성 용수에 불안정한 특성을 보여주고 있다.

6.2.16 Thiocarbamate

Carbamic acid와 thioalcohol과의 ester 화합물로서 ethiolate 등 비교적 구조가 단순한 것으로부터 발전하여 molinate, thiobencarb 등 우수한 논잡초 방제약이 실용화되었다. Thiocarbamate계 제초제는 일반적으로 벼 속에 대한 살초활성이 약하므로 벼 농사용으로 널리 사용되고 있다. 살초기작은 지방산 생합성과정을 억제하는 것으로 알려져 있다(작용기작, N).

Molinate는 잡초의 유아, 경엽 또는 뿌리로부터 흡수되어 생장점으로 이행한다. Molinate의 살초기작은 지방산 생합성 저해에 의한 세포분열 및 신장을 저해한다. Molinate는 벼과 식물의 속간 선택성이 매우 높아 토양혼화처리, 표면처리, 담수 생육기 처리에도 벼에 약해를 유발하지 않고 피에 대한 살초활성은 높다. 더욱이 molinate는 온도가 높은 조건에서 효과가 증대된다. 토양에 흡착성이 완만하므로 하층으로 이동이 쉬우며 토양 중 분해 및 불활성화는 주로 미생물에 의해서 일어나나 습한 토양에 표면처리하는 경우에는 휘산에 의한 소실도 있다. 잔효기간은 40~50일간 지속된다.

Thiobencarb는 잡초 유아부와 경엽으로부터 흡수되어 식물체 내로 쉽게 이행하고 생육을 정지시킴으로써 서서히 고사시킨다. Thiobencarb의 살초기작은 지방 생합성을 저해하므로 세포분열 및 신장이 정지되며, 광합성(Hill 반응) 저해제로서도 작용한다. 벼에는 약해가 없으나 피 등에는 살초활성이 높아 경엽살포 및 토양처리제의 겸용으로 사용되며 처리 시기 폭이 넓다. Thiobencarb의 선택성은 식물의 종류에 따른 흡수이행성 차에 의해서 나타난다. Thiobencarb는 토양에 강하게 흡착되므로 하층으로의 이동은 2~3cm로 적은 편이며 잔효기간은 30~40일 지속된다.

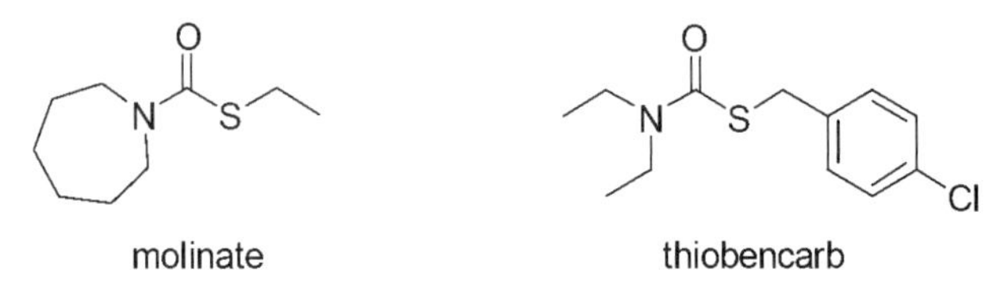

6.2.17 Triazine계

Triazine을 기본 골격으로 하는 제초제는 1956년 Ciba-Geigy사가 개발한 simazine을 시초로 많은 종류의 제초제가 개발되어 밭잡초 및 논잡초 방제용으로 실용화되었다. 살초작용의 특성은 식물의 광합성 과정의 Hill 반응을 저해한다(작용기작, C). Triazine계 제초제의 구조적 특징을 보면 simazine의 고리구조 2번 위치에 있는 염소원자의 치환, amino기에 있는 alkyl기의 치환, 그리고 triazinone의 세 가지 형태로 구분된다.

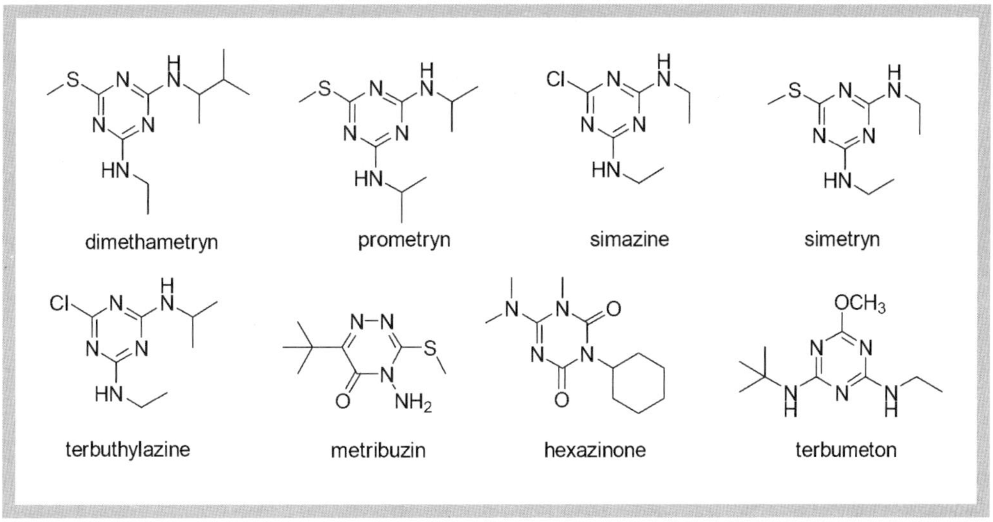

dimethametryn prometryn simazine simetryn

terbuthylazine metribuzin hexazinone terbumeton

Dimethametryn은 뒤에 설명하는 simetryn과 같은 작용특성을 갖지만 논에서 2~3엽기의 모든 잡초에 효과가 우수하며 피에 대해서는 simetryn보다 활성이 떨어진다. 따라서 피를 효과적으로 방제하기 위해서는 피의 생육을 억제하는 piperophos와의 혼용사용이 요구된다. Dimethametryn은 일본형 및 인도형의 벼에 다 같이 영향이 적으며 고온 시에 약해가 적은 것이 특징이다.

Prometryn은 식물의 뿌리나 경엽에서 흡수되어 체내를 이행하여 연약한 조직에 집적한다. 경엽에서의 흡수는 신속하게 이루어지므로 처리 후 강우에 의한 손실은 없다. Prometryn의 살초기작은 잡초의 광합성 작용을 저해하는 것 외에 산화적 인산화 반응도 저해한다. Prometryn은 미나리과 식물에는 활성이 낮으며 콩과, 유채과 식물에도 활성이 낮은 편이다. 벼 본답 이앙묘에는 매우 안전하나 가래에 대하여 활성이 높다. Prometryn이 가래에 대하여 높은 활성을 보이는 것은 경엽에 흡수된 prometryn이 지하경으로 이행하여 지하경의 재생을 방지하기 때문이다. Triazine계 제초제가 식물체 내에서 하방으로 이행하여 살초활성을 보이는 것은 특이한 작용인데 이는 prometryn이 미지의 동화산물(同化産物)과 결합하여 이행하는 것으로 생각된다.

Simazine은 침투이행성 제초제로 식물체 내 simazine의 흡수는 뿌리에서 일어나며 경엽에서의 흡수는 거의 없다. 뿌리에서 흡수된 simazine은 도관(導管)을 거쳐 지상부의 연약한 조직으로 이행되어 광합성 과정의 전자 전달을 저해하므로 잡초는 서서히 고사되며 온도에 따른 활성 변화는 거의 없다. Simazine은 저항성 식물인 옥수수 체내에서 수산화를 거쳐 측쇄의 alkyl이 이탈되어 불활성화되나 감수성 식물에서는 이러한 작용이 없으므로 서서히 위조(萎凋)되어 고사된다.

Simetryn은 식물의 뿌리나 경엽에서 흡수되어 체내를 상방 이행하여 연약한 경엽부에 집적한다. Simetryn은 담수상태에서 경엽처리하여 많은 종류의 잡초에 우수한 살초효과를 보이나 화본과 잡초에는 효과가 떨어진다. 따라서 논잡초인 피를 방제하기 위해서 피의 생육을 억제하는 작용을 갖는 benthiocarb나 molinate와 혼합하여 사용하면 살초활성이 상승적으로 높아진다.

Simetryn에 대한 식물의 감수성은 식물의 종류에 따라서 상이하며 벼의 경우에 일본형(Japonica)은 저항성을 보이나 인도형(indica)은 감수성을 나타낸다. Simetryn을 논잡초 방제용으로 사용할 경우에 벼의 저위엽, 연약한 도장묘 또는 심한 고온 시에는 약해가 발생할 우려가 있으므로 주의하여야 한다.

Terbuthylazine은 주로 뿌리로부터 흡수되어 전자전달을 차단함으로써 광합성을 저해하는 한편 효소의 활성을 저해하기도 한다. 본제는 토양처리 또는 경엽처리로 콩밭 또는 과수원의 광범위한 잡초 방제에 사용되며 주로 다른 제초제와 혼합제로서 개발 사용되고 있다. 토양에는 강하게 흡착되므로 대부분 표토에 잔류하나 일부 하층으로의 용탈도 인정되고 있다.

Metribuzin은 침투이행성 제초제로 식물의 뿌리나 경엽에서 흡수되어 잡초의 광합성을 저해하므로 서서히 고사시킨다. 살초력은 강력하여 일반적으로 난(難)방제 잡초로 알려진 도꼬마리, 어저귀 등에도 높은 살초효과를 보이며 건조상태에서도 안정한 살초활성을 보인다. Metribuzin에 저항성인 작물은 감자, 사탕수수, 아스파라거스, 토마토이며 콩, 감귤, 옥수수, 완두, 화본과 작물도 어느 정도의 저항성을 보이나 양파, 담배 등은 감수성이다.

Hexazinone은 잎이나 뿌리로부터 흡수하여 상방으로 이동되는 약간의 침투이행성은 있으나 접촉형의 비선택성 제초제이다. Hexazinone은 광합성을 저해함으로써 살초활성을 발휘한다. 본제는 1년생 및 월년생 잡초 방제용으로 사용된다. 토양에서는 미생물에 의해서 분해되며 반감기는 기상 및 토양의 종류에 따라서 상이하여 약 1~6개월이다.

Terbumeton과 Prometon은 methoxy기를 갖는 triazine계로 1960년대 개발된 이후 1년생 혹은 다년생 목초 및 광엽잡초의 살초에 효과를 보여 왔다. 본 제는 잎과 뿌리를 통해 흡수이행되는 특성을 갖고 있지만, 토양 중 반감기가 6개월 이상으로 잔류문제와 후작물 재배 영향으로 지금은 사용되지 않는다.

6.2.18 Uracil계

Uracil형 제초제의 살초기작은 광합성 중 Hill 반응의 강력한 저해작용과 생체 성분인 핵산염기(核酸鹽基)와 구조 유사성에 의한 정상적인 효소 단백질의 생합성에 길항적으로 작용함으로써 살초활성을 발휘하는 일종의 근연저해제(近緣沮害劑, analogous inhibitor)이다. 또한 uracil형 제초제의 작용특성은 비선택적 살초활성을 보이며 식물체의 거의 모든 부위에서 흡수되고 체내 이행성도 매우 신속하다. 또 식물체 내에서 안정성도 높고, 토양 잔류성도 높은 특성이 있다.

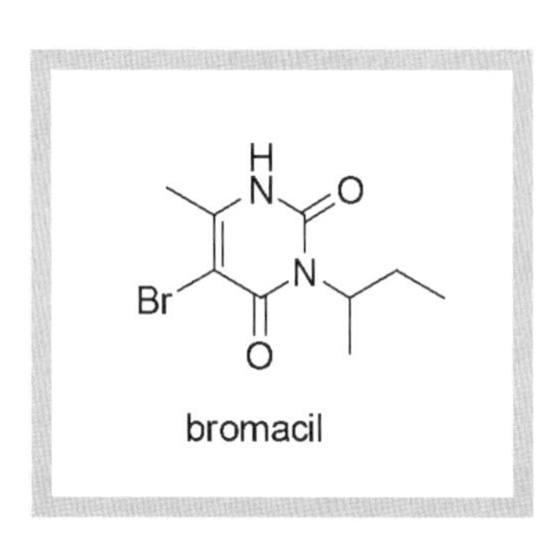

Bromacil의 경우는 비선택성의 제초제로 잡초의 뿌리나 경엽으로부터 흡수되어 체내의 핵산 및 단백질의 균형을 교란시키고 광합성을 저해(작용기작, C)하여 살초시킨다. 온주밀감은 bromacil에 대해서 높은 저항성을 보이나 다른 식

물은 모두 감수성을 보여 선택성을 나타낸다. 살초효과의 발현은 늦으나 온도에 따른 효과 변이는 적다. Bromacil은 토양처리제로서의 효과가 크나 잡초가 30~50cm 정도 자란 경우에는 경엽처리에 의하여도 살초효과를 보인다. 일반적으로 bromacil은 비농경지에 사용하나 소량으로 orange, grapefruit, lemon 등의 밀감원이나 pineapple밭에도 사용이 가능하다. 토양중 bromacil의 이동성은 매우 크며 잔효성은 2~3개월 지속된다.

6.2.19 Urea계

Urea계 제초제는 1951년 Du Pont사에서 개발한 fenuron을 시작으로 많은 제초제가 실용화되어 밭잡초 방제용으로 사용되고 있으며, 그 기본 구조가 단순하고 인축에 대한 독성 및 토양잔류성이 낮으며 식물세포에만 주로 작용하므로, 환경에 미치는 영향이 적어 안전한 농약으로 평가되고 있다. Urea계 제초제는 urea와 sulfonyl기가 결합한 sulfonylurea와 구분되며, 그 구조에 따라서 aniline을 주축으로 하는 phenylurea형과 heterocyclic urea형으로 크게 나뉘며 heterocyclic urea형은 세포분열 저해제로도 작용한다. Phenylurea형의 대부분은 벤젠고리 3, 4번에 치환기를 가지며 linuron, metobromuron 등 우수한 제초제가 많다. 치환기로서는 halogen, alkyl, alkoxy, phenoxy, carbamoyloxy, acyl 등이 있다. 한편 *N*-치환체로서는 저급 alcohol, alkoxy가 대부분이고 이 부위는 제초제의 선택성 발현과 관련이 있다. Phenylurea형 제초제의 살초기작은 광합성 저해에 의한 것으로 *N*-phenyl 측은 식물체 내 침투, *N*-alkyl 측은 살초활성을 나타내는 기로서 작용한다고 알려져 있다. *N*-alkyl기의 탄소수가 증가하면 잡초 체내 침투와 작용점까지 도달이 어려워져 살초효과가 떨어진다.

Linuron은 잡초의 뿌리 또는 경엽을 통하여 흡수되어 광합성을 저해함으로써 잡초를 서서히 고사시킨다. 식물체 내 흡수, 이행이 신속하며 광합성 저해활성도 크다. 식물체 내 이행은 상방이행성이며 온도와 습도에 따라서 그 정도가 달라진다. 당근을 제외한 대부분의 식물에 비선택적 활성을 보이나 토양 흡착성에 따라서는 선택적 제초가 가능하다. 살초활성은 경엽처리 및 토양처리 다같이 크고 사용 적기 폭이 넓어 당근에는 파종 후부터 생육기까지 사용하여도 안전하다.

Metobromuron은 뿌리와 잎으로부터 흡수되어 이동하여 광합성을 저해함으로써 살초활성을 보인다. 본제는 토양처리로 밭의 1년생 광엽잡초 및 화본과 잡초를 선택적으로 방제할 수 있는 제초제이다.

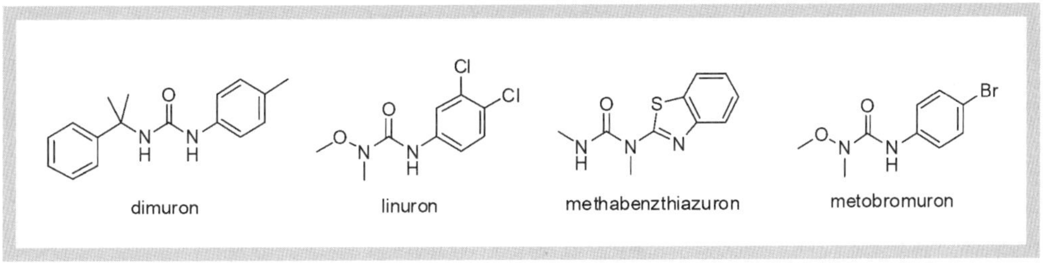

dimuron linuron methabenzthiazuron metobromuron

Methabenzthiazuron은 heterocyclic urea형 제초제로 주로 잡초의 뿌리를 통하여 흡수되어 광합성을 저해함으로써 살초활성을 보이는 것으로 약효 발현은 다른 광합성 저해 제초제와 같이 매우 지효성으로 고사까지 14~20일이 소요된다. 토양 중 methabenzthiazuron의 분해는 매우 늦어 3~6개월간 효과가 지속된다.

Benzylurea형(daimuron 등)의 작용기작은 광합성 저해력은 없고 세포분열 저해에 의해서 살초활성을 보이는 것으로 방동사니과 잡초를 선택적으로 살초하는 독특한 제초제로서 그 작용활성은 amide계 제초제와 유사하다. Daimuron은 주로 뿌리로부터 흡수되어 식물의 분열조직으로 이동하여 세포분열을 저해함으로써 살초활성을 보인다. 본제는 토양처리 또는 초기 생육기 처리로 주로 벼 재배지의 방동사니과 잡초 및 일년생 화본과 잡초를 선택적으로 방제할 수 있는 제초제이며 작물에 대한 약해는 거의 없다.

6.2.20 Pyridine-carboxylic acid계

Pyridine-carboxylic acid계 성분은 pyridine을 기본기로 갖는 합성 auxin으로, aryloxyalkanoic acid계 성분, benzoic acid 성분과 동일한 작용기작(작용기작, O)을 갖는다.

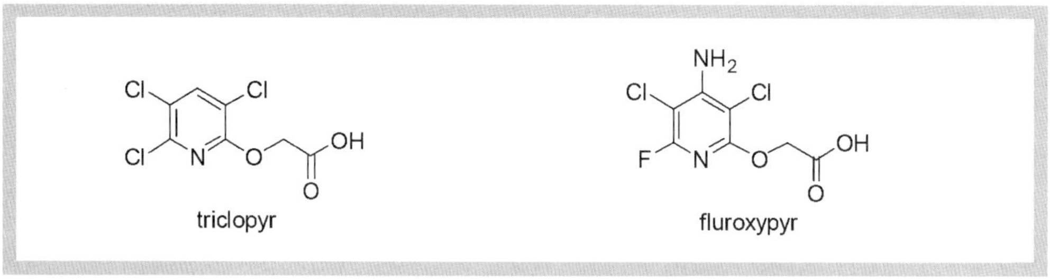

triclopyr

fluroxypyr

Triclopyr와 fluroxypyr는 phenoxy 대신 pyridoxyl을 치환체로 가진다. 잎이나 뿌리로부터 신속히 흡수되어 식물 전체에 이동하여 분열조직에 축적되는 선택성의 흡수이행성 제초제로 감수성 식물에 auxin형 반응을 보인다. Triclopyr의 식물체 내 반감기는 약 3~10일이고 토양 중 반감기는 토양의 종류 및 기상조건에 따라 상이하나 약 46일이다. Fluroxypyr는 특히 광엽잡초 방제에 효과적이고, 이행력이 강하여 살포된 농약이 빗물이나 관개수 등에 흘러 인근 작물에 피해를 줄 수 있다.

6.2.21 Triazolinone 및 oxadiazole계

Triazolinone계는 광합성과 관련한 대사저해 작용을 통한 살초효과를 갖는 것으로 알려져 있으며 ami-carbazone, carfentrazone-ethyl 등이 있고, oxadiazole계 성분으로는 oxadiazon 등이 개발되었다.

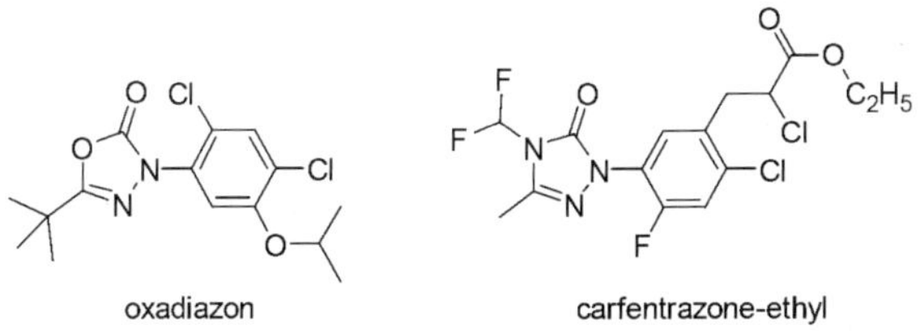

oxadiazon carfentrazone-ethyl amicarbazone

Carfentrazone-ethyl은 엽록소 성분의 생합성에 관여하는 PPO(protoporphyrinogen oxidase) 작용을 저해(작용기작, E)하여 잡초 생육 초기에 우수한 효과를 나타내는 접촉형 약제이며, 광엽잡초의 살초에 효과적이다. 토양 중 반감기가 1~2일로 매우 짧은 특징을 갖고 있다.

Amicarbazone은 수용성의 접촉형 제초제로 식물의 잎을 통해 흡수된다. 광합성 명반응을 억제하는 약제(작용기작, C)로 국내에 등록되어 있지 않다.

Oxadiazon은 carfentrazone-ethyl과 같이 PPO를 저해하여 엽록소 생성을 억제하는 선택성의 접촉형 제초제로서 논과 밭에서 광범위한 광엽 및 화본과 잡초 방제에 발아 전 처리제로 사용된다. 식물체 내에서의 반감기는 식물의 종류와 기상조건에 따라서 상이하나 벼에서는 1~2개월, 과수에는 3~6개월이다. 토양 교질이나 부식에 강하게 흡착되며 하층으로의 침투는 미미하다. 토양중 반감기는 약 3~6개월이다.

6.2.22 Triazolopyrimidine계

Triazolopyrimidine계는 triazole과 pyrimidine구조를 동시에 갖는 형태이며, triazole 측에 sulfonamide유도체가 결합된 형태의 성분이 주로 개발되었다. 이 계열 제초제 중 penoxsulam, metosulam 등은 branched amino acid 생합성에 관여하는 ALS(acetolactate synthase) 저해작용(작용기작, B)으로 살초효과를 갖는다.

Penoxsulam은 피 등 1년생 잡초와 광엽잡초의 제거에 효과적이며, 잎과 줄기로 흡수되어 식물의 분열조직으로 이동하는 흡수이행성 제초제로 생육 초기에 사용하여 생장점을 중심으로 살초

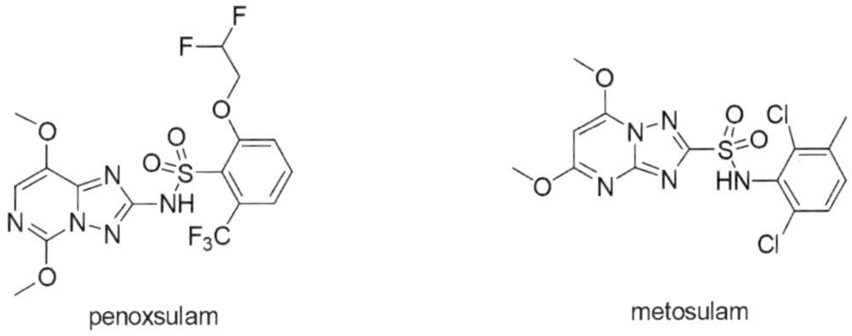

penoxsulam metosulam

작용이 나타난다.

Metosulam은 1990년 초에 개발되어 사용되고 있으며, 뿌리와 잎을 통해 흡수되어 아미노산 생합성 억제작용을 통해 살초작용을 나타낸다. 광엽잡초에 효과적이며, 토양 중 반감기는 30일 이내이다.

6.2.23 Pyrimidinyl benzoic acid계

Pyrimidinyl benzoic acid계 성분은 triazolopyrimidine계 성분과 같이 아미노산 생합성 과정에 관여하는 ALS를 저해(작용기작, B)하여 살초활성을 나타내며, 이 계열 제초제로는 bispyribac, pyribenzoxim, pyriminobac-methyl 등이 알려져 있다.

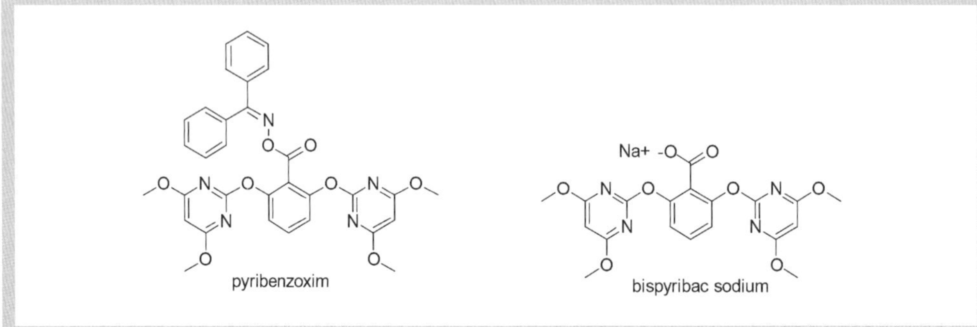

pyribenzoxim

bispyribac sodium

Pyribenzoxim은 pyrimidinyl benzoic acid계 성분으로 1990년대 국내에서 자체 개발된 최초의 신물질 제초제로서, 잡초 생육 초기에 사용하는 경엽처리용으로 사용되는 이행형 제초제이며, 벼와 피 사이에 속간(屬間) 선택성을 가지므로 이앙재배는 물론 직파재배에서 사용 가능하다. 벼는 보통 조건에서 매우 안전하지만 고온 건조한 조건에서는 처리 후 3~5일 사이에 경엽에 일시적인 황화현상이 일어나는 경우가 있다. Pyribenzoxim은 논에 발생하는 잡초 중 피, 사마귀풀, 여뀌, 자귀풀, 가막사리, 벗풀 등 다양한 잡초를 방제한다. Pyribenzoxim의 벼와 잡초 사이 선택성은 ALS에서의 감수성 차이나 제초제의 흡수, 이행의 차이보다는 벼에서 제초제의 대사속도가 빠르기 때문이라고 알려져 있다.

Bispyribac은 1년생 화본과 잡초와 광엽잡초에 방제효과가 우수하며, 잡초의 생육 초기에 처리하는 지효성 제초제로 잎과 뿌리를 통해 흡수되어 아미노산 생합성과정의 ALS 저해기작을 갖는다. 수용성이 높고 토양 반감기는 6~20일이다.

6.2.24 기타

Benzofurane형의 제초제인 Benfuresate와 ethofumesate는 지방산 생합성 과정을 억제하는 살초기작을 갖는다(작용기작, N). 이들은 단자엽 식물의 경우 토양처리층을 뚫고 나올 때 어린 싹으로 흡수되고 광엽잡초의 경우에는 뿌리로부터 흡수된다. 본 제는 논이나 과수원 및 밭에 토양처리함으로써 화본과 잡초 및 광엽잡초를 효과적으로 방제한다. 토양 하부로부터의 침투는 거의 이루어지지 않으며 포장조건하에서 표토 7.5cm 이하에서의 축적은 없다. 토양 중 분해는 주로 미생물에 의하여 이루어지며 반감기는 실내에서 18~20일(산화조건) 및 300일(환원조건)이며 포장에서는 7~29일이다.

benfuresate

ethofumesate

Pyridine계 제초제로 dithiopyr와 thiazopyr가 있으며, 이들은 토양처리용 발아 전 처리제로서 1년생 화본과 잡초 및 광엽잡초에 대한 살초효과가 우수하다. 작용기작은 세포분열 중 microtubule 형성을 저해하는 것으로 알려져 있다(작용기작, K1). 특히 dithiopyr는 잡초 발생 전 토양처리제로 약효 지속효과가 길고 잔디밭에서의 잡초 방제에 효율적이다. Dithiopyr는 토양 흡착력이 강하고 수용해성이 낮아 쉽게 유실되지 않아 환경에 안전하며, 토양 반감기는 통상 60일 이내로 알려져 있다. 반면, thiazopyr는 토양 반감기가 최대 437일로 보고된 바 있어, 현재 사용되지 않는다.

dithiopyr

thiazopyr

Perfluidone은 1970년대 개발된 sulfonanilide계 성분으로 잡초 발아 시에 어린 뿌리로 흡수되어 서서히 경엽부로 이동하는 흡수이행성의 약제이며 흡수된 perfluidone은 단백질 생합성과 세포호흡작용을 저해하여 살초시킨다. Perfluidone은 선택성 제초제로 향부자를 위시한 방동사니과에 대하여 작용성이 특히 강하고 광엽잡초에는 작용성이 약하다. 따라서 화본과 작물 재배지에 perfluidone의 사용은 약해의 위험성이 있으므로 주의하여야 한다. 토양 중 perfluidone의 이

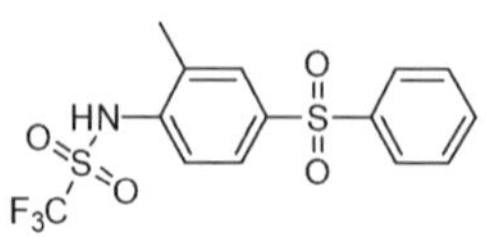

pefluidone 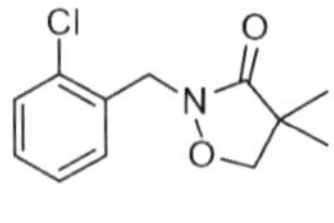　　clomazone 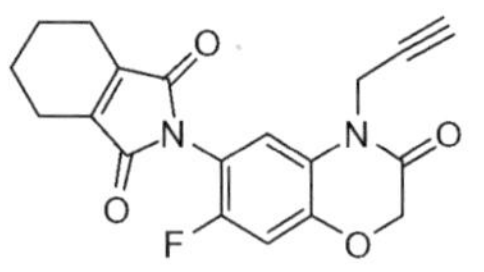　　flumioxazin

동성은 23cm 정도이며 잔효성도 매우 길어 58주간 지속된다.

Clomazone은 isoxazolidinone계 성분으로 어린 싹이나 뿌리로부터 흡수하는 침투이행성의 선택성 제초제이다. 본 제는 밭에 발생하는 광엽잡초 및 화본과 잡초 방제에 효과가 있다. 작용기작은 isoprenoid 생합성에 관여하는 DOXP synthase(1-Deoxy-D_xylulose-5-phosphate synthase)를 억제하여 광합성에 관여하는 carotenoid 색소의 생합성을 저해(작용기작, F4)함으로써 살초작용을 나타낸다. 토양 중 반감기는 약 30~135일이다.

Flumioxazin은 phenyl-phthalimide계 성분으로 엽록소 생합성에 관여하는 PPO 기능 저해(작용기작, E)를 통해 살초작용을 나타낸다. 토양 중 반감기는 실험실 조건에서 12~35일이었다.

Pentoxazone은 oxazolidine계 제초제로 flumioxazin과 같이 엽록소 생합성에 관여하는 PPO 기능 저해(작용기작, E)를 통한 살초효과를 갖는다. 특히 논잡초 제거에 효과적이며, sulfonylurea계 제초제에 저항성을 갖는 잡초 방제에 효과가 있고, 다년생 잡초의 초기 발아억제에도 효과가 있다. 토양 중 반감기는 담수토에서 30일 정도이다.

Fentrazamide는 tetrazolinone계 제초제로 긴 사슬의 지방산 생합성 억제(작용기작, K3)를 통한 세포분열 저해기작을 가지며, 수면에서 잡초의 잎이 약제와 접촉할 때 살초활성을 강하게 나타내어 물빠짐이 심한 논에서의 사용이 제한된다.

pentoxazone 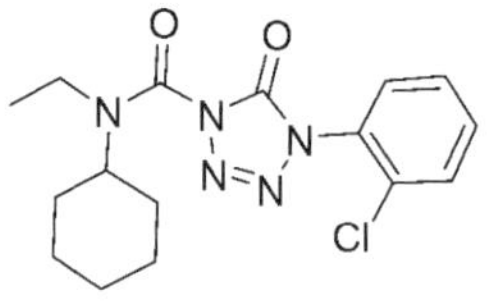　　fentrazamide 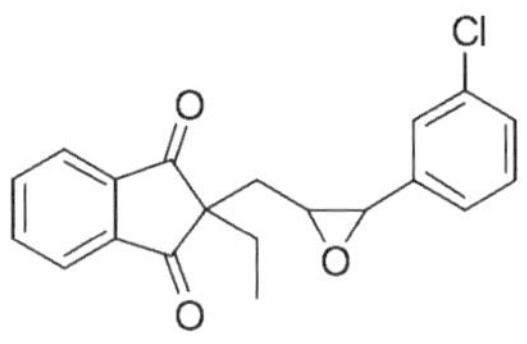　　indanofan

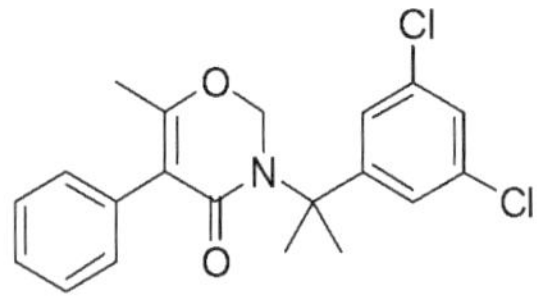

oxaziclomefone 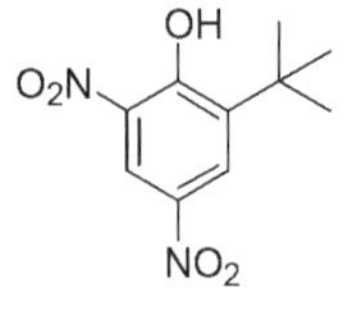　　dinoterb 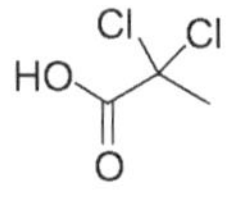　　dalapon

Indanofan은 fentrazamide와 같이 긴사슬 지방산 생합성 억제기작을 통한 세포분열 저해작용(작용기작, K3)으로 살초효과를 갖는다. 토양 중 반감기는 10일 이내로 짧으며, 쌍자엽과 단자엽식물에 광범위한 살초효과가 있다.

Oxaziclomefone은 oxazinone계 성분으로 2000년경 개발된 제초제로 잡초 발생 전 토양처리제로 주로 사용되며, 세포분열과 생장을 억제하는 것으로 알려져 있다. 침투이행성 제초제로 약효가 길고 1년생 화본과 잡초와 광엽잡초에 효과가 있다.

Dinoterb, DNOC, dinoseb은 dinitrophenol계 제초제로 미토콘드리아 막에서의 산화적 인산화 과정을 교란하는 uncoupler로 알려져 있으며(작용기작, M), 수용성과 인축독성이 높은 특징을 갖고 있어 현재 사용되지 않는다.

Haloalkanoic acid계 성분으로 dalapon, flupropanate, TCA 등이 있으며, 수용성이 높고, 잎과 뿌리를 통해 흡수되어 지방산 생합성을 억제하는 것으로 알려져 있으나(작용기작, N), 현재 국내에서는 사용이 허가되어 있지 않다.

Bentazone은 benzothiadiazinone계로 uracil계 제초제의 변형으로 취급되기도 한다. 접촉형 선택성 제초제로서 잡초의 경엽에서 흡수되어 광합성의 Hill 반응을 저해한다(작용기작, C). 약제 처리 후 잡초는 서서히 갈변하여 2~7일 후에 고사하게 되며 광엽식물에 대하여 특히 높은 살초활성을 보인다. Bentazone은 잡초의 2~10엽기까지 살초효과를 나타내며 생육이 왕성할수록 활성이 증대된다. 콩은 bentazone에 대하여 저항성이 있으므로 전 생육기간을 통하여 사용이 가능하나 강낭콩이나 완두는 1엽기 이후에만 사용이 가능하다.

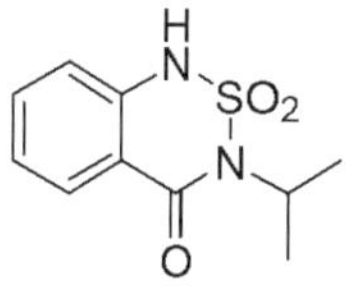

7. 식물생장조절제

식물생장조절제(plant growth regulator, PGR)는 식물의 다양한 생리현상에 영향을 미치는 물질의 총칭으로 생육을 촉진하거나 억제하는 물질이 여기에 포함된다. 그중에는 고등 식물에 널리 분포하여 그들의 기본적인 생리현상을 미량으로 제어하고 있는 식물호르몬을 비롯하여 식물호르몬으로는 인정되지 않고 있으나, 미량으로 식물의 생리현상에 영향을 주는 화학물질, 즉 비료나 농약, 특히 제초제 등과 같이 농업생산 면에서 작물 등의 생리현상의 제어에 사용되는 식물생리조절제 등 응용 면에서 중요한 물질군도 포함된다. 예를 들면 벼의 중요한 병이었던 벼 키다리병의 병원성을 추구하는 과정에서 식물호르몬의 일종인 지베레린(gibberellin)이 발견되었으며, 생장억제형의 식물호르몬인 아브시스산(abscisic acid)은 목화의 유과(幼果)의 낙과(落果)를 촉진하는 물질로서 단리(單離)된 물질이다. 또한 최근 구조가 간단한 식물호르몬인 에틸렌은 과실의 등·성숙(登成熟)의 문제점으로부터 그 중요성이 인정되고 있다.

7.1 농업용 식물생장조절제

농업에서 생장조절제는 과일뿐 아니라 벼, 화훼 등 여러 작물의 발아, 생장, 발근, 개화, 착과/착립, 낙과, 성숙, 과실 착색, 비대, 낙엽 등 다양한 생리현상을 인위적으로 제어하여 주로 품질 향상, 생력화, 저장성 향상뿐만 아니라 자연적인 재난 경감(도복경감) 등에 이용되고 있다. 2018년 기준으로 생장조절제로 사용되는 성분은 총 28종으로 옥신류, 지베레린류, 사이토키닌류, 에틸렌류, 생장억제제 및 기타 약제로 분류되어 있다.

7.1.1 옥신류 생장조절제

옥신(Auxin)류 생장조절제는 식물호르몬 중에서 가장 먼저 연구되었으며 1920년대 처음 굴광성으로부터 식물의 성장을 촉진하는 물질의 존재가 알려졌다. Auxin a, b 그리고 auxin lactone, hetero auxin(人尿로부터 분리)등이 보고되었고 고등식물에 널리 분포되어 있는 indol-3-acetic acid(IAA)가 대표적이고, 진성(眞性)옥신으로 생각되고 있다.

indole-3-acetic acid (IAA)

1-naphthyl-1-acetic acid (NAA)

IAA의 생합성 과정을 보면 tryptophan에서부터 시작하여 tryptamine이나 indol-3-pyruvic acid를 거쳐 indol-3-acetaldehyde로 전환된 후 옥신이 생성된다.

IAA가 나타내는 가장 현저한 생리 작용의 하나는 유식물(幼植物)과 절편(切片)에 대한 신장(伸長) 촉진효과이다. IAA에 의한 세포의 신장은 세포벽이 느슨하게 되어 흡수(吸水) 성장이 증대되는 것에 의해 이루어진다. 또한 IAA는 절제(切除)한 잎이나 줄기에서 새로운 부정근(不定根)의 형성을 촉진하며, 이 성질을 이용하여 합성 옥신 중에서 발근제가 개발되어 삽목(插木) 등에 이용된다.

또한 식물의 잎이나 과실이 줄기로부터 떨어지는 탈리현상(脫離現象, abscission)은 식물이 가지는 중요한 생리현상 중 하나로, 옥신, 아브시스산, 에틸렌에 의해 미묘하게 제어되고 있으며,

옥신은 탈리현상을 지연시키는 역할을 하고 있다. 특히, 토마토 등과 같은 종의 식물에서는 화분(花粉) 대신 IAA 등 옥신을 공급해주면 수정이 일어나지 않아도 자방이 비대해진다. 이 현상을 단위결실(單位結實)이라 하며 지베레린이나 사이토키닌 등도 같은 작용을 보인다.

이러한, 옥신의 생리작용으로 인해 IAA와 유사구조를 갖는 화합물이 다수 합성되었고, 그중 활성이 높은 2,4-D와 같은 성분은 호르몬형 제초제로 개발되었으며, α-naphthalic acid(NAA) 등은 식물생장조절제로 개발되었다. 특히, 4-CPA, dichlorprop, 1-naphthylacetamide, IBA, ethychlozate, triclopyr, cloxyfonac, quinmerac 등은 옥신과 같은 역할을 하며, cloxyfonac의 경우 토마토 착과율을 무처리 16.0%에서 처리 후 77.9%까지 증가시킬 수 있다.

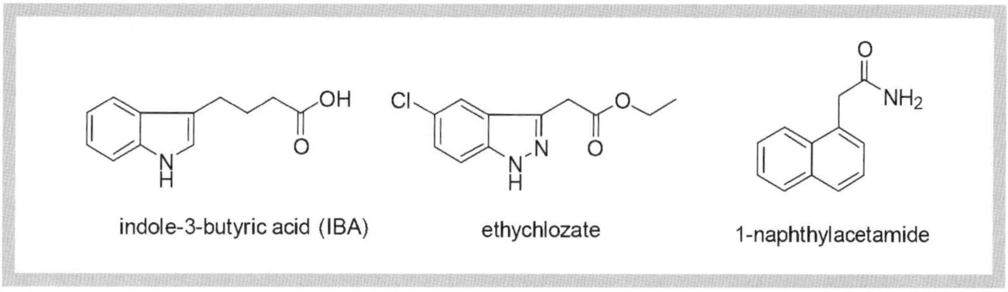

indole-3-butyric acid (IBA)   ethychlozate   1-naphthylacetamide

α-Naphthalic acid(NAA) 등과 같은 합성 옥신은 착과 촉진제로도 이용되고 있다. 밀감나무에는 적과제(摘果劑)로 실용화되어 있고 NAA의 적과 기작에 대하여는 거의 밝혀지지 않았으나 동일 물질이 반대의 작용을 나타내는 약제로 사용되는 것은 매우 흥미 있는 사실이다. 또한 maleic hydrazide의 염화염은 항(抗)옥신작용으로 이용하고 있다.

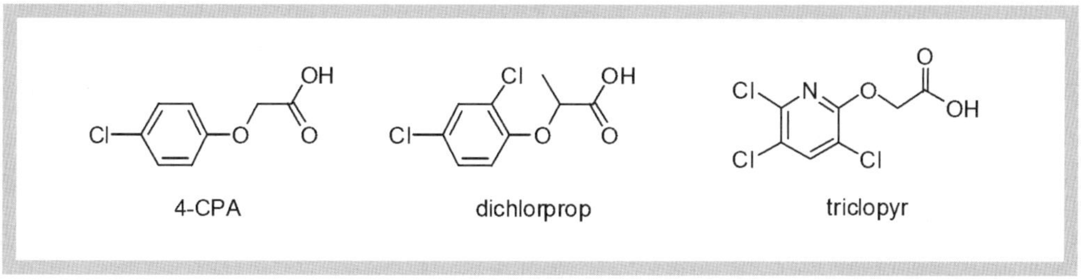

4-CPA   dichlorprop   triclopyr

▶ 표 13-7 농업에 사용하는 옥신 관련 식물생장조절제

계열	일반명 및 적용대상
옥신	4-CPA : 토마토, 가지 생장촉진
	Dichlorprop : 사과, 후기낙과방지
	1-naphthylacetamide : 카네이션 발근촉진
	IBA : 국화, 카네이션, 하와이무궁화 발근촉진
	Ethychlozate : 감귤적과
	IAA + 6-benzylaminopurine : 콩나물 생장촉진
	Triclopyr : 감귤착색촉진
	Cloxyfonac : 토마토 착과증진, 과실비대촉진
	Quinmerac : 복숭아(유명)과실비대
항옥신	Choline salt of maleic hydrazide : 담배액아억제, 감자, 양파맹아억제, 포도신초신장억제

용어 설명 : 적과-과일 솎아내기, 액아-곁눈, 맹아-싹

7.1.2 지베레린류 생장조절제

지베레린(Gibberellin)의 최초 연구는 1920년대 벼의 키다리병 완전균인 *Gibberella fujikuroi*(또는 *Fusarium moniliforme*)가 벼에 기생하여 발생하는 병증을 관찰하던 중 감염 벼의 묘가 지속적으로 성장하는 현상으로부터 시작되었다. 대부분의 지베레린은 비교적 지용성이 높아 소위 유리형(遊離型)이지만, 나팔꽃과 콩류의 미숙종자로부터 여러 종의 극성이 높은 지베레린이 단리되었고, 이들은 유리형 지베레린의 -OH나 -COOH 기에 β-D-glucose가 결합한 콘쥬케이트형 지베레린으로 밝혀졌다.

지베렐린 생합성의 1단계는 mevalonic acid가 여러 단계의 isoprenoid 생합성 경로를 거치면서 탄소 20개로 구성된 GGPP(geranyl geranyl pyrophosphate)로 전환되고, 이것이 synthetase A에 의해 copalyl pyrophosphate(CPP)로 전환, 이 CPP는 다시 synthetase B에 의해 ent-kaurene으로 전환된다. 생합성 2단계는 ent-kaurene이 GA_{12} aldehyde로 되는 다단계 과정이고 제3단계에서 GA_{12} aldehyde가 여러 단계를 거쳐 지베레린으로 합성된다. 현재까지 100여 종 이상의 지베레린의 존재가 확인되었고, 그중 활성이 가장 높은 것은 gibberellic acid(GA_3)로서 gibberellin A4+7과 함께 식물생장조절제로 널리 사용되고 있다.

지베레린의 가장 중요한 생리작용 중 하나는 무상식물(intact plant, 뿌리, 줄기, 잎을 포함하는 완전한 식물)의 줄기에 대한 신장효과이다. 또한, 화아유도에 저온처리 또는 장일처리를 필요로 하는 식물, 예를 들면 가을밀이나 장일성의 국화에 지베레린을 처리하면 저온과 장일 조건을 충족시키지 않아도 화아가 형성된다. 또한 지베레린은 단일식물에 대한 화아 유도효과는 전혀 보이지 않으나 화아가 형성되어 있는 식물의 개화를 촉진시키는 작용을 갖고 있다. 그리고

GA_1 GA_3 GA_{13}

GA_3 glucoside GA_4 GA_7

지베레린은 휴면 중인 감자의 휴면을 타파하기도 하며 복숭아, 사과 등과 같이 발아에 저온을 요하는 종자나, 양배추, 담배 등과 같은 광요구성 종자에 대하여 저온이나 광의 역할을 대신하기도 한다.

지베레린의 생리작용 중 흥미로운 것은 곡류 종자 중 몇몇 가수분해효소, 특히 α-amylase의 활성을 증대시키는 것으로 이는 지베레린이 DNA 의존 RNA 합성을 촉진시켜 α-amylase의 생합성이 촉진되기 때문으로 해석된다. 지베레린은 옥신과 마찬가지로 단위결과(單位結果) 유도효과가 있으므로 포도 '델라웨어'의 개화 전후 10일에 각 1회씩 처리함으로써 씨 없는 포도의 생산이 가능하고 숙기도 단축시킬 수 있어 농업에 많이 이용되고 있다.

식물호르몬인 지베레린 중 GA_3는 씨 없는 포도, 포도의 생육 및 착과 촉진, 감자의 발아촉진, 원예식물의 개화촉진, 맥주생산에 필요한 맥아(麥芽)제조 등 매우 다방면에 이용된다.

지베레린 도포제는 주로 배의 비대 촉진에 사용되며, 항지베레린으로서 mepiquat chloride는 포도 착립촉진에 사용하는데, 한 송이당 포도알이 무처리에서는 16.1개였으나 약제 처리구에서는 43.8개로 증가하고 과방 무게도 189.3g에서 508.1g으로 증가하여 대단한 효과를 보

지베레린 처리 여부
(좌 : 처리 시, 우 : 무처리 시)

mepiquat chloride 처리 여부
(좌 : 착립률 처리 시 44%, 우 : 무처리 시 16%)

▶ **표 13-8　농업에 사용하는 지베레린 관련 식물생장조절제**

계열	일반명 및 적용대상
지베레린	Gibberellic acid : 감자,국화,딸기 토마토, 포도의 생장촉진, 오이 숙기억제, 포도 무종자화, 배 비대 및 숙기촉진, 벼 건답직파 출아촉진/초기생육촉진
	Gibberellic acid + Gibberellin A_{4+7} : 배(신고) 과실 비대 및 숙기 촉진
	Gibberellin A_{4+7} + 6-benzylaminopurine : 사과, 배 과실비대
	Gibberellic acid + Prohydrojasmon : 배 비대촉진
항지베레린	Inabenfide : 벼 도복경감효과
	Mepiquat chloride : 포도 착립촉진, 적심노력절감
	Trinexapac-ethyl : 잔디 생장억제, 벼 담수직파 도복경감
	Hexaconazole : 벼 담수직파 도복경감
	Chlormequat chloride : 포인세치아, 아잘레아 절간신장 억제

이고 있다. Mepiquat chloride와 chlormequat chloride의 작용기작은 지베레린 생합성 1단계 중 synthetase A 및 synthetase B를 저해해서 (주로 synthetase A) 지베레린의 생합성을 억제한다고 알려져 있다.

최근 왜화제(矮化劑)로 사용되는 일군의 화합물들이 주목을 받고 있다. 이들의 대부분은 지베레린의 생합성 저해제로 이들 약제를 처리하면 식물 중에서 지베레린의 생성이 억제되어 절간(節間)의 위축, 초장(草丈)의 단축 등 왜화를 초래한다. 원예식물의 왜화제를 이용하면 벼의 도복(倒伏)방지제로 기대된다. Diniconazole, paclobutrazole, Propiconazole은 triazole계 성분으로

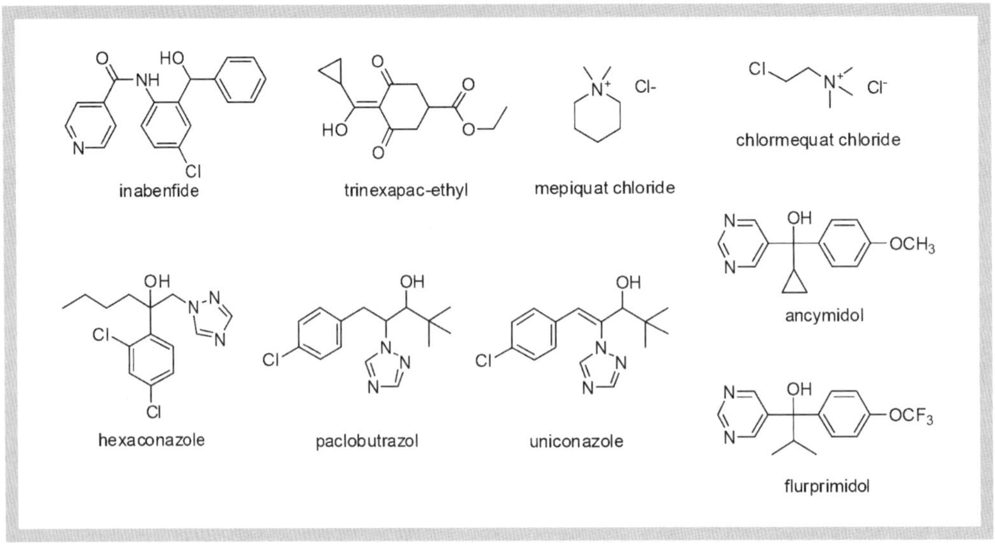

inabenfide　trinexapac-ethyl　mepiquat chloride　chlormequat chloride

ancymidol

hexaconazole　paclobutrazol　uniconazole　flurprimidol

지베렐린 생합성을 억제하는 작용을 하여 경엽과 뿌리를 통해 빠르게 흡수되며 약효지속시간이 길다. 백합의 생육초기에 사용할 경우 지상부의 줄기신장을 억제한다.

7.1.3 사이토키닌류 생장조절제

살균과정을 거친 뒤, 식물의 절편(切片)을 잘라내어 무기염, 당류, 아미노산, 비타민 및 옥신류를 포함하는 한천배지에서 배양하면 절단 부분에 세포의 괴(塊)가 발생한다. 이 세포 덩어리는 세포가 무방향으로 분열하여 생성한 것으로, 종래에 분화한 조직과는 다른 성질을 가지고 있다. 이와 같은 현상을 탈분화(脫分化)라고 하며 이 세포의 덩어리를 캘러스(callus)라 한다. 캘러스를 새로운 한천배지에 옮겨 배양을 계속하면 생육은 점차 감소하여 결국에는 성장이 정지된다. Skoog 등은 이 배지 중에 코코넛 밀크, 청어의 정자 또는 효모의 가수분해물을 옥신과 함께 첨가할 때 캘러스가 세포분열을 계속하게 되는 것을 발견하였다. 이것은 재료 중에 세포분열을 촉진하는 활성물질이 존재하기 때문으로 나타났다. 또한 이 활성물질이 각종 DNA 가수분해산물 중에 다량 분포하고, 이들 중 식물의 세포분열에 대하여 활성을 보이는 물질이 단리되어 이를 카이네틴(kinetin)이라고 명명하였으며, 그 구조는 purine ring을 갖고 있음이 밝혀졌다

그 후 고등식물에도 kinetin과 같은 활성물질의 존재가 확인되어 옥수수로부터 제아틴(zeatin)을 단리하였으며 계속하여 많은 kinetin 유사물질이 고등식물, 또는 식물을 기형이나 이상조직을 유발시키는 식물 병원균으로부터 단리되었다. 이들 활성물질을 동물의 근육 수축 물질인 키닌(kinin)과 구별하기 위하여 사이토키닌(Cytokinin)이라 부르게 되었다. 최근에는 사이토키닌이 각종 생물의 tRNA의 구성성분으로 함유되어 있는 것이 밝혀져 사이토키닌이 단백질 생합성에 중요한 역할을 하고 있는 것으로 나타났다.

사이토키닌의 중요한 생리작용은 식물의 조직배양 시 캘러스의 세포분열을 촉진하는 작용이다. 가장 활성이 높은 사이토키닌의 하나인 zeatin은 5×10^{-11}M 농도에서 담배 캘러스의 세포분열을 촉진시킨다. 또한 사이토키닌은 엽록소의 분해 방지능이 있어 식물의 노화(senescense)를 방지하고 상추, 담배 등의 발아 촉진, 포도 등의 휴면아(休眠芽) 유도, 사과 등의 단위결과 촉진, 세포의 확대효과 등 다양한 생리활성이 알려졌다.

농업용 사이토키닌류 생장조절제는 6-benzylaminopurine, forchlorfenuron, thidiazuron 등이

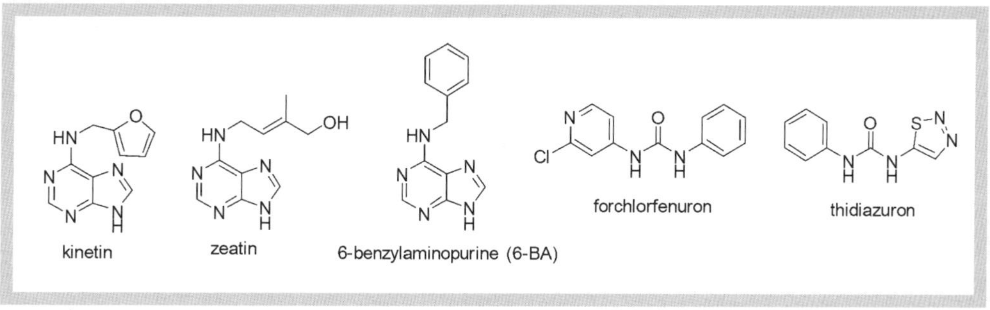

kinetin zeatin 6-benzylaminopurine (6-BA) forchlorfenuron thidiazuron

있다. Thidiazuron의 경우를 예로 든다면 포도(켐벨어얼리)의 과립 비대촉진용으로 개발된 약제이며 처리 시 과립중이 19.4~20.4% 증가한다.

또한, 사이토키닌류 중 합성이 용이한 benzylaminopurine은 지베레린과 병용하여 포도의 화진(花振) 방지에 사용된다. 사이토키닌 활성을 갖는 4-pyridinyl urea체인 forchlorfenuron도 과실비대, 착과촉진의 목적으로 이용된다.

7.1.4 에틸렌류 생장조절제

지금까지 밝혀진 모든 식물호르몬이 식물체 내에서 액상으로 존재하는 데 반하여 에틸렌(Ethylene)은 유일하게 기체 상태로 존재하는 호르몬이다. 에틸렌에 의해서 식물의 호흡이 증대되고 과실의 성숙이 촉진되며, 이런 생리작용을 이용하여 바나나를 비롯한 각종 과실의 성숙 제어에 실용화되어 있다. 에틸렌의 생리기능은 세포의 신장을 저해하고 확대성장을 촉진하는 작용이 있으며 식물의 상편생장(上篇生長, epinasty) 효과를 보인다. 또한 에틸렌은 각종 식물에 대하여 잎이나 과실의 탈리현상을 보이며 부정근의 발아 촉진(담배, 베고니아), 화아유도(파인애플), 개화저해 등의 여러 생리작용이 알려져 있다.

에틸렌의 생합성은 아미노산인 메티오닌(methionine)으로부터 시작하여 S-adenosyl-L-methionine(SAM)이 만들어지고 이것은 ACC synthase에 의해 비정상적인 고리구조를 갖는 아미노산인 1-aminocyclopropene-1-carboxylic acid(ACC)로 전환되고 이 ACC가 에틸렌을 방출한다(그림 13-4). Ethephon(2-chloroethylphosphate)은 pH 4.1 이상의 수용액 중에서 빠르게 분해되어 에틸렌을 발생시키므로 ethylene generator라고 한다.

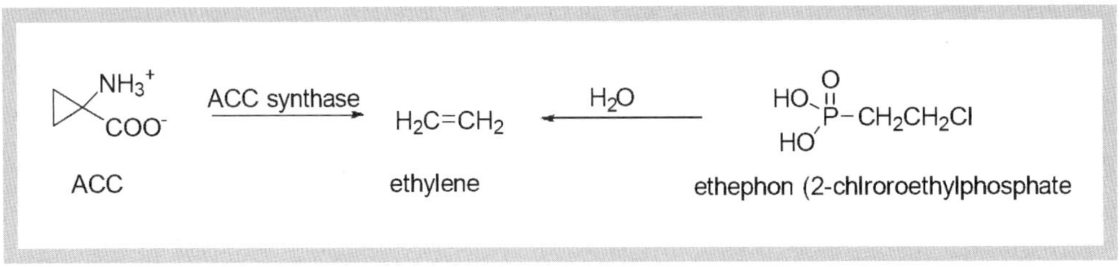

NH_3^+ / COO^- (ACC) —ACC synthase→ $H_2C=CH_2$ (ethylene) ←H_2O— $(HO)_2P(=O)-CH_2CH_2Cl$ (ethephon (2-chlroroethylphosphate)

그림 13-4 ACC와 ethephon으로부터의 에틸렌 생성

Aminoethoxyvinylglycine(AVG)은 사과, 복숭아 낙과방지에 이용되는데, 항에틸렌 작용기작은 에틸렌의 생합성과정 중 ACC synthase의 활성을 억제하여 식물체 내에서의 ethylene 생합성을 억제시킨다.

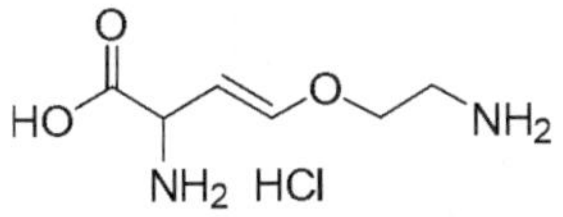

aminoethoxyvinylglycine 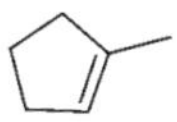　　1-methylcyclopene

▶ 표 13-9　농업에 사용하는 에틸렌 관련 식물생장조절제

계열	일반명 및 적용대상
에틸렌	Ethephon : 토마토 착색촉진, 포도, 배, 담배의 숙기촉진, 국화 조기발뢰억제, 기형화 예방
항에틸렌	Aminoethoxyvinylglycine(AVG) : 사과, 복숭아 낙과방지
	1-methylcyclopene : 사과 저장성향상

7.1.5 식물생장억제제

Diquat dibromide, butralin과 같은 제초제도 사용되는데, 생장억제제는 주로 작물의 건조, 액아억제, 신장억제 등에 사용된다. Fatty alcohol을 예로 들면 이 약제는 천연물질로서 환경 및 인축에 독성이 적고 작물잔류 염려가 거의 없는 안전한 물질로서 접촉형 액아제거제이므로 살포된 약액이 액아에 접촉되면 수 시간 후 까맣게 타 죽게 되며, 또한 상위엽이 개장되고 하위엽이 두꺼워져 품질향상 및 증수효과를 얻을 수 있는 것이 특징이다.

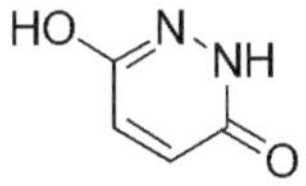

maleic hydrazide 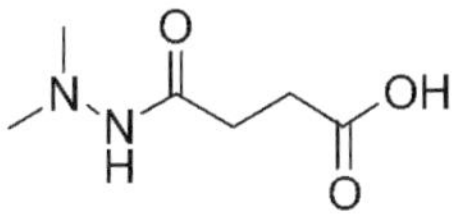　　daminozide

제초제로 이용되는 maleic hydrazide은 담배의 적심((摘芯)후의 액아(腋芽) 방지, 양파와 감자의 발아억제, decyl alcohol도 담배의 액아억제에 사용된다.

▶ 표 13-10 농업에 사용하는 식물생장억제제

계열	일반명 및 적용대상
생장억제제	Diquat dibromide : 벼, 보리, 감자의 경엽건조
	Maleic hydrazide, Fatty alcohol, Butralin, Decyl alcohol : 담배액아 억제
	Daminozide : 포인세치아 신장억제

7.1.6 기타 생장조절제

흥미롭게도 carbaryl, metalaxyl, chlorphropham과 같은 살충, 살균, 제초제도 생장조절제로 사용되고 있고, calcite는 초미립자의 탄산칼슘으로서 감귤의 과육과 과피가 분리되어 과피가 부풀어 오르는 부피현상(浮皮現象)을 방지하는 약제로서 감귤의 고품질 생산을 위해서 필수적이다. 이 약제 살포 시 탄산칼슘이 감귤껍질의 기공에 들어가 기공을 폐쇄하면서 칼슘피막을 형성하여 과실의 표면을 보호할 뿐 아니라 수분 증발억제, 호흡조절에 의한 부피방지, 착색촉진, 증당, 감산 및 저장성 증대의 부차적인 효과도 갖고 있다. 다른 작물에 대해서는 약해경감제로 이용되고 작물에 칼슘 공급원으로서의 역할도 보고되어 있다.

Nitrophenol계 5-nitroguaiacolate는 잎으로 흡수되어 세포 내 ATP 이동을 촉진하여 세포 내 단백질 생합성을 돕는 것으로 알려져 있으며, 화분관 생성을 촉진하여 수정력을 높이거나, 작물의 생육부진을 도와 비료성분의 흡수력을 증진시킨다.

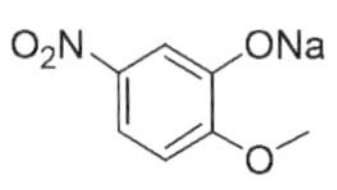

O_2N ONa O OCH$(CH_3)_2$ S S OCH$(CH_3)_2$ O O O O O O

5-nitroguaiacolate 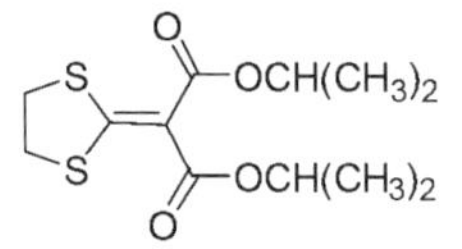 isoprotholane 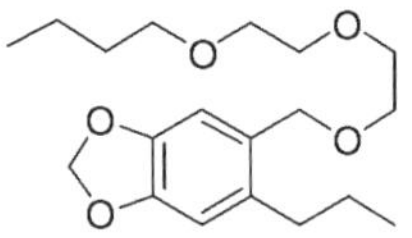 piperonyl butoxide

살균제인 isoprothiolane은 벼의 묘상에 있어서 발아 및 발근 촉진에, 과산화칼슘은 볍씨를 분의(粉衣)하여 발아, 발근촉진제로서, 콜린은 고구마묘의 발근촉진, 고구마, 양파, 마늘의 비대촉진 등에 이용된다.

그 외에 식물체를 물리적으로 피막으로 둘러싸 물의 증산을 억제하는 약제로 파라핀, 왁스류 등도 이용되고 이산화 실리콘은 어린 사과의 보호제로 이용된다. Piperonyl butoxide는 식물의 엽록체 중의 지질의 산화를 방지하는 작용이 있다.

7.2 그 외의 천연 식물생장조절 물질

7.2.1 아브시스산

미국에서 재배되던 목화의 어린 열매가 개화 후 5~10일 사이에 급속히 낙과한다는 현상의 관찰에서 시작하여, 1963년 원인 물질을 분리 정제하여 abscisin II라 명명하였다.

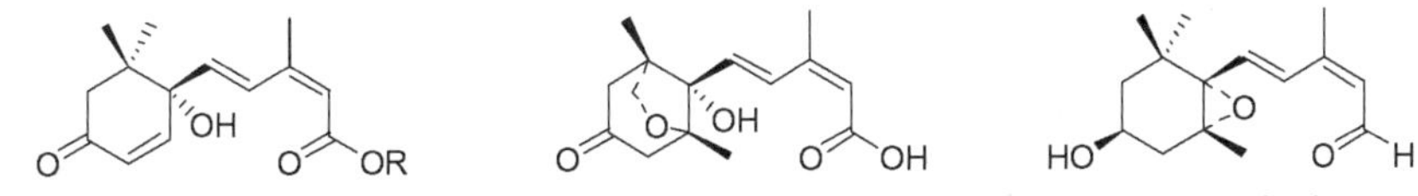

abscisic acid (R=H)
glucosyl ester (R=glucose)

phaseic acid

xanthoxin

그 후 많은 고등식물의 휴면 유도물질로서 단리된 ABA는 고등식물에 널리 분포되어 있는 식물호르몬으로 밝혀졌으며, phaseic acid, xanthoxin 등의 관련물질도 같이 발견되었다.

아브시스산(Abscisic acid, ABA)의 중요한 생리작용은 식물의 잎이나 과실의 탈리현상(脫離現象)과 휴면 유도효과이다. 또한 ABA는 유엽초(幼葉硝), 뿌리, 배축(胚軸)의 생장을 저해한다. 특히, ABA는 옥신, 지베레린, 사이토키닌 등 다른 식물호르몬과 달리 식물생장억제형 호르몬으로 생체 내에서 IAA 및 GA_3에 의한 유식물의 신장촉진작용을 저해하며 GA_3에 의한 식물체 내 α-amylase 생성 촉진작용을 저해하는 작용도 있어 이들 생장촉진형 호르몬과 길항적 또는 비길항적 작용을 보인다.

최근에는 ABA가 식물의 기공을 폐쇄하는 작용을 함으로써 식물의 표면으로부터 수분의 증산을 저하시켜 작물의 위조(萎凋)를 방지하며 대기오염에 의한 식물 피해에 대하여 저항성을 증대시키는 효과도 인정되고 있다.

7.2.2 브라시노라이드

1970년 서양유채(*Brassica napus*)의 꽃가루 중에 핀토콩의 신장을 촉진하는 물질이 존재하는 것을 발견하였다. 1979년에 이 활성물질을 단리하고 구조를 결정하여 브라시노라이드(Brassinolide)라 명명하였고 다수의 브라시노라이드 동족체가 여러 식물에서 단리되었다. 이러한 물질군을 brassinosteroids라 총칭하였으며, 1996년까지 38종의 brassinosteroids와 2종의 배당체형이 알려졌다. 또한 이들은 광범위한 식물에 분포하며 다양한 생리활성을 나타내어 제6번째의 식물호르몬으로 인정될 가능성이 높다.

브라시노라이드는 옥신의 생리 활성의 하나인 벼 잎 굴곡시험에서는 IAA보다 100배나 강한 활성을 나타내지만, 완두 정아(頂芽) 절두측아(截頭側芽) 신장시험에 있어서는 불활성이다. 그리고 옥신의 활성을 강하게 하는 공력작용을 가진다.

또한 지베레린 특유의 시험법인 벼 아생(芽生)에 대한 유초(幼鞘) 신장활성은 나타내지 않으나, 강낭콩 등의 제2절간 신장시험에 있어서 지베레린과 유사한 활성을 나타낸다. 사이토키닌의 생물활성검정법인 담배, 당근 등의 캘러스 증식시험에 있어서 거의 활성을 나타내지 않으나 오이 자엽(子葉) 성장시험에 있어서는 사이토키닌과 유사한 활성을 나타낸다. 또한 당근의 배양세포에 있어서 세포의 확대를 유도하지만, 세포분열은 촉진하지 않는다.

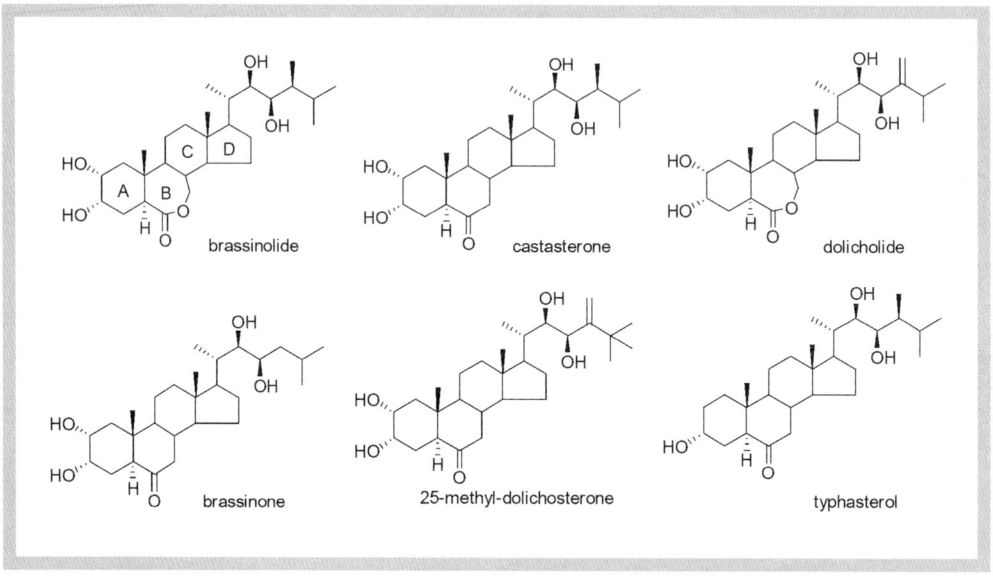

brassinolide castasterone dolicholide

brassinone 25-methyl-dolichosterone typhasterol

농업에 있어서 브라시노라이드의 응용연구도 활발히 진행되고 있다. 벼, 보리, 옥수수 등에 있어서 증수(增收)효과도 인정되고 있으며, 저온 장해, 염해, 제초제의 약해 경감작용, 식물병원균에 대한 저항성 증강효과 등이 인정되고 있다. 이와 같이 브라시노라이드가 외부의 스트레스를 약화시키는 작용을 갖는다는 것은 응용기술의 개발의 관점에서 흥미가 깊다.

7.2.3 기타 식물 유래의 식물생장 조절물질

(1) 생장촉진물질

녹색 기생식물인 Striga lutea의 종자발아는 옥수수 등과 같은 작물의 뿌리로부터 분비되는 물질에 의하여 촉진되며, 이것에 의해 기생관계가 성립하여 기생주인 작물에 큰 피해를 준다. 이 원인 물질로는 strigol이 알려져 있다.

국화과 식물로부터 분리한 heliangin, chrysartemin A, B, chlorochrymorin 등의 터펜(terpene)계 화합물은 식물에 대하여 부정근(不定根)의 발생을 촉진시키는 작용을 가지며, 채송화로부터는 portural이라고 하는 발근 촉진물질이 분리되었다.

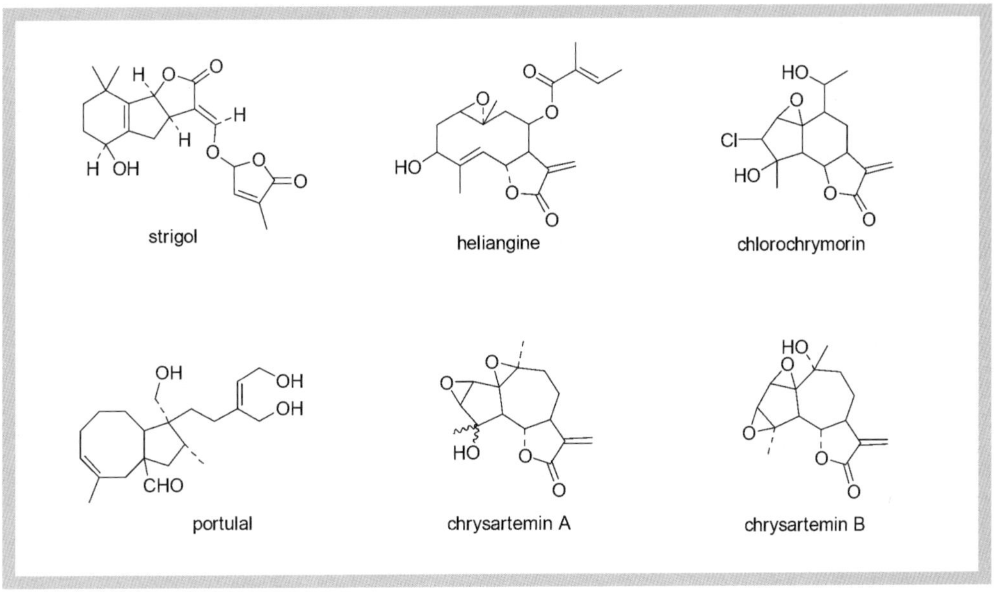

strigol heliangine chlorochrymorin

portulal chrysartemin A chrysartemin B

그림 13-5 발아, 발근 촉진물질

(2) 성장저해물질

ABA는 식물에 포함된 중요한 생장저해물질이나, 그 외에도 여러 종류의 생장저해물질이 식물로부터 분리되었다. 이 중에는 benzoic acid, cinnamic acid, 옥신 유도체, flavonoid 등의 페놀성 물질이 많으며, 터펜류와 그 외의 지방족 고리화합물, 함황화합물, 알카로이드성 화합물 등 다양한 구조를 갖는 화합물들이 알려져 있다.

이들의 생리활성에 대하여는 아직까지 알려지지 않은 것이 많으나, jasmonic acid는 methyl ester체로 식물체에 존재하여 향기성분으로 주목되고 있으며, 또한 미생물에 의해서도 생산되어 식물의 생장저해활성을 나타내기도 한다. 특히 호박(Cucurbita pepo)의 미숙종자에서 분리된 cucurbic acid라 불리는 생장억제 물질은 jasmonic acid의 환원체였으며, jasmonic acid methyl ester가 쑥(Artemisia absinthium)의 경엽부에서 노화를 촉진하는 것이 확인되었다.

최근 감자의 괴경(塊莖)형성을 촉진하는 물질로서 tuberonic acid와 그 glucoside가 발견되었는데, 그것은 5-hydroxyjasmonic acid로 확인되었으며, 이들은 식물체 내에서 생장억제제, 노화촉

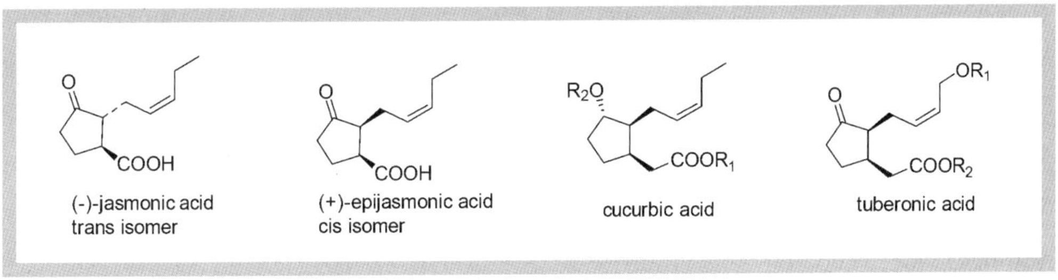

(-)-jasmonic acid trans isomer (+)-epijasmonic acid cis isomer cucurbic acid tuberonic acid

진, 괴경형성 등의 중요한 생리기능에 관여한다고 여겨진다. 1996년까지 미생물과 식물로부터 분리된 jasmonic acid 관련 물질은 27종에 이른다.

어느 생물이 분비하는 물질에 의해 타(他)생물의 생명현상이 영향을 받을 수 있으며, 이것을 타감작용(allelopathy, 他感作用)이라 한다. 식물 간의 allelopathy는 식물군락의 형성, 귀화식물의 침입현상, 농업에 있어서는 연작장해(忌地現象) 발현이 고려되고 있다. 예를 들면 민들레가 군생하게 되면 군락 중앙부의 생육이 나빠지는데, 이는 식물의 근계(根系)로부터 생육억제 물질인 trans-cinnamic acid가 분비되기 때문인 것으로 밝혀졌다.

국화과 잡초의 강한 번식력과 침입현상에는 그것에 포함되어 성장억제물질인 dehydro-matricaria ester와 장쇄 acetylene 결합을 포함하는 지방산 ester가 관여하기 때문으로 여겨진다.

또한 호두류가 생육하고 있는 주변 잡초의 생육이 억제되는 현상은 juglone이, *Encelia farinose*의 군락형성에 3-acetyl-6-methoxybenzaldehyde가, 죽백나무 생육 지역에서는 nagilactone이 타감작용 물질로 관여하는 것으로 여겨진다.

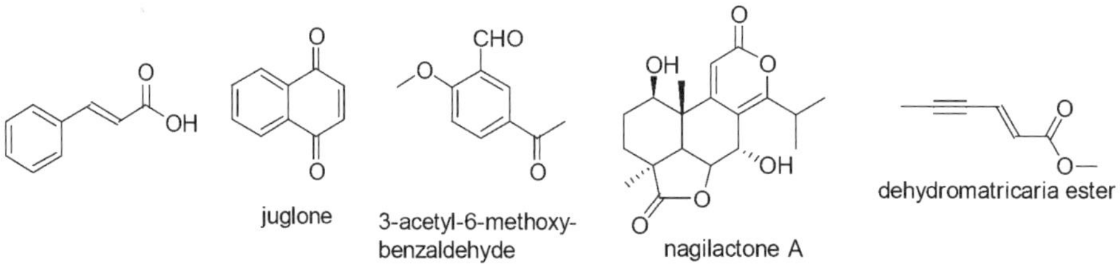

juglone　3-acetyl-6-methoxy-benzaldehyde　nagilactone A　dehydromatricaria ester

그림 13-6 상호 대립 억제 물질(長鎖)

7.2.4 미생물 기원의 식물생장 조절물질

미생물의 물질생산 능력은 매우 폭이 넓으며, 이미 언급한 바와 같이 식물호르몬인 지베레린, 옥신, 사이토키닌, IAA 등을 생산하기도 한다. 식물병원균의 대사산물에는 식물독소라고 하는, 식물에 해를 미치는 물질도 포함된다. 미생물 중에는 식물생장을 촉진하는 물질을 생산하는 것도 있다. 밀 반점병균(*Helminthosporium satium*)은 지베레린 유사의 식물신장효과를 나타내는 helminthosporol, cis-sativendiol 등을 생산하며, 균핵균(菌核菌, *Sclerotinia libertinia*)의 대사산물인 sclerin은 피마자 종자 중의 중성 lipase의 생산을 촉진시킬 뿐만 아니라 피마자, 녹두의 발아성장, 벼의 신장촉진활성을 나타낸다. *Sclerotinia scierotiorum*으로부터 단리된 sclerotinin A, B는 벼의 유식물(幼植物)에 대하여 신장촉진을 나타낸다. 또한 배추, 무 등의 자엽(子葉)의 신장을 촉진하는 cotylenin류가 *Cladosporium*속으로부터, 양배추와 같은 암발아 종자의 발아를 암소(暗所)에서 촉진하는 graphinone이 *Graphium*속으로부터, 또한 배추의 유근신장효과를 가지는 radiclonic acid가 *Penicillium*속의 미생물에서 단리되었다.

Malformin류는 *Aspergillus niger*로부터 분리된 기형 유도물질로, 저농도에서 강낭콩의 유식물에 기형을, 옥수수의 유근에 만곡(彎曲)을 초래한다. 수십 종의 동족체가 알려져 있고, 모두 5종의 아미노산으로 구성되어 있는 환상(環狀) 펩타이드이다.

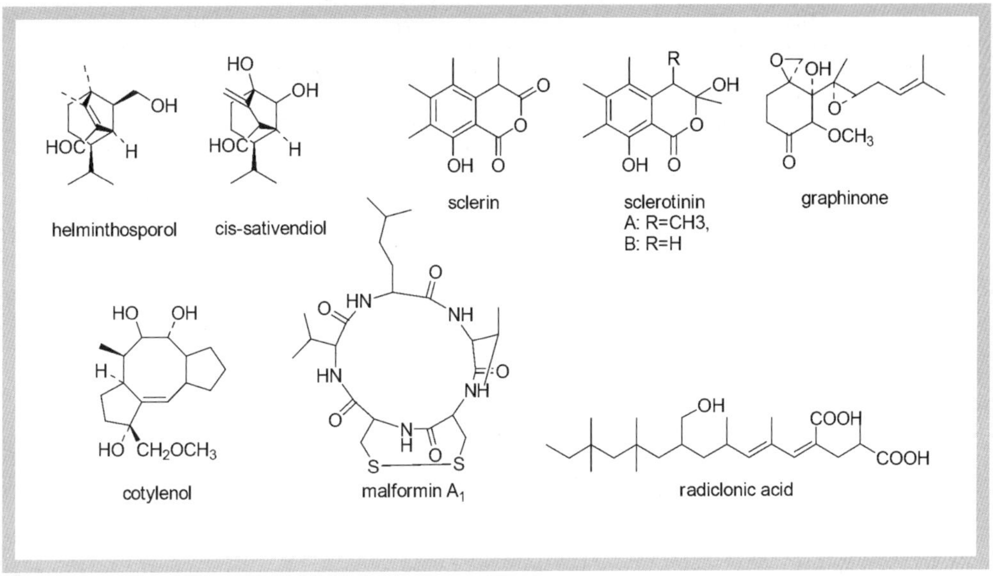

그림 13-7 미생물 유래의 생장촉진물질

8. GM 작물

GM 작물 재배는 작물 생산량 향상에 크게 기여하였고, 이러한 이유로 미국에서 제초제 저항성 콩 생산량은 1997년 17%에서 2001년 68%까지 성장하였다. 이에 반하여, 비선택성 제초제의 광범위한 사용으로 생물다양성이 위협받고 있으며, 급속한 제초제 저항성 잡초의 출현이 문제되고 있다.

8.1 충 저항성 GM 작물

8.1.1 BT toxin 기반 GM 작물

토양 미생물인 *Bacillus thuringiensis*(BT)가 분비하는 살충성 독을 BT toxin이라 부르며, 이러한 미생물 발현 독소는 proteins-δ-endotoxin, insecticidal crystal protein(ICP), Cry 등으로 불렸으나, 최근에는 BT라는 명칭으로 흔히 사용되고 있다. CaMV 35S 혹은 agrobacterium T-DNA promoter를 활용하여 cry1A에서 polyadenylation signal인 ATTTA를 제거한 cry 1A를 활용하여 다양한 GM 작물을 1990년대 중반에 개발하였다.

▶ **표 13-11** BT toxin 기반 GM 작물

작물(상용명)		BT-단백질	방제 해충
면화	Bollgard	Cry 1Ac	목화씨벌레, 회색담배나방
옥수수	YieldGard knockout	Cry 1Ab	유럽옥수수좀
	Starlink	Cry 9C	
	Herculex I	Cry 1F	
	BT-Xtra	Cry 1Ac	
감자	New-leaf	Cry 3A	콜로라도 잎벌레

BT GMO는 식물 뿌리를 포함한 전체 부위에서 발현하여 방제효과가 높고, 살포되는 화학농약이 아니어서 친환경적이며, 환경에서 빠르게 자연분해된다. 반면, BT GMO 연속 재배 시 해충이 2~3세대 이내에 빠르게 저항성을 갖게 되어, non-GMO와 교차 재배할 것을 권고하고 있다. 또한 BT 옥수수 화분이 Monarch 나비의 유충에 대한 독성이 뒤늦게 발견되어, GM 작물에 대한 생태독성 평가 중요성과 GMO 거부운동이 일어나게 되었다.

8.1.2 Non-BT toxin 기반 GM 작물

고등 식물에서 유래한 살충성 단백질을 생산하도록 설계한 GM작물로서 protease 저해, a-amylase 저해, lectin 생성 등을 통하여 해충을 방제한다.

Proteinase 저해제는 곤충 소화기 내의 proteinase 저해를 통하여 소화장애와 영양부족으로 살충작용을 나타내게 된다. Trypsin 저해 유전자는 아프리카에 서식하는 동부(cowpea)에서 유래하였고, 갑충류, 메뚜기목, 나비목 해충에 대한 살충효과를 보이고 있다. 특히 cowpea trypsin inhibitor는 포유동물 trypsin에 대한 독성이 없어, 담배, 토마토, 유채 등 다양한 GM 작물에 사용된다.

α-amylase 저해제는 곤충의 유충 장에서 starch 분해를 위해 분비하는 α-amylase의 기능을 억제하여 영양결핍으로 살충한다. 콩에서 분리된 α-AI-Pv는 담배 등 GM 작물에 사용되며, 갑충류 등 해충 방제에 효과가 있다. 또한 식물 당단백질 중 해충 독으로 작용하는 갈란투스의 lectin 유전자(CNA)를 감자와 토마토 등 GM 작물에 도입하였으나, 고농도 발현 시 흡즙 곤충에만 방제효과가 나타나는 단점이 있다.

▶ 표 13-12 Non-BT toxin 기반 GM 작물

<table>
<tr><th>주요기작</th><th colspan="2">생성단백질</th><th>GM 작물</th><th>방제 해충</th></tr>
<tr><td rowspan="5">protease 저해</td><td rowspan="2">Trypsin inhibitor</td><td>CpTi</td><td>감자, 사과, 쌀, 해바라기, 밀, 토마토</td><td>갑충류, 나비목, 메뚜기목</td></tr>
<tr><td>CMe</td><td>담배</td><td>나비목</td></tr>
<tr><td rowspan="2">Serine protease inibitor</td><td>CII</td><td rowspan="2">담배, 감자</td><td>갑충류, 나비목</td></tr>
<tr><td>PI-IV</td><td>나비목</td></tr>
<tr><td colspan="2">Cysteine protease(OC-1)</td><td>담배, 유채</td><td>갑충류, 멸구류</td></tr>
<tr><td rowspan="2">a-amylase 저해</td><td rowspan="2">α-amylase inhibitor</td><td>α-A1-Pv</td><td>콩, 담배</td><td>갑충류</td></tr>
<tr><td>WMAI-1</td><td>담배</td><td>나비목</td></tr>
<tr><td rowspan="2">lectins</td><td colspan="2">Lectin(CNA)</td><td>감자, 벼, 사탕수수, 고구마, 담배</td><td>멸구류, 나비목</td></tr>
<tr><td colspan="2">Agglutin</td><td>옥수수</td><td>갑충류, 나비목</td></tr>
<tr><td rowspan="2">기타</td><td colspan="2">Chitinase(BCH)</td><td>감자</td><td>멸구류, 나비목</td></tr>
<tr><td colspan="2">Tryptophan decarboxylase(TDC)</td><td>담배</td><td>멸구류</td></tr>
</table>

8.2 병 저항성 GM 작물

8.2.1 바이러스 저항성

식물 병원성 바이러스 감염에 의한 병 발생 억제를 위해 많이 시도되고 있는 방법으로 virus-encoded gene, virus coat protein, movement protein, transmission protein, satellite RNA, antisense RNAs, ribozymes 등의 활용기술이 있다.

이들 중 virus coat protein 유도 저항성법은 바이러스 표면단백질을 GM 작물이 발현하여, 동종 바이러스의 감염능을 감소시키는 방법으로, 아직 이들의 작용기작에 대해서는 명확히 밝혀져 있지 않지만, 현재 벼, 감자, 밀, 담배, 땅콩, 사탕무, 알팔파 등 GM 작물 개발에 가장 많이 활용되고 있다. Virus coat protein 법의 장점은 하나의 바이러스 coat protein gene으로 타 종류의 바이러스에 대한 교차저항성이 발생할 수 있다. 예를 들면 담배의 TMV 저항성 품종은 감자 바이러스 X, 알팔파 모자이크 바이러스, 오이 모자이크 바이러스에 대한 교차저항성을 갖는다. 하지만, virus coat protein 유도 저항성은 single strand RNA 게놈을 갖는 바이러스에만 적용 가능하며, double-strand RNA 혹은 single-strand DNA 게놈 바이러스에는 적용하기 어렵다.

8.2.2 균 저항성

병원균 침입에 저항하기 위해 식물이 자체적으로 생산하는 pathogenesis-related(PR) protein이

있으며, 이를 식물에서 과발현되도록 유도하여 병원성 균 저항성을 갖도록 하였다. PR protein의 종류는 약 14종이 알려져 있으며, 이들은 glucanases, endochitinases, thaumatin-like proteins, protease inhibitor, endoprotease, chitinase, peroxidases, ribonucleases, defensins, thionins, lipid transfer proteins 등이다.

▶ **표 13-13 병원성 미생물 저항성 GM 작물**

작물	유전자	방제대상
	PR-Proteins	
담배	Chitinase(S. marcescens 유래) Chitinase(Bean 유래) Chitinase + 1,3-β-glucanase	*Alternaria longipes* *Phytophthora parasitica* *Cercospora nicotianae*
벼	Chitinase	*Rhizoctonia solani*
당근	Chitinase + 1,3-β-glucanase	*Alternaria dauci*
토마토	Chitinase + 1,3-β-glucanase	*Fusarium oxysporum*
배추	Chitinase	*Rhizoctonia solani*
	Antimicrobial proteins	
담배	Ribosome inactivating protein(보리 유래) Defensin(무 유래) α-Thionin gene(보리 유래)	*Rhizoctonia solani* *Alternaria longipes* *Pseudomonas syringae*
감자	T-4 lysozyme(Bacteriophase)	*Erwinia carolovora*
	Phytoalexins	
벼	Stilbene synthase	*Pyricularia oryzae*
담배	Stilbene synthase	*Botrytis cinerea*

8.3 제초제 저항성 GM 작물

제초제 저항성 GM 작물 개발 전략으로 첫째, 제초제 작용점 단백질의 과발현, 둘째, 작물의 제초제 무독화능 향상, 셋째, 제초제 작용점 단백질의 돌연변이체 조합을 사용하고 있다.

8.3.1 Glyphosate 저항성 GM 작물

Glyphosate는 5-enolpyruvylshikimate 3-phosphate synthase(EPSPS)를 저해하여 aromatic amino acid 생합성을 억제하는 비선택성 제초제이며, 현재 glyphosate 저항성 GM 작물은 위에서 언급한 주요 세 가지 방법으로 개발되었다.

첫째, 작물에서 EPSPS 유전자의 과발현전략으로 페튜니아(Petunia)의 EPSPS 유전자를 작물에 도입하여 GM작물에서 약 40배 이상 EPSPS를 발현하여 glyphosate 저항성을 갖도록 개발되었다. 해당 작물은 통상적인 glyphosate 처리보다 2~4배량 처리에도 저항성을 갖는다.

둘째, EPSPS 돌연변이체 조합전략은 *Salmonella typhimurium* 세균에서 처음 발견된 EPSPS single mutant(proline ⟶ serine)에서 glyphosate 저항성이 확인되었다. 이 유전자는 Agrobacterium Ti 플라스미드 벡터를 사용하여 엽록체 내에 잘 들어갈 수 있도록 설계하여 개발되었다.

셋째, glyphosate 무독화 전략은 토양 미생물인 *Orchrobactrum anthropi* 유래 glyphosate oxidase를 도입하여 glyphosate를 glyoxylate와 aminomethylphosponic acid로 분해하여 무독화하는 방법으로 해당 유전자가 식물체에서 잘 발현될 수 있도록 조정한 뒤 유채 등에 도입되었다.

최근에는 glyphosate 저항성을 갖는 EPSPS 돌연변이체와 무독화 단백질인 glyphosate oxidase 유전자를 함께 도입한 GM 작물을 개발하여 사용하고 있다.

8.3.2 Glufosinate 저항성 작물

Glufosinate는 phosphinothricin으로 불리며, *Steptomyces*에서 분비하는 펩타이드인 bialaphos의 대사분해물질인 천연 제초성분이다. Glufosinate는 glutamine synthase를 저해하여 체내 암모니아 축적과 광합성 저해기작으로 살초작용을 나타낸다.

Glufosinate 저항성 작물개발은 *Streptomyces*가 갖고 있는 phosphinothricin acetyltransferase를 도입하여 glufosinate를 acetyl화함으로써 무독화시키며, 유채와 옥수수에 도입되었다.

▶ **표 13-14 제초제 저항성 GM 작물의 작용기작과 개발작물**

제초제	저항성 작용기작	GM 작물
Glyphosate	EPSPS 과발현 혹은 돌연변이체 무독화(Glyphosate oxidase)	콩, 토마토 옥수수, 콩
Glufosinate	무독화(Phosphinothricin acetyltransferase)	옥수수, 벼, 밀, 목화, 감자, 토마토, 사탕무
Sulfonylurea/Imidazolinone	ALS 돌연변이체	벼, 토마토, 옥수수, 사탕무
Bromoxynil	무독화(Nitrilase)	목화, 감자, 토마토
Atrazine	엽록체 psbA 돌연변이 유전자	콩
Phenocarboxylic acid	무독화(Monooxygenase, 예 : 2,4-D)	옥수수
Cyanamide	무독화(Cyanamide hydratase)	담배

8.3.3 기타 저항성 작물

Sulfonylurea계와 imidazolinone계 제초제의 작용점인 가지형 아미노산 생합성과정의 핵심효소 acetolactate synthase(ALS)의 돌연변이효소 유전자를 도입한 GM 작물로 옥수수, 토마토, 사탕무가 개발되었다.

8.4 기타 GM 작물

최근에는 가뭄, 냉해 등 환경변화에서 생육 가능한 작물에 관한 연구도 진행되고 있다. 건조지역 적용작물에는 식물 세포 내 mannitol 등 당류 혹은 proline 등 아미노산류를 생산 유도하여 보수력을 높이는 작물을 개발하고 있고, 냉해 등을 극복하기 위한 방법으로는 저온에서 식물체 내 얼음생성을 유도하는 박테리아의 분비물을 제거하는 단백질을 가진 미생물(ice-minus bacteria)의 유전자를 활용하여 냉해를 극복하고자 하고 있다.

▶ **표 13-15 현재 상용으로 재배되고 있는 GM 작물의 상품명과 그 특성**

	GM 작물 상품명	작물명	작용특성
해충 저항성	Newleaf	감자	해충 저항성
	Bolluard	목화	
	Yield Guard	옥수수	
	Maximizer	옥수수	
제초제 저항성	Roundup ready	목화, 옥수수, 콩, 유채	Glyphosate 저항성
	BXN	목화	Bromoxynil 저항성
	Liberty Link	옥수수	Glufosinate 저항성
	Innovator	유채	
병 저항성	Freedom II	호박	바이러스 저항성
기타	Golden Rice	벼	Vitamine A 고함유
	Flavr Savr	토마토	숙기지연
	Endless Summer		
	Laurical	유채	고 Lauric acid 함유

이와 함께, 작물의 생산량과 품질향상을 목적으로 개발되고 있는 GM 작물들이 있다. 이를 위해 과일의 숙기를 늦추어 저장성 품질향상을 이루고자 하였다. 특히 phytoene synthase 과발현 및 억제로 lycopene 생합성 조절을 통한 과일의 색도유지, polygalacturonase의 antisense 유전자를 활용한 세포벽 분해억제와 과일숙기조절, ACC oxidase의 antisense 유전자를 활용한 ethylene 생성조절을 통한 숙기조절에 관한 작물개발 연구가 진행 중이다. 이 외에도, 작물 내 영양성분 증대를 위한 목적으로 lysine, methionine, threonine, isoleucine 등 아미노산 고함유 작물과 vitamine류 고함유 작물이 개발되고 있다.

chapter 14 농약 분석

농약은 농업에서 사용하는 생물학적 활성이 높은 화학물질이므로 이를 제조, 제품 관리, 사용 시는 물론이고 살포 후 작물체나 수확물 중에 잔존하는 잔류분(잔류물)에 대해서도 유효성분뿐만 아니라 불순물 및 독성 분해대사산물에 대한 화학적 분석이 요구된다. 농약의 제조나 제형 중 품질관리에 대해서는 제품 분석이라고 통칭하며 살포 후 작물 및 환경 중 잔류분에 대한 분석은 잔류 분석이라고 부른다. 제품 분석과 잔류 분석은 분석의 목적, 시료의 종류 및 분석 농도 간에 상당한 차이를 나타내므로 통상적으로 별개의 화학분석법으로 표 14-1과 같이 분류한다. 즉, 제품 분석은 대상 성분의 양이 대개 % 수준에서의 분석으로 다량분석(macro analysis)법이고 잔류분석은 대개 μg/kg~mg/kg 범위에 해당하는 미량분석(micro analysis, trace analysis)법의 범주에 속하기 때문에 이용할 수 있는 분석 원리 등에서 상당한 차이가 있다. 그 외 통상적 화학분석에서 요구하는 화합물 고유의 특성을 분석하여 화합물의 구조를 확인, 동정하는 정성 분석(qualitative analysis)과 함유된 화합물의 양(농도)을 측정하는 정량 분석(quantitative analysis)의 기본 과정은 동일하다.

▶ **표 14-1 제품분석법과 잔류분석법의 비교**

구분	제품분석법	잔류분석법
분석 대상성분	모화합물, 불순물, 보조제	모화합물, 불순물, 대사산물
시료 조성(방해물질)	대부분 알려져 있음	알려져 있지 않음
시료 종류	제한적 시료 종류	매우 다양함
분석물질의 함유 농도	% 수준	μg/kg~mg/kg
추출물의 정제과정	대부분 불필요	필수

(계속)

▶ 표 14-1 제품분석법과 잔류분석법의 비교(계속)

구분	제품분석법	잔류분석법
정밀도	높음	높음
감도	보통	높음
선택성	보통	매우 선택적
재확인 과정	불필요	필요

한편 농약 제조 시나 제품 중 적절한 물리적 특성이 품질 관리의 요건이 되므로 물리적 특성을 검정하기 위한 물리성 분석도 아울러 요구된다.

1. 제품 분석

1.1 화학적 분석

1.1.1 제품 분석의 목적

농약 제품 분석의 목적은 다음과 같이 네 가지로 구분할 수 있다.

① 제조원료 검사 : 농약 제품을 제조할 때 사용하는 원제 및 보조제는 주요 성분을 분석해야 한다. 원제 및 보조제의 경우 통상적으로 정확한 함량이 아닌 규격상 함량 범위로서 표시되어 있으므로 이에 대한 규격 준수 여부 및 제조 시 사입률(원제 사용량 비율)을 위하여 화학 분석이 요구된다. 또한 복제(generic) 원제를 사용할 경우 법적으로 원제 동질성을 요구하므로 이를 확인하기 위하여 화학 분석이 필요하다.

② 제품 제조공정 관리 : 원료 사입률과 공정의 적정성을 확보하기 위하여 제조 공정 전후 및 실시간 감시를 위하여 화학 분석이 이용된다.

③ 제품 품질관리 : 출하 및 유통 제품에 대한 품질관리를 위해서 화학 분석이 필요하다.

④ 제품 유효기간 확보 : 제품의 유효기간(shelf-life) 산정을 위한 가온학대시험(thermoacceleration test)에 의한 경시변화시험 및 분해산물의 관리를 위한 주기적인 화학 분석이 요구된다.

1.1.2 제품 분석 대상 화합물

제품 분석의 대상이 되는 화합물은 우선적으로 유효성분(active ingredients)이다. 원제는 충분히 순수하더라도 반드시 불순물(impurities)을 함유하고 있고 특히 독성학적 중요성이 인정되는 불순물은 대상 성분에 포함된다. 표 14-2에 농약 원제 중 유해 불순물의 예를 나타냈다.

▶ **표 14-2 농약 원제 중 유해 불순물의 예**

농약	유해 불순물	규제 함량(mg/kg)
Chlorothalonil	Hexachlorobenzene(HCB)	500
Dicofol	DDT 유사체(8종)	1000
Maleic hydrazide	Hydrazine	1
Mancozeb	Ethylene thiourea(ETU)	5000
Oxyfluorfen	Perchloroethylene	200
Trifluralin	*n*-Nitroso-di-*n*-propylamine(NDPA)	0.5

또한 원제 및 제품 중 분해산물(degradation product)도 대상 성분이다. 특히 경시변화 및 유통 중인 제품에서의 분해산물 추적이 요구된다. 이에 추가하여 농약제품에는 계면활성제(surfactant) 및 첨가제(additive) 등 각종 보조제가 사용되므로 필요시에는 이에 대한 그림 14-1과 같은 화학 분석이 필요하다.

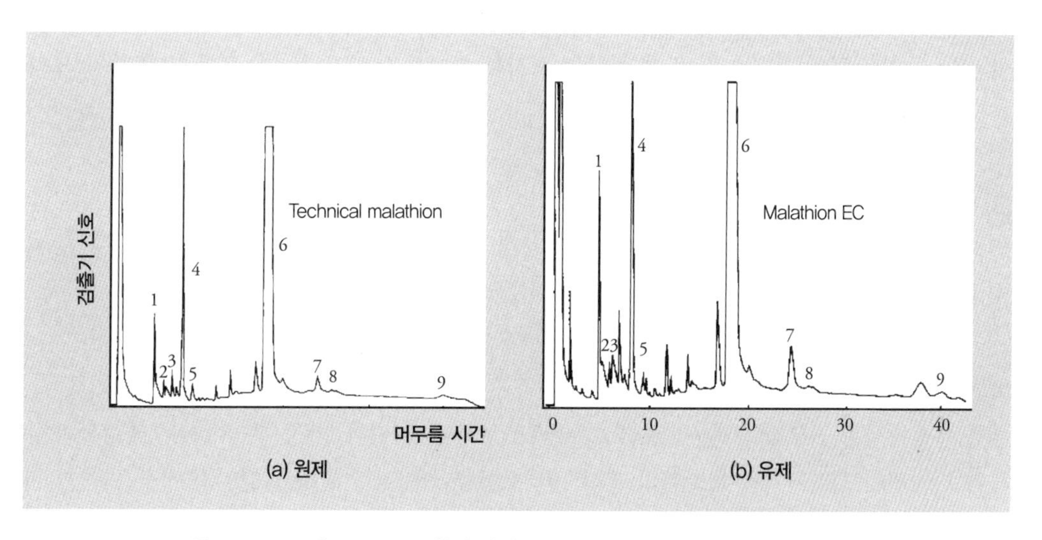

그림 14-1 국내 malathion 원제 및 유제의 가온학대처리 후 불순물 조성 분석

1.1.3 제품분석법의 요건

농약 제품분석법은 다음과 같은 요건을 충족하여야 한다. 잔류 분석과는 달리 대상 화합물의 농도가 대개 % 수준으로 높은 감도를 요구하지는 않으며, 또한 불순물 등 간섭물질의 종류가 한정적이므로 선택적 검출기 등을 사용할 필요성은 적다. 분리 기능이 우수한 크로마토그래피 등을 이용할 경우에는 오히려 비선택적 검출기를 사용함으로써 대상 물질에 대한 간섭 유무를 정확히 판단, 정량의 정확성을 높일 수 있다.

(1) 정확성

정확성(accuracy)이라 함은 참값에 근접한 정도(trueness)를 의미한다. 따라서 간섭물질의 배제가 필수적이다. 분리 기능이 없는 분석 원리를 채용할 경우에는 시료 전처리(前處理)에 의하여 간섭물질을 제거하여야 하며, 분리 기능이 있는 분석 원리를 채용할 경우에도 분석 대상 물질과의 간섭이 없도록 분리 조건을 최적화하여야 한다. 이러한 정확성은 분석 원리의 선택성과도 밀접한 관련이 있는데 불순물에 대한 반응성이 없는 선택적 분석 원리를 채용함으로써 간섭 정도를 최소화할 수 있다. 또한 분석의 정확성 요구조건을 만족시키기 위해서는 분석 대상 물질의 양(농도)과 검출기의 반응 간의 정확한 검량이 필수적이다.

(2) 정밀성

정밀성(precision)이라 함은 분석 간의 반복성(repeatability) 또는 재현성(repeatability)을 의미한다. 즉, 분석 반복치 간의 편차(deviation) 또는 오차(error)로 표시되며 이 수치가 낮을수록 정밀성이 우수함을 의미한다. 정밀성에 대해서도 법적인 요구조건이 규정되어 있으며 우수한 정밀성을 달성하기 위해서는 분석과정이 명확하고 표준화되어 있어야 한다. 또한 고체/액체의 시료 및 시액 등의 칭량이나 이송 작업 중 가급적 오차를 줄이기 위하여 충분한 양을 다룰 수 있도록 분석과정을 설계하여야 한다.

(3) 신속성

제품 분석에서는 실시간 공정 등을 위하여 분석의 신속성(rapidity)이 중요하다. 따라서 시료 전처리 과정을 최소화하고 기기 분석이 빠르게 이루어질 수 있는 분석법이 요구된다.

(4) 실용성

제품 분석에서는 실용적 측면(practical aspects)도 무시할 수 없다. 제품 분석에서는 불순물의 종류가 한정적이므로 가급적 최소한의 분석 원리로서 분석법이 간편하고 일반적 기구/기기를 이용할 수 있도록 평이하여야 한다. 또한 실험실에서의 적용 및 유지가 용이하고 분석 비용도 저렴하여야 한다.

1.1.4 기기 분석의 원리

제품분석법은 대상 화합물의 농도가 대개 % 수준이므로 높은 감도를 요구하지 않으며 불순물 등 간섭물질의 종류가 한정적이므로 선택적 검출기 등을 사용할 필요성은 적다. 따라서 다양한 화학 분석 원리가 이용된다.

제품 분석에서 사용되는 분석 원리는 크게 화합물 분리기능의 보유 여부에 따라 구별할 수 있다. 즉, 화합물 분리기능을 보유하지 않은 분석 원리는 기본적으로 간섭물질의 배제를 위하여 시료의 전처리를 요구한다. 그러나 불순물의 종류를 알고 있고 분석의 선택성이 불순물에 의하여 간섭을 일으키지 않는 경우에는 전처리 없이 이용할 수도 있다. 화합물 분리기능을 보유한 분석 원리는 전처리를 하지 않거나 최소화할 수 있는 장점이 있는 반면 대부분 고가의 장비를 요구한다.

분리기능을 보유하지 않은 분석법으로는 다음과 같은 분석 원리가 이용된다.

(1) 중량법

중량법(gravimetry)은 시료 중 분석성분이 차지하는 중량을 측정하여 분석하는 원리로서 유기성분의 경우 열분해에 의한 소실 중량(thermal analysis), 이온 화합물의 경우 대상 성분에 특이한 침전반응(precipitation)의 이용, 이온 화합물의 경우 전극에 석출한 물질의 중량을 측정하는 전해중량분석(electrogravimety) 등이 이에 해당한다. 가장 간단한 중량법의 예는 수분 측정으로 정성적으로는 분석성분이 휘발성임을 이용하여 비휘발성 시료의 가열 후 감량분을 수분으로 정량하는 방법이다.

(2) 적정법

적정법(titration)은 분석성분을 용해한 시료용액에 그 성분과 화학량론적으로 반응하는 표준용액을 첨가하여 반응의 당량점(equivalent point)까지 소비한 표준용액의 체적으로부터 분석성분을 정량하는 방법이다. 주로 이온 혹은 이온성 성분을 대상으로 성분의 특성에 따라 특이적 화학 반응을 이용하며, 산-염기 적정(acid-base titration), 산화-환원 적정(oxidation-reduction titration) 및 착염형성법(complex formation) 등으로 세분된다.

(3) 전기화학법

전기화학법(electrochemistry)은 분석성분의 전기화학적 특성을 이용하여 정량 및 정성 분석을 하는 방법으로 이온 혹은 이온성 성분을 대상으로 한다. 전위차분석법(potentiometry)은 전기화학 반응으로 생기는 두 전극 간의 전위차를 측정하는 분석법으로 pH 측정과 이온 선택성 전극을 사용한 이온 농도의 정량 등이 대표적인 예이다. Voltametry의 일종인 polarography법은 수은적하전극(水銀滴下電極)을 음극으로 하고 비분극성(非分極性) 전극을 다른 극으로 해서 전기분해하여 얻어지는 가전압(加電壓)과 전류의 변화를 측정함으로써 용액 속에 함유된 물질을 정성 및 정량하는 분석법이다. 전류적정법(amperometry)은 산화/환원되는 특성을 나타내는 분석성분이 함유된 용액의 전극을 일정한 전위로 유지한 상태에서 적절한 산화제나 환원제를 적하하여 흐르는 전류의 변화로부터 이온 농도를 구하는 분석법이다. 그 외 전기 분해할 때 흘러나간 전기량을 통해 전해된 물질의 양을 구하는 전량분석법(coulometry)이 이에 해당한다.

(4) 분광광도법

분광광도법(spectrophotometry)은 분석 성분의 분광학적 특성을 이용하여 정성 및 정량 분석하는 방법이다. 화합물의 양자역학적 전이(transition) 특성에 따라 그 분석파장의 범위에 해당하는 분석 원리가 결정되며 분광학적 특성으로는 흡광 및 발광 현상이 모두 이용된다. 이러한 흡광 및 발광 현상에서는 분자 내에 존재하는 원자나 원자단에 고유한 발색단(chromophore) 및 형광단(fluorophore)에 의하여 특정 파장이 흡수/발광되므로 분석 선택성의 근간이 된다. 분자의 전자전이(electronic transition)에 따른 자외/가시광(ultraviolet/visible) 영역에서의 흡광(absorption) 및 발광(fluorescence 및 phosphorescence), 진동전이(vibrational transition)에 따른 적외선흡광법(infrared absorption), 원자화(atomization) 후 원자들의 전자전이에 따른 원자흡발광법(atomic absorption/emission) 또는 ICP(inductively coupled plasma)법 등이 이에 해당한다.

(5) 질량분석법

질량분석법(mass spectrometry)은 분석 성분을 진공 중에서 이온화하여, 개개의 이온을 질량 전하 비(mass to charge ratio)에 따라 분리·검출해서 성분의 분자량과 고유의 질량 스펙트럼을 측정하는 분석법으로 강력한 정성 기능이 가장 큰 장점이다. 정량도 가능하나 직접 시료 도입법으로는 정량 및 화합물 분리 기능이 제한적이므로 크로마토그래피법과 연동하여 정량하는 분석법이 보다 보편적으로 이용된다.

분리기능 보유한 분석법으로는 다음과 같은 분석 원리가 이용된다.

(6) 크로마토그래피

크로마토그래피(chromatography)는 서로 섞이지 않는 두 상, 즉 이동상과 고정상 간에 성분들의 혼합물을 도입시키면 고정상에 대한 친화력 차이에 의하여 이동상에서의 이동 속도가 달라지는 원리를 이용하여 화합물을 분리하는 기술이다. 현존하는 화합물 분리법 중 가장 우수한 분리 효율을 나타내므로 시료의 전처리를 최소화하면서 대상 성분만을 분리할 수 있다.

크로마토그래피 자체는 분석 기능이 없으나 적절한 검출기를 이동상 출구에 장착함으로써 분석이 가능하다. 이동상에서의 이동속도는 화합물 고유의 물리적 특성이므로 표준품과의 대조에 의하여 정성 분석의 척도로 이용되며 검출기에 대한 반응 강도를 측정하여 정량한다.

크로마토그래피는 이동상인 기체와 액체에 따라 기체크로마토그래피(gas chromatography)와 액체크로마토그래피(high-performance liquid chromatography, LC 또는 HPLC)로 구분되며 전자는 주로 고온에서 휘발이 가능한 유기화합물, 후자는 비휘발성인 극성, 비극성 및 이온/이온성 화합물이 분석 대상이다.

GC에서는 화합물 간의 증기압과 극성 차이가 분리의 주요 인자로서 다양한 분리관(column) 종류가 이용되며 제품 분석용 검출기로는 열전도도검출기(thermal conductivity detector, TCD) 및 불꽃이온화검출기(flame ionization detector, FID)가 보편적이다. 두 검출기는 잔류 분석에서 이용할 정도로 감도는 높지 않으나 제품 분석에서 요구되는 감도에는 충분하며 특히 재현성이 우수하다. 비선택적 검출기이나 분리 기능이 우수한 크로마토그래피와 연동되어 있으므로 대상 물질에 대한 간섭 유무를 정확히 판단, 정량의 정확성을 높일 수 있다.

HPLC에서는 흡착, 분배, 이온 교환 및 크기 배제의 네 가지 분리 원리를 이용할 수 있으며 분리하고자 하는 화합물의 특성에 따라 적합한 분리 원리를 선택할 수 있다. 분리 원리에 따른 다양한 분리관이 이용되며 검출기로는 자외/가시흡광검출기(ultraviolet/visible detector, UVD), 시차굴절검출기(refractive index detector, RID), 형광검출기(fluorescence detector, FLD) 전기화학검출기(electrochemical detector, ECD)를 이용할 수 있다. 이 중 RID는 비선택적 검출기이며 UVD, FLD 및 ECD는 선택적 검출기이나 대부분 농약 화합물이 자외선 영역을 흡수하므로 UVD도 거의 비선택적 검출기로서 이용할 수 있다.

(7) 전기영동법

전기영동법(electrophoresis)은 용액 중에서 하전상태(荷電狀態)에 있는 물질이 전장(電場)에서 이동하는 전기영동현상을 이용하여 분석하는 방법이다. 주로 거대분자들인 단백질 등을 대상으로 하는데 이동하는 속도는 입자의 전하량, 크기와 모양, 용액의 pH와 점성도, 용액에 있는 다른 전해질의 농도와 이온의 세기, 지지체의 종류 등에 의하여 좌우된다. 특정한 조건에서의 이동 속도로 정성하고 그 위치에서의 양을 측정하여 정량한다. 전기영동법은 이온 화합물을 대상으로 하며, 실험조건이 화학 분석에 비해서 단순하고, 온건한 장점이 있다. 그러나 농약들의 분자량은 대개 1,000 이하로 작고 전기영동법 대상 화합물은 대부분 LC로 분석이 가능하므로 그 이용은 제한적이다.

(8) 연동분석법

크로마토그래피법은 분리 효율은 매우 우수하나 정성 기능이 다소 부족하다. 따라서 강력한 정성기기를 크로마토그래피와 연동한 분석 기기들이 최근 보편화되고 있다. 즉 GC와 질량분석법(GC-MS), GC와 적외선분광법(GC-IR)을 연동하거나 LC와 질량분석법(LC-MS)을 연동하는데, 이를 연동분석법(hyphenated techniques)이라 한다. 이 중 가장 보편적인 분석기기는 GC-MS와 LC-MS이다. 이들 기기들은 강력한 정성 기능과 함께 높은 감도로 정량도 가능한 장점이 있으므로 잔류 분석에서는 보편적으로 이용된다. 그러나 기기 구성이 복잡하여 재현성은 다소 열등하다. 따라서 제품 분석에서는 선택적으로만 사용된다.

제품 분석에서는 과거 다양한 분석 원리가 이용되었으나 최근에 이르러 이중 크로마토그래피 원리의 분석법이 전체 제품 분석법의 80% 이상을 차지하고 있다. 그러나 크로마토그래피법으로 분석이 되지 않는 일부 농약에 대해서는 여전히 다른 분석법 원리가 적용되고 있으므로 이에 대한 지식과 경험이 요구된다.

1.1.5 정성 분석

정성분석은 화합물 고유의 물리화학적 특성을 비교하거나 구조 해석을 통하여 동질성을 확인하는 분석과정이다. 농약 분석에서 주로 이용하는 GC나 LC를 중심으로 정성적 확인법을 살펴보면 크로마토그래피적 방법과 비(非) 크로마토그래피적 방법으로 구분할 수 있다.

(1) 크로마토그래피적 정성법

고정상과 이동상으로 이루어진 일정한 크로마토그래피 조건에서 화합물의 이동속도는 물리적 특성을 직접적으로 반영하므로 머무름 시간은 중요한 정성적 지표이다. 머무름 시간(retention time, tR)은 시료 주입시점부터 용출되는 화합물의 최대 농도가 관찰되는 시점인 peak의 꼭지점(maxima)에 도달하는 데 소요되는 시간으로 정의되는데, 가장 손쉽게 보편적으로 사용하는 정성적 수단이다. 이러한 겉보기 머무름 시간에는 실제 분리 과정이 일어나지 않으면서도 소요되는 시간, 다시 말하면 이동상이 분리관 선단에서 출구까지 이동하는 데 소요되는 시간인 불감시간(dead time, t_o)이 포함되어 있으므로 이를 뺀 순 머무름 시간(corrected 또는 adjusted retention time, tR-t_o)을 사용하면 보다 정확한 정성을 할 수 있다. HPLC에서는 머무름 특성지표로 용량계수(capacity factor)를 사용하는 경우가 많다. 용량계수($k'=(tR\_t_o)/t_o$)는 순 머무름 시간을 불감시간의 배수로 표시하는데 크로마토그래피 조건의 미세한 변화를 일부 보정할 수 있어 보다 정확한 정성 지표이다.

머무름 특성을 이용한 정성법 중에서 가장 정확한 방법은 상대적 머무름 시간(relative retention time, α)을 지표로 이용하는 것이다. 기준 화합물을 설정하고 각 대상 화합물의 머무름 시간을 기준 화합물에 대하여 상대적으로 표시하면 주어진 크로마토그래피 조건에서 아주 일정한 머무름 지표가 된다.

(2) 비크로마토그래피적 정성법

비크로마토그래피적 정성법은 크로마토그래피에서의 머무름 특성이 아니라 용출 성분의 다른 물리화학적 특성을 비교하여 정성하는 방법이다. 가장 간단하게 용출성분의 검출기에 대한 상대적 반응성은 보조적 정성 지표로 사용될 수 있다. 질량스펙트럼은 보다 적극적 정성 수단으로 의심되는 peak의 재확인 과정에 매우 효과적인 방법이다.

1.1.6 정량 분석

정성분석에 의하여 동정이나 확인된 성분은 시료 중 함유된 양을 결정하기 위하여 정량하여야 한다. 일반적으로 이용되는 GC나 HPLC법에서 정량 분석의 첫 번째 단계는 peak 면적의 측정이다. 즉, GC나 HPLC의 검출기는 미분형 검출기이므로 검출기의 반응(response)이 용출되는 성분의 농도(concentration)나 질량용출속도(mass flow rate)에 비례한다. 따라서 chromatogram상 peak의 면적이 용출된 화합물의 총량과 비례한다.

Peak 면적을 계산하는 방법은 최근에는 디지털화된 전자면적계산계(integrator)를 거의 예외 없이 사용하고 있다. Peak 면적이 구해지면 표준화합물의 peak 면적에 대한 대응 단위량에 표정(검량)하여 정량하게 된다. 즉, peak 면적 ∝ 표준화합물량 = k · 표준화합물량 식의 비례계수 k를 구하는 표정화 과정을 거쳐 시료 중 대상 화합물량을 정량하게 된다. 표정에는 외부표준법과 내부표준법이 가장 많이 사용된다.

(1) 외부표준법

외부표준법(external standardization)은 절대검량선법(absolute calibration)이라고도 불리는데 통상적인 화학 분석에서 가장 보편적으로 사용되는 방법이다.

이미 알고 있는 농도(양)의 표준물질을 주입하여 나타난 peak 면적과 표준물질의 양에 대한 검량식(calibration curve)을 산출하고 검량식에 따라 정량을 수행하는 방법이다. 검량선 작성의 예는 그림 14-2에 나타내었다. 즉, 분석 대상 성분인 살충제 indoxacarb의 표준용액을 농도별로 조제하고 각 일정량을 동일한 HPLC 조건하에서 주입, 주입량 대비 peak 면적에 대한 회귀식을 구한다. 검량선 작성 시와 동일한 기기 분석조건에서 주입된 시료 용액 중 분석성분의 양을 검량식에 대입하여 산출한다.

이러한 외부표준법은 표준검량선 작성 시와 시료 분석 시의 기기조건이 완전히 동일하였을 때 적용이 가능하다. 즉, 주기적으로 검량선을 작성하여 시료 분석조건의 동질성을 확인하여야 한다.

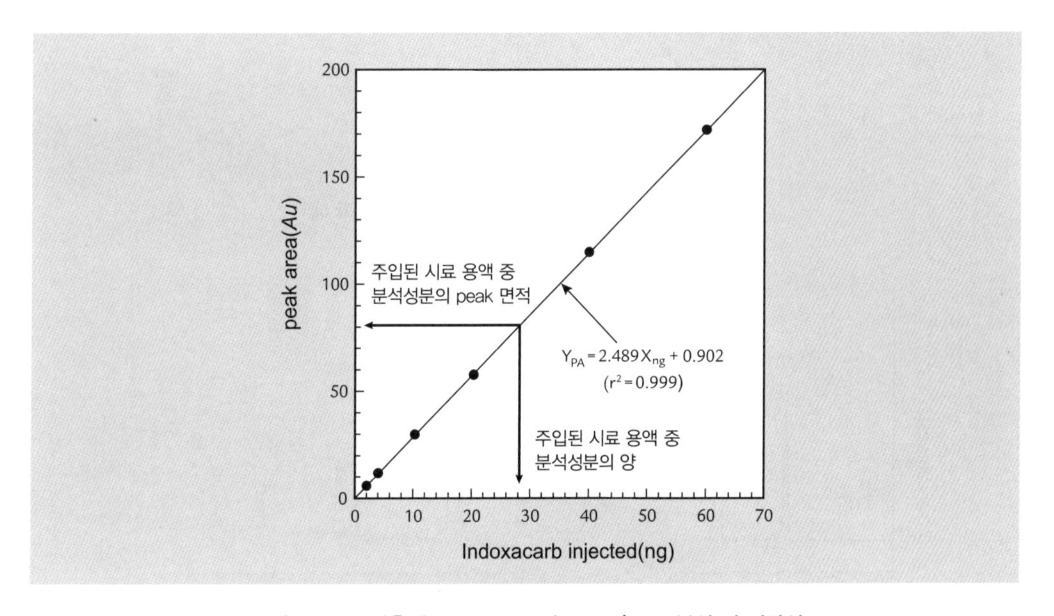

그림 14-2 살충제 indoxacarb의 HPLC/UVD 분석 시 검량선

(2) 내부표준법

내부표준법(internal standardization)은 실제 시료용액 중에 포함되어 있지 않은 별도의 표준물질(내부표준물질, internal standard)을 시료용액 중에 첨가, 미리 작성된 정량표준물질/내부표준물질 간 검량선에 의하여 정량하는 방법이다. 기기 가동 중 시료 주입량이나 검출기 감도 변화 등에 거의 영향을 받지 않으므로 가장 정확한 정량법이다.

제품분석법은 감도보다는 정확한 정량성이 요구되므로 통상적으로 내부표준법을 이용하여 정량한다.

내부표준법에 의한 검량선 작성 및 지베렐린 분석의 예는 그림 14-3과 그림 14-4에 나타내었다. 분석 대상성분은 농도별로, 내부표준물질은 일정량이 함유되도록 일련의 표준혼합용액을

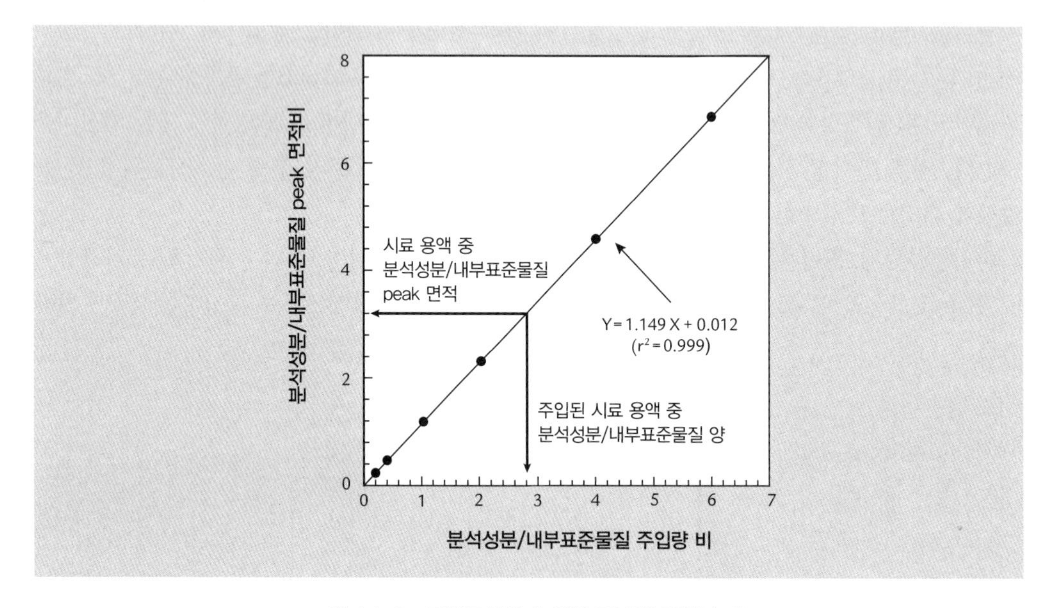

그림 14-3 내부표준법에 의한 검량선 작성의 예

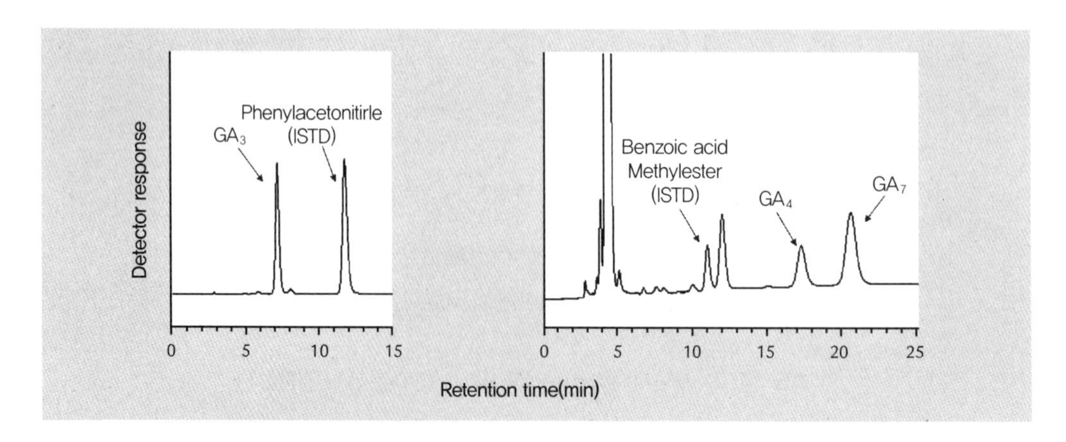

그림 14-4 내부표준법/HPLC에 의한 지베렐린 도포제 중 GA_3, GA_4 및 GA_7의 제품 분석

조제하고 각 일정량을 동일한 기기 조건하에서 주입하여 분석성분 peak의 면적과 내부표준물질 peak의 면적을 얻는다. 분석성분/내부표준물질 주입량비를 x축, 분석성분 peak 면적/내부표준물질 peak 면적비를 y축으로 하여 회귀식을 구한다. 시료 용액에 표준혼합용액과 동일한 양의 내부표준물질이 함유되도록 시료 용액을 조제하고 검량선 작성 시와 동일한 기기 분석조건에서 주입하여 분석성분/내부표준물질 면적비를 측정한다. 검량선에 의하여 시료 용액 중 분석성분/내부표준물질의 양을 계산하고 이미 알고 있는 내부표준물질 양을 곱하여 분석성분의 양을 산출한다.

1.2 물리성 분석

농약 제조 시나 제품 중 적절한 물리적 특성은 유효성분 분석 등 화학 분석에 못지않게 품질 관리의 중요한 요건이 된다. 농약 제조나 제형 중 물리적 특성을 검정하기 위한 주요 물리성 시험은 다음과 같다.

1.2.1 분말도

분말도(particle size)는 분제, 수화제 등 고체 제형에서 중요한 물리적 요건이다. 따라서 사용하는 증량제에 대한 입경 분석(particle size distribution analysis)이 요구된다. 분말도 측정법으로는 건식법(dry sieving)과 습식법(wet sieving)이 있는데, 건식법은 증량제 등이 물에 의하여 팽윤될 경우에 사용한다. 입자 간 정전기적 인력에 의하여 입자가 엉기는 엉김 효과(plug effect)로 인하여 200~250 mesh 이상의 가는 입자에서는 정확한 측정이 곤란하다. 습식법은 일반적 분말도 측정법으로서 엉김 효과는 적으나 입자 부스러기(fracture)의 생성 비율이 높다. 최근에는 현미경과 면적계산기가 조합된 입경분석기(particle size analyzer)를 사용하는 경우가 많다.

1.2.2 가비중

고체 제형에서 가비중(假比重, bulk density)은 중요한 요소이다. 즉, 바람에 의한 비산성, 작물체 부착성, 살포 시 균일성, 물에서의 잠김 여부, 포장 비용 등에 큰 영향을 미친다. 입자의 크기가 작아지면 공극률이 높아지고 가비중은 낮아진다. 분제에서의 적정 가비중은 0.4~0.6 범위이다. 측정법은 측정용 증량제를 상방 20cm 높이에서 자유 낙하시킨 후 용적당 무게를 측정한다.

1.2.3 현수성

현수성(suspensibility)은 수화제(WP)의 입자 분산성을 의미한다. 즉, 수화제를 희석용수에 분산시켜 농약 살포액을 조제할 때, 생성된 현탁액 중 입자 분산의 균일성을 검정하기 위한 것이다. 측정법은 최고 사용 약량에 해당하는 수화제의 양을 용수에 분산시키고 현탁액 중앙부에서 일부를 흡입·채취하여 유효성분 분석이나 중량법으로 정량, 입자 균일성을 평가한다.

1.2.4 수화성

수화성(wettability)은 수화제의 물에 젖는 특성을 조사하는 것이다. 측정법은 희석 용수 상방 10cm 높이에서 수화제 시료를 엷게 퍼지도록 조용히 떨어뜨린 후 수면에서 물속으로 들어가는 속도를 측정한다.

1.2.5 표면산도

증량제의 유효 성분에 대한 분해 특성은 pH보다는 표면산성이 큰 영향을 미친다고 알려져 있다. 표면산도(surface acidity)는 pH 측정처럼 수용액 중에서 측정할 수 없으며 표면산도 범위별로 지정된 Hammett's indicator를 증량제 표면에 적하·흡착된 indicator의 변색 여부로 그 범위를 측정한다.

1.2.6 유제의 안정성

유제의 안정성(EC stability)은 유제 제품의 운반 및 저장 중 물리적 안정성을 검정하기 위한 요소이다. 시험 유제 제품을 -5℃에서 방치, 층 분리나 침전 여부를 관찰하고 10℃에서 원상태로 회복되는 여부를 확인한다.

1.2.7 유화성

유화성(emulsifiability, EC)은 유제의 농약 살포를 위한 희석액 조제 시 분산성을 검정하기 위한 요소이다. 최고 사용 약량에 해당하는 유제의 양을 희석액에 분산시키고, 생성된 유탁액의 균일성, 응고물 분리 등을 관찰한다.

1.2.8 표면장력

표면장력(surface tension)은 농약 살포 액적의 부착성에 큰 영향을 미친다. 표면장력이 작을수록 액적이 넓게 퍼져 부착성이 높아진다. 순수한 물의 표면장력은 78dynes/cm이나 통상적 농약 살포액의 표면장력은 50dynes/cm 이하이다. 측정에는 고리법(Ring method, du Noüy 표면장력계)을 일반적으로 이용한다.

1.2.9 수분

수분(surface tension)은 고체 증량제에서뿐만 아니라 유제에서도 유기용매에 함유된 수분이 유효성분의 분해에 영향을 미치므로 중요한 특성이다. 고체 증량제의 경우 100℃로 가열하여도 휘발, 분해되지 않는 광물성 증량제 시료는 일반적인 가열건조법으로 측정한다. 가열 시 휘발, 분해되는 유제 용매 중 수분 함량은 가열건조법으로 측정이 불가능하므로 Karl-Fischer 적정법이나 기체크로마토그래피법으로 측정한다.

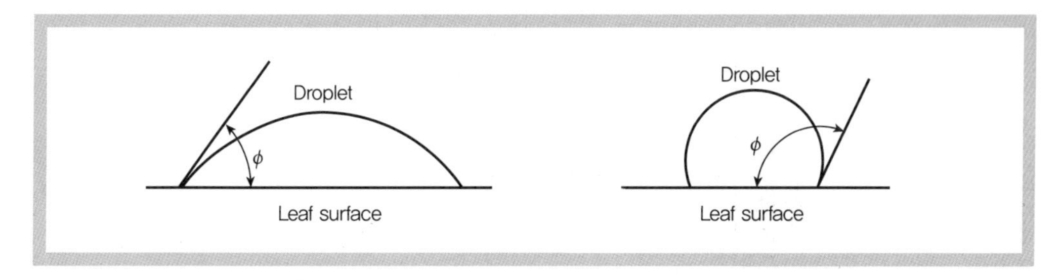

그림 14-5 접촉각

1.2.10 접촉각

접촉각(contact angle)은 그림 14-5와 같이 살포 액적이 잎 표면에 낙하 시 액적의 표면장력에 의한 퍼짐 정도를 측정하는 것이다. 습전성을 나타내는 습전계수(spreading coefficient) 산출에 이용되며, 약액을 적하한 후 수평방향으로 광선을 조사하여 촬영·확대하여 접촉각을 측정한다.

1.2.11 부착성

부착성(adherence, adhesiveness)은 살포 액적의 잎 표면에 부착되는 정도를 검정하는 것이다. 측정법은 파라핀을 입힌 유리판에 농약 희석액을 분사하고 부착 상황 및 부착 효율을 유효성분 등의 화학적 분석으로 평가한다.

1.2.12 고착성

고착성(tenacity)은 부착된 살포 액적의 강우 등 유실에 대한 저항성을 검정하기 위한 것이다. 측정은 부착성 시험 시의 부착된 약제를 일정 시간 물에 침지하고 여전히 부착되어 있는 유효성분의 비율을 화학적으로 평가한다.

1.2.13 수중붕괴성

수중붕괴성(water disintegrability)은 입제 입자, 특히 압출식 입제의 수중에서의 입자 붕괴에 소요되는 시간을 측정하는 것이다. 수중붕괴성은 약제 중 유효성분의 용출성과 밀접한 관계가 있으며 압출식 입제의 지효성 판단에 매우 중요한 특성이다.

1.2.14 흡유가

흡유가(sorptive capacity)란 증량제가 자체 유동성(freely flowing)에 영향이 없이 유기물질(oil)을 흡수할 수 있는 양을 말하며 수화제 등 고함량의 제형을 제조할 때 중요한 특성이다.

토출기에 기름을 섞어가면서 유동성을 측정하며 그림 14-6과 같이 순흡유가(true sorptive capa-city, TSC)의 90% 수준이 실제로 사용할 수 있는 실용적 흡유가(practical sorptive capacity, PSC)이다.

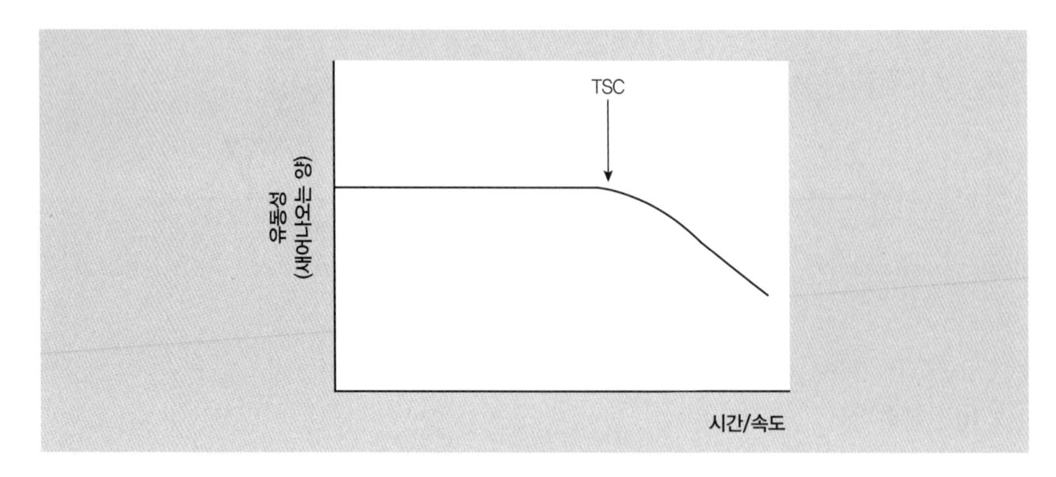

그림 14-6 흡유가의 결정

2. 잔류 분석

식품 중 잔류농약 수준을 검사·평가하여 안전성을 확보하기 위해서는 정확하고 신뢰성 있는 잔류농약 분석법의 이용이 필수적이다. 잔류농약 분석은 화학 분석 중에서도 μg/kg~mg/kg 범위의 분석 대상 성분을 고감도로 검출하고 정량하는 미량 분석 분야이다. 다양한 시료 형태로부터 혼입되는 방해성분들을 선택적으로 제거하여야 하는 정제방법이 복잡할 뿐만 아니라 분석결과의 공적·법적 사용을 위하여 높은 신뢰성이 요구되는 분석법 분야이기도 하다.

2.1 잔류농약 분석의 역사

잔류농약 분석의 역사는 근대 농업에서 유기 합성농약이 대량으로 사용되면서 농산물 및 환경 중 잔존하는 잔류농약의 부작용을 조사·평가하기 위한 연구과정으로부터 유래한다. 즉, 1939년 P. Müller가 DDT를 개발한 이래, 유기 합성농약은 뛰어난 약효에 힘입어 선진국을 중심으로 1950년대부터 대량으로 사용되기 시작하였다. 그 당시 농약의 개발 과정에서는 해충에 대한 약효를 최우선으로 하고 작물에 대한 약해 및 살포자인 농민에 대한 급성독성 정도만을 추가로 고려하였으며 잔류농약에 의한 농산물 및 환경오염은 관심 대상 밖이었다. 주로 사용되던 농약 부류는 유기염소계 살충제였는데, 이들 농약들이 잔효성이 길어 농작물 및 환경 중에 오랫동안 잔류한다는 점이 문제였다. 이러한 잔류성 농약들이 광범위하게 사용됨에 따라 식품 및 환경 중 필연적으로 잔존하게 되는 잔류분으로 인하여 동식물계, 특히 비표적 생물계에 대한 만성 독성학적 위해 유발 가능성이 제기되기 시작하였다. 이러한 잔류농약에 의한 만성 독성학적 위해 유발 가능성은 전 세계적으로 큰 사회적 반향을 일으키게 되었고 이에 따라 식품 및 환경 중 잔류농약에 대한 과학적 연구 및 실태조사가 대대적으로 개시되게 되었다.

식품 및 환경 중 잔류농약의 농도는 mg/kg 이하로 매우 낮아 당시의 화학분석 기술로서는 이를 분석하기 어려웠다. 따라서 연구 도구로서 고감도이면서 선택성이 우수한 잔류농약 분석법의 개발은 필수적이었다. 현재에도 그 기본적 원리 및 과정이 여전히 적용되고 있는 잔류분석법의 기초는 1960년대 초반 미국 FDA의 Mills 등에 의하여 제안된 유기염소계 농약에 대한 다성분 잔류분석법이다. 즉 비극성이면서 분자 내에 halogen이 다수 존재하는 농약을 대상으로, acetonitrile에 의한 시료 추출, 추출액의 saline 희석, 액-액 분배 및 Florisil 흡착크로마토그래피에 의한 정제과정을 거쳐 고감도 고선택 전자포획검출기를 장착한 GC로 기기 분석하는 방법이었다. 그 이후 이 방법은 보다 극성이 낮거나 다양한 구조를 가진 화합물에도 적용이 가능하도록 Luke 등에 의하여 몇 차례 변개되었다.

1970년대에 이르러 등록 사용되는 농약 화합물들이 매우 다양해짐에 따라 대상 화합물의 극성, 해리 특성, 구조적 특징에 따라 다양한 분석법들이 연구 개발되었다. 농산물 및 식품에 대한 잔류농약 분석법은 그 목적상 최고의 분석 감도, 정밀성 및 신뢰도가 보장되어야 하므로 미량분석기술의 발전에 따라 계속적으로 개선되어 왔다. 즉 고성능 모세관 분리관을 이용한 고분리능 GC법이나 다양한 reversed phase column을 이용한 HPLC법 등과 같은 크로마토그래피 기기분석법, 높은 신뢰성의 정성/정량 분석이 가능한 GC-MS/MS나 LC-MS/MS와 같은 연동기기분석법, 고상추출법(solid-phase extraction, SPE)을 이용한 시료정제법 등이 적극적으로 도입, 활용되고 있어 기존 분석법들이 계속적으로 변경·개선되고 있다.

2.2 잔류농약 분석법의 특성 및 구분

식품 중 잔류농약의 허용기준이 현재 0.005~50mg/kg 범위이므로 잔류농약 분석법은 허용 기준 이하를 충분히 검출하도록 감도가 높아야 한다. 또한 분석결과가 대부분 공공의 목적으로 사용되므로 높은 신뢰성을 아울러 요구하고 있다. 즉 식품에 대한 잔류농약 분석법 기준은 분석목적에 따른 다성분 및 개별분석법에 따라 다소 상이하기는 하나 정량한계 0.05mg/kg 이하 또는 잔류허용기준의 1/2(잔류 허용 기준이 0.05mg/kg 이하인 경우), 회수율 70~130%, 분석오차 10~30% 이하이다. 잔류 분석을 수행하는 실험실은 사용하는 각 분석법과 분석요원의 능력이 상기 기준을 만족함을 실험적으로 입증하여야 한다. 즉 주기적 회수율 실험(분석법별 무처리 시료와 함께 임의의 최소 2수준 3반복 처리시료에 대한 분석 결과)을 통하여 실험실 분석 데이터의 신뢰성을 입증하도록 요구하고 있다.

잔류농약 분석은 화학 분석 중에서도 mg/kg 이하의 분석 대상 성분을 고감도로 검출하고 정량하는 미량 분석 분야이며 다양한 시료 형태로부터 혼입되는 방해성분들의 제거방법이 복잡하

▶ 표 14-3 다성분분석법과 개별분석법의 비교

특징	다성분분석법	개별분석법
분석의 최우선 목적	검색	정량
분석법의 특화	신속성	정밀성
분석 대상 성분	유사 특성 화합물군	개별 단성분
정량한계	≤ 0.05mg/kg 또는 MRL의 1/2	≤ 0.05mg/kg 또는 MRL의 1/2
회수율	70~130%	70~120%
분석오차(CV, %)	≤ 30%	≤ 10%

여 가장 어려운 화학 분석으로 인식되고 있다. 또한 작물 재배 시 사용되는 농약의 종류는 매우 다양하여 수백 성분에 달하므로 잔류농약 분석법은 그 분석 목적 및 1회당 분석성분 수에 따라 다성분분석법(multiresidue analytical method)과 개별분석법(individual analytical method)으로 표 14-3과 같이 대별된다.

전자의 경우는 분석조작 1회당 검사가 가능한 농약 수가 수십 가지 이상으로 분석 효율은 매우 높으나 각각의 성분에 대한 분석의 정밀도나 신뢰성은 다소 열등한 단점이 있다. 즉, 다성분 분석법에서는 대상 성분들을 물리화학적 특성 범위별로 묶고 그룹별로 시료 추출, 정제 및 기기 분석 과정에 의하여 시료 분석을 수행하므로 1개 분석 대상 성분마다 최적의 분석법을 적용하는 것이 불가능하다. 따라서 각 대상 성분에 대하여 최적화된 시료 조제 및 기기 분석 조건이 적용되는 개별 분석법에 비하여 분석 감도, 정밀성 및 신뢰도가 떨어질 수밖에 없다. 이에 따라 다성분 분석법은 적정한 분석 기준을 만족하면서 분석 효율에 중점을 두어 개발되었으며 주로 잔류농약 검색용(screening) 목적에 적합하다.

후자의 개별분석법은 개별 농약 성분별로 최적화시킨 분석법으로 다성분분석법에 비하여 상대적으로 분석의 효율은 낮으나 최고의 분석 감도, 정밀성 및 신뢰도가 보장된다. 따라서 어떠한 시료의 다성분 검색 결과 검출된 의심 성분을 보다 정확히 정성 및 정량하며, 특히 법적·행정적 목적으로 분석의 신뢰성이 요구될 때 이용된다. 또한 다성분분석법에 포함시킬 수 없는 성분들에 대해서는 각각의 개별분석법이 개발 적용된다.

또한 잔류농약 분석법은 동일한 분석 대상 성분이라도 시료의 종류에 따라 그 분석법이 상이한 경우가 많다. 대상 시료에 따라 추출 효율, 방해물질의 종류 및 양이 매우 상이하므로 식품(농산물)군별에 따라 특화된 추출 및 정제법이 사용되는 경우가 많다. 예를 들어 식품(농산물) 시료에서는 유지(油脂, fat) 함량(2%)에 따라 비유지 및 유지 시료로 구분하며 추출 및 정제 방법이 상이하다. 또한 당 함량(5% 이하, 5~15%, 15% 이상) 및 수분 함량(75%)에 따라 추출 방법이 상이하며 기타 특수 간섭물질이 관찰되는 시료에 따라 특화된 추출 및 정제법이 사용된다. 따라서 동일한 대상 성분이라도 분석하고자 하는 시료의 종류에 따라 신중한 분석법의 선택이 요구된다.

2.3 일반적 잔류농약 분석 과정

식품(농산물) 및 환경시료 중 잔류농약에 대한 화학적 분석법의 분석 과정을 간략히 요약하면 다음의 다섯 단계로 진행된다.

2.3.1 분석용 시료의 조제

분석용 시료의 조제(preparation of analytical sample)는 포장이나 시장 등에서 채취한 식품(농산물)이나 환경 중 토양 및 수질 시료를 분석용 시료의 형태로 전처리하는 과정이다. 시료의 종류에 따라 전처리과정이 규정되어 있으므로 이를 준수하여야 한다. 농산물 시료에서 주로 식용으로 사용되는 가식부를 위주로 하나 분석 부위와 반드시 일치하는 것은 아니다. 예를 들어 밀감이나 수박의 경우 껍질은 식용으로 하지 않으나 분석 부위에 포함시켜 과실 전체가 분석 대상이 된다.

2.3.2 시료 추출

시료 추출(extraction)은 분석용 시료로부터 분석 대상 성분을 추출하는 과정이다. 분석 대상 성분은 모화합물을 주 대상으로 하며 그 외 독성학적 중요성(toxicological significance)이 인정되는 불순물 및 분해대사산물이 추가된다. 각 농약별로 대상 성분을 규정하는 잔류분 정의(residue definition)를 참조한다. 예를 들어 endosulfan의 경우 유효성분이 α-endosulfan과 β-endosulfan의 2개 성분이며 생체 및 환경 중에서 endosulfan sulfate가 독성학적 중요성이 인정되는 대사산물이므로 식품 및 농산물 시료에서 분석 대상 성분은 3개 성분이며 잔류분 표기는 총endosulfan을 기준으로 환산·표시된다.

2.3.3 추출물(액)의 정제

추출물(액)의 정제(purification of the extract)는 대상 성분들에 대한 기기 분석이 가능하도록 시료 추출물(액)을 정제하는 과정이며, 일명 cleanup 과정이라고 약칭된다. 현재까지 시료로부터 분석 대상 성분만을 정확히 선택적으로 추출하는 방법은 아직 없으며 분석을 간섭하는 물질이 함께 다량으로 추출된다. 이러한 방해물질의 존재로 인해 아무리 선택적인 분석 기기를 사용하더라도 심각한 간섭 현상이 일반적으로 초래된다. 따라서 이러한 간섭물질을 효과적으로 분리·제거하는 것이 필수적이며 잔류 분석에서 가장 많은 시간과 노력이 요구되는 과정이다. 방해물질 제거에 이용되는 기본 원리는 분석 대상 물질과 간섭물질 간의 물리화학적 특성 차이에 근거한 분리이다. 가장 보편적으로 이용되는 분리의 원리는 액-액 분배와 크로마토그래피법이다.

2.3.4 기기 분석

기기 분석(determination)은 분석 기기를 이용하여 추출 정제액에 함유된 대상 성분을 분석하는 과정이다. 대상 성분에 대하여 정성 및 정량 분석이 함께 수행된다. 일상적으로 가장 많이 사용되는 분석 기기는 GC와 HPLC이며 검출기로는 고감도의 선택성 검출기(specific detector)가 주로 이용되는데, 그 이유는 대상 성분의 함량이 극미량이며 정제액이라 하더라도 상당수의 간섭물질이 여전히 포함되어 있기 때문이다.

2.3.5 재확인

재확인(confirmation)은 기기 분석을 수행한 시료액에 대하여 다른 특성이나 분석 원리를 이용하여 잔류분을 재확인하는 정성적 과정이다. 앞서 언급한 바와 같이 정제액이라 하더라도 다수의 간섭물질이 여전히 포함되어 있으므로 GC 및 HPLC에서의 머무름 시간과 같은 간단한 크로마토그래피적 정성법으로는 분석한 성분의 확실성을 보장할 수 없는 경우가 많다. 즉 대상 성분의 peak와 머무름 시간이 거의 동일한 간섭물질이 혼입될 가능성이 많으므로 이를 분리 특성이 상이한 추가의 크로마토그래피법이나 다른 화학분석법을 이용, 재확인하여 분석의 신뢰성을 확보하여야 한다. 최근에는 정성적 기능이 강력한 질량분석기와 GC나 HPLC를 연동시킨 GC-MS/MS 및 LC-MS/MS를 이용하여 기기 분석을 수행함으로써 이러한 재확인 과정을 기기 분석과 동시에 수행하는 경우도 많다.

2.4 시료 채취 및 전처리

2.4.1 시료 채취

시료 채취는 잔류농약 분석의 첫 번째 단계로서 모집단에 대한 분석 결과의 대표성과 타당성을 좌우하는 매우 중요한 과정이다. 분석 대상 시료는 잔류 수준 및 위해성의 조사·평가를 위하여 잔류농약 분석이 요구되는 모든 식품 및 환경요소가 포함된다. 시료는 대상 모집단의 특성을 잘 반영할 수 있도록 대표 시료(representative sample)의 형태로 채취하여야 한다. 즉 모집단 전체에서 무작위성을 충분히 반영하면서 평면적으로 또는 공간적으로 균일하게 채취하여야 한다. 시료 채취 방법은 모집단의 크기, 장소, 전수/발췌 조사 또는 검사 목적에 따라 매우 다양하므로 해당 분야나 기관에서 별개로 정한 기준을 준수하도록 한다.

시료 채취는 분석 목적에 해당하는 시기와 장소에서 수행한다. 예를 들어 농산물 중 잔류 모니터링을 목적으로 하는 시료는 조사의 시점이 출하 시기(farmer's gate basis)이므로 농가에서 출하시점에 직접 채취하며 식이섭취량(total diet study) 평가를 위한 시료는 시장에서 판매하는 상태의 시료를 채취한다. 잔류분석법의 검증을 위하여 농약이 처리되지 않은 무농약 시료를 확보하는 것도 매우 중요하다. 시료 채취 작업 중 중요한 점 중의 하나는 교차오염(cross contamination)이 발생하지 않도록 하는 것이다. 즉 하나의 대표 시료마다 별개로 채취 작업을 수행하여 시료 간에 상호오염을 차단하여야 한다.

채취한 시료는 잔류 분석에 방해가 되지 않는 재료를 사용하여 시료에 손상이 없도록 포장한다. 특히 딸기, 토마토 등과 같이 손상되기 쉬운 시료는 원형이 유지되도록 적절한 용기나 포장법을 사용하여야 한다. 채취한 시료는 즉시 분석실험실로 운송하며, 24시간 내에 실험실로 운송할 수 없을 경우는 분석 성분의 분해 등 시료 내 변화를 최소화하기 위하여 냉동처리 후 운반하여야 한다.

2.4.2 시료 전처리 및 보관

실험실에 도착한 시료는 원칙적으로 즉시 전처리하여 잔류 분석용 시료를 조제한다. 농산물 시료의 특성에 따라 정해진 분석 부위를 얻도록 전처리하는 데 앞서 언급한 바와 같이 식용으로 사용되는 가식부를 위주로 하나 분석 부위와 반드시 일치하는 것은 아니라는 점을 유의한다.

전처리한 분석용 시료에 대하여 즉시 잔류 분석 과정을 수행하는 것이 가장 바람직하지만 대부분 현실적으로 가능하지 않기 때문에 분석 시까지 시료를 보관하는 경우가 많다. 시료를 보관하는 경우에는 보관 기간 중 분석 성분의 분해를 방지하기 위하여 최소한 −20℃ 이하의 냉동 조건을 유지하여야 한다.

2.5 추출

추출은 시료 중의 농약 성분을 용매 등으로 녹여내는 작업으로써 시료와 분석 대상 성분을 분리하여 잔류 분석을 하기 위한 첫 번째 과정이다. 추출의 원칙은 대상 성분을 효율적로 추출하되 분석에 간섭하는 물질은 최소화하는 것이다. 분석용 시료로부터 잔류농약을 추출하기 위해서는 대상 시료의 종류 및 분석 성분에 따라 다양한 방법이 사용된다. 일반적으로 잔류농약의 추출에 사용되는 방법을 열거하면 다음과 같다.

- 기계적 진탕법(shaking, blending, homogenization 등)
- Soxhlet 추출법
- 초음파 추출법(ultrasonication)
- 가속용매 추출법(accelerated solvent extraction, ASE)
- 관 추출법

- 초임계유체 추출법(supercritical fluid extraction)
- 고상추출법(solid-phase extraction, SPE)

이들 방법 중 가장 일반적으로 사용되는 방법은 적절한 추출용매를 가하고 기계적으로 마쇄 진탕하여 시료로부터 대상 농약 성분을 용매에 용해·추출하는 용매추출법(표 14-4)이다. 그 외 방법들은 특정 농약(군) 및 시료 종류에 대하여 추출과정의 효율성 및 간편성 등을 위하여 사용되며 기계적 진탕법에 비하여 각기 장단점이 있으므로 각 방법의 특징을 상호 비교하여 적절히 선택할 수 있다.

추출 혼합물은 진탕이나 마쇄 후 여과하거나 원심분리하여 추출액과 시료를 분리한다. 여과는 주로 여지를 사용한 흡인여과법이 보편적이다. 원심분리를 할 경우에는 시료 및 추출용매에 따라 다소 상이하나 대개 수천 g(또는 수천 rpm)에서 10~30분간 수행하여 상층액을 취하면 된다.

기계적 진탕법을 포함하여 추출용매를 사용하는 추출법에서 가장 중요한 사항은 최적 추출용매의 선정이다. 최우선적으로 대상 성분의 극성과 용매에 대한 용해도를 비교하여 충분한 용해도를 나타내는 용매를 선정한다. 그러나 대상 성분의 용해도가 높을수록 최적 추출용매는 아니다. 왜냐하면 추출용매에 의한 시료 중 간섭물질의 추출량이 많을수록 정제과정이 복잡해질 수 있기 때문이다.

▶ **표 14-4 식품 및 농산물 시료의 용매추출법**

시료 종류	대상 농약	추출용매
비유지 식품	중성 화합물	수용성 용매(acetone, acetonitrile, methanol 등) 시료를 탈수한 후 비극성 용매(ethyl acetate, ether 등)
	약산성 화합물	시료를 산성화한 후 비극성 또는 극성 용매
	약염기성 화합물	시료를 중성 또는 약염기화한 후 비극성 또는 극성 용매
유지 식품	중성 화합물	시료를 탈수한 후 비극성 용매

2.6 추출물의 분리 및 정제

보통 분석 대상 성분을 시료로부터 추출하면 분석을 간섭하는 물질도 함께 다량으로 추출된다. 이러한 방해물질은 아무리 선택적 분석기기를 사용하더라도 기기 분석 과정에서 심각한 간섭현상을 초래한다. 따라서 이러한 간섭물질을 효과적으로 분리·제거하는 것이 필수적이며 잔류 분석에서 가장 많은 시간과 노력이 요구되는 과정이다. 잔류농약 분석에서 방해물질 제거를 위하여 가장 보편적으로 이용되는 분리의 원리를 다음에 요약하였다.

① 액-액 분배법(liquid-liquid partition)
- 극성 추출액의 비극성 용매에 의한 분배
- Petroleum-acetonitrile(또는 *n*-Hexane-acetonitrile) partition
- Ion-associated partition

② 크로마토그래피법(chromatography)
- 관 크로마토그래피(흡착, 분배, 이온 교환, 크기 배제)
- 박층 크로마토그래피(thin layer chromatography, TLC)
- 고상추출법(solid-phase extraction, SPE)

③ 기타
- Sweep co-distillation
- 침전법(응고법, coagulation)
- 화학처리법(탈황화, 가수분해, 산화 등)

추출액 정제의 정도는 시료로부터 추출되는 간섭물질의 양과 종류 그리고 분석 기기의 선택성에 의해서 좌우되며 위의 방법 1종 이상(보통 2종)을 연속 조합하여 수행한다. 예를 들면 추출액 ⟶ 액-액 분배 ⟶ 크로마토그래피 ⟶ 기기 분석의 순이다. 추출액에 대하여 2종 이상의 정제과정을 조합할 경우에는 서로 다른 분리 원리를 적용하여야 정제효과가 높다. 일반적으로 시료로부터 함께 추출되는 간섭물질은 유지 등 일부 성분을 제외하고는 미지의 화합물이므로 분석 성분과의 물리화학적 특성 차이를 정확히 알 수 없어 맞춤형 분리 원리를 적용하기 힘들다. 또한 문제가 되는 물질은 대상 성분과 유사한 특성을 가진 화합물들이므로 하나의 정제원리를 반복 적용한다 하더라도 분석 성분과 간섭물질 간 분리능은 향상되지 않는다. 따라서 서로 다른 분리 원리를 적용하여야만 분석 성분과 간섭물질 간에 분리가 일어날 확률이 상대적으로 높다.

2.7 기기 분석

잔류농약 분석은 시료 중 극미량으로 존재하는 대상 성분을 정성/정량 분석하는 과정이기 때문에 사용되는 이러한 분석 요건을 충족시키는 분석 기기만을 사용할 수 있다. 잔류분석용 기기는 이중 고감도를 최우선으로 하고 그다음이 선택성, 재현성 및 실용성(유지 관리) 순서로 기기 특성이 요구된다. 잔류농약 분석에서 주로 사용되는 기기분석법을 다음에 열거하였다.

- 기체크로마토그래피법(gas chromatography, GC)
- 고성능 액체크로마토그래피법(high-performance liquid chromatography, HPLC)
- 기체크로마토그래피/질량분석법(GC-Mass spectrometry, GC-MS/MS)

- 액체크로마토그래피/질량분석법(LC-MS/MS)
- 기타(분광광도법, 박층크로마토그래피법, polarography 등)

이 중 가장 많이 사용되는 기기분석법은 GC와 HPLC이다. GC와 HPLC는 기기 자체에 내장된 분리관에 의한 화합물들의 분리 기능이 매우 우수하고 고감도의 선택성 검출기를 이용할 수 있어 잔류농약 분석과 같은 유기 화합물의 미량분석(trace analysis)에 최적의 분석 기기이다. 다만 머무름 시간 등 크로마토그래피적 특성에 의한 정성 분석이 다소 미흡한 단점이 있다. 따라서 최근에 와서는 GC와 HPLC의 분리 기능을 이용하되 분자량이나 구조에 대한 정성적 기능이 탁월한 질량분석기를 결합시킨 GC-MS 및 LC-MS(또는 GC-MS/MS 및 LC-MS/MS)의 사용도 보편화되고 있다. GC-MS 및 LC-MS는 특히 미지 시료 중 검출된 대상 성분을 재확인하여 분석 결과를 검증하는 데에는 거의 필수적으로 요구되는 기기이다.

분광광도법이나 polarography와 같은 일부 전기화학법은 그 감도는 우수한 편이나 기기 내에 화합물 분리 기능이 없어 선택성이 열등하다. 이에 따라 시료 추출액의 정제도가 매우 높아야 하는 단점이 있어 단독 기기로서의 사용 빈도는 낮다. 그러나 이들 분광광도법이나 전기화학법은 GC나 HPLC에서 검출기로서 매우 유용하게 사용되고 있다는 점을 유념하여야 한다. TLC는 사용상 간편성의 이점이 있고 발색 시약을 적절히 선택함으로써 잔류 분석에 이용되고 있으나 감도나 선택성 측면에서 GC나 HPLC에 비하여 열등하므로 주로 정밀 분석에 앞서 검색용 위주이다. 또한 분석 기기보다는 시료 정제법으로서의 사용 빈도가 높다.

2.7.1 기체크로마토그래피법

기체크로마토그래피(gas chromatography)는 분리관 내 이동상(mobile phase)이 기체이며 고정상(stationary phase)이 고체(gas-solid chromatography, GSC) 또는 액체(gas-liquid chromatography, GLC)인 화합물의 물리적 분리 기술이다. 분리관 내로 주입되는 시료 혼합물 기체 중 서로 다른 화합물들은 고유의 물리적 특성에 따라 고정상에 대한 친화력에 차이를 나타내며, 이에 따라 이동상/고정상 간 분포 비율이 달라져 서로 상이한 속도로 이동한다. 일정한 조건하에서 화합물들의 분리관을 통과하는 시간은 서로 상이하므로 정성적으로 화합물 간의 분리가 일어나며 이들 물질들을 농도비례 검출기(differential detector)를 이용하여 정량적으로 분석한다. 그림 14-7은 기체 크로마토그래피를 이용한 다성분 농약의 분석 예를 나타낸다. 기기의 구성은 분리의 핵심인 분리관, 시료 주입구, 검출기 및 이동상 이송장치(대개 고압 가스실린더 및 유량조절계)로 이루어지며 기타 온도 조절 및 데이터 처리장치가 부속되어 있다.

분리관(column)은 화합물 간 분리가 일어나는 곳으로 GC의 심장부이다. GLC에서 분리의 원리는 주로 화합물들의 휘발성(증기압) 차이 및 극성을 달리하는 고정상에 대한 친화력 차이이다. 화합물 간 최적 분리를 위한 주요 인자로 분리관 효율(column efficiency) 및 용매효율(solvent efficiency)이 높아야 하는데 전자는 이동상 유속의 최적화이며 후자의 경우는 최적 고정상의 선택에 의하여 결정된다.

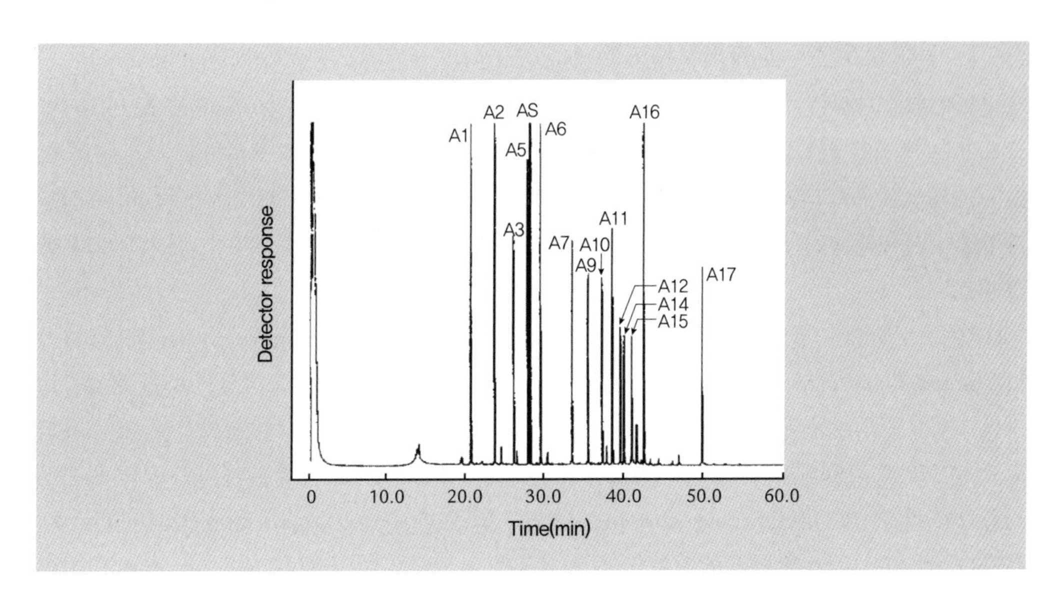

그림 14-7 기체크로마토그래피를 이용한 다성분 농약의 분석 예

시료 주입구(inlet, injection port)는 대부분 액체 상태인 시료를 기체화하여 분리관에 주입하기 위한 장치이다. 액체 시료는 대개 미세주사기(micro syringe)를 사용, 이동상의 흐름에 영향을 주지 않도록 스스로 재봉합되는 실리콘 고무 재질의 격막(septum)을 투과시켜 주입되며 고온 조건에서 빠른 속도로 기체화되어 일부 또는 전부가 분리관으로 들어간다.

검출기(detector)는 분리관을 통하여 carrier gas와 함께 기체 상태로 유출되는 화합물들을 검출하는 장치이다. 잔류농약 분석에서는 시료 중 분석 대상 화합물의 양이 매우 작아 정제를 잘한다하더라도 대상 화합물보다는 불순물의 양이 많다. 따라서 잔류 분석에서 주로 사용되는 검출기는 선택적 검출기(specific detector)이며 전자포획검출기(electron capture detector, ECD), 질소-인검출기(nitrogen-phosphorus detector, NPD) 및 불꽃염광검출기(flame photometric detector, FPD) 등이 주로 사용된다.

GC로 분석할 수 있는 화합물은 휘발성 유기 화합물들이다. 무기 화합물들은 극히 일부를 제외하고는 대개 휘발성이 없으므로 대상 화합물이 아니다. 여기서 휘발성이라 함은 보통 화학에서 언급하는 휘발성 수준은 아니다. GC로 분석이 가능한 화합물의 휘발성의 범위는 약 10^{-7} mmHg(10^{-9} Pa)까지도 확대될 수 있다. 따라서 일반적으로 비휘발성이라고 인식되는 화합물들도 상당수가 GC로 분석이 가능하다.

GC로 분석하기 적합한 화합물들은 해리하지 않는 중성의 비극성 화합물들이다. 일반적으로 분자 내에 해리하는 특성을 나타내는 carboxyl기, phenol기, hydroxyl기나 amino기를 갖고 있는 화합물들은 너무 극성이 크므로 GC로 잔류 분석을 하기 어렵다. 또한 amide, imide, alcoholic hydroxyl기 등을 갖고 있는 화합물들은 열분해 정도, 분자 전체 극성에 대한 작용기의 기여도, 흡착 등의 인자를 고려하여 선별적으로 잔류 분석이 가능하다.

2.7.2 고성능 액체크로마토그래피법

액체크로마토그래피는 분리관 내 이동상(mobile phase)이 액체이며 고정상(stationary phase)이 고체 또는 액체인 화합물의 물리적 분리 기술로서 이동상이 액체인 점을 제외하고 기본 분리 이론은 기체크로마토그래피와 매우 유사하다. HPLC는 고전적 액체크로마토그래피 즉, 시료 정제 과정에서 사용되는 관(column) 크로마토그래피를 고성능화하고 검출기를 부착, 분석기기화 한 것이다.

HPLC는 고정상의 상태에 따라 고체인 LSC(liquid-solid chromatography)와 액체인 LLC(liquid-liquid chromatography)로 세분된다. LSC는 주로 흡착제를 고정상으로 한 흡착크로마토그래피를 의미한다. LLC는 보통 분배크로마토그래피를 의미하며 현재 가장 많이 사용되고 있는 HPLC의 형태이다. 또한 HPLC는 이온 교환 및 크기 배제와 같은 추가의 분리 원리를 적용하여 각각 IEC(ion-exchange chromatography) 및 SEC(size exclusion chromatography)로 세분된다. 이러한 네 가지 양식의 HPLC 중 잔류농약 분석에서 가장 많이 사용되는 분리 양식은 LLC이며, 그 외 IEC와 LSC가 일부 사용되나 그 이용 빈도는 LLC에 비하여 적다.

HPLC로 분석할 수 있는 화합물은 GC와는 달리 비휘발성 화합물들이다. 휘발성이 너무 강한 기체 또는 저분자 화합물들은 이동상 중에서 기화, bubble을 형성하여 이동상의 흐름 자체를 방해하기 때문에 HPLC로 분석하기 어렵다. HPLC는 GC와는 달리 상온 또는 대개 50℃ 이하의 저온 분석 조건이므로 열분해에 취약한 화합물들의 분석에는 아무 문제가 없다. HPLC에서 주로 사용하는 reversed phase LLC 조건을 감안하면 적당한 머무름 시간을 나타내는 중간 극성~극성 화합물의 분석에 유리하며, 이온 및 해리하는 작용기를 보유한 분자들도 LLC 양식에서 ion-suppression이나 ion-pair 기술을 이용하거나 ion-exchange 양식으로 분리·분석할 수 있다. 무기 화합물들도 HPLC로 자주 분석되나 농약에서는 무기화합물의 종류가 유기화합물에 비하여 상대적으로 적어 그 이용은 적은 편이다. 최근 등록되는 농약들은 그 분자량이 과거 농약들보다 비교적 큰 편이어서 휘발성이 약하고 극성도 비극성 농약이 주류였던 것에 비하여 중간 극성~극성의 다양한 범위를 나타내므로 HPLC의 이용이 빠른 추세로 증가하고 있다.

HPLC 기기의 구성은 GC와 마찬가지로 분리의 핵심인 분리관(column), 시료주입장치(injector), 검출기(detector) 및 이동상 이송장치(solvent delivery pump)로 이루어지며 기타 온도 조절 및 데이터 처리장치가 부속되어 있다. 그러나 각 부분의 구조, 재질 및 특성은 GC와 판이하게 다르다.

분리관은 화합물 간 분리가 일어나는 곳으로 GC와 마찬가지로 HPLC의 심장부이다. 화합물 간 최적 분리를 위한 주요 인자로 분리관 효율(column efficiency) 및 용매효율(solvent efficiency)이 높아야 하는 것은 GC와 마찬가지이다.

HPLC에서는 고압하에서 이동상을 용출시키므로 안정된 크로마토그래피를 위하여 이동상 이송용 펌프가 매우 중요하다. 최근의 HPLC용 펌프는 대개 왕복식 펌프로 pulse를 제거하기 위하여 dual head 방식에 damper가 부착되어 있으며 최대 이송 압력은 6,000~10,000psi이다.

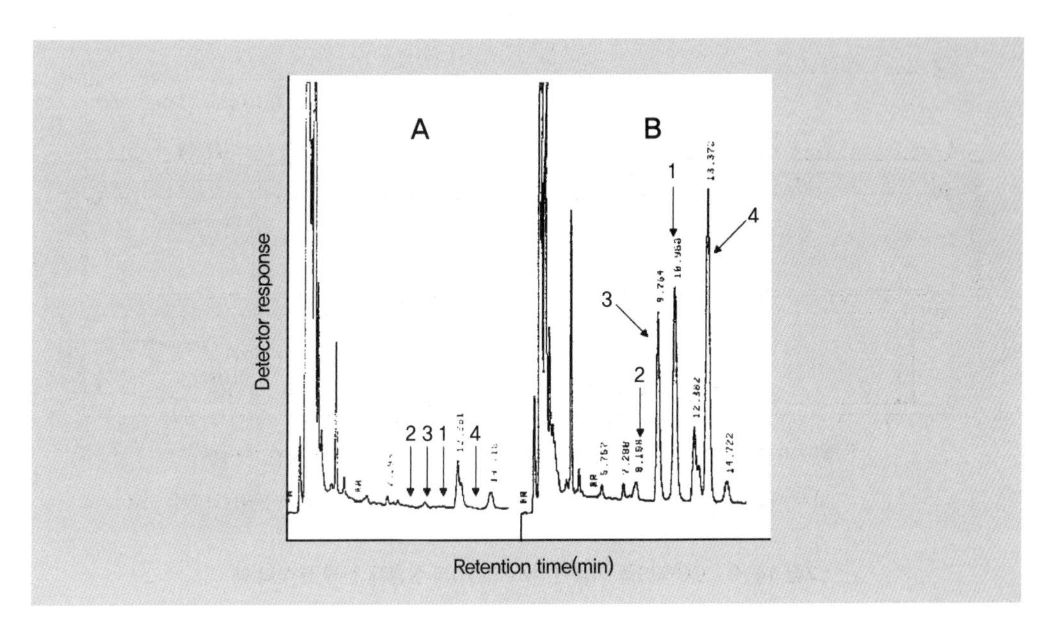

그림 14-8 HPLC를 이용한 감귤 중 abamectin과 milbemectin 잔류분석의 예

(A : 무처리 감귤, B : abamectin B1a(1), B1b(2), milbemectin A_3(3) 및 milbemectin A_4(4)이 각각 0.047, 0.003, 0.021, and 0.049mg/kg 함유된 시료)

HPLC에서 주로 사용하는 시료 주입장치는 6-port loop injector이다. 즉 시료 loading 시 정해진 부피의 sample loop(대개 20~500μL)에 부분적 또는 전부 시료용액으로 채우며 이때 HPLC는 다른 경로를 통하여 연결되어 계속 가동하고 있는 상태이다. 시료 용액을 주입(inject)하면 HPLC의 이동상 경로가 변경, sample loop를 통과하여 분리관과 연결되도록 절환된다. 상용화되어 있는 자동시료주입기(autosampler)의 기본 원리도 이 범주를 벗어나지 않는다.

HPLC에서 가장 사용 빈도가 높은 검출기는 자외가시광 흡광검출기(UV/VIS absorption detector, UVD)이다. 주로 사용하는 파장 영역은 자외선(ultraviolet) 영역이며 가시광(visible) 영역은 흡광계수가 높은 일부 화합물에서만 사용된다. 또한 형광검출기가 사용되는데 형광으로 방출되는 빛 자체를 검출하기 때문에 UVD보다 감도가 높다. 그러나 형광검출기의 대상이 되는 농약의 성분 수도 제한적이므로 그 이용 빈도는 UVD에 비하여 상당히 낮은 편이다. 그 외 전기화학검출기는 산화/환원되는 quinone류 등의 화합물들을 검출하는 데 매우 선택적으로 사용될 수 있다. 감도도 높으나 대상이 되는 농약성분의 수가 극히 적어 활용도는 낮은 편이다.

2.7.3 기체크로마토그래피-질량분석법

기체크로마토그래피-질량분석법(GC-MS)은 기존의 GC에 질량분석기를 결합, GC의 취약한 정성 기능을 획기적으로 향상시킴과 동시에 고감도 정량도 가능하도록 고안된 분석 기기다(그림 14-9). GC-MS는 크게 GC, 질량분석기, 그리고 이들을 결합시키는 interface 부분으로 구성되어 있는데 GC 부분은 기존 GC와 동일하며 MS 부분도 기존 질량분석기와 동일한 구조

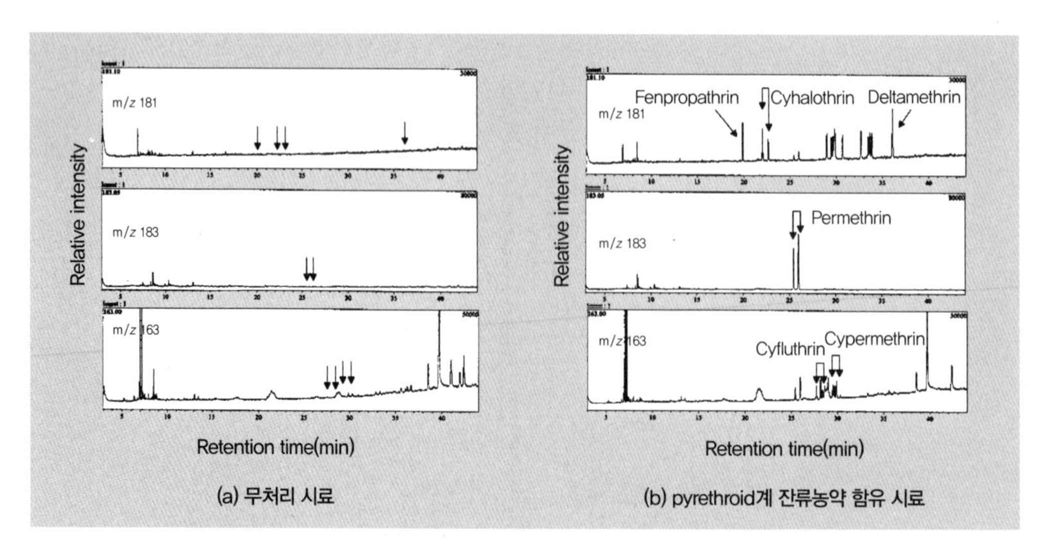

그림 14-9 GC-MS를 이용한 pyrethroid계 살충제 잔류 분석의 예

로 되어 있다. GC-MS를 효율적으로 사용하기 위해서는 각 기기 부분에 대한 지식과 더불어 연속적으로 용출되는 carrier gas 중의 성분을 도입하고 이온화하는 interface 부분에 대한 이해가 필요하다.

도입된 시료의 질량 분석을 위한 가장 보편적 이온화 방법은 EI(electron impact)다. 대개 70eV의 electron beam으로 도입된 중성의 시료 화합물을 피폭시키며 대개 분자 양이온(M^+)과 분자의 일부가 떨어져 나간 fragment의 양이온이 생성된다. 이 중 분자이온은 직접적으로 분석 성분의 질량수를 나타내므로 가장 중요한 이온이다. Fragment 이온은 분자 내 원자단 및 화학결합 등 구조적 정보를 제공하는데, 그 패턴은 일종의 지문과 같은 화합물 고유의 정성적 특성이다.

이온화된 분자 및 fragment 이온들은 질량분석기 내 자장(magnetic field) 또는 전장(electric field)에 의하여 전하 대 질량비(mass to charge ratio, m/z)를 기준으로 분리된다. 질량분석기로는 quadrupole, ion-trap, double focusing, TOF(time of flight) 방식들이 있는데, 이 중 quadrupole과 ion-trap analyzer가 가장 보편적이다.

2.7.4 액체크로마토그래피-질량분석법

액체크로마토그래피-질량분석법(LC-MS)은 GC-MS와 유사한 개념의 분석 기기로 기존의 HPLC에 질량분석기를 결합, HPLC의 취약한 정성 기능을 획기적으로 향상시킴과 동시에 고감도 정량도 가능하도록 고안된 분석기기이다. LC-MS도 크게 HPLC 부분, 질량분석기 부분, 그리고 이들을 결합시키는 interface 부분으로 구성되어 있는 점은 GC-MS와 유사한데 interface 부분과 이온화 부분은 상당히 다르다.

LC-MS가 GC-MS와 가장 다른 점은 시료도입부(sample inlet)와 이온화(ionization)가 일어

나는 interface 부분이다. LC 용출액은 액체이고 이동상 속도가 0.1~1mL 범위이므로 용출량은 0.1~1g/min에 해당하는데 이 양은 기체인 GC에 비하여 100만 배 이상으로 과다한 양이다. 따라서 LC-MS의 interface는 분석 물질인 용질의 손실 없이 이동상을 효과적으로 제거하는 것이 관건이다. 다소의 방식 차이는 있으나 spray interface 방식으로 용매를 제거한다. 또한 이 과정 중에서 이온화과정을 수행, 이온화된 성분만이 질량분석기로 도입되도록 설계되어 있다. 가장 많이 사용되는 interface 방식은 ESI(electrospray ionization) 및 APCI(atmospheric-pressure chemical ionization)이다. ESI와 APCI는 GC-MS의 EI와는 달리 soft ionization 방법이다. 따라서 mass spectrum에서 분자이온 $(M+H)^+$나 $(M-H)^-$의 비율이 높고 그 외 fragment ion은 그다지 많이 관찰되지 않는다.

LC-MS에서의 질량분석기는 GC-MS와 마찬가지로 quadrupole과 ion-trap analyzer가 가장 보편적이다. LC-MS에서는 분자이온 $(M+H)^+$나 $(M-H)^-$의 높은 비율을 이용, SIM(selected-ion monitoring) mode에서 잔류 분석을 수행하기는 용이하나 fragment ion의 종류가 적기 때문에 구조적 정성이 다소 미흡할 수 있다. 이를 위하여 single quadrupole과 더불어 triple quadrupole(보통 MS/MS 또는 tandem MS라고도 불린다. 그림 14-10 참조)의 사용도 빈번하다.

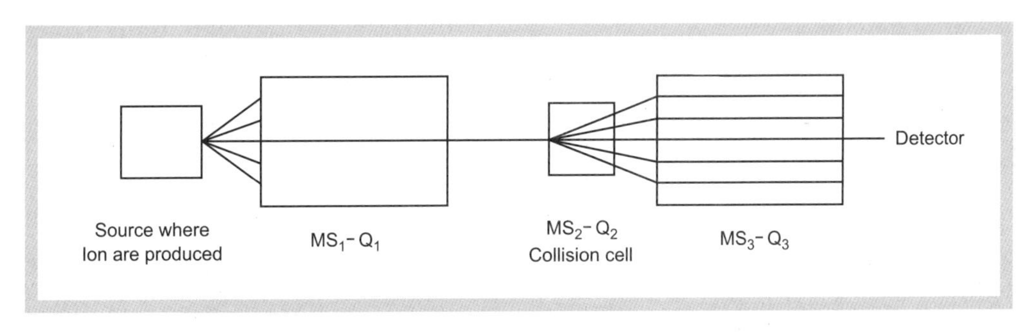

그림 14-10 Triple quadrupole mass spectrometer의 기본 구조

2.8 정성 및 정량 분석

잔류 분석에서의 정성 및 정량 분석은 제품 분석과 동일하다. 정성 분석 시 질량분석기를 이용하는 경우에는 물질 고유의 질량스펙트럼을 확인함으로써 정성의 확실성을 크게 높일 수 있다. 정량 분석은 제품 분석과 마찬가지로 외부표준법 및 내부표준법이 가능한데, 통상적 잔류 분석에서는 불순물이 다수 관찰되므로 내부표준물질을 선발하기가 어렵다. 따라서 주로 외부표준법을 이용하여 정량하는 것이 보편적이다. 최근의 질량분석기를 이용한 분석에서는 동위원소로 표지된 대상 화합물을 내부표준물질로 사용하는 경우도 있다.

2.9 잔류분의 재확인

앞서 언급한 바와 같이 잔류농약 분석은 수많은 미지의 간섭물질이 상존하는 시료 중에서 극미량으로 존재하는 잔류농약 성분을 정성/정량하는 과정이므로 정성적 오인의 확률이 다른 화학분석에 비하여 매우 높은 편이다. 따라서 잔류농약 분석 특히 모니터링과 같이 미지의 시료 중 다성분을 화합물 군별의 정제과정으로 분석할 경우에는 대상 성분으로 인식된 peak에 대하여 추가적 정성을 요구하고 있다. 주요 재확인(confirmation) 방법을 열거하면 다음과 같다.

- GLC 및 HPLC에서 특성이 상이한 추가 분리관의 이용
- GLC와 HPLC의 상호 이용
- 화학적 유도체 형성
- GC-MS 및 LC-MS

이러한 재확인의 기본 원칙은 이미 분석의 원리로 사용한 것과는 다른 물리적 특성을 이용, 정성하여야 한다는 것이다. 가장 간단한 재확인법은 GLC나 HPLC에서 특성이 상이한 추가의 분리관을 사용, 기 인식된 peak를 재확인하는 방법이다. p-Value법은 표준 화합물 용액과 시료 용액을 동일한 조건에서 분배한 후 재분석하여 분배계수를 비교하는 방법이다. 표준화합물과 동일한 물질이라면 동일한 분배 비율만큼 peak 넓이가 줄어든다는 점에 착안한 것인데 간단한 방법이나 신뢰성은 다소 떨어진다.

GLC와 HPLC의 상호 이용은 GLC나 HPLC로 분석한 시료 용액을 재차 HPLC나 GLC로 기기를 바꾸어 재분석하는 방법으로 분리 및 검출기의 원리가 상이하여 바람직한 방법이나 시료의 정제조건이 유사하여야 하는 제한성이 있다. 화학적 유도체 형성은 적극적 재확인 방법이며 동일 기기를 사용한다는 편리함은 있으나 대상 화합물에 유도체 형성이 가능한 작용기가 존재해야 하는 단점이 있다.

가장 정성적이며 추가적 시료 조제 없이 수행할 수 있는 재확인법은 GLC에는 GC-MS, HPLC에는 LC-MS를 이용하는 방법이다. 고가의 장비를 사용해야 하는 단점을 제외하고는 실용적으로 가장 편리하고 신뢰성이 확보되는 방법이다.

부록 A

참고 사이트

식품의약품안전처 http://www.foodsafetykorea.go.kr/residue/main.do

JMPR(The Joint FAO/WHO Meeting on Pesticide Residues) http://www.fao.org/agriculture/crops/thematic-sitemap/theme/pests/jmpr/en/

ISO(The International Organization for Standardization) https://www.iso.org/home.html

IUPAC(The International Union of Pure and Applied Chemistry) https://iupac.org/

EPA(United States Environmental Protection Agency) https://www.epa.gov/pesticide-registration

European Pesticides https://ec.europa.eu/food/plant/pesticides_en

Codex Alimentarius http://www.fao.org/fao-who-codexalimentarius/en/

EFSA(European Food Safety Authority) http://www.efsa.europa.eu/

ECHA(European ChemicalsAgency) https://echa.europa.eu/home

UK, Health and safety Executive(HSE) http://www.hse.gov.uk/pesticides/

New Zealand Food Safety https://www.mpi.govt.nz/haumaru-kai-aotearoa-nz-food-safety/

The Japan Food chemical Research Faundation https://www.ffcr.or.jp/en/

USA CFR(USA Code of Federal Regulations) https://www.ecfr.gov/cgi-bin/text-idx?SID=b823c98ecea22f9689d09f32415addc6&mc=true&node=pt40.24.180&rgn=div5#se40.26.180_1364

Food Standards Australia http://www.foodstandards.gov.au/code/Pages/default.aspx

PIC(The Prior Informed Consent) http://www.pic.int/

POPs(The Persistent Organic Pollutants) http://chm.pops.int/

부록 B

농약 제형과 국제 코드 목록

코드	제형	정의
AE	Aerosol dispenser	A container-held formulation which is dispersed generally by a propellant as fine droplets or particles upon the actuation of valve.
AL	Any other liquid	A liquid not yet designated by a specific code, to be applied undiluted.
AP	Any other powder	A powder not yet designated by a specific code, to be applied undiluted.
BR	Briquette	Solid block designed for controlled release of active ingredient into water.
CB	Bait concentrate	A solid or liquid intended for dilution before use as a bait.
CP	Contact powder	Rodenticidal or insecticidal formulation in powder form for direct application. Formerly known as tracking powder (TP).
CS	Capsule suspension	A stable suspension of capsules in a fluid, normally intended for dilution with water before use.
DC	Dispersible concentrate	A liquid homogeneous formulation to be applied as a solid dispersion after dilution in water. (Note: there are some formulations which have characteristics intermediate between DC and EC).
DP	Dustable powder	A free-flowing powder suitable for dusting.
DS	Powder for dry seed treatment	A powder for application in the dry state directly to the seed.
DT	Tablet for direct application	Formulation in the form of tablets to be applied individually and directly in the field, and/or bodies of water, without preparation of a spraying solution or dispersion.
EC	Emulsifiable concentrate	A liquid, homogeneous formulation to be applied as an emulsion after dilution in water.
EG	Emulsifiable granule	A granular formulation, which may contain water-insoluble formulants, to be applied as an oil-in-water emulsion of the active ingredient(s) after disintegration in water.

코드	제형	정의
EO	Emulsion, water in oil	A fluid, heterogeneous formulation consisting of a solution of pesticide in water dispersed as fine globules in a continuous organic liquid phase.
EP	Emulsifiable powder	A powder formulation, which may contain water-insoluble formulants, to be applied as an oil-in-water emulsion of the active ingredient(s) after disintegration in water
ES	Emulsion for seed treatment	A stable emulsion for application to the seed either directly or after dilution.
EW	Emulsion, oil in water	A fluid, heterogeneous formulation consisting of asolution of pesticide in an organic liquid dispersed as fine globules in a continuous water phase.
FS	Flowable concentrate for seed treatment	A stable suspension for application to the seed, either directly or after dilution.
FU	Smoke generator	A combustible formulation, generally solid, which uponignition releases the active ingredient(s) in the form of smoke.
GA	Gas	A gas packed in pressure bottle or pressure tank.
GD	Gel for direct application	A gel like preparation to be applied undiluted.
GE	Gas generating product	A formulation which generates a gas by chemical reaction.
GL	Emulsifiable gel	A gelatinized formulation to be applied as an emulsion in water.
GR	Granule	A free-flowing solid formulation of a defined granule size range ready for use.
GS	Grease	Very viscous formulation based on oil or fat.
GW	Water soluble gel	A gelatinized formulation to be applied as an aqueous solution.
HN	Hot fogging concentrate	A formulation suitable for application by hot fogging equipment, either directly or after dilution.
KK	Combi-pack solid/liquid	A solid and a liquid formulation, separately contained within one outer pack, intended for simultaneous application in a tank mix.
KL	Combi-pack liquid/liquid	Two liquid formulations, separately contained within one outer pack, intended for simultaneous application in a tank mix.
KN	Cold fogging concentrate	A formulation suitable for application by cold fogging equipment, either directly or after dilution.
LB	Long-lasting storage bag	A slow-or controlled-release formulation in the form of a treated bag for storage, providing physical and chemical barriers, e.g. to pests
LN	Long-lasting insecticidal net	A slow-or controlled-release formulation in the form of netting, providing physical and chemical barriers to insects. LN refers to both bulk netting and ready-to-use products, for example mosquito nets.
LS	Solution for seed treatment	A clear to opalescent liquid to be applied to the seed either directly or as a solution of the active ingredient after dilution in water. The liquid may contain water-insoluble formulants,

(계속)

코드	제형	정의
MC	Mosquito coil	A coil which burns (smoulders) without producing a flame and releases the active ingredient into the local atmosphere as a vapour or smoke.
ME	Micro‐emulsion	A clear to opalescent, oil and water containing iquid, to be applied directly or after dilution in water, when it may form a diluted micro-emulsion or conventional emulsion.
MR	Matrix Release	A slow-or controlled-release formulation in the form of a polymer matrix providing long-lasting effects. It is intended to be applied directly.
OD	Oil dispersion	A stable suspension of active ingredient(s) in a water-immiscible fluid, which may contain other dissolved active ingredient(s), intended for dilution with water before use.
OF	Oil miscible flowable concentrate (oil miscible suspension)	A stable suspension of active ingredient(s) in a fluid intended for dilution in an organic liquid before use.
OL	Oil miscible liquid	A liquid, homogeneous formulation to be applied as a homogeneous liquid after dilution in an organic liquid
OP	Oil dispersible powder	A powder formulation to be applied as a suspension after dispersion in an organic liquid
PA	Paste	Water-based, film-forming composition.
PR	Plant rodlet	A small rodlet, usually a few centimeters in length and a few millimeters in diameter, containing an active ingredient
RB	Bait(ready for use)	A formulation designed to attract and be eaten by the target pests.
SC	Suspension concentrate (= flowable concentrate)	A stable suspension of active ingredient(s) with water as the fluid, intended for dilution with water before use.
SD	Suspension concentrate for direct application	A stable suspension of active ingredient(s) in a fluid which may contain other dissolved active ingredient(s) intended for direct application, to rice paddies, for example.
SE	Suspo-emulsion	A fluid, heterogeneous formulation consisting of a stable dispersion of active ingredient(s) in the form of solid particles and of water-non miscible fine globules in a continuous water phase.
SG	Water soluble granule	A formulation consisting of granules to be applied as a true solution of the active ingredient after dissolution in water, but which may contain insoluble inert ingredients
SL	Soluble concentrate	A clear to opalescent liquid to be applied as a solution of the active ingredient after dilution in water. The liquid may contain water-insoluble formulants.
SO	Spreading oil	Formulation designed to form a surface layer on application to water
SP	Water soluble powder	A powder formulation to be applied as a true solution of the active ingredient after dissolution in water, but which may contain insoluble inert ingredients.

코드	제형	정의
ST	Water soluble tablet	Formulation in form of tablets to be used individually to form a solution of the active ingredient after disintegration in water. The formulation may contain water-insoluble formulants.
SU	Ultra-low volume (ULV) suspension	A suspension ready for use through ULV equipment.
TB	Tablet	Pre-formed solids of uniform shape and dimensions, ususlly circular, with either flat or convex faces, the distance between faces being less than the diameter.
TC	Technical material	A material resulting from a manufacturing process comprising the active ingredient, together with associated impurities. This may contain small amounts of necessary additives.
TK	Technical concentrate	A material resulting from a manufacturing process comprising the active ingredient, together with associated impurities. This may contain small amounts of necessary additives and appropriate diluents.
UL	Ultra-low volume (ULV) liquid	A homogeneous liquid ready for use through ULV equipment.
VP	Vapour releasing product	A formulation containing one or more volatile active ingredients, the vapours of which are released into the air. Evaporation rate is normally controlled by using suitable formulations and/or dispensers.
WG	Water dispersible granules	A formulation consisting of granules to be applied after disintegration and dispersion in water.
WP	Wettable powder	A powder formulation to be applied as suspension after dispersion in water.
WS	Water dispersible powder for slurry seed treatment	A powder to be dispersied at high concentration in water before application as a slurry to the seed.
WT	Water dispersible tablet	Formulation in the form of tablets to be used individually, to form a dispersion of the active ingredient after disintegration in water
XX	Others	Temporary categorization of all other formulations not listed above.
ZC	A mixed formulation of CS and SC	A stable suspension of capsules and active ingredient(s) in fluid, normally intended for dilution with water before use.
ZE	A mixed formulation of CS and SE	A fluid, heterogeneous formulation consisting of a stable dispersion of active ingredient(s) in the form of capsules, solid particles and fine globules in a continuous water phase, normally intended for dilution with water before use.
ZW	A mixed formulation of CS and EW	A fluid, heterogeneous formulation consisting of a stable dispersion of active ingredient(s) in the form of capsules and fine globules in a continuous water phase, normally intended for dilution with water before use.

출처 : Crop Life International Technical Monograph No 2, 7th Edition, 2017.

참고문헌

한국작물보호협회(2007). 농약연보-2007, 한국작물보호협회, 서울.

한국작물보호협회(2019). 농약연보-2019, 한국작물보호협회, 서울.

한국작물보호협회(2013). 작물보호협회, 40년의 편린, 한국작물보호협회, 서울.

농약공업협회(2003). 통계로 보는 30년 발자취, 농약공업협회, 서울.

한국작물보호협회(2019). 자연과농업-2019 7월호, 한국작물보호협회, 서울.

한국작물보호협회 (2019) 작물보호제 지침서-2019, 한국작물보호협회, 서울.

Alam, Z. F. (2010). 13 The Use of Biotechnology to Reduce the Dependency of Crop Plants on Fertilizers, Pesticides, and Other Agrochemicals. Biotechnology in Functional Foods and Nutraceuticals, 197.

Holtzapffel R, Mewett O, Wesley V and Hattersley P. (2008). Genetically modified crops: tools for insect pest and weed control in cotton and canola. The Australian Government acting through the Bureau of Rural Sciences. Canberra.

Jha N. (2019). Applications of Transgenic Plants: 6 Applications. Biology Discussion, Online available: http://www.biologydiscussion.com/plants/transgenic-plants /applications-of-transgenic-plants-6-applications/10838 (Accessed on Jan. 30, 2020)

찾아보기

ㅈ

ㅊ

ㅋ

ㅌ

B

C

F

G

H

Q

R

S

T

U

V

X

Z

기타

김장억
경북대학교 농학박사
(현) 경북대학교 농업생명과학대학 응용생명과학부 교수

김정한
University of New South Wales(Australia), Ph.D.
(현) 서울대학교 농업생명과학대학 농생명공학부 교수

이영득
서울대학교 농학박사
(현) 대구대학교 과학생명융합대학 생명환경학부 교수

임치환
경도대학(일본) 농학박사
(현) 충남대학교 농업생명과학대학 생물환경화학과 교수

허장현
University of California, Riverside(USA), Ph.D.
(현) 강원대학교 농업생명과학대학 환경융합학부 교수

정영호
동경농업대학(일본) 농학박사
(전) 농촌진흥청 농업과학원 농업연구관

경기성
충북대학교 농학박사
(현) 충북대학교 농업생명환경대학 환경생명화학과 교수

김인선

전남대학교 농학박사

(현) 전남대학교 농업생명과학대학 농생명화학과 교수

김진효

경상대학교 이학박사

(현) 경상대학교 농업생명과학대학 농화학식품공학과 교수

문준관

서울대학교 농학박사

(현) 한경대학교 농업생명과학대학 식물생명환경과학과 교수

박형만

서울대학교 농학박사

(전) 농촌진흥청 농업과학원 농업연구관

유오종

경북대학교 농학박사

(현) 농촌진흥청 연구정책국 서기관

최 훈

서울대학교 농학박사

(현) 원광대학교 농식품융합대학 생물환경화학과 교수

홍수명

서울대학교 농학박사

(현) 농촌진흥청 농업과학원 농업연구관